详见图 1.4

详见图 1.6

详见图 1.11

详见图 1.13

详见图 1.18

详见图 2.4

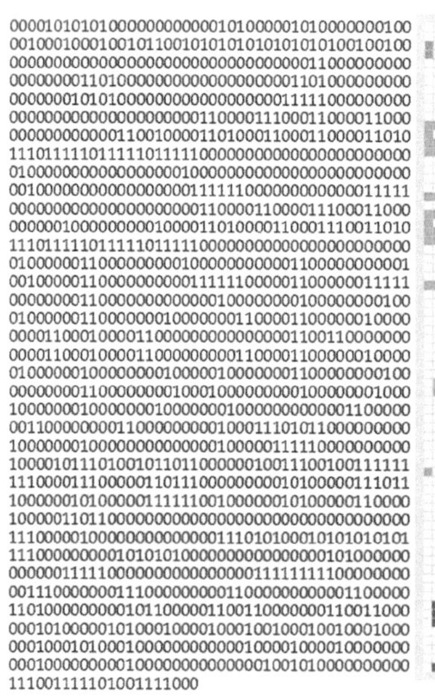

详见图 2.7

详见图 2.15

详见图 2.16

详见图 2.23

详见图 2.25

详见图 2.17

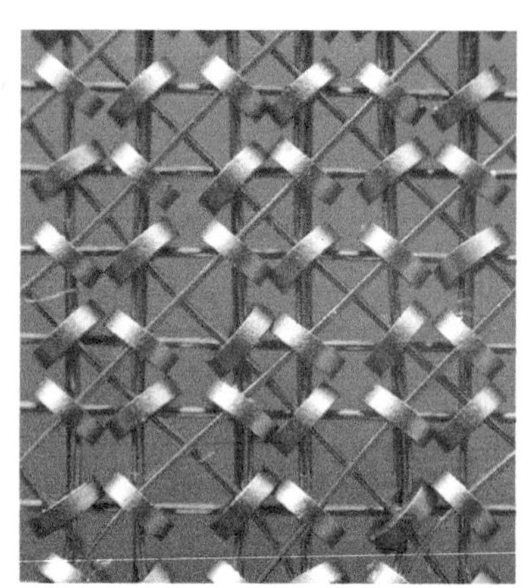

详见图 2.24

详见图 2.26

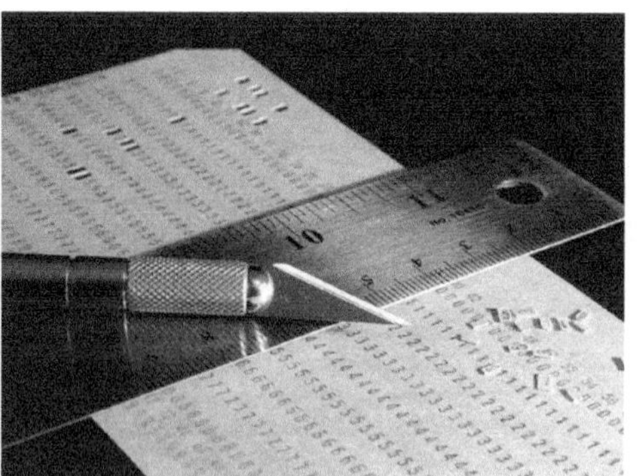

详见图 3.1

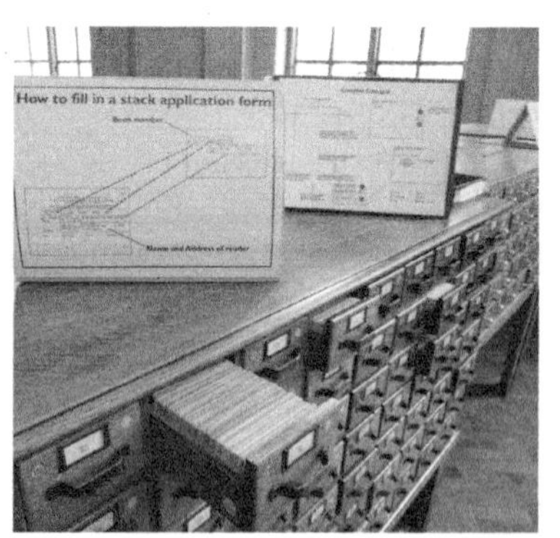

详见图 3.2

详见图 3.16

详见图 4.9

详见图 4.11

详见图 4.14

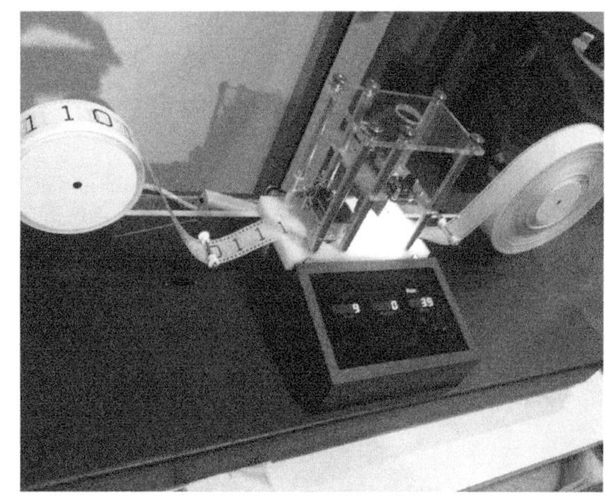

详见图 6.4

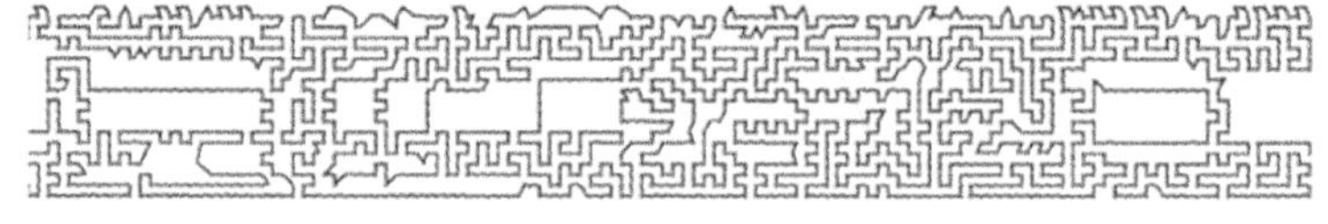

详见图 5.15

详见图 7.1

详见图 7.2

详见图 7.5

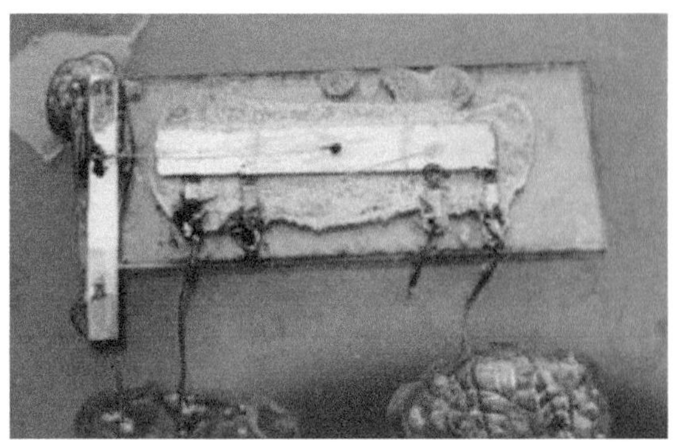

详见图 7.7

详见图 7.8

详见图 7.9

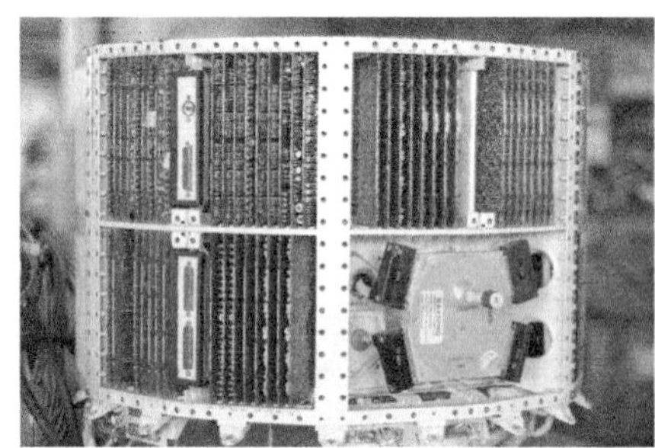

详见图 7.13

详见图 7.14

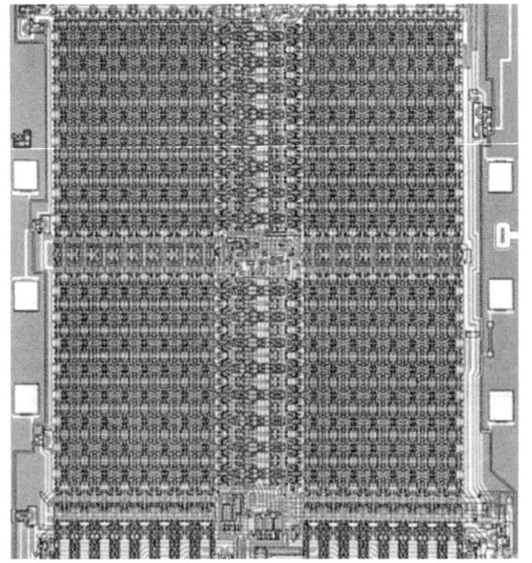

详见图 7.17

详见图 7.19

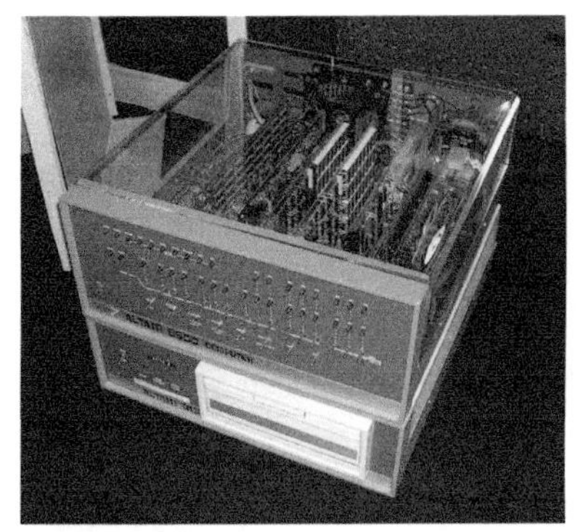

详见图 8.5

详见图 8.7

详见图 8.9

详见图 8.12

详见图 8.18

详见图 8.19

详见图 8.23

详见图 8.24

详见图 8.25

详见图 8.26

详见图 8.28

详见图 9.1

详见图 9.3

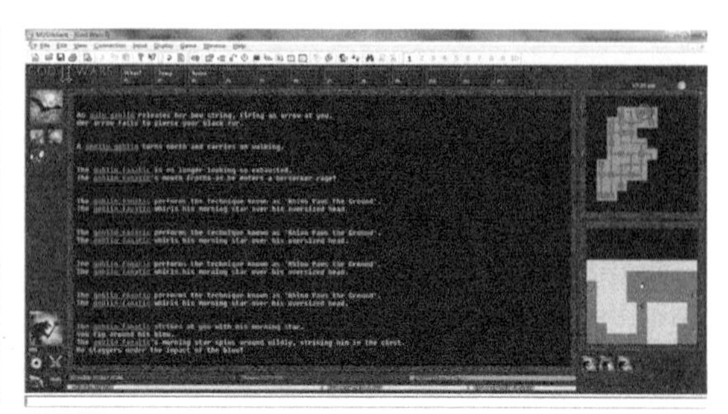

详见图 9.4

详见图 9.5

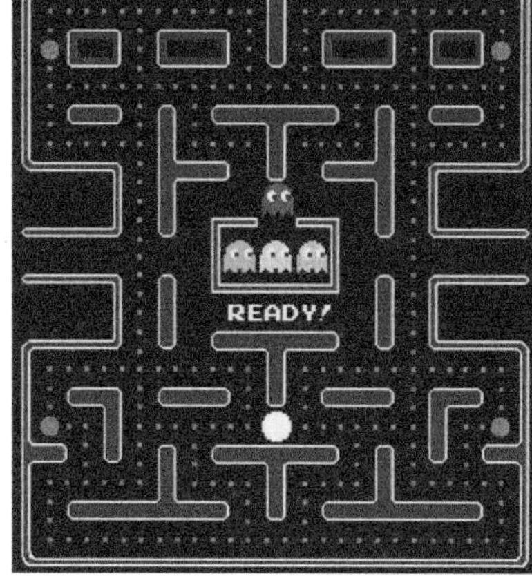

详见图 9.6

详见图 9.7

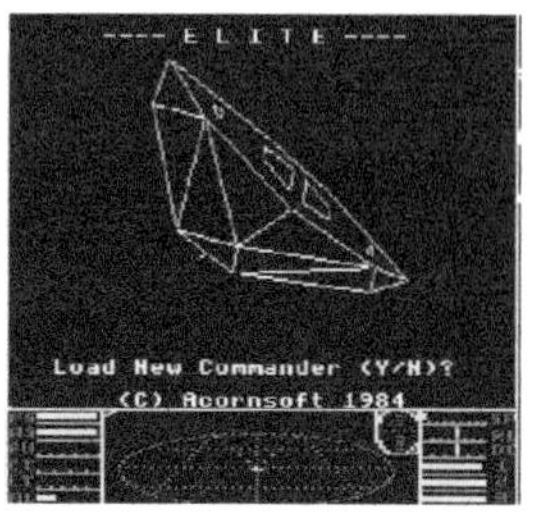

详见图 9.11

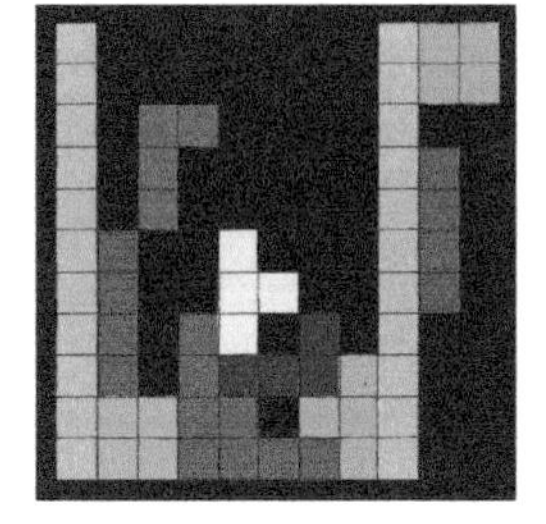

详见图 9.15

详见图 9.16

详见图 9.13

详见图 9.18

B10.2

详见图 10.1

详见图 10.2

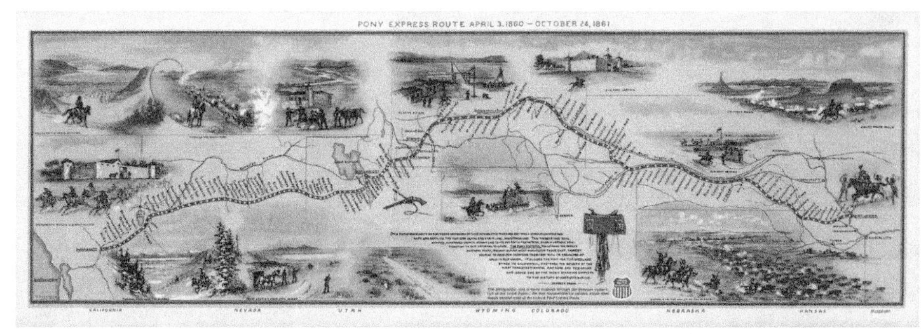

详见图 10.3

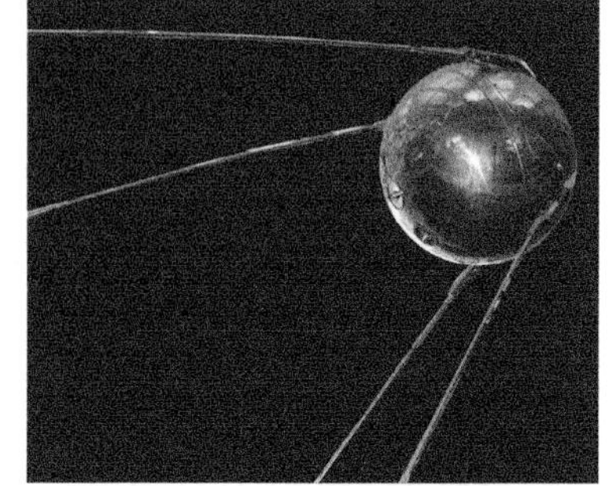

详见图 10.7

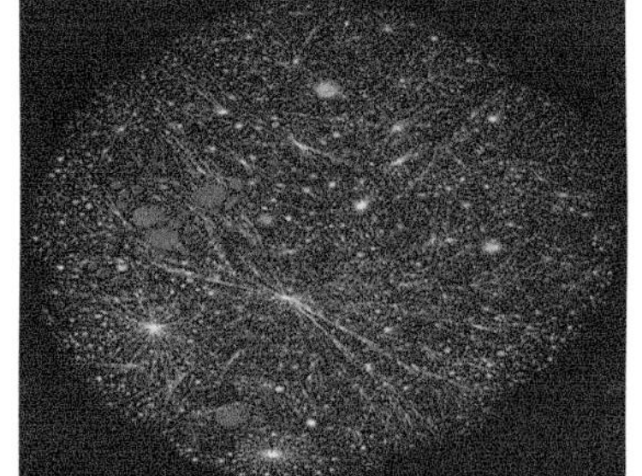

详见图 10.17

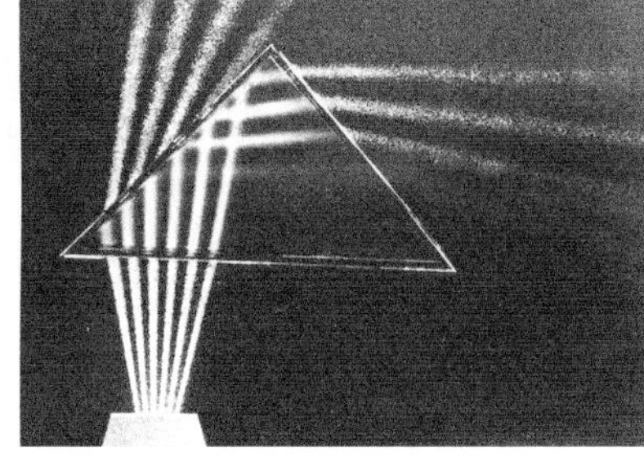

详见图 10.18

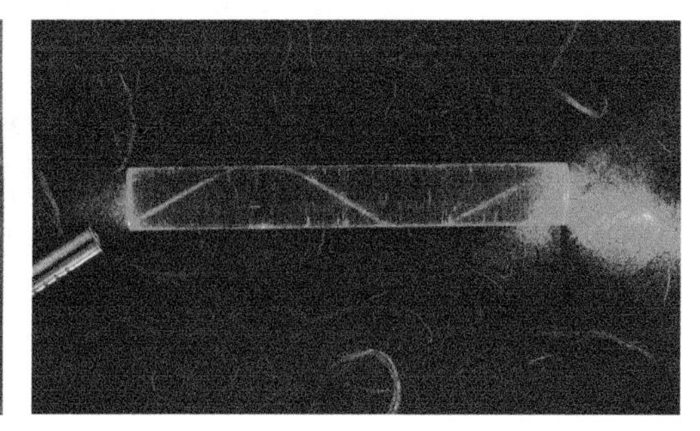

详见图 10.19

详见图 10.21

详见图 11.4

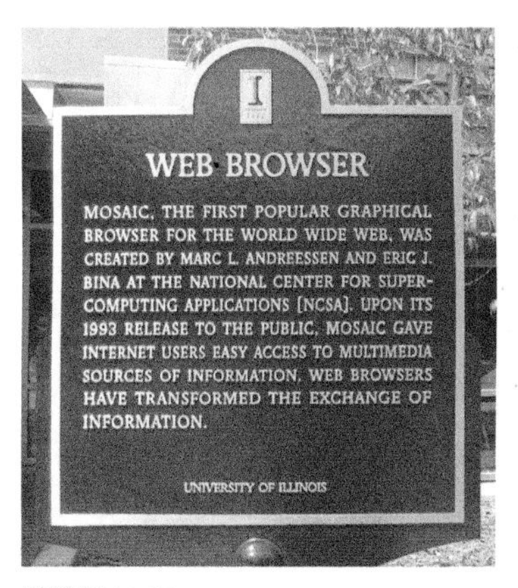

详见图 11.12

详见图 11.16

详见图 11.20

详见图 11.18

详见图 11.24

详见图 11.23

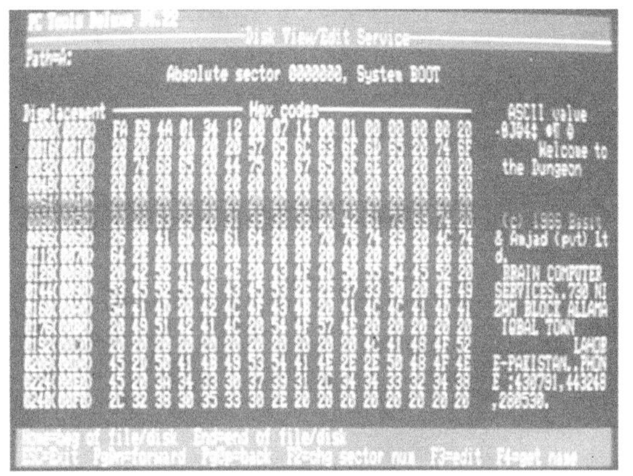

详见图 12.3

详见图 12.18

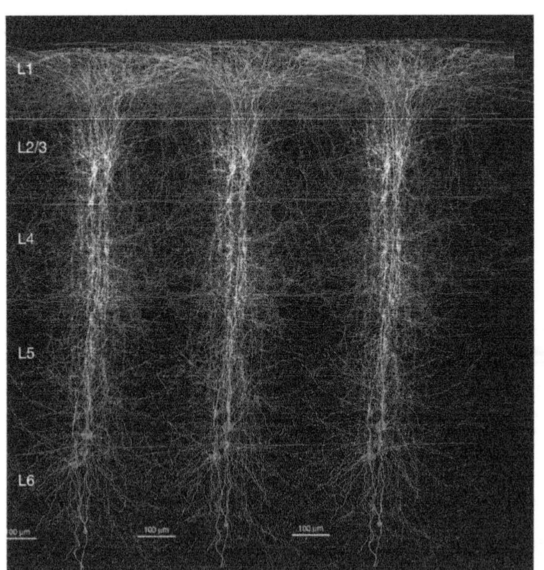

详见图 16.10

详见图 15.5

TURING 图灵新知

计算思维史话

THE COMPUTING UNIVERSE

A JOURNEY THROUGH A REVOLUTION

[英] 托尼·海依（Tony Hey）
奎利·帕佩（Gyuri Pápay）◎著
武传海　陈少芸◎译

人 民 邮 电 出 版 社
北　京

图书在版编目（CIP）数据

计算思维史话 /（英）托尼·海依 (Tony Hey)，（英）奎利·帕佩（Gyuri Pápay）著；武传海，陈少芸译 . —北京：人民邮电出版社，2020.7（2023.12重印）
（图灵新知）
ISBN 978-7-115-53292-3

Ⅰ . ①计… Ⅱ . ①托… ②奎… ③武… ④陈… Ⅲ . ①电子计算机 – 技术史 – 世界 – 普及读物 Ⅳ . ① TP3–091

中国版本图书馆 CIP 数据核字 (2020) 第 022026 号

内 容 提 要

如今，计算机几乎影响着我们生活的方方面面，从社交的方式到汽车的安全性能，都离不开计算机。那这一切到底是如何在短短 50 年内发生的呢？本书带领我们踏上了关于计算的旅程，从 20 世纪 30 年代早期的计算机到今天的前沿研究，均有涉猎。在这一过程中，作者详述了软硬件背后的理念、算法的神奇、摩尔定律的精准预测、个人计算机的诞生、互联网的发展、IBM 的沃森等人工智能的兴起、《我的世界》等新一代游戏、谷歌与 Facebook 的崛起以及可能改变未来的量子计算。本书还介绍了技术领域的梦想家和发明家的传奇故事，正是他们把伟大的技术带到了现代世界的每个角落。本书的故事激动人心，文字浅显易懂，图文并茂，深入浅出，为任何想知道智能手机从何而来以及未来我们将走向何方的人打开了计算世界的大门。

◆ 著　　　　[英] 托尼·海依　奎利·帕佩
译　　　　武传海　陈少芸
责任编辑　傅志红
责任印制　周昇亮
◆ 人民邮电出版社出版发行　北京市丰台区成寿寺路 11 号
邮编　100164　电子邮件　315@ptpress.com.cn
网址　https://www.ptpress.com.cn
固安县铭成印刷有限公司印刷
◆ 开本：880×1092　1/16　　彩插：4
印张：23　　2020 年 7 月第 1 版
字数：420 千字　　2023 年 12 月河北第 4 次印刷
著作权登记号　图字：01-2020-0427 号

定价：119.00 元

读者服务热线：(010)84084456-6009　印装质量热线：(010)81055316
反盗版热线：(010)81055315

目录

前言 掌握计算思维，迈入“计算第三纪元” V
如何阅读本书 X
序幕 技术史中的重要时刻 XII
01 革命的开端 001
02 硬件 023
03 软件在“洞”里 039
04 编程语言和软件工程 057
05 算法 081
06 令人赞叹的图灵机 099
07 摩尔定律和硅革命 115
08 个人计算机的诞生 135
09 计算机游戏 167
10 利克莱德的星际计算机网络 185
11 “编织”万维网 211
12 网络的黑暗面 235

13 人工智能和神经网络 256

14 机器学习和自然语言处理 272

15 “摩尔定律”的终结 290

16 第三代计算机 308

17 科幻小说中的计算机 322

后记 从图灵上锁的水杯到今天 348

附录 I 长度的尺度 349

附录 II 计算机科学研究和信息技术产业 350

致谢 352

推荐阅读 353

前言 掌握计算思维，迈入“计算第三纪元”

写作灵感

市面上有很多关于自然科学的“通俗”图书，这些书以简单易懂的讲解方式让普通读者了解到现代科学的最新进展。在过去的半个世纪里，计算机科学极大地改变了世界，但是有关计算机科学的通俗图书却很少。本书将尝试改变这种失衡的局面，以通俗易懂的方式讲解计算机科学的起源与根基。一言以蔽之，本书的目标是解释计算机的工作原理、发展历程以及未来的发展方向。

本书的写作灵感主要来源于诺贝尔物理学奖得主理查德·费曼（Richard Feynman）。费曼是少数为公众所熟知的物理学家之一，这主要有三个原因：第一，在英国，费曼参与录制了一些非常棒的电视节目，谈到了自己对物理的热爱；第二，他撰写了畅销书《别逗了，费曼先生》（*Surely You're Joking, Mr. Feynman!*），讲述了很多自己在物理学研究中遇到的趣事，那本书从在美国洛斯阿拉莫斯国家实验室参与研制原子弹的曼哈顿计划，一直讲到在康奈尔大学与加州理工学院担任教授的日子；第三，当他正在顽强与癌症做斗争时（最终因癌症去世），应邀参与了调查“挑战者号”航天飞机失事事件。费曼在电视新闻发布会上现场演示了橡皮环的冰水效应，用浅显易懂的方式向人们解释了航天飞机失事的根本原因：火箭助推器的 O 形环密封圈在低温下失去弹性，引发事故。

在物理学家中，费曼最著名的研究成果是费曼图，这让他获得了 1965 年的诺贝尔物理学奖。费曼图提供了一组计算工具，借助这组工具，物理学家不仅能够理解量子电动力学（这一理论是电磁学的基础），而且还能理解相对论量子场论（这一理论用来描述基本粒子间的弱交互作用与强交互作用）。费曼不仅是一位伟大的研究者，而且还是一位梦想家。他的研究成果，体现在三卷本的《费曼物理学讲义》（*The Feynman Lectures on Physics*）之中，这本书是在他在加州理工学院讲授课程的基础上集结整理而成的。谈到梦想，1959 年，费曼在加州理工学院的物理年会上发表了题为《底下的空间还大得很》的演讲，首次提出了纳米技术的想法，也就是接近原子大小的微小器件的行为。

到了 20 世纪 80 年代早期，费曼开始对计算感兴趣。在生命的最后 5 年里，他一直在讲授有关计算的课程。前两年中，他联合加州理工学院的两个同事卡弗·米德（Carver Mead）和约翰·霍普菲尔德（John Hopfield）一起讲授一门雄心勃勃的计算课程。在第三年里，费曼在麻省理工学院计算机科学家格里·苏斯曼（Gerry Sussman）的协助下推出了自己设计的课程。这些讲义巧妙地融合了常见的计算机科学资料，还加入了对计算热力学的讨论与量子计算机的分析。在去世之前，费曼请求本书作者托尼·海依（Tony Hey）把自己的笔记整理出版，这些讲义才最终得以重见天日，形成了《费曼计算学讲义》（*The Feynman Lectures on Computation*）。此外，费曼还曾担任思考机器计算机公司的顾问，这家公司由麻省理工学院研究员丹尼·希利斯（Danny Hillis）创立。

本书的作者之一托尼·海依（Tony Hey）是《新量子宇宙》（*The New Quantum Universe*）的作者。《新量子宇宙》是一本之前广受欢迎的科学图书。它的写作灵感就来自于费曼的量子力学入门讲义。《费曼计算学讲义》似乎也催生出了其他一些广受欢迎的作品。费曼还在伊沙兰学院做过题为《 计算机：从内到外》的演讲，对计算机做了简要的介绍。在演讲中，费曼解释了计算机必不可少的工作步骤，并且拿一个非常愚蠢的档案管理员做了类比。我们写的这本通俗的计算机科学图书，最初的灵感来源正是《费曼计算学讲义》。

写作本书时，我们也受到了其他一些图书的启发，比如特雷西·基德尔（Tracy Kidder）所写的《新机器的灵魂》（*The Soul of a New Machine*）。虽然它讲的是新式微型计算机的设计与构造，但是读起来就像是一本惊险小说。另外一本书是计算机史学家斯坦·奥格登（Stan Augarten）所写的《最先进的技术》（*The State of the Art*），它用图片呈现了摩尔定律的发展史。还有一本书也出自奥格登之手，书名是 *Bit by Bit: An Illustrated History of Computers*，这本图解计算机史的书从计算机器讲到了个人计算机，其写作意图与本书最接近。除此之外，还有以色列计算机科学家戴维·哈雷尔（David Harel）写的《算法学：计算精髓》（*Algorithmics: The Spirit of Computing*），以及计算机设计师丹尼·希利斯写的《通灵芯片：计算机运作的简单原理》（*The Pattern on the Stone: The Simple Ideas That Make Computers Work*）。

计算思维与计算机科学

在学校里，我们把精通 3R（阅读、写作、算术，三个单词的英文首字母缩写都为 R）看作生活的必备技能。现在，还要加上一条，那就是我们希望所有孩子都会使用计算机，可以创建电子文档、使用电子表格、做 PPT 演示、浏览网页。但是，这些基本的“计算思维”并不是“计算机科学”这一术语所表达的内容。计算机科学是一门研究计算机的学问——如何制造计算机、了解它的局限以及使用它强大的计算能力解决复杂问题。阿兰·图灵（Alan Turing）是一位天才，他是探索这些问题的先驱之一，通过模仿计算员（指负责计算工作的人）在解决计算问题时的做法，图灵提出了一个理论机器模型，即图灵机。图灵机给出了推断计算机行为所必需的数学基础。计算机科学不仅关乎数学，而且还与工程学密切相关，即创建复杂系统来做有用之事。在计算机工程中，我们还可以更自由地探究虚拟系统，它们结构复杂却不受实际物理系统的限制。

计算机科学家周以真（Jeannette Wing）把“计算思维”定义为运用计算机科学的基本概念来解决难题、设计复杂系统以及理解人类行为的能力。她认为，培养人的计算思维在 21 世纪是必需的，就像此前的 3R 一样。计算思维包含抽象与分解技巧，帮助我们开发算法以解决复杂任务或设计复杂系统。以相应的计算机科学概念（如冗余、损失控制、错误纠正）为思维方式进行思考，也能够得到一些与系统思想相关的新见解，比如预防、保护与修复。计算思维还有助于我们把来自机器学习与贝叶斯统计的“想法”运用到日常问题之中。由于生活的许多方面存在着不确定性，我们会遇到规划与学习的问题，而大数据的计算思维则广泛应用于科学研究与商业活动中。

我们如何指导计算机解决特定问题呢？首先，我们必须使用专门的编程语言写下自己的算法，即用来解决问题的一系列步骤，有点儿像一份烹饪菜谱。我们把这种特定的指令序列称为“程序”，它是计算机软件的一部分，由计算机执行以解决特定的问题。然后，这些使用编程语言编写的指令被翻译成可被计算机硬件底层组件所执行的操作。在计算机上运行程序还需要其他一些软件的参与，比如操作系统，它管理着数据的输入与输出、存储设计与打印机的使用等。编程就是把我们的计算机科学算法翻译成计算机能够理解的程序。类似于计算思维，编程能力无疑是一个人投身信息技术产业所必需的技能，但是它只是周以真所提出的计算思维的很小一部分。

本书目标

写作本书不是为了再出一本关于计算机的教科书，或者又来一本讲解计算历史的图书，而是为了帮助读者（特别是学生群体）清楚地了解计算机的历史，激发他们对计算机科学的兴趣，鼓励他们积极投身到这项事业中。我们也希望本书浅显易懂的讲解方式能够帮助普通读者理解计算机的工作原理，以及窥得计算机网络所带来的无限可能。为了让本书更易读，更有趣，我们还在书中选择性地添加了一些科学家与工程师的简短传记与趣闻轶事。

说来奇怪，学校里会讲解伟大的数学家、物理学家、化学家、生物学家的成就，但对伟大的计算机先驱鲜有提及。针对于此，本书的目标之一就是通过着重介绍计算机先驱的伟大贡献来纠正这种失衡的状态，希望能够改变这一状况。本书介绍的这一类内容包括阿兰・图灵、约翰・冯・诺依曼（John von Neumann）的早期理论思想，以及第一批计算机工程师的伟大成就，比如美国的约翰・埃克特（John Eckert）、约翰・莫奇利（John Mauchly），欧洲的莫里斯・威尔克斯（Maurice Wilkes）、康拉德・楚泽（Konrad Zuse）等。故事伴随着 IBM 与 Digital 的崛起，一直到施乐帕克研究中心诞生的计算机传奇，即不可思议的 Alto 计算机，它由艾伦・凯（Alan Kay）、查克・撒克（Chuck Thacker）、巴特勒・兰普森（Butler Lampson）制造。确切地说，计算的故事伴随着摩尔定律的演变与半导体行业的崛起。微处理器（芯片上的计算机）引起了个人计算机革命，涌现的先驱有苹果的史蒂夫・乔布斯（Steve Jobs）和史蒂夫・沃兹尼亚克（Steve Wozniak）、微软的比尔・盖茨（Bill Gates）和保罗・艾伦（Paul Allen）。

在计算机诞生后的第一个 30 年中，它只是用来做计算，而在接下来的 30 年中，计算机则用来进行沟通交流。故事从 J. C. R. 利克莱德（J. C. R. Licklider）最早的交互计算与网络猜想开始，到保罗・巴兰（Paul Baran）与唐纳德・戴维斯（Donald Davies）的分组交换思想，再到鲍勃・泰勒（Bob Taylor）、拉里・罗伯茨（Larry Roberts）的阿帕网和 BBN，再到鲍勃・卡恩（Bob Kahn）与温特・瑟夫（Vint Cerf）的互联网协议。早期范内瓦・布什（Vannevar Bush）、泰德・尼尔森（Ted Nelson）、道格拉斯・恩格尔巴特（Douglas Engelbart）关于超文本与链接文档的思想逐步演化成了今天无处不在的互联网。类似地，斯坦福大学研究生谢尔盖・布林（Sergey Brin）和拉里・佩奇（Larry Page）发明的网页排序算法 PageRank 直接触发了互联网搜索引擎的崛起，成就了谷歌、必应和百度等公司。

如今，我们能够较为准确地预测天气，访问海量信息，与网络中的任何人交谈、玩游戏、合作完成工作，轻松与他人分享信息。如果我们愿意，甚至可以把自己的想法散播到全世界。计算机世界的机会看似没有止境，但我们仅仅处在未来无限可能性的起始阶段而已。根据图灵奖得主巴特勒・兰普森的说法，下一个 30 年我们将会进入“计算第三纪元”，届时计算机将能代表我们做出智能行为。这些发展也会在伦理道德、安全隐私等方面带来严重的问题，这些内容已经超出本书的讨论范围。在本书的结束部分，我们将一起探讨一些可能出现的计算机技术以及计算机科学在未来所面临的挑战。

本书速览

本书第 1 章至第 6 章将从数字计算机的诞生讲到计算机软硬件如何共同协作解决问题。其中，第 4 章讲解编程语言与软件工程思想，第 5 章讲解算法。第 6 章可能是本书最难的一章，尝试解释阿兰·图灵与阿隆佐·丘奇（Alonzo Church）关于可计算性与普适性的基础理论。在第一次阅读本书时你可以先跳过第 6 章，这不会影响你对后面章节内容的理解。针对那些对硬件感兴趣的读者，第 7 章讲解晶体管、集成电路（硅芯片）的发现史，摩尔定律的起源，以及半导体量子力学。第 15 章讲解摩尔定律的终结，以及随着微型化逼近原子水平而催生的一些硅的未来替代品。

第 1 章与第 2 章结尾的历史讲解部分，提供了更多有关计算机科学历史的背景知识，包括查尔斯·巴贝奇（Charles Babbage）与埃达·洛夫莱斯（Ada Lovelace）的早期想法、鲜为人知的巨人机（由英国邮政局多利士山研究实验室建造，供布莱切利庄园的密码破译员使用）、LEO（世界上第一台商用计算机）、首批存储程序计算机（曼彻斯特大学的 Baby 和剑桥大学的 EDSAC）。在第 8 章中也有一个历史版块，用来讲解交互计算与个人计算机的几位先驱。

第 8 章讲解基于微处理器的个人计算机的发展，以及在迈向当今的智能手机、平板计算机、触摸交互时代过程中扮演关键角色的施乐帕克研究中心、IBM、微软和苹果。第 9 章介绍计算机游戏与计算机图形的起源。第 10 章至第 12 章是介绍互联网、搜索引擎和恶意软件三大关键章节。

人工智能与著名的图灵测试是第 13 章讲解的主题，而第 14 章则讲解机器学习技术的现代应用，主要涉及计算机视觉、计算机语音和语言处理。所有这些都在 IBM 的计算机沃森（Watson）设计中有所体现，它曾在电视游戏节目《危险边缘！》中大获全胜。第 16 章展望未来，讲解机器人科学技术与物联网的发展过程，结尾部分讨论了强人工智能与意识问题。

第 17 章是关于出现在科幻小说中的计算机的随笔。

如何阅读本书

1. 掌握计算机科学基础

阅读本书第 1 ～ 6 章内容，你可以学到从数字计算机诞生到计算机软硬件如何协同解决问题等各方面的知识。第 4 章讲解编程语言和软件工程，第 5 章讲解计算机算法，第 6 章可能是本书最难的一章，讲解阿兰·图灵和阿隆左·丘奇关于可计算性和通用性的基础理论。第一次阅读时，你可以跳过第 6 章，这不影响你对后面章节内容的理解。

2. 了解更多有关计算的早期历史

在第 1 章和第 2 章的“重要概念”之后有介绍计算早期历史的部分。在第 1 章中，我们介绍了查尔斯·巴贝奇和埃达·洛夫莱斯的早期思想，还有英国邮政局多利士山研究实验室研制的鲜为人知的巨人计算机，以及第一台商用计算机 LEO，提到的早期计算机先驱有德国的康拉德·楚泽、俄国的谢尔盖·列别捷夫，以及澳大利亚的特里沃·皮尔西。第 2 章详细介绍了在英国研发的最早的存储程序计算机——曼彻斯特大学的 Baby 和剑桥大学的 EDSAC，还有计算机内存技术的一些历史。在第 8 章讲个人计算机起源时，也提到了几位研制交互式个人计算机的先驱以及计算机架构发展的见解，还有一些有趣的故事。

3. 了解摩尔定律和半导体技术

第 7 章讲解了晶体管、集成电路、硅芯片、摩尔定律和登纳德缩放比例定律，还简单介绍了半导体量子力学。剑桥大学出版社曾出版过《新量子宇宙》，书中对量子理论做了更全面的介绍。在第 15 章，随着微型化尺寸接近原子水平，我们介绍了一些硅的替代材料。

4. 了解个人计算机、智能手机和计算机游戏的历史

第 8 章讲述了基于微处理器的个人计算机的发展历程，介绍了施乐帕克研究中心的 WIMP 环境和“所见即所得”的文字处理软件，讲到了 IBM、微软、苹果在研制个人计算机过程中扮演的重要角色，提及了当代的智能手机、平板设备和触摸界面。第 9 章讲解了计算机游戏和计算机图形的发展历史。

5. 了解互联网、万维网、搜索引擎以及计算机恶意软件和黑客的威胁

第 10 章讲解阿帕网和分组交换技术的历史。第 11 章讲万维网、超文本和 Web 浏览器，还介绍了 PageRank 算法，以及互联网搜索引擎和社交网络的兴起。第 12 章谈到了计算机恶意软件的历史，包括病毒、蠕虫、僵尸网络，还简单介绍了有关加密、密钥交换、单向函数的内容。

6. 了解人工智能、神经网络以及机器学习在计算机视觉、自然语言处理中的应用

第 13 章和第 14 章讲解了人工智能和神经网络，第 15 章讲到了“摩尔定律”的终结，第 16 章中谈到这些技术的未来发展方向。第 13 章介绍有关人工智能的早期思想与著名的图灵测试，还讲到了计算机象棋、IBM 深蓝以及神经网络的发展情况。第 14 章先介绍贝叶斯统计方法，又讲解了机器学习技术在计算机视觉、语音、语言处理中的应用，最后讲 IBM 的沃森计算机在《危险边缘！》节目中的挑战。第 16 章讲到了未来机器人和物联网技术的发展，最后介绍了强人工智能和意识问题。

序幕 技术史中的重要时刻

我仍然记得，我会永远记得：

● 我们第一次把红白机连到电视上，电视画面出现《超级马里奥》的那一刻；

● 我第一次使用 MSN 从法国发送信息给英国朋友的那一刻；

● 我做演讲时可以使用无线上网的那一刻；

● 我拿着笔记本计算机处于两个房间之间时，一封电子邮件在屏幕上弹出的那一刻；

● 我第一次对着计算机说话，然后听到朋友回音的那一刻；

● 手机地图自动指出我当前位置的那一刻。

上面的每个时刻都让我兴奋不已，它们的出现犹如魔法。最近令我兴奋的有两件事：一是使用 FaceTime 拨打视频电话，二是在 Kinect 传感器前挥手。还有一件事可能大多数人都未曾体验过，那就是我曾经看到过一扇玻璃门，一碰到按钮，它立刻变得不透明了。太不可思议了！

每个时刻都令我惊叹不已，因为这些事情我根本预料不到。我想，如今我们的想象力应该更加丰富，比如使用隐形传送以获得对青少年感受的切身理解。还是说，我们应该将期望值调低一点，生活会更有意思？

2012 年 1 月 27 日，星期五

乔纳森·海依（Jonathan Hey）

（作者的儿子，文章摘自其博客）

01 革命的开端

> 计算机科学不同于物理学，它实际上不能算是一门科学，因为它不研究自然物体。你可能会觉得它与数学有关，但其实也不然。计算机科学研究的是如何让某个东西去做某件事情。
>
> ——理查德·费曼

计算机科学是什么？

说我们身处于计算机革命之中，这已经是老生常谈了。计算机几乎影响到了我们生活的方方面面，而这仅仅是个开始。互联网改变了我们获取信息以及与他人接触的方式。我们可以看到，计算机不仅让汽车、飞机等交通工具变得更安全、性能更好，而且还为移动通信开辟了道路，现在智能手机的计算能力已经超过了 10 年前最顶尖的计算机。本书讲述了所有这一切的来龙去脉，从计算机发展的早期（20 世纪中期）一直讲到互联网无处不在的今天，以及未来我们将走向何方。

图 1.1 大不列颠地质图。它由威廉·史密斯绘制。史密斯曾参与过运河的勘测和开凿工作，他在工作中逐渐发现地层结构是有规律的。1815 年，史密斯绘制了一张“改变世界的地图”，即第一张大尺寸的大不列颠地质图。史密斯是第一个阐述地层叠覆原理的人，他指出，地层是按照旧地层在下、新地层在上的顺序叠覆在一起的。这与计算机科学中的分层思想类似。借助这种分层思想，我们才得以设计出由数以亿计的组件所组成的复杂系统。

计算机科学这一学术研究领域，取材于多个学科，例如数学和电子学。诚如诺贝尔物理学奖得主理查德·费曼所言，从物理学的意义来看，计算机科学不是一门科学，物理学研究的全是自然系统。计算机科学更类似于工程学，因为它研究的是人造系统，最终是让计算机做有用之事。三位早期的计算机先驱艾伦·纽厄尔（Allen Newell）、艾伦·佩里斯（Alan Perlis）和司马贺（Herbert Simon）喜欢用“科学”一词来描述他们所做的工作，但是他们提出了与费曼类似的定义，即计算机科学是一门研究计算机的学问。我们将会看到，计算机科学与复杂性管理有着千丝万缕的联系，因为现代计算机中包含着数以十亿计的活动元件。如此复杂的系统应该如何设计与建造呢？答案就是，依靠分层抽象思想与通用性原则。这两大主题构成了我们讨论计算机的基础。

借助于分层抽象思想，我们可以把计算机的设计分成多个层次，这样就可以每次只专注于某一个层，而无须担心更底层上发生了什么。费曼在他的《费曼计算学讲义》中将分层抽象思想与地质学和地层学的创立者威廉·史密斯（William Smith）的工作（图 1.1）做了类比。虽然计算机科学中所用的分层方法并非因受到地质层的启发而产生，但费曼通过类比来解释计算机的分层结

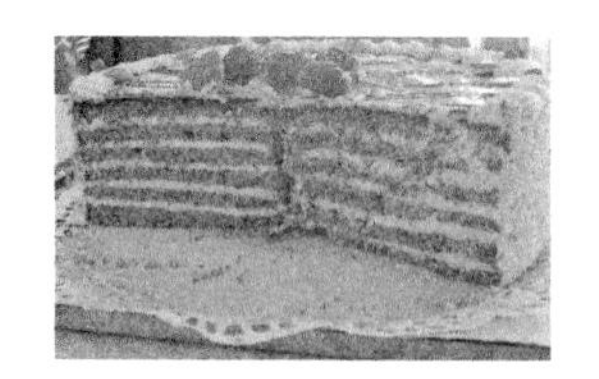

图 1.2 海绵蛋糕。相比于地层而言，用海绵蛋糕类比分层思想更为适用，也更有吸引力。

构，让我们知道，我们可以查看与理解每一层所发生的事情（图 1.2）。这正是我们理解计算机的关键所在。

通用性与通用计算机这个概念相关，通用计算机的概念由阿兰·图灵等人提出。图灵提出了一个非常简单的计算机模型，即通用图灵机。它使用的指令编码在一条被划分为一个个格子的纸带上，机器在从每个格子读取指令时遵循一套非常简单的规则。通用图灵机的缺点是，在做复杂计算时效率极差，速度非常慢。再者，针对某个特定问题，其实可以设计一台更为高效的专用机器。然而，尽管专用计算机的运行速度可能更快，但通用图灵机的优点就是它的通用性，即它可以进行专用计算机所能进行的任何计算。这就是著名的丘奇–图灵论题，它是计算机科学的奠基石之一。这个了不起的论题意味着，尽管你的笔记本计算机比世界上最快的超级计算机慢得多，但是从原则上说，它与那些超级计算机一样强大，从这个意义上说，任何超级计算机能进行的计算，你的笔记本计算机都一样能做到。

那么，我们是怎么有了这么强大的笔记本计算机的呢？尽管“强大的计算机器”这一想法早在 19 世纪早期就已经出现，但是今天的电子计算机只能追溯到第二次世界大战期间。

一次伟大的偶遇

关于计算的起源，有很多历史细节，讲解这些历史细节会大大偏离本书的目标。这里就不赘述了，我们只讲几个主要的节点。首先，一切要从阿伯丁火车站的一次偶遇说起。

1943 年，正值第二次世界大战期间，美军碰到了一个问题。他们位于马里兰州阿伯丁试验场的弹道研究实验室对当时正在制造的新式火炮射表的计算已经严重落后。每种新式火炮都需要为炮兵提供一套射表，指明开炮角度，以便炮弹命中指定目标。这些弹道计算工作由麻省理工学院教授范内瓦·布什设计的一台机器执行。这台机器叫微分分析机（图 1.3），它是一台模拟设备，类似于以前工程师使用的计算尺（计算尺后来被数字计算器所淘汰），但是建造规模更大。这台机器拥有许多由电动机驱动的旋转盘与钢轴，它们通过金属杆连接在一起。它必须通过人工设置才能求解特定的微分方程问题，整个设置过程长达两天。这台微分分析机用来计算炮弹的基本弹道轨迹，然后这些计算结果被交给一批负责计算的人，他们采用人工方式计算影响弹道的其他变量，比如风速与开炮方向。

图 1.3 微分分析机。它由范内瓦·布什设计，这是一台复杂的模拟计算机，它使用旋转盘与齿轮计算积分。整台机器体量庞大，几乎占满了一个房间。它连着几个由金属杆与齿轮连接在一起的集成单元。这台微分分析机属于美军马里兰州阿伯丁试验场的弹道研究实验室，被用于求解常微分方程，计算炮弹轨迹。

到 1944 年夏天，计算这些射表所要耗费的时间太长，造成大量积压，致使火炮的研制与制造计划一再被推迟。这种局面似乎无望改变，因为即便弹道研究实验室早前已安排使用另一台位于宾夕法尼亚大学莫尔电气工程学院（简称莫尔学院）的微分分析机来使得计算能力翻番，他们每周收到的请求计算射表的数量仍超出其最大完成量的两倍之多。赫尔曼·戈德斯坦（Herman

B1.1 约翰·莫奇利（1907—1980）和约翰·埃克特（1919—1995）。两位是 ENIAC 的设计师。随后他们与约翰·冯·诺依曼一起继续设计研制 EDVAC，EDVAC 是一台存储程序计算机。但是不幸的是，由于在知识产权与专利方面产生了法律纠纷，他们未来的工作变得异常艰难。后来，莫奇利和埃克特离开了宾夕法尼亚大学莫尔学院，自己创办了公司，制造了 UNIVAC，UNIVAC 是美国第一台成功的商业计算机。

Goldstine）是一位年轻的陆军中尉，负责莫尔学院计算分站的工作。1944 年 8 月的一个夜晚，他出现在阿伯丁火车站月台，准备赶火车回宾夕法尼亚。

1943 年 3 月，戈德斯坦首次听说有一种方案或许可以帮助弹道研究实验室解决这道难题。他在与莫尔学院的一位机械师的交谈中，了解到副教授约翰·莫奇利（B1.1）曾提议建造一台运算速度比微分分析机更快的电子计算机。莫奇利是一位物理学家，起初对气象学感兴趣。在研发天气预测模型的过程中，他很快就意识到，如果没有某种自动计算机的支持，这项任务根本无法完成。因此，莫奇利萌生了使用真空电子管制造一台运算速度更快的电子计算机的想法。

戈德斯坦是一位接受过训练的数学工作者，并不是工程师，因此他并没有注意到大家对这件事情的普遍看法。当时大家都认为，使用成千上万个真空电子管建造一台大型计算机是不可能实现的，因为真空管本身并不可靠。在与莫奇利交谈之后，戈德斯坦请他向弹道研究实验室提交一份建造这种真空管电子计算机的完整方案，以便申请资金支持。事情进展得很快，不到一个月，莫奇利就与莫尔学院最聪明的学生约翰·埃克特一道去阿伯丁介绍了他们的新方案。最后，他们如愿以偿拿到了项目赞助资金（起初为 15 万美元），并于 1943 年 6 月 1 日启动了 Project PX 项目。最终，他们研制出了世界上第一台通用电子计算机，命名为“ENIAC”，这是电子数字积分计算机（Electronic Numerical Integrator And Computer）的首字母缩写。

正当戈德斯坦等火车回宾夕法尼亚时，他看到了一位面熟的人——著名数学家约翰·冯·诺依曼（B1.2）。战前，戈德斯坦在做数学研究的过程中曾听过冯·诺依曼的几场讲座。后来戈德斯坦写道：

> 当时，我很鲁莽地走到这位名人面前，自我介绍并跟他聊起来。所幸，冯·诺依曼对我很和蔼、友好，他总是想办法让眼前的人放松下来。我们很快谈到了我的项目。当我说到我要制造一台每秒可以做 333 次乘法运算的电子计算机时，交谈的气氛一下子从幽默放松的状态变成了数学博士学位的口头答辩现场。

这次会面之后不久，戈德斯坦就带领冯·诺依曼参观了莫尔学院，这样冯·诺依曼才见到了 ENIAC（图 1.4），并与埃克特和莫奇利进行了交谈。事前，对于这次访问，戈德斯坦还记得埃克特当时的反应：

> 他（埃克特）说，他可以通过冯·诺依曼问的第一个问题判断出他是不是真的天才。如果冯·诺依曼问的是机器的逻辑结构，那他就承认冯·诺依曼是个天才，否则就不是。当然，那正是冯·诺依曼提的第一个问题。

图 1.4 原 ENIAC 计算机的一部分，陈列在宾夕法尼亚大学。

图 1.5 球形内爆透镜示意图。球形内爆透镜是用来启动钚弹中的原子核反应的。冯・诺依曼需要找到一台能够高效进行复杂计算的自动化设备，以便制作透镜。正因如此，他对 ENIAC 产生了兴趣。

冯・诺依曼之所以会对 ENIAC 如此感兴趣，是因为当时他正在美国新墨西哥州的洛斯阿拉莫斯国家实验室参与曼哈顿原子弹项目。洛斯阿拉莫斯国家实验室的物理学家们在制造钚弹的计划上遇到了瓶颈。他们需要做复杂的计算，才能为炸弹做出球形内爆透镜（图 1.5）。透镜由位置精准的炸药形成，这些炸药会产生球形压缩波，向内挤压处于球体中心的钚使其达到临界状态，从而引起原子核发生连锁反应。冯・诺依曼请求由范内瓦・布什创立的科学研究与发展局提供解决计算瓶颈的建议。科学研究与发展局让冯・诺依曼关注自己正在资助的 3 个自动计算机项目，或许可以从中找到他所需要的计算能力。在遇到戈德斯坦之前，冯・诺依曼就已经推断科学研究与发展局推荐的这些项目不会有任何帮助，包括由 IBM 与哈佛大学的霍华德・艾肯（Howard Aiken）所制造的机电式计算机 Mark I。当时科学研究与发展局并未向冯・诺依曼提到军方资助的 ENIAC 项目，因为布什等人认为它纯粹是一个浪费钱的项目。因此，ENIAC 团队非常欢迎著名数学家冯・诺依曼的加入，接下来的几个月里，他们进行了多次定期讨论。

B1.2 约翰・冯・诺依曼（1903—1957）。他出生在布达佩斯一个富裕的银行家家庭，从匈牙利布达佩斯大学（现罗兰大学）获得了数学博士学位，另从苏黎世联邦理工学院获得了化学工程的学士学位，还从哥廷根大学赢得了奖学金。他曾与戴维・希尔伯特（David Hibert）一同工作，致力于希尔伯特野心勃勃的计划，即数学的公理化。1933 年，冯・诺依曼从普林斯顿高等研究院获得一个学术职位，成为该院最早的 4 位教授之一。

冯・诺依曼在数学与语言方面非凡的天赋早在童年时就显露出来。后来在苏黎世联邦理工学院读大学时，他的老师乔治・波利亚（George Polya）这样评价他：

> 他是唯一一个吓倒我的学生。他思维异常敏捷。在苏黎世联邦理工学院我带着一个专门面向优秀学生的研讨班，冯・诺依曼就是其中一员。我曾在班上提到过一个定理，并补充说这个定理尚未得到证明，证明起来可能很难。冯・诺依曼一声不响，5 分钟之后，他举起手。我点了他的名，他便走到黑板前，写下了这个定理的证明过程。从那以后，我就开始怕他了。

冯・诺依曼是一位名副其实的博学家，他对博弈论、量子力学、计算机等诸多领域有着开创性的贡献。此外，他还主办过享有盛名的鸡尾酒派对，但是他的驾驶水平很糟糕：

> 冯・诺依曼开起车来既鲁莽又粗心。据说，他大概每年会毁掉一辆车。在普林斯顿有一个十字路口，被人戏谑地称为“冯・诺依曼拐角”，因为他总是在这里闹出车祸。

图 1.6 芯片上的 ENIAC。宾夕法尼亚大学的一个学生团队设计了这个芯片，用以纪念 ENIAC 诞生 50 周年。这个仅有 0.5 平方厘米的芯片的运算能力与 1946 年那台 30 吨重的 ENIAC 一样。在人类历史进程中，没有其他任何技术可以达到这样的发展速度。

ENIAC 最终于 1945 年 11 月建造完成，但当时战争已经结束，所以它没能帮上战争什么忙。ENIAC 高 2.5 米，长 25 米，重达 30 吨，包含约 17 500 根真空管、70 000 个电阻器、10 000 个电容器、1500 个继电器和 6000 个手动开关，耗电量为 174 千瓦，这么大的电量足可以为几千台笔记本计算机供电。令人惊叹的是，仅仅 50 年之后，这台“巨兽”的所有硬件都可以在单个芯片上实现（图 1.6）。幸运的是，最终的结果证明，真空管远比人们想象的更为可靠。ENIAC 的运算速度令人赞叹，比艾肯制造的 Mark I 要快 1000 多倍。采用十进制数，ENIAC 每秒可以做 5000 多次加法或者 300 多次乘法运算。尽管在运算速度上 ENIAC 远快于微分分析机和 Mark I，但就基本操作而言，设置 ENIAC 来解决特定问题时仍然需要花费大约两天时间，操作员还需要专门写一段程序来指定正确的操作顺序。

在为 ENIAC 写程序时，编程者需要熟悉这台机器，对它的了解程度甚至要赶上它的设计师（图 1.7）。运行程序时，操作者要拨动 ENIAC 的开关来执行特定的指令，通过插电线来安排这些指令按正确的顺序执行。1997 年，6 位为 ENIAC 编写程序的女士最终被推选为国际技术名人堂的伟大女性（图 1.8）。

图 1.7 ENIAC 的宣传海报。美军发布的海报把 ENIAC 宣传成数学家和解谜者的工作机会。

ENIAC 解决的第一个问题是由冯·诺依曼提出的。这个问题来自于他在洛斯阿拉莫斯国家实验室的工作，当时他们需要做一些复杂计算以对爱德华·泰勒（Edward Teller）提出的氢弹设计方案进行评估。初步的评估结果显示，设计中存在着严重的缺陷。于是，洛斯阿拉莫斯国家实验室主任诺里斯·布拉德伯里（Norris Bradbury）就写信给莫尔学院，信中写道：“这些问题的复杂度超乎想象，没有 ENIAC 的帮助，我们就没法找到切实可行的解决方案。”

图 1.8 ENIAC 的第一批编程者。她们全部是女性，在过去，编程就是指设置计算机的所有开关并重新进行插线，烦琐的操作往往需要几天才能完成。

冯·诺依曼与存储程序计算机

在 ENIAC 完成设计进行建造的过程中，埃克特和莫奇利有了一些闲暇时间，可以继续思考如何使用新出现的内存存储技术设计一台更好的计算机。他们发现，ENIAC 需要具备存储程序的能力，这可以帮编程者省下漫长的设置时间。大概在 1943 年年末或 1944 年年初，埃克特和莫奇利就提出了“存储程序计算机”的想法。可惜的是，他们没有抽时间把这个想法明确地写在下一代计算机的设计文档中，只是在建造 ENIAC 的进展报告中只言片语地提到过这种想法。但是，毫无疑问，提出“存储程序计算机”这一想法的功劳至少有他们一份。冯·诺依曼第一次来到莫尔学院是在 1944 年 9 月，他听取了埃克特和莫奇利关于建造一台新计算机的简要介绍。这台新的计算机被命名为离散变量自动电子计算机（Electronic Discrete Variable Automatic Computer），EDVAC。根据莫奇利的说法，他们告诉了冯·诺依曼如下内容：

> 我们的基本想法是：整台 EDVAC 将只有一个存储器（带有可寻址位置），它既可以用来保存数据，也可以用来保存指令。所有必需的算术操作都由一个算术单元执行（这点不同于 ENIAC）。当然，还有一些设备用来处理输入与输出，它们在控制模块的控制下进行工作，就像其他模块那样。

图 1.9 约翰·冯·诺依曼纪念邮票。该邮票由匈牙利发布，邮票上包含冯·诺依曼的肖像及其计算机体系结构草图。

在随后的几个月里，他们三人继续对 EDVAC 的设计思想进行完善，最终冯·诺依曼起草了一份长达 101 页纸的报告，即《EDVAC 报告书一号草案》（*First Draft of a Report on the EDVAC*）。尽管冯·诺依曼在这份草案上为另外两位作者留出了署名位置，但不幸的是，戈德斯坦提前发表了这份报告，而作者署名只有冯·诺依曼一人。这份报告中，首次描述了存储程序计算机的逻辑结构，即现在广为人知的“冯·诺依曼体系结构”（图 1.9）。

报告中提到的第一个重大的抽象概念是把计算机硬件与软件区分开来。在硬件层面，冯·诺依曼没有深入讲解建造计算机的硬件技术细节，而是从计算机要执行的基本逻辑功能入手描述了计算机的整体结构。执行这些功能的真实硬件可以由多种电子元器件实现，比如机电开关、真空管、晶体管或者现代的硅芯片。所有这些不同的元器件都能完成相同的计算功能，不过运行性能有所差异。通过这种方式，我们就可以把如何按特定顺序装配逻辑组件以解决特定计算的问题从硬件细节中分离出来。这种职责划分（硬件设计与机器编程）最终催生出了两个全新的工程学科，即计算机体系结构与软件工程。

对于计算机硬件，冯·诺依曼把它们划分成 5 个功能部件（图 1.10）：中央运算单元（CA）、中央控制单元（CC）、内存（M）、输入设备（I）和输出设备（O）。中央运算单元执行所有的算术与逻辑运算，中央控制单元组织要执行的操作序列。中央控制单元是总指挥，它从内存获取指令与数据，并提供时钟与控制信号，以此协调计算机各个部件的工作。中央运算单元的任务是执行指定的运算。内存应该既可以保存程序，也可以保存数据，这样它就能够访问到其中的程序指令或数据。输入和输出设备可以直接从计算机内存读取指令或数据，也可以把它们直接写入内存中。最后，冯·诺依曼建议 EDVAC 使

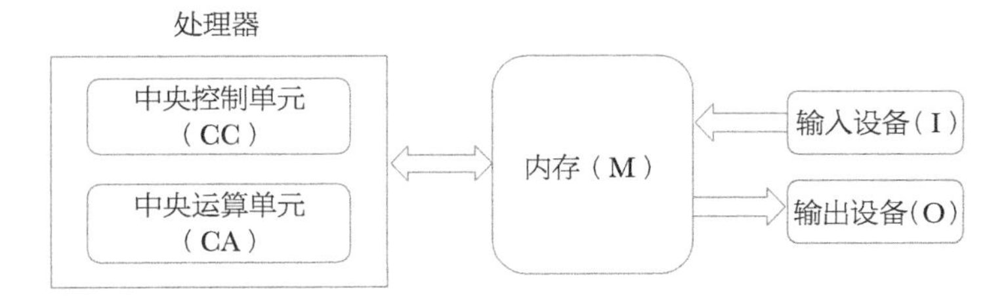

图 1.10 冯·诺依曼体系结构。所有采用这种体系结构的计算机均由输入设备、输出设备、内存和处理器组成。其中，输入设备（现在一般是键盘或鼠标）用来向计算机输入数据。信息经过二进制数编码之后，保存在内存中。处理器从内存获取其中的信息，解码之后，执行指定的计算。最终计算结果被放回内存中，然后输出设备（一般是显示器、打印机甚至是扬声器）从内存读取计算结果进行输出。处理器由两个部件组成：中央控制单元（CC）与中央运算单元（CA），即现在的算术逻辑单元（ALU）。

用二进制运算，而不是 ENIAC 的十进制运算。在第 2 章中我们将会看到，在采用了以 2 为基数的二进制之后，算术与逻辑运算的电子实现将会变得更简单、更高效。

“冯·诺依曼体系结构”跟图灵提出的通用性有什么关联呢？第二次世界大战之前，图灵在普林斯顿大学求学时，冯·诺依曼深入了解过图灵在英国剑桥大学读书时发表的一篇关于理论计算机的开创性论文。在冯·诺依曼体系结构中，内存、输入设备与输出设备从逻辑上等同于通用图灵机的纸带，中央运算单元与中央控制单元则对应图灵机的读写部件。这就意味着，采用冯·诺依曼体系结构建造的计算机能够做所有的计算。后来的计算机工程师们不需要提出新的体系结构，他们可以直接优化冯·诺依曼体系结构设计，提高其性能。事实上的确有一些方法，比如使用多处理器以及设计并行计算机，可以消除所谓的“冯·诺依曼瓶颈”（所有指令都是一条接一条顺次读取与执行的），以此来改进这种设计。

B1.3 莱斯利·科姆里（1893—1950）。天文学家，数学家。他在 1946 年访问了莫尔学院，将《EDVAC 报告书一号草案》的副本首次带回了英国。

走向全球的 EDVAC

《EDVAC 报告书一号草案》的邮寄名单上最初只有 32 人，但是关于这份报告的新闻很快在世界各地广泛传播开来。第二次世界大战结束以后，科学家们可以再次走出国门，去世界各地旅行。到 1946 年上半年，已经有好几位英国的访客访问过莫尔学院。第一位访问莫尔学院的是一位来自英国的新西兰人，名字叫莱斯利·科姆里（Leslie Comrie，B1.3）。科姆里一直对天文学与科学计算感兴趣，第二次世界大战期间，他领导一个科学家小组为盟军空军做轰炸瞄准表之类的计算。出乎意料的是，在参观完 ENIAC 之后，莫尔学院允许他把《EDVAC 报告书一号草案》的一份副本带回英国。回到英国后，科姆里拜访了剑桥大学的莫里斯·威尔克斯（Maurice Wilkes）。威尔克斯是一位数学物理学家，战后他退伍回到剑桥大学，试着创办一个可独立发展的计算机实验室。在回忆录中，威尔克斯写道：

> 1946 年 5 月中旬，刚从美国旅行回来的科姆里来见我，把一份文档递给我，这份文档就是冯·诺依曼代表莫尔学院 EDVAC 研制小组撰写的《EDVAC 报告书一号草案》。科姆里要在圣约翰学院逗留一晚，允许我第二天早晨再还给他。要是现在，我会复印一下，但是那个时候办公室没有配备复印机。所以，我只好熬夜读完整个文档。文档中明确指出了研制现代数字计算机所要遵循的原则：存储程序（数据与指令存在同一个存储器中）、按顺序执行指令、使用二进制开关电路做运算与控制。读完之后，我立刻意识到这种方案是可行的，并下定决心研制计算机。

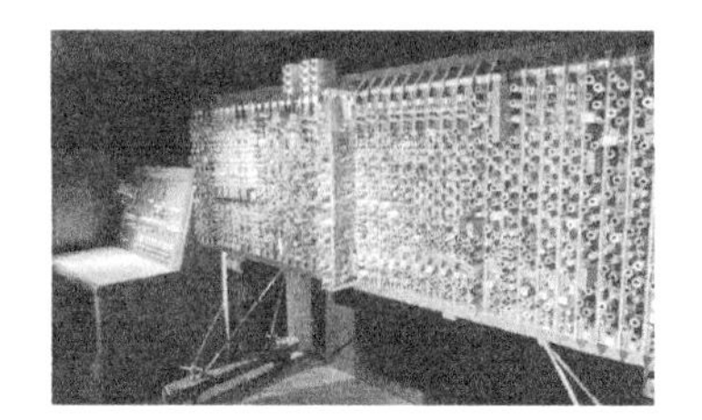

图 1.11 图灵设计的 ACE。它是一款独具特色的计算机，相比于 3 个月前冯·诺依曼发表的报告，图灵所做的设计更为详细。ACE 有很多创新之处，比如三地址指令、可变长块传送和位级操作，但是它很难进行编程，这是这种独特设计结构未能对计算机体系结构产生重大影响的原因之一。

莫尔学院的另一位早期访客是约翰·沃默斯利（John Womersley），他来自英国国家物理实验室。沃默斯利在工作中使用的是微分分析机，参观过程中，ENIAC 的超高性能给他留下了深刻的印象。回国之后，沃默斯利便着手在自己所在的实验室创办一个计算机项目，并且聘请图灵来领导这支团队。图灵阅读了冯·诺依曼撰写的报告之后，设计出了一台存储程序计算机，命名为 ACE，即自动计算机（Automatic Computing Engine）的首字母缩写（图 1.11 和图 1.12），这里选用“Engine”这个词是为了向查尔斯·巴贝奇致敬。

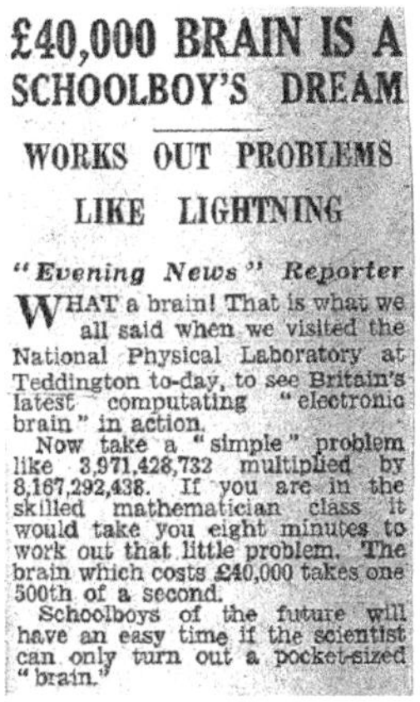

£40,000 BRAIN IS A SCHOOLBOY'S DREAM

WORKS OUT PROBLEMS LIKE LIGHTNING

"Evening News" Reporter

WHAT a brain! That is what we all said when we visited the National Physical Laboratory at Teddington to-day, to see Britain's latest computating "electronic brain" in action.

Now take a "simple" problem like 3,971,428,732 multiplied by 8,167,292,438. If you are in the skilled mathematician class it would take you eight minutes to work out that little problem. The brain which costs £40,000 takes one 500th of a second.

Schoolboys of the future will have an easy time if the scientist can only turn out a pocket-sized "brain."

图 1.12 1950 年 11 月 28 日的《伦敦晚报》报道了计算机 ACE 的运算速度。

ACE 的设计报告这样描述这台计算机的设计理念：

> 本设计旨在让用户在设置机器以解决新问题时几乎只需做一些文字工作。除此之外，要按照这些文字工作准备一盒穿孔卡卡片，并让它们穿过一个与机器相连的读卡器。即使我们想突然从计算氖原子的能量级切换为枚举阶为 720 的所有群，也完全不需要做内部改动。其中的原理可能很令人费解，毕竟没有人会觉得一台机器竟然能做到这么多事情！其实，我们只要知道机器能做一些简单的事情就可以了，它只不过是将一些传递给它的、用机器可理解的标准格式写的命令执行出来而已。

这不是最后一个低估“文字工作”难度的描述。当时所谓的“文字工作”，正是我们今天所说的“为计算机编程”。

1946 年，经过莫尔学院新院长霍华德·潘德（Howard Pender）的斡旋，在美国陆军装备部、美国海军研究所的共同资助下，莫尔学院开设了存储程序计算机暑期班（图 1.13）。有三四十人受邀参加，他们主要来自美国一些企业、大学和政府机关。在战时的同盟国中，英国是唯一受邀参加的国家。莫尔学院这次计算机的课程从 7 月到 8 月共持续了 8 周。除了埃克特、莫奇利之外，艾肯和冯·诺依曼也作为客座讲师出席。课程的第一部分主要讲数值计算与 ENIAC 的细节。直到课程快结束时，他们才获得安全许可，讲师们得以向与会者展示 EDVAC 设计的一些细节。当时威尔克斯也接到了潘德院长的邀请，尽管资金与签证有所耽误，他还是觉得应该去瞧瞧，反正“晚到一阵子也未必

图 1.13 宾夕法尼亚大学莫尔电气工程学院，ENIAC 诞生于此。

会错过什么”。参加完最后两周的课程，威尔克斯回国前参观访问了哈佛大学与麻省理工学院。在哈佛大学，威尔克斯见到了艾肯的 Mark I 和 Mark Ⅱ机电式计算机；在麻省理工学院，他见到了一台新式的布什微分分析机。随后他离开了美国，并且愈加确信，这些大机器都没有前途，只有 EDVAC 报告中所提到的存储程序计算机才是未来的方向。回到英国剑桥大学后，威尔克斯便着手启动了一个建造电子延迟存储自动计算机（Electronic Delay Storage Auto-matic Calculator）的项目，EDSAC，以此向 EDVAC 表达敬意。

EDSAC 于 1949 年研制成功并投入运行。这些早期计算机所面临的主要问题是缺少合适的存储设备来保存二进制数据。对此，埃克特提出，使用充满水银的管子存储来回传播的声波来表示数据。威尔克斯成功地为 EDSAC 制造了这样一个水银延迟线存储器。在威尔克斯设计的 EDSAC 的基础上，莱昂斯公司经过修改研制出了世界上第一台商用计算机，即 LEO（Lyons Electronic Office），并且成功将其应用到了他们经营的莱昂斯拐角客栈连锁店，后来，威尔克斯又提出了微程序设计的思想，从此可以使用软件而非硬件来实现复杂操作。微程序设计思想极大降低了硬件复杂度，成为计算机设计的主要原则之一。

而此时的美国，埃克特和莫奇利由于与宾夕法尼亚大学之间产生专利纠纷，最后他们从莫尔学院辞职。然后，他们努力寻求资金支持，打算制造一台商用计算机。

在克服了种种困难之后，埃克特和莫奇利最终成功设计并制造出了通用自动计算机（UNIVersal Automatic Computer），即著名的 UNIVAC。随着战争的结束，冯·诺依曼回到了普林斯顿大学，并马不停蹄地筹集资金为普林斯顿高等研究院建造一台 EDVAC 架构的计算机。冯·诺依曼从 EDVAC 项目组请来了戈德斯坦和亚瑟·伯克斯（Arthur Burks），还有天才工程师朱利安·毕格罗（Julian Bigelow），帮助他设计普林斯顿高等研究院的计算机。1947 年，冯·诺依曼与赫尔曼·戈德斯坦一起写了第一本关于软件工程的教科书，书名叫《电子计算仪器的规划和编程问题》（*Planning and Coding Problems for an Electronic Computing Instrument*）。

图 1.14 汤姆·基尔伯恩、弗雷迪·威廉姆斯与 Baby。这台计算机只有 7 条指令，主存储器为 32 × 32 位，使用阴极射线管实现。

正当计算机的商业化在美国开始发展的时候，英国的两个团队首次论证了存储程序计算机的可行性。在曼彻斯特，弗雷迪·威廉姆斯（Freddie Williams）和汤姆·基尔伯恩（Tom Kilburn）根据冯·诺依曼提出的计算机体系结构，于 1948 年 6 月研制出一台原型机，命名为 Baby（图 1.14）。1948 年 6 月 21 日，人类在一台电子计算机上运行了第一个存储程序。1949 年 5 月，威尔克斯在剑桥大学成功研制出了 EDSAC。毫无疑问，它是世界第一台拥有强大计算能力的存储程序计算机。

本章重要概念

- 计算可以自动进行
- 分层抽象
- 存储程序原则
- 存储与处理分离
- 冯·诺依曼体系结构

炮兵在开炮之前计算炮弹弹道。

计算机的早期历史

一个酝酿已久的想法

现代电子计算机的起源可以追溯到 20 世纪 40 年代的 EDVAC，但是关于建造强大计算机器的想法由来已久，可以追溯到 19 世纪早期一个名叫查尔斯·巴贝奇的英国人。

查尔斯·巴贝奇和差分机

第一个由政府资助并超支的计算机项目就是查尔斯·巴贝奇在 1823 年尝试建造的差分机。这个项目起源于有“航海家圣经”之称的《大不列颠航海天文年鉴》（*British Nautical Almanac*）数表中含有大量的错误。这些错误的来源有两个，一是计算错误，二是复印与排版错误。这些错误导致表格的准确度下降，被普遍视为引发众多海难的原因。有人做了一项研究，从这些数表中任意抽取 40 卷，发现勘误表就列出了 3000 多条错误，有些勘误表甚至是专门针对旧勘误表的错误而做的。

查尔斯·巴贝奇（B1.4）是一位数学家，1812 年，他还在剑桥大学读书的时候，就萌生了使用机器来计算数表的想法。关于这一点，他在自传中写道：

> 有一天晚上，我坐在剑桥大学分析学会的办公室里，神情恍惚地看着面前一张打开的对数表。一位会员走进来，瞧见我的样子，大声喊道：“喂！巴贝奇，你在做什么梦啊？”我指着对数表回答说：“我在想，或许可以用机器把这些表计算出来。”

几年后的一天，巴贝奇与一位天文学家朋友约翰·赫歇尔（John Herschel）正在查看天文表。两人面前都有一堆文件，包含着对这些天文表的计算结果。其实当时并没有计算机这种机器，这里所说的计算员指的是那些严格按照指定运算步骤采用手工方式做普通计算的人。两堆文件包含同一批表的计算结果，这些结果经由不同的人计算，最终结果应该是一致的。巴贝奇与赫歇尔把计算结果逐行对比，发现了许多错误。整个对比过程又慢又枯燥，巴贝奇最后抱怨说：“真希望上帝赐给我一台万能的蒸汽机，把这些计算都给做了。”

B 1.4 查尔斯·巴贝奇（1792—1871）。他是一位富有的银行家之子，在剑桥大学攻读数学，他通过从法国和德国引入新的符号和数学方法来解决英国数学中牛顿微积分的体系遗留问题。巴贝奇因在计算机研制方面的开创性工作而闻名，同时他也是一位多产的发明家。他的发明包括检眼镜、排障器、地震仪以及由压缩空气推动的潜艇等。但是，巴贝奇最终没能把计算机成功制造出来，抱憾离世。

这次经历促使巴贝奇在接下来几年设计了一台数学机器——差分机，这台机器能够使用“恒差分”的数学方法对天文表与航海表进行计算。然而，得出正确的计算结果只能解决数表中的一部分问题，因为在复印和排版这些计算结果的过程中，也很容易产生错误。为了消除这些错误，巴贝奇对他的差分机做了一些改动，让它在金属板上记录计算结果，这样人们就可以直接使用这些金属板进行印刷了。到了 1822 年，巴贝奇制造出了一台可运转的小原型机，并向英国皇家学会提请建造一台更大尺寸的差分机，即全尺寸差分机。英国皇家学会建议他从英国政府寻求资金支持，最终，巴贝奇史无前例地从政府那里获得了 1500 英镑的财政支持。1500 英镑在当时大致是个什么水平呢？多伦·斯沃德（Doron Swade）在他的《差分机》中写道：“以 1814 年一位男士的收入为例，如果一年能挣 300 英镑，那么他就能让自己的妻子以及几个孩子过上十分舒适的生活。”可见在 1822 年，这对政府来说是一笔非常大的投资。

然而，建造大型差分机需要设计数千个高精度齿轮与轮轴。为此，巴贝奇先与一位技术精湛的技术工程师约瑟夫·克莱门特（Joseph Clement）一起花费大量时间设计出更好的机床来生产成百上千个一模一样的零件。不幸的是，当时英国的制造技术正处于个人手工制造与大规模生产的转型阶段。因此，哪怕是像螺丝这样简单的零件，制造工厂也无法进行标准化生产。克莱门特手下有一位工程师，名叫约瑟夫·惠特沃斯（Joseph Whitworth），他在后来英国制造业广泛采用的“惠氏标准螺纹”制造中扮演着重要角色。

到 1832 年，整个项目的启动已经过去 10 年，耗费了大约 10 000 英镑，巴贝奇和克莱门特才完成了机器的一小部分，即打印部件。它很好用，可以打印出精度达到 6 位小数的计算结果。但是此时，巴贝奇与克莱门特之间发生争执，整个项目陷入停滞状态。自此，机器制造工作再也没有恢复启动。1842 年，这个项目正式取消，它总共花掉了英国政府 17 000 英镑。相比之下，罗伯特·史蒂芬森（Robert Stephenson）建造一台可以推动轮船航行到美国的新蒸汽机总花费还不到 800 英镑。

第一篇对巴贝奇设计的差分机进行详细介绍的文章出现在 1834 年，由富有传奇色彩的人物戴奥尼索斯·拉德纳（Dionysius Lardner）撰写，以《巴贝奇的计算机》（*Babbage's Calculating Engine*）为题发表于《爱丁堡评论》（*Edinburgh Review*）上。一名来自斯德哥尔摩的印刷商、出版商、记者乔治·舒兹（George Scheutz）阅读了这篇略带赞美的长篇文章之后，毅然投入到差分机的研究之中。舒兹没有办法了解巴贝奇差分机的各种操作细节，于是自己制作了一台机器。1843 年夏天，舒兹与儿子爱德华·舒兹（Edvard Scheutz）制造出了一台可实际运转的机器，包括打印部件。他们不知道巴贝奇会对他们的机器持何种态度，并因此忧心忡忡，但实际上，巴贝奇在观摩之后大为赞赏，并帮助他们推销机器。1855 年，舒兹父子制造的差分机在巴黎大博览会上获得金奖，随后在 1857 年，他们把一台机器以 1000 英镑的价格卖给了纽约阿尔巴尼达德利天文台主任本杰明·古尔德（Benjamin Gould），古尔德致力于把达德利天文台打造成美国的格林尼治天文台。古尔德博士使用这台差分机计算一组用于描述火星轨道的表格。不过，遗憾的是，1859 年，古尔德被解雇，这台舒兹差分机最终被捐献给了史密森尼博物馆。

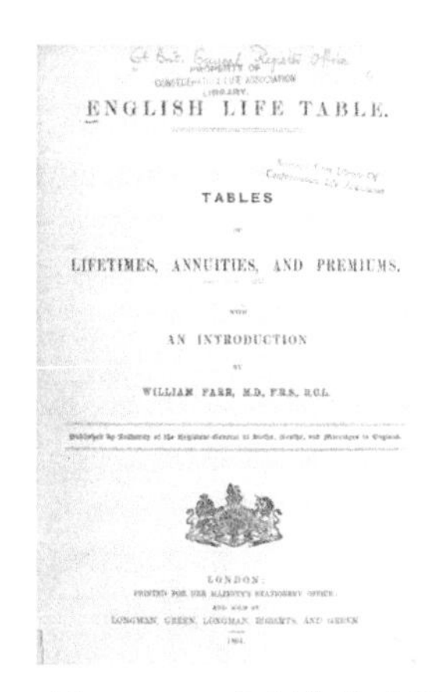
ENGLISH LIFE TABLE.

TABLES

LIFETIMES, ANNUITIES, AND PREMIUMS,

AN INTRODUCTION

WILLIAM FARR, M.D., F.R.S., D.C.L.

LONDON:

图 1.15 1864 年制作的《英国寿命统计表》封面，其中一部分表格由制表机制作。制表机的设计与制造受到了巴贝奇差分机的启发，但是它缺少防错机制，这严重影响了机器的实用性。

舒兹父子制造的另外一台机器被英国登记总局买走。威廉·法尔（William Farr）是该机构的首席统计师，他想使用这台机器自动制作预期寿命、年金、保险费、利息支付表格，以便制作 1864 年的《英国寿命统计表》（*English Life Table*，图 1.15）。该机器由伦敦的唐金公司负责搭建，用于编制《英国寿命统计表》的项目。然而，由于这台机器不具备巴贝奇差分机那样精细的防错机制，因此需要有人持续不断地进行照看。最后，整个《英国寿命统计表》项目的 600 页的印刷表格中仅有 28 页完全由机器制作，另有 216 页表格由机器部分参与制作。因此，这台计算机器失败了，它既没能带来任何明显的效益，也没能节约什么成本。后来，舒兹父子破产，产生这种恶果的部分原因就是他们对这种计算机器的过度迷恋。

另一方面，巴贝奇的儿子亨利·巴贝奇（Henry Babbage）继承了大部

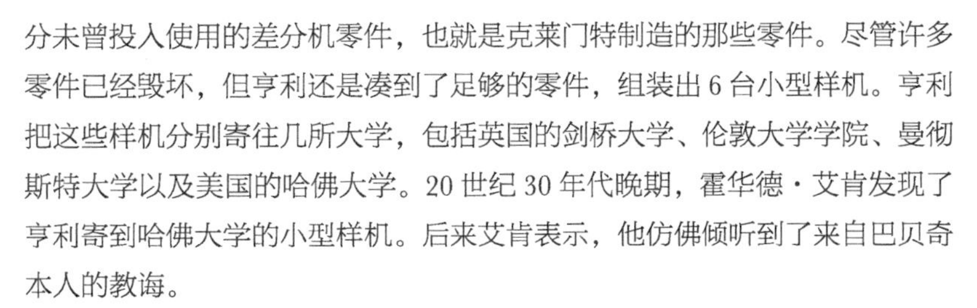

图 1.16 查尔斯·巴贝奇 200 周年诞辰纪念邮票。

分未曾投入使用的差分机零件，也就是克莱门特制造的那些零件。尽管许多零件已经毁坏，但亨利还是凑到了足够的零件，组装出 6 台小型样机。亨利把这些样机分别寄往几所大学，包括英国的剑桥大学、伦敦大学学院、曼彻斯特大学以及美国的哈佛大学。20 世纪 30 年代晚期，霍华德·艾肯发现了亨利寄到哈佛大学的小型样机。后来艾肯表示，他仿佛倾听到了来自巴贝奇本人的教诲。

直到 1991 年，英国科学博物馆馆长多伦·斯沃德和他的团队才根据查尔斯·巴贝奇（图 1.16）的设计制造出一台可以实际运转的全尺寸差分机模型。这有力证明了在巴贝奇那个年代，制造这种机器是可能的，但是需要投入大量的工程工作（图 1.17）。

图 1.17 多伦·斯沃德与差分机 II。1991 年，为了纪念查尔斯·巴贝奇诞辰两百周年，多伦·斯沃德和他在伦敦科学博物馆的同事根据巴贝奇的原始设计，制造出了一台可运转模型——差分机 II。这些计算机史学家与工程师竭尽全力地保留了它的原真性，制造时使用了原始设计图、材料，以及巴贝奇所处时代的制造精度。他们把这项工作视为巴贝奇项目的延续，但这时距离巴贝奇时代过去 150 多年了。差分机 II 大约由 8 000 个齿轮组成，总重约 4.5 吨。它通过一个手摇柄进行操作，图中是斯沃德正在摇动手柄的情形。设计中包含了许多故障保险机制，比如机械式奇偶校验，可以用来防止出现错误，即便震动导致某些齿轮发生紊乱，这些保险机制也能有效地发挥作用。齿轮是按照能以可控方式断裂的标准制造的，这等同于一根机械式保险丝。然而，需要指出的是，这台机器设计得太超前了。它的计算精度达到了 44 位二进制数。这个精度实在是太高，即使是今天，我们所使用的许多机器计算精度也只有 32 位二进制数。这台机器甚至还可以用来计算七阶多项式，而今天我们常用的也只是三阶多项式。我们至今还不清楚巴贝奇为什么会觉得他需要这么高的精度。如果这台机器稍微简单一些，他就不需要使用这么多齿轮，制造起来也就容易得多。巴贝奇把差分机看作整个计算过程不可或缺的一部分，整个计算过程就是他设想的用来产生数字的工厂。

分析机

巴贝奇不是什么深谋远虑的大师。他没能完成大型差分机的制造工作，并且不明智地建议政府放弃研制尚未完成的原始机器，转而建造一台功能更强大、更通用的机器，他称之为分析机。本质上，差分机是一种特殊用途的计算机器，巴贝奇意识到他能设计一种更为通用的机器，这种机器可以用来执行各种算术或逻辑运算。在 1834 ～ 1836 年，巴贝奇构思出一种功能更强大、更通用机器的想法，并且不断对设计进行修改，直到他去世为止。这种分析机从来没有付诸实际制造，只是一项思想实验。尽管如此，其设计中蕴含的许多原则仍能在现代计算机中找到踪影。特别是巴贝奇在设计中将用于执行各种算术运算的机器部件与用来存储数据（处理前或处理后的数据）的机器部件分离开来这一点尤甚。巴贝奇借用纺织业中的术语，把机器上的这两个部件分别称为“计算工厂”（现在叫中央处理单元或 CPU）与存储数据的“仓库”（对应于现在的计算机内存）。这种分离就是冯·诺依曼在那篇著名报告中所提出的现代计算机组织原则的基本特征。

巴贝奇在设计中的另一项重要创新是通过穿孔卡来提供机器指令，现在我们把这些指令称为“程序”。巴贝奇通过穿孔卡来“指挥”计算机的灵感来自于一台自动织布机（图 1.18），这种用穿孔卡控制机器的想

图 1.18 雅卡尔织布机。穿孔卡上的指令用来控制织布机织出复杂图案。织布机的“程序”由一连串带有孔洞的穿孔卡组成，每个孔洞的位置都是特定的。穿孔卡的顺序以及孔洞的位置决定着织布机提针与落针的时机，以控制织布机织出指定的图案。

B1.5 约瑟夫·雅卡尔（1752—1834）和菲利普·德拉塞尔（1723—1804）。图为两人出现在里昂的壁画《里昂人》上。德拉塞尔是一位著名的设计师，在丝绸业知名度很高。雅卡尔使用穿孔卡为自动织布机提供控制指令的做法给巴贝奇带去灵感，于是巴贝奇就有了使用穿孔卡为分析机编程的想法。

法最早由法国人约瑟夫·雅卡尔（Joseph Jacquard，B1.5）提出，并将其用来控制织布机。这些穿孔卡片串在一起，组成条带，然后穿过一个能够感知孔洞模式的机械设备进行读取。这些织布机能够根据穿孔卡的指示织出十分复杂的图像与图案。巴贝奇在伦敦举办过一次著名的晚宴，期间他向人们展示了一幅用丝织成的雅卡尔肖像。这幅肖像一共用了大约 10 000 多个穿孔卡控制织布机的生产，其精致程度令人称奇。

为了设计分析机，巴贝奇写了 6000 多页笔记，画了数百张工程图表，用来准确说明分析机的运转原理。然而，他并未公开发表任何关于分析机的科学论文，公众只是通过他于 1840 年在都灵为意大利科学家所做的演讲中才了解到他建造分析机的雄心壮志。这次演讲内容由意大利著名的年轻工程师费德里科·路易吉（Federico Luigi）详细地整理了出来。费德里科后来成为意大利军队的一名将军，再后来出任意大利首相。

埃达·洛夫莱斯

故事讲到这里，该聊聊埃达·洛夫莱斯（B1.6）了。她是浪漫主义诗人拜伦勋爵的唯一婚生女。埃达第一次见到巴贝奇是在巴贝奇组织的一次晚宴上，那是在 1833 年，当时埃达 17 岁。之后，不到两个星期，她和母亲就接到巴贝奇的邀请，请她们参加他的“计算机”样机介绍会。由于父亲的原因，埃达从小就学习数学。对那个时代的女性来说，这并不常见。在与巴贝奇第一次见面之后不久，埃达就结了婚，并有了孩子。1839 年，她写信给巴贝奇，请他为自己介绍一位数学老师。巴贝奇向她推荐了奥古斯塔斯·德·摩根（Augustus De Morgan）。德·摩根是一位著名的数学家，在代数学与逻辑学等方面有过重要的贡献。埃达对自己的数学才能很自信，她在给巴贝奇的信里说：“我学得越多，想进一步学习的欲望就越强烈。”德·摩根曾经给埃达的母亲写过一封信，从信件内容可以看出，他对埃达数学才能有一定程度的肯定。在信中，德·摩根说埃达的数学才能能够让她成为“一名出色的数学研究员，也许还能成为一流的数学家”。

在一位共同好友、科学家查尔斯·惠斯通（Charles Wheatstone）的建议下，埃达把费德里科·路易吉的论文翻成英文出版。巴贝奇建议她在论文中添加一些自己的阅读笔记。巴贝奇对埃达的这项工作很感兴趣，于是将自己在都灵演讲时用过的材料与示例给了她，并帮她的笔记草稿写了注解。巴贝奇还为埃达写了一个全新的例子，即使用分析机计算伯努利数（一系列复杂的有理数）。埃达之前没见过这个例子，但是看过之后，她很快就掌握了计算步骤，并指出了巴贝奇计算中的一个错误。埃达详述了巴贝奇的思想，并用简洁明了的方式加以表述，从她笔记中的两个例子可以印证这一点。

B1.6 埃达·洛夫莱斯（1815—1852）。图为机器人绘制的肖像。埃达的父亲是英国浪漫主义诗人拜伦勋爵，他在埃达接受数学教育方面起到了重要作用。埃达是第一个用英文论述巴贝奇分析机巨大潜力的人，并且被认为是世界上第一位计算机程序员。她也是第一个指出分析机除了执行数值计算也能处理符号的人。她还写道：“或许有一天机器可以自己写出诗作。”

分析机最显著的特征就是引入了雅卡尔发明的控制方式，即通过穿孔卡来控制要在织物中编织的复杂图案。这种控制方式提供了具备扩展能力的机制，这一点让分析机有机会成为抽象代数的得力助手。差分机与分析机的差异正在于此，差分机不支持这种方式。更形象一点说：分析机为代数学编织图案，就像雅卡尔织布机为织物编织花朵、叶片一样……

许多人认为，机器的职责就是提供数字形式的结果，因此其处理本质必须是基于算术与数字的，而非基于代数与分析。这种想法是错的。分析机能够准确地排列与组合它的数值数量，就像它们是字母或其他任何通用符号一样。事实上，如果做好了相应的条件，分析机就可以产生代数形式的结果。

巴贝奇肯定没有公开或详细阐述任何使用分析机做代数运算的想法。还有一个富有争议的话题来自于埃达对人工智能与计算机的论述：分析机不能自主地发明任何东西，它只能按照我们的命令去做一些事情。后面我们会讨论计算机是否具备可识别的智慧。

TL1.1 约翰·阿塔纳索夫（1903—1995）。他和克利福特·贝瑞使用真空管制造出了 ABC。

TL1.2 霍华德·艾肯（1900—1973）。继电器发出持续不断的咔嗒声，就像“一屋子都是在干针织活的女工”。

TL1.3 第一台存储程序计算机。存储器由阴极射线管制造。

ABC
1936

MARK-I
1944

曼彻斯特大学的 Baby
1948

ZI
1934

ENIAC
1945

EDSAC
1949

TL1.4 康拉德·楚泽正在改进他的 Z 系列计算机。

TL1.5 为 ENIAC 重新连线是一项充满挑战的工作。

TL1.6 莫里斯·威尔克斯正在检查 EDSAC 计算机的真空管。

TL1.7 澳大利亚第一台存储程序计算机，采用水银延迟线作为存储器，可以播放音乐。

TL1.8 LEO是一台成功的商用计算机，最初用于莱昂斯公司的连锁店。

TL1.9 苏联第一台计算机，在基辅附近的一处修道院收容所研制成功。

CSIR Mark I
1949

LEO
1951

MESM
1951

IAS
1952

Whirlwind
1951

UNIVAC
1952

TL1.10 IAS是许多计算机的原型机，因为其设计没有申请专利而被广泛传播。运行在这台计算机上的程序主要用来为氢弹做计算，以及做生物学模拟。

TL1.11 第一台飞行模拟计算机，用来训练轰炸机飞行员。

TL1.12 约翰·埃克特（中间）正在向哥伦比亚广播公司记者沃尔特·克朗凯特展示UNIVAC。这台机器用于1952年美国大选结果预测。但是连程序员自己都不相信他们（正确）的预测结果：当只有7%的投票时，UNIVAC预测艾森豪威尔将以压倒性优势获胜，而此前民意测验预测为势均力敌。

密码破译机

图 1.19 布莱切利庄园中波兰密码破译员纪念碑。他们的工作对研制用来破解恩尼格玛密码的炸弹机至关重要。

说起计算机的早期历史，就一定要提到英国布莱切利庄园里密码破译员的开创性工作以及第一台商用计算机的研发过程。

布莱切利庄园、恩尼格玛密码机、巨人机

第二次世界大战期间，英国布莱切利庄园中的数学家和科学家们一直在寻求某种自动机器来帮助他们完成破解密码这项绝密工作。图灵和他在剑桥大学的导师马克斯·纽曼（Max Newman，B1.7）深入参与设计和建造这样的自动机器来帮助破解德军的加密通信系统。图灵参与的是解密工作，研究著名的恩尼格玛密码机加密过的信息。在此之前，波兰情报机关已经开始研究恩尼格玛密码机（图 1.19），在波兰人研究成果的基础上，图灵参与研制出一台机电式机器，名叫炸弹机（Bombes），它可以用来确定恩尼格玛密码机的参数设置。这种机器最早在 1940 年投入使用，为保护北大西洋护航队免遭德国 U 型潜艇的攻击做出了巨大贡献。

图 1.20 巨人计算机。它是一台密码破译机，直到第二次世界大战结束多年之后，人们才知道它的存在。它由英国邮政局工程师汤米·弗劳斯在 1943 年设计与建造。

柏林的德军最高指挥部采用了一种更加复杂的密码机，名为洛伦兹密码机。纽曼带领团队研制出一种名叫希思·罗宾逊的机器。希思·罗宾逊（Heath Robinson）是一位漫画家的名字，以绘制异想天开的机器而闻名。这样起名是想表明制造一台用于破解洛伦兹密码的设备是可行的。随后又出现了 ULTRA 项目，目标是建造一台全电子化的希思·罗宾逊机器，取名为“巨人”（图 1.20）。尽管它不是一台通用计算机，但它由 1500 个电子管组成，还配备着带有光学传感器的纸带读取器，具备每秒处理 5000 个电传打字机字符的能力。这部机器由英国邮政局多利斯山研究实验室的一名工程师汤米·弗劳斯（Tommy Flowers，B1.8）设计与建造，并于 1943 年 12 月投入使用，比 ENIAC 还早两年多。“巨人”的伟大成就之一就是使两位盟军统帅艾森豪威尔和蒙哥马利确信，希特勒坚信盟军的登陆舰队将从多佛登陆。密码破译机在战时的巨大贡献被丘吉尔认可，对此，丘吉尔说道：“下金蛋的鹅从不咯咯叫。”

B1.7 马克斯·纽曼（1897—1984）。他是英国剑桥大学一位才华横溢的数学家与密码破译专家。阿兰·图灵从纽曼在剑桥大学的讲课中获得灵感，发明了著名的图灵机。第二次世界大战期间，纽曼在布莱切利庄园工作，他带领的团队主要工作是破解经过洛伦兹密码机加密过的情报。他们制造了一台名为希思·罗宾逊的机器，专门用来破解洛伦兹密码。巨人机就是基于这台机器制造出来的。

密码破译机的主要任务是从纸带上读取文本，然后找出加密设备中 12 个转子的可能设置。巨人机在 1943 年 12 月首次证明了自身价值，为盟军准备诺曼底登陆提供了非常宝贵的信息。巨人机和炸弹机这些自动密码破译机对于加速战争的结束做出了重大贡献（图 1.21）。

战争结束时，丘吉尔下令把这 10 台巨人机的多数予以销毁。弗劳斯在多利斯山实验室亲手把设计图纸投入火炉。这样一来，英国政府就可以向其他各国政府兜售仿恩尼格玛机，并且拥有破译这种机器所发送的信息

B1.8 汤米·弗劳斯（1905—1998）。他对计算机以及第二次世界大战期间的密码破译工作做出了巨大贡献，直到战争结束后，人们才从布莱切利庄园中记录密码破译活动的秘密文件中知道这个人。弗劳斯制造了一台名叫巨人的电子密码破译机，它可以用来破译德军最高指挥部所采用的洛伦兹密码机的加密系统。之前用来破译恩尼格玛密码的炸弹机采用的是机电设备，弗劳斯决定使用电子管来取代它们。最初也有一些反对的声音，因为大家普遍认为电子管不是十分可靠。巨人机由大约1500个电子管组成，它是世界上第一台专用的电子计算机。针对计算机运转时产生的巨大热量，弗劳斯这样写道：“啊，潮湿寒冷的英国冬日凌晨2点的可贵温暖！”

的能力。截至20世纪50年代晚期，有两台巨人机一直为英国政府位于切尔滕纳姆的通信总部所用。随着数字通信时代的到来，布莱切利庄园战时活动不再需要保密。20世纪70年代，有关巨人机的信息开始公开。一份1945年关于破译洛伦兹密码机信号的秘密报告在2000年得以解密，其中包含与巨人机有关的描述：

> 令人遗憾的是，我们不可能把仍在运转的巨人机的魅力诉诸笔墨。它体积庞大、十分复杂，拥有不可思议的运行速度，薄薄的纸带绕着闪亮的滚轮；纯机械式的逐字解码的能力（曾有一个新手以为被戏弄了）；打印机无须人工协助，就能将大量内容完美无误地打印出来……

战争期间，英国政府隐瞒了自己在计算机研发方面取得的成就，这使得以后所有国家（包括英国自己）的计算机研制工作都采用了冯·诺依曼存储程序计算机的设计思路。

图1.21 布莱切利庄园密码破译机纪念碑。碑文是“我们也服役过”。在纪念碑的背面用莫尔斯电码写着丘吉尔的评价：“我最绝密的情报源。”

LEO：第一台商用计算机

在 EDSAC 的基础上，英国的莱昂斯公司研制出了世界上第一台商业应用（非数值计算）电子计算机 LEO。令人颇感意外的是，莱昂斯公司是一家餐饮公司，在英国各地经营着茶馆和客栈（图 1.22）。他们在伦敦提供英式高级茶点，女服务员统一着装、被称为“穿行者”。餐饮业需要大量员工来确保每天配送的烘焙食品数量是正确的，而且还需要人工处理相关的收据与发票。以现在的视角来看，我们很清楚这些工作都可以由计算机代劳。但是在那个年代，能够意识到这些原本被设计来计算炮弹弹道的计算机，在与科学无关的商业应用领域中有用武之地，绝对需要这个人拥有超乎常人的远见卓识。

图 1.22 莱昂斯公司在英国各地经营着茶馆和客栈，出人意料的是，他们最先将计算机用在商业计算中。

LEO 项目在约翰·西蒙斯（John Simmons）的远见卓识下诞生。他是莱昂斯公司组织与方法部的一位数学家，也是计算机自动化的热情倡导者。1947 年 5 月，莱昂斯公司派人赴美国考察计算机用于商业的可能性。不久，西蒙斯意识到，英国本土就有一位完美的拍档，西蒙斯在剑桥大学找到了莫里斯·威尔克斯，希望他能帮助莱昂斯公司找到解决方案。1949 年 5 月，EDSAC 首次试运行成功，随后西蒙斯得到董事会的许可，开始建造 LEO。

B1.9 约翰·平克顿（1919—1997）。图为他与计算机 LEO 的合影。平克顿是第一批计算机工程师。他在 EDSAC 的基础上经过一系列改进，设计与建造了第一台商用计算机 LEO。LEO 最初是莱昂斯公司订制的，用于自动记录公司的产品，并把烘焙好的食品递送到公司下属的各处茶馆中。LEO 在 1951 年投入使用。

工程师约翰·平克顿（John Pinkerton，B1.9）被指派至这个项目来设计 LEO，他大概算是世界上第一个工业计算机工程师了吧。西蒙斯组建了一支优秀的制造团队，对 EDSAC 的设计进行改进，让它可以兼顾那些特殊的用户需求。他们的商业业务与科学计算有很大不同，一般输入和输出非常少，但是运算需要运行很长时间。LEO 支持多种输入与输出方式，并且拥有比 EDSAC 更大的存储空间。此外，对于不间断运行的商业应用而言，机器运行的可靠性至关重要，所以平克顿在这台机器中采用了 28 个可更换的电子管组，这样出故障的电子管组可立即更换。LEO 在 1951 年年末问世，并在 11 月代替了员工使用的“面包店估值法”。LEO 能够根据面包店投入的原料、人工和耗电成本，计算产出的面包、蛋糕、馅饼产品的价值。它使用制作成本价格和利润率来计算派送到各个茶馆、食品店、饭店的产品价值。LEO 还可以用来计算库存产品的价值。LEO 计算机公司成立于 1954 年，一直致力于这台机器的升级换代工作，直至 20 世纪 60 年代早期与英国电气公司合并。1968 年，它又合并了其他两家公司，成立了新的国际计算机有限责任公司（International Computers Ltd.），这家公司持续盈利了几十年。

其他先驱

计算机的研制工作不仅出现在美国和英国，在其他国家（比如德国、苏联、澳大利亚）也有很多先驱从事数字电子计算机的研制工作。

康拉德·楚泽与 Z 系列计算机和 Plankalkül 编程语言

康拉德·楚泽（B1.10）是德国广为人知的计算机开创者。在第二次世界大战爆发前的艰苦岁月里，他孤身一人从事计算机的设计研究工作。1941 年，楚泽制造出了一台可运行的机电式计算机 Z3，这台机器的结构特征已经成为计算机设计师做设计时要遵守的重要原则。不同于 ENIAC，楚泽设计的计算机采用了二进制编码（数据与指令），这可以大大降低设计的复杂度。Z3 是第一台自动且由程序控制的电磁式计算机，早于霍华德·艾肯的 Mark I。1943 年之前，楚泽一直在研制新的计算机 Z4，并于 1945 年建造出 Z4。为了防止 Z4 像 Z3 那样被炸毁，楚泽带着 Z4 离开了柏林，四处转移，最后把它藏在了巴伐利亚阿尔卑斯山一个小村庄的马厩里。楚泽还开发了一种编程语言 Plankalkül（意即“微积分计划”）。在这种语言中，楚泽引入了赋值与循环的概念，这些概念已经成为现代编程语言的重要组成部分。战后，楚泽于 1949 年创立了一家名叫 Zuse KG 的计算机公司，并于 1950 年把 Z4 卖给了瑞士苏黎世联邦理工学院。他的公司继续研制新型计算机，最终制造出了电子管通用计算机 Z22R，并成功把 56 台 Z22R 卖给了各个公司与大学研究机构。1967 年，楚泽的公司被西门子公司收购。

B1.10 康拉德·楚泽（1910—1995）。德国计算机科学家。他在第二次世界大战期间独立设计与研制了 Z 系列计算机。直到最近，他的开创性工作才广为人知。1946 年，IBM 公司获得了他的专利权。楚泽设计的编程语言 Plankalkül 在他有生之年未曾实现。2001 年，德国柏林自由大学的一支团队为这门语言编写了一个编译器。

谢尔盖·阿列克谢耶维奇·列别捷夫与 MSEM 和 BESM

谢尔盖·阿列克谢耶维奇·列别捷夫（Sergei Alekseyevich Lebedev，B1.11）是苏联研制计算机的先驱。战后，在他的带领下，一个秘密的电子实验室在基辅郊外成立，开始研制苏联第一台电子计算机。1951 年 12 月，他们研制出一台可运行的计算机，这标志着苏联自主研制计算机的开端。他们研制的计算机既有大型计算机，像 BESM、URAL 和 Elbrus，也有小型机，比如 MIR 与 MESM 等。这些计算机的名字在苏联之外并不为人知，但是在苏联的科学与工程领域，它们备受尊敬。BESM 是苏联计算机的支柱，大约生产了 350 台。BESM-1 建造于 1953 年，这个系列的最后一个型号 BESM-6 建造于 1966 年。然而，1967 年，政府决定复制 IBM 的计算机。这就标志着苏联自主研发计算机时代的结束，这项决定让苏联许多计算机研制先驱感到失望。

B1.11 谢尔盖·阿列克谢耶维奇·列别捷夫（1902—1974）。苏联计算机工业的创始人。他既是一位才华横溢的工程师，也是一位狂热的登山家，曾经攀登过欧洲最高峰厄尔布鲁士峰。1996 年，已经去世 22 年的列别捷夫获得了由美国电气和电子工程师协会（IEEE）授予的查尔斯·巴贝奇奖章。

有关苏联计算机的细节很少，因为大部分文档从未公开过。一般认为，20 世纪 50 年代与 60 年代，苏联计算机的研制水平远远落后于西方国家。我们难以想象，苏联在缺少强大计算能力的情形下仍然在空间探索、军事防御、科学技术方面取得了令人瞩目的成就。伦敦科学博物馆的资深策展人多伦・斯沃德在 1992 年访问过西伯利亚，以谋求一台苏联的 BESM-6 作为伦敦科学博物馆的收藏。在 BBC 四频道的一次采访中，斯沃德被问到关于列别捷夫的贡献和 MESM 的问题时，他是这样回答的：

> MESM 是苏联自主研发的吗？我认为几乎完全是肯定的。它的性能相当不错吧？当然。BESM 性能也不错吧？我觉得当时 BESM 在性能上赶不上美国的同代计算机。但是，作为一个主力机型，它对苏联各个研究领域产生了深远影响，比如空间研究计划、军事研究、科学研究等，我们可以把它看作现代计算机史上最有影响力的计算机。

特里沃・皮尔西与 CSIR Mark I

特里沃・皮尔西（Trevor Pearcey，B1.12）出生于英国，第二次世界大战期间从事把高等数学应用到雷达研制方面的工作。1945 年，皮尔西移居澳大利亚，途中访问了哈佛大学与麻省理工学院，并参观了霍华德・艾肯的 Mark I 与布什的微分分析机。1946 年，皮尔西进入澳大利亚科学与工业研究理事会位于悉尼大学的无线电物理学部门工作。在美国参观期间，他了解到机器的局限，也看到了使用电子管建造高速数字计算机的潜力。1947 年年末，皮尔西与悉尼大学毕业的电子工程师马斯顿・贝尔德（Maston Beard）开始合作设计计算机，皮尔西负责理论研究，贝尔德负责硬件研究。虽然皮尔西在 1948 年年末访问过英国，并参观过曼彻斯特大学的 Baby 和剑桥大学的 EDSAC，但是他觉得没有必要根据它们修改自己的设计。后来，皮尔西声称 CSIR Mark I“完全是本土制造的，离英国与美国的主流研发有 10 000 公里远”。

在早期计算机研制过程中，最大的挑战之一是计算机存储技术的研发。使用水银延迟线为 CSIR Mark I 设计存储系统的重任落到了工程师雷格・瑞安（Reg Ryan）及其团队的肩上。CSIR Mark I 以 1000 赫兹运行，其延迟线存储器能存储 768 个字，每个字 20 位长。到了 1949 年年末，他们的计算机能够运行一些基本的数学运算，可以称得上是第一批可运行的存储程序计算机之一。1951 年，CSIR 更名为 CSIRO（联邦科学与工业研究组织），计算机也随之更名为 CSIRO Mark I。1951 年 8 月，澳大利亚召开了第一次自动计算机会议，CSIRO Mark I 首次演示播放了计算机生成的音乐，即战时最流行的《布基上校进行曲》（*Colonel Bogey*）。1954 年，CSIRO 项目正式结束，CSIRO Mark I 在 1955 年被运送到墨尔本大学。墨尔本大学于 1956 年设立了新的计算实验室，采用 CSIRO Mark I 作为工作母机，并将之重命名为 CSIRAC。这台计算机一直运行了 8 年，其中大约只有 10% 的时间用来进行维护。

B1.12 特里沃・皮尔西（1919—1998）。他出生于伦敦，毕业于帝国理工学院，获得物理和数学学位。第二次世界大战期间，他致力于研制雷达系统。后来移居澳大利亚，在悉尼大学负责设计与建造 CSIR Mark I，这是世界上最早使用电子管研制的计算机之一。

02 硬件

我一直很喜欢“布尔”这个词。

——克劳德·香农

硬件抽象层

在第 1 章，我们了解到把计算机的物理硬件（电磁继电器、电子管或晶体管）与软件（由计算机硬件执行的指令集合）从逻辑上进行分开设计是可行的。在这个关键的抽象概念之下，我们既可以向下深入到计算机的硬件层，了解硬件执行基础算术和逻辑运算的原理，也可以向上进入软件层，专注研究如何命令计算机执行复杂的任务。计算机设计师丹尼·希利斯说：

> 这种抽象层次结构是我们用来理解复杂系统的最重要工具，借助这种工具，我们可以每次只把关注点放在问题的某一个方面。

此外，我们还认识到了“功能抽象”的重要性：

> 在计算机逻辑中为 0 和 1 两个信号下定义，就是功能抽象的一个例子。这让我们在处理信息时不用考虑底层细节。只要我们了解如何实现一个特定的功能，我们就可以把这个工作原理放入一个“黑盒子”或“构造块”之中，无须再考虑其他问题。我们可以反复使用这种“构造块”所包含的功能，不需要考虑里面的具体细节。

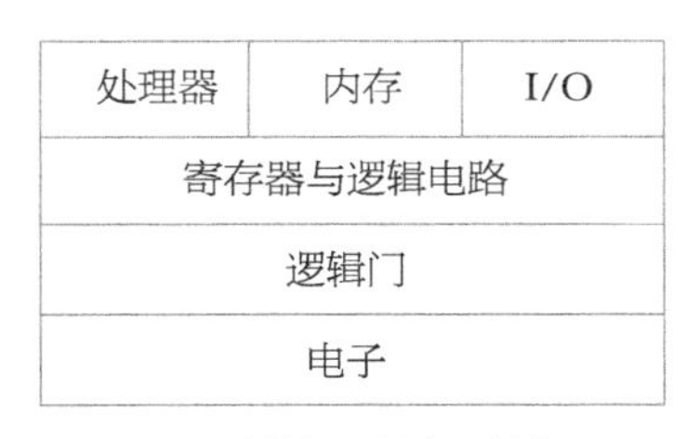

图 2.1 计算机硬件主要抽象层

本章中，我们将像威廉·史密斯考察地层一样，探查计算机硬件的各个抽象层（图 2.1），并且了解其中所应用的原则。

乔治·布尔与克劳德·香农

1936 年春天，麻省理工学院的范内瓦·布什要招募一名电气工程毕业生，以协助来访学者在他的微分分析机上做计算设置。时年 20 岁的密歇根大学毕业生克劳德·香农（Claude Shannon，B2.1）前去应聘，得到了这份差事。微

B2.1 克劳德·香农（1916—2001），计算机科学家。香农常常被人们称为“信息技术之父”，他提出了两种开创性的思想：把布尔代数应用到逻辑电路设计与信息数字化中。在照片中，香农正拿着一个机械鼠在复杂的迷宫中移动，它可以从移动的经验中学习。

B2.2 乔治·布尔（1815—1864），数学家。他通过引入描述逻辑的规则与符号创立了布尔代数。布尔通过自学成为数学家，34 岁时受聘为爱尔兰科克皇后学院的数学系教授，他因为把代数与逻辑结合而广为人知。当时，领先的逻辑学家德·摩根曾写道：“布尔逻辑体系是天才与耐心最佳结合的又一证据。”

分分析机这台机械式机器由许多旋转盘与连接杆组成，但它还有一个“由继电器组成的复杂控制电路”（香农后来提到了这一点）。继电器只是一个可以由电磁铁打开或关闭的机械开关，因此它只有开或关两种状态，就像电灯开关一样。布什建议香农把这些继电器的逻辑结构作为研究课题，觉得这是一个不错的硕士论文主题。香农也这样认为，借助本科所学的符号逻辑知识，香农开始研究使用几百个继电器设计复杂继电器电路的最佳方法。关于符号逻辑在他研究中发挥的重要作用，香农后来说道：“符号逻辑是数学的一个分支，现在叫布尔代数，它与开关电路紧密相连。”接下来，让我们简单了解一下布尔代数。

乔治·布尔（George Boole，B2.2）是一位 19 世纪自学成才的数学家，他最著名的著作是《思维规律的研究》（*An Investigation of the Laws of Thought*）。在这本书中，布尔试着把人类逻辑思维归结为一系列数学运算，其中决策的依据在于判断给定的逻辑命题是真还是假。古希腊哲学家亚里士多德提出了命题逻辑，这是一种推理形式，可以帮助我们通过组合形式三段论中的真命题来得出新结论：

> 每个希腊人都是人。
> 每个人都会死。
> 因此，每个希腊人都会死。

布尔设计了一种语言，用来描述与操作这些逻辑语句，以及判断更复杂的命题是真还是假。使用 AND、OR 与 NOT 等逻辑运算符可以将这些命题用等式表示出来。比如，如果命题 A 或命题 B 都不为真，那么命题 A 与命题 B 一定都为假。我们可以使用如下等式把这个明显的事实表示出来：

NOT （A OR B） = （NOT A） AND （NOT B）

这个等式就是著名的德·摩根定理，以布尔的同事奥古斯塔斯·德·摩根（B2.3）的名字命名。德·摩根定理虽然简单，却是布尔逻辑最具威力的表达式。借助这种方法，布尔代数可以分析更复杂的逻辑命题。

B2.3 奥古斯塔斯·德·摩根（1806—1871），数学家，逻辑学家。德·摩根因其在逻辑学方面所做的开创性工作而为人所知，其中以其名字命名的德·摩根定理最为著名。

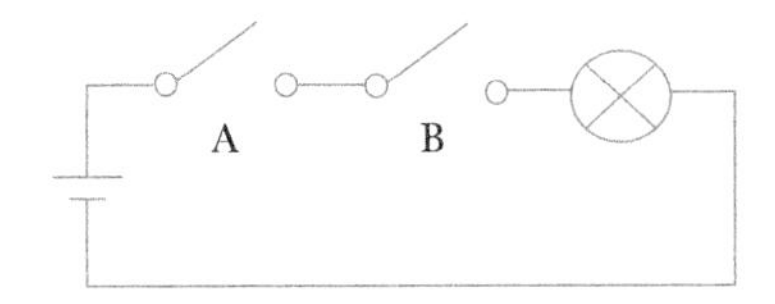

图 2.2 串联。两个继电器串联在一起，相当于一个与门。只有两个继电器全部闭合，才有电流通过。

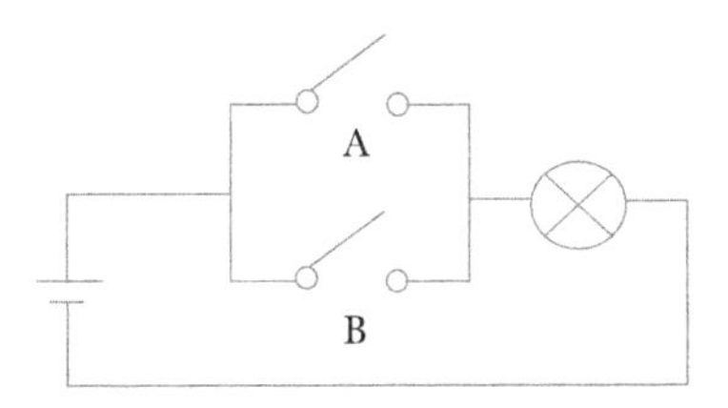

图 2.3 并联。两个继电器并联在一起，相当于一个或门。只要其中一个继电器闭合，就会有电流通过。

香农注意到，组合到电路中的继电器等同于布尔代数中的断言组合。举个例子，如果我们把两个继电器 A 与 B 串联起来，并在两端施加一个电压，那么只有两个继电器同时闭合时才会有电流通过（图 2.2）。如果我们把继电器的闭合状态定义为“真”，那么这两个继电器的简单连接就对应于 AND 操作：两个继电器必须同时闭合（同为真），才会有电流通过。同理，如果我们把两个继电器并联起来，这个电路就执行 OR 运算，只要有一个继电器（A 或 B）闭合或为真，就会有电流通过（图 2.3）。

香农的硕士论文《继电器与开关电路的符号分析》（*A Symbolic Analysis of Relay and Switching Circuits*）指出了如何搭建与布尔代数中的表达式等同的电路。继电器开关的闭合与打开对应逻辑的真与假。这意味着，任何可以使用正确逻辑命题描述的功能都能用电子开关系统实现出来。在论文的末尾，香农指出，真和假可以依次用 1 和 0 来表示，这样一来，开关组的操作就与二进制算术中的运算对应起来了。香农写道：

> 通过继电器电路可以做复杂的数学运算。数字可以使用继电器的位置与步进开关表示，并且可以使用继电器组之间的互连来表示各种数学运算。

香农在论文中举了一个例子，演示了如何设计一个继电器电路来把两个二进制数相加。他还指出继电器电路也可以用来执行比较运算，并根据比较结果选择相应的执行方案。这是很重要的进步，因为许多年来，桌面型计算器只能做加法与减法运算，而香农的继电器电路不仅可以用来做加减运算，而且还可以用来做逻辑决策。

接下来，我们来了解一下香农对继电器电路的观点与布尔代数如何指导早期的计算机建造者设计他们的计算机。对此，计算机史学家斯坦·奥格登这样说：

> 香农的论文不仅将电路设计从艺术变为科学，而且其中蕴含的思想（信息可以像其他数字数据一样由机器进行处理）更是对第一代计算机先驱产生了深远影响。

在继续深入了解继电器电路和布尔代数之前，还是让我们先简单了解一下与二进制运算相关的内容。

二进制运算、位和字节

有些早期的计算机（比如 ENIAC）使用我们熟悉的十进制系统进行数字运算，但是最终结果证明，使用二进制运算能让计算机的设计更简单（B2.4，图 2.4）。二进制运算很简单，不需要记忆任何乘法表。但我们也要为此付出相应的代价，那就是我们要处理的数字变得更长了，比如十进制中的数字 12

B2.4 戈特弗里德·莱布尼茨（1646—1716）因发现了二进制数而备受赞誉。莱布尼茨在 1679 年出版了《数字的二进制系统》（*Dyadic System of Numbers*），详细阐述了他的二进制思想。他的动机是发明一种计数法和一系列规则描述哲学推论。莱布尼茨对二进制数很着迷，相信 01 序列揭示了宇宙的创造之谜，认为一切都应该表示为二进制数。1697 年，他给布仑斯威克公爵写信，建议铸造专门的银币来纪念二进制数。

表示成二进制为 1100。

我们熟知的十进制系统，计算以 10 为基数，书写数字采用的是“按位计数法”，各位位权是以 10 为底的幂，并且自右往左升幂。比如十进制数 4321 可作如下理解：

$$\mathbf{4321=(4\times10^3)+(3\times10^2)+(2\times10^1)+(1\times10^0)}$$

其中，10^0 为 1，10^1 为 10，10^2 为 100，以此类推。数字中，每个位上的数字介于 0~9。在二进制系统中，基数是 2，而不是 10，并且每个位上的数字要么是 1，要么是 0。比如把二进制数 1101 转换成十进制数，换算如下：

1101（二进制数）=（1×2^3）+（1×2^2）+（0×2^1）+（1×2^0）=13（十进制数）

我们可以采用与十进制系统类似的方式对二进制数做加法与乘法运算，但二进制运算要比十进制简单得多。做十进制加法运算时，我们会先把两个数靠右对齐，若上下相对的两个数字相加大于 10，就向左进位，并把多出的部分放到对应位之下，例子如下：

$$\begin{array}{r}\mathbf{47}\\ \mathbf{+85}\\ \hline \mathbf{132}\end{array}$$

在二进制加法中，我们也采用类似的求和与进位方法。例如，把十进制数 13 与 22 转换成二进制数，然后把它们进行相加，如下：

$$\begin{array}{r}\mathbf{1101}\\ \mathbf{+10110}\\ \hline \mathbf{100011}\end{array}$$

做二进制加法时，遵守如下基本规则：

0+0=0

0+1=1

1+0=1

1+1=0 并且进 1

图 2.4 二进制数纪念银币。在纪念币的顶部用拉丁文写着“一切都可由 0 与 1 创造出来”，表格左侧是二进制加法例子，右侧是乘法例子；在纪念币底部用拉丁文写着“创数记”。

接下来，让我们看一看如何在十进制与二进制系统中做乘法运算。我们以 37×5 为例进行说明。

在十进制系统中：

$$\begin{array}{r}\mathbf{37}\\ \mathbf{\times5}\\ \hline \mathbf{185}\end{array}$$

在二进制系统中：

$$
\begin{array}{r}
100101 \\
\times 101 \\
\hline
100101 \\
10010100 \text{（左移两位）} \\
\hline
10111001
\end{array}
$$

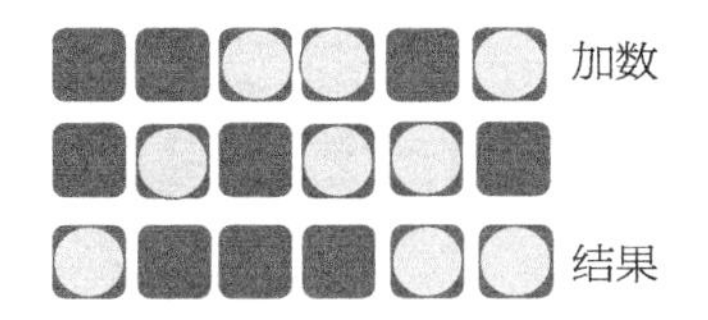

图 2.5 用塑料格子做二进制加法运算。

如上例所示，在做二进制乘法运算时，只需要应用二进制加法的基本规则，并且做相应的进位与移位操作即可。

我们可以使用方形塑料格子盘来做二进制加法运算，比如制冰格，用小石子指定二进制数字。空格子对应 0，有小石子的格子对应 1。准备三行塑料格子，上面两行存放加数，最后一行用来存放结果，如图 2.5 所示。

这样一来，我们就把抽象的数学问题（1101 与 10110 相加）转换成真实世界中一套移动小石子的规则。值得注意的是，借助这些简单规则，我们就可以把任意大小的两个数相加起来（图 2.6）。这表明基本的加法与乘法运算可以被简化为一套非常简单的规则，我们可以轻松地使用各种技术把它们实现出来，比如使用小石子、继电器或硅芯片。这是功能抽象的一个例子。

图 2.6 俄罗斯算盘。20 世纪 90 年代，绝大多数苏联商店都在使用它。它用起来快捷、可靠，也不需电力驱动。这些商店的常见做法是使用算盘对计算器的计算结果检查确认。

香农在其具有开创性的论文《通信的数学原理》（*A Mathematical Theory of Communication*）中使用比特（bit，位）这个缩略单词来代表“二进制位”（binary digit）。香农的这篇论文奠定了信息论这个新领域的基础。现代计算机在处理数据时很少以单个比特为单位，一般以字节（8 比特）或字（由多个字节组成）为单位。使用数字表示所有类型的信息是 20 世纪最伟大的发现之一。这一发现构成了数字世界的基础，甚至我们发送到太空的信息也是使用数字进行编码的（图 2.7）。

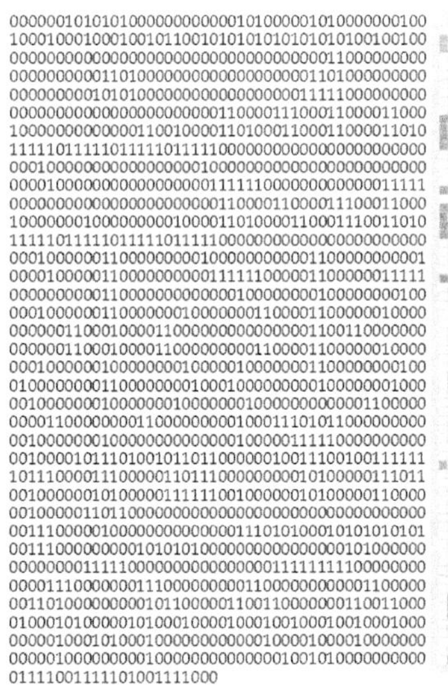

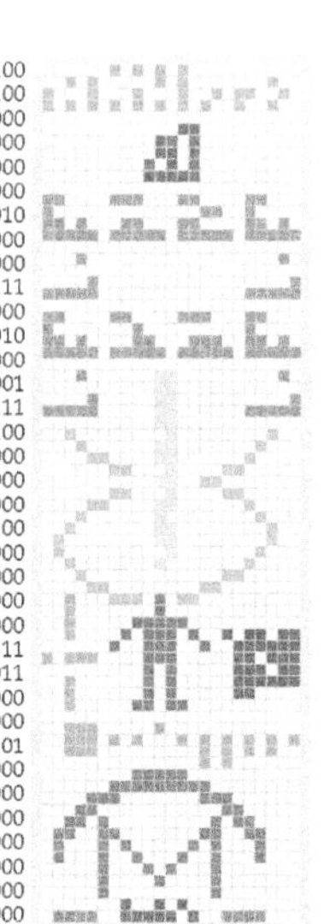

图 2.7 这张图中的二进制信息由阿雷西博天文台于 1974 年 11 月发送到太空中。这种使用数字表示信息的方式被认为是与外星文明进行沟通的最易理解的方式。图中显示的信息包含 1679 个二进制数，排列成 73 行 ×23 列。前十行表示数字 1 ～ 10，接下来几行数字表示组成 DNA 的化学元素的原子序数，然后是人类 DNA 的基本结构、DNA 的双螺旋形状以及 DNA 中核苷酸数。再然后是人类的外形与平均身高、地球人口数、太阳系各个星球的位置以及发送这条信息的无线电天线的尺寸。

通用构造块

介绍完上面这些内容之后，现在我们就可以讲解如何将基本的逻辑构造块组合在一起形成任意一种逻辑运算了。AND 和 OR 逻辑块通常被称为逻辑门。我们可以把这些逻辑门看成黑盒子，它们拥有两个输入和一个输出（输出结果完全取决于输入），并且与逻辑门的实现技术无关。通过向逻辑门输入 0 与 1，我们可以把这些逻辑门的运算归纳成真值表。与门的真值表如图 2.8 所示，其中还有与门的常用符号。这张表反映了与门的基本属性，即仅当输入 A 与 B 都为 1 时，A AND B 的输出才为 1，其他输入组合所产生的结果全为 0。类似地，或门的真值表如图 2.9 所示，图中也给出了或门的常用符号。对于或门来说，若 A、B 输入中有一个为 1 或全为 1，则输出结果为 1。

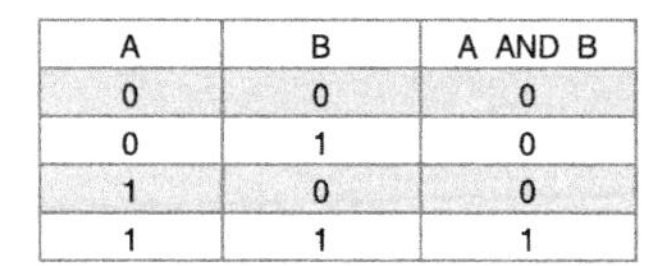

A	B	A AND B
0	0	0
0	1	0
1	0	0
1	1	1

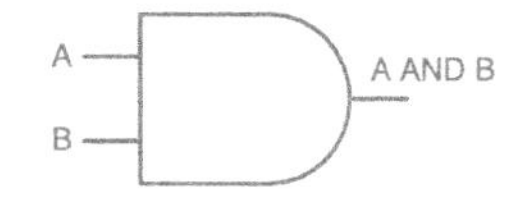

图 2.8 与门真值表。

A	B	A OR B
0	0	0
0	1	1
1	0	1
1	1	1

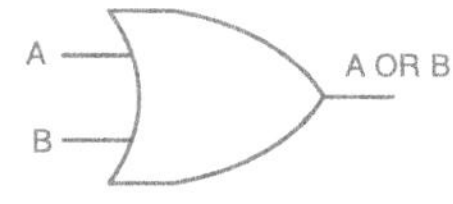

图 2.9 或门真值表。

构建任意逻辑运算时，我们需要用到一套完整的逻辑门。除了上面说到的与门和或门之外，还需要另外一种非常简单的逻辑门，即非门。非门用来对输入信号进行反相。若输入为 1，则非门输出为 0；若输入为 0，则非门输出为 1。非门真值表如图 2.10 所示，其中还有它的常用符号。德 · 摩根定理允许通过对这些逻辑运算的组合，将逻辑运算进行复杂的等价转换，比如使用与门和非门来表示或门。另一个例子是把或门和非门连接起来形成或非门（图 2.11）。

A	NOT A
0	1
1	0

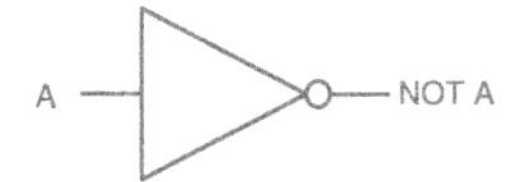

图 2.10 非门真值表。

A	B	A NOR B
0	0	1
0	1	0
1	0	0
1	1	0

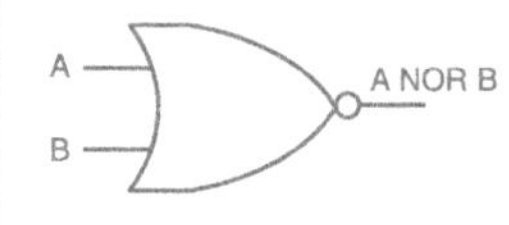

图 2.11 或非门真值表。

功能抽象让我们可以使用多种技术来实现这些逻辑构造块，比如电磁继电器、电子管、晶体管等。当然，在特定技术之下，不同类型的逻辑门的制作难易度也不同。使用与门、或门、非门足以构建出任意一种支持任意数量输入与输出的逻辑运算。对于这套完整的逻辑门而言，我们还有其他选择。

接下来我们来了解一下如何使用基本的与门、或门和非门构建一个“位加法器”。这个位加法器有两个输入（位A和位B）和两个输出（结果R和进位C），如图2.12所示。

A	B	R	C
0	0	0	0
0	1	1	0
1	0	1	0
1	1	0	1

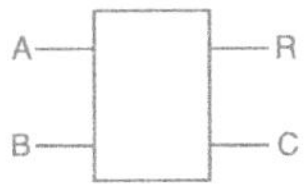

图2.12 位加法器真值表。

我们需要把与门、或门、非门恰当地组合在一起，产生这个逻辑行为。首先要注意的是，进位位的真值表和与门完全一样，记作：

进位C：A AND B

结果R的真值表和或门几乎完全一样，但是当输入为1+1时，必须把输出结果R反相。因此，我们可以把结果R表示为A OR B再与上A AND B的非，如下所示：

结果R：（A OR B） AND NOT （A AND B）

最终位加法器的实现如图2.13所示。

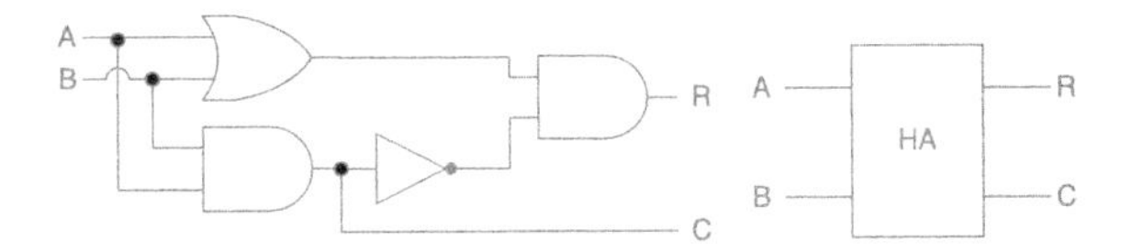

图2.13 使用四个逻辑门构造半加器。

其实，这个电路被称为“半加器”，这是因为它虽然能够正确地产生进位值，但是没有进位输入，也没有A和B。使用图2.13中的半加器，我们可以轻松地构造出一个全加器（图2.14）。通过把多个全加器连接起来，我们就可以为带有任意位数的“字”构造加法器了。

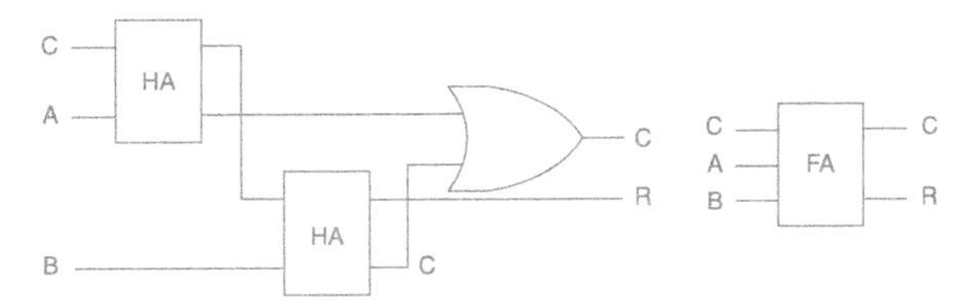

图2.14 使用两个半加器和一个或门构造全加器。

这两个例子体现了计算机设计中的两个重要原则，第一个原则是“分层设计”，就是使用简单对象构造更复杂的对象。逻辑门是我们最基本、最通用的构造块。我们可以使用这些基本的构造块创建位半加器，然后再使用位半加器构造出位全加器，进而再构建出全字加法器，等等。第二个原则是“功能抽象”。前面我们曾经提到过，早期计算机使用电磁继电器来实现逻辑门和逻辑运算（B2.5，图 2.15）。

图 2.15 世界上第一个二进制加法器。它由两个电池、两个电话继电器、两个灯泡、几段金属丝、导线、一个用烟卷铁盒制成的开关组成。

B2.5 乔治·斯蒂比兹（Geogre Stibitz，1904—1995）。香农关于继电器电路的一些想法几乎同时被另一个人独立发现，这在科学界是常有的事。斯蒂比兹是贝尔实验室的一位物理学家，同时也是一位数学家，其工作是为电话交换机设计继电器开关设备。斯蒂比兹也指出在继电器的电路和二进制数的表示之间存在相似之处。在 1937 年的一个周末，斯蒂比兹把一些继电器用导线连接起来，用来计算两个个位二进制数的和。他的输出是两个灯泡，它们会根据二进制加法的结果点亮或熄灭。后来，斯蒂比兹设计了更复杂一些的电路，用来做减法、乘法和除法运算。斯蒂比兹与贝尔实验室一位名叫萨缪尔·威廉姆斯（Samuel Williams）的工程师继续努力，研制出了一台计算机，它由大约 400 个继电器组成，可以处理复杂的数学运算。

图 2.16 以今天的技术来说，计算机是由电子元件、集成电路组成的，但其实计算机也可以使用机械装置制造出来。图中的机器由麻省理工学院的一个学生团队建造，使用了玩具线轴和钓鱼线，这台机器可以用来玩井字游戏。

不久，继电器就被速度更快（但可靠性较差）的电子管所取代，然后是晶体管，之后就是现在的硅芯片。最重要的一点是，加法器的逻辑设计与其实现无关。计算机设计师丹尼·希利斯在他的《通灵芯片：计算机运作的简单原理》中演示了用机械方式实现逻辑门的方法（图 2.16）。

分层存储体系

为了正常工作，计算机需要具备数据存储部件。有效的存储部件不仅要能够在某种暂存存储区保存中间运算结果，而且还应该可以对已保存的数据进行修改。我们可以把计算机的存储部件想象成一排信箱（图 2.17）。每个箱格可以存储一个数据值，该数据值要么被读取，要么被新值所替换。存储寄存器就是一系列电子箱格，它们可以存储某种位模式。与逻辑门一样，有很多技术可以用来实现计算机的存储部件。从抽象角度看，制造存储部件时具体使用哪种技术不重要，重要的是要考虑存储部件的可靠性、访问速度和制造费用。

图 2.17 对计算机存储器来说，信箱是一个很好的类比。

在前面的内容中，我们已经介绍过逻辑门电路，其输出状态完全取决于输入和逻辑门间的连接方式。这样的电路被称为“组合电路”。此外，我们还可以搭建另外一种电路，被称为“时序电路”，其输出不仅取决于当时的输入值，而且还与电路过去的状态有关。计数器就拥有一个时序电路，它的当前计数是它接收到的脉冲数之和。基本的数字时序电路拥有两种稳定的状态。这些“双稳态元件”通常被称为“触发器”，因为它们可以根据输入值在两种状态之间进行切换。基本的触发器电路很重要，因为它被用作内存单元，存储数据位的状态。寄存器存储器由一排触发器连接而成，它通常用来保存运算期间的中间结果。还有一种时序电路叫“振荡器”或“时钟”，它能以固定的时间间隔改变状态。时钟通常用来对触发器电路的状态变化进行同步。

最简单的双稳态电路是可置位复位触发器（图 2.18）。触发器的状态标记为 Q，当 Q 处为高电平时，状态为 1；低电平时，状态为 0。Q 的补集非 Q 也可用作另一个输出。有两个端子可以对触发器做初始化。在 S 输入端施加一个电压脉冲，可以将 Q 状态设置为 1，在 R 输入端施加一个信号，可以将 Q 重置为 0。在图 2.18 中，有一个由两个与非门构成的可置位复位触发器，还有相应的真值表。输入信号 S=1 把非 Q 设置为 0，若输入 R=0，则上方与非门的两个输入都为 0。因此，在 S 端施加信号，而在 R 端不施加信号时，将会得到 Q=1。这会使两个输入得出下游的与非门为 1。

通过类似的推理方法，我们可以为真值表填写其他值。请注意，输入状态 R=1 和 S=1 在逻辑上是相互矛盾的，所以必须在触发器中避免这种操作。此时，这个可置位复位触发器仍然是一个组合电路，这是因为状态 Q 只取决于 R 端与 S 端的输入。通过添加一个时钟信号和另外两个逻辑门，我们就可以将其变成一个可置位复位时序触发器（图 2.19）。可置位复位时序触发器在 t+1 时刻的响应 Q（t+1）取决于输入和触发器在 t 时刻的状态 Q（t）。此时，触发器必须有时钟脉冲来响应它的输入状态。除此之外，还有其他许多不同类型的触发器，把这些双稳态元件连接在一起，可以制造出寄存器、计数器以及其他时序逻辑电路。

S	R	Q	$\bar{Q}$
1	0	1	0
0	0	1	0
0	1	0	1
0	0	0	1
1	1	*	*

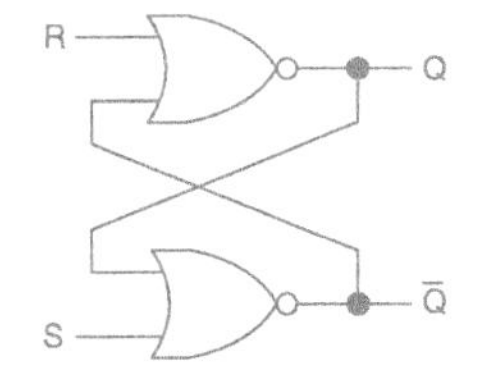

图 2.18 真值表和由与非门组成的触发器电路图。输入“S=1 且 R=1”这种情况是不允许的，此时，输出（用 * 表示）不确定。

(a)

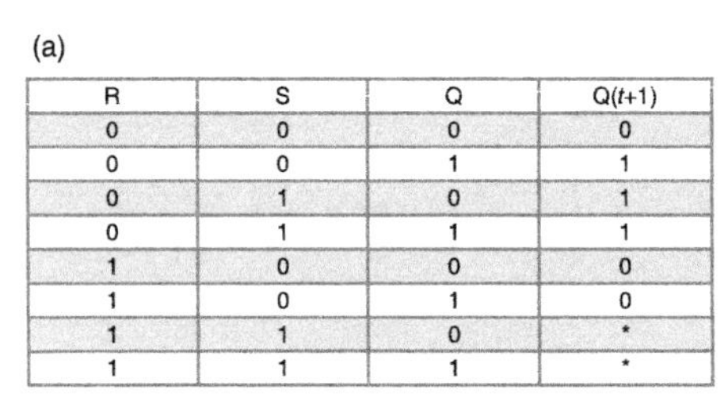

R	S	Q	Q(t+1)
0	0	0	0
0	0	1	1
0	1	0	1
0	1	1	1
1	0	0	0
1	0	1	0
1	1	0	*
1	1	1	*

(b)

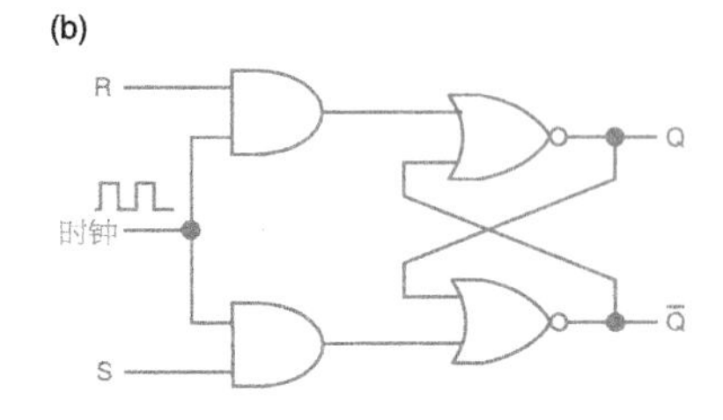

图 2.19 真值表和可置位复位触发器电路图。

现代计算机使用的存储器一般都采用多级存储体系，涉及各种存储技术（图 2.20）。最早的计算机只有寄存器来存储中间结果，随着技术的发展，很快计算机就需要使用与中央处理器（CPU）联系不那么紧密的存储器来存储数据了。这些存储器被称为计算机的主存储器（简称主存），它不但可以用来存储来自寄存器的结果，而且还可以用来存储在不同计算阶段寄存器所需要的数据。就现代计算机而言，在寄存器与主存储器之间还集成了几级存储器，CPU 访问它们的速度要快于主存。这些可快速访问的存储器被称为高速缓存，它们用来存储那些使用频率最高的数据，以避免 CPU 从慢速存储器获取数据时产生的时间延迟。

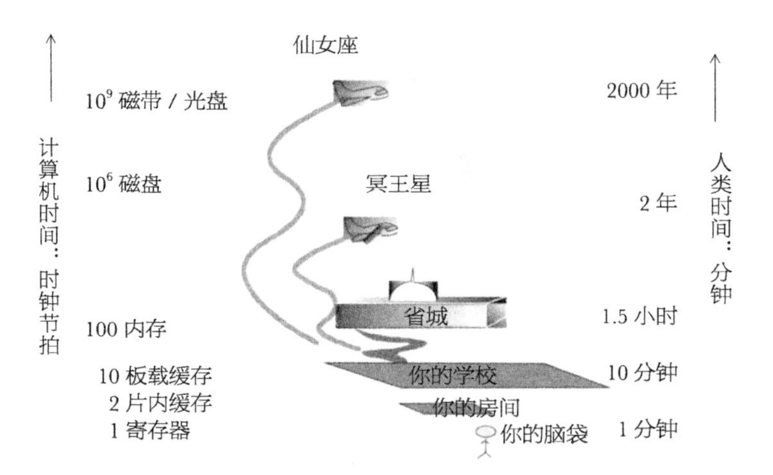

图 2.20 计算机要得到数据要花多少时间？詹姆斯·格雷（James Gray）给出的这幅图描述了不同数据的访问时间以及多级存储体系在计算机中的重要性。图左侧是访问时间，即 CPU 时钟节拍数。对于 1GHz 时钟而言，一个时钟节拍就是 1ns。为了将其与我们日常使用的时间尺度作比较，在图右侧把一个时钟节拍表示成 1 分钟。图的中间部分表示在从不同级别的存储器读取数据所耗费的时间里我们能走多远。

由于主存储器价格昂贵，于是计算机工程师又引入了辅助存储器。它们采用价格更廉价、速度更慢的技术，当 CPU 需要的数据位于这些辅助存储器时，它们就会被调入主存储器中。最初，辅助存储器的数据记录在穿孔卡或纸带上，由计算机操作员手工传给机器。然后它们被比磁芯存储器更便宜的磁带所取代。磁带被计算机广泛用来存储数据，它们很常用，在许多电影中甚至使用旋转的磁带机图标来代表运转中的计算机。工程师致力于使用更先进的技术制造更可靠、运行速度更快的磁带机。但是磁带机本身存在一个无法解决的问题，那就是磁带本质上是顺序读写设备，在存储与访问磁带上的数据时只能采用顺序方式。比如访问磁带中间部分的数据时，需要一直旋转磁带通过前半部分数据，才能到达要访问的位置。这种顺序方式非常适合读取长信息流，但是在访问少量非连续存储的信息位时，效率并不高。基于这个原因，磁盘和固态半导体存储器技术更为常用，用户可以随机访问存储在这些设备上的任意数据块，而磁带一般只用来为大型数据集做备份。

读取指令执行周期

我们已经知道，计算机硬件由许多不同的组件组成，这些组件的实现方法也多种多样。我们如何协调和组织这些设备使它们正常工作呢？我们以管弦乐队来类比，在乐队中有一个指挥，他负责指挥乐队中的每一个人都能按正确的节奏和正确的秩序进行演奏。在计算机中，电子时钟扮演着指挥这一角色。缺少了时钟信号，存储电路将无法可靠地运行。时钟信号也控制着何时切换逻辑门。

在《EDVAC 报告书一号草案》中，冯·诺依曼引入了另一个重要概念，即读取指令执行周期。这依赖于电子时钟产生的“心跳”来驱动计算机执行一系列操作。为了简单和可靠，冯·诺依曼选择了最简单可行的控制周期，以供中央控制单元进行协调。

- 从内存获取下一条指令，将其传给控制单元
- 使用从内存获取的数据或现存数据执行指令
- 把处理结果存回到内存中
- 重复取指令执行周期

冯·诺依曼选用的这种方法每次只能获取一条指令，他担心使用其他方法会让计算机难以制造，也很难可靠地编写程序。艾伦·佩里斯是早期编程先驱之一，他曾说过：“有时我觉得计算机领域唯一通用的东西就是读取指令执行周期。”

计算机的处理器或中央处理器（CPU）是执行指令与处理数据的场所。处理器的主要功能是从主存获取指令、对指令进行解码、获取指令要运算的数据（逻辑运算或数学运算）、执行指令、存储处理结果。从早期设计的处理器到现代处理器，这些主要功能一直未发生改变。从逻辑层面看，简单的处理器由一些寄存器、一个算术逻辑单元（ALU）和控制单元（CU）组成，如图 2.21 所示。

图 2.21 编程者眼中的处理器。

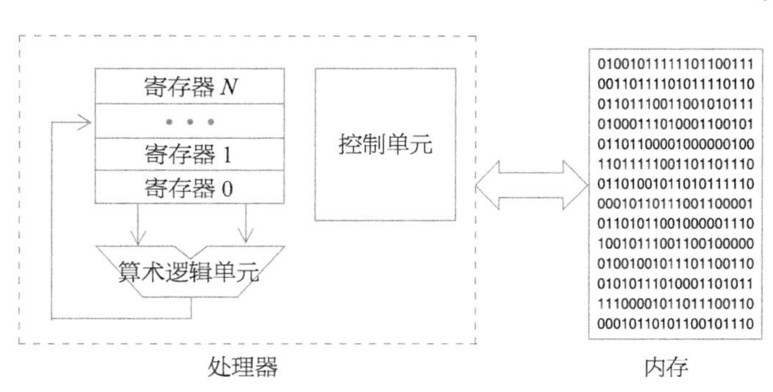

控制单元（CU）从内存中获取指令，将它们解码，生成执行指令所需要的控制信号序列。算术逻辑单元（ALU）执行算术与逻辑运算。每一条指令的执行都需要通过设置电流路径的开关把各种组件连接起来。寄存器组用来存储指令和中间运算结果。

硬件是执行一系列指令的物理实体，这些经过精心挑选的指令共同组成了指令集，定义了软硬件接口。在第 3 章，我们将沿着硬件分层向上，继续学习计算机软件。

本章重要概念

- 分层设计和功能抽象
- 布尔代数和开关电路
- 二进制运算
- 位、字节、字
- 逻辑门和真值表
- 组合和时序逻辑电路
- 触发器和时钟
- 存储器分级技术
- 读取指令执行周期

一些早期历史

曼彻斯特大学的 Baby 和剑桥大学的 EDSAC

在《EDVAC 报告书一号草案》中，冯·诺依曼充分分析了制造计算机存储器的技术方案，得出的结论是：建造大型存储器的能力有可能变成计算机发展的瓶颈。第一台真正运行程序的存储程序计算机是曼彻斯特大学的 Baby，其设计是更为大胆的 Mark I 的缩减版本，主要用来给硬件设计师弗雷迪·威廉姆斯的设计做测试。Baby 尝试使用阴极射线管（类似于早期电视的显示屏）作为计算机的存储器。1948 年 6 月，Baby 运行了一个由它的共同设计师汤姆·基尔伯恩编写的程序，查找 2^{18} 的最大公因数（图 2.22）。这个程序是一连串二进制数字，它们组成了计算机要执行的指令。执行结果输出在阴极射线管上。最后，如威廉姆斯所说，让整个系统正常运转的确花了一些时间：

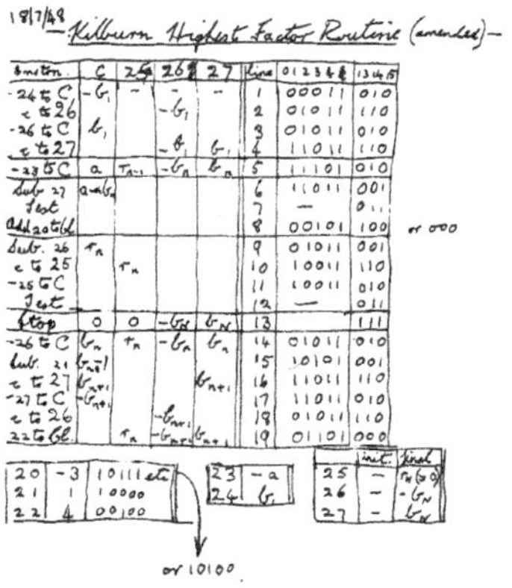

> 第一次运行时，将程序费劲地输入计算机，按下启动按钮。显示管上数字立即乱跑乱舞起来。在早期试验中，这种“死亡之舞”意味着产生无用的结果，更糟糕的是，我们根本找不到问题出在哪里。但是终于有一天，这个问题消失了，在正确的位置上显示出了正确的结果。

图 2.22 汤姆·基尔伯恩在 1948 年 7 月编写的用来查找最大公因数的程序。计算机 Baby 花了 52 分钟来运行这个程序，执行了大约 210 万条指令，存储器访问次数超过 350 万次。

曼彻斯特大学的 Baby 试验成功之后，他们开始建造全尺寸的曼彻斯特大学的 Mark I。这就是威廉姆斯 Mark I 的原型，Mark I 在 1951 年 2 月研制成功，成为世界上第一台“商业化的通用计算机”。在这之后的一个月，埃克特和莫奇利在美国推出了他们的 UNIVAC。

曼彻斯特大学的 Baby 表明，建造存储程序计算机是可行的，而剑桥大学的莫里斯·威尔克斯（B2.6）及其团队研制的 EDSAC 才真正是世界上“第一台完全可运行的存储程序电子计算机”。EDSAC 使用水银延迟线作为存储设备，这从计算机的名称——电子延迟存储自动计算机（Electronic Delay Storage Automatic Calculator）中可以体现出来。

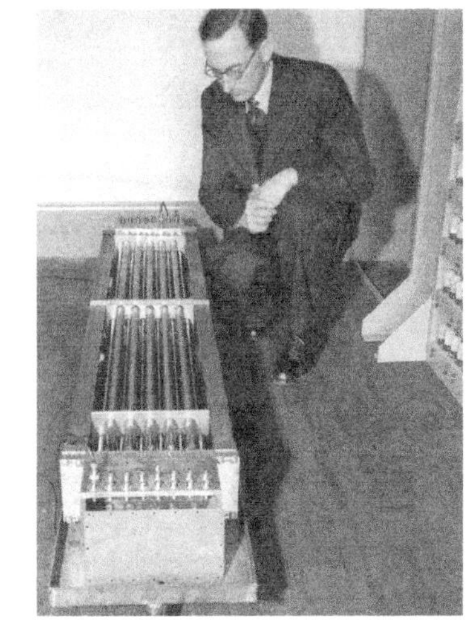

B2.6 莫里斯·威尔克斯（1913—2010），英国数学家，计算机科学家。他正在检查水银延迟线存储器。威尔克斯是英国计算机史上赫赫有名的人物，在剑桥大学，他领导团队设计并建造了第一台完全可运行的存储程序计算机。

为计算机研制合适的存储设备是早期计算机设计者面临的主要挑战之一。美国受 EDVAC 的启发，所研制的计算机之所以晚于曼彻斯特大学和剑桥大学，主要就是因为研制存储设备时遇到了很大困难。威尔克斯最后为 EDSAC 选用了水银延迟线，是因为他知道，这种延迟线在战时雷达系统的研制过程中发挥了巨大作用。1947 年 2 月，即威尔克斯参加完莫尔学院计算机培训讲座 6 个月后，他就制造出了一个可运转的原型机。整个项目的预算资金有限，迫使威尔克斯在设计中做了一些妥协：“我没有在这台计算机的设计中充分利用所有的技术，只要计算机能运行起来，程序能跑就够了。”

后来，威尔克斯说：

> EDSAC 和 EDVAC 的相似之处是它们都使用了水银槽作为存储设备，仅此而已。当我在莫尔学院学习时，EDVAC 还没开始设计，有关设计可能还在埃克特的脑子里。

访问莫尔学院给威尔克斯带来巨大影响，离开时，他对埃克特和莫奇利充满了敬意，并且说：“他们一直是我的偶像。”培训结束后，威尔克斯还和莫奇利有过一段时间的交流，他把这种行为称为“非常伟大的慷慨行为”。

计算机存储器技术

威廉姆斯和基尔伯恩及其领导的团队在建造曼彻斯特大学的 Baby 时研制了一种使用阴极射线管的内部存储器（这种存储器被称为威廉姆斯管），后来这项技术被应用到雷达显示器和电视机中。在这些威廉姆斯管中，电子枪可以在显示屏上打出光点，分别表示二进制的 1 和 0。由于电荷会有消耗，所以需要刷新显示屏以维持各个位的状态。Baby 配备了四根威廉姆斯管：一根用来存储 32×32 位字；另一根用来存储 32 位寄存器，其中临时保存着中间计算结果；第三根用来存储当前程序指令及其在存储器中的地址；第四根与其他三根不同，不带有存储元件，用作输出设备，把所选存储管的位图显示出来（图 2.23）。威廉姆斯管被用作商业版 Baby 的存储器，此外，Mark I、美国的普林斯顿大学的 IAS 和 IBM 701 也用到了威廉姆斯管。

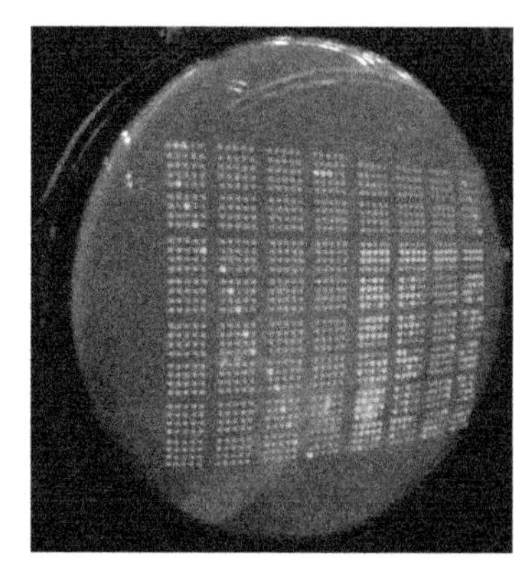

图 2.23 威廉姆斯管中使用的阴极射线管上的位图。

B2.7 汤米·戈尔德（1920—2004），澳大利亚天体物理学家。戈尔德在许多科学研究和学术领域中有重要贡献。他的水银延迟线知识来自于第二次世界大战期间他对雷达的研究工作，这对威尔克斯研制水银延迟线存储器非常有帮助。戈尔德在天文学、宇宙学以及雷达研制方面都有重大贡献。戈尔德首次提出“脉冲星就是旋转的中子星”这一理论，现在已被科学界普遍接受。

另一种早期存储技术最初是由埃克特基于水银延迟线提出的，它是一种充满水银的细管，用来存储电子脉冲，就像峡谷中的背包客能“保存”回声一样。有脉冲表示二进制中的 1，无脉冲表示 0。这些脉冲能从管子的一端传递到另一端，也能被生成、侦测以及被附着在管子上的电子元件重新激发。威尔克斯及其团队研制的 EDSAC 使用水银延迟线作为存储器。威尔克斯幸运地邀请到了汤米·戈尔德（Tommy Gold，B2.7），他是剑桥大学一位著名的研究型物理学家，在第二次世界大战期间一直从事雷达水银延迟线的研究工作。戈尔德的知识与经验对于研制 1.5 米高的水银槽存储器极其宝贵，这么长的水银槽足够用来存储所需要的脉冲，设计精度非常高。每根水银管可以存储 576 位二进制数，EDSAC 的主存储器由 32 根水银管组成，此外还有其他一些水银管用作处理器的中央寄存器。

水银延迟线和威廉姆斯管被广泛用作计算机存储器，一直持续到 20 世纪 50 年代早期。后来，在麻省理工学院工作的杰伊·福里斯特

（Jay Forrester，B2.8）发明了磁芯存储器（图 2.24）。它由许多小磁环组成，这些磁环位于导线网格的交叉处。向北磁化表示二进制数字 1，向南磁化表示二进制数字 0，改变导线中的电流，就可以改变磁化方向。只要搭建呈 90° 的导线网格，并把磁芯放置到网格交叉处，就可以独立地访问每个磁芯。如此，就可以随机访问存储器的单个位置，这与只能按顺序进行访问的方式完全不同，比如我们在前面提到过的磁带采用的就是按顺序访问的方式。1952 年，福里斯特在麻省理工学院建造了一台存储器测试计算机，首次验证了自己的技术。相比于威廉姆斯管，磁芯存储器访问速度更快，也更稳定、更可靠。

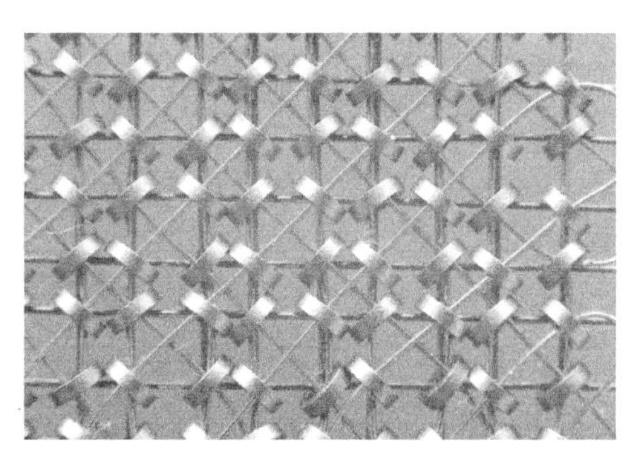

图 2.24 杰伊 · 福里斯特发明的磁芯存储器。

B2.8 杰伊 · 福里斯特，计算机科学家。照片中他正拿着旋风计算机的一个磁芯存储器。他于 20 世纪 50 年代早期在麻省理工学院工作期间发明了磁芯存储器。相比于早期的威廉姆斯管或水银延迟线存储器，磁芯存储器的访问速度更快，也更可靠。

第一台几乎完全支持数据随机访问的设备不是福里斯特的磁芯存储器，而是表面涂覆有磁芯材料的旋转磁鼓，可以快速访问存储在磁鼓磁带上的信息。磁鼓是 1948 年伦敦大学伯贝克学院的安德鲁 · 布兹（Andrew Booth，B2.9）发明的。布兹曾经访问过普林斯顿大学，参观了冯 · 诺依曼及其团队正在建造的 IAS 存储程序计算机。最初布兹设计出的磁鼓原型直径只有 5 厘米，可以存储 20 位（图 2.25）。随后他继续改进，制造出了更大的磁鼓。新的磁鼓有 32 个磁带，每个磁带划分成 32 个字（32 位）。当磁鼓旋转时，由读写头读取其上的值。布兹的磁鼓存储器很快就引起了人们的注意，不久就被用作曼彻斯特大学的 Mark I 的辅助存储器。在 20 世纪五六十年代，磁鼓存储器被广泛用作辅助存储器，后来逐渐被磁盘所取代。

世界上第一张硬盘由 IBM 公司在 1956 年制造，很快就被广泛应用到计算机中。硬盘驱动器由许多盘片组成，安装在一个旋转轴上（图 2.26）。这些盘片表面覆盖有磁性材料，借助磁化方向改变来记录二进制数据。这些硬盘所采用的技术令人赞叹，内部盘片的旋转速度可达 1500 转 / 分，读写头在盘面十几个纳米内工作。硬盘最初在 IBM 的大型计算机中使用，如今硬盘外形尺寸变得很小，被广泛应用在个人计算机、笔记本计算机，甚至 iPod

B2.9 安德鲁 · 布兹（1918—2009）与他的未婚妻兼助手凯思琳 · 布里顿（Kathleen Britten）研制出了磁鼓存储器。布兹还发明了快速乘法算法，在现代英特尔微处理器中被广泛使用。

图 2.25 安德鲁 · 布兹发明的磁鼓存储器。

图 2.26 IBM 的硬盘驱动器。

中。IBM 公司把硬盘驱动器称为“直接访问存储设备”，而不采用“存储器 / 记忆体”这种术语。据说是因为托马斯・沃森（Tom Watson Sr，B2.10）担心“记忆体”这种拟人化的术语可能会增加人们的忧虑，让人们更加不信任计算机。

B2.10 托马斯・沃森（1874—1956）。老沃森创办了 IBM 公司，并带领它成为销售打孔卡制表机的龙头企业，这些制表机为商业公司与政府机构带来处理大量数据的能力。IBM 那帮身着深色西装、打着领带高效推销员也举世皆知，公司格言是“思考”，禁止在办公场所饮用任何含酒精的饮料。据说，老沃森曾说过，“我觉得全世界只能卖出五台计算机”。但是，没有确凿的证据证明这话出自他的口。他的儿子小沃森带领 IBM 公司进入电子计算机时代。

03 软件在“洞”里

计算机程序是人类创造的最复杂的东西。

——高德纳

软件与硬件

关于计算机软件，图灵奖得主巴特勒·兰普森讲了下面一则趣闻：

有几个人正在为一台早期的航电计算机编写软件。有一天负责控制飞机重量的主任前来视察工作。

“你们在‘建造’软件？”

“是的。”

“它多重？”

“它没有重量。”

“拜托，不要再骗我了。他们都这样跟我说。”

“没有骗你，它真的没有重量。”

在追问了半个小时后，主任仍然得到相同的回答，于是他不再追问了。但是，大约过了两天，他又来了，跟他们说：“你们放弃抵抗吧！昨晚我来这里，遇见了一个清洁工，他把你们保存软件的地方给我看了。”

主任打开了壁橱，里面有一些盒子，盒子里面是穿孔卡。

“你们怎么能说软件一点重量都没有呢？！”

短暂的沉默之后，他们很平和地解释说：“软件在那些孔洞里。”

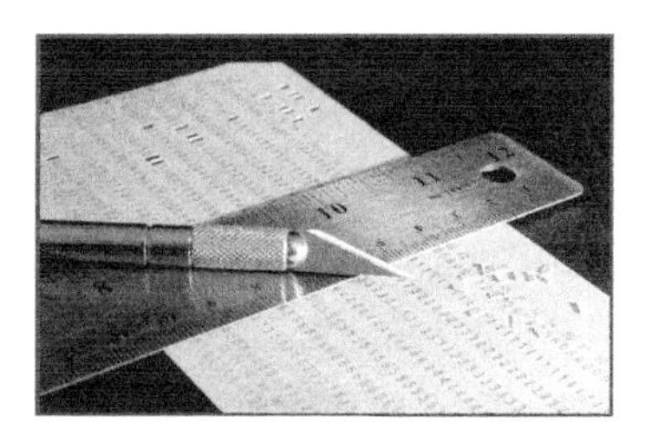

图3.1 在穿孔卡上刻洞。这些“洞”就是早期的计算机软件，实际上这些穿孔卡是由机器打孔的。

后来，这些“洞”（图 3.1）变成了数十亿美元的生意，并且成为驱动现代文明向前发展的主动力之一，这真是太不可思议了。

在第 2 章里，我们提到过把物理硬件与软件分离的思想。辨别这两种东西是计算机科学的一项重要内容。正是因为如此，我们才可以向下深入到硬件层了解算术与逻辑运算如何实现时不用考虑软件。接下来，让我们向上进入软件层，去了解如何指挥计算机做指定的事情。软件也叫程序，它是一系列指令的集合，用来指挥计算机硬件执行特定的任务。编写程序时，我们只能使用计算机硬件所能理解和执行的操作，这些核心操作被称为指令集。从实现层面看，最简单的指令被硬连接到处理器电路之中，更复杂的指令由核心指令构建而成，相关内容我们将在本章的后半部分进行讲解。程序要正常工作，指令的顺序必须正确，并使用明确的方式表达出来。

要让计算机做事情，需要为它指出明确的执行步骤，这与我们指使别人做某件事的情形大不一样。让一个人做某件事时，通常会依赖一些隐含的语境背景，比如我们之前对这个人的了解，或者这个人对我们所要求的这件事已经相当熟悉，这样就不需要准确地指定我们想要干什么，而是依靠被指使者自己填充“空白”，让他从自己的经验中了解如何处理我们请求中任何含糊的地方。计算机没有这种能力，它不了解某个特定的人，既不知道事情是如何运转的，也无法提出问题的解决方案。虽然有些计算机科学家相信有朝一日计算机可能会具备这种“智慧”，但是就目前来说，我们仍然需要准确并详细地告诉计算机究竟想让它做什么。

在编写程序让计算机做某个特定任务时，我们可以假设计算机硬件知道如何执行一些基本的算术与逻辑操作。使用基本的逻辑门层次的机器指令为一项复杂任务编写准确的操作序列，最后写出来的程序会非常长。比如，对于数值计算，我们知道基本的指令集中包含一个“加法”操作。但是，如果不告诉计算机如何做乘法运算，计算机就连简单的乘法运算都不可能做，比如 42 × 3。人类知道可以进行多次加法运算来实现乘法运算，但是计算机没有这种“思考”能力，它不知道可以这么做。从这个意义上看，计算机是个“傻瓜”，它不能自己想到这些解决方法。但是“傻瓜”计算机也有长处，那就是它做加法的速度远远超过人类。

如果我们尝试解决的问题中包括需要用到乘法的数值计算，那么为计算机单独引入一个乘法指令将能大大简化这个程序。这条乘法指令其实只是程序中的一组加法运算。那么，当我们向计算机发出“计算 42 × 3”的指令时，计算机就会认出“乘号”这个符号，并开始运行这个程序。这种从简单运算构建出复杂运算，引入更高层次抽象的能力正是计算机科学的基本原则之一。沿着“抽象”这把梯子往上爬，在编写程序时就不必只使用最基本的操作了。

在早期的计算机中，人们觉得编写程序不是件困难的事，连冯・诺依曼都认为，编程是个相对简单的任务。现在我们已经知道，编写程序非常不容易，也很容易出错。那么，早期的计算机科学家为什么会严重低估编程的难度呢？对此，至少有两种可能的解释。一是早期的计算机先驱大部分都是男性工程师或数学家，他们很少花时间来关注编写程序的细节。像同时代的其他男人一样，早期的计算机硬件先驱认为，使用表示指令的二进制数编写程序以及设置合适的机器开关是一项辅助性工作，它更适合于年轻女性，只要她们拥有一定的秘书技能和一些数学才能就能胜任。另一个更合理的解释是，早期计算机的建造相当困难，要让计算机正常工作需要付出极大努力，这些挑战的难度完全不是编写程序的难度所能比拟的。早期的计算机建造者认为，只要他们造出了机器并让它运转起来，为机器编写程序就是一个相对次要的工作。现在来看，这种想法有些天真了。

当然，也有一些人发出警告说，编程可能没有想象的那样简单。莫里斯·威尔克斯回忆说：

> 开始编写程序时，我们才大吃一惊，发现它并不如我们想象的那样简单。我清楚地记得那一刻，也正是从那时起，我才意识到我将花费大半生来找出程序中的错误。

同样，荷兰计算机先驱艾兹格·迪科斯彻（Edsger Dijkstra）在他的自传中也指出，编程甚至比理论物理更难。

> 1955年，我放弃了成为理论物理学家的念头，转而成为一位编程者。之所以做出这个决定，是因为就理论物理与编程而言，我觉得编程包含着更大的智力挑战。你瞧，那时的我多么不可一世。

现在，软件无处不在，它们就像我们呼吸的空气一样充斥在我们周围。它们管理着通信网络、电网、个人计算机以及智能手机等。它们内嵌在汽车、飞行器、高楼大厦、银行以及国家防御系统中。不管有没有注意到它们的存在，我们都无时无刻不在使用它们。我们在开车、付账、用手机、听CD时，有成千上万的代码在运行。C++之父本贾尼·斯特劳斯特卢普（Bjarne Stroustrup）曾说过：“我们整个文明的发展建立在软件之上。”接下来，我们一起来深入了解一下如何编写这些掌控着我们大部分生活的软件。

档案管理员模型

计算机不仅可以用来做计算，而且还能做很多事情。一般来说，计算机的一部分用来做基本的数学运算，而其他部分则以电子信号的形式移动数据。从诸多方面来说，计算机所执行的操作与以前的办公室职员所做的档案管理工作是类似的。档案管理员接受任务后，会在档案柜前来回走动，取出文件，放回文件，在纸上做笔记，传递笔记等等，直到完成整个任务（图3.2）。把计算机比作档案管理员有助于我们理解有关计算机架构与组织的一些基本概念。对我们来说，档案管理员是一个非常好的模型，借助这个模型，我们可以很好地了解计算机的工作原理。

图3.2 档案柜与计算机硬盘在文件与文件夹中存储信息的方式很类似。

假设一家大公司雇用了许多销售人员来推销自己的产品，在一个大型档案系统中保存着大量销售人员的信息，这些信息以卡片的形式存放在各个档案柜中。假设我们的档案管理员知道如何从档案系统中获取信息。有关销售员的数据（包括姓名、位置、销售量、薪资以及其他个人相关信息）以“销售员”卡片的形式存放在档案柜中。现在，有这样一个问题需要档案管理员回答：华盛顿州的总销售额是多少？

为了回答这个问题，档案管理员会做出如下动作：

取出一张“销售员”卡片。

如果“位置”是“华盛顿”，就把卡片里的销售额加到一个叫“Total”（总销量）的流水数上。

然后，放回卡片。

取出下一张“销售员”卡片，重复上述步骤。

这套指令看上去很合理，但是假如这位档案管理员不知道保存“流水数”则意味着什么，那应该怎么办呢？此时，我们就需要为档案管理员提供更详细的指令，准确地告诉他如何完成这项工作。因此，我们给档案管理员一个名叫“Total”（总销量）的新卡片，并给出如下更详细的操作步骤：

取出下一张“销售员”卡片。

如果“位置”是“华盛顿”，就取出“Total”（总销量）卡片。

把“销售员”卡片中的“销售量”加到“Total”（总销量）上。

放回“Total”（总销量）卡片。

放回“销售员”卡片。

取出下一张“销售员”卡片，重复上述步骤。

当然，在现代计算机中，这些数据并非存在卡片上，计算机也不会去取出卡片。计算机会从存储寄存器中读取其中储存的信息。同样，计算机在把寄存器中的数据写入“卡片”时也不需要取出卡片以及再放回去。

为了进一步类比，我们需要更准确地指定档案管理员应该如何执行这些基本操作。最基本的一个操作是把管理员从卡片读到的信息移动到某种便签本或工作区，以便管理员做运算。为此，我们需要准确指定“取出”和“更新”操作的含义。

“取出卡片 X”表示把卡片 X 上的信息写入便签本。

“更新卡片 Y”表示把便签本中的信息写到卡片 Y 上。

接下来，我们需要告诉档案管理员如何检查卡片 X 上的“位置”是否是“华盛顿”。档案管理员会针对每张卡片执行这个操作，因此在从一张卡片转到下一张卡片时，他需要记住“华盛顿”这个词。解决方法之一是把“华盛顿”写到另一张卡片上，我们将其命名为 C。于是修改指令如下：

取出卡片 X（把信息写入便签本）。

取出卡片 C（把信息写入便签本）。

比较卡片 X 和卡片 C 上的信息。

若相关内容匹配，则把卡片X上的销量加到“Total”（总销量）上。若不匹配，则更换两张卡片，取下一张卡片。

由于不需要重复取出与放回卡片C（“华盛顿”卡片），所以很显然，这种方式的执行效率更高。如果便签本上有足够的空间，档案管理员就能在运算期间在便签本上存储这一信息。这是硬件设计中的一种权衡取舍，要么让档案管理员不停地取出并放回卡片，要么就增加便签本上所需的存储空间，要在两者之间求得平衡。我们可以把这些任务拆分，将它们划分成更简单的任务，这些简单任务直接对应于档案管理员知道如何执行的基本操作。比如，我们需要准确地告诉档案管理员如何将“位置”上的信息和“华盛顿”进行比对。

我们需要教档案管理员如何使用便签本。这些指令可以分成两组，一组是便签本最简单、最基本的指令，比如加法、转移等。在计算机中，这些指令被称为指令集，它们是在硬件内部实现的，不管面对什么问题，这些指令都是不变的，就像档案管理员本身固有的能力一样。另一组指令专门针对所面临的特定任务，比如计算“华盛顿州的总销量”。这种特定的指令集就是“程序”。这些程序指令可以进一步被分解成上面最基本的指令操作。程序详细指出了档案管理员如何使用本身固有的能力来完成特定的任务。

为了得到正确的答案，档案管理员必须严格按照程序指令来工作，还要确保执行顺序正确无误。为此，我们可以在便签本上指定一个区域，用来记录那些已完成的步骤。在计算机中，这块区域被称为程序计数器。程序计数器会告诉档案管理员他当前在程序指令中的位置。在档案管理员看来，程序计数器中保存的只是一个地址，从这个地址他可以获取下一条要执行的指令。档案管理员根据这个地址获取指令，并将其保存到便签本中。在计算机中，这个存储区域叫指令寄存器。执行指令之前，档案管理员先把程序计数器的数字加1，以便获取下一条指令。档案管理员还需要便签本上有一些临时存储区域用来做运算、存储中间值等。在计算机中，这些存储区域叫寄存器。即便只是把两个数相加，在获取第二个数时，你也需要记住第一个数。所有事情必须按照正确的顺序进行，而寄存器便于我们组织好这些事情，以便达成既定目标。

假设你的计算机中有四个寄存器，分别为A、B、X以及一个特殊的寄存器C（该寄存器用来保存需要进位的数，它是两个数相加结果的一部分）。下面我们来看一个核心指令集的例子，这个指令集在计算机中相当于档案管理员的便签本。这些指令是最基本的，它们内建于计算机硬件之中。第一种指令与数据传送有关，用来把数据从一个地方转移到另一个地方。比如，在便签本上有一个名为M的存储单元，我们需要一条指令，把寄存器A或B中的内容传送到M中，或者把M中的内容传送到寄存器A或B中。此外，还需要能够操纵程序计数器，以便记录寄存器X中的当前值。因此，我们需要一条用来改变存储值的指令，还需要一条“清除”（clear）指令，用来清空寄存器中的值，并将其设为 0。然后，还需要一些基本的运算指令，比如加法指令。我们可以使用这些指令把寄存器 B 的内容与寄存器 A 的内容相加，并把寄存器 A 的内容更新为 A+B。我们还需要逻辑运算（逻辑门 AND 和 OR），让计算机可以根据这些逻辑门的输入做出相应的决策。这种能力是非常重要的，因为它可以让计算机依据逻辑运算结果选择要执行的程序分支。为此，我们需要添加另外一种指令，让计算机可以“跳”到特定的位置。这种指令叫条件转移指令。当某个条件得到满足时，计算机就会跳到程序中的一个新位置，继续执行程序。这种条件转移指令可以让计算机从程序的一部分跳到另一部分。最后，我们还需要一条指令告诉计算机何时停下来，因此我们应该在指令集中添加一条“停止”（halt）指令。

B3.1 理查德·费曼（1918—1988），物理学家。他在伊沙兰学院的独特思维研习班上讲解计算机。讲座中，他使用通俗易懂的语言解释了计算机的工作原理以及它们的功能。费曼认为，把计算机称作“数据处理器”更合适，因为它们会花费大部分时间来访问和移动数据，而不是计算。

现在，我们使用这些基本指令就可以让计算机进行许多类型的运算了。计算机也可以执行复杂运算，只需把它们分解成它能理解的基本运算就可以了。上面的例子中，我们的计算机只有四个寄存器。而在现代计算机中，底层原理虽然完全一样，但是通常内建在硬件中的基本指令与寄存器数量要多得多。从档案管理员这个比喻中，我们应该学到：只要档案管理员知道如何把数据放入寄存器或者从寄存器中取出，并且会使用便签本执行一系列简单指令，他就能完成许多复杂的任务。同样，不管计算机做什么任务都是无意识的，它只是一条条地执行最基本的指令而已，但是计算机的优势在于，它可以非常快地执行这些指令。理查德·费曼（B3.1）说过：“计算机笨得要死，但是工作起来却像个疯子！”在一秒钟内，计算机可以执行数百万条简单指令，它将两个数字相乘的速度远超人类。然而，我们要知道这一点：计算机本质上是一个速度超快的愚蠢的档案管理员。我们之所以没有意识它做的事情非常愚蠢，其实全都是因为它执行基本操作的速度非常快罢了。

莫里斯·威尔克斯与软件开发的发轫

下面我们来看一看“档案管理员模型”如何在实际计算机中实现。计算机工作时，有少量电荷从存储器流到逻辑门组或其他内存位置。这些电荷的流动受冯·诺依曼读取指令执行周期控制：每次计算机都会从存储器中读取一条指令，执行特定动作。计算机中实际进行计算的部件叫处理器或中央处理单元（CPU）。处理器中有许多用来存储数据的部件，叫寄存器。寄存器可以保存指令、存储地址或其他类型的数据。与前面档案管理员的例子类似，一些指令指挥计算机从存储器拷贝一些字到 CPU 的寄存器中。另外一些指令命令计算机对这些数据执行数值或逻辑运算，并把计算结果放回到中央处理单元中的一个寄存器中。指令通过打开控制门来完成这些操作。这些控制门就位于存储单元和逻辑门之间的通路上，控制门一打开，数据就能从计算机中的一个位置流到另一个位置。每个寄存器与特定处理部件之间都存在数据通路，这些通路上

```
1111111100010110011001000110111000000000101101000000000000
001101100000000001101000000001010000010110100001010101100
0100111100101100000111110010011110000100000111110110010
00010111000000001000100110010010011101000111111001111111
1111111111111111111001001110000111001000110010111011001
1011001101111110000010101111110111111100101101100110010000
0100011110000111000011111010100000101000101010111000101
1101011101110111010011101011011111001100110100111011101
1000011110010110111110000011010010111011010010111011010
0101101110001110100111010111000101110101110111011101001
1101011101011010011000001101001011101101001011101101010
0101110111001111110011101101111010011000011100010010111
0111001111101001110010111010011000011100010010111011100
1111010001110011111010011100101110100110000111000100101
1101110010110010111011001011101110100110010111110001110
1000101110110010011000011110100110000101011101100010111
0011111001101011101110010110111111001001100001111010011
0000101011101100011110111111101101110110111001011101101
1101000101110110111011011111110100110010110111010001111
0011101010101101101111001111101001100001110001111010110
000000000000000000000000000011111000100011000000000110100
0001100000000000000001000000000011011000100100000000000100
0100110010000000010010001000100000010000000100101000100011
000000010011000000000000000000010000000001010110001000000
1100000001001100000000000000000001000000000110000000010001
0000000001001100000110000000000000001000000001110000000010001
1000000000001011000000010110000000000000000100010001000000010
0010000000000001000010000000000000000000001000000001000100011
0000000000010000100000101000100000000000001000000001000100
0000000000100100001000101000000000101000010000000010000010
0000000100100011000000000000011000011001010000000000000000100
000000000000000000000100000000000001000111100011111111100
00000000001101000000000000000011011000000000000000011010000000
0000000001101010000000000000000011011100000000000000011011001
00000000011000000100100101101000000000000100000000011101
0011001011110011111010010111011000110110110111000011101
0011101110011100001110010110100111011101110100110011001
01000011010010010000010100100
```

图 3.3 “Hello World”（你好，世界）程序的二进制代码，由 GNU CC 编译器为一个现代英特尔微处理器生成。

的控制门由相应指令进行控制。在大多数处理器架构及其相关的指令集中，有一种叫决策树的分支路径结构，用以创建指令到特定数据通路的链接。算术运算与逻辑运算的数据传送方式各不相同。

在一条实际指令中，分支决策由指令中处于不同位置的 1 和 0 表示（图 3.3）。比如，我们可以规定：第一位是 1 表示算术运算，第一位是 0 表示逻辑运算；第二位是 1 在算法分支中表示加法，在逻辑分支中表示与门。假设我们的指令集是八位的，除去前面两位，余下的六位可以用来指定两个寄存器的地址（每个地址三位）。根据这种规定，指令 11010001 就表示使用算术运算器把寄存器 010 中的数与寄存器 001 中的数加起来。现代计算机的指令集更加复杂，但遵循的规则是类似的。对于早期的计算机而言，编程者必须仔细考虑如何把所需的操作序列翻译成计算机实际的开关设置。使用机器代码[1]是解放编程者的第一步，有了它，编程者在写程序时就不需要了解硬件架构的所有细节。使用机器代码编写程序是软件抽象层的第一步。

存储程序计算机把指令和数据全部保存在存储器中。由于莫里斯·威尔克斯和 EDSAC 第一次证明了这种体系结构是可行的，许多编程和软件开发的早期思想来自剑桥大学的团队就不足为奇了。1949 年 5 月 6 日，EDSAC 运行了第一个程序，大约运行了 2 分 35 秒。它运行的是一个生成平方表（0-99）的程序，并把计算结果打印出来。之后的一年内，EDSAC 为整个剑桥大学提供编程服务。但是，威尔克斯发现，要使用机器代码编写无误的程序并非易事。因此，威尔克斯为机器指令引入了一种对编程者更友好的表示法。比如，EDSAC 指令“把 short 型数字加到位置编号为 25 的内存单元中”对应如下二进制字符串：

11100000000110010

可将其简写为：

A 25 S

其中，A 表示“加法”，25 是内存空间的十进制地址，S 表示使用 short 型数字。毕业于剑桥大学的戴维·惠勒（David Wheeler，B3.2）编写了一种名为“初始命令”的程序，用来读取这些更为直观的简写形式（表示基本机器指令），把它们翻译成二进制形式，并加载到内存中等待执行。编写程序时，使用这些简写形式不仅让写出的程序更易理解，而且还降低了编程的门槛，让那些非计算机专家的用户也可以为计算机编写程序。

B3.2 戴维·惠勒（1927—2004），英国计算机先驱。他的主要贡献是参与建造 EDSAC 并为其编写程序。惠勒与同事莫里斯·威尔克斯、斯坦利·吉尔一起发明了“子例程”，即可重复使用的代码片段。惠勒还协助开发了加密方法，用来把信息转换成只能由发送者与指定接收者进行读取的形式。惠勒、威尔克斯、吉尔在 1951 年共同编写了第一本编程教科书《怎样在电子数字计算机上准备程序》。

惠勒的“初始命令”程序是冯·诺依曼软硬件接口的第一个具体实现，也是汇编语言的第一个例子。汇编语言是软件抽象层次向上发展的重要一步。汇编语言比机器代码易用，但与后来的高级语言相比，汇编语言还是相当难的。

1 用来表示计算机硬件中实现的指令的二进制数。

使用汇编语言编写代码（比如 MOV R1 R2，表示把寄存器 1 中的内容传送到寄存器 2 中）可以让用户不必考虑实际物理开关（需要开启开关以把电流从寄存器 1 导向寄存器 2）。同样地，存储器地址（二进制数，计算机用它来找到数据与指令在存储器中的存储位置）被更直观的名称（比如 sum 和 total）所取代。虽然汇编语言让编写程序变得更容易，但是计算机最终运行的仍然是机器代码。所以在运行汇编语言程序之前，需要先把汇编语言程序翻译成机器代码。这就需要开发一种叫“汇编器”的程序，它读入汇编语言代码，经过翻译转换之后，输出机器代码。在 EDSAC 上，这种转换最初由惠勒的初始命令程序负责，初始命令程序就是世界上第一个汇编器。

尽管使用汇编语言可以大大简化编程过程，降低编程难度，但是剑桥大学的计算机团队很快就发现，查找程序中的错误要耗费大量时间。为此，他们提出了程序库的想法，程序库包含的代码都经过测试、调试，安全可靠，且可以在其他程序中反复使用。现在，我们把这些可靠的代码块叫作“子例程”。为了在不同程序中使用这些代码块，我们需要用到“惠勒转移法”。在前面档案管理员的例子中我们已经提到过，计算机根据程序计数器从存储器指定的位置读取下一条指令。每读取一条指令后，程序计数器就会自动加 1，指出下一条指令在存储器中的位置。借助跳转指令，计算机能够把子例程代码的内存起始地址复制到程序计数器中。计算机不再局限于下一条指令，它可以跳转到子例程代码的起始地址处，然后执行子例程代码中的指令，再从这个地址增加程序计数器的计数。为了记住子例程执行完毕后返回的位置，计算机还需要把程序计数器的先前内容保存到另一个内存空间中，这是惠勒转移法的典型特征。

图 3.4 存储在计算机存储器中的信息就像一摞盘子。我们只能从这摞盘子的顶部添加或移走盘子，同理，最后添加到存储器中的数据必须被最先移走。

当需要在一个子例程中调用另一个子例程时，我们就需要保存多个返回地址。我们不能只使用一个特定的存储器单元，因为第一个子例程的返回地址会被第二个和之后例程的返回地址覆盖。为了解决这个问题，计算机科学家提出了内存栈（图 3.4）的想法。内存栈是一组有顺序的存储空间，运行时这些存储空间彼此连接在一起。内存栈就像一摞盘子，加入或移走盘子只能从这摞盘子的顶部进行。栈是一种简单的数据结构，许多应用程序都会用到这个结构，常被称为“后进先出栈”，其特点是后入栈的元素会最先弹出。这种数据结构可用于存储嵌套子例程的返回地址。

对编程者来说，条件转移指令涉及两个重要的新概念：循环和分支。在条件转移指令中，仅当某个特定条件得到满足时，程序才会跳转；否则，程序将继续沿着原来的路线向下执行。在一个循环中，计算机会按照指定的次数重复执行循环体中的代码。我们可以使用一个循环计数器来控制循环的次数，每执行一次，循环计数器就加 1。每次执行完循环体之后，就会检测循环计数器，检查是否达到指定的循环次数，若没达到，程序返回到循环开始位置，再次执行。在分支代码中，计算机会根据条件判断的结果选择要执行哪一部分代码。

1951 年，莫里斯·威尔克斯和戴维·惠勒、斯坦利·吉尔（Stanley Gill）一道把他们的编程经验写成了一本讲解编程的书，书名为《怎样在电子数字计算机上准备程序》（*The Preparation of Programs for an Electronic Digital Computer*），这是第一本讲解计算机编程的著作。同一年，由于在研制 EDSAC 过程中做出的重大贡献，戴维·惠勒拿到了第一个计算机科学博士学位。

FORTRAN 和 COBOL

尽管早期计算机时代相关研发工作主要由男性主导，但也涌现出了几位具有影响力的女性计算机研发先驱。其中最著名的大概要数葛蕾丝·霍普（Grace Hopper，B3.3）了，她后来晋升为海军少将。霍普在 1934 年获得耶鲁大学数学博士学位，一直在纽约波基普西市的瓦萨学院任教。后来美国卷入第二次世界大战，霍普在 1943 年 12 月加入美国海军预备队，并在 1944 年以全班第一名的成绩毕业。

B3.3 葛蕾丝·霍普（1906—1992），美国计算机科学家。她带领团队开发出了 COBOL。COBOL 是第一个商用计算机编程语言，程序员可使用日常语言字符编写程序。

霍华德·艾肯（B3.4）成功研制了哈佛大学的 Mark I，Mark I 被美国海军征用为战争效力，艾肯也成为一名海军预备队指挥官。他总喜欢说自己是历史上第一个指挥计算机的海军军官。虽然艾肯的计算机对未来数字计算机的研发影响不大，但他是最早认识到编程可以作为一门学科的关键人物之一。艾肯说服哈佛大学开设了第一个计算机科学硕士学位课程。另外，他还坚持招募经过训练的数学家参与 Mark I 研制项目。正是在这一背景下，当时还是美国海军上尉的葛蕾丝·霍普在 1944 年夏天被艾肯招入计算机团队之中。

B3.4 霍华德·艾肯（1900—1973），美国物理学家、计算机先驱。他在 1937 年向 IBM 提出要建造一台大尺寸机电式计算机的想法。1944 年，哈佛大学的 Mark I 研制成功并投入运行。这台计算机大约有 16 米长，2.44 米高，0.6 米宽。

> 霍华德·艾肯用手指着一台机器说：“那是一台计算机。”我立即回答道：“是，长官。”除了这个，我还能说什么呢？然后，他说想让我在周四计算出反正切级数的系数。我只能回答：“是，长官。”当时我根本不知道出了什么事，这就是我第一次见到霍华德·艾肯时的情形。

霍普因第一次把 Bug 这个词引入到计算机领域而广为人知。当时计算机系统无法正常工作，霍普和她的团队在计算机的一个继电器中发现一只卡住的飞蛾，将其从机器中清理掉之后，计算机又恢复正常运行（图 3.5）。战争结束后，霍普选择留在哈佛大学，先后为 Mark I、Mark II 编写程序。但是在 1949 年，霍普从艾肯阵营退出，加入了艾肯的对手——费城的埃克特 - 莫奇利计算机公司，艾肯对这个公司向来不屑一顾。这个公司由埃克特和莫奇利共同创办，致力于把 EDVAC 的设计思想商业化，也就是他们后来研制的 UNIVAC。当时，埃克特和莫奇利对于商用计算机的市场前景抱有极大担忧。后来，霍普开玩笑说：

> 莫奇利和埃克特很会为公司选地方，它一边靠着垃圾场，另一边靠着公墓。如果 UNIVAC 失败了，他们会从这边的窗户把它丢进垃圾场，然后自己从另一边的窗户跳出去。

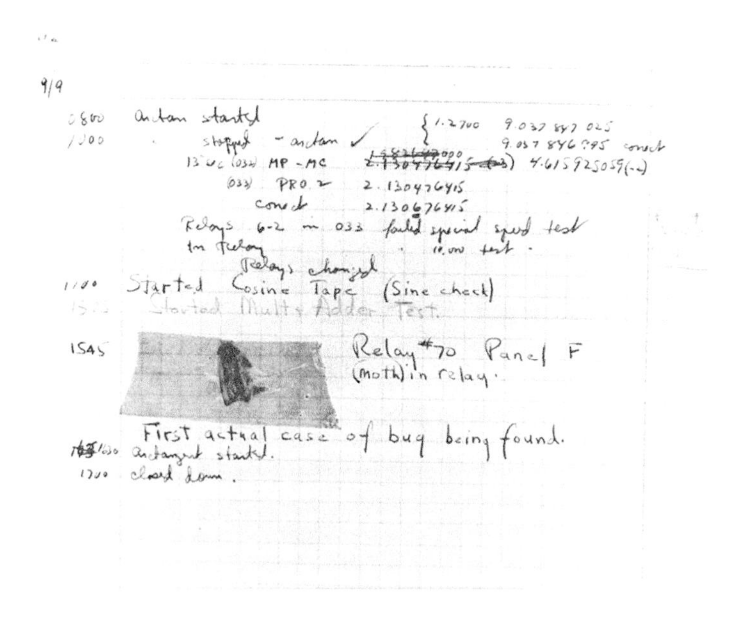

图 3.5 bug 这个词在 1947 年首次出现在计算机领域中。葛蕾丝·霍普可能是第一个把 bug 这个词用在计算机领域的人。当时 Mark I 系统无法正常工作，霍普和她的团队在计算机的一个继电器中发现一只卡住的飞蛾，将其清理掉之后，计算机才得以正常工作。霍普把这个飞蛾（bug）贴到了故障记录本中。

与剑桥大学的威尔克斯和惠勒所走的路线一样，霍普和她的团队开始使用汇编语言为 UNIVAC 编写程序。在这个过程中，霍普特意编写了一个程序，用来把汇编代码自动翻译成二进制机器代码，其功能与惠勒编写的初始命令程序是一样的。然而，霍普并不满足于为汇编语言的低级操作使用简单的缩略词，她有一个更大胆的想法。她开始探索是否有可能使用与日常英语接近的表达方式来为计算机编写程序。最初，霍普把精力放在为科学计算设计一门表达更为自然的语言上，她把这种语言称为 A-0。她为自己创建的这个软件系统引入了编译器，用来把 A-0 编写的程序翻译成 UNIVAC 机器代码。结果令人喜忧参半，她评价说：

图 3.6 1955 年，葛蕾丝·霍普及其团队为 UNIVAC 编写了 MATH-MATIC，它是在汇编语言基础上开发出来的最早的高级语言之一。

> A-0 编译器可以正常工作，但是效率太低，无法商用。即便是一个很简单的程序，编译完也要一个多小时，而且编译好的程序执行起来也慢得让人难以接受。

即便如此，霍普仍然是“自动编程”[2]的热烈拥护者。因此，她和她的团队继续开发 A-0 及其编译器。1955 年，霍普所在的公司为 UNIVAC 发布了 MATH-MATIC（图 3.6），一份新闻稿说：“自从 1950 年以来，人们就开始探索自动编程方法，试图使用特殊代码或语言消除与计算机沟通的障碍。”通过这些始于 20 世纪 50 年代早期的尝试，人们逐渐认识到，改进编程技术的关键是编写一个强大的编译器，它所生成的程序和一个有经验的汇编语言程序员或机器代码程序员手工编写的程序一样好。接下来，我们来谈一谈约翰·巴克斯（John Backus，B3.5）和 IBM 公司。

B3.5 约翰·巴克斯（1924—2007）。IBM 公司的计算机科学家，他主持开发了 FORTRAN，FORTRAN 是第一种可以让科学家和工程师自己编写程序的编程语言。

IBM 公司在 1954 年成功研制了 IBM 704，它主要面向科学应用领域。IBM 704 在架构方面的主要改进体现在硬件上，它的硬件除了用来处理整数的电路外，还包含了用来专门处理浮点数的专用电路。现在，程序员可以很容易地对实数做加减乘除运算，就像对整数做运算一样简单，不必调用复杂的子例程来做。巴克斯一直在为 IBM 的另一种计算机开发汇编语言，但在 1953 年年末，他向经理提议为 IBM 704 开发一种高级编程语言和编译器。有趣的是，巴克斯之所以提出要编写高级语言，主要是基于经济方面的考虑，他认为：“编程与调试占去计算机运行费用的 3/4，随着计算机越来越便宜，这种情况只会越来越糟糕。”

巴克斯的提议得到批准，FORTRAN 项目于 1954 年年初启动。巴克斯带领的研发团队一直将生成与资深程序员编写得一样好的代码作为主要目标。

> 我们不觉得设计一门语言是个难题，它只不过是个简单的前奏，最困难的是设计一个高效的编译器，它可以把使用高级语言编写的程序翻译成高效的二进制程序。当然，设计一门新编程语言也是我们的目标之一，我们希望这门语言能够帮助工程师和科学家自己为 IBM 704 编写程序。我们还想消除手工编程所涉及的大量簿记工作和细节重复的设计工作。

1957 年 4 月，FORTRAN 及其编译器开发完成。编译器大约由两万行机器代码组成，12 位程序员花了两年多时间才写成。

FORTRAN 中的标准语句与基础的数学方程式非常类似。比如：

$$y = e^x - \sin x + x^2$$

在 FORTRAN 语言中写作：

---

2 计算机自动地把使用高级语言编写的程序翻译成机器代码。

$$y = \mathbf{EXP}F(X) - \mathbf{SIN}F(X) + X^{**}2。$$

由于 FORTRAN 十分简洁，并且与数学语言很相似，它很快成为科学计算的主导语言。巴克斯带领的团队几乎达成了他们的目标：

> 事实上，不论从程序占用的内存还是运行耗费的时间来看，FORTRAN 系统所产生的程序的优质率已经达到了手工编写的程序的 90%。它大大提升了程序员的编程效率。那些原本需要花费几天或几周才能写完的程序，现在使用 FORTRAN 编写只要几个小时或几天即可完成。

图 3.7 IBM 的第一本 FORTRAN 说明书。

使用 FORTRAN 语言编写程序还有另外一个好处，那就是使用它编写好的程序可以被移植到不同的机器上运行。虽然第一个 FORTRAN 编译器是针对 IBM 704 编写的，但是很快其他型号的 IBM 计算机上就有了相应的 FORTRAN 编译器。然后，竞争厂商也很快为他们自己生产的计算机推出了 FORTRAN 编译器。这些不同的计算机第一次可以“讲”同一种语言，这样程序员就不必再为每一种新计算机另外学习一门新语言了。

1961 年，丹尼尔·麦克拉肯（Daniel McCracken）出版了第一本 FORTRAN 编程教科书，它在各所大学中被用作本科教材（图 3.7）。1966 年，FORTRAN 成为第一个被美国国家标准学会正式标准化的编程语言。随着时间的推移，FORTRAN（现在常写作 Fortran，只有首字母大写）被那些从事编程语言研究的计算机科学家加入了新的结构与技术。不过，在 FORTRAN 诞生 50 多年之后，FORTRAN 程序仍一直在科学计算领域被广泛使用，这点令人十分惊讶。

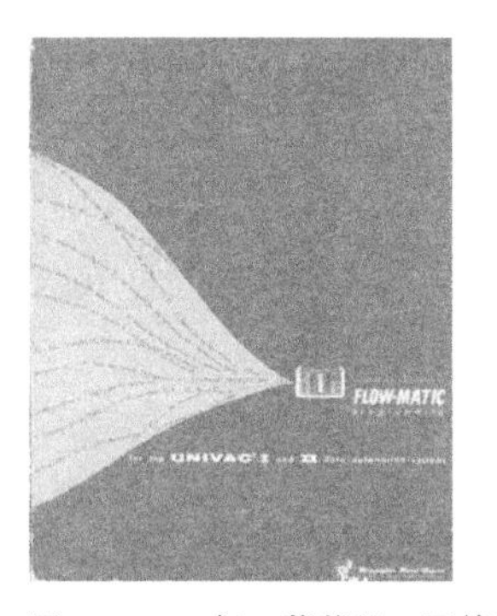

图 3.8 1956 年，葛蕾丝·霍普开发出 FLOW-MATIC，它是第一个允许用户使用类英语表达方式描述操作的编程语言。

在早期计算机编程中另一个重大突破是产生了一门商业应用语言。在推出了 MATH-MATIC 之后，霍普又着手开发一种更简单、更易懂的商业编程语言，主要解决的是财务管理、库存管理等商业应用问题。到 1956 年年末，霍普为 FLOW-MATIC 编写了一个编译器，该语言大约包含 20 个类似英语的表达式，并且可以使用长字符名（图 3.8）。比如，在判断变量 A 的值是否大于变量 B 时，使用 FORTRAN 编写如下：

IF A.GT. B

而在 FLOW-MATIC 这种语言中，我们可以写成如下更易理解的形式：

IF EMPLOYEE-HOURS IS GREATER THAN MAXIMUM

图 3.9 COBOL 是早期编程语言之一，现在仍被人们广泛使用。许多商业交易软件都是采用 COBOL 编写的，目前大约有 2000 亿行代码仍然在运行。90% 的金融交易软件都是使用 COBOL 写成的。

如你所见，FLOW-MATIC 不仅可以让管理者更容易理解程序，而且还提供了一种自描述文档，用来解释程序要做什么。

1959 年 5 月，美国国防部倡议开发一种通用商业编程语言。COBOL（图 3.9）编程语言应运而生，COBOL 深受霍普早期设计的 FLOW-MATIC 的影响。基于这个原因，有些人把霍普称为“COBOL 之母”。美国政府在一年后发布的一个声明将 COBOL 推向成功，他们声称绝不会租借或购买不带有 COBOL 编译器的计算机。1966 年年末，霍普从海军指挥官的位置上退休。随后不到一年，她再次被招入海军，负责使用 COBOL 重写海军的薪资系统。1985 年，霍普晋升为海军少将。

B3.6 彼得·诺尔。丹麦计算机科学家，他参与开发了一门成功的编程语言 Algol 60。2005 年，他因其对计算机科学的贡献，被授予图灵奖。

从大约 1960 年到 1980 年这 20 年中，使用 FORTRAN 和 COBOL 这两门语言开发的应用程序几乎占据了所有应用程序的 90%。巴克斯继续开发了一种记号法，用来定义形式语言语法，借助这种记号法可以把特殊意义的单词和概念结合在一起。丹麦计算机科学家彼得·诺尔（Peter Naur，B3.6）仔细审阅和修改了巴克斯提出的描述语言语法的方案，使之更加完善，从而诞生了巴克斯–诺尔范式，它可以定义任何一门编程语言的语法规则。20 世纪 70 年代，贝尔实验室开发出了“编译器的编译器”，这个程序可以把一份巴克斯–诺尔范式转换成相应语言的编辑器。从 FORTRAN 和 COLBOL 诞生以来的 50 年间，人们一直对编程做着大量研究和试验。在下一章，我们将讲解其中一部分研究。

图 3.10 早期计算机使用穿孔卡来输入程序与数据。

早期操作系统

使用这种早期计算机的时候，让每个用户自己去学会如何与计算机进行交互显然是没有意义的。最初，人们使用穿孔卡和纸带读取器把程序与数据输入计算机中，即把指令和数据传送给计算机。后来，又有了键盘、鼠标、触控板等输入设备。每个用户都可以使用硬盘驱动器来访问与存储数据，并且借助打印机或某种屏幕显示设备读出结果。所以，尽管最早的计算机没有真正的操作系统（即没有一种像如今已发展成熟的操作系统那样可以控制整个计算机系统运行的软件），把所有 I/O 子例程集中起来并把它们永久加载到机器中仍然是有用的。

B3.7 约翰·麦卡锡（1927—2011），美国计算机科学家。他提出了许多关于计算机的开创性想法，比如分时、LISP 编程语言和人工智能等。1971 年，他因在计算机科学方面所做出的贡献，被授予图灵奖。

在早期计算机的时代，用户要使用计算机必须先预约时间，高校研究生自然地被分配到了晚上的时间段。用户先使用穿孔卡或纸带把程序输入计算机，然后等待计算机运行他们的程序（图 3.10）。这种个人化系统快速演化成一种更高效的系统，在这种系统中，“操作员”将用户与机器分离开。用户必须把程序交给操作员，操作员会把一批程序加载到计算机中。当加载任务完成时，操作员再把输出结果返回给用户。这个“操作系统”只是个装载例程，操作员使用它调度计算机中的作业，并且把 I/O 子例程集中起来。20 世纪 50 年代早期开始出现商用计算机，从此，这种批处理系统成为常态。

20 世纪 50 年代中后期，这种批处理方式的局限性暴露无遗，各所大学开始积极探索与计算机交互的更好方式。1955 年，人工智能先驱约翰·麦卡锡（John McCarthy，B3.7）在位于纽约波基普西市的 IBM 实验室花了一个夏天借助 IBM 704 的批处理方式学习计算机编程。当时，要想知道程序是否能正确运行，就必须等待，对此，麦卡锡非常震惊。他希望能够在自己的思绪未被打乱之前，以实时交互的方式来调试程序。因为那时计算机系统非常昂贵，麦卡锡设想，应该许多用户同时共享一台计算机，而不是按照当时的批处理方式先后分别独享这台计算机。为了实现共享，必须同时把多个用户连接到计算机上，并分别为他们的程序与数据分配独立的内存空间。虽然计算机只有一个 CPU，但每个用户都觉得自己在独享它。麦卡锡的想法是：既然从人类的时间量程看，计算机从一条指令切换到另一条指令的速度非常快，那么为什么不让 CPU 每几个周期就从一个内存区域和程序切换到另一个内存区域和程序呢？在这种方式下，用户会觉得他们在独享整台计算机。麦卡锡把这种方式称为“分时”。

> 对我来说，分时是一个必然的想法。在第一次学习计算机时，我就想即使分时还没有实现，但它肯定是每个人都希望能实现的东西。

IBM 的心思没有放在分时系统上。尽管他们与麻省理工学院长期参与战后重建，但商业客户喜欢他们新生产的批处理模式计算机，所以 IBM 对于分时和交互式计算不太感兴趣，也是可以理解的。为了实现分时操作，麦卡锡需要 IBM 对 IBM 704 的硬件做一些修改，为计算机添加中断系统，以便计算机暂停一个作业，切换到另一个作业。幸运的是，IBM 公司曾为波音公司做过类似的修改，当时他们将 IBM 704 与风洞实验数据直接相连，于是 IBM 允许麻省理工学院免费使用这个包。1959 年，麦卡锡在 IBM 704 上做了一次演示，在批任务之间运行一些自己的代码。演示过程中，麦卡锡的分时软件运行得很好，直到他的程序意外地耗尽内存，计算机打印出如下错误信息：

> THE GARBAGE COLLECTOR HAS BEEN CALLED. SOME INTERESTING STATISTICS ARE AS FOLLOWS...
>
> （调用垃圾收集器。一些有趣的统计数据如下……）

在麻省理工学院观看麦卡锡演示的人都以为有人戏弄他。实际上，麦卡锡的程序是用他自己开发的语言 LISP 编写的，他开发这种高级语言是为了编写人工智能应用程序。麦卡锡为这种语言引入了一个垃圾回收例程，用来回收程序不再使用的内存。事实上，麦卡锡的这个垃圾回收例程是创建自动内存管理系统的一次早期尝试。

B3.8 费尔南多·科尔巴托（1926—2019）。多任务和分时操作系统的开发先驱。他曾说过一段话，被人称为“科尔巴托定理”：在一段固定时间内，不管使用何种编程语言，一个程序员能写出的源代码行数是固定的。

直到 1961 年，在麻省理工学院计算机中心工作的费尔南多·科尔巴托（Fernando Corbato，B3.8）才演示了一个完全可行的分时系统，它被称为兼容分时系统。这是利克莱德著名的 MAC 分时系统项目的起点。利克莱德曾说过，分时系统的目标就是“实现计算民主化”。MAC 是计算机辅助识别（Machine-Aided Cognition）或多路存取计算机（Multiple Access Computer）的缩写。MAC 项目和从一开始就研发的多路信息与计算服务（Multiplexed Information and Computing Service，Multics）分时操作系统产生了深远影响，在许多领域派生出多个项目。大多数现代操作系统都是使用中断系统在需要的时间把资源转移到需要的位置上，从而形成多任务处理。

操作系统的多种角色

操作系统从子例程和批加载器的简单集合演变到结构超级复杂、功能超强的软件系统，经历了漫长的发展道路。在本章的最后一部分，我们就把现代操作系统必须具备的功能罗列出来。

设备驱动程序和中断

操作系统最早的角色是帮助用户使用各种设备，比如键盘、扫描仪、打印机、硬盘和鼠标，而不必自己动手编写相关代码。要做到这一点，必须把所有设备的复杂细节隐藏在设备驱动程序之后，设备驱动程序用来管理计算机连接的各种设备。设计设备驱动程序与计算机的接口时必须非常仔细，因为许多设备都需要访问特定的内存位置。它们必须能够生成控制信号，也要对控制信号做出响应，这些控制信号被称为中断，表示计算机中发生的某种事件需要立即进行处理。处理这些中断是操作系统的主要功能之一（图 3.11）。

图 3.11 我们可以把计算机的操作系统分成多个层次。最底层是硬件层，包括各种电子元器件，它们共同组成了计算机的实体。再往上的各个层代表了操作系统的主要功能，包括实际执行运算的 CPU 管理层（执行实际运算），计算机内存管理层、设备驱动层（管理计算机连接的各种设备）、I/O 管理层（支持用户与计算机交互）以及最顶部的应用程序层，它们用来执行特定任务，比如文字处理、管理数据库等。

作业调度

当一个程序必须等待某种输入时，CPU 可以继续运行另外一个程序。为此，操作系统必须具备这样一种能力：让处于等待状态的程序进入“休眠”状态，当等待的输入事件发生后，再唤醒它，继续往下执行。为了做到这一点，操作系统要维护一个“活动进程”表，表里都是正在运行的进程。表格中包含着各个进程的细节信息，比如在主存中的位置、CPU 寄存器的当前内容、程序计数器和内存栈中的地址等。当某个进程被激活时，操作系统会把它的所有相关信息加载到 CPU 中，并从上次停止的位置继续往下执行。操作系统需要具备一些调度策略，用来确定接下来要激活哪个进程。有很多调度策略可以用来保证 CPU 公平地选择每个进程，但是大部分用户都认为没有一个调度策略是完美的。

硬件中断

操作系统接下来的问题非常重要。操作系统也是一个程序，CPU 每次只能运行一个程序，那么操作系统如何把 CPU 让给一个进程，然后再回到 CPU 调度另外一个进程呢？这是通过一种特殊的中断实现的，这种中断不在进程与操作系统之间切换，而是在实际计算机硬件和操作系统之间切换。这种中断被称为“硬件中断”，当发生键盘输入或鼠标移动事件时，就会触发硬件中断。硬件中断把计算机的运行模式从普通用户模式切换到超级用户模式。在超级用

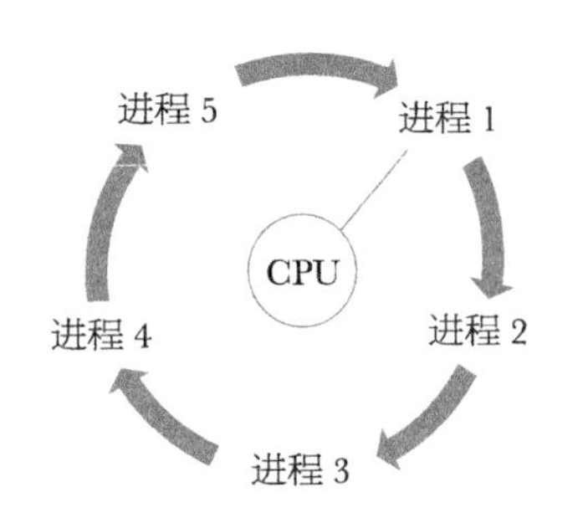

图 3.12 操作系统最重要的任务是为各个进程分配 CPU 时间。每个进程占用 CPU 的时间都受到限制。

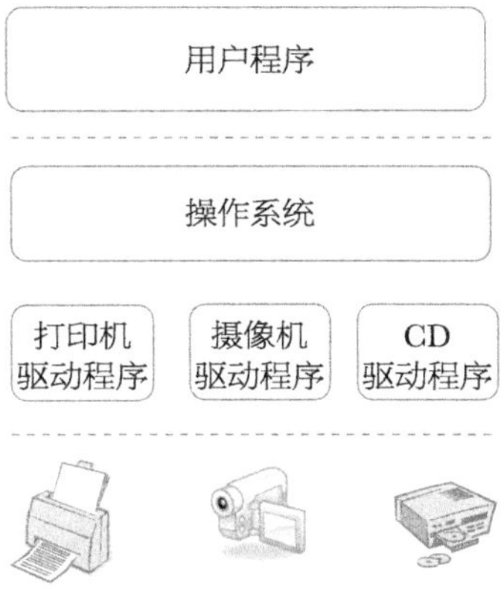

用户程序

操作系统

打印机驱动程序 摄像机驱动程序 CD 驱动程序

图 3.13 操作系统的很大一部分代码由设备驱动程序组成。这些程序用来操作连接到计算机的各种设备，比如打印机、摄像机、CD 播放器等。

户模式下，操作系统可以访问与使用所有计算机硬件和指令。而在普通用户模式下，操作系统只能访问一部分硬件和指令。发生硬件中断时，计算机就会跳转到调度器程序，由它查明发生了什么事件以及确定哪个用户进程获取 CPU 运行（图 3.12）。

系统调用

除了借助驱动程序的标准接口隐藏设备复杂性（图 3.13）以及调度用户进程之外，操作系统还管理着程序请求硬件服务的方式。当用户程序需要直接访问和控制设备时，操作系统能够确保访问的安全性，防止硬件损坏。操作系统通过一系列特定用途的函数来确保整个计算机系统的安全，这些函数被称为“系统调用”。在系统调用这种方式下，程序从操作系统请求服务。

文件管理

有一类特别的系统调用，逐渐成为整个操作系统的象征。这些系统调用创建并控制着文件系统。计算机把数据存储在硬盘上由文件和文件夹组成的层级结构中，我们可以通过目录访问它们。硬盘是一系列存储信息的磁盘，安装在硬盘驱动器之中。计算机既可以从磁盘读取数据，也可以把数据写入磁盘。操作系统必须能够记录文件名，并能把它们与磁盘上的物理位置映射起来。

虚拟内存

除了管理文件存储之外，操作系统还管理着计算机的主存储器。计算机内存昂贵，相比于计算机地址空间可支持的内存数量来说，计算机配备的主存要少得多。计算机地址空间是指用来标识内存空间的地址所用的数字范围。比如，如果 CPU 的寄存器是 32 位的，那么它们能够保存 2^{32} 种不同的位模式。这就是最大可能的地址空间，一般认为是 4GB，因为 2^{32} 是 4 294 967 296，比 40 亿略大一些。GB 的 G 表示千兆，用作前缀表示 10 亿。现在，用户在编写程序时完全不必考虑主存是否够用。计算机中装有“聪明”的虚拟内存，使得用户程序认为自己可以占用所有可寻址的内存空间，即使主存支持的真实地址远少于它也没关系。这是通过在硬盘与主存之间来回移动内存块（被称为“页”）实现的。虚拟内存技术催生出了一种叫作“缺页”的新型中断，当程序需要的页面不在主存中时，就会触发这个中断。出现缺页中断时，操作系统必须把程序挂起，以等待程序所需要的页面从硬盘拷贝到主存中。为了在主存中给这个页面腾出空间，操作系统必须把另一个页面换出内存。存储管理错误是引发系统崩溃的常见原因之一，有许多精心设计的策略可用于帮助操作系统决定应该换出哪个页面。

安全

操作系统必须提供的一项重要功能是安全（图 3.14）。它必须为每一个用户保密，保护他们存储在计算机中的信息的完整性。为此，首先要通过密码识别出许可用户，即计算机在允许用户访问其资源之前要求用户必须先用密码登录计算机系统。操作系统必须记录用户和密码，确保他们只能访问和操作那些已经获得授权的文件。如今，有一种黑客行径暗流涌动，黑客的计算机技术高超无比，试图破坏这些安全措施。这就将操作系统的供应商卷入不断升级的竞争之中，敦促他们寻找更有效的应对措施，以阻止黑客的破坏行为。

图 3.14 随着互联网的普及，网络安全正成为当今计算机所面临的最重要问题之一。

在本书后面讲解互联网与个人计算机的出现时，我们将继续探讨与黑客有关的问题。下一章，我们会讲解编程语言后续的发展以及编程发展为一门实际工程学科的历程。

本章重要概念

- 指令集
- 计算机的档案管理员模型
- 机器代码和汇编语言
- 子例程、循环和分支
- FORTRAN 和 COBOL
- 操作系统概念
  - 批处理和分时
  - 设备驱动程序
  - 中断
  - 系统调用
  - 内存管理
  - 安全
- 微代码

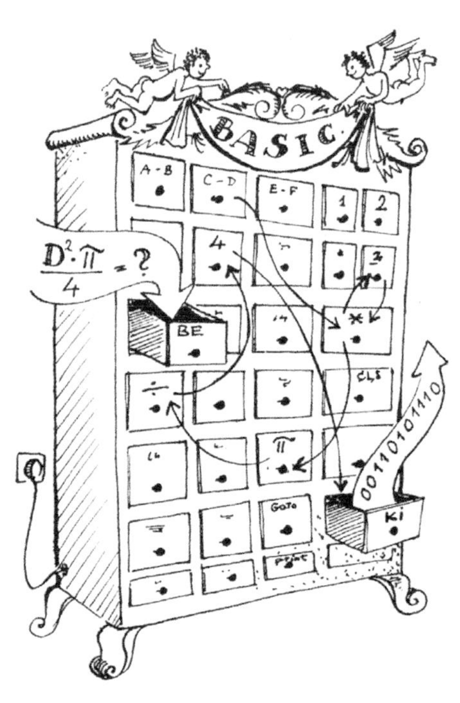

微代码

1951 年，在曼彻斯特大学计算机落成典礼上，莫里斯·威尔克斯指出，设计自动计算机最好的方法是把计算机的控制部件做成它自己的存储程序计算机，即把每个控制操作（比如把两个数相加的命令）分解成一系列存储在微程序中的微操作。这样做既简化了控制单元的硬件设计，同时还在指令集的选择上保持了灵活性。

图 3.15 IBM System/360 是 IBM 在 1965 年推出的一系列通用大型计算机。它是第一种被设计为可以互相兼容的计算机。

B3.9 小托马斯·沃森（1914—1993）。IBM 总裁，他把公司大量资源史无前例地押到 IBM System/360 项目上，尝试把 IBM 多种不同的计算机系统统一起来。这场豪赌大获全胜，改变了计算机的历史。

微代码方法是 IBM 成功实现其浩大的 IBM System/360 项目（图 3.15）的关键。IBM System/360 项目是 IBM 公司在 20 世纪 60 年代中期为了实现所有 IBM 计算机相互兼容而做的一次尝试，他们希望能一举化解大家在面对公司多台计算机时的混乱。时任 IBM 公司总裁小托马斯·沃森（Thomas Watson Jr.，B3.9）成立了系统规划与工程开发委员会，专门研究如何实现这个目标。大型机 System/360 系列的两位缔造者弗雷德里克·布鲁克斯（Fred Brooks）和吉恩·阿姆达尔（Gene Amdahl）一度认为这是不可能的。约翰·费尔克劳夫（John Fairclough，B3.10）是一位英国工程师，也是系统规划与工程开发委员会的成员，他在曼彻斯特大学学习电气工程，了解了威尔克斯微编程和微代码的优点。正是通过费尔克劳夫，IBM 公司才意识到微代码是实现 System/360 系列计算机通用指令集的解决方案。微代码也让工程师得以实现“向后兼容”，使得新型计算机能够运行老款计算机的软件。通过安装微代码（为早期机器开发的程序的指令），老程序仍然可以运行在新型的 System/360 系列计算机上。后来，费尔克劳夫成为 IBM 英国赫斯利实验室（图 3.16）的主任。

B3.10 约翰·费尔克劳夫（1930—2003）。英国计算机产业一位举足轻重的人物。他是 IBM System/360 团队成员，于 1974 年升任 IBM 赫斯利实验室主任。在 20 世纪 80 年代，费尔克劳夫担任英国政府的首席科学顾问。他大力支持科研院所、计算机设计师和制造商之间开展紧密合作。

图 3.16 IBM 赫斯利实验室（位于英国温彻斯特附近）。这所实验室研制了几款IBM计算机和大量重要软件。在 IBM 赫斯利实验室研发的众多软件中，包括畅销不衰的 CICS，它是一款事务处理软件，用来处理银行每天的交易事务和航空票务系统等。

04 编程语言和软件工程

软件危机的主要原因是计算机变得更加强大，比原来强大好几个数量级。坦率地说，要是没有计算机，就不会出现编程问题。当计算机不那么强大时，编程没什么大问题；而当计算机变得很强大时，编程问题也随之变大。

——艾兹格·迪科斯彻

软件危机

“软件工程”这个术语可追溯到20世纪60年代早期。1968年，北大西洋公约组织在德国召开了第一次“软件危机”会议。“软件工程”这个术语就是在这次会议上首次提出的。这个会议还指出了一个令人痛心的事实——许多大型软件项目的研发经费大大超出预算，倘若能交付，时机也已严重滞后。图灵奖得主托尼·霍尔（Tony Hoare）仍记得自己一次失败的软件开发经历，他说道：

> 没有任何办法，我们必须放弃整个Elliott 503 Mark II软件开发项目，这让30多人一年来的努力付之东流，浪费的时间几乎与一个人的全部职业生涯相当。作为设计师与项目经理，我负首要责任。

B4.1 弗雷德里克·布鲁克斯在设计IBM System/360系列计算机中做出了重大贡献。他的著作《人月神话》讲述了自己在软件开发中的经历。

在经典著作《人月神话》（*The Mythical Man-Month*）中，弗雷德里克·布鲁克斯（B4.1）谈到了自己为IBM System/360项目开发操作系统的经历。关于软件工程，布鲁克斯做了非常冷静的反思，他说：“犯下造成几百万美元损失的错误是非常丢人的，但也非常难忘。”

本章中，我们将探讨软件产业处理危机时采用方法的两个路径：编程语言的演变（图4.1）和软件工程方法论的诞生。我们会讲到两种主要思想是如何为现代软件开发奠定基础的：（1）结构化编程，采用特定方式组织语句以尽量减少错误；（2）面向对象编程，以编程者想操纵的对象为中心来编程，而不是以独立操作所需的逻辑为中心。对计算机科学家来说，对象是指任意可单独进行选择和操作的东西。在面向对象的编程中，对象不仅包含数据，还包含处理这些数据的方法。另外，在软件规范、设计、编程、测试中引入工程的做法也促进了软件产业的发展，有利于处理软件危机。然而，需要提醒的是，

图4.1 一些流行的编程语言。维基百科上有700多种编程语言，但是其中只有少数几种被广泛使用。

即便使用今天最好的软件工程方法，在编好的软件系统中每百万行代码还是包含 10 到 10 000 个错误。因此，在软件的生产周期中，测试和 bug 修复是不可或缺的重要环节，这不足为奇。最后，我们会介绍一个软件开发可选模型。这种模型基于众包模式，它集结了一大群人的力量和大量免费共享的源代码。源代码就是程序指令的原始形式，这种源代码分享方式被称为开源。这种方式的一个主要优点是可以帮助我们快速发现软件中的 bug。埃里克·雷蒙德（Eric Raymond）将这种思想概括为“只要有足够多双眼睛盯着，软件中的所有 bug 都将无所遁形”。换言之，检查与测试代码的人越多，就能越快速地找到并改正软件中的错误。雷蒙德把这称作“林纳斯法则”[1]。然而，有一些有经验的软件工程师对此持有不同看法。

现代编程语言的组成

在 20 世纪 50 年代出现 FORTRAN 之前，要编写程序必须使用机器代码或汇编语言。机器代码由二进制命令组成（图 4.2），汇编语言由助记符组成，用这两种语言写程序既困难又耗时。FORTRAN 是第一种成功商业化的高级语言，它与人类语言很相似，容易学习，使用 FORTRAN 编程时也不需要编程者深入了解计算机。很多人都认为，使用 FORTRAN 能更容易地编写程序，更便于修改。对此，约翰·巴克斯在 1954 年提出的 FORTRAN 提案中给出了乐观的看法：

> 使用 FORTRAN 应该能够消除编程和调试的错误，所以花费比原来更少的成本来解决问题是可能的。而且，由于可以把所有可用的机器时间（而不是一半的机器时间）都用来解决问题，所以机器的输出应该是双倍的。

二进制中的真正代码

图 4.2 在早期，计算机程序是使用二进制代码编写的。直到汇编语言出现，编程才变得更直观一些。FORTRAN 和 COBOL 这些高级语言之所以能够流行起来是因为它们拥有高效的编译器，使得编译出的程序性能与汇编语言程序很接近。

那么，才过了 10 年，软件产业是怎样来到这样一个危急关头的呢？我们从早期语言的特征中可以找到部分原因。

接下来，我们先介绍一些早期编程语言以及协助提升编程质量的三个概念。（1）类型检查，检查和执行某些规则以防止出现类型错误。（2）递归，指函数可以调用自身。（3）动态数据结构。数据结构是一种数据组织形式，比如链表、文件，其中关联的数据项存储在计算机中。动态数据结构提供了一种更高效使用计算机内存的数据组织方式。

编程语言是人工语言，它们被设计用以将我们的指令传递给计算机。FORTRAN 和其他大多数编程语言都是由文本序列组成的，包括关键字、数字和标点符号。编程语言可分为两个大类：命令式语言和声明式语言（图 4.3）。粗略地说，命令式语言指出如何做运算，而声明式语言关注的是计算机应该

1 林纳斯·托瓦兹是 Linux 开源操作系统的发明人。

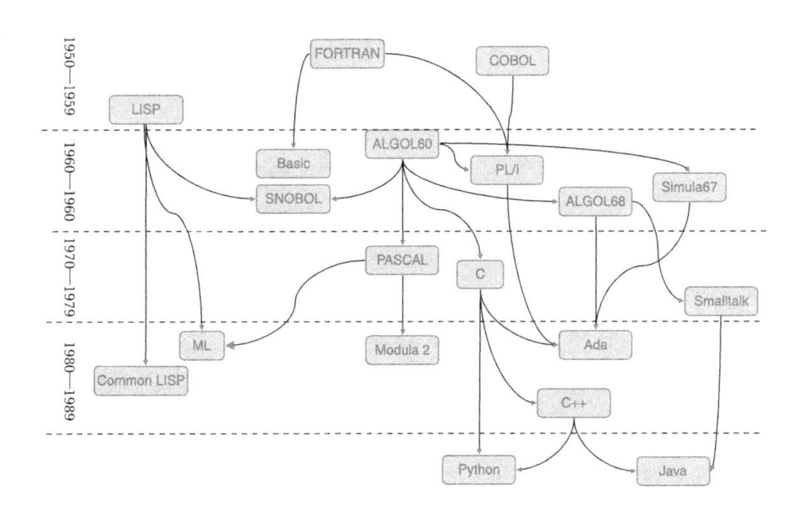

图 4.3 流行的计算机编程语言简要演化图。

做什么运算。FORTRAN 是第一个命令式语言成功商业化的例子。1958 年，约翰·麦卡锡和他的学生在麻省理工学院开发出了 LISP，它是一种为人工智能应用设计的语言。LISP 是第一个声明式语言，其中运算是由求值函数推进的。

在计算机编程中，变量是一个代表内存位置的符号或名字，它所对应的内存空间中保存着数据。变量很重要，因为它们可以让程序员写出灵活的程序。编程时，程序员不必把数据直接写入程序，而是可以使用变量来代表数据，这使得同一个程序可以根据计算机内存中保存的数据来处理不同的信息。声明式语句用来指定每个变量所含信息的类型，即数据类型。

FORTRAN 中的许多思想至今仍然在编程语言中广泛使用。早期 FORTRAN 拥有如下特性：

- FORTRAN 程序中的变量名最长可达 6 个字符，并且可以在程序运行期间改变它们的值。
- 名字以字母 I、J、K、L、M、N 打头的变量是整型类型，即其中包含的数值没有小数部分。除此之外所有其他变量都是实数类型，其值可以是正数、负数，也可以是整数。
- 可以使用逻辑声明语句指定布尔变量（布尔变量的值为真或假）。
- 支持五种基本的算术运算符：+（加法）、-（减法）、*（乘法）、/（除法）、**（求幂）。求幂即指定一个数或量的指数。

FORTRAN 的另一个重要特性是引入了“数组”这种数据结构，这对科学计算特别有用。数组是一组逻辑相关的元素，它们按顺序存储在计算机内存中。我们可以使用一个或多个索引来访问数组中的某个元素。数组的维度是指在该数组中查找一个元素所需的索引数目。比如，链表是一维数组，一个数据块可能是二维或三维数组。使用维度语句来告诉编译器为每个数组分配多少内存空间，并给数组一个符号名和维数规格。比如，可以使用 VEC（10）这个维度语句指定一个一维的数值数组（被称为向量），或者使用 MAGFLD（64，64，64）定义一个三维数组。

对 FORTRAN 数据类型的最小规格，现代编程语言做了改进。现在许多编程语言都采用了强类型方式，严格执行类型规则，不允许存在例外。通过为一个大型、复杂的软件系统做类型检查可以大大减少最终代码中的 bug 数量。

出于效率的考虑，FORTRAN 的设计与计算机硬件的架构紧密相关。因而，实际上 FORTRAN 中的赋值语句（为变量赋值的指令）描述的是数据如何移入到机器中。在 FORTRAN 中，赋值语句使用等号（=）来表示赋值操作，这种等号与数学中的等号含义不同。比如这一个赋值语句：

A = 2.0 * (B + C)

在 FORTRAN 中，这条语句表达的含义是：用 2.0 * (B + C) 的计算结果替换地址 A 处的值。同样，下面这一条看上去是有点古怪的语句：

J = J + 1

它表示的含义则是：先从地址 J 处读取值，将其加 1 后，把结果值存储到地址 J 处。

在最初的 FORTRAN 规范中提供了三种控制语句，这些指令可以让计算机在执行代码时从一个地方转到另一个地方：

- do 语句用来执行循环体，不断重复执行一系列指令，直到达到指定的执行次数，或者出现某个特定条件。
- if语句用来根据条件选择执行特定分支。当计算机执行到IF语句时，会先判断条件的真假，然后根据判断结果进入相应代码块进行执行。
- go to 语句用来让计算机跳转到标有特定数字的代码行去执行。

大多数现代编程语言都支持 do 语句和 if 语句。我们可以使用伪代码[2]写出这些控制语句的通用形式。计算机不能直接执行伪代码，因为伪代码略去了程序的许多细节，去掉这些细节并不影响人们对程序的理解，但会让计算机无法正常运行这个程序。因而，我们可以使用 for 关键字写一个 do 循环，如下所示：

```
for < 变量 > in < 序列 >
    < 语句块 >
```

关键字 for 之后的变量被称为循环索引，for 循环体中的语句会被执行指定的次数，具体执行次数需要在循环开始的序列部分中进行设定。当循环执行到指定的次数后，程序就会转到循环体之后的语句继续往下执行。

---

2 对程序的一种非正式的高级描述，用来供人类进行阅读。

类似地，我们可以写出如下 if 语句：

```
if <条件>:
<语句块 #1>
else:
<语句块 #2>
```

如果布尔条件为真，则程序执行第一个语句块，然后跳过第二个语句块继续往下执行；如果条件为假，则程序跳过第一个语句块，执行第二个语句块，即位于 else 关键字之后的语句块，然后继续往下执行程序的下一条语句。用图形把这些控制结构表示出来，会非常有用，这些图形被称为流程图，由赫尔曼·戈德斯坦和冯·诺依曼于 1947 年首次引入到计算机领域。在流程图中，使用不同图形表示程序的各个部分，它们之间有箭头，表示事件的顺序。for 循环和 if-then-else 语句的流程图如图 4.4 所示。

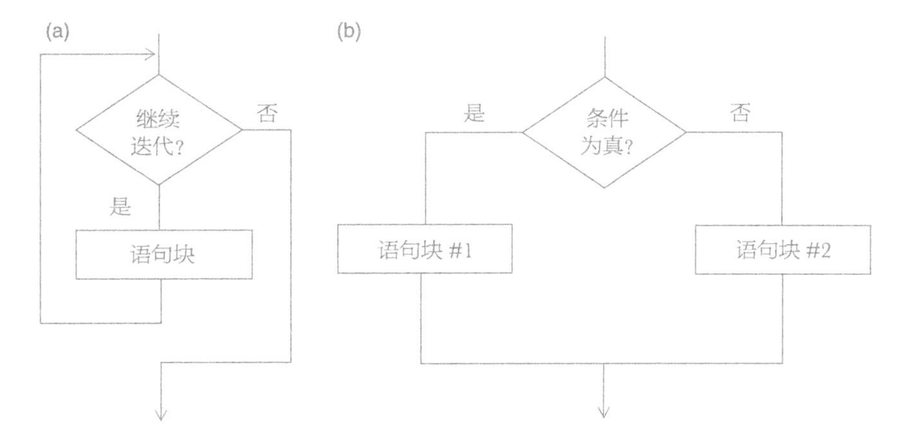

图 4.4 for 循环（a）和 if-then-else 语句（b）的流程图。图中指出了程序的决策点，程序执行到这里后会判断条件的真伪，之后根据判断结果选择相应的分支执行。在 for 循环中，程序会不断重复执行同一个循环体（每次使用的数据不同），直到达到指定的循环次数。在 if-then-else 语句中，先判断条件的真伪，然后根据判断结果选择相应的分支执行。

现代编程语言通常不建议大家使用 go to 语句。编写程序时，滥用 go to 语句往往会让代码变得非常复杂，就像意大利面条一样乱作一团，这样的代码不但难以理解，还很难进行调试。1968 年，艾兹格·迪科斯彻（B4.2）写了一篇著名的文章，标题为《有害的 go to 语句》（*Go to Statement Considered Harmful*）：

> 这些年，我一直在留意那些在程序中使用 go to 语句的编程者，他们的数量呈现出明显的下降趋势。最近，我才弄明白使用 go to 语句引发灾难性后果的原因。我坚定地认为，应该把 go to 语句从所有高级编程语言中废除（当然，这里说的“所有”不包括普通的机器代码）。

B4.2 艾兹格・迪科斯彻（1930—2002）是计算机科学先驱。从早期开始，他就主张把严格的数学方法应用到编程之中。1972 年，由于在编程语言方面做出重大贡献，迪科斯彻被授予图灵奖。

谈 FORTRAN： FORTRAN，这个曾患有“新生儿失调症”的语言，到现在将近 20 岁了。不管你想编写什么样的程序，FORTRAN 都不是最佳选择。如今它既不够灵活，风险又大，而且还太昂贵了。

谈 COBOL： 使用 COBOL 太伤脑子了，教授 COBOL 应被视为刑事犯罪行为！

谈 BASIC： 对于那些学过 BASIC 语言的学生来说，你再想教他们学好编程几乎是不可能的事。因为他们的精神已经受到残害，并且再也恢复不了了。

对滥用 go to 语句的批评是 20 世纪 70 年代出现结构化编程的原因之一。结构化编程的目标是通过使用有条理的代码块和子例程（这些标准指令集中包含程序中经常使用的操作），提高软件的清晰度和质量，并且节省软件开发时间。在结构化编程中，只使用 for 循环和 if-then-else 语句作为控制和判断结构。

递归和动态数据结构

自从计算机编程诞生以来，大多数编程语言一直都是命令式语言，它们用来告诉计算机如何做事。然而，值得注意的是，有人开发出了一种声明式的高级编程语言，它告诉计算机，程序员希望做什么，并让计算机自己决定如何去做。最早的声明式编程语言就是 LISP，它由约翰・麦卡锡于 1958 年夏天开发出来，当时麦卡锡正在 IBM 信息研究部做访问研究员。另外，麦卡锡出于对批处理方式的失望，他希望支持分时系统，于是仔细研究了人们对编程语言支持符号运算的需求（非纯数值运算）。这些需求中就包含递归（程序或子例程有能力调用自身）和动态数据结构（不需要事先为它们分配内存空间，可在程序运行时改变大小）。但是，新诞生的 FORTRAN 并不支持这两种特性。

回到麻省理工学院之后，麦卡锡着手设计一门适合于符号和人工智能应用的语言，由此发明了 LISP。LISP 把重点放在对动态列表的处理上，动态列表会在程序运行时增长或缩短。LISP 的编程风格与命令式语言（比如 FORTRAN）有很大不同。LISP 中没有赋值语句，也没有状态隐式模型（对应于计算机内存鸽巢模型的物理实现）。在 LISP 中，一切皆是数学函数。比如，表达式 x^2 就是一个函数：把这个函数应用到变量 x，返回 x^2 的值。在 LISP 中，所有运算都以函数作用于给定参数的方式来实现。这种特征使得用户很容易从数学角度推断 LISP 的行为和程序的正确性。与命令式语言不同，LISP 没有那些“可怕的”副作用。所谓副作用，是指在用命令式语言编写的程序中，程序的某部分不加声明地给内存器上某个变量重新赋值，从而影响后续计算。在 LISP 中，在程序运行之前，不会为动态列表分配内存。因此，有必要定期清理内存空间，将不再使用的内存空间从存储空间分配列表中删除。麦卡锡团队把这种回收内存空间的过程称为“垃圾收集”。这些思想对现代编程语言产生了深远影响，比如Java和C#。

麦卡锡关于递归和动态数据类型的思想不只出现在LISP这种声明式语言中。它们现在成了几乎所有命令式语言不可或缺的组成部分，比如FORTRAN、BASIC和C。下面通过计算 n 的阶乘（即从1乘到 n）来阐述一下递归的含义。n 的阶乘记作 n！，定义为 $n\times(n-1)\times(n-2)\cdots\times2\times1$。我们可以用一个for循环计算，也可以使用递归计算，即在一个函数中不断调用自身，参数逐渐减小，直到遇到终止条件，递归才会停止。计算 n 的阶乘的伪代码如下：

```
factorial（n）

  if n<=1:
    return 1
  else:
    return n*factorial(n-1)
```

条件表达式 $n<=1$ 用来检测 n 是否为小于或等于1的整数。n 的阶乘使用 n* factorial $(n-1)$ 进行计算。开始执行后，函数不断重复调用自身，直到 $n-1=1$。

链表是动态数据结构的一个例子。在科学计算中，我们通常可以事先指定数组的大小。但是对大多数列表来说，情况就不是这样了。就拿某一个运动俱乐部的会员名单来说，随着新会员加入和老会员的退出，这个名单就会相应地增长或缩短。如果我们把会员的名字存储在一个定长的数组当中，占据计算机内存中的一块连续区域，移除或添加人名就会非常麻烦，因为我们必须重新调整数据，以保证它们在内存中有正确的顺序。如果我们不把人名存储在一片连续的内存区域中，而是存在任何方便的内存区域，就可以避免出现这样的问题。在把名单保存到计算机时，内存中存储人名的每个区域都带有一个指针（内存地址），它指向下一个人名的位置（图4.5a）。这样，删除或添加人名就变得很简单，因为这只需要修改一个指针就可以了（图4.5b）。借助这些指针，我们可以把数据存储位置的地址和实际数据分离开。获得数据只需两步：获取存储位置的地址，然后到那个位置获取数据。后进先出栈（只有最后被添加的元素才能被移走）和先进先出栈（只有最先被添加的元素才能被移走）也是常见的动态数据结构。

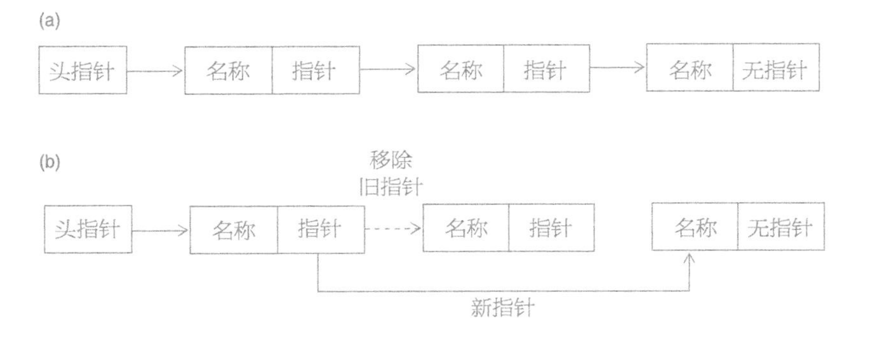

图4.5 链表是一种动态数据结构，向链表添加或删除元素都很容易。（a）显示的是一个链表，链表中的每个实体都有一个指针，它指向下一个元素在内存中的位置。（b）显示的是从链表中删除一个节点的过程，非常简单，只需修改指针即可。

面向对象编程：从 SIMULA 到 C++

B4.3 奥尔 – 约翰·戴尔（1931—2002，图左）和克利斯登·奈加特（1926—2002，图右）在 Simula 编程语言中首次提出了类和对象的概念。

面向对象编程的一个重要思想是数据抽象。数据抽象关注的是类、对象、数据类型，以及隐藏它们工作执行细节的同时，它们如何工作、如何使用它们。数据抽象的思想可以追溯到两位挪威计算机科学家克利斯登·奈加特（Kristen Nygaard）和奥尔 – 约翰·戴尔（Ole-Johan Dahl，B4.3）。1967 年 3 月，他们首次提出了 SIMULA 67 编程语言。他们热衷于使用计算机进行模拟，需要一门支持子程序的语言，以便让程序在运行时可以随时暂停或从暂停的位置继续往下执行。为此，奈加特和戴尔提出了"类"这一概念。类的主要特性是把数据结构和处理数据结构的方法结合在一起。于是，"抽象数据类型"（拥有相同结构和行为的对象集合）这个重要思想就诞生了。

事实上，早期的 FORTRAN 中就已经有了抽象数据类型。它有一种内建的浮点型数据类型，用来表示带有小数的数值和一套可以施加于浮点型变量上的算术运算。FORTRAN 程序处理这些数据类型的方式，就体现了数据抽象的重要思想之一——信息隐藏。浮点数在计算机内部的实际表示细节对用户是隐藏的，编程者无法访问。此外，编程者只能使用内建的操作（它们已经被浮点型变量支持）来创建施加于这种数据之上的新运算。正是得益于这种信息隐藏方法，FORTRAN 程序才能在许多不同的机器上运行，即使浮点型变量在不同机器上实现得很不一样也没问题。

现代面向对象的编程语言都允许程序员自己创建抽象数据类型。假设我们要写一个用来处理包含健身俱乐部会员名字的链表的程序。在命令式编程语言中，链表只是一组数据的集合，我们需要编写单独的软件程序对链表中的元素做增加、删除、排序等操作。在面向对象的编程语言中，链表是一种对象，不仅包含数据，还包含管理这些数据一系列方法。因此，对链表做排序的面向对象的程序不包含独立的排序方法，它可以直接使用已经内建在链表对象中的那些方法。类和对象之间有什么样的关系呢？类是所有对象的模板，同类对象拥有相同的数据类型和方法。链表类将数据以链表和操作链表的方法的格式应用到所有链表对象上。下面让我们看一个稍微复杂一点的例子，即定义一个银行账户类。银行账户的抽象数据类型包含客户名字、账号和账户余额。银行账户类不仅包含这些银行账户数据，还有作用在这些账户数据上的方法（定义可在账户上执行的不同操作），有取钱、存钱、转账等操作。不同客户的账户所包含的数据显然是不一样的，这些具体的账户被称为这个类的对象或实例。在一个对象中，这些作用在数据上的方法一般是一些短小的命令式程序。

面向对象编程语言的另外两个重要特性是继承和封装。继承是指我们可以对一个类进行扩展，创建出另外一个类，新类继承了原来类的属性。借助继承机制，我们可以对"Account"类进行扩展，创建出新类"Savings_Account"，它从父类那里继承了相同的数据结构和方法，除此之外，我们还可以为它添加新的属性和方法（图 4.6）。封装是指对象的某些属性不能被程序的其他部分访问，只有对象自身才能访问这些属性。

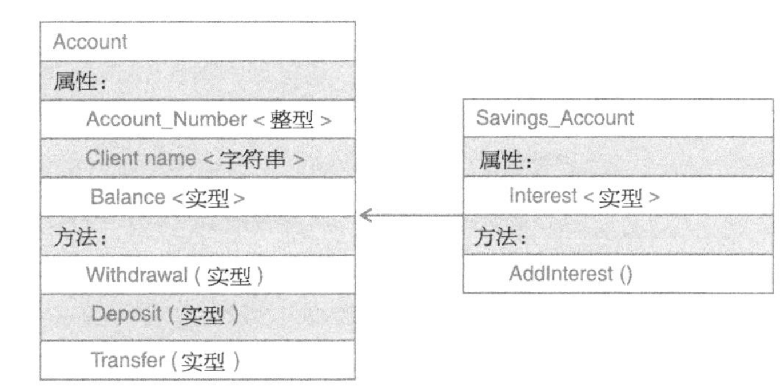

图 4.6 这幅图阐释了“类的继承”这个概念。Account 类的属性中列出了自身包含的数据项，在方法部分列出了可以在数据上执行的行为。Savings_Account 类继承了 Account 类中的属性和方法，此外还添加了一个名为 Interest 的新数据项以及一个名为 AddInterest 的新方法。通过继承，我们可以使用简单类构建出更复杂的类。

加拿大计算机科学家戴维·帕纳斯（David Parnas，B4.4）是信息隐藏的先驱之一。图灵奖得主艾伦·凯和他在硅谷施乐帕克研究中心的研究小组在 20 世纪 70 年代首次提出了“面向对象编程”这一术语。他们开发出了 Smalltalk，这种语言是基于面向对象编程的思想设计的，不同对象之间通过彼此发送消息进行通信。

B4.4 戴维·帕纳斯。加拿大计算机科学家，极力倡导“信息隐藏”的有关思想。这些思想是现代面向对象编程语言中数据抽象的一个组成部分。

C++ 是现在应用最广泛的面向对象的编程语言之一。贝尔实验室研究员本贾尼·斯特劳斯特卢普（B4.5）熟悉 SIMULA 语言，他发现在大型软件项目开发过程中，类特性非常有用。当他开始在贝尔实验室工作时，他尝试使用不同的方法改进丹尼斯·里奇（Dennis Ritchie）的 C 语言。1979 年，斯特劳斯特卢普把类特性加入 C 语言，创建出支持类特性的 C 语言。在随后的几年里，斯特劳斯特卢普把更多特性加入 C 语言，并把新语言命名为 C++。现在，在 C++ 编程环境中包含 C++ 软件库，被称为“标准模板库”，其中包含许多预定义类，非常有用。编写程序时，程序员可以轻松地把“标准模板库”中的类用到自己的程序中，不必显式地指定这些数据结构。除 C++ 之外，Java（B4.6）和 C# 是另外两种被人们广泛使用的面向对象的编程语言。

B4.5 本贾尼·斯特劳斯特卢普设计并实现了 C++ 编程语言。在过去的 20 年间，C++ 成为使用范围最广的语言，它支持面向对象编程，为主流项目提供了简单易管理的抽象技术。

B4.6 詹姆斯·高斯林（James Gosling）对研发 Java 编程语言做出了巨大贡献。Java 这个名字来自于某种咖啡品牌，这样命名源于“喝咖啡提高工作效率”。Java 有一个显著的特征，它不是直接运行在硬件上，而是运行在一个被称为“虚拟机”的软件上。这种与机器的体系结构脱钩的特性使得 Java 代码从一台机器移植到另一台机器时无须重新进行编译。Java 这种“一次编译，处处运行”的特性，使其成为当今最流行的编程语言之一，在各个领域被广泛使用，尤其是 Web 应用领域。

为何需要软件工程？

我们已经知道，计算机科学家原本希望使用高级语言编程可以像约翰·巴克斯所说的那样“消灭编程和调试错误”。对于由一个或两个研究者编写的小型科学程序而言，通过把 FORTRAN 程序编译成高效汇编代码的工作委托给一个计算机程序——编译器，编程当然变得更轻松了。然而，现在许多科学程序都是复杂的模拟程序，当中有不少方面涉及当前尚处于研究阶段的问题。编写和调试这些程序就变得更加困难。还有一个挑战，就是如果新程序员（不是程序的原作者）需要扩展与修改代码，也会非常困难。

与此同时，商业应用软件也变得越来越大，越来越复杂，仅靠少数编程天才很难把它们写出来。现在的软件系统往往有几十万甚至几百万行代码，需要成百上千的程序员参与，并且必须相互协作才能写出来。对软件公司而言，准确评估开发复杂软件系统所需的时间和资金投入变得极为重要。弗雷德里克·布鲁克斯在他的《人月神话》中对编程工作量“人月”展开了讨论，并把自己的经验归结成“布鲁克斯法则”，表示“为已延期的软件项目增加人手将使软件发布时间更晚”。

软件公司迫切需要搞清楚如下这些问题的答案：实现所需功能需要编写多少行代码？需要多少程序员？需要多长时间？如果软件项目推迟，该怎么办？软件工程提供了一套方法和若干体系来尝试回答这些问题。美国电气与电子工程师协会的 610.12 标准是这样定义“软件工程”的：软件工程是将系统化的、严格约束的、可量化的方法应用于软件的开发、运行和维护，即将工程化方法应用于软件项目中。

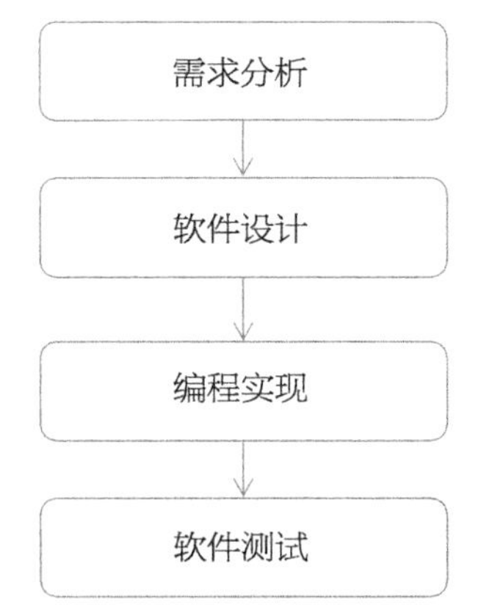

图 4.7 瀑布模型是最早用来对软件开发进行系统化的方法之一。原则上，瀑布模型包含几个独立的阶段，每个阶段都是下一个阶段的输入。有时把这种方法叫“大规模预先设计”，因为只有前一个阶段全部完成了，新阶段才能开始。这是它的优点，同时也是缺点。事实上，软件开发并不是一个线性过程，有许多问题只有到了项目的后期阶段才会显露出来。因此，这些独立的阶段其实并不是完全彼此分离的，我们常常需要返回到先前的阶段进行修改和调整。

把工程化方法应用到软件开发的一次最早尝试是瀑布模型（图 4.7）。瀑布模型把软件开发划分为四个不同的阶段，即需求分析、软件设计、编程实现和软件测试。瀑布模型要求在进行下一个阶段之前必须先完成前面各个阶段，在动手编写代码之前，需要有针对软件设计和需求的系统的描述和文档。但是在实际操作中，各个阶段都不是完全独立的。软件开发者经常需要返回到更早的阶段去做修改。回溯旧阶段和各阶段有多版本都是很常见的。关于软件设计过程，戴维·帕纳斯这样说：

> 设计软件时，只了解需求是不够的，还需要了解其他许多问题。许多细节只有到了软件实现环节我们才能了解到。有时候还会因为了解到一些细节而推翻之前的设计，我们必须回溯到旧阶段。

软件开发并不是一个线性过程。“敏捷软件开发”这种软件开发哲学就是基于这种认识而诞生的。敏捷方法把整个系统的编写工作划分成更小的部分或迭代周期，每个部分包含软件开发的四个阶段，即需求分析、软件设计、编程实现和软件测试。基于最新设计版本的测试结果，开发者进行修改和改进。通常一个迭代周期大约为 4 周，目标是在每个迭代周期结束时产生一个可工作的原型，它具备最终产品在当前迭代周期所需的功能。之所以应用这些更具弹性的软件工程方法，主要原因是在项目初期客户通常对自己的全部需求并不清晰。把变化纳入需求，敏捷开发比瀑布模型更灵活。

软件生命周期的第一个阶段是做需求分析和编写需求规格说明书。流程图是用来为计算机程序建立文档的最早工具之一，它使用图形方式把程序中的一系列操作表示出来。在前面讲解 for 循环和 if-then-else 控制语句时，我们已经看到过流程图的例子。然而，在大型复杂的软件系统的开发过程中，流程图就派不上大用场了。20 世纪 80 年代，计算机科学家戴维・哈雷尔与航空电子设备工程师一起尝试为一个控制现代喷气式飞机的软件系统指定行为。航电系统是实时响应式的，从这一意义上说，它必须及时对各类事件做出响应。最终哈雷尔找到了一种图示方法用来为航电系统指定响应和状态转换，他把这种方法称为状态图，状态图是最不常用的状态（或流程）加上图形（或图表）的组合。到 1986 年，哈雷尔和同事开发出了 Statemate 工具，它不仅可以创建状态图，而且还可以自动生成完整的可执行代码。20 世纪 90 年代，他们开发出了面向对象的状态图，后来它成为统一建模语言（UML）的核心部分。统一建模语言由格兰蒂・布奇（Grady Booch，B4.7）、詹姆斯・朗博（James Rumbaugh）和伊万・雅各布森（Ivar Jacobson）在 1996 年共同发明。它是一套可视化语言，用来指定、构建软件设计以及为软件建立文档。布奇评论说：“纵观软件工程的整个历史，它是通过增加抽象水平来减轻软件复杂度的尝试之一。”现在，UML（图 4.8）仍在尝试进一步降低软件生产的复杂度。

B4.7 格兰蒂・布奇，软件工程师。他是一位软件设计系统方法的布道者。在一次访谈中，谈到他的工作时，布奇说：“如果当初我不做软件开发，我可能会成为一个音乐家或神父。”布奇是 UML 的作者之一。UML 提供了一个构建和理解软件的框架，它是一套图形和工具的集合，程序员通过提高抽象层次来应对复杂系统。

软件生命周期的最后一个阶段是测试和维护。对于复杂的软件系统来说，要在所有可能的输入数据和初始状态下测试代码的所有分支是不可能做到的。迪科斯彻曾说：“程序测试是查找软件 bug 一种非常有效的方法，但绝不适合用来证明程序没有 bug。”美国国家标准技术研究所在 2002 年发布的一份报告中说：“保守估计，在美国，软件测试每年约花掉 600 亿美元。”这份报告还指出：“在软件开发过程中，查找和修改软件缺陷大约占去了整个开发费用的 80%。”

图 4.8 统一建模语言（UML）是一套通用的方法论，让软件设计遵循一个系统的逐步化方法。UML 统一了三种软件技术，起源于戴维・哈雷尔的状态图，由格兰蒂・布奇（Booch 公司）、詹姆斯・朗博（Objectory 公司）、伊万・雅各布森（OMT 公司）共同发明。在软件工程圈中，布奇、雅各布森、朗博常常被称为“三个老朋友”。在实际编写程序代码之前，UML 图形可以用来评估各种实现方案。

现代软件系统的测试需要用到各种工具和技术。动态软件测试指使用一套测试用例来运行代码。白盒测试用来测试程序的内部结构，测试者选择所有可能的路径来测试代码。黑盒测试指从用户视角而非开发者视角来测试软件，测试者在测试软件功能时对系统的内部结构一无所知。模糊测试是另外一种重要的软件测试方法。测试者先针对有效的输入数据集用随机数据进行修改，然后把这些数据放入到程序中，通过向系统提供无效和非预期的输入，测试程序如何处理异常情况。这里所说的“异常”是指无法事先预料的条件或情况，它们能够让系统崩溃，或者为软件系统带来安全风险（图 4.9）。

图 4.9 计算机崩溃时显示的蓝屏画面。在程序员圈子里，这被称为“死亡蓝屏”。

实证软件工程

在微软 Windows 操作系统的三个发布版本中，从参与研发的人数以及代码行数可以看出，现代软件开发的复杂度日益增加。如图 4.10 所示，我们把编程者分成开发人员（编写程序代码）和测试人员（系统测试代码有无 bug）两部分。为了让这么多编程人员能够同时在软件系统的不同部分工作，微软开发了“同步－稳定”方法来编写软件。这种方法的主要思想是先把软件划分成几个不同的分支，然后把它们分配给不同的开发小组单独完成，其中的复杂性主要体现在如何正确地将这些分支组合在一起。为了解决这个问题，微软采用了“基于产品版本每天同步、周期性稳定化里程碑式产品以及持续测试”的方法。微软还开发了一种错误汇报工具，这样用户就可以把遇到的软件问题随时报告给微软。微软分析这些错误报告数据，得出一些有趣的结论，微软前 CEO 史蒂夫·鲍尔默（Steve Ballmer）这样说：

> 有这样一个激动人心的发现，在所有汇报的软件缺陷中，相对小比例的缺陷竟然引起了大部分的错误。大约 20% 的 bug 造成了 80% 的软件错误，更让我震惊的是，1% 的 bug 造成了一半的错误。

图 4.10 不同版本 Windows 操作系统的编程队伍规模和代码行数。

发布日期	产品型号	开发者人数	测试员人数	代码行数
1993 年 7 月	Windows NT	200	140	500 万
1999 年 11 月	Windows 2000	1400	1700	3000 万
2001 年 10 月	Windows XP	1800	2200	4000 万

史蒂夫·麦克康奈尔（Steve McConnell）曾在他的著作《代码大全》（*Code Complete*）中谈到软件 bug 的数目：

> 从整个软件行业的平均水平看，对于一个已交付的软件，大约每 1000 行中就有 1~25 个错误。微软应用程序部门的经验是，在内部测试期间每 1000 行代码约有 10~20 个错误，在已发布的软件产品中每 1000 行代码约有 0.5 个错误。

确定修复哪些 bug 以及哪些 bug 会产生新的错误是个复杂的问题。这正是实证软件工程要帮我们解决的问题。《实证软件工程杂志》刊文说：

> 在过去 10 年间，实证研究显然已经成为软件工程研究和实践的基本组成部分。我们必须使用实证方法对软件开发实践和相关技术进行研究，以便在恰当的环境中认识、评估与部署软件。经过观察得知，在软件开发中，如果对软件有透彻的认识，进行充分的测试，应用相关技术，就更有可能做出高质量和高生产力的软件产品。实证研究一般包括收集数据、数据分析和经验总结。

这种看法现在被人们普遍接受，并成为国际软件工程研究联盟宣言的一部分。

软件工程实证方法的一个例子是微软研究员开发的变更风险分析和影响评估工具（Change Risk Analysis and impact Estimation，CRANE）。CRANE 项目为运行在不同计算机上不同版本的 Windows 提供支持，涉及的用户超过 10 亿。这个项目所面临的直接挑战是，软件维护和开发是由不同的工程师团队负责的。CRANE 项目的目标是使用软件历史信息，以创建风险预测模型，利用先进统计技术来指导 bug 修复和测试。对于软件中的每一个 bug，CRANE 工具会提供这些信息：服务组件发生了什么，修复建议中要修改的是什么，哪些修复可能引起更多的 bug，修改后需要进行哪些测试，针对修改还需要测试哪些组件，哪些应用可能会受到影响。这些实证软件工程工具可以让软件维护工程师根据信息和数据优先做出选择。

开源软件

软件开发中一个与众不同的模型是开源软件运动所倡导的思想体系。这场运动的起源之一是美国电话电报公司决定在免费许可下发布 UNIX 源代码。贝尔实验室的两位研究员肯·汤普森（Ken Thompson）和丹尼斯·里奇在 20 世纪 70 年代早期编写了 UNIX 操作系统。UNIX 是第一个采用高级语言编写的操作系统，使用的是里奇开发的 C 语言。贝尔实验室研究员史蒂芬·约翰逊（Stephen Johnson）开发的 C 语言编译器的源代码也随 UNIX 代码一起免费发布。只需支付几百美元许可费，大学研究团体不仅可以获得一个可实际使用的操作系统，还能获得一个教学和研究平台。1956 年，美国电话电报公司和美国司法部的一场反垄断诉讼结案并达成协议，美国电话电报公司律师将协议解读为禁止美国电话电报公司进入与电话无关的新市场。所以，美国电话电报公司关于 UNIX 的免费许可协议，实际上是为了表明其并不打算开展新的计算机业务：

> 最早的这份 UNIX 许可协议提供了最低限度的条款：软件不附带任何美国电话电报公司的版税，也不提供任何技术支持和 bug 修复。

这个许可协议的直接结果是鼓励研究团体建立自助网络，分享 bug 修复信息。这对全球 UNIX 支持发展和开发社区免费分享代码修改起到示范作用。关于 UNIX 最重要的研究合作在里奇和汤普森的贝尔实验室研究团队与加利福尼亚大学伯克利分校的计算机系统研究小组之间展开。1983 年，伯克利团队发布了最新版的“Berkeley UNIX”软件，即著名的 4.2 BSD。其中包含了新的互联网协议，使 UNIX 系统轻松连接到快速增长的互联网中。BSD 是伯克利软件分发（Berkeley Software Distribution）的首字母缩写，它包含一个开源软件许可证，允许人们免费使用源代码。更重要的是，这个许可证还允许用户把伯克利软件的全部或一部分集成到一个闭源的商业产品中。这个许可只要求维持代码中的版权声明和免责声明即可。

对 UNIX 社区而言，20 世纪 80 年代是个令人茫然的时期。这时，美国电话电报公司意识到 UNIX 是一个非常有价值的软件产品，在 1984 年新的反垄断协议下，公司开始对 UNIX 软件收费。到 1992 年，美国电话电报公司新的企业 UNIX 系统实验室和自由的伯克利开源社区之间的冲突达到顶峰。美国电话电报公司对加利福尼亚大学伯克利分校提出诉讼。除了这些法律问题之外，许多不兼容的 UNIX 变体从原来的 UNIX 开源代码中分离出来，产生了许多 UNIX 开发社团。与此同时，在麻省理工学院人工智能实验室，一个名叫理查德·斯托尔曼（Richard Stallman，B4.8）的软件开发者担忧软件不能自由共享会导致 UNIX 社区的严重损失。1984 年，斯托尔曼创立了“自由软件基金会”，该组织吸引了一批计算机科学家（B4.9），其目标是开发一个完全免费的软件

B4.8 理查德·斯托尔曼是自由软件运动的发起人。1979 年，他在麻省理工学院的人工智能实验室工作，当时实验室里安装了一台新的施乐激光打印机。这台打印机老是卡纸，斯托尔曼想查看打印机驱动程序的源代码，打算把代码修改一下，以便解决这个问题。施乐公司拒绝提供源代码，这让斯托尔曼十分恼火。1984 年，斯托尔曼离开了麻省理工学院，创办了自由软件基金会。对于“自由”，斯托尔曼有非常明确的解释：“Free 指自由，而不是免费，销售软件副本和自由软件不矛盾。”他把创建自由操作系统的项目称为 GNU，这是一个有趣的递归缩写，表示 GNU's Not UNIX。他还设计了 GPL 开源许可证，确保对于源代码的任何修改都遵循相同的许可，包括那些集成了 GPL 软件的商业软件。

B4.9 哈尔·阿贝尔森（Hal Abelson）是麻省理工学院电气工程和计算机科学教授。他热衷于开源软件和开放课程，致力于为人们争取阅读公共资助研究刊物的权利。阿贝尔森也是自由软件基金会和知识共享运动的发起人之一。此外，阿贝尔森还一直主张使用计算机作为教学的概念框架。他写了几本有影响力的教科书，并在 Apple II 上实现了 Logo 编程语言。Logo 被公认是最好的教授儿童学计算机的编程语言之一。阿贝尔森在教育领域做出的贡献得到普遍的认可，2012 年，他获得 ACM SIGCSE 的杰出计算机科学教育奖。

操作系统，每个用户都可以自由地下载、使用、修改和发布。斯托尔曼把项目命名为 GNU，代表“GNU's Not UNIX”。为了保证源代码公开、免费共享，斯托尔曼制定了 GPL（GNU Public License）许可证，GPL 与 BSD 开源许可证有很大不同。GPL 许可证要求用户对软件所做的任何修改都必须遵循相同的 GPL 开源许可证进行发布。对商业软件公司更重要的是“病毒式的要求”，即任何由商业软件和遵从 GPL 许可证的软件形成的软件都必须在 GPL 许可证下进行发布。在 GNU 项目中，斯托尔曼开发了一些非常流行的软件编写工具，这些工具至今仍然在计算机科学界被广泛使用，比如 GNU Emacs 文本编辑器、GCC 编译器、GDB 调试器等。然而，一名出生于芬兰赫尔辛基市，毕业于赫尔辛基大学计算机系的年轻人林纳斯·托瓦兹（Linus Torvalds，B4.10）横空出世，再次将 UNIX 社区聚集在他编写的 UNIX 内核（UNIX 操作系统的核心组件）周围。

B4.10 林纳斯·托瓦兹是 Linux 内核的开发者和维护者，当今许多流行的开源操作系统正是在这个内核基础之上开发出来的。在程序员社区中，托瓦兹被认为是“仁慈的独裁者”，负责保证所发布的代码拥有良好状态。虽然托瓦兹花了 8 年时间才从赫尔辛基大学取得计算机科学硕士学位，但是事实证明，他的确是一位非常成功的程序员。在自传《只是为了好玩》（*Just for Fun*）中，他讲述了自己开发 Linux 的过程。他最关心的不是 Linux 技术方面的问题，而是棘手的软件专利问题。

1991 年，托瓦兹从赫尔辛基大学毕业，为自己购买了一台基于英特尔 386 微处理器的个人计算机。他想在个人计算机上运行 UNIX，于是购买并安装了 Minix 系统。Minix 是一个类 UNIX 操作系统，适合用于教学和研究，由阿姆斯特丹自由大学的安迪·塔南鲍姆（Andy Tanenbaum）开发。受到 Minix 的启发，托瓦兹开始为个人计算机创建自己的 UNIX 内核版本。

1991 年，托瓦兹把自己的新操作系统即 Linux（图 4.11）的源代码放到了互联网上，并做出如下声明：

我一直在为 AT-386 编写一个免费的类 Minix 操作系统。现在它差

> 不多快到火候了（或许还没到，这得看你想要用它干什么了）。我把源代码放出来，希望更多人可以见到它。这是一个黑客写给黑客的程序。我很享受创造它的过程，希望大家也喜欢，尽可按照你们的意愿对它进行修改。这个程序很小，很容易理解、使用和修改。我很希望看到你们的反馈意见。如果你为 Minix 编写过实用工具或库函数，我也很想听到你的见解。如果你愿意免费发布自己的代码，希望你给我来信，以便我把它们添加到系统中。

图 4.11 Linux3.0，发布 20 周年纪念版。企鹅 Tux 是 Linux 社区的官方吉祥物。据传，林纳斯·托瓦兹意欲寻找有趣又能让人联想到 Linux 的意象，而这只稍肥的企鹅饱餐之后一屁股坐下来的样子完全符合要求。

世界各地 UNIX 社区对托瓦兹的邀请表现得特别积极，这令他十分吃惊。接下来的几年里，有好几百个开发者加入到他的网络新闻组，一起努力为 Linux 修复 bug、做改进、添加新特性。1994 年，托瓦兹发布了 Linux 操作系统的第一个正式版本，即 Linux 1.0，为此做出贡献的大约有来自 12 个国家的 80 多位开发者。从此，Linux 就不只是一个业余爱好者的个人计算机操作系统了。到 1999 年，红帽公司和 VA Linux 公司相继成立，作为上市公司提供 Linux 技术支持，但是基本的代码仍然可以免费获得。到 2000 年，Linux 得到 IBM 正式认可，IBM 宣布将对运行在其大型计算机上的 Red Had Linux 操作系统提供企业级支持。甲骨文、SAP 等主要软件公司迅速跟进，至 2013 年，Linux 已经成为大学和商业软件环境的重要组成部分。

对 Linux 做出贡献的开发者都是些什么人呢？最近的一项研究发现，当中来自软件行业的开发者要多于来自院校和研究机构的开发者。也就是说，在过去 10 年左右的时间里，可能有几百名来自 IBM、英特尔等大公司的软件开发专家参与到了这个主要的开源项目中。另一项调查表明，有 10% 的开发者贡献了超过 70% 的代码。史蒂文·韦伯（Steven Weber）在《开源的成功之路》（*The Success of Open Source*）中这样说：

> 这些数字只统计了那些对 Linux 内核有突出贡献的开发者，此外还有许多开发者积极报告和修正 bug，编写小的实用程序和其他应用程序，这些人的贡献看上去或许没那么精细，但也相当重要。在更新日志和源代码注释中会对这些贡献者给予致谢，但贡献者人数太多，数都数不完。一个合理的猜测是至少有几千或者几万开发者对 Linux 做着细小的贡献。

这些义务贡献者的工作是如何组织起来的呢？与前面提到的正规软件工程框架不同，在开源软件开发中，如果没有达成共同意见，并不存在更高的权威可做决策。不过在 Linux 项目中，托瓦兹还是扮演着一个“仁慈的独裁者”的角色，少数主要助手支持他的工作。其他人提交的开源程序，就由这样一个小小的核心团队来决定接受哪些代码。这种非正式的软件开发模型做出了一个拥有几百万行代码的复杂操作系统，其质量和稳定性足以和商业软件相媲美。

现在已经有几千个开源软件项目，涉及许许多多的应用领域。对许多大学的计算机科学系来说，使用开源软件做研究是标准的工作方式。2013 年，开源软件项目网站 SourceForge 发布报告说："大约有 340 万开发者在超过 324 000 个项目中编写代码。"这样平均下来，每一个项目大约就有 10 个开发者参与其中。另外，SourceForge 还指出，这些开源项目"拥有用户数超过 4600 万，每天大约有 400 万次下载"。即使只有很少项目能够吸引到大量开发者，并得到广泛应用，但开源软件开发模型无疑是传统软件开发方法一种可行的替代方案。

脚本语言

另外一种越来越受欢迎的编程语言是脚本语言，它也属于高级编程语言，但与其他高级语言不同的是，脚本语言在运行时由解释器边解释边执行，并不需要事先使用编译器把源代码编译成可执行的程序。Shell Script 是 UNIX 中的命令序列，计算机可以从文件读取并按顺序执行它们，对计算机来说，这些命令就像用户直接从键盘输入的一样。"脚本"这个术语用来指一组直接由计算机读取执行的指令，它并不像传统的编程语言那样需要先使用编译器进行编译才能执行。现在的脚本语言变得比以前更加强大，因为人们向脚本语言中添加了传统编程语言的一些特性，比如循环、分支等。脚本语言主要有两个用途，第一个用途是作为一种"胶水"语言，借助它，我们可以把使用传统编程语言编写的软件组件"黏合"在一起，从而形成一个完整的软件；第二个用途是利用脚本语言的功能和易用性，用它们代替传统语言来执行一些常见的编程任务。

现代脚本语言的主要特征是它们的交互性，有时也称为"REPL 编程环境"。REPL 是读取 – 求值 – 打印循环（Read-Eval-Print Loop）的缩写，起源于早期的 LISP。当用户输入一个表达式后，系统立即进行计算，并给出计算结果。从这个意义上说，脚本语言看起来就像被解释了，也就是说，它们是逐行立即执行的。这与传统的编译型语言完全不同，使用传统语言编写的程序在执行之前需要先进行编译，生成二进制目标文件，并且需要连接各种需求程序库，使用传统编程语言开发程序的步骤是"编辑 – 编译 – 链接 – 运行"。随着计算机芯片的功能越来越强大，脚本语言的易用性变得比程序的执行效率更重要（编译型语言执行效率通常会更高一些）。比如，在脚本语言中，为了降低程序的复杂度，通常可以省略变量类型的声明。对于变量类型，脚本语言会根据其所在的上下文进行隐式声明，并在第一次使用时将其初始化为有意义的值。但是随着脚本语言程序变得越来越长，越来越复杂，人们开始意识到类型声明的优点，现在大部分脚本语言都支持显式类型声明，是否使用由开发者自己决定。

Perl 语言（B4.11）诞生于 20 世纪 80 年代晚期，它是脚本语言发展中具有决定意义的事件之一（图 4.12）。戴维・巴伦（David Barron）在《脚本语言世界》（*The World of Scripting Language*）中评论说：

> Perl 从一种相当简单的文本处理语言迅速发展成一种功能齐全的语言，它拥有强大的能力，可以与计算机系统进行交互，管理文件和进程，建立网络连接，做其他系统编程类任务等。

B4.11 拉里·沃尔（Larry Wall）在 1987 年开发出了 Perl，起初作为一种通用的 UNIX 脚本语言。此后，Perl 的可移植性和其他各种特性得到极大发展，现在还添加了对面向对象编程的支持。Perl 是世界上最受欢迎的编程语言之一。沃尔继续掌控着 Perl 的发展，他所扮演的角色可以概括为如下两条规则（摘自 Perl 官方文档）：

1. 对于 Perl 行为的定义，拉里·沃尔拥有最终决定权。换言之，他对 Perl 应该具有哪些核心功能有最终否决权。

2. 拉里·沃尔将来可以改变想法，不管先前他是否行使过规则 1。

图 4.12 拉里·沃尔、汤姆·克里斯蒂安森和乔恩·奥尔旺特一起编写的 Perl 编程书，即著名的“骆驼”书。

Perl 起源于 UNIX 操作系统，现在可以不加修改地运行在所有流行的操作系统平台上。其他流行的脚本语言还有针对微软平台的 VBScript，面向 Web 应用的 JavaScript。在 REPL 环境中的易用性和立即执行的特性有时被视作脚本语言的主要特征。从这个角度来说，目前流行的 Python 也算是一种脚本语言。

几个重要概念

- 强类型
- 控制结构：for 循环和 if-then-else
- 递归
- 动态数据结构：链表、栈、队列
- 数据抽象和信息隐藏
- 面向对象编程
  - 类和对象
  - 继承和封装
- 软件生命周期
  - 需求分析
  - 设计
  - 实现
  - 测试
- 软件工程的瀑布方法和敏捷方法
- 实证软件工程
- 开源软件开发
- 脚本语言

客户描述的样子
项目主管理解的样子
分析员设计出的样子
程序员编写好的样子
业务顾问描述的样子
项目文档描述的样子
安装运行的样子
向客户收费的样子
提供的技术支持的样子
客户真正需要的样子

有关软件的更多背景

UNIX 和 C

分时操作系统的起源可追溯到 1961 年麻省理工学院约翰·麦卡锡的早期原型分时系统和费尔南多·科尔巴托的兼容分时系统。这些尝试促使利克莱德发起了极具野心的 MAC 项目，研制多路信息与计算服务分时操作系统（Multiplexed Information and Computing Service，Multics）。起初，贝尔实验室以合作者身份参与到这个项目中，后来由于项目规模变大，复杂度变高以及进展缓慢，贝尔实验室在 1969 年退出。肯·汤普森和丹尼斯·里奇（B4.12）以及贝尔实验室的几个同事决定自己开发精简版的分时操作系统，并且为新代码库创建了一个社区：

B4.12 肯·汤普森（左）和丹尼斯·里奇（1941—2011，右），他们是 C 语言和 UNIX 操作系统的开发者。

> 我们想要的不只是一个好的编程环境，而是一个可构建友谊的系统。以我们的经验看，共享计算机（远程访问的分时机器）的实质不只是把程序输入终端来代替打孔机，还包括密切的沟通。

在为项目置办新计算机时，汤普森、里奇等人没能从贝尔实验室获得资金支持，因此他们找来了一台旧的且很少使用的 PDP-7 小型计算机开始了他们的“臭鼬项目”。期间，他们开发出了分层式文件系统，这种文件系统的原理是把所有设备看作文件和流程。他们创建出一系列实用工具，帮助用户打印、拷贝、删除和编辑文件，还写了一个简单的命令行解释器 shell。这样，UNIX 操作系统就由一系列实用工具组成了，它们在一个小且高效的操作系统内核控制下工作。内核所提供的服务有启动和停止程序、处理文件系统、调度对资源和设备的访问以防止访问冲突。他们承诺开发一个专门用来编辑和调整文本格式的系统，1970 年，汤普森、里奇等人最终借此承诺获得了资助，购买了一台 PDP-11。也是在 1970 年，布莱恩·柯林汉（Brain Kernighan）建议把名称改为单路信息与计算服务（Uniplexed Information and Computing Service，UNIX），在 Multics 的名称上开了个玩笑。

1972 年，他们向 UNIX 中加入了 UNIX Pipes，借助它，用户可以把多个小型实用程序结合起来，从而创建出更强大的程序。使用这些管道创建功能强大的系统工具，而非单独开发一个拥有相同功能的完整程序，成为 UNIX 的哲学——一个系统的强大之处源于组成这个系统的各个程序之间的联系，而非这些程序本身。UNIX 中的所有程序原先都是使用汇编语言编写的，但是汤普森在 PDP-7 上定义了一种新语言，并且为它开发了编译器，他把这个新语言命名为 B 语言，它是英国剑桥大学的马丁·理查兹（Martin Richards）开发的 BCPL 语言的简化修改版。随着功能更强大的 PDP-11 的到来，里奇在汤普森 B 语言的基础上开发出了 C 语言，充分利用起新机器的字节寻址和其他特性。1973 年，C 语言变得十分强大，于是他们使用 C 语言重写了大部分 UNIX 内核。1977 年，C 语言得到进一步发展，里奇和史蒂芬·约翰逊开发了一个可移植版的 UNIX 操作系统。约翰逊的可移植 C 编译器使得 C 和 UNIX 得以扩展到其他平台。1978 年，布莱恩·柯林汉和丹尼斯·里奇合写了《C 程序设计语言》（第一版），许多年来，该书一直是非正式标准规范（图 4.13）。

图 4.13 布莱恩·柯林汉和丹尼斯·里奇共同编写的《C 程序设计语言》（第一版）。

形式化方法

软件工程涉及许多学科，比如数学。在软件开发环境中，形式化方法运用了各种数学技术来指定和验证软件（B4.13）。系统的形式化描述能被用来证明程序拥有需要的属性。自动定理证明系统试图证明软件根据形式化描述运行，形式化描述就是一组能够产生形式数学证据的逻辑公理和推理规则。一个替代方法是使用模型检查，通过穷举系统运行期间所有可能的状态来验证系统属性。说实话，在大型软件系统中形式化方法仍然无法帮助我们写出没有 bug 的代码。但是，现在有一些例子表明，这些方法可以应用于解决实际的软件问题。2002 年，比尔・盖茨说：

B4.13 软件开发中结构化编程和形式化方法的三位先驱：托尼・霍尔、艾兹格・迪科斯彻和尼古拉斯・沃斯。图中他们在阿尔卑斯山度假村会面。

> 软件验证之类的东西，几十年来一直是计算机科学界的圣杯，但如今在一些重要的领域中，比如驱动程序验证，我们正在设计一些可以验证软件功能、保证软件可靠性的工具。

盖茨所指的是“快速验证引擎”，它检查软件是否正确满足了它所使用的接口的行为特性。现在，这个快速工具已经被定期应用到所有的微软设备驱动程序中，并帮助在提供给开发者的样本驱动程序中发现了 300 多个错误。

数据库

数据库的主要目的在于存储和管理大量数据。在现代社会中，数据库软件发挥着至关重要的作用。没有数据库，银行交易、在线购物、航班预订，甚至在超市结账都不可能实现。现在数据库软件的市场规模高达数十亿美元。

现代数据库的基础是关系型数据模型，毫无疑问，它是 20 世纪最伟大的抽象发明之一。历史上，有很多方法可以用来处理大量数据，比如基于层次结构的、树形结构的，还有更常见的网络结构的。IBM 早期的信息管理系统就是应用层次结构的例子。这个方法的难点在于，并非所有数据关系都适合于树形结构。网络结构更常用，更具灵活性，但是用户必须知道数据项的准确路径才能进行访问或更新。这种方法的伸缩性不好，随着数据增长，程序员很难在复杂的数据关系网中导航。

B4.14 埃德加・科德（1923—2003），计算机科学家。他毕业于牛津大学，获得数学和化学学士学位。第二次世界大战期间，科德成为一名皇家飞行员。战后，他加入 IBM，迁居美国。1981 年，因在开发关系型数据库方面做出的杰出贡献，科德被授予图灵奖。

关系型数据模型思想是数据库软件发展中的一个重大突破，最早由英国数学家埃德加・科德（Edgar Codd，B4.14）提出。1970 年，科德发表一篇具有开创性的论文《大型共享数据库的关系模型》（*A Relational Model of Data for Large Shared Data Banks*），这篇论文中所描述的思想成为现代数据库的基础。具有讽刺意味的是，科德所在的公司 IBM 起初并不是很支持这种思想。即使在专业圈内，也有很多人对关系型数据库持怀疑态度，有些人甚至强烈反对。关于这场争论，科德在《数据库管理的关系模型》（*The Relational Model for Database Management*）

中这样写道：

> 感谢第二次世界大战期间皇家空军的飞行员同事、机组人员以及牛津大学的教授们，在政府、业界、商界强烈反对数据库管理的关系型方法时，他们给了我巨大的力量，让我在这十几年来始终坚信自己是正确的，他们促使我不断奋斗。

关系型数据库的思想很简单，也很强大。在这种数据库中，所有数据以及数据之间的关系都存储在彼此关联的数据表中。当同一个数据列被两个或更多个数据表共享时，它们之间的关联关系就建立起来了。这个数据列被称为该关系型数据库的“键”。关系型数据模型的主要优点是它提供了一种系统化的方法，用来在数据表之间建立相互联系。数据访问时变得更容易，根本不需要知道数据的路径（B4.15）。这个模型有强大的数学集合理论作为基础，并且有一门名为结构化查询语言（SQL）的声明式编程语言支持。

B4.15 詹姆斯·格雷（1944—2007）在他的“坚毅号”上的留影。1998 年，格雷因其在数据库设计和事务处理方面做出的突出贡献而被授予图灵奖。在从加州大学伯克利分校获得计算机科学博士学位之后，格雷曾在 IBM、天腾计算机公司、DEC 公司工作过。从 1995 年起，格雷在微软研究院担任研究员的职务。他是第一个开发用于显示地理数据的网站的人，这个网站就是 Terraserver，它能通过网络服务把地理数据传送给用户。在格雷生命的最后 10 年，他与其他科学家一道研究了与大数据有关的问题。格雷与天文学家亚历克斯·萨雷（Alex Szalay）创办了网站 SkyServer，用来存放“斯隆数位巡天计划”的天文数据。格雷还提出了“第四范式”这个术语，用来反映数据密集型科研的日益重要性。2007 年 1 月，格雷在旧金山湾西部海面上失踪。尽管紧急救护部门和计算机科学社区发动大量人力搜寻“坚毅号”，但最终没能发现任何踪迹。

设计模式

今天，结构化编程和面向对象的编程技术仍然是人们编写系统软件所采用的方法。然而，随着软件产业的发展，在培养每一代新手程序员如何高效地进行编程的过程中，产生了新一级的抽象。1995 年，四位软件工程师埃里希·伽玛（Erich Gamma）、理查德·赫尔姆（Richard Helm）、拉尔夫·约翰逊（Ralph Johnson）和约翰·威利斯迪斯（John Vlissides）聚在一起提出了“设计模式”这一思想（B4.16）。在软件设计中，每个人都在使用这些标准模式来完成一些简单任务。

B4.16 设计模式四人组：拉尔夫·约翰逊、埃里希·伽玛、理查德·赫尔姆、约翰·威利斯迪斯。

他们四人总共提出了 23 种设计模式，每个模式都有一个易记的名字。比如观察者模式，使用这种模式可以确保当一个对象的状态发生改变时，所有依赖于它的对象都会得到通知并自动刷新。除了观察者模式以外，常用的设计模式还有工厂模式、装饰器模式、解释器模式和访问者模式等。他们出版了一本关于设计模式的书，迅速成为计算机科学中最畅销和被引用次数最多的图书之一。这本书建立了一些固定的词汇，用以在代码级别之上谈论面向对象的软件，以使得程序变得更通用、更容易理解，也更准确。

软件错误引起的三起重大事故

“水手 1 号”金星探测器（1962）

“水手 1 号”（图 4.14）飞行控制软件中存在一个 bug，导致火箭偏离预定轨道。在发射 293 秒后，控制中心摧毁了火箭，火箭坠落在大西洋上。美国国家航空航天局官网的通报称，这次事故是由两个因素共同引起的。一个是机载信标设备发生误操作，导致火箭速率信号丢失。在 1.5 秒～ 61 秒期间，机载信标未正常工作，导致系统无法获得火箭速率数据。另外，“水手 1 号”事故调查委员会认为，数据编辑程序中存在一个连字符疏漏，导致系统把错误的导航信号传送给飞行器。飞行期间，机载信标未正常工作，数据编辑软件遗漏连字符导致计算机错误地接收到地面接收器的扫描频率，它需要得到火箭信标信号，并把这个数据与跟踪数据结合做导航计算。这导致计算机自动地使用了错误的转向命令，进而做出了一系列不必要的航线修正动作，最终导致火箭偏离预定航线。几年后，科幻小说作家亚瑟 · 克拉克（Arthur Clarke）说：“水手 1 号被历史上最昂贵的连字符摧毁了。”

图 4.14 “水手 1 号”金星探测器是人类第一个向金星投放卫星的星际探测任务，关于这次任务失败的原因众说纷纭。但是大多数人都认为导航系统（使用 FORTRAN 编写的代码）中的一个 bug 意外改变了火箭飞行轨道。在一个数学表达式中漏掉的一个连字符让 8000 万美元化为乌有。5 个月之后，“水手 2 号”发射成功，并完成预定任务。

阿丽亚娜 5 型火箭 Flight 501（1996）

在托尼 · 霍尔的图灵奖获奖讲演中，针对 ADA 编程语言复杂性可能带来的危险，他发出警告：

> 我给 ADA 语言的创始人和设计者提了些建议，但他们并未理睬。万般无奈之下，我们只能向在座的各位、美国编程界的代表们，以及那些关心自己国家和全人类的幸福和安全的人们发出呼吁：请不要使用现在的 ADA 语言编写有高可靠性要求的应用，比如核电站、巡航导弹、预警系统、反弹道导弹防御系统等。不然，下一次由编程语言错误引发灾难的可能就不是无害的太空探测火箭了，而是在我们城市上空爆炸的原子弹。不可靠的编程语言会产生不可靠的程序，相比于有安全隐患的汽车、有毒农药或核电站事故，这些程序可能会为我们周围的环境和社会带来更大威胁。我们要始终对这些潜在的危险保持警惕，也不要助纣为虐。

图 4.15 阿丽亚娜 5 型火箭 Flight 501 第一次发射解体时的照片。在发射后 37 秒，火箭突然倾斜近 90 度，然后自行解体。软件错误发生在从 64 位浮点数到 16 位有符号整数的数据转换过程中，这引起了一系列反应，并最终导致导航系统失效。

阿丽亚娜 5 型火箭的控制软件中使用了阿丽亚娜 4 型火箭的一部分 ADA 语言代码。软件中的错误代码把 64 位的浮点数转换成了 16 位有符号整数。阿丽亚娜 5 型火箭引擎速度更快，它产生的 64 位数远大于阿丽亚娜 4 型火箭。这造成了程序溢出，导致飞控计算机崩溃。在主计算机崩溃 0.05 秒后，备用计算机也崩溃了。这些软件崩溃最终导致这次太空任务在 Flight 501 发射 37 秒之后解体（图 4.15）。

火星气候探测器（1999）

美国国家航空航天局的火星气候探测器（图 4.16）失败的根本原因是计量单位发生混淆。探测器的飞控系统中采用的是公制单位“牛顿秒”计算推进器推力，而地面人员输入的调整参数是以英制单位“磅力秒”为单位的。导航软件在依据推进器数据计算探测器的轨道时并没有乘上 4.45 这个转换系数（1 磅力秒 =4.45 牛顿秒），导致最后计算出的轨道有错误，使得探测器解体。

图 4.16 火星气候探测器示意图。它在 1999 年 9 月 3 日首次尝试进入火星绕转轨道时与地面失去联系。把探测器放入行星轨道是个漫长的过程，期间要不断降低初始轨道，直到探测器到达永久轨道。由于软件错误，探测器进入火星大气时速度过高，最终导致探测器解体。这一软件错误造成了 1.25 亿美元的损失。

05 算法

只要有了分析机，它肯定能够引领计算机科学未来的进程。无论何时，只要在分析机的协助下得出了任何计算结果，一个问题都会随之出现：这台机器究竟是经过什么样的计算过程，才能在最短的时间内得出这些结果？

——查尔斯 · 巴贝奇

起源

算法是什么？“算法”这个词起源于一位波斯学者的名字，这位学者就是被誉为“代数之父”的穆罕默德 · 阿尔 – 花剌子模（Mohammad Al-Khowarizmi，B5.1，图 5.1）。计算机科学家戴维 · 哈雷尔在其经典著作《算法学：计算精髓》中对“算法”定义如下：

> 算法是一个抽象的“菜谱”，它规定的程序步骤可以由人、计算机或其他方式执行。因此，算法是一个非常通用的概念，应用广泛。然而，这里的“算法”主要是指那些由计算机执行的程序步骤。

图 5.1 花剌子模《代数学》中的一页。在这本书中，花剌子模给出了求解一元二次方程的步骤，并为代数成为一门新的数学学科奠定了基础。在阿拉伯语中“algebra”（代数）一词原意是“恢复平衡”，这里指的是代数运算——移项完成后，方程两边又恢复平衡。代数在数学中的重要性怎么强调都不为过。

B5.1 “算法”一词起源于一位 9 世纪数学家的名字，这位数学家就是穆罕默德 · 阿尔 – 花剌子模。他是一位波斯学者，在巴格达一家叫“智慧馆”的图书馆兼研究中心学习。花剌子模为我们今天仍在使用的阿拉伯数字制定了数学运算规则。他写成的《印度计算术》，非常有影响力，把阿拉伯数字的用法和数字的位置表示法传到欧洲各地。他的名字 Al-Khowarizmi 的拉丁文音译即为“算法”（Algorithm）一词的由来。此外，“代数”（algebra）一词来自花剌子模另一本书的拉丁文名字。

我们可以把算法看作一个“菜谱”，其中详细记述着完成某个特定任务需要遵循的正确步骤。它既可以是用来计算微分方程的数值算法，也可以是完成一个抽象任务的算法，比如根据某个指定属性对一组商品进行分类。“算法”一词由J.F. 特劳布（J.F. Traub）在 1964 年引入到教学中，随后由高德纳（Donald Knuth，B5.2）和戴维·哈雷尔（B5.3）作为计算机科学的一个重点研究领域推广开来。当找到完成某个特定任务所需要的步骤后，程序员就可以选择一种编程语言，采用计算机所理解的形式把这些步骤写出来形成算法。

B5.2 高德纳和他编写的《计算机程序设计艺术》（*The Art of Computer Programming*）系列图书对算法分类和系统分析做出了巨大贡献。这套图书被认为是计算机领域中的经典之作。高德纳承诺，不论是谁，每发现书中的一个错误，就能获得十六进制的一美元（即 256 美分）奖励。这些纠错被认为是学术界的奖杯。写书期间，高德纳还开发出了 TeX 排版软件，现在仍然被广泛使用。20 世纪 60 年代，在一次编程竞赛获胜之后，有人问高德纳是如何做到的。他回答说：“我学编程的时候，一天能用上 5 分钟计算机就非常幸运了。如果想让程序跑起来，你必须确保程序完全无误才行。所以那个时候人们写程序时非常用心，就像精心地雕刻一块玉石一样。你必须小心地凑近它。那就是我学编程的方法。”

B5.3 1984 年，戴维·哈雷尔在以色列电台做了一系列讲座，向普通大众解释了计算机算法，这最终促成了《算法学：计算精髓》的出版。他后来又写了一本关于可计算性的书《有限计算机：计算机做不到的事情》（*Computers Ltd: What They Really Can't Do*）。

目前已知最早的算法出现在公元前 400~ 前 300 年，由古希腊数学家欧几里得发明。欧几里得算法用来求两个正整数的最大公约数。比如，通过同时把分子、分母除以最大公约数 4，我们可以把分数 8/12 化简为 2/3。为两个整数 M、N 查找最大公约数的算法包含如下四步（图 5.2）：

- **步骤 1**：输入整数 M、N。
- **步骤 2**：求 M/N 的余数 R。
- **步骤 3**：若 R 为 0，则 N 即是所求最大公约数，输出 N。
- **步骤 4**：若 R 不为 0，则把 M 的值换成 N，把 N 的值换成 R，返回到步骤 2。

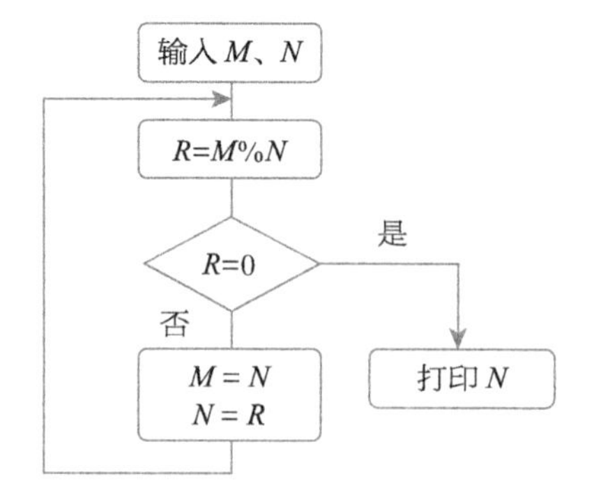

图 5.2 求最大公约数算法的流程图。图中符号 % 表示求 M/N 的余数。

这个算法背后的原理是什么呢？原理是，M 和 N 的除数必定也是它们余数 R 的除数。同样，N 和 R 的除数必定也是 M 的除数。也就是说，M 和 N 的最大公约数也是 N 和 R 的最大公约数。表 5.1 描述了使用欧几里得算法查找 65 和 39 两个数的最大公约数的过程。首先求 65 除以 39 的余数，得到 26，而后把 39 赋给 M，把 26 赋给 N。在下一轮迭代中，再次计算 M/N 的余数，再为 M 和 N 赋新值。不断重复这个过程，直到余数为 0，本例中最后求得的最大公约数值存储在变量 N 之中。

表 5.1 求 65 和 39 的最大公约数

	M	N	R
迭代 1	65	39	26
迭代 2	39	26	13
迭代 3	26	13	0
结果	最大公约数 =13		

正如哈雷尔为他的书所起的名字一样，算法可称得上是“计算精髓”。算法是指挥计算机完成特定任务时要严格遵守的步骤。本章中，我们将介绍一些不同类型的算法。过去，人们使用计算机来解决数值问题，因此让我们从一个数值模拟算法讲起。同时，我们还会介绍使用随机数为复杂仿真问题获取近似解的思想。这些“蒙特卡罗”（Monte Carlo）方法最先被应用到曼哈顿原子弹计划中。随后，我们还要学习如何使用最快的方法对一系列名字进行排序，以及寻找从一个城市到另一个城市的最短路径，就像现在我们使用全球定位系统（GPS）等导航系统规划路线一样。最后，我们会讨论算法的执行效率，还会简单介绍一下计算复杂度理论。

数值算法

在第 1 章中，我们谈到建造 ENIAC 的初衷是用来计算炮弹的弹道。在数学上，我们可以通过计算一些微分方程来获得炮弹的飞行轨迹。在计算机中，我们必须使用某种数值方法来得到这些微分方程的近似解。

让我们看一个简单的例子。假设有一个物体在重力作用下向下掉落。为了计算物体在任意时刻的速度，我们需要应用牛顿运动定律，找出时间和速度变化率的关系。假设物体从支撑物上掉落，我们可以应用牛顿定律，通过求解微分方程来计算物体在任意时刻的速度。在数学上，我们可以把速度和时间看成连续变化的值。然而，计算机只能存储速度和时间的单个离散值，比如 1 秒后

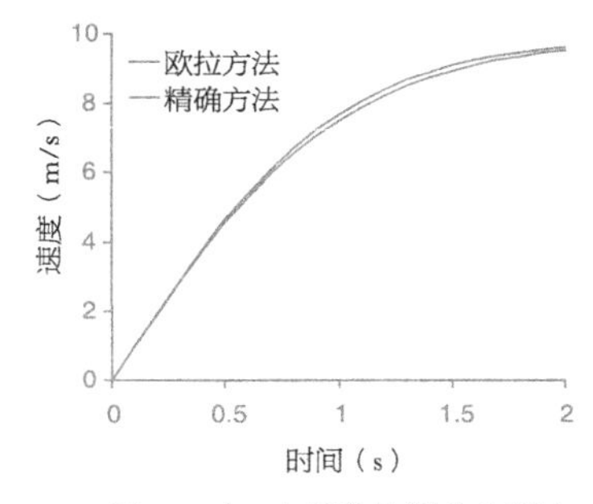

图 5.3 对一个简单的微分方程应用欧拉方法和精确方法得到的数值解的比较。如果使用比简单的欧拉方法更为精确的校正 - 预估方法，最后所得到的解几乎与精确解完全相同。

的速度、2 秒后的速度等。我们需要把时间变量划分成很小的增量对微分方程做近似计算。然后，我们才能针对时间的每个微小增量计算出速度增量的近似值。在计算机中，有很多数值方法可以用来求微分方程的近似解。最简单的数值近似法是由瑞士数学家莱昂哈德・欧拉（Leonhard Euler，B5.4）提出的。事实上，欧拉的方法不是很准确，有一些更准确的数值方法可以用来求解这些微分方程。对于计算物体在流体媒介中受到重力作用做自由落体运动时的速度（受到的阻力与速度的平方成正比），分别使用欧拉方法和精确方法进行求解，如图 5.3 所示。编程语言 FORTRAN 的出现第一次让科学家得以用相对直观的方式把数学方程式轻松写入程序中，不必再使用低级机器语言或汇编语言编写程序来求解了。

B5.4 莱昂哈德・欧拉（1707—1783）是一位瑞士数学家和物理学家。他出生于瑞士的巴塞尔，他的父亲保罗・欧拉是一位牧师，与欧洲最重要的数学家伯努利是朋友。伯努利觉得小欧拉是个天才，便说服他从事数学研究，不要做牧师。13 岁时，欧拉就进入了巴塞尔大学学习，在 1723 年发表了一篇比较笛卡儿和牛顿哲学的论文，获得哲学硕士学位。后来，欧拉未能在巴塞尔大学任职。1726 年，他受邀到圣彼得堡的俄罗斯科学院任职。1741 年，他到柏林科学院工作，在德国度过了极富创造力的 25 年，之后又回到圣彼得堡。

欧拉的数学才能得益于他过目不忘的记忆能力。维吉尔的史诗《埃涅阿斯纪》他能从头背到尾，甚至能记住书中每一页的第一行和最后一行。欧拉的研究领域几乎涵盖所有数学领域，包括几何学、微积分、代数学、三角学、数论等，在物理学和天文学领域，欧拉也有所成就。他提出并且普及了数学中许多符号约定，今天我们仍然使用着这些符号。欧拉是第一个使用 f(x) 表示函数 f 作用于参数 x 的人，还提出了三角函数的符号，比如 sin、cos、tan，使用字母 e 表示自然对数的底，使用希腊字母 Σ 表示求和，使用字母 i 表示复数。欧拉还提出了著名的“欧拉恒等式”：$e^{i\pi}+1=0$。物理学家理查德・费曼把它称为“数学中最重要的公式”。

另一个重要的数值模拟技术是蒙特卡罗方法。1946 年，洛斯阿拉莫斯实验室的物理学家在研究中子在各种物质中的穿行距离。曾与爱德华・泰勒一起提出了氢弹作用机制的美籍波兰裔数学家斯塔尼斯拉夫・乌拉姆（Stanislaw Ulam，B5.5）针对这个问题，提出使用多次随机试验来查找近似解的方法。对于这个方法的灵感来源，乌拉姆回忆道：

> 1946 年，我在养病期间玩坎菲尔德纸牌时想到了一个问题：52 张牌成功摆出同花顺的概率是多大？这个问题让我想到了蒙特卡罗方法，并促使我尝试使用它。我花了一些时间，运用纯组合计算进行了估计，之后我想搞清是否有比“抽象思考”更实用的方法，这样我就无须拿纸牌反复摆上 100 多次然后仔细观察并数出同花顺的次数了。这在快速计算

机新时代开始时，已经可以实现。我立刻想到了中子扩散问题和其他数学物理问题，更想到了如何将特定微分方程的步骤从可解读为一连串随机操作改为等价公式。1946 年晚些时候，我把这个想法告诉了冯·诺依曼，我们便计划着做一些实际计算。

B5.5 斯塔尼斯拉夫·乌拉姆 1909 年出生于波兰的利沃夫（现属于乌克兰）。他在大学期间学习数学，并成为利沃夫学派的一员。他们的成员经常在利沃夫的苏格拉咖啡厅会面，相互交流讨论。1935 年，乌拉姆遇到了冯·诺依曼，被邀请参观普林斯顿研究院。1939 年，乌拉姆离开波兰，之后不久德国人就入侵了波兰，他的许多亲戚死于纳粹大屠杀。1943 年，乌拉姆在麦迪逊市成为威斯康星大学的助理教授，他问冯·诺依曼自己是否可以参加他们为战争做的研究项目。随后，乌拉姆受汉斯·贝特（Hans Bethe）邀请加入曼哈顿计划，这是一个制造原子弹的绝密项目，基地在洛斯阿拉莫斯国家实验室。由于对新墨西哥州一无所知，乌拉姆就去大学的图书馆借阅一本旅游手册。在借阅记录单中，他发现了三位在几个月前神秘"失踪"的同事的名字。在洛斯阿拉莫斯，乌拉姆为坏内爆弹的流体动力方程计算数值解。第二次世界大战之后，乌拉姆回到洛斯阿拉莫斯，参与氢弹开发。1951 年，乌拉姆和爱德华·泰勒一起提出了氢弹工作机制——辐射内爆。

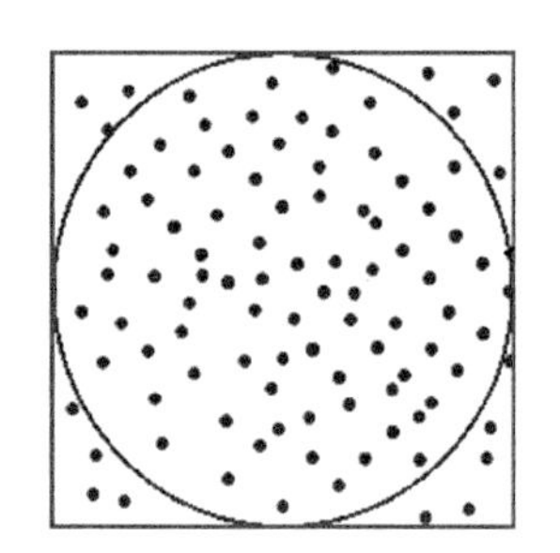

图 5.4 使用"蒙特卡罗"方法计算 π 值。图中正方形的边长为 $2R$，圆形半径为 R。圆形面积为 πR^2，正方形的面积为 $4R^2$。通过随机投掷飞镖，并比较落入圆圈内的飞镖数和落入正方形的飞镖数，即可估算出 π 值。

冯·诺依曼把这项技术命名为蒙特卡罗方法，蒙特卡罗是一座驰名世界的赌城，乌拉姆的叔叔很喜欢去那里赌博。1949 年，尼古拉斯·梅特罗波利斯（Nicholas Metropolis）和乌拉姆公开发表了第一篇关于蒙特卡罗方法的论文。

我们可以使用蒙特卡罗方法计算 π 的近似值。假设一个正方形中有一个圆形标靶，如图 5.4 所示。向正方形随意投掷飞镖，那么落入圆圈中的飞镖数量和圆形面积成正比。通过比对落入正方形中的飞镖数和落入圆形（半径为 R）中的飞镖数，我们就能得到 π 的近似值：

（落入圆内的飞镖数）/（落入正方形中的飞镖数）=

（圆形面积）/（正方形面积）= $(\pi R^2)/(4R^2)=\pi/4$

为了用这个方法得到准确的 π 值，我们要求投掷飞镖时是完全随机的，以使它们均匀地覆盖整个区域。此外，还需要有大量的投掷次数。由于产生大量真随机数极其困难，所以冯·诺依曼编写了一个用计算机生成伪随机数的算法。给定一个初始值作为种子，然后就可以使用冯·诺依曼的算法确定地生成这些伪随机数，接近真正的随机分布。这个方法的优点是用相同的种子可以重新生成同样的数字序列，这在调试蒙特卡罗模拟程序的过程中非常有用。

这里我们只是举了一个非常简单的例子来介绍蒙特卡罗方法，借助类似的方式，我们还可以估算复积分。现在，蒙特卡罗方法已经被广泛应用到许多科学和商业领域中，并且还被用来编写游戏算法。

排序

尽管早期的电子计算机主要用来为科学问题计算数值解，但是它们很早就鲜明地表现出解决其他类型问题的能力。第二次世界大战期间，英国布莱切利庄园中的巨人机用来破解密码。战后不久，人们就研制出了 LEO。LEO 在帮助人们解决商业问题的过程中，表现出强大的实用能力，比如库存管理、分发配送、薪酬管理等。

我们来了解一下计算机如何处理这些非数字工作。为了进行说明，我们将拿人名排序（按字母表顺序排序）问题作为例子，讲解两种排序算法：冒泡排序和归并排序。假设有如下 8 个人名需要按字母表进行排序：

Bob
Ted
Alice
Pat
Joe
Fred
May
Eve

在计算机中，一般使用美国信息交换标准代码（American Standard Code for Information Interchange，ASCII）来表示字母。26 个英文字母、标点符号以及其他符号都可以分别用一个 7 位的 ASCII 码来表示。这样，当我们要求计算机比较两个人名，并按字母顺序排列它们时，它才理解我们的意图。

我们先看看冒泡排序。冒泡排序算法的基本思想是：比较邻近的两个人名，如果它们没有按字母顺序排列，就交换它们，不断重复这个过程。我们试试从名单中最后两个名字做起：

May	交换	Eve
Eve		May

接着，向上移动“气泡”，比较下一对：

Fred	交换	Eve
Eve		Fred

不断重复这个过程，直到“气泡”到达名单的最顶部。第一轮迭代结束后，字母表中最靠前的名字就被放到了名单最顶部，具体细节如图 5.5 所示。

图 5.5 冒泡排序。其基本思想是：比较邻近的两个人名，如果它们没有按字母顺序排列，就交换它们，从名单底部开始，不断重复这个过程，直到人名的“气泡”到达顶部。不断进行迭代，直到把所有名字排好顺序。

步骤 1	步骤 2	步骤 3	步骤 4	步骤 5	步骤 6	步骤 7	步骤 8
Bob	Bob	Bob	Bob	Bob	Bob	Bob	Alice
Ted	Ted	Ted	Ted	Ted	Ted	Alice	Bob
Alice	Alice	Alice	Alice	Alice	Alice	Ted	Ted
Pat	Pat	Pat	Pat	Eve	Eve	Eve	Eve
Joe	Joe	Joe	Eve	Pat	Pat	Pat	Pat
Fred	Fred	Eve	Joe	Joe	Joe	Joe	Joe
May	Eve	Fred	Fred	Fred	Fred	Fred	Fred
Eve	May	May	May	May	May	May	May

然后，进行第二轮迭代，从名单中的最后两个名字开始比较。当比较完所有名字后，第二个人名就出现在了正确的位置上，即从上面数起的第二个位置。我们需要迭代 7 轮才能为所有的名字排好顺序。这个算法之所以叫冒泡排序，是因为执行这个算法时排在字母表前面的名字会逐个往上冒，就像水中的气泡一样。

虽然使用冒泡排序算法可以完成排序任务，但要处理大型列表，它就不能算是一个高效的排序算法了。排序是计算机中最常见的问题之一，所以计算机科学家花了大量时间来研究高效的排序算法。最终，他们找到了一种智能又实用的算法——归并排序。这个算法由冯·诺依曼在 1945 年提出，它使用了计算机科学中一种基本方法——分治法。首先，把 8 个名字平分成 2 组，每组 4 个名字。接着，再把每个分组一分为二，得到 2 个更小的分组，每个小分组中包含 2 个名字。然后，对每个小分组中的 2 个名字进行排序，再把排好序的小分组进行合并。做合并时，不断比较每个分组的首位字母，输出字母顺序靠前的项。然后，采用同样的方法，把两个大分组（各含 4 个名字）进行合并，完成全部排序工作。图 5.6 描述了归并排序算法的工作原理。

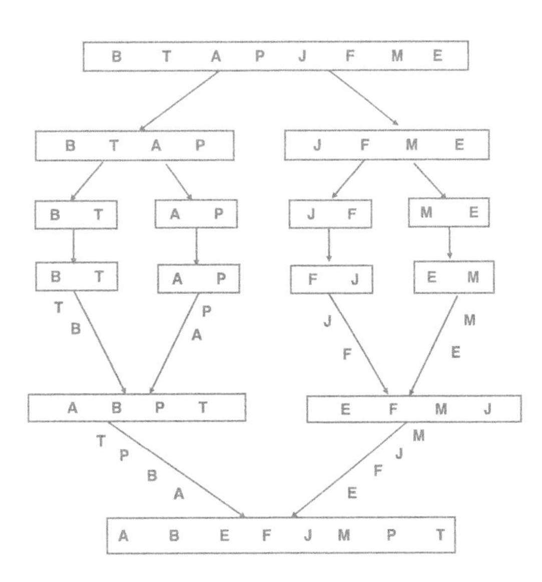

图 5.6 归并排序。这种算法使用分治法把 8 个人划分成 4 个组，每组 2 个人。先对每个组排序，然后进行归并，最后完成整个排序任务。

编写归并排序算法时，我们可以使用“递归”来划分分组，即创建一个子例程，多次递归调用自身。本例中，我们创建名为 Divide 的子例程，用它把名单均分成两个分组。如果得到的分组只包含 2 个人名，就对它们进行排序，然后返回；如果分组中包含 2 个以上的人名，Divide 子例程就调用自身，并重复这个过程，直到划分后的分组中只有 1 个或 2 个人名。递归是一种非常强大的编程技术，许多计算机科学家都喜欢使用它。在归并阶段，我们也可以通过递归调用 Merge 子例程来实现。在本章后面的“复杂度理论”部分，我们会对一些算法的执行效率进行比较。

图论问题

我们经常使用 GPS 中的路线选择算法。这些导航系统越来越可靠，我们已经进入一个“看纸质地图找路线”成为失传艺术的时代。在寻找从 A 地到 B 地的最短路径时，只需要在汽车的导航系统中输入起点和终点即可。计算机是如何帮助我们规划最短路线的呢？这其中用到了数学的另一个分支——图论。图论的创始人是欧拉。

普鲁士的哥尼斯堡（现为俄罗斯的加里宁格勒）因数学界一个未解之谜而闻名。普雷格尔河穿过哥尼斯堡市，河中两座岛屿通过七座桥与陆地相连（图 5.7a），谜题问的是，是否可能从这四块陆地（包含河两岸的陆地和两座岛屿）中任一块出发，恰好通过每座桥一次，再回到起点？这就是著名的“七桥问题”。1735 年，欧拉证明这种走法是不可能的，并以此奠定了图论的基础，开创了拓扑学。

欧拉研究了七桥问题，并把它归结为“一笔画”问题。欧拉认为，路线的选择并不重要，重要的是经过桥的顺序（图 5.7b）。图 5.7b 可以进一步化简成图 5.7c，在图 5.7c 中，圆点代表陆地或岛屿，称为“顶点”或“节点”；连线代表桥梁，称为“边”，用来把两个顶点连接起来。对于七桥问题，只有最终图形中的连接信息是重要的，图形的布局细节并不重要。这阐释了拓扑学的一个主要思想，即拓扑学不考虑物体（或表面）的形状和大小，只考虑物体间的连接关系。

图 5.7 哥尼斯堡七桥问题的三种表示形式：（a）欧拉时代的哥尼斯堡；（b）七桥问题一种较为抽象的表示形式；（c）七桥问题的图形表示形式。

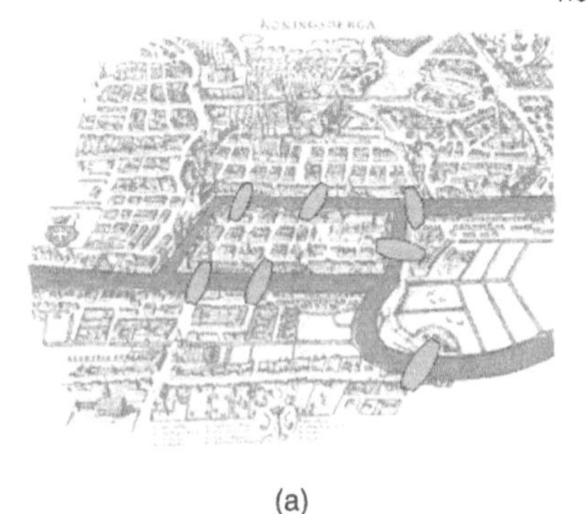

(a)

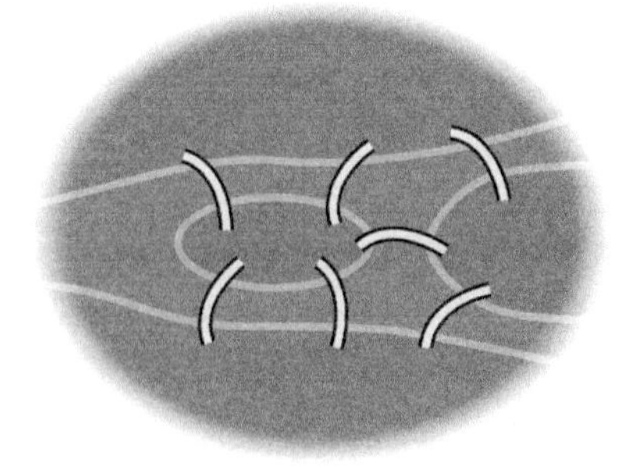

(b)

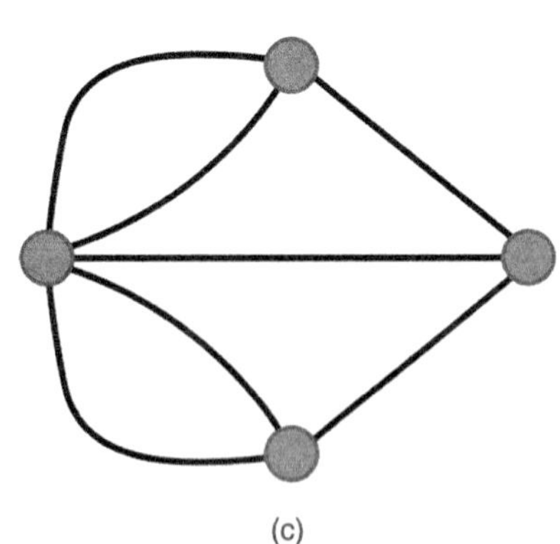

(c)

欧拉经过研究发现，除了起点和终点以外，每当一个人从一座桥进入一块陆地（顶点）时，他同时也要从另一座桥离开此点。如果每次只经过一座桥，那么除了起点和终点外，每一块陆地与其他陆地连接的桥数必为偶数，也就是说，有一条来路必有一条去路。在哥尼斯堡的七桥问题中，连接每块陆地的桥数都是奇数，其中有一块陆地有五座桥连接，其他三处陆地分别有三座桥连接。因为起点和终点最多是两块陆地，由此我们可以断定：不重复、不遗漏地走完七座桥，最后回到出发点是不可能办到的。

接下来，让我们看另外一个重要的图论问题——找最小生成树问题，即在图中找到一条到达每个节点的路径，且花费的代价最小。比如纽约有 5 个著名城区（图 5.8a），使用图形表示如图 5.8b 所示。在图 5.8b 中，每个顶点代表一个城区，两个城区之间通过一条道路相连，用一条边表示。每条边上带有一个数字，表示“走完这条路”需要付出的代价，比如连接两个城区的线缆铺设费用，或者从这个城区走到另一个城区需要花费的时间等。

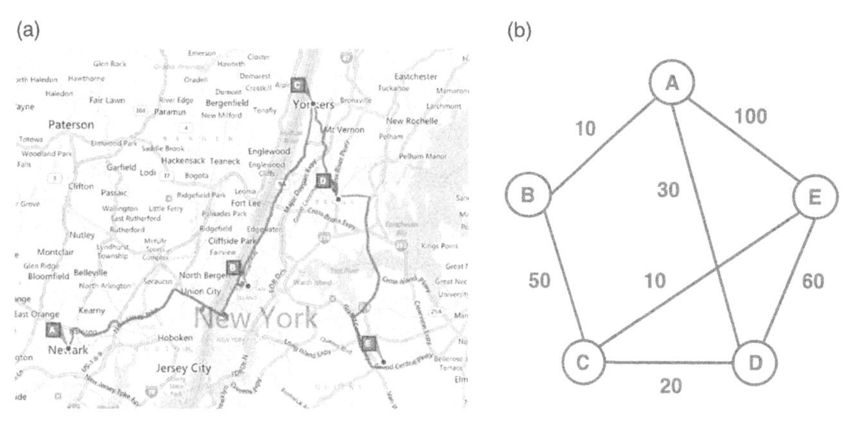

图 5.8 找最小生成树问题。（a）标出了纽约的 5 个城区：A= 纽瓦克；B= 曼哈顿；C= 扬克斯；D= 布朗克斯；E= 皇后区。（b）是图形表示，圆点代表城区，各条边代表各个城区的连接。

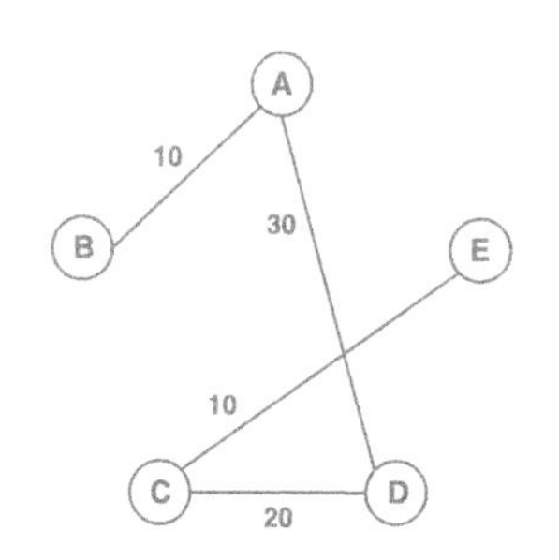

图 5.9 借助最小生成树使用最短光纤连接 5 个地区的分公司。这里，我们使用一个简单的贪婪算法找到了最小生成树。

假设一家公司在这 5 个城区都设有分公司，公司想用光纤把这 5 个分公司连接起来，那如何才让所使用的光纤最短呢？最小生成树就可以解决这个问题。我们使用“贪婪算法”可以找到最小生成树。在贪婪算法中，每一步都要确保能够获得局部最优解，它通常无法保证对所有问题都能得到整体最优解，却很适合用来求最小生成树。在本例中，我们从图中的最短边开始，从最短边的两个顶点选择下一个最短边。然后在最短边的另一个顶点处查找下一个最短边。不断重复这个过程，直到走完图中的每个社区。最终产生的最小生成树，如图 5.9 所示。

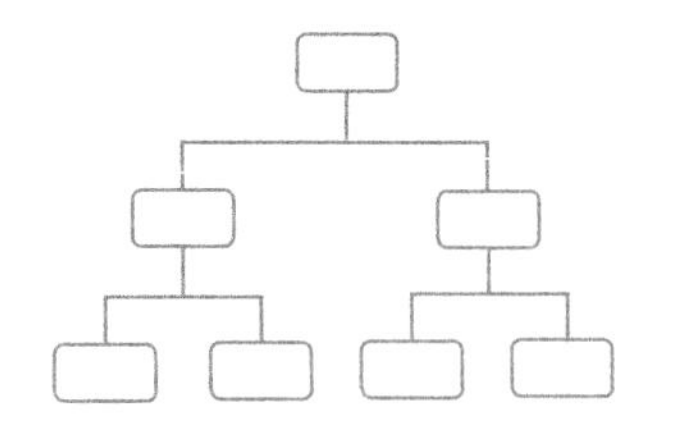

图 5.10 树结构。树结构是计算机科学的重要概念之一，它是所有数据库的基石。树由节点和分支组成。每次添加或删除节点时，就需要重新调整树，以便让它更短更茂密，而不是让它又高又瘦。又短又密的树结构会让搜索操作更快。

这个解决方案蕴含着计算机科学中的另一种重要结构——树。树和图类似，但不包含闭环。在日常生活中，树结构无处不在，比如公司的组织架构或计算机中的文件组织结构（图 5.10）。如何高效地遍历与操纵树结构一直是算法的一个重要研究领域（图 5.11）。

下面，让我们看另一个重要问题，即在图中查找最短路径的问题，这种算法经常用在 GPS 中。GPS 中的计算机是如何解决这个问题的呢？它使用的算法是最短路径算法的一个变种，这个算法变种由艾兹格·迪科斯彻提出，他是编程语言和软件工程领域的先驱。在一次访谈中，主持人问起迪科斯彻如何发明最短路径寻路算法。对此，他这样回答：

> 从鹿特丹到格罗宁根最短路线是什么？我一直在思考这个问题。一天早上我和年轻的未婚妻去买东西，走累了，我们就在一家露天咖啡屋坐了下来，喝杯咖啡。我脑子里还是在思考那个问题，后来灵光一现，我大约在 20 分钟内就设计出了最短路径寻路算法。

图 5.11 自调整树的卡通图。

再次回到纽约分公司的例子。假设公司总部位于纽瓦克（A），公司需要不断从总部运送物资到位于 B（曼哈顿）、C（扬克斯）、D（布朗克斯）和 E（皇后区）的分公司。为了简单起见，假定图形中的各条边都是有方向的，就像单行道一样，也就是说，只能按单个方向经过它们。另外，我们还要确保所有边不会形成闭环或循环，在单向约束这个条件下，这在图 5.12 中是成立的。计算机科学中的许多场合都会遇到这种图，并且它有一个令人生畏的名字——有向无环图。

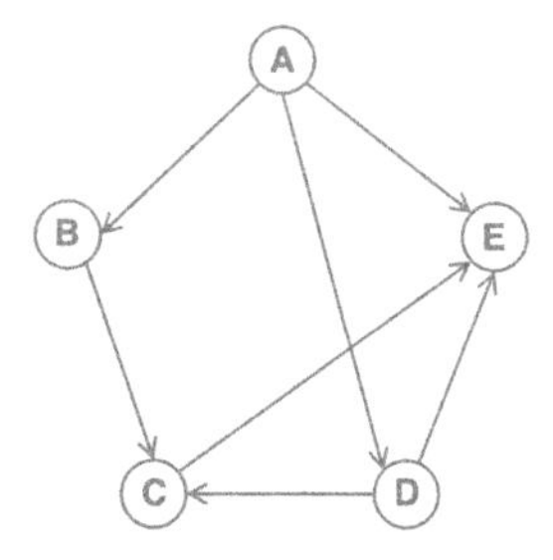

图 5.12 有向无环图。

为了找出从总部到各个公司的最短路径，迪科斯彻算法使用了贪婪算法。让我们看看迪科斯彻算法是如何做的。

- 算法的第一次迭代从总部 A 开始，找出与 A 直接相连且路径最短的分公司。从图 5.8b 看，离 A 最近的分公司显然是 B，距离为 10（请注意，由于 A 与 C 并未直接相连，所以我们将它们之间的距离设为无穷大）。
- 下一步是查找 A 到其他分公司（C、D、E）的最短路径，就像上一步一样，而且允许经过 B。经过 B，我们能够达到 C，因此经过 B，从 A 到 C 的总距离为 10+50=60。接下来，我们需要将距离 A 最近的下一顺位办公室添加到 A 到 B 的顺序中。下一个最近路径是到分公司 D，距离为 30。
- 在第三次迭代中，我们现在允许始于 A 的路径要么直接从 A 出发，要么经过 B 或 D。现在多出了额外选项，我们可以从图 5.8b 得到，从 A 到 C 的最短路径是经过 D，而不是经过 B。同样，经过 D 到达 E 比直接从 A 到 E 的路径要短。再次查找距离 A 有最短路径的地区，得到 C，距离为 50。

- 在最后一次迭代中，计算从 A 到每个地区的最短路径，但现在允许分公司 B、D、C 作为中间目的地。现在到达 E 的最短路径是经过 B 和 C，而不是经过 D 或者直接从 A 出发。

借助这种方式，我们就找出了从 A 到图中其他所有地区的最短路径。我们把迪科斯彻算法中的这些迭代整理在表 5.2 中。

表 5.2 迪科斯彻算法中的多次迭代

迭代	城市	距离 [B]	距离 [C]	距离 [D]	距离 [E]
初始状态	{A}	10	∞	30	100
#1	{A,B}	10	60	30	100
#2	{A,B,D}	10	50	30	90
#3	{A,B,D,C}	10	50	30	70
#4	{A,B,D,C,E}	10	50	30	70

此外，还有许多其他寻路算法，可以用来解决这些最短路径的问题。动态规划法是其中比较重要的一种方法。当简单的贪婪算法无法提供最佳方案时，我们可以使用动态规划法。动态规划法允许对远距离进行优化，而迪科斯彻算法只适合本地优化。

在结束这部分内容之前，再介绍一个在算法和图论研究中非常著名的问题，即旅行商问题。自 20 世纪 30 年代以来，这个问题一直吸引着许多数学家和计算机科学家。旅行商问题可描述如下：给定一系列城市及它们之间的距离，求旅行商人由起点出发，经过每个城市，然后再回到起点的最短路径。

很显然，解决这个问题的一个方法是使用暴力枚举法，列举出所有可能的路线。就图 5.8b 中的五区网络来说，我们可以计算出旅行商总共有多少条路线可选。这个问题等同于寻找五个符号 A、B、C、D、E 的排列数。由于最短路线的起点和终点一样，所以不论以哪个城市作为路线起点，最终结果都是一样的。我们以 A 为起点，寻找从 A 为起点的所有可能的路线。如此这般，对于第二个城市，有四种选择；第三个城市有三种选择；第四个城市有两种选择；最后只剩下第五个城市。这样一来，我们就需要评估 $4\times3\times2\times1=24$ 种（使用阶乘符号表示就是 4！）排列方式。对此，我们可以做进一步简化。注意到从 B 到 C 与从 C 到 B 的距离完全一样，而且对于每对城市都是如此。每个排列的逆排列长度一样，这无关旅行的方向。因此，最终我们只需考虑 $4!/2=12$ 种不同的路线。

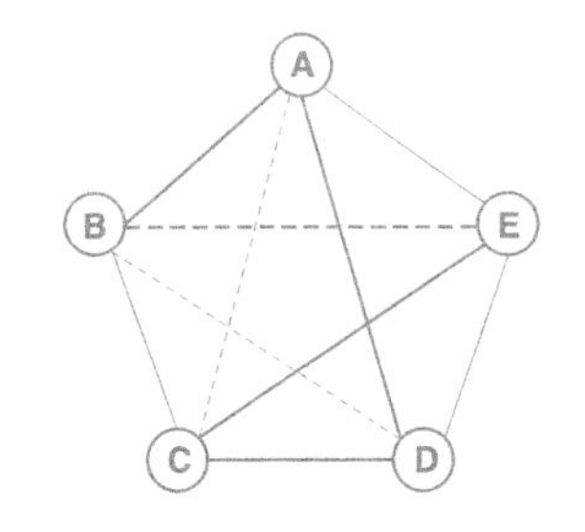

图 5.13 五城问题的旅行商问题指找出经过这些城市的最短路径。请注意：为了遵从旅行商问题的通用公式，城市之间所有可能的路径，我们在缺失直通路径的 B 和 D、B 和 E、A 和 C 之间添加了直通路径，把这些距离作为经过它们之间的最短距离，经过中间节点。

纽约分公司问题的最短路径是 ABECDA，如图 5.13 所示。旅行商问题的难点在哪里呢？对于这种 N 个城市的问题，我们需要考虑 $(N-1)!/2$ 条路线，随着城市数量的增加，这种暴力枚举法很快就无法实施。因此，使用暴力枚举

B5.6 乔治·丹齐格（1914—2005），计算机科学家。他提出了单纯形法，还对线性规划做出了重大贡献。丹齐格提出的算法被广泛用来解决许多实际问题，比如空中交通调度、物流、炼油厂流程规划、电路设计等。

法来解决 N 城问题是不合理的。为了更好地理解“合理”和“不合理”，我们需要先了解一下如何测量算法的性能。在此之前，让我们先简单介绍一下历史上那些为解决多城市旅行商问题而做的尝试。

1954年，美国加州圣莫尼卡市三名兰德公司的研究员乔治·丹齐格（George Dantzig，B5.6）、瑞·福克森（Ray Fulkerson）和塞尔默·约翰逊（Selmer Johnson）为一次穿越美国48个相邻州的旅行寻找最短路径。《新闻周刊》报道了他们的研究成果：

> 为旅行商寻找最短路径（从一个指定城市出发，经过其他每一个城市，然后返回到出发点）绝非易事。多年来，这个问题一直困扰着商品推销商、旅行推销商和数学家。如果一个旅行推销商要访问50个城市，那么就会有 10^{62} 种路线供他选择。现存的计算机无法帮助人们梳理这么多条路线，并从中找出最短路径。
>
> 兰德公司的三位数学家利用兰德麦克纳利公司出版的地图所标示的哥伦比亚特区和48个州主要城市的距离，最终找到了一个解决方案。通过巧妙地运用线性规划（这个数学工具主要解决生产调度问题），这几位加州的专家只花了几个星期就手工计算出覆盖49个城市的最短路径：19 875公里。

在解决旅行商问题的过程中，三位研究者使用的工具很简单：一块木板，在对应于城市的位置钉上钉子，用一根绳子来试验可能的旅行商路线。正如《新闻周刊》报道中提到的，他们在寻找最短路径的过程中使用了一种叫“线性规划”的强大技术。第二次世界大战之后，丹齐格在五角大楼工作，他提出使用这种方法来安排军队的训练、补给以及部署。

线性规划方法把问题表示成一个求最经济的解的模型，这个模型带有输入和输出，其中的变量受制于一系列约束条件。这些约束可以是不等式，比如要求一些变量总是大于或等于0。顾名思义，这些变量被纳入到一组线性方程中，而目标是选择那些明显使目标价值最大化的变量。为了求出线性问题的最优解，丹齐格设计出名为“单纯形法”的算法。2000年，单纯形法被评为20世纪最伟大的十大算法之一。现在，单纯形法仍被广泛使用，涉及的模型有成千上万个约束条件和变量。关于这个算法的细节讨论已超出本书的范围，请各位查阅相关资料自行学习，但本书仍提供了关于旅行商问题现代分析的基本知识。借助线性规划，丹齐格、福克森和约翰逊证明，他们找出的路径的确是最短的。对此，他们写道：

> 在这种情境之下，我们使用的选择工具是线性规划。它非常高效，可以把大量简单规则（满足所有路线）组合在一起，得到单一规则：经过这个点集的最短路线是X。数字X给出了一个直接的质量测量方法：如果我们能得到一条长度为X的路线，它肯定就是最优的。

图 5.14 访问美国 48 个州首府的最优路线。兰德公司的乔治·丹齐格、瑞·福克森金和塞尔歌·约翰逊在 1954 年解决 48 城问题时，其实并没有使用 48 个州首府。

在这三位专家开创性工作的指引下，旅行商问题吸引了越来越多的研究者。查找最优路线所涉及的城市数量也不断增加：1954 年 48 个（图 5.14），1971 年 64 个（迈克尔·赫尔德和理查德·卡普），1987 年 532 个、1002 个、2392 个（马丁·格洛特切尔和曼弗雷德·帕德贝格）；再到 1998 年美国的 13 509 个城市，Concorde 程序于 2004 年把城市数增加到 24 978 个（瑞典）。Concorde 程序是目前旅行商问题的冠军，由戴维·安普盖特（David Applegate）、罗伯特·毕克斯比（Robert Bixby）、瓦塞克·克瓦托尔（Vasek Chvatal）、威廉·库克（Wiliam Cook）共同开发，在互联网上可用。2006 年，在一个贝尔实验室的计算机芯片上，他们使用这个程序找到了激光切断连接的最短运行时间。后来，他们成功地为 85 900 个城市找到了最优路线（图 5.15）。这是已知的旅行商问题的最高纪录。艺术家罗伯特·博世（Robert Bosch）提出了“100 000 城”蒙娜丽莎问题（图 5.16），这种更大规模的问题要比计算机芯片问题难得多，有很多“城”沿着线靠在一起。目前，蒙娜丽莎问题最佳解法只比最优解路线的限界值高出 0.0026%。

图 5.16 2009 年，来自欧柏林学院的罗伯特·博世生成了 100 000 个点，然后运行旅行商问题算法计算最短路径。在算法的执行过程中，这些点被用线条连接起来，形成的结果类似达·芬奇的名画《蒙娜丽莎》。

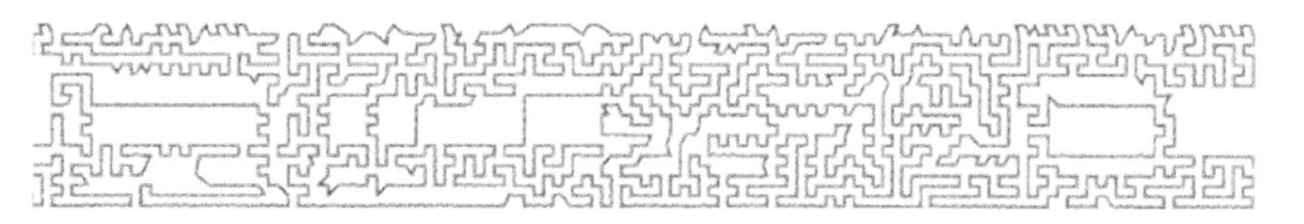

图 5.15 解决 85 900 城问题的最优路线的一部分。

在结束旅行商问题讨论之前，还有一点要补充的是：虽然从计算量来看，寻求最优路线仍然很困难，但是现在已经有许多实用的方法，可以用来为旅行商问题找到非常好的近似解。大部分现代算法都是从贝尔实验室研究员林甡（Shen Lin）和布莱恩·柯林汉在 1973 年提出的算法演化而来的。这就使得在原问题上增加难度变得更为系统化了。“两元素优化”做了改进，删除了两条边，路线和两条更短边相连。同理，我们可以进行三元素或更多元素优化。1998 年，丹麦计算机科学家克尔德·黑尔斯冈恩（Keld Helsgaun）对林 – 柯林汉算法进行了改进，加入了五元素搜索，同时重连 10 条边。1991 年，加州理工学院的奥利弗·马丁（Olivier Martin）、史蒂夫·奥图（Steve Otto）和埃德·费尔顿（Ed Felten）通过把林 – 柯林汉算法和物理中的模拟退火思想进行结合，设计出了著名的链式林 – 柯林汉算法。2000 年，人们使用这个方法来解决“25 000 000 城”问题，找出的路线只比理论最短路径多出 0.3%。在面对大规模数据集时，链式林 – 柯林汉算法是主导方法。旅行商问题是一个重要的优化问题，可以应用在各类问题中，从各种集货和配送，到寻找基因组标记，再到移动天文望远镜、制造电子电路板，应有尽有。

复杂度理论

正如本章引语中查尔斯·巴贝奇所说的那样，在我们拥有了计算机之后，接下来最重要的是，找到解决某个特定问题执行效率最高的算法。在前面排序算法中，我们提到了两种不同算法——冒泡排序和归并排序，并且还指出归并算法的执行效率要高于冒泡算法。我们做出这种判断的依据是什么呢？要回答这个问题，需要先了解复杂度理论，这个理论用以考察一个算法或一类算法执行时所需要的计算资源。这些计算资源包括时间资源（解决问题所需的计算步数）和空间资源（解决问题需要占用的内存大小）。让我们先看一看排序算法的时间复杂度。

使用这两种排序算法对 N 个对象进行排序，分别需要多少步操作呢？先看冒泡排序，我们必须遍历所有对象（N 个），执行 N-1 次比较。然后，重复这个过程 N-1 次。因此使用冒泡排序算法对 N 个对象进行排序时，需要执行的比较次数是：

$$(N-1) \times (N-1) = N^2 - 2N + 1$$

当然，程序中不仅包含比较语句，还有其他语句，但是我们只对 N 很大时算法的性能感兴趣。在本例中，我们只看比较语句就可以了，因为程序的其他部分（比如测试和控制索引的部分）耗费的时间是固定的。另外，对于值比较大的 N 来说，N^2 远比 $(-2N+1)$ 大得多。因此，我们可以这样说：对于应用在 N 个对象上的冒泡排序，它的计算量接近于 N^2。在复杂度理论中，我们把这记作：$O(N^2)$，其中 O 用来指定冒泡排序的执行时间随 N 的增长方式。

那么，归并排序的时间复杂度是多少呢？在示例中，我们使用了“分治法”，不必多次遍历整个列表。就归并排序来说，我们不断进行 N 除以 2，把整个名字列表拆分成多个小列表，每个小列表包含 2 个项，然后对这些小列表进行比较排序。对于一个长度为 N 的列表，我们可以拆分多少次呢？在示例中，开始时有 8 项，然后从 8 变为 4，再变为 2，总共有 3 个层，调用了 2 次 Divide 子例程。由于 $8=2^3$，故我们可以使用以 2 为底的对数表示层数。借助我们更熟悉的以 10 为底的对数，我们可以把 10 的多少次方等于 1000，表示成 $\log_{10}1000=3$。类似地，我们可以使用以 2 为底的对数把 8 项拆分成多少个 2 项组，表示为 $\log_2^8=3$（计算机这样的二进制机器很容易办到）。一般来说，我们可以把拆分 N 个元素而得到的组数表示为 $\log_2 N$。

因为拆分数目按照 $\log_2 N$ 增长，且需要做比较的数目按 N 增长，所以归并排序的时间复杂度为 $O(N\log_2 N)$。这正是“分治法”的魅力所在。表 5.3 描述了 N^2 和 $N\log_2 N$ 随着项数增加所需比较次数增长的情况。从表中可以看到，$N\log_2 N$ 比 N^2 增长要慢很多，这体现出一个好的排序算法是多么重要。如果一个

表 5.3 N^2 与 $N\log_2 N$ 的比较

N	10	50	100	300
$N\log_2 N$	33	282	665	2 469
N_2	100	2500	10 000	90 000

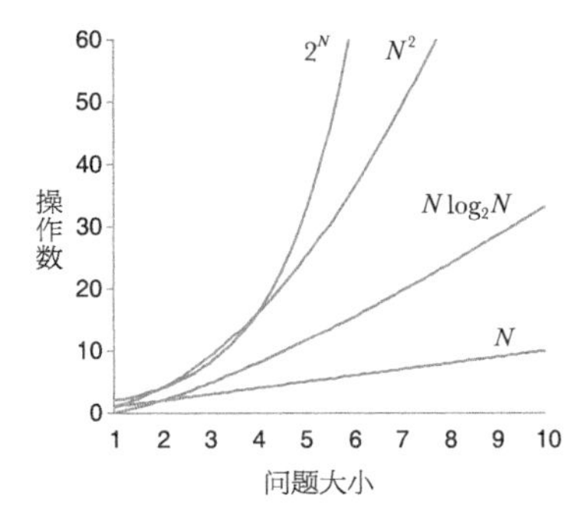

图 5.17 四种函数（N、$N\log_2N$、N^2、2^N）随着 N 的增加的变化情况。2^N 为指数函数，它的增长速度快于任意一个多项式。

算法的时间复杂度比某个多项式慢（在示例中，$N\log_2N$ 比 N^2 增长得慢），我们就说它是合理的。对于一个问题，如果我们能为它找到一个低阶多项式时间算法，我们就说它是易于处理的，也就是说，计算机可以在一个可接受的时间长度内把它计算出来。

现在，让我们再回到旅行商问题上。在为经过 N 个城市的旅行商寻找最短路径时，使用暴力枚举法可以找到精确解，但所需时间呈 $N!$ 增长。随着 N 的增大，阶乘的增长比任何多项式都要快得多。前面我们已经介绍过，动态规划比暴力枚举要好得多。1962 年，赫尔德和卡普曾借助动态规划找到了一个算法，用来解决 N 城的旅行商问题，所需时间与 N^22^N 成正比。2^N 为指数时间复杂度。当函数的增长率与当前值成正比时，就呈现出指数式增长。如图 5.17 所示，指数增长迅速超过线性和二次增长，而且也超过任何一个多项式增长。这样说来，虽然这个算法在求解旅行商问题时比暴力枚举法要好，但它仍然是不理想的，因为它耗费的时间呈指数增长。对于任何一个问题来说，如果只能找到时间呈指数增长的算法，我们一般称这个问题是很难处理的。

P=NP？

在结束算法和复杂度理论的话题之前，这里有必要向大家介绍一个计算机科学中尚未解决的问题。事实表明，旅行商问题代表了一大类问题，它们能用不合理的暴力枚举法来解决，但是无法证明是否存在更快、更合理的算法。这些问题不同于编制时间表，为带有各种约束条件的班级分配教师和课程，把商品打包成各种尺寸，把图形放入固定大小的容器中或判断瓷砖可能的排列。对于这些问题在实际生活中的小版本，要找到某种尚可的解决方案，通常需要大量试错。有时我们会觉得某种选择在当时是最好的，但最终结果表明它并不是，我们不得不折返去尝试其他选择。解决这些问题所耗费的时间都是指数式的，谁都无法为这些问题找到一种能在多项式时间内解决它们的算法。

这类问题被称为“NP 完全问题”。在计算机科学中，计算机科学家把易于处理且存在多项式时间算法的一类问题称为 P 问题。除了拥有指数时间算法之外，NP 完全问题还有两个重要特征：它们是非确定性的，这也正是 N 所表示的含义；它们也是完全的。为了理解这些术语所表示的含义，我们再回头来审视旅行商问题。来看一个略微不同的问题：是否能找到一条长度短于指定公里数的路线？前面我们已经看到，找到最短路线是非常困难的。但是，如果事先我们有一条指定的路线，那么验证当前路线是否短于指定路线就会变得很容易。非确定性从何而来呢？假设我们打算从某个城市出发，找出最短路径。对于首先要从哪座城市出发，显然有很多种选择，对此，我们通过抛硬币来决定。如果可选择的城市不止两座，我们就要抛一次以上的硬币。现在，假设这枚硬币不是一枚只给出随机结果的普通硬币，而是一枚魔幻硬币，它总能给出二者之中最好的选择。用术语来表述这种“魔法”，就是“非确定性”，它表示我们不必尝试所有选择来寻求正确的解。那么，我们的解是否正确就很容易验证了。由这一点可知，这种非确定性方法可以在多项式时间内找到解。这也正是这些问题被称为 NP 完全问题的原因——存在非确定性多项式解。

NP 完全问题的第二个特征可能也是最突出的特征。对于任意一个 NP 完全问题，谁都不能证明它不存在多项式时间算法。这里的“完全”是指，假如一个 NP 完全问题存在多项式时间解，那所有 NP 完全问题都可以在多项式时间内求解。这是怎么回事呢？我们来看另外一个不涉及距离的寻路问题。给定一个由若干结点和边组成的图形，你能找到一条经过所有结点且每个节点只经过一次的路径吗？这样的路径叫“哈密顿路径”，由爱尔兰数学家威廉·哈密顿（William Hamilton）提出。图 5.18a 显示的是一条经过五个节点的哈密顿路径。哈密顿路径问题很难处理，并且被证明是 NP 完全问题。如果我们要找的是一条“欧拉路径”（取自欧拉的哥尼斯堡七桥问题），即一条能够恰好通过图中每条边一次的路径，情况就非常不同了。欧拉早在 1736 年就为这个问题找到了一个多项式时间算法！

我们已经说过，NP完全问题中的“完全”是说所有NP完全问题“同生共死”，即所有 NP 完全问题要么都是容易处理的，要么都不是。这个说法意味着，存在一个多项式时间算法，可以把一个 NP 完全问题化简为另一个问题。我们可以通过把哈密顿路径问题化简为旅行商问题来了解其中的原理。在图 5.18a 中，图形包含五个结点，并用粗线标出了哈密顿路径。在这个图形基础上，在五个结点再绘制几条连线，确保五个结点中每两个结点都相连，如图 5.18b 所示。对原有的边，我们为它们每一条赋予权值 1，对新添加的边，为每一条赋予权值 2。若原图形中存在一条哈密顿路径，则新图中就存在一条旅行商最短路径，长度为 6（一般为 $N+1$，其中 N 为图形中的结点数）。所以，问是否存在一条不长于 $N+1$ 的路线，就等同于问图形中是否存在一条哈密顿路径。这个过程只耗费了多项式量级的时间，至此，前面所说的问题简化就完成了。

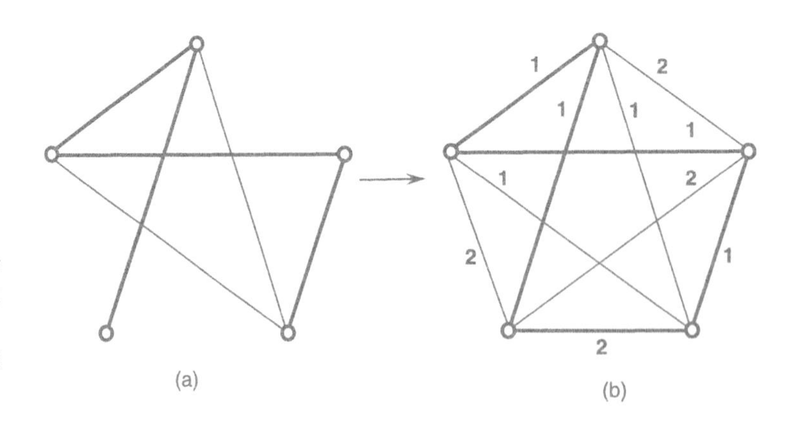

图 5.18（a）连接五个结点的哈密顿路径（图中粗线）经过且只经过每个结点一次。（b）通过添加新边，我们可以把哈密顿路径问题转换成旅行商问题。旅行商路线用粗线表示。

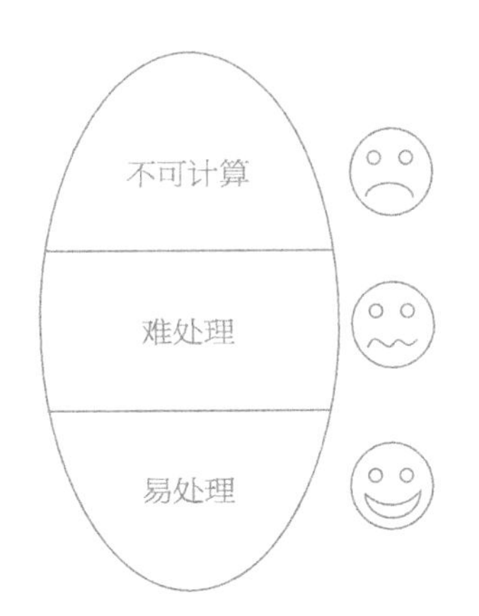

图 5.19 哈雷尔把问题分为三大类：不可计算问题，这类问题没有算法可解；难处理问题，这类问题存在可解算法，但复杂度是指数级的或更高阶的；易处理问题，这类问题可以使用多项式时间算法解决。

现在，我们应该清楚本部分标题的含义了。如图 5.19 所示，我们可以把所有算法问题划分成易处理问题、难处理问题和不可计算问题。易处理问题属于 P 类问题，拥有多项式时间解；难处理问题没有合理的多项式时间算法。NP 完全问题属于哪一类，仍是未知数。这个问题源自复杂度理论专家史蒂文·库克（Steven Cook，B5.7）、莱昂纳德·莱维（Leonid Levin，B5.8）和理查德·卡普（Richard Karp，B5.9）在 20 世纪 70 年代早期的研究工作。尽管计算机科学家们研究了 30 多年，“P=NP”是否成立仍悬而未决。

B5.7 史蒂文·库克。他因在算法复杂度研究方面所做出的贡献于 1982 年被授予图灵奖。

B5.8 莱昂纳德·莱维。他与史蒂夫·库克分别独立发现了 NP 完全问题。

B5.9 1972 年，理查德·卡普写了一篇开创性论文《组合问题中的可归约性》。在这篇论文中，他提出了 21 个组合问题，它们都属于 NP 完全问题，可以化简为一个普通问题——可满足性问题。1985 年，因对算法研究做出重大贡献，卡普被授予图灵奖。

算法学和可计算性

今天，复杂物理系统的数值模拟仍然是计算机的主要应用领域。这些问题往往非常复杂，比如天气预报与全球气候模型，科学家需要使用运行速度最快、最昂贵的机器（配有多个处理器的超级计算机）来进行计算。此外，我们也看到计算机被用以处理其他各种问题，从排序问题到图论问题等。我们还认识到，使用“聪明”的算法可以帮助我们更快地解决这些问题。但是，还有一些问题不存在合理算法，比如旅行商问题。迄今，我们尚未为它们找到多项式时间算法。在第 6 章，我们不仅会介绍一些易于处理和难于处理的问题，还会介绍那些无法使用算法或计算机进行计算的问题。

本章重要概念

- 算法即菜谱
    - 欧几里得算法

- 数值方法
  - 连续变量的离散近似
  - 蒙特卡罗方法和伪随机数
- 排序算法
  - 冒泡排序算法
  - 归并排序算法
- 图论
  - 最小生成树
  - 迪科斯彻最短路径算法
  - 旅行商问题
- 复杂度理论
  - 大 O 表示法
  - 多项式时间，易处理问题
  - 指数时间，难处理问题
  - NP 完全问题

06 令人赞叹的图灵机

电子计算机被设计用来解决那些有特定规则的问题，虽然这些问题也可以通过手工方式解决，但是整个过程会显得非常枯燥、笨拙。

——阿兰·图灵

警告：本章涉及的数学内容较多，有些读者可能读不下去。如果你不幸是其中一员，可以只大致浏览一下本章内容，或者干脆跳过本章继续阅读下一章。本章主要讲解计算机科学中的一些基础理论。

希尔伯特问题

从原则上说，我们可以计算的问题是否存在限制？如果我们能够建造出一台足够大的计算机，那么它必定能够计算出我们所提出的一切问题吗？还是说，不管这台计算机多么强大，总会有一些问题是它不能回答的？在建造计算机之前，这些计算机科学的基本问题就一直处在讨论之中。

B6.1 戴维·希尔伯特（1862—1943），数学家。他认为所有的数学问题都有解，但是要付出足够多的努力才行。他的墓志铭写道："我们必须知道，我们必将知道。"

20 世纪早期，数学家努力适应许多新概念，包括无穷大数理论和令人困惑的集合论悖论。伟大的德国数学家戴维·希尔伯特（B6.1）向数学界提出了一个挑战：把数学建在统一的逻辑基础之上。现在我们很难想象，在 20 世纪早期，数学和物理一样都处在那样的混乱之中。在物理界，相对论和量子力学颠覆了所有有关自然界的经典假设。那么，数学界发生了哪些可与物理界相提并论的变革呢？

19 世纪晚期，数学正一步步从仅用于计算和度量的传统角色中解放出来。高中代数开始把字母用作数值数量符号。到了 20 世纪，出现了一种更抽象的观点，把代数中公认的数值规则（比如 $x+y=y+x$）归纳成一条符号移动规则，这样就不必用具体的数字来解释了。希尔伯特是形式主义数学研究的领导人之一，形式主义数学致力于把数学转换成一种更抽象的形式，从而可使用不同规则和符号探索新型代数。这催生出许多新的研究领域，比如群论和希尔伯特空间，它们最终被应用到物理学研究之中。然而，想要证明数学的形式化方法这座大建筑统一而不矛盾的尝试无一不陷入了困境。最困难的是，证

B6.2 戈特洛布·弗雷格（1848—1925），数学家，逻辑学家。从事数学公理化研究，尝试建立一个完整且无矛盾的逻辑系统。他的开创性工作对后来数学中的许多发现产生了重大影响。

B6.3 伯特兰·罗素（1872—1970），数学家，哲学家。1910年，他与阿尔弗雷德·怀特海合著了《数学原理》（*Principia Mathematica*）。这本书有1000多页，书中他们试图把数学建立在坚实的基础之上。不久，他们就认识到数学也不是完美的，有许多悖论，数学无法回答。

图 6.1 理发师悖论。谁会为理发师刮胡子呢？

明根据商定规则操纵符号总是有意义的，并且不会产生诸如 2+2=5 之类的矛盾。

德国逻辑学家戈特洛布·弗雷格（Gottlob Frege，B6.2）和威尔士数学家伯特兰·罗素（Bertrand Russell，B6.3）分别用集合论的思想证明了数学的一致性问题。集合是由一组带有特定属性的对象组成的。比如，我们可以把某个城镇中的所有男人定义成一个集合。而且，我们还可以为这个集合定义出一个子集合，比如其中所有长着红头发的男人。1901 年，罗素发现，当他试图在争论中使用“所有集合的集合”时，就会出现逻辑矛盾。罗素使用一个城镇的例子来解释这个矛盾，这个城镇中只有一个男理发师，城里的所有男士由这个理发师刮胡子（图 6.1）。悖论可以表述为：城中理发师只给那些不自己刮胡子的人刮胡子。我们把城中所有男人定义成一个集合，它包含两个子集，一个由自己刮胡子的男人组成，另一个由请理发师刮胡子的男人组成。那么，我们应该把理发师归入哪个子集呢？由于这些集合被认为是抽象的实体，所以没有办法通过询问符号的真正含义来解决这个矛盾。弗雷格和罗素的整个思想是使用自动、无懈可击、去个人化的方式从最原始的逻辑思想推导算法。1902 年，罗素写信给弗雷格，探讨这个悖论。罗素的信让弗雷格手足无措，对此弗雷格给出了自己的一些想法：

> 你发现的这个矛盾让我很惊讶，应该说让我大吃一惊。因为它动摇了我要创建的算术的基础。不管怎样，你的发现很惊人，虽然乍一看它有些令人不快，但它可能会推动逻辑学的巨大进步。

到 1928 年，人们的关注点从弗雷格和罗素的大胆尝试转移到确定数学的本质上来。而此时的希尔伯特正在深入研究数学的逻辑基础问题。早在 1899 年，希尔伯特就成功地找到了一套公理，从这套公理（一小部分不证自明的真理）出发，希尔伯特能够证明所有欧几里得几何学定理，而不需要实际物理世界的几何证据。一年后，在巴黎的一次会议上，希尔伯特提出了 23 个重要且尚未解决的数学问题。其中第二个问题是“算术公理系统的无矛盾性”。有许多关于公理的问题，希尔伯特说最重要的是：

> 证明公理是不矛盾的，即基于这些公理之上一定数量的逻辑步骤永远不会产生矛盾结果。

1928 年，在博洛尼亚国际数学会议上，希尔伯特把这个问题描述得更加精确。对于希尔伯特提出的三个问题，安德鲁·霍奇斯（Andrew Hodges）描述如下：

> 第一个，数学是否具有完全性。换言之，每个命题（比如每个正整数均可表示为 4 个整数的平方和）要么被证明，要么被否决；第二个，数学是否具有相容性。从这个意义上，2+2=5 这个命题不能通过一系列

有效证明步骤实现；第三个，数学是否具有可判定性。他的意思是，是否存在一种确定的方法，理论上可适用于任何假设，并且能够保证不论假设是否正确都能给出一个正确的结果。

最后这个问题就是著名的可判定性问题。希尔伯特坚信，这些问题的答案是肯定的。但是，几年后，库尔特·哥德尔（Kurt Gödel，B6.4）给了希尔伯特新提出的问题致命一击。

B6.4 库尔特·哥德尔（1906—1978）。图为他和爱因斯坦在普林斯顿。冯·诺依曼对哥德尔充满敬意，他帮助哥德尔在普林斯顿得到了一个永久的工作职位。据说，冯·诺依曼曾说：“如果连哥德尔都不是教授，我们哪有资格当教授呢？”哥德尔和爱因斯坦年龄相差很大，但他们是非常亲密的朋友。每天早晨，他们都一起步行到高等研究院。爱因斯坦去世前曾表示，自己“晚年的研究工作已然没有多大意义，每天仍继续前往研究院，主要是为了有幸与哥德尔一同步行回家”。

哥德尔的严谨细致是众所周知的。中学时，他就因从未出现一个语法错误而出名。1924 年，哥德尔进入维也纳大学就读。1931 年，他写了一篇关于数学不完全性的著名论文。哥德尔在论文中提出并证明了一个惊人的结论。他指出，数学必须是不完全的，即从一组给定的公理出发，总存在一些命题既无法证明为真也无法证明为假。为了证明这个结论，哥德尔首先表明，任何一个形式化数学系统的程序规则都能够编码成纯粹的算术运算。在这之后，哥德尔就可以把诸如“是证据”或“可证明”的属性化简为算术命题。然后，他构造了自相关的算术命题，有点儿像罗素使用的“集合的集合”。特别是，哥德尔可以构造一个数学命题，有效地说明“这个命题是无法证明的”。命题不能被证明为真，因为它会产生矛盾。但是同样的，它也不能被证明为假，因为这也会引起矛盾。这让人联想到著名的“说谎者悖论”：当一个人说“我现在说的这句话是谎话”时，这是真话还是假话？

哥德尔也指出，不能仅用算法本身的公理来证明算法与其公理相容。在一篇重要的论文中，哥德尔对希尔伯特前两个问题做出了否定回答。现在只剩下最后一个问题了——希尔伯特的可判定性问题。接下来，阿兰·图灵和他令人赞叹的机器将要登场了。

图灵机

1931 年，19 岁的阿兰・图灵（B6.5）进入剑桥大学国王学院学习数学。1934 年，图灵在剑桥大学通过了最后一次数学测试并获得高分，获得“Wrangler”荣誉称号（剑桥大学至今仍每年为数学最好的学生授予此称号）。1935 年春天，图灵听了麦克斯・纽曼一场关于“数学基础”的演讲。这对那时剑桥大学的数学家来说是不寻常的，纽曼是拓扑学这一新兴领域的专家，他还十分关注数理逻辑和集合论在弗雷格和罗素之后的发展。纽曼还专程参加了1928 年的国际数学研讨会，在这个会上，希尔伯特提出了澄清数学基础的问题。在 1935 年那次演讲快结束时，纽曼提到了哥德尔定理，并明确指出希尔伯特的第三个问题（可判定性问题）尚未得到解答。安德鲁・霍奇斯在他撰写的图灵传记中特别指出，纽曼提的问题促使图灵开始研究图灵机：

> 是否存在一种确定的方法或“机械过程”（纽曼如是说），将之应用于一个数学命题，即可得到这个命题是否可证的结论。

B6.5 计算机绘制的阿兰・图灵头像。阿兰・图灵（1912—1954）是计算机科学的奠基人之一。他的名字与图灵机、通用性、丘奇—图灵论题、人工智能、图灵测试紧密相连。从谢伯恩公学毕业后，图灵于 1931 年考入剑桥大学国王学院学习数学。24 岁时，他写了一篇开创性的论文《论可计算数及其在判定问题上的应用》（*On Computable Numbers, with an Application to the Entscheidungsproblem*）。图灵还是一位长跑健将，他最好的马拉松成绩只比 1948 年奥运冠军慢 11 分钟。为了消遣，他经常去剑桥周边的郊野跑步。后来他说，回答希尔伯特第三个问题的想法是他一次跑步途中在剑桥附近一个叫格兰彻斯特的村庄的一块草地上躺着休息时想到的。毫不夸张地说，这篇论文成为计算机科学奠基石之一。

第二次世界大战期间，图灵应召进入布莱切利庄园从事密码破译工作，并获得大英帝国荣誉勋章。战后，图灵想把他的抽象机器实现出来。1945 年，他在英国国家物理实验室设计了“自动计算机”（ACE）。ACE 本来有机会成为世界上第一台存储程序计算机，但由于官僚机构对 ACE 项目的拖延，这一目标落空，图灵愤而离开英国国家物理实验室。1949 年，图灵开始在曼彻斯特大学计算机实验室工作，为 Mark I 计算机开发程序。

1950 年，图灵发表论文《计算器与智能》（*Computing Machiery and Intelligence*）。在论文中，他提出了“计算机是否会思考”这个问题。他在这篇论文中所写的内容就是后来著名的“图灵测试”。这纯粹是对智能的操作型定义。把被测试者放在一个完全封闭房间里，测试者在房间外向被测试者提问题。如果测试者无法根据回答判断出被测试者究竟是人还是机器，那么这台计算机就被认为通过了图灵测试，并且拥有智能。

1952 年，同性恋在英国仍然是违法的，图灵被曼彻斯特警方指控其同性恋行为。为避免牢狱之灾，图灵选择接受荷尔蒙治疗，这带来了一些不适的副作用。1954 年，图灵吃了一个含有氰化物的苹果，结束了自己的生命，死亡调查结果为自杀。为纪念图灵，安德鲁・霍奇斯为他写书立传，出版了《艾伦・图灵传：如谜的解谜者》（*Alan Turing: The Enigma of Intelligence*），详细记载了图灵的中学求学经历、对可计算性的基础研究、在布莱切利庄园破解德国恩尼格玛机的工作，以及因同性恋倾向遭受的诘难。2009 年 9 月，为回应互联网上的签名请愿，时任英国首相的戈登・布朗发表声明，就图灵因性取向而遭受的不公正对待，代表政府公开道歉。2013 年 12 月 24 日，图灵正式获得英女王伊丽莎白二世赦免。

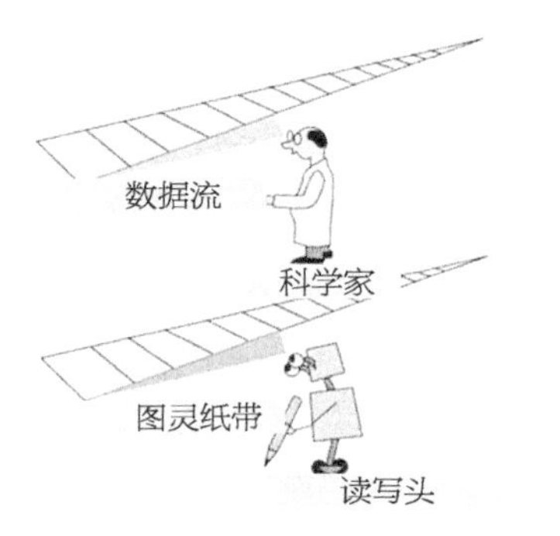

图 6.2 图灵机。图灵设计这个机器来模拟人类的行为。

纽曼所说的“机械过程”原意可能只是指一个算法，由一系列具体步骤组成，一经执行就能得到问题的解。然而，这个用语引起了图灵的共鸣。他决定研究希尔伯特问题，但性格使然，图灵并未向纽曼寻求建议，他既没有跟纽曼说自己的想法，也没有研读任何相关研究文献。毫无疑问，这种独立性是图灵能够为希尔伯特问题给出独特解决方法的原因之一。

图灵将“可计算性”这个概念解释为一台简单机器执行计算的能力。他设想有一台机器可以像人类计算者一样进行工作，并且必须遵守一套规则（图 6.2）。图灵把这种机器（这里将其作为女性看待）理想化，她不使用标准纸张，使用的是长长的纸带，上面有她要做的计算。纸带分成了一个一个的小方格，每次机器可以从一个小方格读取或写入一个符号。对真实的人类计算者来说，只使用一条带有单个符号行的纸带（而非可以容纳多行的纸张）做计算是个非常枯燥的事情，但是机器完全可以采用这种方式进行计算。图灵设想这个“人类计算器”有许多不同的状态，这些状态会告诉机器应该如何使用从纸带方格中读取的信息。因此，她会从特定状态开始，检查纸带中每个方格中的内容。在读取了方格中的符号之后，她可以覆写方格中的符号，转换成一种新状态，移动（往左或往右）到下一个方格以处理下一个符号。她的状态决定如何处理读取到的符号，比如是否应该将其作为加法或乘法的一部分。图灵设想，人类计算者只需要有限的几种状态就能完成指定的计算。通过把人类执行计算的过程分成简单的步骤，图灵提出了一个非常简单的机器，用来模拟人类计算者的所有行为，通过算法步骤完成相同的计算（图 6.3）。

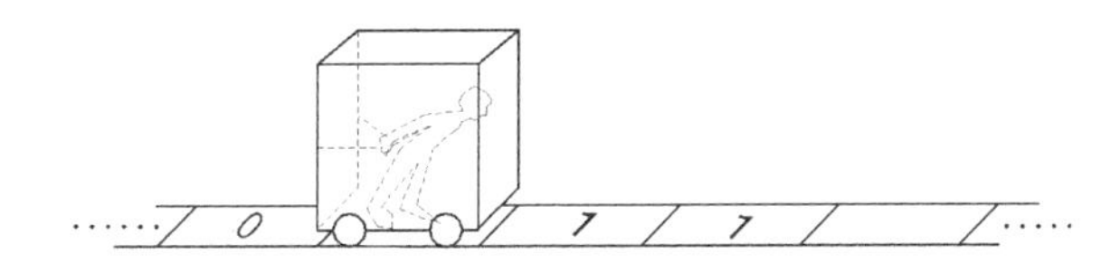

图 6.3 把图灵机解释成装在盒子里的人，盒子没有底，所以人能够读到下面的符号。

总结一下，图灵机有一条无限长的纸带，纸带分成了一个一个的小方格，每个小方格里至少包含一个符号（图 6.4）。在算法的每一个步骤中，这种“超级打字机”的机器头可以往左或往右移动到下一个方格。虽然机器的状态和符号数量是有限的，但纸带应是无限长的，有无限的计算空间。这并不是说添加到机器上的纸量是无限的。在任意一个计算中任意一个给定的阶段，纸带的长度都是有限的，但是我们可以根据需要选择添加更多纸带。图灵机能够根据状态集的指定，读写纸带，并沿着纸带往左或往右移动。机器的动作很简单：从某个特定状态开始，查看第一个方格中的内容。根据状态和方格中的内容，机器要么擦除方格原有内容并写入新内容，要么不做任何改动，然后往左或往右移动到下一个方格，并且改为新的内部状态。本章补充内容中详细介绍了“奇偶校验器”，它是图灵机的一个简单例子，用来判断二进制串中的 1 或 0 的个数是偶数还是奇数。

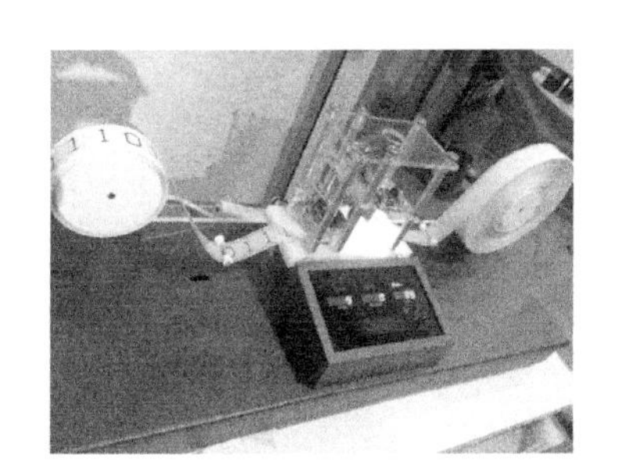

图 6.4 可工作的图灵机模型。

可计算数和可计算性

借助这种简单的机器，图灵可以定义什么是“可计算性”。在解释“可计算性”之前，让我们先看看“可计算数”。我们首先从定义实数开始。

自然数是指从 0 开始的非负整数（不是小数或分数）：

0, 1, 2, 3, 4, 5, 6, 7, 8, 9, 10, 11, 12, …

对自然数可以做加法或乘法运算，产生新的自然数。如果想进行减法运算，就必须把负数也包含进来。于是我们可以把整数定义为：

... , –6, –5, –4, –3, –2, –1, 0, 1, 2, 3, 4, 5, 6, 7, …

如果还想做除法运算，只有整数就不够了，还要把分数或有理数包含进来：

0, 1, –1, 1/2, –1/2, 2, –2, 3/2, –3/2, 1/3, –1/3, …

有理数既利落又有条理，但是它们漏掉了一些重要的数，比如 π 或$\sqrt{2}$。这些数称为无理数，不能被表示成整数或整数的分数。π 和$\sqrt{2}$只能表示成无穷级数——无穷个数项之和。事实上，对于 π 或有用的近似值，我们只需要把级数几个项加起来。比如，对于 π，可以使用格里高利 – 莱布尼茨展开式来表示：

$$\pi = 4\ (1 - 1/3 + 1/5 - 1/7 + 1/9 - 1/11 + \cdots)$$

对于$\sqrt{2}$，可以使用泰勒展开式表示：

$$\sqrt{2}=1+1/2-1/\ (2\times4)\ +\ (1\times3)\ /\ (2\times4\times6)\ -\ (1\times3\times5)\ /\ (2\times4\times6\times8)\ +\cdots$$

计算 π 和开平方的方法有很多，这些方法都会产生相同的结果，即 π 和$\sqrt{2}$著名的近似值：

$$\pi=3.14159265\cdots$$
$$\sqrt{2}=1.41421356\cdots$$

为了理解哪些问题可证与不可证，人们提出了哪些数字可以进行计算的问题。这产生了“有效过程”这个概念，有效过程是一套规则，告诉你如何一步步地完成计算。换言之，如果某些问题存在有效过程，则意味着有一个算法可以用来解决这个问题。那些用来计算 π 和$\sqrt{2}$的方法就是有效过程的例子。或许这些方法并不是计算 π 和$\sqrt{2}$最高效的方法，但是这些算法行得通，并且最终都会得到结果。

我们把包含 π 和$\sqrt{2}$这类无理数的数字系统称为实数系统。在日常生活中，我们使用实数的近似值做计算，精确到特定的数位。

实数系统一共有多少个实数呢？曾在 19 世纪晚期提出无穷大数理论的数学家格奥尔格·康托尔（Georg Cantor，B6.6）认为，整数个数和自然数个数

B6.6 格奥尔格·康托尔（1845—1918），数学家。他的大名与集合论、使用严格的数学方法处理无穷问题紧密联系在一起。康托尔得出结论说：实数的无穷集大于自然数的无穷集。而且，他还指出存在超穷数。康托尔的思想遭到了许多数学同行的强烈反对。但是伟大的德国数学家戴维·希尔伯特很支持他，并高度评价了康托尔所做的工作。希尔伯特后来说：“没有任何人能将我们从康托尔所创造的伊甸园中驱赶出去。”

是一样的，他把它们一一对应起来，如下所示：

实数	0	−1	1	−2	2	−3	3	−4	…
自然数	0	1	2	3	4	5	6	7	…

尽管看起来整数要比自然数多，但是康托尔认为，整数原则上可以和自然数一一对应。虽然整数和自然数的数量都是无穷的，康托尔无穷大数理论的对应关系表明，第一行中的对象数和第二行中的对象数是一样多的。也就是说，尽管整数个数和自然数个数都是无穷的，但它们是一样多的。我们把那些可以与自然数一一对应起来的集合称为“可数的”。同样，我们也可以把全部有理数与自然数一一对应起来，因此有理数也是“可数无穷的”。那么实数呢？实数的情况则有很大不同，康托尔使用了对角线方法（后来哥德尔和图灵都用过这个方法）进行证明。借助这个方法，康托尔证明，实数个数必定大于自然数个数，因此是不可数的。

让我们看看康托尔是如何使用对角线方法进行证明的。首先，假设它们的个数是一样的，也就是说，我们可以通过某种方式把实数和自然数一一对应起来。我们为所有想到的实数做一个表，并把每个小数和一个自然数关联起来，如下所示：

自然数	实数
0	0.124
1	0.015
2	0.536 2
3	0.800 344 4
4	0.334 105 011
5	0.342 567 8

给自然数分配实数是任意的：我们只需要为每个自然数分配一个实数，这样所有实数都被计算在内了。但是这是不可能的！为了说明原因，康托尔演示了如何找到在列表中并不存在的实数。在上面的列表中，我们在第一个数的第一位数字底下画下划线，然后在第二个数的第二位数底下画下划线，再然后在第三个数的第三位数底下画下划线，以此类推。由此我们得到如下序列：

1, 1, 6, 3, 0, 7, ...

使用对角线方法，从这个序列构建出一个新实数，这个实数跟这几个数字在原来列表里对应的数字不同。在构造新实数时，我们还要保证这个序列的第 n 位数与新实数的第 n 位数是不同的。比如，我们可以把每个带下划线的数字加 1（若为 9，则 9+1=0），得到一个新实数：

0.227418...

这样做会得到什么结果呢？通过这种方法构建出来的数字，它的第一个小数位不同于第一个数字，第二个小数位不同于第二个数字，第三个小数位不同于第三个数字，以此类推。这个数与原来列表中的任何一个实数都不同。这样，我们就会发现有一个实数不在我们的列表中。这个矛盾表明，实数和自然数不可能是一一对应的，也就是说，实数不是“可数无穷的”。

这与图灵机、可计算数有何关联呢？很明显，我们可以建造一台机器，选用一种算法把 π 的小数形式的值计算出来。这只需要一套加法和乘法规则。然而，由于 π 是一个无穷小数，这样机器的计算工作就永远不会结束，而且也需要纸带上有无穷多的工作空间供计算使用。合理的图灵机必须是可停机的，因此，我们需要创建机器将 π 连续的每个小数位做单独计算。然后。小数展开式中的每个数字使用有限数量的纸带，花一些时间去计算。从这个意义上说，用来计算 π 小数展开式到任意小数位的图灵机的确存在，只是建造起来有点儿复杂。很明显，对于实数，我们也可以这样做，比如$\sqrt{2}$。图灵把采用这种方式产生的实数称为“可计算数”。

在论文中，图灵证明他的机器数是可数的。为此，我们指定任意一台图灵机，分为五部分，五种描述对应图灵机的五项动作：初始状态、读符号、写符号、读写头左移或右移。机器由几个五件套指定，描述每个初始状态和读取的符号会发生什么。这些五件套可能被写成二进制字符串。最后得到的二进制数可以通过和自然数的对应关系来标记机器的唯一性。从原则上说，现在我们可以创建一个自然数列表，用自然数指定对应的图灵机和图灵机计算的数字。最终无限列表包含的每个数字都是可计算的。图灵使用康托尔对角线方法为每个对角线上的可计算数字加 1，生成一个新实数。通过这种方式，图灵证明，有些实数是不可计算的。图灵证明的细节有点复杂，但就是这些基本的论证使得图灵坚信，希尔伯特第三个问题的答案是“否定的”。

通用性和丘奇 - 图灵论题

在回到“可判定性”之前，有必要先了解一下图灵在论文中的另一个奇思妙想——通用图灵机。通用图灵机可以做任何用于特定用途的图灵机所能做到的事情，尽管运行很慢，效率也不高。假设有一台特定的图灵机 T，它在纸带 t 上产生运行结果。图灵认为，要建造出一台通用的图灵机 U 是可行的，只要我们给图灵机 U 输入 T 和 t 的参数，那么 U 输出的结果将会跟 T 在纸带 t 上产生的结果一致。U 的行为很容易描述，但若要写出细节则非常困难。通用图灵机 U 必须逐步模仿 T，记录每一阶段下 T 在纸带 t 上输出的状态。通过检查机器 U 的模拟输入纸带 t，机器就能够读懂 T 在每个指定阶段的内容。然后，通过查看 T 的参数，U 就能知道 T 接下来要做什么。这基本上就是说，如果人类要使用一个五元组表格和一个纸带来搞清楚图灵机的工作原理，前面的描

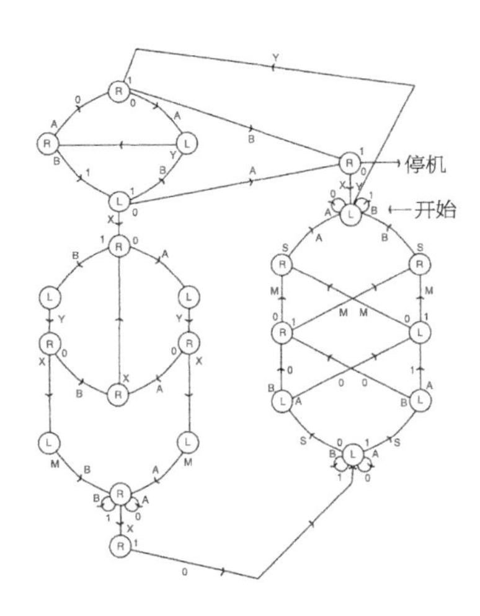

图 6.5 马文·明斯基对通用图灵机的一种实现。

B6.7 阿隆佐·丘奇（1903—1995），数学家，计算机科学家。他非常支持图灵的想法，是第一个使用“图灵机”这一术语的人。图灵机和关于可计算性的“丘奇－图灵论题”是计算机科学的基石之一。

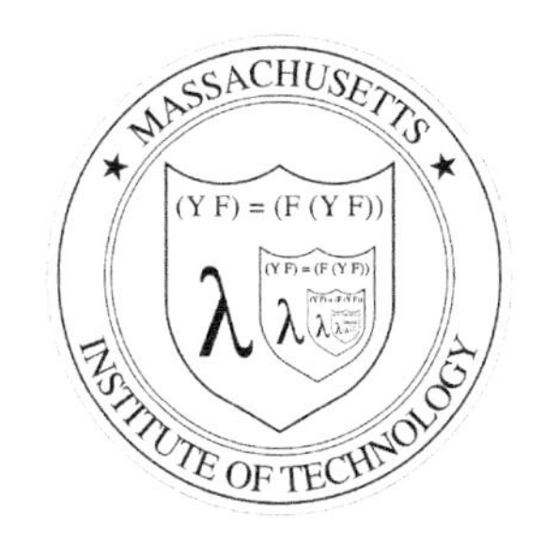

图 6.6 “λ 演算骑士”，麻省理工学院 LISP 程序员的非正式徽章。

述就是我们通常会用到的方法。而图灵的通用机器 U，只是人类的一个更慢版本。

图灵极其详尽地证明了通用图灵机是可能存在的，如图 6.5 所示，U 的最终状态转换图比简单的奇偶校验器要复杂得多。这个例子出自麻省理工学院的计算机科学家马文·明斯基（Marvin Minsky）之手，它使用了 8 个符号和 23 个状态。今天的大部分数字计算机实际上都是通用计算机。只要有正确的程序、充足的时间、足够的内存，通用计算机就能模拟其他任意计算机。

如果忽略图灵机的缓慢和非高效的缺点，那我们可能会面临这样一个基本问题：这种机器可以用来解决什么问题呢？答案非常令人吃惊。图灵机可以计算有算法的一切问题。我们为什么要相信这个答案呢？就在图灵提出这种精巧机器的同时，美国新泽西州普林斯顿大学的一位数学家阿隆佐·丘奇（B6.7）定义了逻辑和命题的形式系统，丘奇称之为“λ 演算”（图 6.6）。丘奇认为，任何实际可计算的问题都能对应一个 λ 演算表达式。他还使用这个形式系统证明“判断一串符号是否可转换为另一串符号”这个问题是无解的，也就是说，不存在这样的 λ 演算表达式。通过这种方法，丘奇证明，希尔伯特的第三个问题（可判定性问题）也是无解的。尽管从不同角度看待这个问题，但图灵和丘奇都证明了这个问题是不可解的。

这就是著名的丘奇－图灵论题——任何实际可计算的问题都可以使用图灵机进行计算。它之所以被称为论题而非定理，是因为它包含了“有效可计算性”这个非正式概念。这个非正式概念在数学上应准确描述为“图灵机的可计算性”，这个论题为这个概念做了非正式的、直观的解释，即在任何机器上用任何一种算法可解决的问题。它适用于在任何计算机上用任何编程语言写的所有可计算问题！

丘奇－图灵论题只是一个论题，但是大多数计算机科学家都承认它是有效的，因为许多人（包括丘奇和图灵）都得到了相同的结果。几乎在同一时期，数学家斯蒂芬·克莱尼（Stephen Kleene）和埃米尔·波斯特（Emil Post）提出了另一种形式系统，产生了类似的可计算性概念。此外，还有许多其他形式的图灵机，比如有些机器带有多条或二维纸带。凡是基本图灵机不能解决的问题，这些机器也无法解决。

停机问题和可判定性

使用通用图灵机可以证明：一般来说，没有办法可以识别出指定程序的执行过程是否会在任意给定的输入上终止。如果有一个计算 x 平方的程序，那么在把 x 输入机器后，当机器停止时，我们肯定能在纸带上读到 x^2。机器停止并非总是显而易见的。假设有一个程序，我们向它输入一个数字，若数字为偶数，机器将用其除以 2；若为奇数，机器将用其乘以 3 之后加 1。然后程序将这个计算结果当作下一次输入，并重复这个过程。当输出是 1 时，程序停止。我们能肯定这会发生吗？这就是著名的“$3x+1$ 问题”，计算机科学家戴维·哈雷尔将之称为“数学中最简单的描述开放问题”。如果把 $x=7$ 作为初始值进行尝试，我们会得到数列 7，22，11，34，17，52，26，13，40，20，10，5，16，8，4，2，1，然后在此终止。如果用其他 x 值作为初始值，我们会发现，有些值能让程序产生结果，但也有一些 x 值会让程序不断产生不规则的结果，除非我们不希望程序再继续计算下去了。这是停机问题的一个具体实例——我们不能判断这个程序是否会终止。一般地说，停机问题与任意程序的结束有关，无论输入值是什么。

那怎么证明这个结果呢？如果有一个图灵机 T，它能计算某个函数 F，我们能为机器 T 找到一个可计算函数来预测它是否会停机吗？若存在这样一个函数，那么它必定也能被另一台图灵机所描述。用图灵机来描述其他图灵机这一概念，是一个非常强大的工具。这个装置能用来证明停机问题是不可计算的。先假设存在能够预测程序是否停机的机器，然后证明这个假设会导致矛盾，从而证明原来的假设是错误的，即不存在这样的机器。

为了进行证明，先假设我们有一台机器 D，它带有一个纸带输入，纸带包含机器 T 的描述 d_T（这些只是定义 T 的五元组）和机器 T 的输入纸带 t。我们要求机器 D 在指出 T 是否停机之后停机（图 6.7a）。现在，我们引入另外一台机器 Z，它接收机器描述 d_T，并且用它作为机器 D 的输入。机器 Z 响应来自机器 D 的输出，方式如下：

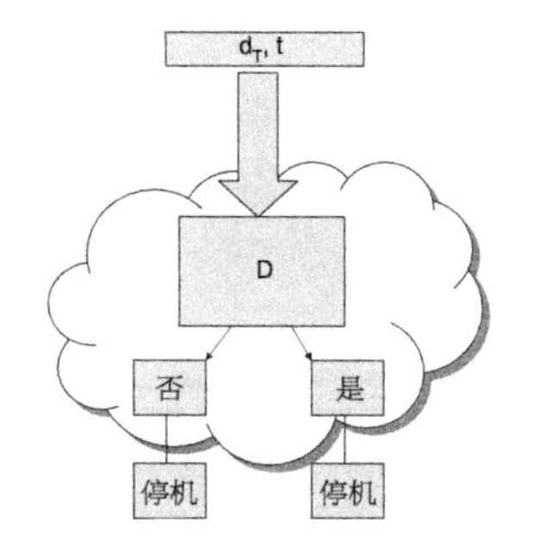

图 6.7a 停机问题的假设图灵机。

> 若 T 停机（D 说“是”），则 Z 不停机。
> 若 T 不停机（D 说“否”），则 Z 停机。

通过在“是”分支中引入两个新状态，我们可以安排这个事件发生。机器在它们之间不停地摆动，如果 D 停机（说“是”，图 6.7b），这会阻止 Z 机器停机。这里是论证的关键。我们让机器 Z 通过接收 d_Z 输入来自己运行（d_Z 定义了 Z 机器），然后用 Z 代替 T，我们会发现：

> 当且仅当应用到 d_Z 的 Z 不停机时，应用到 d_Z 的 Z 才停机。

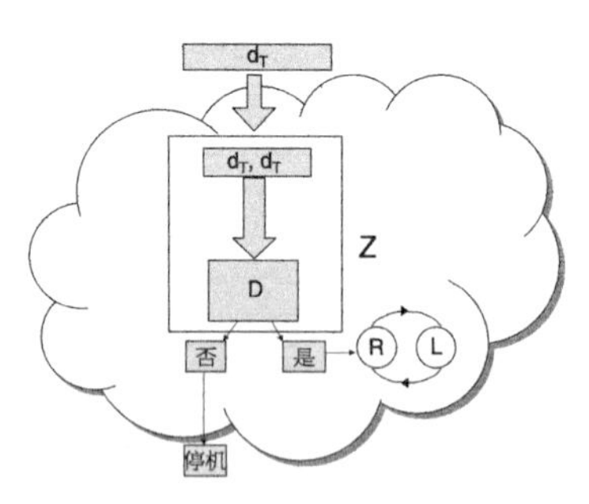

图 6.7b 演示停机问题的自相矛盾的图灵机。

这个矛盾起源于我们的假设，即机器 D 存在。由此可见，这样的机器是不存在的，这表明停机问题是不可判定的。使用这些方法，图灵证明了一个不可解问题，这样他就证明了希尔伯特的可判定性问题无解。

停机问题有许多重要影响。编写程序时，我们当然会检查程序是否真的能完成它要做的任务。这最终是一个判定问题。我们需要输入算法问题的描述和用来解决问题的算法程序文本。对于问题的所有合法输入，如果算法能够终止并且给出正确答案，我们想得到“是”；如果对于一个输入，程序没能终止或给出了错误的结果，我们想得到“否”。现在我们了解了停机问题，可以看到，这样一个自动化的验证器是不可能实现的。然而，尽管不能确保对于所有输入程序都有效，但我们仍能产生验证工具，大部分时候都有用！

这一问题另外一个应用是检测计算机病毒是否存在。弗雷德·科恩（Fred Cohen）在他 1986 年的博士论文中指出，检测计算机病毒是否存在是停机问题的一个实例。不幸的是，这意味着识别病毒问题是不能解决的。在后面的章节中，我们还会讲到有关计算机病毒的内容。

本章重要概念

- 希尔伯特可判定性问题
- 图灵机
- 自然数、整数、有理数
- 无理数和有效过程
- 可计算数与不可计算数
- 通用图灵机
- 丘奇 – 图灵论题
    - 停机问题

更多有关图灵机的内容

图灵超级打字机

安德鲁·霍奇斯在图灵的传记中写到，图灵小时候的梦想是找到改进打字机的方法，这或许是图灵后来计算思想的来源。总之，打字机操纵符号的方式对图灵机有参考意义。打字机是机械式的，它对打字动作的响应都是内置的。然而，特定响应取决于它是被设置为打印小写字母还是打印大写字母。这个设置就是机器的配置（或状态）。图灵机归纳了这个思想，将其类推至更广泛的范围，包含了大量而仍有限的可能状态。打字机的键盘只包含有限个符号，即字母表中的字母、数字 0 到 9，外加几个特殊符号。同样，图灵设想他的机器也只包含有限个操作。此外还有状态描述，这些允许他对机器的行为写一个完整的描述。与打字机有联系的另一个特性是打印位置（打印头击打纸面的位置）可以相对纸张进行移动。图灵把这个特性（把符号写在纸带而非纸面上）融入到了他对最原始计算机的设想中。

打字机只能把符号印到纸面上，这些符号都必须由操作者选择。何时改变配置，以及把符号打印到纸面何处，也要由操作者决定。图灵想要一种更通用的机器来进行符号操作。除了打字之外，图灵想让他的机器能够“扫描”（即读取）纸带上的符号，还包括写符号或擦除符号。这种“超级打字机”仍然保留着打字机的特征，比如拥有有限个数的状态，每个操作的行为都是精确指定的。另外，打字机毕竟是人控机器，图灵更喜欢研究他所说的“自动机器”，这种机器不需要人工干预。

图灵机的细节

我们来详细了解一下如何定义一个图灵机去做某项指定的工作。我们使用符号 Q 表示机器各种可能的状态，把某个特定状态“i”表示为 Q_i。同理，我们使用符号 S 表示纸带上的条目，把特定符号“i”表示为 S_i。开始时，只有一部分纸带写有内容：这块区域的纸带，有一边是空白的。在时间为 T 时，启动机器到纸带内容的左侧。然后纸带继续往下走，一步接着一步，步骤匀速，就像随着时钟的嘀嗒声一样。在步骤 T+1 时，机器的状态和纸带将由三个函数决定，每一个函数由步骤 T 的初始状态 Q_i，以及读写头刚刚读取的符号 S_i。这三个函数会定义新状态 S_j，机器写在纸带原方格中的符号 S_j，以及写完新符号之后子序列运动的方向 D。借助数学符号，我们可以使用三个函数写出这个行为——F、G、D，每个函数都基于初始 Q_i 和 S_i。

$$Q_j = F(Q_i, S_i)$$
$$S_j = G(Q_i, S_i)$$
$$D_j = D(Q_i, S_i)$$

图灵机完全由这三个函数定义，这能写成一个五元组表格。这只是两个变量与三个函数的雅名：T 时刻的 Q_i、S_i 和 T+1 时刻的 Q_j、S_j、D_j。接下来我们要做的是往纸带上写一些数据，并从正确的位置启动机器。然后，机器就会开始计算，将计算结果打印在纸带的某个位置上，以便在机器停止后供我们查看。请注意，我们必须明确指示机器何时停机。这听上去可能微不足道，但是稍后我们就会知道，是否停机会产生计算理论的深刻问题。

让我们尝试构造一个非常简单的图灵机，用来判断二进制字符串的奇偶性。字符串的奇偶性由字符串中 1 的个数（奇数个或偶数个）决定。给定字符串 1101101，把这个二进制字符串作为输入数据写到纸带上，如图 6.8 所示，每个格子中有一个字符。机器的读写头位于这个字符串的最左侧，即第一个数字上。字符串以字母 E 结尾，字符串左右两侧纸带上的数字全为 0。

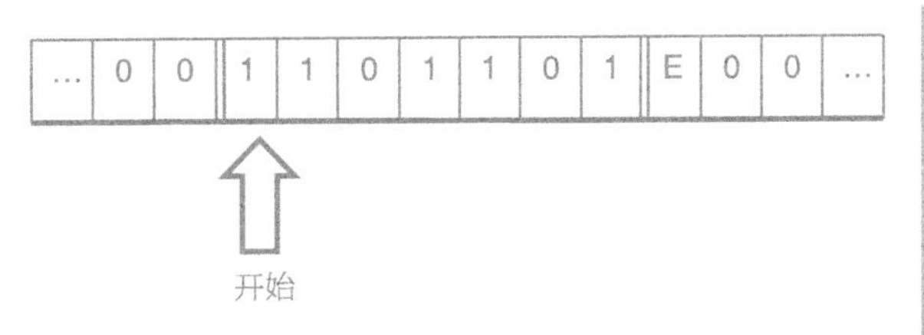

图 6.8 奇偶性判断图灵机的输入纸带

在读符号之前，机器的状态为 Q_0，对应为偶性。如果机器遇到 0，它的状态就为 Q_0（因为奇偶性未发生改变），然后向右移动一格；如果读取的符号为 1，机器就用 0 替换掉它，向右移动一格，并把状态改为 Q_1，这是奇性状态。继续往下，如果现在机器遇到 0，留在 Q_1 状态，向右移动一格；如果遇到 1，擦除它，打印 0，向右移动一格，把状态改回 Q_0。机器一直这样工作下去，遇到 1 就改变状态，把 0 字符串留在后面。在读取最后一个符号后，如果机器处于 Q_0 状态，则字符串为偶性；如果处于 Q_1 状态，则字符串为奇性。

机器如何判断奇偶性和给出计算结果呢？我们需要有一条规则，告诉机器在遇到结束字符 E 时应该做什么。在机器处于 Q_0 状态，读到字母 E，机器会擦掉 E，并写出 0，表示字符串为偶性；如果机器处于 Q_1 状态，就用 1 代替 E，表示字符串为奇性。在这两种情况下，机器输入新状态 Q_H，表示停机。机器不必向右或向左移动，通过观察机器停机位置处纸带方格中的数字，可以得到答案（图 6.9）。

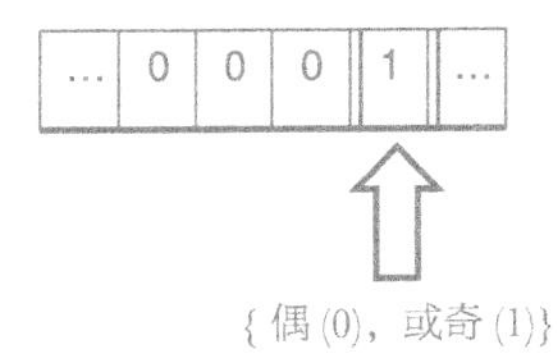

图 6.9 奇偶性判断图灵机的输出纸带。

为了帮助大家更好地理解这个过程，我们刻意使用这么多文字来描述图灵机判断奇偶性的工作原理。事实上，使用一个五元组表格描述机器的行为会更直观。我们可以使用图形把五元组表格画出来，如图 6.10 所示。图中，我们使用圆圈表示 Q_0（偶性）和 Q_1（奇性），使用 R 表示读取方格之后的移动方向，我们还把它写在圆圈里。从 0 或 1 开始的带有箭头的弧线表示，当这是机器读取的符号时，机器将会发生的行为。弧线上的符号表示读写头在方格中覆写的内容。因此，在状态“Q_0= 偶”下读取到 0，状态仍保持不变；读取到 1，则会流转到另一个圆圈，对应“Q_1= 奇”。我们还在图形中标识出了开始和停机的条件。

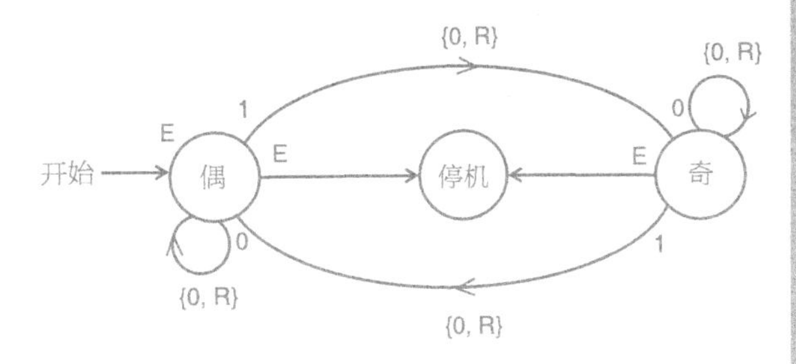

图 6.10 奇偶性判断图灵机示意图。

我们可以使用类似的图来表示有限状态机的行为。有限状态机有足够的内存，可以存储过去有限个行为的概要。密码锁就是有限状态机的一个例子，它虽然不能记住输入的所有数字，但是它记住的内容足以判断用户输入的数字序列是否能正确开锁。图灵机是一个带有无限长纸带的有限状态机，这条纸带与计算机内存有同样的功能。

现在，我们就可以构建拥有加法、乘法、复制等功能的图灵机了。在构建更复杂的机器时，我们可以重用这些简单的机器，把它们组合起来形成更复杂的机器，就像组合多个模块组成更复杂的软件程序一样。这样做能够极大地简化这些机器的构造过程。

哥德尔、冯·诺依曼、图灵、丘奇

哥德尔与美国宪法

1938年德国占领奥地利之后，哥德尔失去了维也纳大学的工作，被征募到德国军队。1939年，第二次世界大战爆发，哥德尔携妻子前往美国的普林斯顿。由于穿越北大西洋有巨大风险，他们先取道西伯利亚铁路，然后乘船穿越太平洋。在日本，哥德尔花光了所有路费，只好向普林斯顿高等研究院发电报申请贷款（图6.11）。

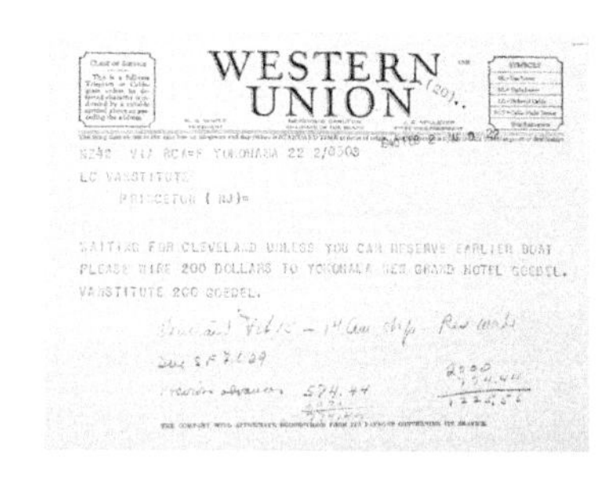
WESTERN UNION

LC VANSTITUTE
PRINCETON (NJ)=

WAITING FOR CLEVELAND UNLESS YOU CAN RESERVE EARLIER BOAT
PLEASE WIRE 200 DOLLARS TO YOKOHAMA NEW GRAND HOTEL GOEDEL.
VANSTITUTE 200 GOEDEL.

图6.11 哥德尔在日本横滨向普林斯顿高等研究院发电报，申请200美元作为紧急差旅费用。

战后，哥德尔想成为美国公民，于是请爱因斯坦和经济学家奥斯卡·摩根斯坦（Oskar Morgenstern）做自己的担保人。为了获得美国公民资格，哥德尔认真学习了北美和普林斯顿的历史，还有美国宪法。对此，摩根斯坦回忆道：

（哥德尔）很兴奋地跟我说，他在读美国宪法的过程中，不幸发现了一些自相矛盾的地方；他已经知道能够如何利用这些漏洞，通过完全合法的途径成为独裁者并建立法西斯政权——当初起草宪法的那些人绝不曾有意如此。

爱因斯坦和摩根斯坦随哥德尔去了移民局，他们三个人坐在审查官面前。审查官首先问爱因斯坦和摩根斯坦他们是否觉得哥德尔会是一个好公民，他们都担保说是的。然后，审查官转向哥德尔。

审查官：哥德尔先生，您从哪里来？

哥德尔：您问我从哪里来吗？奥地利。

审查官：奥地利政府什么样？

哥德尔：奥地利是个共和国，但是它的宪法不怎么样，后来变成了独裁国家。

审查官：啊！这太糟了。我们这里肯定不会出现这种事的。

哥德尔：嗯，肯定（会的），这点我可以证明。

幸好，审查官是一位睿智的人，没有继续问下去，否则哥德尔就要开始用美国宪法的矛盾性来证明美国变成独裁国家的可能性了！

图灵和计算机的概念基础

尽管冯·诺依曼在写那篇著名的《EDVAC报告书一号草案》时并没有明确提到图灵关于可计算性和图灵机的论文，但是他深知图灵研究工作的重要性，甚至为图灵在普林斯顿大学提供了一个研究助理的职位。据后来洛斯阿拉莫斯国家实验室工作的数学家斯塔尼斯拉夫·乌拉姆回忆，冯·诺依曼在1939年跟他“多次提到图灵的名字，……提到了开发正规数学系统的机械方法”。另一位在洛斯阿拉莫斯国家实验室工作的物理学家斯坦利·弗兰克尔（Stanley Frankel）也记得，在1943年或1944年，冯·诺依曼对图灵的研究很感兴趣：

> 冯·诺依曼让我看看那篇论文，在他的催促下，我认真研读了它。大家都把冯·诺依曼称为“计算机之父”，但我能确定他自己肯定不会这样称呼自己。或许对他更好的称呼是“助产士”，他跟我强调过，我肯定他也跟其他人强调过，他认为计算机基础概念的提出，图灵居功至伟，巴贝奇、洛夫莱斯和其他人都未曾料到。在我看来，冯·诺依曼在让全世界了解图灵提出的这些基本概念方面发挥了重大作用，他也让人们了解了莫尔学院的研发工作。

1946 年，冯·诺依曼写信给他的朋友诺伯特·维纳（Norbert Wiener），说道：“图灵最大的贡献……一种确定的机制，竟然可以是通用的。”

一些早期的计算机先驱并未意识到，他们所创造的机器本质上都是通用图灵机的一个变种。1956 年，霍华德·艾肯说道：

> 如果说一台被设计来求微分方程数值解的机器的基本逻辑与一台在百货商店用于开列账单的机器一样，那这必定是我所遇到的最了不起的巧合。

与艾肯的看法不同，图灵在 1950 年说：

> 数字计算机能够模仿任何离散状态机器这一属性，通常被表述为“通用”。这种机器的存在带来的一个重要的影响就是，撇开速度不考虑，实际上没有必要为不同的计算过程设计不同的新机器。只要程序编写得当，一台数字计算机就能完成不同的计算过程。我们会发现，从根本上说，所有的数字计算机都是一样的。

1945 年，图灵为建造 ACE 写了一份报告。与冯·诺依曼那份“仅是草案且未完成”的 EDVAC 报告相比，ACE 报告“对计算机做了完整的描述，包括逻辑电路图”。相比于基于 EDVAC 思想的计算机设计，图灵的设计将数字计算机的全部能力都归为通用机器能力，它有能力处理符号、下象棋，还能进行数值计算。若将图灵这些设计的特性描绘成“存储程序”的概念，那就低估了图灵构想的深度——冯·诺依曼在这一点上是丝毫不含糊的。

图灵和丘奇

1936 年 4 月，图灵把论文交给马克斯·纽曼，纽曼非常惊讶。他读了论文之后，认为这篇论文具有重大意义。他鼓励图灵把论文发表在《伦敦数学协会会报》上。就在图灵为发表论文而做整理工作的过程中，5 月中旬的一天，纽曼收到了丘奇论文的副本。由于两篇论文的主题有许多重叠，而丘奇先发表了，那么图灵的论文还能不能发表就很难说了。于是，纽曼给编辑写信说：

> 我想你对图灵那篇关于可计算数的论文早有耳闻。现在图灵的论文已经到了最后阶段，普林斯顿大学的阿隆佐·丘奇教授的论文又来了个选刊本，丘奇的研究在很大程度上预料到了图灵的研究结果。但是，我仍希望图灵的论文能够如期刊出。图灵的研究方法在很大程度上与丘奇不同，这个研究成果非常重要，若能将不同的研究过程公布，应该会很有意思。

幸运的是，编辑同意了纽曼的请求，最终图灵的论文和他的机器发表在《伦敦数学协会会报》上。随后，纽曼写信给普林斯顿大学的丘奇：

亲爱的丘奇教授：

您前阵子给我寄来的定义“可计算数”并证明希尔伯特的可判定性问题无法解决的论文选刊本，对我们这儿一位名叫阿兰·图灵的年轻人来说，有一股相当难以言说的吸引力。图灵正要提交一篇论文，他在这篇论文中提出“可计算数”的定义以证明与您的论文相同的结果。但他的研究思路（包括描述一台能机械吐出可计算数列的机器）与您的思路相当有区别，但也非常有价值。明年他若有幸与您一起工作，在我看来，极具意义。他正在准备给您寄去论文的印稿，请求您指正。我应当强调一下，图灵的研究工作是完全独立的，没有得到任何人的指导或批评。所以，倘若他能与学界这方面的专家尽快交流，而不是独自一人埋头苦干，那将非常有意义。

这年夏天，图灵读了丘奇的论文之后，为自己的论文添加了一个附录，在其中指出自己对“可计算性”的定义（指任何可被图灵机计算的东西）等同于丘奇所说的“有效计算”（指任何可被 λ 演算算式所描述的东西）。图灵的论文在 1937 年 1 月发表，丘奇慷慨地在著名的《符号逻辑杂志》为图灵的论文写了评论。丘奇还首次使用了“图灵机”这一表述，他写道：“一位拥有纸笔和明确的计算指令的人类计算者，就可以看作一种图灵机。”

07 摩尔定律和硅革命

就在我为这个活动做准备时，我开始怀疑自己是不是疯了。我的计算结果竟然有悖于这个领域的所有旧学问，但是它缩小了涉及的技术范围，让一切都变得更好了：电路变得更复杂，运行得更快，耗电更少——哇，这多棒啊！

——卡弗·米德

图 7.1 美国电话电报公司贝尔实验室鸟瞰图。贝尔实验室位于新泽西州霍姆德尔，整个建筑由建筑师埃罗·沙里宁（Eero Saarinen）设计。40 多年来，那里一直是高级研究实验室驻地，先后为贝尔电话公司、美国电话电报公司、朗讯公司和阿尔卡特公司所有。

图 7.2 硅谷和旧金山湾区的卫星图片。1971 年，记者唐·霍夫勒（Don Hoefler）在《电子新闻》中以《美国硅谷》为题开始了一系列报道，“硅谷”从此名声大噪。

硅和半导体

在第 2 章中，我们讲完计算机早期历史之后，又讲到了逻辑门的各种实现方式，先是机电式继电器（比如哈佛大学的 Mark I），再是真空管（比如 ENIAC 和第一批商用计算机）。这些早期计算机采用了成千上万个真空管，事实上，它们运转得很好，也很可靠，这大大超出了许多工程师的预期。尽管如此，人们还是在积极地寻求更加可靠的技术。第二次世界大战之后，贝尔实验室（图 7.1）开始了一项研究项目，试图设计一种固态元件来取代真空管。他们尝试的材料不是金属或绝缘体，而是介于两者之间的材料——半导体。

当固体被施加电压时，电子就会流动，形成电流。量子物理学的伟大成就之一就是让我们了解了不同固体的导电方式。这种应用于材料的量子力学知识直接带来了目前的技术革命，接踵而来的是立体音响系统、彩色电视、计算机和移动电话的重大变革。良导体（比如铜）必须有许多传导电子，这些电子可以移动，对其施以电压时，它们会定向移动形成电流。与此相反，玻璃、碳这类绝缘体所拥有的传导电子非常少，当有电压施于其上时，产生的电流很少，甚至没有。半导体（比如锗和硅）的导电性能优于绝缘体，但比金属差。对于计算机技术的发展来说，硅的重要性显而易见。加州的“硅谷”（图 7.2）就以硅命名，许多早期的电子元件制造商就聚集在那里。

固体的属性不仅取决于其组成元素，还取决于原子或分子的堆叠方式。许多固体材料的原子排列很规则，就像墙上的砖块，呈三维排列。我们把原子这种有规则的排列模式称为“晶体”，将拥有这种结构的物质称为“晶状固体”。呈规则排列的原子对原子中电子的容许能级有着巨大的影响。瑞士物理学家费利克斯·布洛赫（Felix Bloch）发现了理解晶体材料能级的方法。要得到任意一个量子力学系统的电子容许能级，就需要求解薛定谔方程，薛定谔方程是量子力学最基本的方程之一，用来描述量子对象的行为，它在量子力学中的地位与牛顿方程在经典力学中的地位相当。为一个带正电荷的核电势能场中的电子求解薛定谔方程，能得到确切的、独立的能级。对于处于某个电势（对应于正离子的规则晶格）的电子，布洛赫发现，容许能级会并入几个容许能带，而独立能级则不会。能带结构的发现为我们理解金属、半导体和绝缘体之间的差异奠定了基础。图 7.3 显示了这三种材料不同的能带结构。

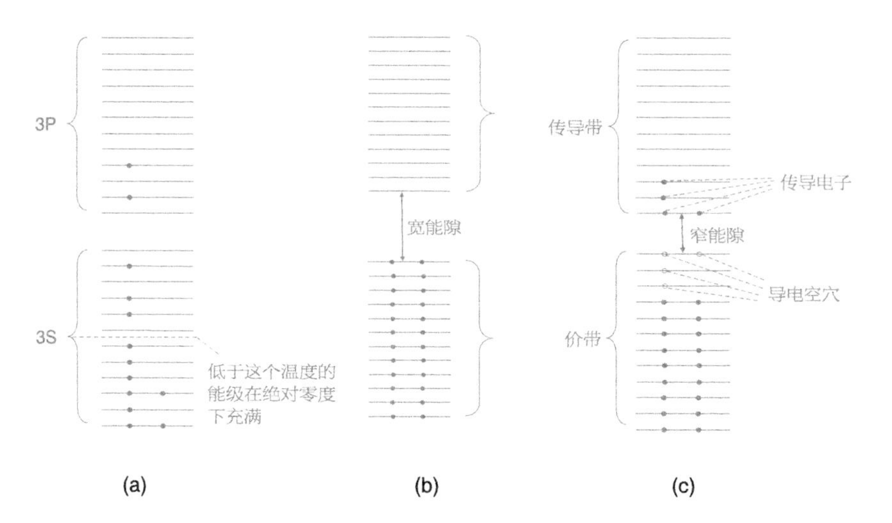

图 7.3 金属、绝缘体、半导体的能带结构。（a）金属能带结构。在3S 价带中存在许多未填的能级，可供传导电子占用。常温下，只有少数电子可被激发进入几乎全空的3P能带。（b）绝缘体能带结构。在绝缘体中，价带是满的，价带和传导带之间的能隙非常宽，使得大量电子在常规热能分布下无法跳过能隙。这样，绝缘体就不会导电，或者可导电，但导电能力非常差。（c）半导体能带结构。在半导体中，价带几乎是满的，但传导带中几乎全空的能级间能隙非常窄。常温下，有些电子拥有足够多的热能，可以跳过这个能隙。

在铜这类金属中，最低能带有许多层空的能级。传导电子可以自由移动到空能级，当施加电压时，传导电子就会获得能量，产生电流（图 7.3a）。在绝对零度（-273.15℃），能带中的能级一次会被填上一个电子，根据泡利不相容原理，给出最小能态。在室温下，晶格离子拥有一定的热动能，对应于在晶体中的位置振动。传导电子穿过金属，在与晶格离子相撞或彼此相撞时，它们便能获得或失去能量。因此，传导电子不会只填充能带的最低能级，有些电子在热激励下会移动到能带中的更高能级，甚至更高能带。这样，就会在最低能带的底部留下一些空能级。

像碳这类绝缘体，最底层能带是满的，并且跟下一个能带之间存在巨大的能隙（图 7.3b）。在这种情形下，几乎没有电子可以从碰撞中获得跳到空能带或更高能带的能量。当向这类材料施加电压时，电子附近没有空能级可供其转移和获得能量，因此，它们是绝缘体。半导体中的能带如图 7.3c 所示。这些材料的能带结构与绝缘体类似，底层能带也是满的，不过它们的底层能带与下一个能带的能隙要比绝缘体小很多。在常温下，一些电子受到热碰撞激发，进入更高的传导带。在施加电压时，高层能带会有大量空态可供电子转移，并且允许这些电子获得能量。在低层能带中也有一些用来导电的空态。因此，半导体可以轻松传导电流，但是相比于金属和绝缘体，半导体的导电性能更大程度上取决于自身的温度。

两项诺贝尔奖：晶体管和集成电路

纯半导体本身并没有太大的实际意义。在金属中，几乎每个原子都会贡献一个或多个传导电子，但在半导体中，大约一亿个原子中只有一个原子贡献一个导电电子。这个明显的不利之处却有一个很大的优点，那就是通过向半导体中掺入少量杂质——杂质原子（大约每100万中添加一个杂质原子），就可以轻易改变半导体的导电性能。锗和硅都有4个价电子，原子最外层的电子很容易转移至其他原子或与其他原子共享。价电子几乎填满了价带（位于几乎全空的传导带之下）中的大部分状态。如果向本征半导体中掺入含磷之类的杂质（拥有5个价电子），那么只需要其中4个电子来维护晶格结构。这样就会剩下一个电子，这个电子很容易从磷原子脱离出来用以导电。同样地，向本征半导体掺入硼这类只有3个价电子的杂质原子，用来维持晶格结构的共价键就会缺少一个电子。缺失的电子就形成一个空位，它可以捕获价带中的满态电子，留下空态以允许其他电子传导。图7.4中的能级图显示了这两种情况。

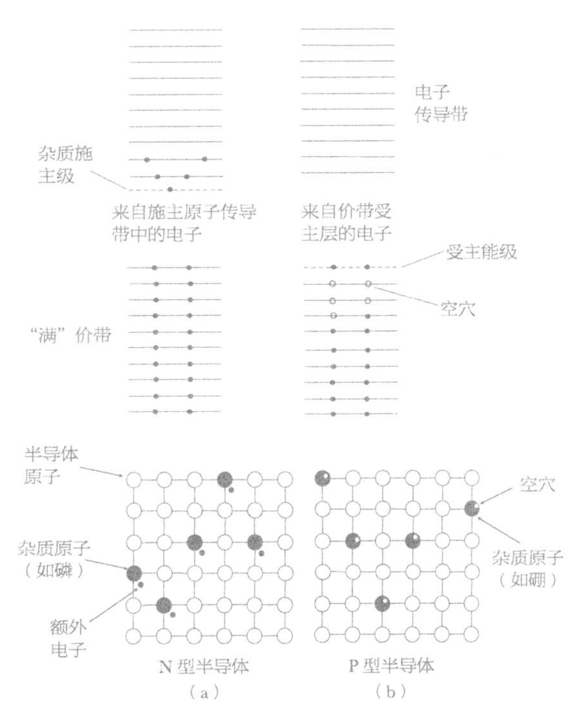

图7.4 掺有杂质原子的半导体。（a）N型半导体，其中的杂质原子拥有额外电子。由此产生的能级在传导带下有施主级。（b）掺有杂质原子的P型半导体，少一个电子，产生电子空穴，这相当于在价带之上有一个空的受主层。

B7.1 拉塞尔·欧尔是美国电话电报公司贝尔实验室的半导体行为研究员。1939 年，欧尔发现借助 PN 结可以控制电流方向。他还发现了使用极纯半导体晶体制造可重用半导体二极管的重要性。经过大量研究，欧尔开发了第一个硅太阳电池，并取得专利。

我们把向本征半导体添加杂质原子的过程称为“掺杂”。掺入磷的半导体叫 N 型半导体。磷原子会在传导带之下形成电子施主态，这些原子只需要获得少量能量就能跃迁到传导带。掺入硼的半导体叫 P 型半导体。硼原子会在几乎全满的价带之上形成电子受主态，在室温下，电子很容易被激发到这些能级中。与未掺杂杂质的半导体相比，硼杂质空穴缺少带负电的电子。这就相当于未掺物质而拥有正电荷的 P 型半导体，在几乎全满的价带中是可以导电的，因为电子可以移动到未占用的空穴中。在 P 型半导体中，不要想成带负电的电子移动来响应电压，而是想成带正电的空穴沿着相反的方向移动。负电荷向左移动会导致右侧电荷增加，我们可以理解为带正电的空穴向右移动而产生了电流。

上面讲的这些有什么用呢？贝尔实验室的拉塞尔·欧尔（Russell Ohl，B7.1）发现，把 P 型和 N 型半导体放在一起会形成一些有趣的半导体元件。最简单的是 PN 结二极管，它会阻止电流朝其中一个方向流动，反方向则不会受到影响。这种 PN 结元件可以用来把交流电转换成直流电，这个过程被称为“整流”。PN 结二极管是发明晶体管的第一步，晶体管元件可以用来放大信号或者开关电路。因发明了晶体管，约翰·巴丁（John Bardeen）、沃尔特·布拉顿（Walter Brattain）和威廉·肖克利（William Shockley）在 1956 年获得了诺贝尔物理学奖（B7.2）。晶体管的发现并非偶然，它是贝尔实验室一系列研究项目的顶点。在诺贝尔获奖演讲中，巴丁说：“这个项目的目标是尽可能完整地研究半导体现象，不是从实证角度，而是建立在原子理论的基础上。”图 7.5a 显示的是巴丁和布拉顿制造的第一个晶体管（点接触晶体管）的复制品。1947 年 12 月 24 日，这两位科学家第一次成功观察到了点接触晶体管的信号放大现象。1951 年，肖克利发明了 PNP 结晶体管（图 7.5b）。最终结果表明，相比于点接触晶体管，PNP 结晶体管运行更可靠，也更容易操控。

B7.2 晶体管的三位发明者，从左到右依次为约翰·巴丁（1910—1991）、威廉·肖克利（1910—1989）和沃尔特·布拉顿（1902—1987）。1956 年，三人共同获得了诺贝尔物理学奖。后来，巴丁又因为研究超导理论再次获得诺贝尔物理学奖。

图 7.5 最早的晶体管。（a）约翰·巴丁和沃尔特·布拉顿所发明的点接触晶体管的复制品。形成基底的半导体的楔形体每边长大约 3 厘米。（b）威廉·肖克利发明的 PNP 结晶体管，由一层薄薄的 N 型半导体组成，它夹在 P 型材料的两个厚区之间。

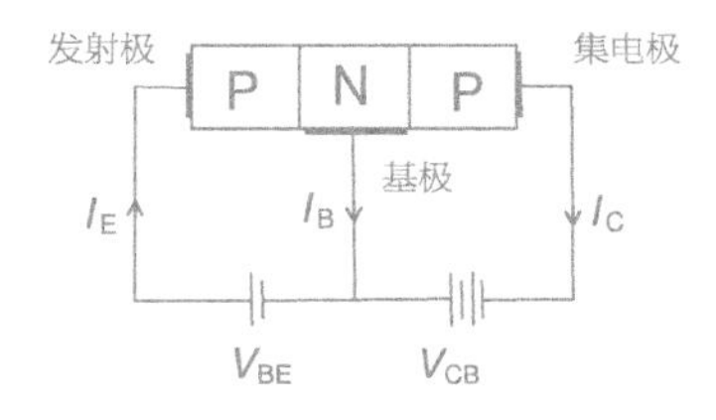

图 7.6 标有电流方向（I）、电压（V）的 PNP 晶体管电路图。发射极电流是基极与集电极电流之和（$I_E=I_B+I_C$）。

B7.3 杰弗里・达默（1909—2002）。物理学家。他是英国皇家雷达研究所的一名研究员。在集成电路制造业中，达默被称为“集成电路的预言家”。他对于集成电路的展望源于人们对更可靠的电子元件的渴望。

面结型晶体管就是一层夹在两个 P 型材料厚区之间的薄薄的 N 型半导体（图 7.6）。一个晶体管有三个电极导体，能够发射或收集电子或空穴，也可以用来控制通过元件的电流。集电极中的电流由施加于基极的小电流控制。在 PNP 晶体管中，通过高电阻的集电极–基极 PN 结的大电流受通过低电阻基极–发射极 PN 结小电流控制。周密考虑能级和穿过两个 PN 结的电子和空穴电流，便可以充分理解这个行为。晶体管（Transistor）这个单词指的就是这种效果，这个词由转换（transfer）和电阻（resistor）拼接而成。晶体管的第一个商业应用是助听器，不久之后的 1955 年，印第安纳波利斯的 Regency 公司制造出了第一个便携式晶体管收音机。此外，人们还发现晶体管非常适合用来实现计算机的“开–关”逻辑。因其在速度、可靠性以及工程技术上的进步，晶体管成为现代微电子学的基础。

集成电路是电子工程技术最重要的进步之一，它推动了现代电子工业的发展。英国工程师杰弗里・达默（Geoffrey Dummer，B7.3）第一次提出了集成电路的设想。达默在英国电信研究所工作，这个研究机构位于英格兰的莫尔文，是英国皇家雷达研究所的前身。达默是研究电子元器件可靠性方面的专家，主要研究雷达设备在极端条件下的性能。在研究过程中，达默意识到把一个电子电路的各个组成元件独立出来既无必要也不高效。如果可以把所有元件纳入到同一块半导体上，整个电路会变得更小也更可靠。1952 年 5 月，达默写道：

> 随着晶体管和半导体技术的发展，现在我们可以考虑把大量电子元件放到一个不带外连接导线的板子上了，这是有可能实现的。这块板子可以由多个层组成，有绝缘层、导电层、整流和放大材料，并可通过裁掉各层上的某些区域将电子功能直接连接起来。

达默所设想的就是现代的集成电路，即在一块半导体上蚀刻或刻印的电路。但是离真正做出这样的集成电路还有很长的路要走。

美国电子工程师杰克・基尔比（Jack Kilby）在 1958 年夏天取得了重大突破，制造出第一个可工作的集成电路。20 世纪 50 年代早期，基尔比致力于研究印制电路板、晶体管以及电子器件的小型化，美国军方对这些研究很感兴趣。后来，基尔比加入了一家叫作德州仪器的半导体制造公司，继续在微型化领域开展研究。基尔比在 1958 年夏天入职，而此时公司大部分员工正准备去休暑假，基尔比后来写道：

> 我刚着手开始研究，没有时间好好度假，我感觉就像被落在荒地里一样。于是，我开始思考，开始碰运气，寻找“用独立元件制造电路”的替代方案，在那为期两周的假期里，我想到了单片机或固态电路的概念。在威利斯・阿德科克（Willis Adcock）度假回来之前，我将这些研究都写

了下来，并且在他回来后给他展示了设计草图，向他传达了我的具体想法以及建造这个东西的工程步骤和顺序。

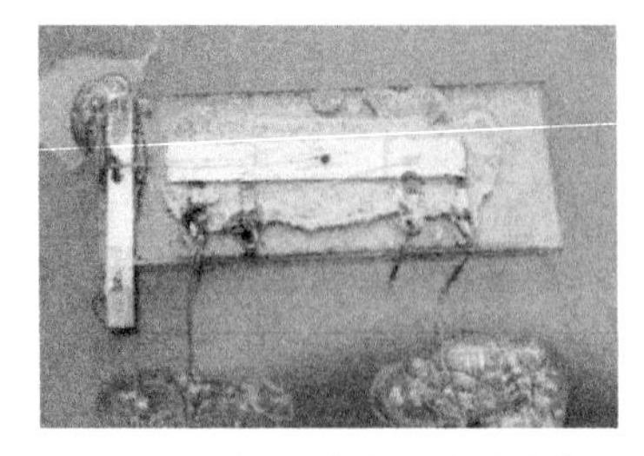

图 7.7 杰克·基尔比制造出的第一个集成电路。在这块集成电路上，电子电路的各个元件不是单独分离的，基尔比把一个面结型晶体管、电容、电阻集成到同一块锗上。这个集成电路的尺寸为 1.6 毫米 ×11.1 毫米。

1958 年 9 月，基尔比制作出了第一个可工作的集成电路，所有元件集成在一块锗上（图 7.7）。这个设备叫振荡器（一个可以产生规则信号的电路），包含一个面结型晶体管、一个电容（用于储存电能）和几个电阻（用于限制电流），它们都由单独一块半导体制造而成。基尔比在这个设备上焊接微型导线，把电路的不同元件连接在一起。由于物理连接元件的难度很大，基尔比制造的集成电路受到限制，但这不妨碍它成为一个重大突破。杰克·基尔比因发明集成电路，获得了 2000 年的诺贝尔物理学奖，这个成就让他从电气工程师迅速转变为物理学家（B7.4）。

B7.4 杰克·基尔比（1923—2005，左）和罗伯特·诺伊斯（1927—1990，右）在 1989 年获得德雷珀奖之后展示奖牌。他们两人共同获奖是因为独立设计出了单片式集成电路。基尔比在 2000 年又获得了诺贝尔物理学奖。在获奖演讲中，基尔比肯定了诺伊斯的贡献："这里，我想提另外一个人，他叫罗伯特·诺伊斯，他跟我年龄相仿，曾在仙童半导体公司共事。诺伊斯和我按自己的想法，一起努力设计出了集成电路，并获得了商业上的认可。如果他现在还活着，肯定会跟我一起获得这个奖。"

硅谷的崛起

威廉·肖克利发明了面结型晶体管之后，他就和约翰·巴丁与沃尔特·布拉顿闹翻了。最后，巴丁在 1951 年离开贝尔实验室，进入伊利诺伊大学厄巴纳－香槟分校担任教授。1972 年，约翰·巴丁因与 L.V. 库珀（L.V. Cooper）和 J.R. 施里弗（J.R. Schrieffer）提出低温超导理论再次获得诺贝尔物理学奖，巴丁是唯一一位两次获得诺贝尔物理学奖的物理学家。肖克利在 1953 年离开了贝尔实验室，1955 年在阿诺德·贝克曼（Arnold Beckman）的帮助下，他在加州山景城创立了肖克利半导体实验室，隶属于贝克曼仪器公司（图 7.8）。山景城离肖克利的家乡、斯坦福大学的所在地帕洛阿托很近。肖克利公司招聘的第一批员工中有两位物理学家——罗伯特·诺伊斯（Robert Noyce）和吉恩·霍尔尼（Jean Hoerni）以及一位化学家——戈登·摩尔（Gordon Moore）。但是，

图 7.8 肖克利半导体实验室原址纪念牌。肖克利晚年因其在种族和基因上的观点而成为争议人物。因有此争议，先前一块印有肖克利名字的匾牌被替换，令人遗憾。

B7.5 “硅谷八叛徒”合影。他们八个人离开了肖克利半导体实验室，创立了仙童半导体公司。从左到右，依次是戈登·摩尔、谢尔登·罗伯茨、尤金·克莱尔、罗伯特·诺伊斯、维克多·格里尼克、朱利亚斯·布兰克、吉恩·霍尔尼和杰·拉斯特。

B7.6 吉恩·霍尔尼（1927—1994）。平面工艺的发明者，这项工艺引发了芯片生产革命。

图 7.9 在地质学中，“mesa”一词指的是平顶山，这种方山在美国西南部地区很常见，比如美国的纪念碑山谷。同样，半导体台面型晶体管的外观也类似平顶山，从周围的半导体基座上伸出大概 1 微米。

肖克利是一位糟糕的管理者，慢慢地疏离了大部分员工。1957 年夏天，诺伊斯、霍尔尼、摩尔及其他 5 位同事决定离开肖克利半导体实验室，自己创立公司（B7.5）。这八个人在历史上被称为“硅谷八叛徒”。在仙童摄影器材公司的资助下，“硅谷八叛徒”创立了仙童半导体公司。在公司大楼建设期间，他们临时办公地点是一个位于帕洛阿托的大车库。如今，租用车库创业成为硅谷初创企业的传统。

要实现大规模生产这种功能强大且耐用的集成电路还需要两项关键创新。当时，晶体管最先进的技术是硅台面式晶体管，顾名思义，它有一个外观小而圆的“台面”形状的硅，位于一个硅制的底座上（图 7.9）。由于台面结构上的接触器暴露在外，这些晶体管很容易被污染或损坏。在仙童半导体公司成立之后不久，瑞士物理学家吉恩·霍尔尼（B7.6）提出了一项卓越的创新技术，成为现代集成电路的基础，那就是平面型晶体管。平面型晶体管将台面完全嵌入到硅片之中，形成一个完全平整的晶体管（图 7.10）。霍尔尼还使用一层二氧化硅把这种晶体管覆盖起来，起到绝缘和保护晶体管触点的作用。量产的最后障碍是电分离硅中元件的方法。1958 年年末，在马萨诸塞州斯普拉格电气公司工作的捷克物理学家库尔特·莱霍韦茨（Kurt Lehovec）解决了这个问题。在得知基尔比发明集成电路之后，莱霍韦茨感到在硅中分离不同元件非常重要。他的解决方法非常简单，就是在硅中的晶体管之间插入背靠背的 PN 结或二极管，这样就不会有电流沿着任意一个方向流动了。1959 年 1 月，诺伊斯把这些想法综合在一起，使用霍尔尼的平面型晶体管和莱霍韦茨 PN 结设计出制造集成电路的工艺流程。后来，诺伊斯说：

> 这个设计“平面工艺”完工时，我们就得到了由最好的绝缘体覆盖住的硅表面，这样我们就能在表面打孔以连通表面下方的硅。这样一来，我们就有了一大堆嵌有绝缘体表面的晶体管。接下来，我们要对这些晶体管进行电力切割，而不是物理切割，将电路板上你需要的元件给焊上去，最终完成连线。

(a)

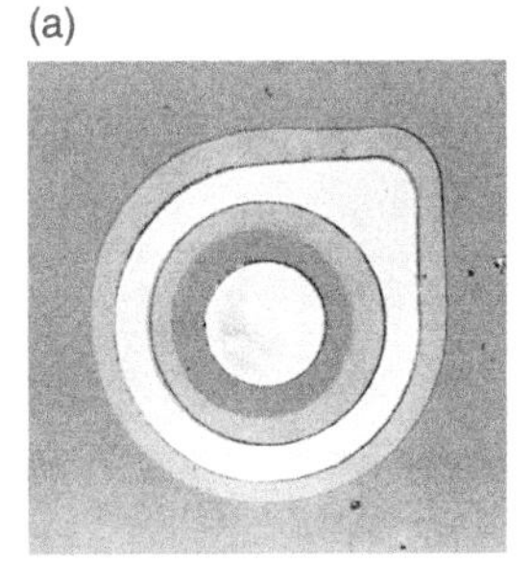

(b)

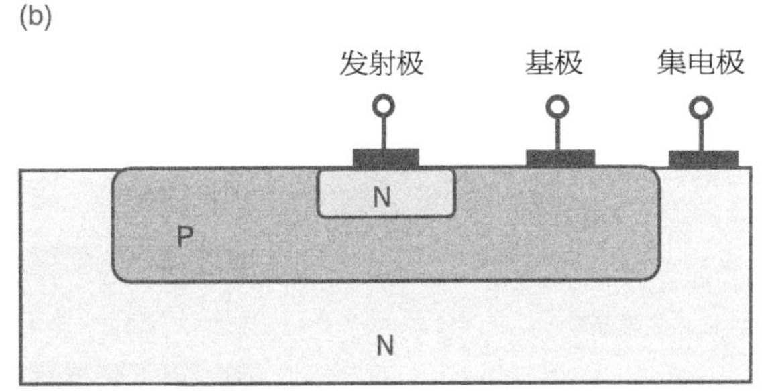

图 7.10 （a）霍尔尼平面型晶体管微观图。（b）呈碗状结合在一起的 P 型半导体和 N 型半导体，带有发射极、基极和集电极。整个表面覆盖着二氧化硅。

其实切割工艺有好几种，但基本上最好的一种就是在硅中的晶体管之间插入背靠背的二极管或 PN 结，这样就不会有电流沿着任意一个方向流动。另一个重要的元件是电阻器。要制作一个隔离二极管的硅片用作电阻器相对简单。好了，现在电阻器和晶体管都有了，就可以开始构造逻辑电路了。逻辑电路可以通过融掉绝缘层上的金属而互相连接起来。这么看来，整个制造过程，其实就是将一堆七零八碎的小技术逐渐拼起来。

1959 年 7 月，诺伊斯为他发明的集成电路生产工艺提交了专利申请（图 7.11）。他组合多种关键组件技术形成的电路设计，使得大规模量产成为可能。由于集成电路由微小的硅芯片制成，所以它们常被称为芯片或微芯片。1962 年，仙童半导体公司开始销售整个系列的逻辑芯片——计算机的决策单元。

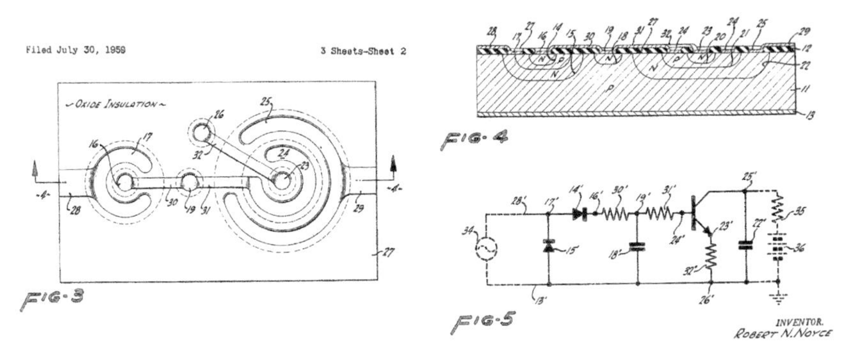

图 7.11 罗伯特・诺伊斯申请的集成电路设计专利，其中用到了吉恩・霍尔尼的平面型晶体管与库尔特・莱霍韦茨的 PN 结来分离不同的电子元件。

同样在 1962 年，一种新型晶体管问世，这种晶体管可以更容易地集成到量产的芯片中。它就是金属 - 氧化物半导体场效应晶体管，简称场效应管。1959 年，贝尔实验室的约翰・阿塔拉（John Atalla）和姜大元（Dawon Kahng）第一次成功制造出了场效应管。贝尔实验室没有继续研究这项技术，但是姜大元在 1961 年的一个备忘录中评论了场效应管的潜力，他说场效应管制造简便，有可能应用到集成电路中。后来，两位在新泽西州无线电公司研究所工作的年轻工程师史蒂文・霍夫斯坦（Steven Hofstein）和弗瑞德・海曼（Frederic Heiman）使用 16 个金属氧化物半导体晶体管搭建了一个实验性的集成电路。由于场效应管尺寸小、功耗低，现在生产的微芯片中有超过 99% 都在使用它。在生产集成电路的主导技术中也在使用 P 型场效应管和 N 型场效应管，比如著名的互补金属氧化物半导体技术。

之后，芯片继续向着微型化和复杂化两个方向不断发展。1967 年，人们制造出了集成有几千个晶体管的芯片。尽管初期集成电路发展的资金来源与美国军方没有太大关系，但在提升芯片质量和发展更好的量产技术方面，美国军方和航天部门扮演了重要角色。20 世纪 60 年代早期正值冷战高峰期，美国空

图 7.12 美国南达科他州的民兵导弹发射井。

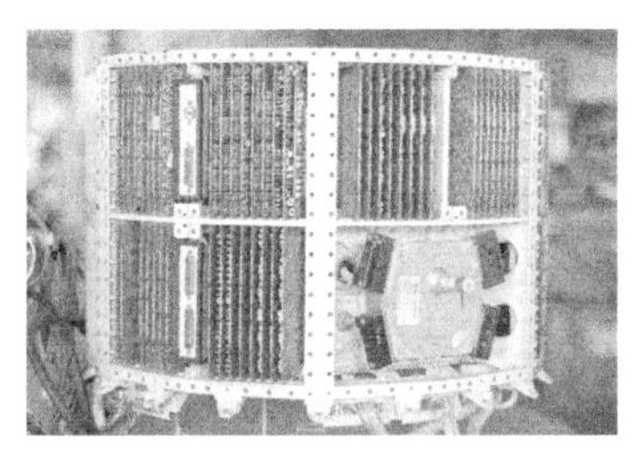

图 7.13 民兵 I 导弹制导计算机由多种分立电子元件组成：晶体管（1521 个）、二极管（6282 个）、电阻（504 个）、电容（1116 个）。这种计算机经过特别设计，在极端条件下仍然可以正常工作。在民兵 II 导弹中，采用德州仪器制造的集成电路取代了多个晶体管板，民兵 II 导弹制导计算机大约使用了 2000 个集成电路。

军需要扩大民兵弹道导弹计划（图 7.12）。集成电路代替了分立的电子元件，增加了运算能力（图 7.13）。空军希望把导弹的产量提高到每周 6~7 枚，这需要从德州仪器、西屋电气、美国无线电等公司每周订购超过 4000 个集成电路。此外，空军要求供应商提供更可靠的元件，这迫使供应商采用“无尘车间”，这种车间仿造新墨西哥州的桑迪亚国家实验室的原子弹装配车间而成，里面灰尘与污染物都很少，有助于提高电子元件的品质。

随着集成电路大规模生产不断扩张，集成电路的价格不断走低，使得它进入日常应用领域。1962 年，美国空军和海军项目占据了全部集成电路市场，大约 400 万美元。而到 1968 年，美国政府只占到整个集成电路市场份额（3 亿美元）的 40% 左右。从 1962 年到 1968 年的 4 年间，集成电路的平均价格从每片 50 多美元降到大约 2 美元。

1959 年，仙童摄影器材公司买下了八位创始人在仙童半导体公司的全部产权。然后，总公司引入了更严格的管理方式，导致半导体公司创始人和其他人才相继离开总公司。从肖克利在山景城创立第一家半导体公司到仙童半导体公司分崩离析，加州圣何塞及其周围地区先后出现了 50 多家集成电路公司。诺伊斯和摩尔是最后离开仙童公司的。1968 年，他们创办了一家新的半导体公司，打算专门生产存储器芯片。这家新公司就是著名的英特尔公司（B7.7），“Intel”由集成电子（Integrated Electronics）缩写而来。当时，最好的随机访问存储器芯片（RAM）容量只有 64 位，还无法取代计算机中的磁带存储器。RAM 不同于磁带存储器，它允许用户以任意顺序访问其中存储的数据信息，而磁带存储器只能沿着磁带按照线性方式访问信息。通过把频繁使用的文件或活动文件存储在 RAM 中，计算机可以更快地访问 RAM 中的数据。这比从硬盘读取信息要快得多，当然也就比从磁带读取数据更快、更灵活。

B7.7 安迪·格鲁夫（左）、罗伯特·诺伊斯（中）和戈登·摩尔（右）。他们把英特尔打造成一家成功的芯片制造商。出生于匈牙利的格鲁夫是一位工程师、商人，他是英特尔“将越来越多晶体管集成到一个芯片上”这一坚持背后的坚定推动者之一。格鲁夫的著作《只有偏执狂才能生存》（*Only the Paranoid Survive*）已成为商业管理的经典。诺伊斯则被人昵称为“硅谷市长”。

B7.8 IBM 的工程师罗伯特·登纳德。在他背后白板上画的是单晶体管 DRAM 的存储单元。这使得廉价半导体存储芯片迅速普及开来。登纳德对摩尔定律背后物理上变化结果的明确表述被称为“登纳德缩放比例定律”。

1968 年，IBM 公司工程师罗伯特·登纳德（Robert Dennard，B7.8）设计的单晶体管动态随机存储器（DRAM）获得专利。在他的设计中，信息的一个位可以存储在一个由晶体管和微型电容组成的存储单元中。这项创新大大简化了存储芯片的设计，并且显著提高了存储器的存储容量。我们之所以把这种存储器称为“动态存储器”是因为存储于其中的电荷会慢慢流失，需要不断对存储单元进行有规律的刷新才能保留其中内容。我们也可以设计出静态随机存储器（SRAM），它不需要定期进行刷新，但是实现这种 RAM 需要使用很多晶体管，成本非常昂贵。1970 年，仙童公司（此时和摩尔、诺伊斯创办的英特尔公司是竞争关系）买断了 256 位 DRAM 存储芯片的所有权。这种芯片因为被选为伊利诺伊大学正在建造的并行计算机——Illiac-IV 的存储器而声名大噪。并行计算机拥有许多处理单元，编程者必须精心协调安排所有处理单元来解决特定的问题。尽管 Illiac-IV 的研制工作取得的进展十分有限（并行编程还是太难了），但这个项目表明，用半导体存储器取代磁芯存储器是切实可行的。在 20 世纪 70 年代末，为了应对仙童公司 256 位芯片带来的挑战，英特尔设计出了 1103，这是第一款 1024 位的 DRAM 芯片，它采用了三晶体管设计方案。1971 年，英特尔总销售额为 900 万美元，3 年后，总销售额几乎增加了 2 倍。此后，磁芯存储器逐渐走向衰亡。

微处理器和摩尔定律

第一台电子计算器叫 ANITA，由英国 Bell Punch 公司在 1961 年制造。它使用分立晶体管，尺寸大约与一台打字机相当。20 世纪 60 年代末，德州仪器使用集成电路制造了一台计算器。其中一些集成电路是用来做运算的逻辑电路，其他用作 RAM，还有为操作系统和子例程库提供的 ROM。存储在 ROM 中的数据只能被访问和读取，但不能被修改。20 世纪 70 年代出现了更便宜的袖珍计算器，工程师使用的计算尺便迅速消失了。1963 年，美国国家航空航天局阿波罗空间计划拉开序幕，在登月舱的导航计算机中使用了 5000 多个逻辑芯片。在 1975 年阿波罗任务的最后阶段，一名宇航员带着一个 HP-65 袖珍型计算器，它比航天器的导航计算机都要强大。

1969 年夏天，日本计算器生产商 Busicom 请英特尔为他们的新型可编程计算器设计芯片。这种新型计算器可以进行编程，与计算机类似。日本工程师已经做好了一个设计，包含 12 个逻辑和存储芯片，每个芯片有几千个晶体管。英特尔工程师泰德·霍夫（Ted Hoff）负责这个项目，他认为日本工程师的设计方案不能很高效地解决问题，于是提议设计一种通用的逻辑芯片，类似于计算机的 CPU，用户可以对它进行编程，使其可以执行任何一种逻辑任务（B7.9）。除了 RAM、ROM 以及输入输出控制芯片之外，霍夫提出的方案只需要设计 4 个芯片，不像日本设计师的设计方案那样需要 12 个芯片。英特尔工程

图 7.14 带有弗雷德里科·法金名字首字母的英特尔 4004 微处理器。这台 128 倍率放大的巨大模型展示在英特尔博物馆中。

师斯坦·马泽尔（Stan Mazor）、弗雷德里科·法金（Frederico Faggin）与 Busicom 工程师嶋正利（Masatoshi Shima）一起实现了这个设计（图 7.14）。这是第一个作为组件销售的微处理器，这种集成电路拥有计算机 CPU 的所有功能。起初，英特尔不确定这种微处理器是否有市场，因为他们认为市场对计算器的需求量很小。结果表明，任何处理和操纵信息或控制复杂过程的机器都可能对这种微处理器有需求。

B7.9 英特尔第一款微处理器的三位发明者——泰德·霍夫（左）、斯坦·马泽尔（中）和弗雷德里科·法金（右）。霍夫是英特尔的第 12 名员工，他和同事马泽尔、法金在 2010 年被授予美国国家技术创新奖。法金特意感谢了日本 Busicom 公司工程师嶋正利在 4004 芯片深化设计工作中所提供的帮助。

B7.10 戈登·摩尔（左）和罗伯特·诺伊斯（右）。摩尔从加州大学伯克利分校获得化学学士学位，从加州理工学院获得物理化学博士学位。1956 年，摩尔加入了肖克利半导体实验室，之后与另外七人一起离去，创办了仙童半导体公司。这八人就是历史上著名的“硅谷八叛徒”。1968 年，摩尔和诺伊斯离开了仙童半导体公司，创办了英特尔公司。摩尔最著名的是他在 1965 年提出了“摩尔定律”，即集成电路上的晶体管数量每年会增加一倍。尽管这种增长趋势放缓，变为每 18 个月或 24 个月增加一倍，但在 50 多年里，摩尔定律一直是正确的，它是我们周围发生的信息产业革命的基础。

1971 年，英特尔 4004 微处理器正式发布。它包含 2000 多个晶体管，尺寸为 30 毫米 ×40 毫米。这个单独的芯片几乎拥有与原始 ENIAC 一样的运算能力。1974 年，英特尔设计出一种更强大的微处理器——8080。8080 催生了一系列新应用场景，也催生出个人计算机。有关个人计算机的内容，我们将在第 8 章讲解。到 20 世纪 80 年代早期，英特尔的销售额超过 10 亿美元，20 年后，微处理器的全球市场总额超过 400 亿美元。绝大多数微处理器芯片被应用到嵌入式设备中，比如洗衣机、厨灶、电梯、安全气囊、相机、电视、DVD 播放器和移动电话。汽车和飞机也越来越依赖微处理器，许多基础设施系统对于现代城市正常运行至关重要。

1965 年，戈登·摩尔（B7.10）在《电子学》35 周年纪念特刊上发表了一篇题为《让集成电路填满更多元件》（*Cramming More Components onto Integrated Circuits*）的文章。在文章中，摩尔指出，自 1962 年以来，半导体芯片上集成的晶体管和电阻数量每年增加一倍，他大胆预测，在未来 10 年中将继续保持这个发展速度（图 7.15a）。摩尔推测芯片的最终影响是深远的，不仅对工业如此，对个体消费者也是如此。他说：“集成电路会带来许多奇迹，比如家用计算机（或至少是连接到中央计算机的终端机）、汽车自动化控制、便携式通信设备等。”

B7.11 卡弗·米德。2002 年，他获得了美国国家技术奖章。米德的颁奖词中写道：“他对微电子学做出了开创性贡献，包括引领现代集成电路设计的工具和技术发展，为半导体设计公司的诞生奠定了基础，催生出电子设计自动化领域，并且培养了几代工程师，使得美国的微电子技术居世界领先地位，他还创立了 20 多家企业。”

在摩尔做出这个预测之后，过了 10 多年，乔布斯和沃兹尼亚克就制造出了第一台面向大众市场销售的个人计算机。又过了 16 年，IBM PC 问世。加州理工学院工程系教授卡弗·米德（B7.11）把戈登·摩尔的预测称为“摩尔定律”。过了很长一段时间，摩尔自己才习惯使用这个说法。1975 年，摩尔根据当时的实际情况对“摩尔定律”进行了修正，把“每年增加一倍”改为“每两年增加一倍”。现在，摩尔定律一般表述为：每 18 ~ 24 个月，芯片上晶体管的数量就会增加一倍。这种每年快速减小的晶体管尺寸，以及随之而来的复杂度的增加持续了 35 年以上（图 7.15b）。1995 年，摩尔再次检查“摩尔定律”是否仍然有效，当时英特尔奔腾微处理器包含的晶体管数有 500 万个。他的结论是：“我现在的预测是，摩尔定律短期内不会失效。”如今，离摩尔第一次预测已经过去 50 多年了，有些设备所包含的晶体管数超过了 10 亿个。

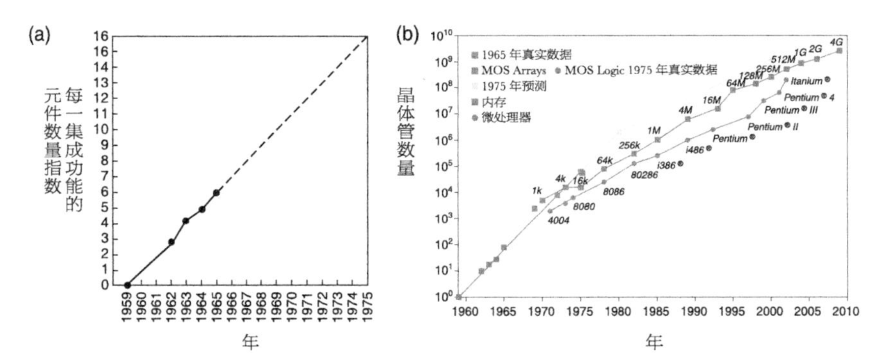

图 7.15 摩尔定律。（a）戈登·摩尔的初期预测。（b）50 多年后，摩尔定律仍然在发挥作用。

摩尔定律中所说的“复杂度翻倍”之所以能够实现，主要是因为每一代半导体制造设备都会减小芯片上的最小线宽，这样就能把单个晶体管的尺寸制造得更小一些。摩尔在 1965 年做出预测时并不知道“量子隧穿效应”是否是制约晶体管大小的主要限制因素。“量子隧穿效应”是量子力学中的一种现象，指量子能够穿过它们本来无法通过的“势垒”的现象。就这个问题，摩尔向米德教授请教，而米德的研究结论令人震惊。米德在一次发布会上这样描述他的分析结果：

> 1968 年，我应邀参加在奥沙克湖举行的一次研讨会，他们请我做一个关于半导体元件的演讲。在那个年代，你可以将所有从事尖端研究的人召集到一起，研讨会就是专门干这事儿的。那时我脑子里一直想着戈登·摩尔问我的问题，我就打算用它来作为演讲的主题。我在准备的过程中，开始严重怀疑起自己的理智。通过计算，我发现了与现有认知相

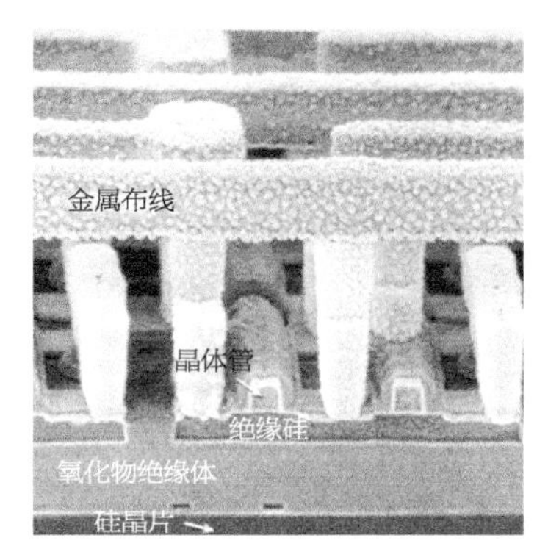

图 7.16 IBM 开发的亚百纳米晶体管在扫描电镜下的图片。

悖的结论，就是可以通过缩放技术来大大改善芯片的质量——电路更加复杂，运行速度更快，耗电更少！哇，这简直与著名的墨菲定律大相径庭，哪有这么美的事情！但是我愈深入研究这个问题，就愈发觉得结论是正确的。于是，我大胆做了那次演讲，让墨菲定律见鬼去吧！那次演讲引起了广泛的争议，当时大多数人都不相信我的结论。但到了下一次研讨会，有一些团队也做过了研究，他们的结论基本上与我的相差无几。这项关于现代信息技术的研究结论无疑是相当惊人的。

1972 年，加州理工学院教授卡弗·米德、布鲁斯·何恩耐森（Bruce Hoeneisen），以及 IBM 的罗伯特·登纳德及其同事发表论文，第一次描述了支撑摩尔定律的基本缩放原理。1974 年登纳德又发表了一篇论文，提出了如今被称为“登纳德缩放比例定律”的研究结果，将这个令人惊讶的内容表述得无比清晰。登纳德缩放比例定律指出，缩小结构和减小供电电压会降低电源消耗，并且提高性能。简言之，登纳德缩放比例定律可表述为：以常量 k 减小晶体管的长度、宽度、闸极氧化层的厚度，晶体管的尺寸会缩小为原来的 $1/k^2$，运行快 k 倍，消耗电量为原来的 $1/k^2$。IBM 生产的金属氧化物半导体存储芯片的特征尺寸当时是 5 微米。登纳德和他的同事预测，特征尺寸会降到几微米。借助于互补金属 - 氧化物半导体技术，IBM 把最小特征尺寸降到 0.1 微米以下，并在 2010 年发布了 Power7 处理器，它采用 45 纳米工艺制造，晶体管数量达到了 12 亿个（图 7.16）。

随着芯片尺寸不断变小，我们不仅可以设计出更复杂的芯片，而且还可以把更多芯片放在同一个硅晶片上，这样不会增加成本。50 多年来，摩尔定律一直都是对的，它也是计算机和信息处理设备快速增长的引擎。1970 年，英特尔制造出了第一个 1024 位（1KB）DRAM 芯片（图 7.17）。一年后，英特尔又推出了第一款微处理器——英特尔 4004，电路中蚀刻有 2000 多个晶体管，采用 10 微米制程制造。仅仅 25 年之后，即 1995 年，64MB 的 DRAM 芯片就问世了。奔腾等微处理器，集成的晶体管数超过 400 万个，最小特征尺寸达到 350 纳米。到千禧年之际，已经出现 1GB 的 DRAM，微处理器也发展到奔腾 4 时代，内部集成的晶体管数量超过 4 亿个，最小特征尺寸达到 180 纳米。到 2010 年，最小特征尺寸降到 35 纳米，英特尔、AMD、英伟达制造的芯片中集成了几十亿个晶体管。很快芯片就可以存储 1000 亿位，这比整个银河系中的星星都要多。

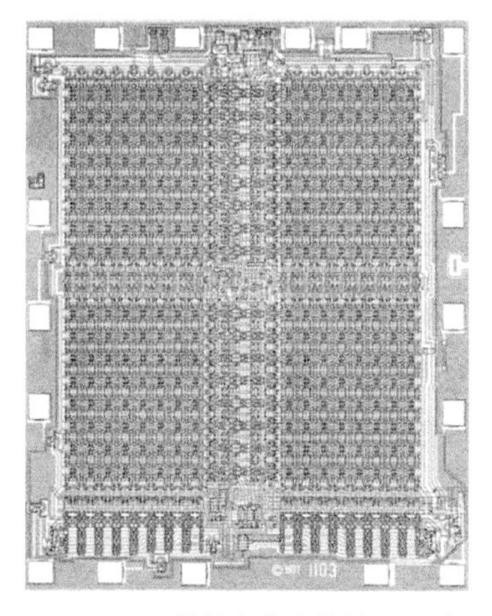
图 7.17 英特尔革命性的 1103 存储芯片。施乐帕克研究中心是这种芯片的首批客户之一，查克·撒克和巴特勒·兰普森使用它制造了 Alto 个人计算机的存储器。

现在，我们需要性能强大的计算机来设计每一代新芯片。也就是说，我们一直在使用现有的计算机来设计下一代计算机。国际硅产业绘制出了“半导体路线图”，用以检查工程和设计挑战，以继续跟踪摩尔定律。尽管半导体路线图把摩尔定律向前推进了许多年，但是在这个过程中，仍然有许多重大的技术问题有待解决。在第 15 章中，我们将介绍一些可行的技术方案。

最后，除了这些技术挑战之外，还有一个经济方面的考量，即新一代芯片生产设备的制造成本（图 7.18）。英特尔的投资人之一阿瑟·洛克（Arthur Rock）曾帮助摩尔和诺伊斯筹集资金创立了英特尔公司，他提出了著名的“洛克定律”，这是对摩尔定律的一个小补充。洛克定律可表述为：芯片制造厂商的成本每 4 年会增加一倍。制造设备成本的不断增长，促使工程师和企业家张忠谋成为提出芯片代工厂概念的第一人。所谓芯片代工厂，其本质就是“出租制造商”。这样，各个公司可以自己设计芯片，然后付钱给代工厂生产出来。张忠谋在 1987 年创立了台湾积体电路制造公司（简称台积电）。该公司是目前世界上最大的芯片代工厂，营业额超过 130 亿美元。斯坦福大学工程学院院长詹姆斯·普拉默（James Plummer）这样评价张忠谋：

> 张忠谋完全改变了半导体产业的面貌。他使得人们有几百万美元在手就可以创业，而不必非得有几亿美元才行。这有巨大的差别。张忠谋完全改变了这个产业！

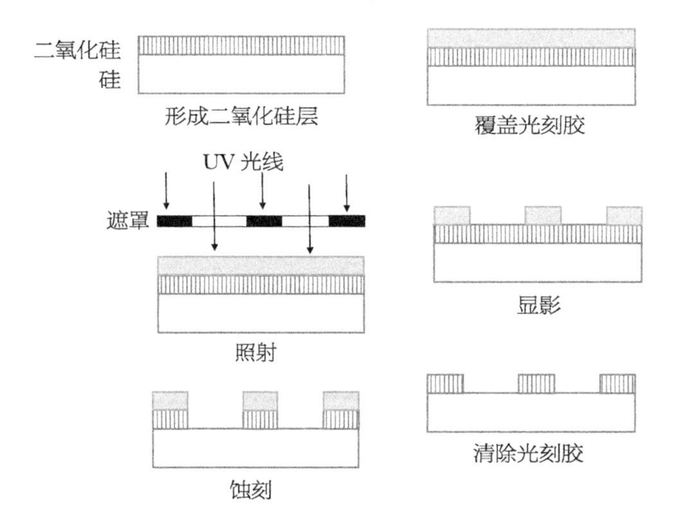

图 7.18 集成电路采用一种被称为“光刻法”的复杂工艺制造。这项技术类似于传统的照相术，只是使用硅片代替了胶卷。

英伟达联合创始人黄仁勋称颂台积电是一家成功的公司，在计算机网络、家用电子产品、计算机、汽车技术上都有深厚的创造力，他们把这些创意都变成了成功的产品，因为“在建造理想芯片、将想象变为现实的路上，障碍已经一扫而空”。

免费午餐的终结：并行计算和多核挑战

正如摩尔定律所预测的那样，在 50 多年的时间里，设计师和制造商一直在制造尺寸更小、运行速度更快、功耗更低的芯片。现在所生产的晶体管的尺寸几乎小到了极致，晶体管闸极绝缘层的厚度只有几个原子大小。晶体管并不是一个完美的开关，甚至在关闭状态时还会泄漏一部分电流。随着晶体管尺寸

图 7.19 英特尔 Xeon E7 处理器包含 10 个核，共有 26 亿个晶体管。

的减小，如果继续降低电压，泄漏的电流就会呈指数级增加。为了把电流泄漏控制在一定的范围之内，尺寸缩小到一定程度后，就不能再降低电压。虽然我们仍然能减小晶体管的尺寸，在芯片上集成更多的晶体管，但是它们无法比当前这代晶体管更快了，因为用于绝缘的二氧化硅层不能更薄了，而且芯片的电力消耗限制了芯片的速度。因此，芯片设计师开始搭建多核架构，把多个 CPU 集成在单一芯片上。目前，双核芯片广泛使用已经有一段时间了，四核芯片也越来越常见。现在已经有了八核芯片可以使用，业界正在试验拥有更多核心的芯片，比如有几十个或几百个核心的芯片（图 7.19）。

现在，提升性能的必经之路是通过编写使用多个核心的软件来提高解决问题的效率。对许多应用来说，利用多核并行会比较好处理。这类应用问题十分常见，而且很显然需要并行处理。但要把单个应用程序并行化，将需要的计算分布到多个核上，以此来提升速度的做法却是很难的。图 7.20 显示的是三种常见的并行方式。

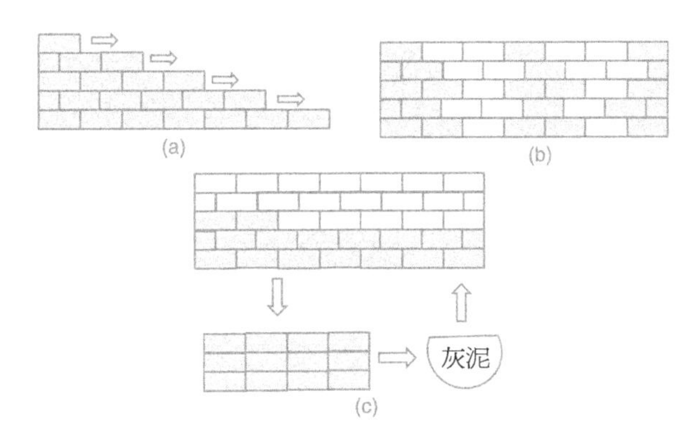

图 7.20 福克斯的并行计算模式与砌墙的类比图：（a）流水线并行；（b）域并行；（c）任务并行。（a）在“流水线并行”中，每个砖匠负责铺设一行砖。显然，只有第一行的砖匠铺设了一些砖之后，第二行的砖匠才能开始铺砖。同理，第一行的砖匠铺完第一行砖之后，其他行的砖匠仍然在铺砖。对于解释向量超级计算机中的并行特性，这是一个很形象的比喻。（b）在“域并行”中，每个砖匠负责砖墙指定的部分。显然，在这些域的边界处，两个砖匠需要互相配合。这很好地说明了基于分布式存储微处理器的并行超级计算机的并行特性。（c）在“任务并行”中，每个砖匠可以自由地收集砖块，并且把它放到墙的任何地方。这是对许多应用显然需要并行处理的一个很好的类比。

当前芯片设计师面临的一项严峻挑战是“暗硅”问题。我们可以制造出含有更多晶体管的芯片，但无法同时为它们供电，这是由芯片上的功耗密度限制引起的。工程师在设计芯片时一直在积极探索降低功耗的新方法。要为芯片提供更多性能，需要并行编程的多核芯片并非长久之计。2005 年 4 月，摩尔在一次访谈中表示，他提出的定律显然不可能无限期地维持下去。

> 我们知道，如今晶体管越做越小，但要达到极限的小尺寸至少还得2～3代的努力。但这不过是我们现在所能看到的最长远的可能性。在达到极限值之前，我们还有10～20年的时间。但到了那个时候，人们应该已经能够做出更多核的芯片，10亿美元级别的投入预算也不是问题了。

除非我们能提出一些全新的处理器技术，否则摩尔定律的终结是迟早的事。在第15章中，我们将介绍一些可行的解决方案。

本章重要概念

- 金属、绝缘体、半导体
  - 能带理论
  - 掺杂半导体：P型、N型
- 晶体管
  - 点触式晶体管、结晶体管
  - 台面型晶体管、平面型晶体管
- 集成电路
  - 金属－氧化物半导体场效应晶体管和互补金属氧化物半导体技术
  - 随机访问存储器：DRAM、SRAM和ROM
- 摩尔定律
  - 微处理器
  - 登纳德缩放定律
  - 制造设备与芯片代工厂
- 多核芯片
  - 并行计算
  - 暗硅

这幅卡通图片来自于戈登·摩尔在1965年发表的有关“摩尔定律”的论文。令人印象深刻的是，远在微处理器催生出个人计算机之前，摩尔就提出了“家用计算机”作为日用品销售的设想。

量子理论入门

20 世纪上半叶，量子理论诞生，让我们对物质有了颠覆性的认识。虽然阅读本书不要求你深入理解量子理论，但我们不妨简单介绍一下，毕竟量子理论是现代物理学的基础。这些入门知识不涉及量子理论的高深内容，但对于理解半导体材料来说还是很有用的。半导体是现代计算机产业的核心，也是用来开发新型量子计算机的材料。

尽管量子理论诞生只有 100 年左右，但是它帮助我们平息了一场始于 17 世纪的科学争论——光的本质问题。牛顿主张光是一束粒子流，荷兰物理学家惠更斯则提出光是一种波动形式，到底谁对谁错？1801 年，英国物理学家托马斯·杨证实：两束光相遇时，会形成一系列明暗交接带，被称为“干涉条纹”。这些条纹是波的特性，托马斯·杨由此得出光以波动形式存在的结论。1921 年，爱因斯坦因解释了“光电效应”而获得诺贝尔物理学奖。爱因斯坦发现光由一个个类似“能量包”的粒子（光子）组成。

量子力学理论诞生于 20 世纪 20 年代，由海森堡、薛定谔、狄拉克等一批物理学家共同创立。量子力学成功解释（或说“预测”）了光子、电子、原子、原子核等微观粒子的行为。但这个解释也有前提，那就是光子、电子等粒子按照量子力学方式进行运动。这些微观粒子的运动可以使用“概率波”的演变进行描述。薛定谔发现了用来描述量子对象（一般用希腊字母 Ψ 表示）概率波随时间变化的波动方程。我们只能观察到概率——根据量子理论，波幅 Ψ 的平方给出我们在指定时间与地点观察到该粒子对象的概率。

尽管量子力学强调概率和不确定性（集中体现为海森堡著名的“不确定性原理”），但是它是唯一有能力对原子或更小级别尺寸的系统做出精确预测的理论。此外，我们周围存在的各种化学元素都可以使用量子力学做出确切的解释。根据量子理论，原子中的电子只能拥有特定能量，为原子中的电子寻找容许的能量等同于为势阱中的带电粒子寻找容许的能级。在现实生活中，我们必须在三维空间中求解薛定谔波动方程，但是通过为局限在一维盒子中的电子寻找容许的能级，我们可以大致了解量子方案。在经典物理世界里，盒子的电子可以拥有任意能量，而在量子物理世界里，波谱必须和势阱的尺寸匹配，就像为一根琴弦找容许的波长。这意味着盒子中的电子只能拥有特定的能量（图 7.21）。

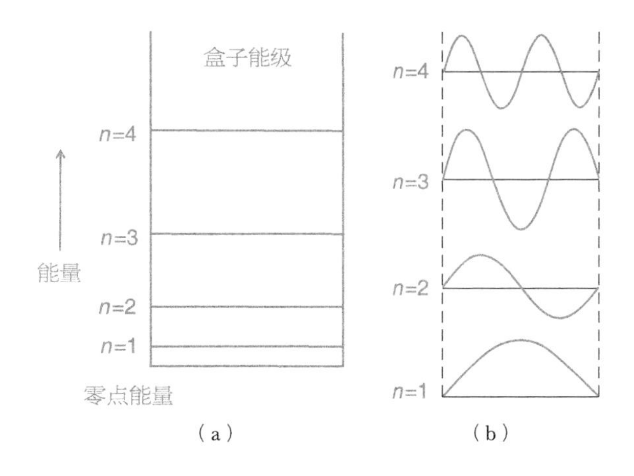

图 7.21 盒中电子的能级和波函数。(a)盒子中量子的能级。能级用量子数 *n* 表示。(b)描述相应波形适纳入盒子的方式。边缘的波函数必须为 0。

量子理论中的“电子自旋”和“泡利不相容原理”是我们理解元素周期表的关键。电子自旋有点儿像旋转陀螺，但与陀螺不同的是，电子只有两种自旋态，即上旋态和下旋态。泡利不相容原理指出，每个量子态中只允许有一个电子。这意味着在电子势能盒（图 7.22）中，我们只能在最低能态中放两个电子，被称为“基态”：一个电子上旋，另一个电子下旋。如果我们想把另外一个电子添加到盒子中，必须给它足够的能量，让它放到下一个能级中（被称为第一激发态）。

泡利不相容原理认为，电子必须占据不同的量子态，这让普通物质具有稳定性和体积。理查德·费曼说过：“正因为电子不能全聚在一起，才使得桌子和其他类似的东西能稳固。”泡利不相容原理适用于所有类物质的量子对象，比如电子、质子、中子，但不适用于光子等辐射类对象，我们可以把任意数量的光子放到同一种量子态下。这导致激光和超导等令人惊叹的应用出现。

掌握了这些基本的量子概念之后，我们就能对金属、半导体、绝缘体之间的不同进行解释。在后面相关章节中，我们将继续讲解使用这些量子特性去建造新型量子计算机的方法。

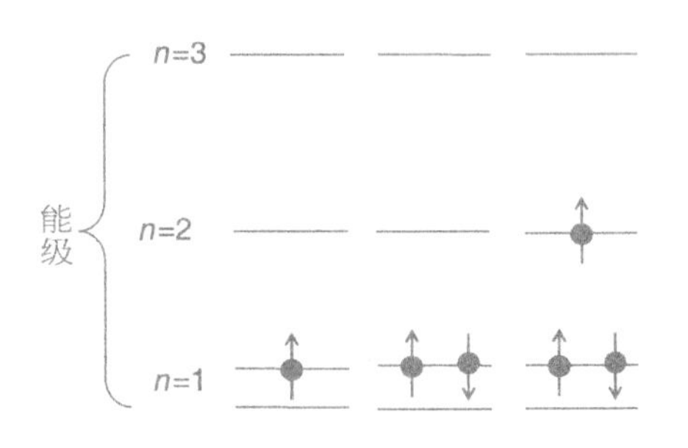

图 7.22 盒中的电子。电子根据泡利不相容原理占据不同的能级，即每一个量子态只能被一个电子占据。每一个量子能态中最多能容纳两个电子：一个电子上旋，一个电子下旋。由此，$n=1$ 能级可以容纳两个电子，下一个电子就必须放到具有更多能量的能级中——$n=2$ 能级，即第一激发态。

超级计算机

克雷计算机是世界上第一批成功商业化的超级计算机。这些计算机在美国威斯康星州齐佩瓦瀑布市一个偏远小镇上设计与建造出来。之前在图 2.20 中我们看到，比起对寄存器中的数据执行操作所耗费的时钟周期，从主存储器中获取数据所耗费的时钟周期要多得多。对于涉及向量操作的程序，西摩・克雷（Seymour Cray，B7.12）认识到，可以建立一个“流水线”把从主存储器取数据和新操作指令时造成的大部分延迟隐藏起来。比如，在把两个向量相乘时，原本必须对向量中的每对元素应用相同操作，但我们可以做适当的调整，使得当 CPU 对向量的第一对元素做乘法时，计算机同时取下一对要做乘法的元素，这是对“流水线并行”的一种实现方式。带头建立了并行计算机严格标杆的英国计算机科学家罗杰・霍克尼（Roger Hockney）使用一个参数“$n_{1/2}$”（这个向量长度会让超级计算机达到其最大速度的一半）来描述向量超级计算机。这实质上是用周期来测量主存储器与寄存器之间的距离。Cray-1 获得了巨大的成功，这是因为它的“$n_{1/2}$”参数比其他超级计算机要小得多。这意味着它可以高速地做运算，但需要的向量操作更少。

B7.12 西摩・克雷（1925—1996）。克雷的名字与超级计算机密不可分。他首先认识到提高计算机运算速度的关键是最大限度地加快处理器和存储器之间传送数据的速度，并且使用向量流水线来隐藏内存延迟。这张照片是他与 Cray-1 超级计算机的合影。

现在来看，Cray-1 的参数看上去慢得可笑。但在 20 世纪 70 年代，Cray-1 是非常先进的，时钟频率是 80MHz，主存储器为 8MB（图 7.23）。为了最大限度地减小信号延迟，他们把计算机的支架做成 C 型，以进一步减小连线的长度。对浮点数的运算速度是每秒 8000 万次。冷却和配电用到了许多巧妙的解决办法。Cray-1 使用液态氟利昂代替水来进行冷却，在电路板之间有铜片。难怪克雷开玩笑说，他的事业顶峰就是成为一个“管道工”：

> 我用玻璃门、铝和仿胡桃木制造方形机箱（CDC 7600），还有圆柱形机箱（CDC 8600 和 Cray-1）。过了一阵子，我做腻了，决定搞点儿新东西。于是我开始投入研究通信通道（Cray-2 和 Cray-3）。虽然赚得的名声不如先前那么大，但赚到的钱比先前要多得多了。

图 7.23 在劳伦斯利弗莫尔国家实验室的两台 Cray-1 超级计算机。围绕在计算机圆塔周围的软垫座椅里面有电源供应和错综复杂的氟利昂冷却管网。超级计算机有时被称为“世界上最昂贵的座椅”。

克雷超级计算机价格昂贵，只有汽车公司和大型国家实验室才买得起。1976 年，第一台 Cray-1 被安装在洛斯阿拉莫斯国家实验室，主要用来做武器仿真、天气预测和密码分析。每台新的克雷计算机在运送时都附赠一箱 Leinenkugel 啤酒，还有一些齐佩瓦瀑布本地的产品。在汽车产业中，这些超级计算机主要用来模拟撞车事故，现在这些测试成为现代汽车设计的必需步骤，通常使用驾驶员和乘客模型来做撞车实验。

到了20世纪80年代，人们在建造超级计算机时开始使用基于新晶体管技术的微处理器。克雷对这些新技术很怀疑，当有人问他是否考虑使用新元件来建造下一代超级计算机时，克雷总是搬出那句著名的回答：“在搬运一件沉重的物品时，你是选用两头公牛，还是几百只鸡呢？”

20世纪80年代早期，加州理工学院的杰弗里·福克斯（Geoffrey Fox）和查克·塞茨（Chuck Seitz）建造出一台并行计算机——宇宙魔方（图7.24）。从本质上说，它由一组IBM PC主板组成，每块主板都带有一个英特尔微处理器和存储器，它们之间通过超立方体网络连接在一起。宇宙魔方的重要意义在于，福克森和塞茨通过它向人们证实，使用带有分布式存储器的并行计算机来解决具有挑战的科学问题是切实可行的。在这种机器上，程序员需要使用域并行技术。相比于填充和清空向量流水线引起的延迟，这种分布式存储程序的难点来自域边界间的信息交换上，因为数据被划分在机器的不同结点中。这类并行编程被称为“消息传递”。

图7.24 加州理工学院的杰弗里·福克斯和查克·塞茨坐在“宇宙魔方”计算机旁边的合影。这台并行计算机在1983年10月开始运行，包含64个结点，每个结点带有128 KB内存。每个运算结点由一个英特尔8086处理器和一个8087协处理器组成。这些结点通过超立方拓扑结构连接在一起，以最大限度地减少各个结点之间的通信延迟。宇宙魔方只有0.16立方米，消耗的电力低于1千瓦。宇宙魔方及其继任者给克雷向量超级计算机带来了严峻的挑战。今天所有高性能计算机都使用了分布式存储器和信息传递架构，与加州理工学院当初的设计如出一辙。

在现代高性能计算机中，虽然用来连接各个处理结点的网络类型各不相同，但是它们都采用这种分布式存储器和消息传递架构。相比于Cray-1每秒80次浮点运算的峰值性能，现在的超级计算机最高速度达到每秒万亿次甚至千万亿次，而一般的笔记本计算机的运行性能可达到每秒十亿次。目前最先进的超级计算机速度已经突破每秒百万万亿次浮点运算，美国、日本、欧盟、中国都在不断投入大量物力、人力积极研制速度更快、性能更高的超级计算机。作为对克雷那句“几百只鸡”讽刺说法的回应，原加州理工学院宇宙魔方团队的尤金·布鲁克斯三世（Eugene Brooks III）把日用品级别的芯片和分布存储器结合的机器的成功说成是“小东西反杀”。

08 个人计算机的诞生

> 个人计算机是人类创造的最强大的工具，我认为这种说法并不偏颇。与人沟通时，你可以用它；进行创造时，你可以用它；你还可以对它进行定制。
>
> ——比尔·盖茨

交互式计算机的开端

在早期，计算机昂贵又稀少。当初建造它可不是为了供我们玩游戏打发时间，而是为了解决重要的计算问题。微型处理器和摩尔定律改变了这种状况，现在的计算机硬件便宜得令人难以置信，相比之下，人们写出的软件产品和计算机的管理变得昂贵起来。交互式个人计算机的某些思想可以追溯到麻省理工学院的J. C. R. 利克莱德教授。众所周知，利克莱德是一位心理学家，也是对人机交互感兴趣的第一批研究者。在20世纪50年代冷战期间，利克莱德在麻省理工学院林肯实验室研究半自动地面防空系统，为美国可能遭受的空中打击做预警。在这个系统中，计算机使用雷达数据持续跟踪飞行器。正是这次交互式计算的经历让利克莱德理解了使用计算机分析实时数据（即实时计算）的迫切性。

几乎同时，另一种交互式计算机被开发出来。1956年，麻省理工学院林肯实验室的工程师开发出了TX-0，它是最早的晶体管计算机之一。韦斯利·克拉克（Wesley Clark）和肯·奥尔森（Ken Olsen）特意把TX-0设计成交互式的，这与大型计算机采用的批处理方式完全不同。对此，奥尔森回忆道：

> 那时我们有一支光笔，我们在防空系统中用过这种光笔，它相当于今天使用的鼠标或摇杆。你可以使用光笔画画，玩游戏，搞创作。TX-0与现代的个人计算机很像。

当时来看，这种交互方式好像会浪费计算机宝贵的计算时间，并且与传统的批处理方式有着天壤之别。为了宣传他们的想法，奥尔森和克拉克决定把TX-0从校外林肯实验室转移到麻省理工学院主校区。后来，克拉克写道：

> 麻省理工学院学生和教师们所看到的唯一幸存的计算机系统模型是

安放于一个封闭计算中心的一台 IBM 大型计算机，这台计算机并未被看成是工具，而是当神一样对待。尽管我们不愿放弃 TX-0，但很明显，把林肯实验室的一小部分先进技术提供给更大的学院社区使用是纠正人们对计算机错误看法的重要一步。

此外，麻省理工学院的另外一种交互计算机也在实验测试之中。前面提到过，约翰·麦卡锡对计算机的远程批处理模式十分不满，于是他提出了分时思想。多个用户同时连接到一台大型计算机上，各自有自己的终端，共享计算机的计算周期，并且引入了一种不同的交互方式，使得用户感觉自己在独享这台计算机。

离开麻省理工学院交互式计算机的实验温床，利克莱德被招入美国国防部高级研究计划局，领导一项新的计算机研究计划。在进入五角大楼之后不久，他就开始创建一个研究交互式计算机的项目，这为美国许多大学的计算机科学研究奠定了基础。在第 10 章中，我们还会讲到利克莱德提出了把远程计算机连在一起的想法，后来他的继任者鲍勃·泰勒筹集资金，实现了利克莱德的这种想法，于是便有了阿帕网。

那么，这些早期对交互式计算机的探索后来是如何变成今天随处可见的个人计算机的呢？迈克尔·希尔兹克（Michael Hiltzik）在《闪电商人：施乐帕克研究中心和计算机时代的曙光》（*Dealers of Lightning: Xerox RARC and the Dawn of the Computer Age*）中特别强调了施乐帕克研究中心对此所做的贡献（图 8.1）。

现在，每次你使用鼠标点击计算机屏幕中的一个图标或者打开的层叠窗口时，你都在使用施乐帕克研究中心发明的技术。当你使用文字处理软件撰写文档，把文字显示在屏幕上时，所使用的软件是施乐帕克研究中心开发的。增大或缩小印刷字体，把普通打字机字体替换为 Braggadocio 或 Gothic 字体，用户按一下按键就可以把已做好的文档通过电缆或红外线链接快速地发送到激光打印机，其中用到的各项技术都是施乐帕克研究中心发明的。当然，激光打印机也是施乐帕克研究中心发明的。

图 8.1 施乐由于不甘心只做办公复印机的供应商，在 1970 年创建了施乐帕克研究中心。研究中心的目标是打造“未来办公室”。乔治·佩克（George Pake）和鲍勃·泰勒组建了一支由顶级科学家和工程师构成的团队致力于创造“信息体系架构”。数十年来，帕克研究中心一直是发明创造的“温床”。研究中心的氛围带有 20 世纪 70 年代悠闲、西海岸文化和嬉皮士的特征。中心研究人员与施乐公司其他员工的差异明显。在那种充满活力的研究氛围中，中心的研究人员开发出了大部分个人计算机的使用环境，至今仍然被广泛应用，比如重叠窗口、图形用户界面、以太网、数字视频、文字处理软件、激光打印机等。尽管帕克研究中心的研究成果没能帮助施乐在个人计算机的业务中获得成功，许多想法也没能催生出成功的商业产品，但是激光打印机却为施乐创造了数十亿美元的收入，这比公司在帕克研究中心上总投入要多得多。

那么，施乐为什么没能成为个人计算机革命的领头羊呢？其中的原因很复杂，但归根结底是施乐未能充分利用帕克研究中心的优秀科研成果，比如罗伯特·梅特卡夫和戴维·伯格提出的以太网（图 8.2），从而错失了创建新一代计算模式的大好机会。不过，帕克研究中心的众多发明之一——激光打印机却为施乐带来了数十亿美元的收益，这是它对研究中心总投入的许多倍。但是，施乐本来可以获得比这更多的收益（图 8.3）。施乐帕克研究中心创造力的大爆发出现在 20 世纪 70 年代早期。随着便宜且功能强大的微处理器的问世，以及计算机发烧友社区和四位没有大学学位的优秀年轻创业者的出现，个人计算机革命走上了一条不同的道路。

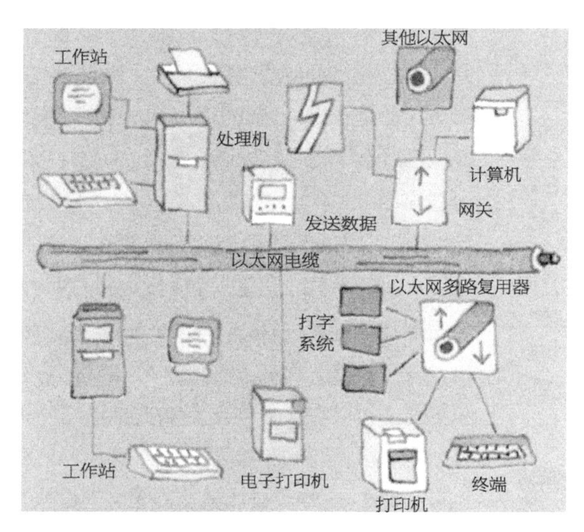

图 8.2 罗伯特·梅特卡夫和戴维·伯格提出的以太网概念图。他们在最初的以太网报告中写道：“正如计算机网络已经跨越海洋把重要的计算机设施相互连接在一起，它们现在深入到楼宇廊道之间，把办公室和实验室里的小型计算机连接起来。”

图 8.3 鲍勃·泰勒与施乐帕克研究中心。按顺时针方向，依次是鲍勃·泰勒、艾伦·凯、动态笔记本、袖珍计算器、斯图亚特·布兰德（当时他正在使用计算机绘画）。

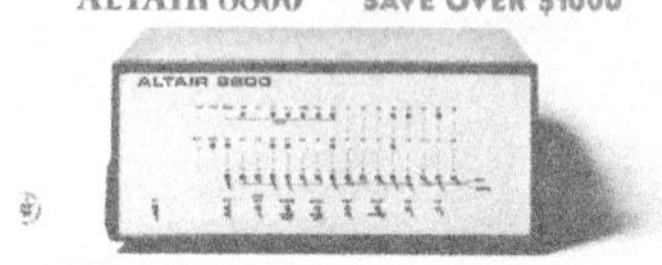

图 8.4 1975 年 1 月《大众电子》封面刊载的 Altair 8800。MITS 公司的 Altair 8800 让成千上万的计算机发烧友癫狂，并促使他们自己动手组装计算机。当编辑莱斯·所罗门要求撰写文章时，爱德华·罗伯茨还没完成设计。杂志把这台计算机命名为“Altair”。由于第一台样机在邮寄过程中丢失了，杂志就拍摄了一个空壳作为封面图片。

Altair 和微软

1975 年 1 月，《大众电子》杂志发表文章，骄傲地宣称“世界上第一台家用计算机诞生了”（图 8.4）。

> 多年来，我们读到或听到大量报道，说有朝一日计算机终会进入寻常百姓家。今天这一愿望终于成真，我们自豪地宣布世界上第一台家用迷你型计算机——Altair 8800 诞生了，它的价格在许多家庭的承受范围之内，完整套装（包含机柜）不到 400 美元。

《大众电子》的封面印刷的就是 Altair 8800，当时借助闪光灯完成拍摄。事实上，图片中的计算机只是一个空盒子，第一台真正的原型机在从阿尔伯克基到纽约的运送途中丢失了，制造商也没办法在杂志规定的时间内组装出另一台计算机发送到纽约。Altair 由美国空军电子工程师爱德华·罗伯茨（Ed Roberts）和他创立的电子公司——MITS（位于新墨西哥州阿尔伯克基市）制造（图 8.5）。MITS 是把计算器套装推向市场的首批公司之一，但是到了 1974 年，成品计算器卖得比套件还便宜。为了挽救公司，罗伯茨设计出了一种全新的产品，即基于英特尔最新的 8080 微处理器的计算机套装。8080 微处理器比上一代芯片（8008）功能更强劲，正如史学家保罗·克鲁兹（Paul Ceruzzi）所说：“以前建造一个功能系统需要用到 20 个支持芯片，而现在只需要 6 个。”在设计中，罗伯茨提出了一种“开放总线架构”，允许用户添加其他电路板。总线是计算机中连接各大主要部件的一系列标准连接点，主要部件有 CPU、内存和输入输出设备（I/O）。总线架构使得用户可以对计算机进行定制，当需要某种功能时，只需把拥有这种功能的电路板接入总线即可。比如，如果你想要更棒的音响系统，只需把旧声卡从总线上拔下来，然后插上新的声卡就可以了。

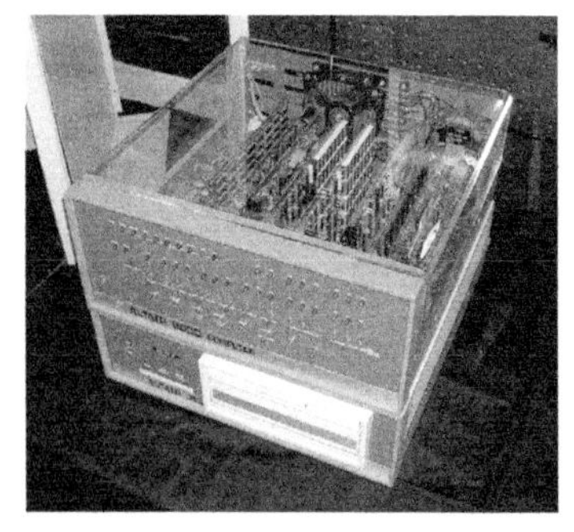

图 8.5 MITS 公司推出的 Altair 8800。大部分 DIY 发烧友都不愿意自己购买全套集成电路板和相关元件组装计算机。Altair 8800 最吸引人的地方就是它是第一个鼓励计算机发烧友自己动手组装的计算机套装。

MITS 公司打算生产和销售外围设备扩展卡，借助扩展卡用户就可以把内存卡、纸带读取器、终端和打印机等这些辅助设备连接到计算机了。在 Altair 中，开放总线设计十分重要，因为它允许电子发烧友和其他电子公司为 Altair 制作扩展卡。尽管在 Altair 发布后的几个月内，既无外设卡也无预装软件可用，但是这丝毫没有打击用户的购买热情，大量订单如潮水般涌向 MITS 公司。Altair 远没有普通家用电器那样易于使用，为了让它执行某项任务，用户必须用手拨动前面板上的开关逐位输入程序。显而易见的是，在发布之后，Altair 急需拥有运行高级编程语言的能力。

达特茅斯学院的约翰·凯梅尼（John Kemeny）和托马斯·库尔茨（Thomas Kurtz）在 20 世纪 60 年代开发出了 BASIC 编程语言。BASIC 是初学者通用符号指令代码（Beginner's All-purpose Symbolic Instruction Code）的首字母缩写。达特茅斯学院使用这门语言教学生学习编程。1971 年，DEC 的一个工程师团队在 BASIC 语言演化过程中走出了非常重要的一步。他们使用 BASIC 为

PDP-11 小型计算机编写了一个新的操作系统，并且从多个方面对这门语言进行了扩展和修改。其中，最重要的是引入了 PEEK 和 POKE 命令，这使得程序员可以做底层系统调用，允许 BASIC 程序直接与计算机内存进行交互（以字节为单位）。工程师们还对 BASIC 语言的基本规则和凯梅尼、库尔茨不赞成的改动做出了一些妥协，以允许 DEC BASIC 用在内存非常有限的机器上。尽管 BASIC 易于使用，但是高等院校的计算机科学系却不鼓励老师把 BASIC 用作教学语言，因为他们觉得使用 BASIC 可能会让学生养成不好的编程习惯。图灵奖得主艾兹格·迪科斯彻甚至说使用 BASIC 编程可能会导致大脑损伤。对于个人计算机革命，BASIC 显然是首选，经过 DEC 扩展，程序员可以轻松地从 BASIC 转到机器代码。罗伯茨说他之所以选中 BASIC 是因为不论谁都可以在极短时间内学会使用它。

保罗·艾伦和他的高中同学比尔·盖茨在西雅图的一家私立学校——湖畔中学读书期间深深迷上了计算机（B8.1）。闲暇期间，他们干起了 C 立方计算机公司的测试员，以换取免费使用公司新微机 PDP-10 的机会。他们从公司编程专家那里学到了新的编程技术。其中一位是史蒂夫·拉塞尔（Steve Russell），拉塞尔曾在麻省理工学院与约翰·麦卡锡一起工作过，开发出了游戏《太空大战》，这是第一批交互式计算机游戏之一。那时，计算机公司大都把主要精力放在计算机硬件研发上，软件则免费提供给用户使用，试图通过这种方式刺激他们购买计算机。C 立方公司有权访问 TOPS-10 操作系统（DEC 为 PDP-10 大型机开发的操作系统）的源代码，当时 C 立方公司正在调试和增强它。拉塞尔发现，艾伦很想学编程，于是就开始教他学 PDP-10 汇编语言。作为一个项目，拉塞尔要求艾伦为 PDP-10 改进和增强 BASIC 编译器。

在 C 立方公司倒闭之后，艾伦和盖茨搬至华盛顿大学的计算机科学实验室继续做他们的项目。在接下来的几年间，他们还接过各种商业单子，为 PDP-10 编写代码。1972 年夏天，他们共同创办了 Traf-O-Data 公司，使用英特尔最新的微处理器（8008）开发用来自动统计交通流量的硬件和软件，并做数据分析。他们说服华盛顿大学工程系的一名学生保罗·吉尔伯特（Paul Gilbert）为他们设计与制造硬件。为了在硬件还没制造出来的情形下编写软件，他们决

B8.1 1968 年，在西雅图湖畔中学读书时的保罗·艾伦（坐在电传打字机前）和比尔·盖茨（站在电传打字机旁）。艾伦和盖茨利用学校的独立学习时间钻研编程，学习使用 BASIC 编写程序。他们对计算机十分着迷，花很多闲暇时间为本地一家计算机公司工作，从而精通 PDP-10 的操作系统软件和汇编语言。1975 年 1 月，《大众电子》杂志在封面上刊登出了 Altair 计算机套装，这让艾伦和盖茨异常兴奋。他们联系了爱德华·罗伯茨（Altair 的设计师），说他们可以为 Altair 编写一个 BASIC 解释器。让人感到不可思议的是，他们在为 Altair 编写 BASIC 解释器时根本就没见过 Altair。他们使用英特尔 8080 微处理器的模拟器来调试 BASIC 解释器，这个模拟器是艾伦之前为 PDP-10 编写的。在哈佛大学同学蒙特·戴维杜夫（Monte Davidloff）的协助下，他们只用了 8 周就写好了 BASIC 解释器。当哈佛大学查看 1 月的 PDP-10 的使用情况统计时，他们发现比尔·盖茨上机时间多得惊人。

B8.2 爱德华·罗伯茨（1941—2010）在1970年创立了MITS公司。初期，公司生产模型火箭电子套装，后来生产计算器。随着计算器价格越来越便宜，MITS无法从中赚取足够的利润时，罗伯茨设计出了标价397美元的“个人计算机”自制套装，取名为Altair 8800。1975年1月，《大众电子》杂志对Altair 8800进行了报道，随后订单铺天盖地而来，Altair成为个人计算机革命的导火索。

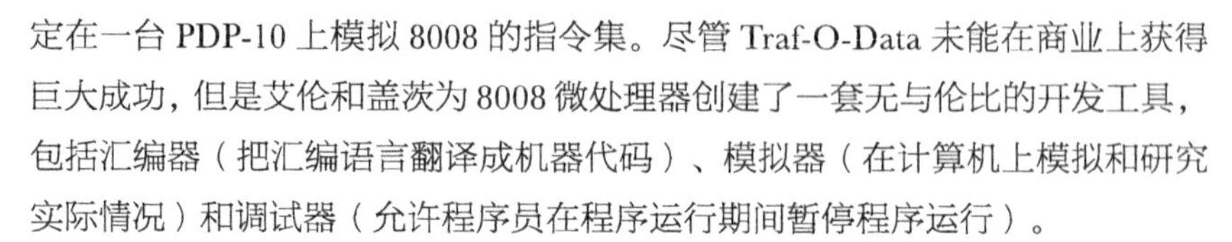

定在一台PDP-10上模拟8008的指令集。尽管Traf-O-Data未能在商业上获得巨大成功，但是艾伦和盖茨为8008微处理器创建了一套无与伦比的开发工具，包括汇编器（把汇编语言翻译成机器代码）、模拟器（在计算机上模拟和研究实际情况）和调试器（允许程序员在程序运行期间暂停程序运行）。

1974年12月，比尔·盖茨回到哈佛大学，保罗·艾伦也搬到了波士顿，成为霍尼韦尔公司的一名程序员。当《大众电子》在1975年1月刊出“Altair”的报道时，艾伦和盖茨看到了他们的机会，即为Altair编写BASIC解释器，之前他们在这方面已经积累了丰富的知识和经验。于是，盖茨给身在阿尔伯克基市的爱德华·罗伯茨（B8.2）打电话，谎称自己是保罗·艾伦，说可以为Altair开发BASIC解释器。对于当时的情形，艾伦是这样说的：

> “我是波士顿的保罗·艾伦。”盖茨说，“我们为Altair开发了一个BASIC解释器，想带过去给你看看。”我很佩服盖茨的胆识，但是也很担心，因为他牛皮吹得太大了，那时我们才开始写。

罗伯茨接到过很多类似的电话，他跟盖茨说，他会和第一个演示在Altair上跑BASIC的人签合同。

在这样的“鼓励”之下，艾伦和盖茨买了一本8080指令使用手册，开始为这种新微处理器扩展他们的Traf-O-Data开发工具。盖茨主导BASIC解释器的设计工作（图8.6）。编译器把程序的源代码一次性转换成汇编语言程序，而解释器每次只翻译和执行一小部分源代码，因而占用的内存更少。为了编写BASIC做十进制算术运算的代码，他们招募了盖茨在哈佛大学的同学蒙特·戴维杜夫。整个1月和2月，他们每天工作到深夜，周末也不休息。就这样，他们只用了8周就写好了BASIC解释器，然后艾伦飞到阿尔伯克基在真实的Altair上进行第一次演示。令罗伯茨和他的工程师惊讶的是，那是8080 BASIC解释器第一次在真机上运行。1975年7月，盖茨和艾伦要跟MITS签订许可协议，他们需要给自己的公司取个名字，便从微处理器（Microprocessors）和软件（Software）两个词中各取了前半部分，组成了Micro-soft（微软）这个名字，对于是否要中间的连字符，他们二人看法不同。1976年11月，他们在新墨西哥州把公司名称注册为微软公司（Microsoft Corporation，B8.3）。

图8.6 Altair BASIC解释器源带。保罗·艾伦写好软件，飞到阿尔伯克基为MITS公司的爱德华·罗伯茨和其他工程师演示解释器。后来，微软还为其他许多语言和处理器编写过解释器，但即使到了20世纪80年代早期，BASIC仍然是最有价值的产品。源带上标注的日期是1975年7月2日。

B8.3 微软早期11名员工的合影。这张照片拍摄于1978年12月7日，地点在阿尔伯克基。上排，史蒂夫·伍德（Steve Wood，程序员）、鲍勃·华莱士（Bob Wallace，产品经理／设计师）、吉姆·莱恩（Jim Lane，项目经理）；中排，鲍勃·奥利尔（Bob O'Rear，数学专家）、鲍勃·格林伯格（Bob Greenberg，程序员）、马克·麦克唐纳（Marc McDonald，程序员／微软第一个员工）、戈登·莱顿（Gordon Letwin，程序员）；下排，比尔·盖茨（创始人）、安德里娅·刘易斯（Andrea Lewis，技术文档工程师）、玛拉·伍德（Marla Wood，簿记员，史蒂夫·伍德妻子）和保罗·艾伦（创始人）。艾伦在1983年离开微软，2018年因病去世。有两位员工未出现在照片中，一位是瑞克·维兰德（Ric Weiland），当时他正在看房子，为微软搬到西雅图做准备；另一位是米丽亚姆·卢贝（Miriam Lubow），那天阿尔伯克基出现了罕见的暴风雪，因此她没能赶上合影。

艾伦和盖茨的独特技术经历再加上他们编写的PDP-10模拟器和开发工具，让他们打败了经验丰富的软件工程师和大学里的计算机科学家，抢先开发出了第一个可以在Altair上运行的软件。他们开发的BASIC解释器拥有很多特性，性能出色，并且占用的内存非常少。对于他们的成就，保罗·克鲁兹这样评价道：

> 盖茨和艾伦编写的BASIC解释器巧妙地把达特茅斯学院和DEC公司的优秀研究成果结合在一起，BASIC解释器是促使他们成功建立个人计算机软件产业的关键。

到1979年，微软的BASIC解释器成为第一个销售破百万美元的微处理器软件产品（图8.7）。

图8.7 微软园区鸟瞰图（位于华盛顿州雷德蒙德市）

家酿计算机俱乐部和苹果

Altair的出现让电子发烧友异常兴奋，它使得基于微处理器制造个人计算机成为现实。整个美国出现了大量计算机俱乐部，其中最著名的就是位于硅谷的“家酿计算机俱乐部”（Homebrew Computer Club）。在个人计算机早期，大约1975～1978年，电子发烧友在个人计算机的发展过程中发挥了至关重要的作用，那时芯片制造商和传统的计算机公司都把主要精力放在开拓商业计算机市场上。芯片供应商在开拓嵌入式系统市场，他们设计的微处理器主要在更大的系统中用作控制中心。IBM、DEC和其他计算机公司都把主要精力放在大型机或小型机上，不太关注个人计算机。只有狂热的电子发烧友才苦中作乐地为Altair等微处理器系统编程，那时的Altair都没有可用的外围设备，这使得系统并不容易使用。令人欣慰的是，Altair采用了开放式总线架构，这意味着电子发烧友以及其他公司都可以为Altair生产外围设备，以便从这个方兴未艾的产业中分得一杯羹。

尽管IBM公司早在1968年就开始把硬件和软件分开销售（即单独出售硬件和软件），但是硬件制造商们的传统做法仍然是用户在购买他们的硬件产品时会免费获赠软件，并以此吸引人来购买硬件。这种做法在计算机界引起了巨大分歧，在某种程度上延续至今。1975 年，艾伦和盖茨发现，他们赚得的 BASIC 授权费只有 16 005 美元，这令他们很惊讶，也很失望。实际上，在购买 Altair 的用户中，只有不到 1/10 的用户购买了他们的 BASIC 软件，其他用户大都使用的是非法拷贝。针对这种情况，比尔 · 盖茨撰写了著名的《致电子发烧友的公开信》，这篇文章发表在家酿计算机俱乐部的新闻刊物上。文章中，盖茨指出非法拷贝让他们失去了开发高质量软件的勇气。这篇文章在电子发烧友之间引起了激烈的争论（图 8.8）。

图 8.8 家酿计算机俱乐部的聚会。俱乐部在斯坦福线性加速器中心礼堂举行聚会，鼓励大家在门厅展示他们最近的发明。不管是谁，只要参加过一次聚会即可成为会员，并且可以订阅俱乐部发布的会议纪要。弗莱德·摩尔（Fred Moore，俱乐部创始人之一）在 1975 年 3 月 15 日整理了第一期《家酿计算机俱乐部会议纪要》。摩尔表达了自己的喜悦之情："我希望家用计算机可以应用到生活的各个方面，其中很多方面我们现在还想不到。"

Altair 的出现促使人们成立了家酿计算机俱乐部。1975 年 3 月，他们开始了第一次聚会，地点在加利福尼亚门罗公园的一个车库里，之后每个月都在斯坦福线性加速器中心礼堂举办聚会。在第一次聚会的 30 多人中（后来聚会人数增加到几百人），有一位名叫史蒂夫 · 沃兹尼亚克的年轻人，朋友们更喜欢叫他"沃兹"（Woz）。尽管沃兹从大学辍学，但是他意外地成为惠普公司计算机部门一位出色的工程师。受到 Altair 的鼓舞，沃兹开始自己设计计算机，他选用的是 MOS 技术公司生产的 6502 微处理器，它是当时最便宜且功能完备的微处理器，比英特尔 8080 便宜。沃兹花了 6 个月为 6502 制作了一块电路板，它拥有 4KB 内存，并且可以直接连接显示器和键盘。相比于 Altair 的波动开关，在易用性上，这是一个巨大改进。沃兹曾请求惠普对自己制作的计算机进行商业化，可惜未能如愿，但是这款产品在家酿计算机俱乐部大受欢迎。

B8.4 20 世纪 60 年代晚期，史蒂夫·乔布斯（右）和史蒂夫·沃兹尼亚克（左）在一个朋友的车库中见面。他们互相聊了自己对电子学的痴迷和戏弄人的小把戏。他们一起合作的第一个项目是设计、生产、销售蓝盒子，用户可以使用它免费打长途电话。

1971 年，沃兹经朋友介绍认识了史蒂夫 · 乔布斯，乔布斯也是一位电子发烧友，痴迷于计算机（B8.4）。沃兹和乔布斯一起设计和销售"蓝盒子"（blue box），这是一个未经授权的设备，它可以帮助用户模拟贝尔电话公司线路的控制信号，实现免费打电话。高中毕业后，乔布斯进入俄勒冈州波特兰市的里德学院学习，后来辍学回到了加利福尼亚的洛斯阿尔托斯。乔布斯进入雅达利电子游戏公司工作，在攒够钱之后，便去了印度追寻自己感兴趣的亚洲哲学。

图 8.9 1976 年，史蒂夫·沃兹尼亚克在家酿计算机俱乐部展示了 Apple I 的原型机。支付 666.66 美元，买家将收到一块空白电路板、一个零件套件和 16 页的组装手册。不包括电源、键盘、存储系统和显示器。

图 8.10 Apple II 发布于 1977 年，被宣传为“一台适合普通人使用的非凡计算机”。独立系统、用户友好设计、图形显示让苹果在个人计算机发展的前十年成为领头羊。早期的 Apple I，用户必须自己为它配备运行必需的部件，比如外壳与电源，而 Apple II 不同，它本身就是一个完整的电子消费产品，在促销活动中，苹果一直强调它是一个居家、工作、学习的必备工具。

1974 年，乔布斯从印度回来，很快发现了沃兹个人计算机主板的潜力。1976 年 4 月 1 日，乔布斯与罗纳德·韦恩（Ronald Wayne）、沃兹尼亚克一起创办了苹果计算机公司，把沃兹设计的主板作为个人计算机套装推向市场销售，这就是后来被称为 Apple I 的计算机（图 8.9）。不久，韦恩把自己的股份卖给了乔布斯和沃兹。乔布斯说服新成立的字节商店（Byte Shop）以每台 500 美元的价格购买了 100 台 Apple I。为了筹集购买芯片和生产电路板的资金，乔布斯卖掉了自己的大众汽车，沃兹尼亚克卖掉了自己的惠普可编程计算器。他们在乔布斯家的车库里组装 Apple I，最终他们成功卖掉了大约 200 台，赚了些钱。乔布斯认识到，如果把基于微处理器的主板放入一个塑料外壳，并且配上标准电源、键盘、显示器以及用来长期保存数据和程序的磁带，形成一个独立的机器，销售市场会变得更大，售卖对象就不只局限于计算机发烧友了。此外，个人计算机还需要配备高级编程接口、一些应用软件以及电子游戏。

在乔布斯提出这些要求之后，沃兹开始制造 Apple II，乔布斯负责制造塑料外壳和筹集启动资金（图 8.10）。沃兹设计的 Apple II 堪称电路设计的经典之作，它使用的芯片比 Altair 少，可以显示彩色图形，并且能够很好地支持交互游戏（这些游戏都是沃兹喜欢玩的）。仿照 Altair 的做法，沃兹极力主张在 Apple II 中使用开放总线架构，并且添加了扩展槽，这样其他公司就可以对 Apple II 做一些有趣的扩展。沃兹还为 Apple II 编写了 BASIC 解释器。与此同时，有人介绍乔布斯认识了迈克·马尔库拉（Mike Markkula），当时马尔库拉只有 34 岁，但已经从英特尔市场经理的岗位上退休，他所持有的英特尔股票期权为他带来了可观的财富。马尔库拉看到了两位年轻创业者的潜力，购买了苹果公司 1/3 的股票，并且主动帮助他们撰写商业计划书，寻求风险投资的支持。事实证明，Apple II 是一款非常成功的产品，其广告宣传中说：

> 现在家用计算机已经准备好与你一起工作、娱乐、成长……你可以使用它组织、存储有关家庭财务、收入所得税、食谱、身体健康数据，并为这些数据编索引，你还可以用它来管账理财，甚至控制你家的室内环境。

事实上，当时并没有相应的软件可以用来监控你的健康数据、保持收支平衡，或者做上面任何一个家庭应用，大部分软件只是用来玩游戏的。

为了真正运行应用软件，还需要为个人计算机添加更好、更方便的存储介质。磁带又慢又不好用，也不支持随机访问，用户必须从开头把磁带滚到指定的位置。直到 1971 年，IBM 的戴维·诺布尔（David Noble）发明了软盘，这些不便才得以解决。软盘是一种表面覆盖有磁性材料的塑料片，这些磁性材料用来存储信息。IBM 最初开发出了 8 英寸软盘，用来为自己生产的大型计算机加载微代码。艾伦·舒尔加特（Alan Shurgart）认为，这是个人计算机的理想存储设备，他创办了一家公司生产 5.25 英寸软盘以及磁盘驱动器。苹果从舒尔

图 8.11 1979 年出现的 VisiCalc 是第一个杀手级商业应用。这个电子表格软件由丹尼尔·布莱克林和罗伯特·富兰克斯顿的软件艺术公司开发。许多用户特意购买 Apple II 来运行这个软件。VisiCalc 是个人计算机的第一个电子表格软件，随后莲花、微软、Borland 以及其他公司也纷纷推出了电子表格软件，最终 VisiCalc 在市场上失去了霸主地位。布莱克林无法为 VisiCalc 注册专利，因为当时软件专利还未被法律认可，直到 1981 年，美国最高法院做出了一个开创性的裁定，软件专利才得到承认。

加特那里购买了驱动器，但是沃兹认为它的控制电路太复杂，总共需要 50 个芯片才能实现。沃兹创造了又一个工程杰作，他重新设计了磁盘驱动器的控制器，只使用了 5 个芯片。这种简单又快速的控制器被应用在 Apple II 的软盘驱动器中。

1979 年，个人计算机首款杀手级商业应用出现了，而施乐帕克研究中心团队却错过了它。这就是电子表格软件，用来呈现财务和其他信息。世界上第一个电子表格软件是 VisiCalc（图 8.11），这个名称是可视化计算器（Visible Calculator）的缩写。VisiCalc 软件由丹尼尔·布莱克林（Daniel Bricklin，B8.5）开发，他在哈佛大学读 MBA，当时 26 岁。布莱克林看到许多 MBA 同学苦于财务数据需要烦琐计算，又很容易算错，于是，有了编写 VisiCalc 的想法，希望通过它自动完成这些烦琐的计算。布莱克林与罗伯特·富兰克斯顿（Robert Frankston）一起成立了一家公司开发并销售 VisiCalc。虽然苹果并未直接销售 VisiCalc，但是通过口口相传，VisiCalc 获得了巨大成功。对此，罗伯特·斯莱特（Robert Slater）在他的《硅谷肖像》（*Portraits in Silicon*）中写道：

> 突然间，商人们都觉得自己必须有一台个人计算机：VisiCalc 让个人计算机有了真正的用武之地。使用电子表格程序事先并不需要做什么技术培训。在这之前，个人计算机只是个神奇的玩具，只有电子发烧友才会玩，并且主要用来玩游戏。但是，自从 VisiCalc 出现之后，计算机才被公认为是一个重要的工具。

B8.5 罗伯特·富兰克斯顿（左）和丹尼尔·布莱克林（右）是 VisiCalc 电子表格软件的开发者。布莱克林 1973 年毕业于麻省理工学院，获得电子工程和计算机科学学位。工作几年之后，他申请就读哈佛商学院的工商管理学硕士学位。1978 年，布莱克林坐在哈佛大学奥尔德里奇大楼的 108 教室里，思考着为多个不同商业案例做财务预测的更简便方法：想象一下，如果我的计算器背面有个球，就像鼠标一样……他为 Apple II 写了一个软件原型，引入了行、列以及一些算术运算。在同学富兰克斯顿的帮助下，布莱克林于 1979 年创立了软件艺术公司，开始以 100 美元的价格销售 VisiCalc。如今，在奥尔德里奇大楼 108 教室的墙上挂着一个牌匾，用来纪念布莱克林做出的成就：“1978 年，布莱克林（MBA 1979 届学生）在这个教室里构想出了第一个电子表格程序——VisiCalc（信息化时代第一个杀手级应用），它彻底改变了人们在商业中使用计算机的方式。”

B8.6 唐·埃斯特利奇(1937—1985)。计算工程师。他是IBM“国际象棋计划”的负责人，这是IBM公司的一个绝密项目，即在佛罗里达的博卡拉顿研发IBM PC。IBM PC采用了开放架构，并且使用了第三方软硬件，这在IBM公司是史无前例的。在IBM PC推出3年后，埃斯特利奇在一次坠机事故中丧生，那时IBM PC获得了巨大成功，IBM公司售出了超过100万台机器。

1977年1月，苹果公司正式注册成立。1980年12月苹果公司公开招股上市，并且成为华尔街有史以来最成功的股票之一，乔布斯和沃兹尼亚克一夜之间成为大富豪。

国际象棋计划和IBM PC

到1980年，IBM看到了Apple II和其他基于微处理器的计算机的崛起。IBM公司内部一小部分个人计算机拥护者意识到，IBM只有快速推出一款个人计算机，才能在这个新兴的个人计算机市场中占据主导地位。根据IBM公司的历史档案记载，IBM博卡拉顿实验室的比尔·洛伊（Bill Lowe）和唐·埃斯特利奇（Don Estridge，B8.6）提议研发个人计算机：

> 援引一位分析师的话说：“IBM生产个人计算机就像教一头大象学跳踢踏舞一样困难。”洛伊去纽约和公司高层面谈，他声称自己领导的团队一年之内就能研发出一台新的小型计算机。公司高层回复说：“去干吧！两周之内拿个方案出来。”

对IBM来说，进军个人计算机领域是一个富有争议的决定。一篇报道援引了一位内部人士的话，这样说道：

> 为什么非要关注个人计算机呢？它和办公自动化一点儿关系都没有。对于那些使用“真”计算机的大公司来说，个人计算机没什么用。而且，里面也没什么油水可捞，生产个人计算机只会让IBM难堪，我觉得我们本来就不是做个人计算机业务的。

时任IBM主席兼CEO弗兰克·卡里（Frank Cary）做出了两项重大决定：一是要继续研发IBM的个人计算机，二是研发工作要在IBM现有业务之外进行。特别地，博卡拉顿团队可以不受限制地使用非IBM微处理器来搭建系统，最终他们选用了英特尔新出品的16位8088芯片。第一代个人计算机使用的8位微处理器在一条机器指令中只能访问8位数据，而新一代微处理器（比如英特尔的8088）一次可以访问和处理16位数据。博卡拉顿团队的另一个做法也打破了IBM的标准惯例，那就是洛伊把软件外包给其他公司做。1979年一份评估IBM的个人计算机前景的商业研究报告建议IBM公司不要开发专有系统和应用程序，因为要获得成功，IBM需要邀请大量第三方机构为新系统编写软件。这个结论也清晰地表明：IBM公司要从其他公司购买操作系统。同时这个决定也暗示着操作系统供应方可以把软件卖给购买非IBM的个人计算机的用户使用。

杰克·萨姆斯（Jack Sams）是IBM公司负责为个人计算机原型机开发软件的工程师。1980年夏天，萨姆斯率领一个IBM代表团访问了微软的西雅图办公室，他们向艾伦和盖茨透露了IBM公司的高级机密，即他们正在研发个

B8.7 加里·基尔代尔（1942—1994），计算机科学家。他从华盛顿大学获得了计算机科学博士学位，曾经在海军研究生院教授计算机。1974 年，他为个人计算机成功开发出了第一个商业化操作系统 CP/M。之后，他和妻子创立了星际数据研究公司销售 CP/M。IBM 请求基尔代尔为他们研制的 IBM PC 提供 CP/M 系统，但由于某些未知原因，基尔代尔未能和 IBM 达成协议。随后，IBM 请求微软进行开发，微软最终为 IBM 成功开发出 PC-DOS 操作系统。

人计算机，代号为“国际象棋计划”。根据 IBM 史学家爱德华·布赖德（Edward Bride）的说法：

> 萨姆斯与盖茨会面，评估微软是否能够承担为 IBM 的计算机编写 BASIC 解释器的任务，并且把微软引荐给洛伊，他们最终在产品中采用了微软的软件。另外，萨姆斯与星际数据研究公司关于操作系统的交易没能谈成，于是萨姆斯及其团队把目光转向微软，这最终促成了一款操作系统的诞生，IBM 把这款操作系统称为 PC-DOS，而微软将其称为 MS-DOS。

微软答应为 IBM 的个人计算机提供 BASIC 解释器，不仅如此，还提供 FORTRAN、COBOL、Pascal 等语言的解释器，并且许诺全部按照 IBM 紧迫的时间表进行交付。

星际数据研究公司（Intergalactic Digital Research，后来改为 Digital Research）由加里·基尔代尔（Gary Kildall，B8.7）创立，主要销售他的 CP/M，这是一个适用于微处理器、个人计算机的操作系统。CP/M 是带有一个或多个驱动器的计算机最重要的磁盘操作系统。1976 年，计算机专业杂志《多布博士》（*Dr. Dobb's Journal*）向发烧友介绍了 CP/M，说它类似于 DECSYSTEM 10，使用源自 DEC 操作系统的命令。比如，使用一个字母标识磁盘驱动器，文件名包含一个实心句点和三个字符组成的扩展名，使用 DIR 命令查看目录中的文件等。1977 年，基尔代尔重写了 CP/M，这样每种新机器只需改动一小部分代码即可使用它。他把这种专用代码称为 BIOS，即输入输出操作系统（Basic Input/Output System）。BIOS 使个人计算机系统软件标准化，而 Altair 总线使硬件标准化。

由于某些未知原因，IBM 代表团认为他们无法与 Digital Research 公司就 CP/M 系统达成协议，于是他们寻求微软的帮助。这也让微软陷入进退两难的困境，因为当时微软从未编写过操作系统。由于担心拒绝 IBM 会影响到微软与 IBM 的其他合作，所以艾伦和盖茨积极寻求各种解决办法。那时有一家名叫 SCP 的西雅图本地公司正在生产 8086 16 位硬件，该公司的一名设计师蒂姆·帕特森（Tim Paterson）和保罗·艾伦一直在使用 8086 BASIC 软件测试他们生产的硬件样机。在等待加里·基尔代尔发布 16 位 CP/M 期间，作为临时措施，帕特森开发出一个名叫 QDOS（Quick and Dirty Operating System）的程序。然后艾伦、盖茨和 SCP 公司老板罗德·布鲁克（Rod Brock）达成了一项协议，微软获得了 SCP 公司的 QDOS 授权，并将其重新命名为 86-DOS。1981 年 7 月，微软重新找到布鲁克，协商买断 86-DOS 的所有版权。这项交易可能是计算机史上最有价值的一次，为微软日后的成功打下了坚实的基础。

IBM 的博卡拉顿团队承诺在 1980 年 12 月 1 日之前向微软交付一台样机。事实上，直到 12 月 1 日当天早上，博卡拉顿团队才把样机送来。微软业务经

图 8.12 IBM PC。IBM 在 1981 推出的第一款个人计算机，此时第一台个人计算机诞生已经 5 年多了。但是，凭借这台计算机，IBM 的名声立刻获得商业市场认可，鼓舞 IBM 进一步对个人计算机进行投资，研发文字处理和电子表格软件。尽管 IBM 在 1981 年才推出面向普通大众的个人计算机，但是 IBM PC 对整个工商界产生了深远影响。各大公司纷纷批量购入 IBM PC，从此个人计算机在办公中发挥了越来越重要的作用，同时越来越多用户开始认识 MS-DOS。不同于 IBM 以往产品，IBM PC 集成了来自其他公司的软硬件，拥有开放式架构，推动了克隆机业务的蓬勃发展。

理史蒂夫·鲍尔默应声开门，把 IBM 团队带到一间小的密室里，这个密室戒备森严，只有少数几个人才能出入。不可靠的硬件引起了一系列问题，给微软的软件团队带来重重困难，导致他们没能在规定日期（1 月中旬）内交付 PC-DOS 和 BASIC。最终，IBM 的个人计算机 IBM PC 在 1981 年 8 月正式发布，在 11 月开始发货，实际时间反而比预定时间提前（图 8.12）。除了微软的 PC-DOS 外，IBM PC 还有其他两种操作系统可用，分别是 Digital Research 的 CP/M-86 和加利福尼亚大学的 p-System。戴维·布莱德利（David Bradley）曾经这样说："简单经济学决定成败——PC-DOS 售价约 40 美元，而 CP/M-86 和 p-System 售价大约为 400 美元。" IBM 规划师估计说："在 IBM PC 的 5 年生命期中，所有销售渠道的累计销售量将达到 241 683 台。" IBM 公司的销售人员强烈批评规划师这种不切实际的测算。而实际上，根据布莱德利的说法，在 IBM PC 的 5 年生命期中，IBM 售出了大约 300 万台机器，1984 年有一个月就卖出了 25 万台。

在接下来的几年间，IBM PC 成为行业标准，大部分流行的软件都可以在 IBM PC 上运行（图 8.13）。1983 年 1 月，《时代周刊》杂志编辑把 IBM PC 提名为"年度风云人物"。开放的架构体系和标准化的操作系统软件鼓励其他厂商生产 IBM 的兼容计算机，这些计算机被称为 IBM 克隆机，它们完全复制了 IBM PC 的功能特征。IBM 一直处在技术领先地位，陆续生产出了几款非常成功的后续机型，其中最著名的是第二代机器，即 PC AT。PC AT 总线让扩展更容易，用户只需插入相应的电路板即可。1987 年，IBM 尝试把一些专利技术引入到 PS/2 并推向市场，试图代替当时的标准，但仅局限于带有微通道架构的 16 位 PC AT 总线。尽管 IBM 愿意把这项技术授权给别人，但是这种获得独特竞争优势的策略并未成功。最终，PC AT 总线被 PCI 接口所取代，这种架构由一个行业联盟在 1993 年推出。对此，IBM PC 设计师马克·迪恩（Mark Dean）这样说道：

图 8.13 IBM PC 按钮上印制的查理·卓别林形象。

> 我必须承认，在研发 PS/2 时我们完全忘记了 IBM PC 大获成功的原因。为了保持增长，我们应该继续完善它，并且允许其他人参与进来。这会让我们在市场上一直占主导地位。而在研制PS/2时，我们失去了制权。

苹果的麦金塔和微软 Windows

直到 20 世纪 70 年代，个人计算机的成功（先是 Apple II，再是 IBM PC）还是与施乐帕克研究中心的研究成果一点儿都不搭边。1979 年，当乔布斯（B8.8）被邀请访问施乐帕克研究中心之后，这个局面得到改观。在施乐高管的坚持下，帕克研究中心向乔布斯展示了基于 Alto 的未来办公室。拉里·泰斯勒（Larry Tesler）记得乔布斯当时问："施乐为什么不把这个推向

B8.8 史蒂夫·乔布斯（1955—2011）没念完大学，他在整个计算机史中扮演着一个重要角色。1976年，乔布斯和天才工程师史蒂夫·沃兹尼亚克创办了苹果计算机公司，销售Apple I个人计算机套装。1977年，Apple II发布，它是一款完全独立的消费产品，不仅可以用来玩游戏，还可以用来运行VisiCalc电子表格软件（第一个杀手级商业应用）。1979年，乔布斯访问了施乐帕克研究中心，参观了Alto个人计算机和它的图形用户界面。1984年，苹果推出了革命性产品——麦金塔。

在与公司董事会和CEO约翰·斯卡利闹翻之后，乔布斯于1985年离开苹果公司，并且卖掉了所有苹果公司股票，只保留1股。然后，乔布斯创立了NeXT计算机公司，于1990年推出了第一款计算机工作站，在日内瓦工作的蒂姆·伯纳斯-李使用它开发出了万维网。1994年，NeXT营业收入只有100万美元。

1986年，乔布斯从乔治·卢卡斯手中收购了其公司旗下一个计算机效果工作室的70%股份，成立了皮克斯动画工作室，帮助迪士尼老旧的动画制作部门计算机化。皮克斯数字动画制作业务原来只是其硬件和软件业务之外的一个副业。乔布斯在NeXT和皮克斯上一直在赔钱，但是到了1995年，这种局面得到好转，皮克斯制作的动画长片《玩具总动员》大获成功，乔布斯是执行制片人。

1996年，苹果公司失去了大部分市场份额，经营陷入困境，他们邀请乔布斯回到苹果担任顾问，并与乔布斯达成协议以4亿美元左右的价格收购NeXT公司。1997年，乔布斯成为苹果公司临时CEO，简称iCEO。在回归公司的第一年里，乔布斯裁掉了3000多名员工，1997年，苹果公司损失超过10亿美元。在两年巨额亏损之后，1998年，苹果公司创造了3亿美元的利润。作为公司CEO，乔布斯带领苹果公司创造了一个又一个辉煌，先是开发了iMac，接着是iTunes商店、iPod、iPhone和iPad。通过触摸界面，乔布斯重新定义了手机，这一点从各个场景下使用触屏手机的人数就能直观地体现出来。2003年，乔布斯罹患胰腺癌，尽管初期治疗取得了一些效果，但最终恶化。2011年10月，乔布斯病逝。

市场呢？这会令所有人震惊的。”事实上，当时的微处理器技术还不够强大，不足以用来实现他看到的这些功能。施乐在1981年发布“施乐之星”，尽管它有漂亮的界面，拥有许多高级功能（比如可以与激光打印机以及其他计算机相连），但是仍未能在商业上获得成功。“施乐之星”定价太高（超过10 000美元），无法与当年晚些时候发布的IBM PC相抗衡。乔布斯在参观完帕克研究中心之后，就把拉里·泰斯勒招到苹果，并让他负责研发苹果新一代计算机——Lisa，这是以乔布斯女儿的名字命名的。1983年，苹果公司推出了Lisa，但是售价太高，差不多10 000美元，因此没能获得商业上的成功。当时，苹果还在加紧研制另一款新型计算机。

“麦金塔项目”在1979年年中启动，负责人杰夫·拉斯金（Jef Raskin）是加州大学圣地亚哥分校计算机科学系的教授，他对施乐帕克研究中心的研究工作很了解，想生产一台带有内置屏幕的计算机，并且简单、易用，用户只需插上电源就能立即启动它。这台计算机被命名为“麦金塔”（Macintosh，Mac），拉斯金根据自己最爱的苹果品种McIntosh命名。当乔布斯从帕克研究中心回来后，就自己接管了“麦金塔项目”。拉斯金想开发一款低于1000美元的计算机。在乔布斯的坚持下，苹果向这款计算机添加了一些类似施

图 8.14 麦金塔计算机在 1984 年推出，当时在美国的超级碗橄榄球比赛中投放了广告。广告短片由雷德利·斯科特（Ridley Scott）为苹果公司拍摄制作，讽刺了 IBM 这位计算机界的“老大哥”企图借助 IBM PC 控制个人计算机市场的野心，并暗示横空出世的麦金塔计算机将会打破这个局面。这支广告是根据英国著名政治讽刺作家乔治·奥威尔的虚幻预言小说《1984》为背景来制作的。

乐帕克研究中心的新功能和新特征，这其中就包括鼠标，这也推高了计算机的价格。麦金塔于 1984 年上市销售，售价差不多 2500 美元（图 8.14）。为了为麦金塔开发硬件和软件，乔布斯把设计团队隔离到一个单独的大楼里，并在外面挂上一面海盗旗。对此，后来苹果的 CEO 约翰·斯卡利（John Sculley）说：

> 这些“海盗”是乔布斯从苹果公司内外精心挑选出来的一群极富才能又特立独行的人。他们的使命不妨大胆地描述为：颠覆思维，打破常规。他们最推崇的一句话是“过程本身即是奖励”，他们把公司翻腾得乱七八糟，只为得到好的创意、零件和设计方案。

与 Lisa（通过使用更昂贵的专用硬件实现更好的性能）不同，麦金塔使用摩托罗拉 68000 微处理器实现了与 Lisa 类似的功能。乔布斯痴迷地盯着麦金塔设计的每一个环节，甚至包括生产设备的颜色和外壳设计，他自己的名字也出现在设计专利中。泰瑞·欧亚马（Terry Oyama）是苹果公司的设计师之一，后来他说：“虽然乔布斯没有亲自动手画一条线，但是他的想法和灵感总是能让设计变得更好。说实话，起初我们并不知道在计算机中‘友好’指什么，而乔布斯告诉了我们什么是‘友好’。”乔布斯让原麦金塔设计团队的 47 名成员在原型机上签下自己的名字，这些早期的麦金塔原型机现在成为风靡一时的收藏品。

尽管麦金塔的性能令人印象深刻，但是它并不是一款成功的消费产品，并且没有集成硬盘，这意味着它无法抢占 IBM 的商业市场（图 8.15）。但麦金塔在出版和传媒产业却有一批忠实的拥趸，脱颖而出，因为它拥有强大的桌面排版功能，编辑和设计师可以使用它轻松编辑文字、设计页面版式。与 Apple II 和 IBM PC 不同，麦金塔的架构是封闭的，第三方厂商无法为它添加电路板以便做功能扩展。虽然微软提供了一些应用软件，但是苹果开发了自己的操作系统，这使得开发者很难编写出可充分利用其硬件性能的应用。

用户们喜欢麦金塔漂亮的图形用户界面和舒适的使用体验。这个革命性的用户界面由施乐帕克研究中心的研究员们开发，在图形用户界面下，用户通过 WIMP（即窗体、图标、菜单、指针）向计算机发送命令。这里所说的“窗体”（Windows）并不是指微软同名的操作系统，而是指一个被称为“窗体”的矩形框架，它显示在计算机显示器上。在一个窗体运行一个程序的同时，位于同一个显示器中的其他窗体可以运行其他程序。用户可以在屏幕上看到所有程序的输出，而且通过选择相应的窗体，用户也可以向某个程序输入信息。图标是一些小尺寸的图片，它们对应于特定行为，用户可以从中进行选择。菜单是可用选项的列表，往往显现为图标和下拉菜单，把用户选择的程序或应用列出来。最后，指针是一个标记，比如箭头，显示在屏幕上，允许用户选择一个操作。在很长一段时间内，控制指针的常用方法是使用鼠标，用户可以使用这个手掌大小的设备移动屏幕上的指针箭头，然后单击选择下拉菜单中的菜单项。

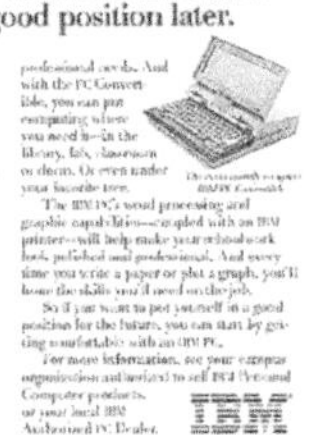

图 8.15 IBM PC 广告。对 IBM 公司来说，向学生推销个人计算机是一次全新的体验。这之前，他们可从没跟用户说过：“他们可以在自己喜欢的树下使用它们。”

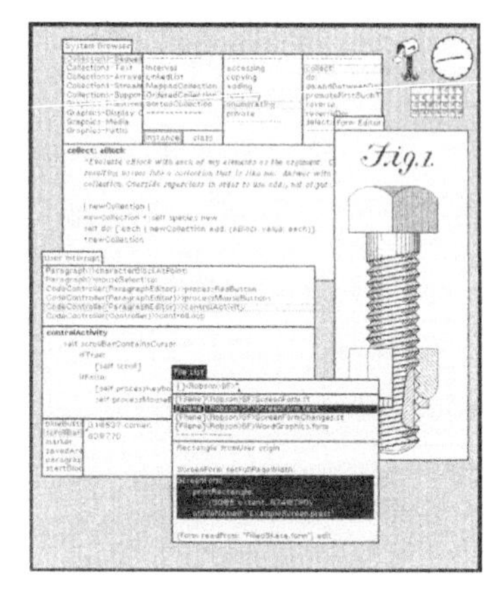

图 8.16 运行在施乐 Alto 上的“雪松”环境截屏。这种图形用户界面包括窗体、图标、菜单和指针设备。今天我们仍然在使用这种 WIMP 界面。史蒂夫·乔布斯在施乐帕克研究中心见过 Alto 的图形用户界面，深受启发。乔布斯认定这是个人计算机以后的发展趋势，并决定在苹果公司开发的计算机中使用它。

麦金塔的图形用户界面获得了巨大成功，显而易见的是，接下来的重要一步是为 IBM PC 及其克隆机开发这种强大的用户界面（图 8.16）。Digital Research 公司和 IBM 等几家公司开始为个人计算机开发这种用户界面。盖茨拜访过乔布斯，见过正在研发中的麦金塔样机，回来之后，微软就启动了图形用户界面项目，并开始了相关研发工作。微软原本打算把它叫作“界面管理器”（Interface Manager），但是从施乐帕克研究中心跳槽到微软的斯科特·麦格雷戈（Scott McGregor）曾为施乐的交互式编程环境编写过视窗管理组件，并且将其称为“Windows”。于是，微软市场部主管罗兰·汉森（Rowland Hanson）找到盖茨，说服他把微软新研发的操作系统叫作“Windows”，汉森解释道：“让我们的名字从根本上去定义通用性。”1985 年，微软推出了 Windows 1.0。那时，对于个人计算机而言，性能最好的微处理器是英特尔生产的 80286，简称为 286，即便是在这种高性能芯片上，Windows 图形用户界面也运行得非常慢。在 20 世纪 80 年代末，英特尔又推出了 386、486，直到这个时候，Windows 才变得切实可用。与此同时，微软还和 IBM 合作开发一种基于图形用户界面的操作系统，即 OS/2，并在 1987 年发布了 OS/2 1.0。到了 1989 年年初，微软卖掉了大约 200 万份 Windows 拷贝，最终放弃了开发 OS/2。1990 年 5 月，微软推出了 Windows 3.0，比尔·盖茨（B8.9）才终于可以这样说，Windows 把“个性化”放回到几百万台基于 MS-DOS 的计算机中。1992 年，微软发布了 Windows 3.1，直到这时，施乐帕克研究中心对大众计算机的最初愿景才真正达成。

B8.9 比尔·盖茨是个人计算机发展史上最知名的人物之一，他大名鼎鼎，几乎无人不晓。13 岁时，盖茨进入湖畔中学（西雅图的一家贵族预备学校）学习。在盖茨升入 8 年级后，学校购买了一台 ASR-33 电传打字机，还为学生购买了一些通用公司计算机的用机时间。盖茨和保罗·艾伦以及其他同学都可以免费使用 C 立方公司办公室中的 DEC PDP-10 计算机，作为交换，他们帮助这家公司调试操作系统软件。17 岁时，盖茨和艾伦共同出资成立了第一家公司 Traf-O-Data，为自动交通计数系统生产硬件和软件。这家公司最终失败，但是盖茨和艾伦积累了丰富的经验，并且为 PDP-10 开发了一套强大的工具。1973 年，盖茨从湖畔中学毕业，进入哈佛大学学习。深受 1975 年 1 月出版的《大众电子》的鼓舞，艾伦和盖茨为 Altair 8800 开发了一个 BASIC 解释器。1976 年，他们创立了微软公司，针对日益壮大的个人计算机市场开发软件。微软和 IBM 合作为 IBM PC 开发出了 MS-DOS 操作系统，这在微软发展中是至关重要的一步。盖茨为微软设定的远大愿景是：“每张办公桌和每个家庭都有一台个人计算机。”随着互联网时代的到来，1995 年，盖茨调整公司战略，积极拥抱互联网，并将其称为“互联网浪潮”。2006 年，比尔·盖茨对外宣布退出微软日常管理工作，全身心投入到比尔·梅琳达·盖茨基金会（B8.10）的各种慈善活动中。在亿万富豪沃伦·巴菲特的帮助下，盖茨提出了“创造性资本主义”的概念，主张把资本主义和慈善相结合来解决当今世界急需解决的问题。

B8.10 梅琳达和比尔·盖茨夫妇拜访莫桑比克一家修道院，参与莫桑比克曼希萨健康研究中心的疟疾治疗项目。他们夫妇宣布，将在曼希萨投入三笔补助金用来治疗疟疾，总金额达到 1.68 亿美元。这三笔补助金用来研发疟疾疫苗、开发治疗抗药性疟疾的新药物，并改善儿童的治疗策略。

20 世纪 80 年代，微软一直在为麦金塔开发应用软件，在此期间，微软学到了如何为视窗界面开发软件。当微软的设计师们把这些经验应用到个人计算机时，盖茨效仿乔布斯，要求每个应用都得遵循通用图形用户界面。查尔斯·西蒙尼（Charles Simonyi，B8.11）离开施乐帕克研究中心，进入微软公司，负责为 Windows 开发 Word 文字处理程序和 Excel 电子表格程序（最初为麦金塔开发），微软把 Word、Excel 和 PowerPoint 放在一起，形成了“办公套件”。通过全力开发 Windows 操作系统，并绑定三个办公应用软件，在文字处理、电子表格方面，微软 Office 办公套件力压 WordPerfect、Lotus 1-2-3 等产品，最终成为个人计算机市场的领头羊。

B8.11 查尔斯·西蒙尼在施乐帕克研究中心工作时编写了 Bravo，它是世界第一个所见即所得的文字处理程序。后来，他加入微软，负责开发 Windows 平台下的文字处理程序，即 Word，取得了巨大成功。西蒙尼还帮助微软开发了一个编程系统，用来管理有大量程序员参与且复杂度不断增加的软件项目。针对微软程序员在变量命名过程中产生的混乱，西蒙创立了“匈牙利命名法”，保障了程序的质量和源代码的易读性和可维护性。在工作以外，西蒙尼对航天旅行表现出了极大的兴趣，他自费参加太空旅行训练，并于 2006 年和 2009 年两次光顾国际空间站。

与此同时，微软律师团正在应对一场诉讼，苹果控告微软侵犯了自己为保护麦金塔图形用户界面而注册的音像版权。这场官司持续了 4 年，1992 年，美国联邦法院驳回苹果的侵权诉讼，判决书指出：“依据版权法，苹果公司不能获得图形用户界面创意或桌面隐喻创意的专利保护。”沃尔特·艾萨克森（Walter Isaacson）在《乔布斯传》中写道，对于这场诉讼，盖茨在与乔布斯会面时发生激烈争论，最后盖茨这样说：“乔布斯，我想我们应该换个角度看待这个问题。施乐就像我们一个有钱的邻居，我闯进他家准备偷电视机的时候，发现你已经把它偷走了。”

后 PC 时代？

在摩尔定律的作用下，计算机的尺寸从大型商业机延伸到基于微处理器的个人计算机。从 Osborne 公司推出的世界上第一台便携式计算机开始（事实上这种计算机还算不上“便携”，只能说重量相对轻了些），经过不断发展，现在我们有了智能手机和平板计算机，它们快速改变着我们与计算机的交互方式。个人计算机的外形尺寸不断推陈出新，从尺寸大小到配置，再到硬件设备的物理布局都变得更加多样化。现在，这些设备与我们形影不离，它们采用了全新的交互方式，并且这些新交互方式正逐渐取代原来的鼠标，成为我们与这些设备交互的最重要方式（图 8.17）。

图 8.17 比尔·巴克斯顿（Bill Buxton）是一位加拿大籍的计算机科学家、设计师，他也是研究人机交互的先驱之一。35 年来，他一直收集各种交互设备。他的这些收藏为那些对设计、用户体验、交互历史感兴趣的人提供了丰富的研究材料。巴克斯顿还是微软研究中心的首席研究员，同时还是一位桦树皮独木舟专家。

“智能手机”这个词由爱立信在 1997 年提出。智能手机是一部移动电话，它使用了基于微处理器的计算平台，向我们提供类似于个人计算机的强大计算能力。世界上第一部智能手机是 IBM Simon，由 IBM 公司在 1993 年推出，它不仅是一部移动电话，还是个人数码助理，提供日历、地址簿、计算器、记事本、世界时钟等功能。Simon 运行的是定制版 DOS，用户可以用它来玩游戏，但它只卖出了几千台。2002 年，加拿大 RIM 公司推出了第一代黑莓智能手机，除了具备基本的通话功能外，用户还可以通过它收发电子邮件。我们将在本书第 10 章和第 11 章中讲解互联网、电子邮件、万维网诞生相关的内容。方便浏览电子邮件和网页，再加上支持 Wi-Fi（帮助设备通过无线连接到网络），是催生出新便携计算机和通信设备（比如智能手机和平板计算机）的两大驱动力。

许多公司都在推销拥有不同用户界面的智能手机、平板计算机和个人数码助理，其中最受欢迎的是触屏输入产品。触屏输入历史悠久，第一款触屏设备用在空管控制应用中，它使用的是表面电容技术，由在英国皇家雷达研究院工作的工程师 E.A. 约翰森（E.A. Johnson）在 20 世纪 60 年代发明。这款设备可

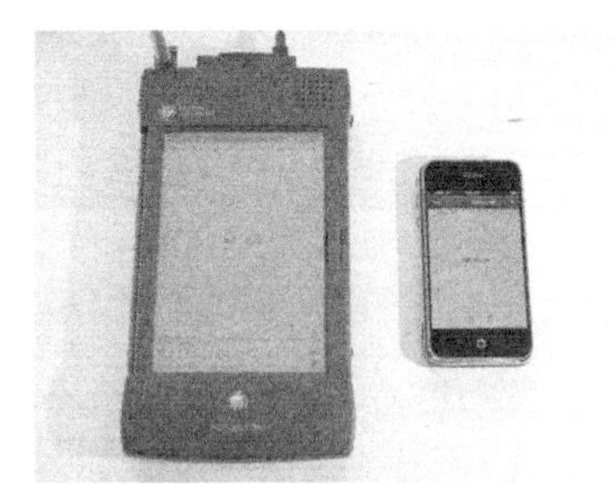

图 8.18 1993 年，苹果公司推出了世界上第一款掌上计算机——牛顿（Newton）。这款手持设备使用 ARM RISC 处理器，能运行各种应用，包括手写识别、记笔记、绘画、网络访问以及其他有用的工具。图中右侧是 iPhone，它的结构更加复杂精巧，集成了之前设备的许多功能。

以感知手指触摸屏幕时所造成的电荷变化。另一种常见的触屏技术使用在 POS 机上，当用手指按压触摸屏表面时会引起电阻发生变化。此外，其他与计算机交互的方式还有语音输入、触控笔输入、手势识别等。然而，直到乔布斯在 2007 年推出 iPhone，这些技术才逐渐被消费者广泛接受（图 8.18）。iPhone 未使用鼠标和触控笔，它使用触摸屏作为输入设备，这给用户带来了全新的使用体验。

乔布斯和苹果还创建了应用商店（APP Store），第三方开发商可以在其中销售他们的 iPhone 应用。到 2012 年，大约有 50 多万个应用可供用户下载使用。从使用情况看，在 2012 年的头两个月，过半数的用户都在用 iPhone 玩游戏！从前，游戏被人们看成是浪费计算机宝贵时间的“不务正业”的应用，但是在摩尔定律的作用之下，随着经济情况发生变化，现在游戏备受重视。有关游戏的内容，我们将在第 9 章进行讲解。

重要概念

- 总线
- 16 位微处理器
- 图形用户界面
- 桌面隐喻
- WIMP 界面：窗体、图标、菜单、指针
- 鼠标
- 位图
- 触摸屏输入

……还有，威尔逊先生想知道你画的图是否保存了

交互式计算机的三位先驱

利克莱德和人机共生

尽管人们对利克莱德不太熟悉，但是他对计算机发展的影响几乎无人企及。利克莱德在华盛顿大学学习心理学，在罗彻斯特大学获得心理学博士学位。在哈佛大学逗留一段时间之后，他于1950年到了麻省理工学院。利克莱德对信息技术和人机交互非常感兴趣，这让他参与到研制半自动地面防空系统的项目中去。美苏冷战期间，空中核攻击的威胁促使美国开始研制半自动地面防空系统。这个系统最初起源于麻省理工学院的“旋风计划”。“旋风计划”的负责人是杰伊·福里斯特。福里斯特领导的团队建造出了半自动地面防空系统的原型，该项目总承包商IBM公司生产出了可实际安装的系统。每台计算机都可以跟踪400架飞机，最多支持50个终端。这个项目的经历让利克莱德相信计算机分析实时数据的价值，这种实时数据处理方式和大型计算机传统的批处理方式完全不同。利克莱德把自己的想法写成了一篇论文，题目为《人机共生》，并在1960年发表。这篇论文探讨了开发可以与人类进行交互的计算机，辅助人们实时做决策的可能性。

1962年，利克莱德得到了一个实现自己未来计算机想法的机会。他受美国国防部高级研究计划局的邀请领导一个新的研究项目。据迈克尔·希尔兹克所说，利克莱德被安排进五角大楼，参加一个秘密项目，这个项目高度保密，他只是名义上的负责人，对于项目具体是什么，他都不太清楚。利克莱德所在的信息处理技术办公室最终获得了一大笔计算机研究经费，这比其他美国政府机构加起获得的都要多。利克莱德采用的策略是信任少量优秀人才和学术表现出色的研究中心。利克莱德培养的交互式计算机研究机构不仅有麻省理工学院，还有加利福尼亚大学伯克利分校、卡内基梅隆大学、斯坦福大学和犹他大学。他为这些机构的研究人员提供了数目可观的研究经费，鼓励他们制定长期研究目标，不过多打扰他们，也不要求他们频繁地撰写规划书。

利克莱德所领导的交互式计算机项目最终在许多重要领域获得重大突破，包括网络、计算机图形、软件工程和人机交互。其中一个主要项目是麻省理工学院的MAC项目，他为这个项目提供了300万美元的资助，这是一个具有开创性的分时系统，该系统最多可同时支持30个用户在线。犹他大学和斯坦福大学的研究中心提出的许多想法在现代计算机用户界面中广泛使用。戴维·埃文斯（David Evans）和伊凡·苏泽兰（Ivan Sutherland）领导了犹他大学的图形研究小组，道格拉斯·恩格尔巴特（B8.12）领导了斯坦福研究所人类工程学研究中心的研究工作。

B8.12 道格拉斯·恩格尔巴特（1925—2013），计算机科学家。他因发明鼠标而闻名于世。事实上，恩格尔巴特在许多计算机研究进展中发挥着重要作用。这张照片拍摄于1968年，当时他正在为一次演示做彩排，这次演示就是计算机史上著名的“演示之母”。

利克莱德在美国国防部高级研究计划局最重要的贡献之一是帮助许多大学建立了计算机科学这门研究学科。利克莱德的继任者鲍勃·泰勒说：

> 在利克莱德进入国防部高级研究计划局工作之前，美国没有一所大学设立了计算机科学博士学位。在一所大学开设研究生专业需要有一定的研究基础，也需要有长期的资金投入。利克莱德

主持的项目开创了先例，为加州大学伯克利分校、卡内基梅隆大学、麻省理工学院、斯坦福大学等四所大学计算机科学研究生专业的建设奠定了研究基础。这些专业开设于1965年，并且一直是美国最好的计算机专业，它们也是其他院系学习的典范。这些成功离不开利克莱德在1962—1964年打下的坚实基础。

道格拉斯·恩格尔巴特和鼠标

第二次世界大战期间，道格拉斯·恩格尔巴特曾在军队服役，后来退伍回到家乡。他阅读了范内瓦·布什1945年所写的《诚如所思》一文，深受鼓舞。在那篇文章中，布什准确地预见到未来科学家将淹没在信息的海洋里：

> 出版已经远远超出了我们目前实际使用记录的能力。人类经验的总和正在以惊人的速度增长，而我们从知识迷宫里获取重要信息的方法却与过去帆船时代所用的方法一样。

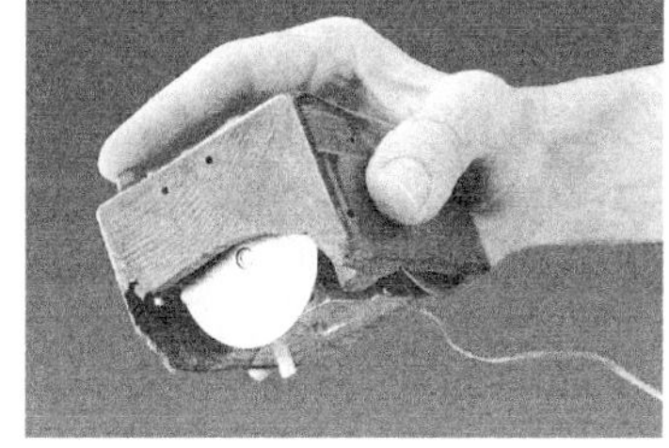

图8.19 1967年，道格拉斯·恩格尔巴特发明的鼠标。这个鼠标原型是恩格尔巴特在斯坦福研究所工作时发明的，它带有两个灵敏的轮子，彼此呈90°角。

布什设想了一种名叫记忆扩展器（memex）的机器，人们可以把自己看过的书、记录、交流都存储在这个设备中，它是机械式的，人们可以用快速、灵活的方式检索其中的信息。1957年，恩格尔巴特进入斯坦福研究所，开始实现制造memex的梦想，他先是从鲍勃·泰勒那里得到资助，然后是美国国家航空航天局，后来是利克莱德。

恩格尔巴特及其团队最著名的发明是鼠标（图8.19），除此之外，他们还开创了当今图形用户界面的许多其他特征，比如用户控制屏幕上的光标从菜单选择子项，通过点击图标启动程序，执行其他操作。恩格尔巴特已经记不清楚命名为“鼠标”的原因了：“我们中没有人想到这个名字会随着它的对外推出而一直被沿用下来，当时我们也不确定它还要多久才能正式投入使用。”

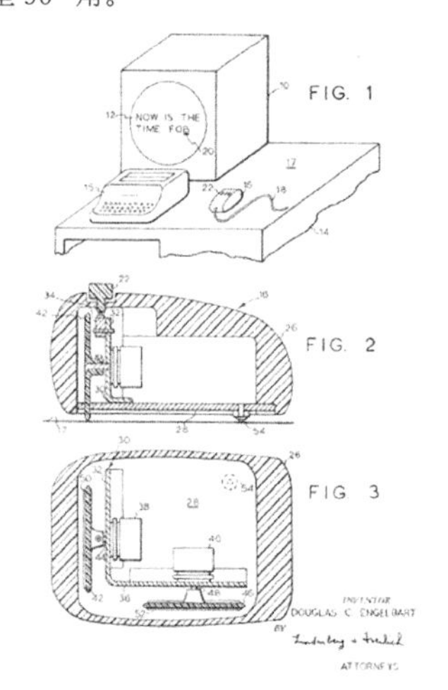

图8.20 恩格尔巴特申请“鼠标”专利时的图纸。在恩格尔巴特为这个计算机定位设备申请专利时，并未使用“鼠标”这个词。这个设备带有两个灵敏的轮子，每个轮子只沿某个特定方向移动，把运动信息转换为方向信息。当鼠标沿着另一个方向移动时，每个轮子都会向前滑动。

恩格尔巴特的下属、研究员比尔·英格力士（Bill English）在一块挖空的木头上制造出了世界上第一个鼠标，它带有两个轮子，用户通过它控制光标在计算机屏幕上移动（图8.20）。1968年12月，在旧金山有一场重要的计算机会议，恩格尔巴特在会上演示了他们开发的电子办公室软件，介绍了鼠标、视频会议、文字处理、即时编辑器、分屏显示等。他演示了布什memex想法的原型，展示了用户如何在一个文本文档中选择一个单独的单词，通过它链接到另一个文档。这个原型就是超文本系统的第一个实现，帮助用户从一个文档跳转到另一个文档，就像我们今天在网页上使用的超链接一样。后来，恩格尔巴特在这场大会上的演示活动被冠以“演示之母”的美名。巴特勒·兰普森和彼得·多伊奇（Peter Deutsch）在20世纪60年代为恩格尔巴特做过兼职，他们都受到电子办公室软件和1968年那场演示的影响。

鲍勃·泰勒和施乐帕克研究中心

鲍勃·泰勒是一位心理学硕士，当受邀去五角大楼与利克莱德会面时，他还是美国国家航空航天局的一个项目经理。利克莱德和泰勒都有心理学背景，谈论中除了一些心理学内容外，他们还彼此分享了对未来交互式计算机的看法。1964年，利克莱德离开国防部高级研究计划局，他劝说伊凡·苏泽兰离开麻省理工学院，作为泰勒的副手，与泰勒一起负责IPTO项目。但是苏泽兰在IPTO项目中只停留了很短的一段时间，不久就只有泰勒一个人负责整个项目了。泰勒继续扶持尚处在萌芽期的美国计算机科学界，同时对交互式计算机和互联网也抱有很高的期待。他举办了每年一度的IPTO研究大会，通过大会，泰勒不仅获得了大量知识，而且还得到了美国计算机研究界精英们的信赖。这让他在为施乐帕克研究中心的计算机科学实验室招募研究人才时异常顺利。

施乐帕克研究中心是在施乐公司CEO彼得·麦科洛（Peter McColough）的提议下建立的，他意识到随着施乐一项关键专利的到期，复印机市场的竞争很快就会变得异常激烈。麦科洛希望施乐早日打造出“未来办公室”。施乐的新目标是控制信息体系结构。泰勒把许多计算机科学精英招募到施乐帕克研究中心，其中就包括巴特勒·兰普森和查克·撒克，他们俩来自于一家创业失败的公司——伯克利计算机公司。泰勒还招聘了艾伦·凯，他来自犹他大学，是伊凡·苏泽兰的一位研究生。艾伦·凯的想法是制造一个“动态笔记本”（外形类似于笔记本，带有一个显示屏和一个键盘，可以用来创建、编辑、存储私人资料、音乐或绘画作品等），这也正是泰勒和利克莱德希望通过IPTO项目实现的愿景。另一个加入帕克研究中心的是他们的一个资助对象，即恩格尔巴特在斯坦福研究所的增强研究中心。

泰勒想把恩格尔巴特关于交互式计算机的想法融入到帕克研究中心的研究项目中，因此他招来了比尔·英格力士，这位工程师曾经详细设计出了鼠标。最后，恩格尔巴特团队的其他成员都陆续加入帕克研究中心，他们同时也把斯坦福研究所的想法和电子办公室系统带了过来，成为帕克研究中心关于交互式计算机愿景不可或缺的部分。到此，帕克研究中心已经准备好了一切。泰勒为这些研究人员描绘了整体愿景，提供了充足的资金支持，他接下来的工作就是站到一边去，让这些研究人员做他们最擅长的事情。

图 8.21 鲍勃·泰勒定期在会议室召开非正式会议，研究员们在那里展示了他们的新技术理念。演讲者总是能从同事那里得到坦诚的反馈。

在施乐帕克研究中心的整个历史中，泰勒是一位非常重要的人物（图8.21），但也是一位富有争议的人物。尽管如此，在辞职演说中，他公正地说：

> 大部分人终其一生也没有机会成为创新先锋。而我有幸成为三个创新领域的领袖，这三个领域分别是分时系统、远程互联网络和个人分布式计算。

从微型计算机到便携式计算机

DEC 的崛起和陨落

尽管用户可以在 ENIAC、EDSAC 等早期计算机上运行自己的程序，但到了 20 世纪 50 年代，一种为商业计算机市场开发的新应用模型突然活跃起来。一种新的职业——计算机操作员出现了。计算机都安放在带空调的机房里，由操作员维护着机器正常运转，把作业加载到计算机中去执行，这样就避免了用户直接触碰计算机硬件。当时计算机工作采用的是批处理系统，这种方式有助于用户高效地使用非常昂贵的计算机，但也给用户调试程序带来极大不便。一般来说，程序由一叠卡片组成，程序员在这些卡片上打孔来表示数据。计算机操作员把这些卡片送入计算机，用户要等几个小时，甚至第二天（程序可能要运行一个晚上）才能得到程序运行结果。你可以想象，让用户等上 12 个小时运行自己的程序简直是一种煎熬。在焦急等待之后，他们拿到的输出结果可能只是一条错误信息，指出程序因计算机未能接收到正确指令而无法运行，更糟糕的是，这个错误可能只是由程序的某条语句遗漏了一个逗号而引起的。

在第 3 章中我们提到，这种不便让约翰·麦卡锡有了开发分时系统的想法。在分时系统中，多个用户可以同时连接到计算机，但他们都觉得好像只有自己在使用计算机。计算机不断从一个用户切换到另一个用户，在每个时间片内执行用户程序的一小部分。即使是早期计算机，它们每秒钟执行的操作也有几千个，这会让用户产生错觉，以为计算机一直在执行自己的程序。用户使用自己的计算机终端与主机进行交互，所谓的终端通常只是一个键盘和一个显示器，但是他们也可以使用更快的纸带和打孔卡读取器来输入程序和数据。

经过大量努力，麦卡锡和其他麻省理工学院同事的研究工作终于在 1961 年获得成功，那时，费尔南多·科尔巴托设计出了兼容分时系统（CTSS），这是最早可工作的分时系统之一，它运行在麻省理工学院计算机中心的 IBM 计算机之上。起初，IBM 对这个分时系统持怀疑态度，但是在 20 世纪 60 年代早期，分时系统的成功催生出了许多提供商业分时服务的公司。客户们购买昂贵的计算机时间，按分钟付费。短短几年过去了，分时逐渐成为一种发展趋势，但是很快就被蓬勃发展的微型计算机压住了势头。

1957 年，毕业于麻省理工学院的电子工程师肯·奥尔森（B8.13）有了一个大胆的想法，他成立了一家新型计算机公司。奥尔森曾经与杰伊·福里斯特一起参与过“旋风计划”，为美国海军开发计算机。1952 年，还在麻省理工学院读书时，奥尔森就与同学哈兰·安德森（Harlan Anderson）主导建造了一台存储器测试计算机，用来验证福里斯特关于磁芯存储器的想法，当时麻省理工学院的计算机先驱韦斯利·克拉克也参与其中。

B8.13 肯·奥尔森（1926—2011）最初在一间地下室里修理无线电，由此开始了他的事业生涯。奥尔森毕业于麻省理工学院，他和同学哈兰·安德森制造了存储器测试计算机，用来评估磁芯存储器的可行性。在麻省理工学院林肯实验室期间，他们和韦斯利·克拉克一起负责设计、建造第一台晶体管计算机——TX-0。奥尔森在自己的弟弟斯坦·奥尔森和哈兰·安德森的帮助下，创立了第一家微型计算机公司——数字设备公司（DEC）。他们在 TX-0 基础上生产了第一台计算机——PDP-1。从 1957 年一直到 1992 年，DEC 总部一直设在马萨诸塞州梅纳德的一家毛纺厂里。

奥尔森那个大胆的想法是什么呢？奥尔森对麻省理工学院交互式分时计算机缓慢的研发过程感到失望，他认为小型又便宜的计算机应该有市场需求（奥尔森把这种计算机叫作“小型计算机”）。其实，商业和研究机构需要的许多计算问题相对较小，比如计算工资表、监控一个实验等。因此，1957 年，奥尔森、哈兰·安德森（奥尔森的同学）和斯坦·奥尔森（奥尔森的弟弟）决定做计算机生意。他们用自己的几千美元以及从一家波士顿投资公司融到的资金成立了数字设备公司（DEC 公司），当时公司位于一个美国内战时的毛纺厂里，就在马萨诸塞州波士顿市的郊外。3 年之后，DEC 公司生产出了第一台计算机——程控数据处理机型号 1，俗称 PDP-1。这台机器售价高达 120 000 美元，但要比当时 IBM 和其他公司生产的计算机更划算。

在 1965 年推出 PDP-8 之后，DEC 公司的业务才真正腾飞（图 8.22）。人们一般把 PDP-8 视作世界上第一台小型计算机，它使用了晶体管和磁芯存储器，售价为 18 000 美元。PDP-8 每次只能运行一个程序，其存储器也比大型机小，但是它是世界上第一台成功商业化的小型计算机。PDP-8 的关键卖点是售价相对便宜，而且可以很好地与实验室的实验仪器连接，也很容易控制。由于 PDP-8 售价便宜，越来越多的客户开始购买它做自己的计算任务。对此，计算机史学家斯坦·奥格登在 1984 年出版的 *Bit by Bit: An Illustrated History of Computers* 中写道：

> 科学家为他们的实验室购置 PDP-8；工程师也购买 PDP-8，放在办公室用；海军在潜艇里安装 PDP-8。在精炼厂，人们使用 PDP-8 控制化工流程；在工厂里，工人们使用 PDP-8 操作机器设备；在仓库，库管员使用 PDP-8 跟踪库存；在计算机中心，人们使用 PDP-8 运行那些无须大型机运算能力的程序。在银行里，工作人员使用 PDP-8 记录储户的账户信息。信息实用程序的概念被分布式处理的方式所取代。比如，银行可以在各地的支行安装 PDP-8，用来处理支行每天的交易，在停止营业时，再把交易记录发送给总行的中心计算机。总之，PDP-8 的应用场景是十分广泛的。

图 8.22 安装在拖拉机上的 PDP-8，用来控制播种。

当鲍勃·梅特卡夫（Bob Metcalf）还在麻省理工学院和哈佛大学读研究生时，DEC 公司借给他一台 PDP-8。后来，这台计算机被人从实验室偷走了，梅特卡夫不知如何赔给 DEC 公司。在得知这一消息后，DEC 公司为 PDP-8 打出了一个广告，写道：“PDP-8——第一台小到被人偷走了的计算机。”

1965 年，DEC 公司走了另外一条道路，即通过开发 PDP-6（第一个商业分时系统）实现低价、交互式计算的道路。这用到了麻省理工学院兼容分时系统软件的许多概念与功能，还有 DEC 研发 BBN 分时 PDP-1 中的经验。1965 年，DEC 公司推出了 PDP-10 的先驱——PDP-6，它是一个 36 位的支持分时系统的大型计算机，其功能大致与 IBM 709X、110X 系列大型批处理机相当。因此，DEC 公司迅速成长起来，从 20 世纪 60 年代开始一直到 70 年代，DEC 公司有两条产品线共存，一个是传统的小型计算机，比如 PDP-8 和 PDP-11（1970 年推出）；另一个是 PDP-10 分时系统计算机，它可以同时支持 100 多个用户同时使用（用户主要来自大学与分时服务公司）。

PDP-10 运行着一个被称为“TOPS-10”的分时系统，C 立方公司在 1968 年从最早的一批 PDP-10 中购买了一台安装在西雅图的办公室里。为了帮助调试系统，这家公司允许两个本地的少年免费使用这台计算机，这两个少年就是保罗·艾伦和比尔·盖茨。在 20 世纪 80 年代早期，两条道路的旗舰机型分别是 PDP-11（使用单片微处理机的小型计算机）和 VAX-11（支持分时系统，并且可以用在集群中）。到 1980 年，使用集成电路制造小型计算机的公司差不多有 100 多家。但到了 1985 年，只有 6 家存活了下来。

PDP-11 的架构让总线思想流行起来，总线采用一种标准方式把计算机的主要部件连接起来，包括中央处理器、存储器和 I/O 设备。这种总线架构之所以重要是因为 DEC 公司和其他原始设备制造商通过它可以很容易地向计算机添加新设备，或者针对某个专用的应用场景对计算机进行定制。到 20 世纪 70 年代中期，小型计算机市场的竞争变得异常激烈，DEC 公司打算研制一台拥有比 PDP-11 更大内存的计算机，16 位计算机只能访问 64KB 大小的内存。1977 年 10 月，DEC 公司推出了 VAX 11/780，它是第一台商业化的 32 位计算机，支持的虚拟地址空间达 2^{32}，即内存 4GB。

B8.14 戈登·贝尔，计算机架构师。他在密苏里州长大，小时候起就帮忙做家电业务，比如维修电器、架设电线等。他毕业于麻省理工学院的电气工程专业，随后去了澳大利亚为一台英国的电子计算机 DEUCE 编写程序，DEUCE 是图灵 ACE 的一个版本。1960 年，贝尔进入 DEC 公司，研制 PDP 系列的计算机，他设计出了第一个通用异步收发器，用来转换数据字节，按顺序传送各个位。在卡内基梅隆大学任教期间，贝尔与艾伦·纽厄尔一起设计出了 PMS 和 ISP，用来描述计算机的结构和体系架构。20 世纪 70 年代，贝尔再次回到 DEC 公司，成为研发部门的主管，他领导设计团队成功开发出 VAX。20 世纪 80 年代，贝尔在美国国家科学基金会计算机信息科学和工程部门任职。1997 年，他创立了戈登·贝尔奖，用来表彰那些在研制高性能计算机中做出杰出贡献的人。1995 年，贝尔加入微软，建造了布什设想的 memex 机器的一种实现版本。近年来，贝尔致力于 My Life Bits 项目，该项目的目标是把人们每天生活中的重要事件数字化，包括地理位置、谈话、拨打的电话、发送的信息甚至浏览的网页等。

虚拟内存技术用来在计算机主存和硬盘中的虚拟内存之间对数据进行换入换出。VAX 拥有 16 个 32 位寄存器，可以理解又大又复杂的指令集。计算机架构师戈登·贝尔（Gordon Bell，B8.14）是 DEC 公司研发部门的负责人，他领导了 VAX 的初始设计工作。贝尔为 DEC 公司设计了许多成功的计算机。最终结果表明，VAX 是一个非常成功的计算机产品，相比于昂贵的大型机，它价格低廉，性能强大。VAX 也有一个用户友好的操作系统——VMS，带有一组标准语言和软件库（图 8.23）。

图 8.23 VAX 11/780。这是 DEC 公司推出的一款非常成功的计算机，由戈登·贝尔带领的、由 6 位工程师组成的团队研发而成，其中就包括戴夫·卡特勒（Dave Cutler），他负责设计 VMS 软件架构，并将其实现出来。用户们很喜欢使用 VMS 操作系统，但是各所大学常常使用 UNIX 操作系统来取代它。贝尔和卡特勒后来进入微软工作。

尽管 DEC 公司早期取得了巨大成功，并且这些成功也让公司在 20 世纪 80 年代一跃成为第二大计算机公司，但是，DEC 公司最终还是折戟沉沙。DEC 公司为廉价交互式计算机的发展奠定了基础，但它错过个人计算机革命这个巨大机遇。IBM 在 1981 年推出了 IBM PC，IBM PC 使用了英特尔 8088 微处理器，这种微处理器在单个芯片上实现了计算机的所有基本功能。那么，为什么 DEC 公司没能在这个新兴市场中获得成功呢？尽管经常有报道引用创始人肯·奥尔森的话说，“个人购买一台计算机放在家里是毫无道理的”，但是其实 DEC 公司还是在个人计算机市场努力做了很多尝试的。

1982 年，DEC 公司推出了 3 台互不兼容的个人计算机，分别是 DEC mate（基于 PDP-8 制造，主要用于文字处理）、DEC Professional（基于 PDP-11 制造，性能比 IBM PC 强大，采用专有总线）和 DEC Rainbow（该平台几乎与 IBM PC 完全兼容）。DEC 公司的工程师拥有丰富的计算机架构专业知识，并且引以为傲，他们“不愿同流合污，生产完全兼容的机器去跟别人竞争”。

尽管如此，我们还是不能简单地把DEC公司失败的原因完全归咎于其在个人计算机市场的失利。虽然在20世纪90年代，DEC公司的确做出了一些错误的管理决策，但随着互联网的崛起，DEC公司仍然成为互联网产品市场的领导者。在网络和服务器领域，DEC公司有着丰富的经验和专长，它还开发出了最早的网页搜索引擎之一——AltaVista搜索引擎。戈登·贝尔曾表示：“失败源自于无知。DEC公司有3~5个高层领导很不称职，从某种程度上说，董事会起用帕尔默换掉奥尔森犯下了严重的错误。”

时光机：Alto

1972年，施乐帕克研究中心的查克·撒克（B8.15）、巴特勒·兰普森（B8.16）和艾伦·凯（B8.17）设想出制造一种具有革命性的新型计算机——Alto，它不使用大型机或小型机的批处理和分时系统，它是一种名副其实的小型个人计算机，小到可以放到办公桌上（图8.24）。对当时的计算机设计师和商业应用来说，计算机还是一种非常昂贵的设备，只为一台单用户计算机配备一个存储器就得花上几千美元。希尔兹克说：“对撒克和他的同事来说，这样的想法并没有抓住要点。”他继续解释道：

> 他们制造的Alto并非面向当时的，而是面向未来的。那时，计算机存储器确实贵得吓人，但是每周都会变得更便宜。随着价格持续走低，1973年一个标价为1万美元的存储器到了1983年只要花30美元就能买到。帕克研究中心存在的意义就是为了帮助自己的雇主领先别人10年。他们甚至发明了一个速记短语来解释那个概念。他们说：Alto是一台“时光机”。

B8.15 查克·撒克（左）和巴特勒·兰普森在施乐帕克研究中心工作。撒克是图灵奖得主，他为施乐帕克研究中心设计了Alto，这是第一台真正意义上的个人计算机。撒克从失败的伯克利计算机公司学到了设计计算机系统的经验，领悟了“少胜于多”的真理。撒克还在为Bravo文字处理软件引入“所见即所得”的过程中做出了重要贡献。当时他的妻子卡伦正在为一门课程出试卷，他建议妻子用一用Bravo文字处理软件，妻子说希望能在屏幕上看到最终印出的样子。撒克把妻子的这个诉求告诉了研究中心的同事，很快Bravo软件就支持“所见即所得”功能了。

B8.16 巴特勒·兰普森是著名的Alto个人计算机系统的软件架构师。在施乐帕克研究中心，他还在第一款“所见即所得”的文字处理软件、以太网、操作系统、激光打印机等方面做出重大贡献。1992年，兰普森获得图灵奖，嘉奖评语中写道：“他在开发分布式个人计算环境及其相应实现技术中做出了重大贡献，在工作站、网络、操作系统、编程系统、显示、安全、文档出版等多个领域成绩斐然。”他的妻子洛伊斯·兰普森（Lois Lampson）是第一个以激光打印机为主题撰写博士论文的人。洛伊斯递交论文时，管理员执意要搞清哪个是原作和哪个是副本，因为管理员想把原作放入图书馆保存。这张照片拍摄于1969年，当时兰普森正在参加罗马NATO软件工程大会。

B8.17 艾伦·凯的大名与个人计算机的发展紧密相连。他还没大学毕业就加入了美国空军。在空军服役期间，艾伦·凯迷上了计算机。退伍之后，他进入科罗拉多大学学习，并于1966年毕业，获得数学和分子生物学学位。之后，他进入犹他大学继续深造，1969年获得电气工程理学硕士学位和计算机科学博士学位。在犹他大学期间，艾伦·凯构想出了一种“动态笔记本”，这是一种便携的个人计算机，类似于今天的iPad，但是他无法使用当时的技术把它制造出来。1971年，艾伦·凯加入了施乐帕克研究中心，他的研究团队开发出了可重叠窗口的图形用户界面。艾伦·凯也是Smalltalk编程语言的发明者之一，提出了“面向对象编程”这个概念。照片中屏幕上的图片是第一个动画位图“芝麻街饼干怪兽正在吃饼干”。2003年，艾伦·凯获得图灵奖，以表彰他在面向对象编程和个人计算机发展中做出的突出贡献。

图 8.24 施乐帕克研究中心推出的计算机 Alto，它带有一个鼠标、可移动数据存储器、网络硬件、图形用户界面、易用的图形软件、电子邮件。Bravo 和 Gypsy 文字处理软件第一次向用户提供“所见即所得”功能，这让打印出的文档和用户在屏幕上看到的一致。Alto 第一次把这些以及其他现在广为人知的功能加入到这样一台小型计算机中。施乐为 Alto 开发了一个实验性质的人机交互系统，这使得 Alto 在人机交互发展过程中实现了巨大飞跃，这种人机交互环境我们今天仍在使用。在这种更直观、更友好的人机交互环境下，Alto 计算机面对的用户群体进一步扩大，从专家到非专家，甚至儿童都可以轻松使用它。人们可以把主要精力放在使用计算机完成某个特定任务上来，而不是放在学习计算机的技术细节上。

在 Alto 制造出来之后，如果把它推向销售市场，那么它将会是一台非常昂贵的个人计算机。首席工程师查克・撒克指出制造第一台 Alto 计算机大约花了 12 000 美元，如果作为产品进行销售，其售价可能达到 40 000 美元。10 年后，在摩尔定律的作用下，生产成本大大降低，人们终于可以买得起这种带有足够内存的个人计算机了。

撒克、兰普森、艾伦・凯一致认为，他们要制造一台更快、更袖珍的计算机，并且这台计算机要带有高分辨率的显示器，以便显示更清晰细微的图像。对艾伦・凯来说，这台计算机未能把他的想法完全实现出来，但是它至少可以算作是“动态笔记本”的一个过渡产品。1972 年 11 月，撒克开始设计这台计算机，到 1973 年 4 月第一台原型机就被研制出来，并且运行了极短的时间。研制过程中的一个主要困难是，在不大量占用处理器资源和内存空间的前提下实现高分辨率显示。撒克的解决方案是使用位图，这种图像由点行和点列组成。计算机内存中的每个比特对应着屏幕上的一个点或像素。位图的发明受到了艾伦・凯领导的团队所做实验的启发，他们曾经把一块存储自定义字体的内存用来显示图像。屏幕的分辨率是 606 × 808 像素。这意味着每秒要对 50 万位刷新 30 次，这需要使用强大的处理能力和内存。由于处理能力和计算机内存变得越来越便宜，这些限制很快就消失了，就像兰普森预见的一样。Alto 就是未来。

尽管 Alto 的诞生让人兴奋不已，但兰普森非常清醒地认识到，Alto 必须配有实际有用的软件才能发挥出威力。当查尔斯・西蒙尼走进他的办公室时，兰普森正在为一个文字编辑程序描述需求。兰普森和西蒙尼都曾在加州大学伯克利分校读书，当时兰普森在读研究生，西蒙尼在读本科，他们一起合作研发过学校的分时系统。读书期间，西蒙尼还曾经进入伯克利计算机公司和兰普森一起工作过。西蒙尼在一个并行计算机项目（Illiac-IV）工作一段时间后，就加入了前伯克利同事所在的帕克研究中心。兰普森把三页记录着他对交互式文本编辑器想法的笔记递给西蒙尼，要求西蒙尼把它实现出来。西蒙尼把这个新的文字处理系统称为 Bravo。借助 Alto 的位图屏，他可以对复杂的字体、粗体、斜体、文本下划线，连同详细的页面布局进行编码，这样文档在屏幕上显示出的样子与最终打印出来的样子是完全一致的。Bravo 是第一个所见即所得的文字处理软件，很快在研究中心的工程师之间流行起来。对于 Bravo，西蒙尼后来说：

> 毫无疑问，Bravo 是一个杀手级应用。人们晚上来到研究中心写各种东西，发送信件，写私人信件、报告、无聊的信息，等等。如果你到处走走，就会看到人们在使用 Alto 做什么，它们全都运行着 Bravo。

尽管 Bravo 在帕克研究中心的工程师之间很流行，但是如果想让更多人喜欢它，就必须对 Bravo 的用户界面做进一步改进，使其更友好。深思熟虑之后，兰普森和撒克决定不再改进 Bravo 的用户界面，这不是因为他们觉得这不重要，而是因为当时他们手里没有足够的资源来做改进。改进工作最终落到鲍勃・泰勒和中心另外两位计算机科学家拉里・泰斯勒和蒂姆・莫特（Tim Mott）的肩上。

在加入帕克研究中心之前，泰斯勒编写过一个名叫Pub的程序，用来帮助普通用户对文档进行排版和打印。在研究中心，泰斯勒所在的团队曾经尝试对恩格尔巴特的交互式多媒体系统的一个版本进行过重新设计和更新。他很快对正在创建的系统的复杂度表示不满，很渴望接受一个新的挑战。莫特是一个英国人，他从曼彻斯特大学毕业，获得计算机科学学位。他来到美国后，在施乐旗下一家出版教科书的公司工作。莫特的老板达尔文·牛顿（Darwin Newton）想从施乐公司要求缴纳的“企业研究”经费中拿些回报，于是派莫特参观帕克研究中心，了解一下他们研究的办公系统是否能够帮到出版公司。参观之后，莫特认为施乐的系统太复杂了，不适合出版公司使用。莫特委婉地说：“这次参观时间紧张，我无法深入了解普通人能用这个系统干什么。”于是，鲍勃·泰勒提议，让莫特尝试使用Alto做些有用的东西。

泰斯勒和莫特还发现Bravo的用户界面太过复杂。这对专家们可能不算什么，但是对出版商这类普通用户而言用起来就没那么轻松了。莫特回到出版公司后，做了些市场调查，调查对象是那些非工程师出身的用户，莫特问他们希望Bravo提供什么功能以及做哪些改进。不出所料，他发现出版商们都希望Bravo能够模拟他们基于纸张的工作流程。这就是“剪切”和“粘贴”命令的起源，这两个命令一直沿用至今。泰斯勒和莫特把他们的新系统称为Gypsy，它是第一个支持鼠标点击的程序，这种操作方式现在我们仍然在使用。

当西蒙尼、泰斯勒和莫特研发Bravo和Gypsy时，艾伦·凯带领的团队一直致力于把他的动态笔记本设想变为现实。在显示方面，Alto的位图屏提供了巨大的灵活性。那么，用户为什么不能在屏幕的一部分写备忘，而在另一部分使用绘图程序呢？这促使团队把屏幕比作一个桌面，在这个桌面中，电子文档可以“堆叠”在另一个之上，就像在桌面上堆放纸张一样。他们为每个不同的任务创建了重叠框，称为“窗体”。但是在这些窗体之间来回切换不仅需要占用大量处理器时间，而且速度非常慢。设计师丹·英戈尔斯（Dan Ingalls）灵光乍现，提出了“位块传输”的想法。当把一个矩形图像移到新位置时，传统方法是让计算机分别改变图像的每个组成元素，而“位块传输”操作针对的是整个位图图像，它借助快速布尔运算来创建新图像。这项新技术意味着用户可通过移动鼠标在屏幕上向上或向下快速滚动文档文本。同时，这也意味着用户可以随意创建和移动窗体，看上去就像操作桌面上的一叠纸一样。当艾伦·凯带领的团队向半信半疑的同事们演示自己的系统时，英戈尔斯点击鼠标调出了一个下拉菜单，里面包含几个命令，他从中选择“剪切”命令，这一连串操作让所有同事惊呆了。对此，希尔兹克说道：

> 施乐帕克研究中心发明的用户界面（包括重叠窗口、鼠标点击、弹出菜单）成为计算机发展史上精彩的一笔。25年的时间里，经过多次发展完善，它毫无争议地成为“桌面隐喻”的根基，帮助了几百万家用和办公计算机用户更好地使用计算机。

鲍勃·泰勒的领导能力是施乐帕克研究中心取得这些伟大成就的关键。根据兰普森的说法：

> 泰勒说起话来常常有些高深莫测，与那些谦虚的门徒相比，他对问题的解释更有深度，也更深刻。回顾过去，你会发现原来泰勒早已帮我们铺好路，其实你一直在追寻他的脚步。

对于鲍勃·泰勒，撒克评价道：“作为工程师和科学家的领袖，他无人能及。如果你正在找魔法，那你找他就对了。”

Osborne便携式计算机

20世纪80年代早期，大量小公司涌入个人计算机市场，其中不乏奇思妙想。1981年7月，一位名叫亚当·奥斯本（Adam Osborne，B8.18）的英国计算机设计师推出了一台便携式个人计算机——Osborne 1（图 8.25）。这种便携式计算机赢得了众多旅游企业高管的青睐，获得了巨大成功。Osborne 1 的众多优点之一是它设计得像一个手提箱，可以很轻松地放在飞机座位之下。Osborne 1 基于流行的 Z80 微处理器制造，Z80 微处理器由弗雷德里科·法金设计，法金在 1971 年为英特尔设计了第一个微处理器。Osborne 1 拥有两个软盘驱动器、64KB 内存、5 英寸显示器（52 列可滚动）、调制解调器（用来通过电话线收发数据）。之所以配备了这么小的显示器是考虑到计算机便携性的要求：在运送过程中，尺寸大的显示器很容易损坏。Osborne 1 运行 CP/M 操作系统，装有 BASIC 解释器、WordStar 文字处理软件、SuperCalc 电子表格程序。Osborne 1 价格很吸引人，刺激起人们的巨大需求。奥斯本计算机公司最初只有两个员工，一年之内增加到 3000 人。但是，Osborne 系列的计算机在发展过程中犯了一些严重错误，这导致它在竞争激烈的市场中迅速衰落。1983 年，奥斯本计算机公司宣布破产。亚当・奥斯本在他的著作《超速发展：奥斯本计算机公司的兴衰》（*Hypergrowth: The Rise and Fall of Osborne Computer Corportation*）中解释了公司倒闭的原因。

B8.18 亚当・奥斯本（1939—2003），计算机设计师。他最著名的成就是制造了世界上第一台成功商业化的便携式计算机——Osborne 1。Osborne 1 于 1981 年 4 月推出，装有文字处理软件和电子表格软件。Osborne 1 为奥斯本计算机公司带来了巨大成功。Osborne 1 是一个完整的套装，而同时期 IBM 推出的 IBM PC 并不是完整套装，用户必须单独购买操作系统软件和显示器。

图 8.25 世界上第一台便携式计算机——Osborne 1。奥斯本计算机公司于 1981 年推出该款计算机，重量为 12 千克、售价为 1795 美元（价格仅相当于其他品牌产品的一半），运行 CP/M 操作系统。Osborne 1 外形类似手提箱，可以轻松地放到飞机座位下。巅峰时期，奥斯本计算机公司每个月能售出 10 000 台。

计算机架构的演变：RISC 和 ARM

20 世纪 80 年代早期，在美国的东海岸和西海岸几乎同时产生了精简指令集计算的思想（Reduced Instruction Set Computing，RISC）。在 20 世纪 70 年代和 80 年代的 IBM 研究中心，约翰・科克（John Cocke，B8.19）做了一项研究，他在计算机中运行了一批具有代表性的程序，观察指令集中各条指令被实际执行的频率。他发现在整个指令集中只有少量指令被频繁执行，并据此提出应该在硬件设计中只对精简后的指令集进行实现的思想。对于那些复杂的指令，我们可以通过简单指令的组合表示出来。较小的指令集不仅可以简化电路的设计，而且还能让我们制造出运行速度更快，耗电更低的计算机。

在西海岸，加州大学伯克利分校戴维・帕特森和斯坦福大学的约翰・亨尼西（John Hennessy）也提出了类似的想法。对于标准微处理器的架构，为了与以往常用的复杂指令集架构（Complex Instruction Set Computing，CISC）进行区分，帕特森使用精简指令集（RISC）架构这个说法。

B8.19 约翰·科克（1925—2002），计算机科学家。1946 年毕业于杜克大学，获得机械工程理学学士学位，工作几年后又回到杜克大学深造，并于 1956 年获得数学博士学位。随后，他加入 IBM 研究中心，把近 40 年的时光全部奉献给了 IBM。在 1990 年召开的纪念约翰·科克的研讨会上，弗雷德里克·布鲁克斯说科克是一个“点火器”，因为他总是源源不断地生出新想法：“（科克）就像一位随身带着燧石和火镰在丛林中奔跑的勇士，到处散播火种。”

1975 年，在经历了 IBM 的 Stretch 项目和高级计算机系统项目之后，科克带领研究团队开始制造实验性质的 IBM 801，IBM 801 首次采用了 RISC 架构和编译器优化技术。在 20 世纪 80 年代，IBM 又研发出了 IBM POWER 和 RS/6000 工作站。1987 年，因在 RISC 和编译器优化方面做出的杰出贡献，科克被授予图灵奖。在 1990 的一次访谈中，弗雷德里克·布鲁克斯把克劳德·香农、冯·诺依曼和霍华德·艾肯称为第一代计算机科学家的三位大师，而把高德纳、伊凡·苏泽尔、约翰·科克称为第二代计算机科学家的三位大师。

1980 年，在一台供实验室研究使用的计算机（IBM 801）中使用了世界上第一款 RISC 处理器。科克的想法启发设计师开发出了 IBM POWER。1990 年，IBM 推出了基于 IBM POWER 架构的 RS/6000 工作站。科克和同事法兰·艾伦（Fran Allen，B8.20）继续研究计算机架构和编译器，他们开发出了许多新的编译器优化技术。近年来，RISC 和 CISC 处理器一直并存。对于英特尔最新的 x86 系列微处理器，从外部看它支持 CISC 指令（大约有 900 条指令），但从内部看，在芯片上真正实现的只是这些指令的一个 RISC 子集。

B8.20 法兰·艾伦，计算机科学家。她在纽约州的一家农场长大，毕业于密歇根大学，获得数学硕士学位。她在 1957 年加入 IBM 公司，最初只想待一段时间、赚一些钱用来偿还助学贷款，但这一职业生涯长达 45 年。她在 IBM 的第一份工作就是教 IBM 的研究员学习新的 FORTRAN 语言。这让她对编译器产生了兴趣，她和约翰·科克一起在 IBM Stretch 和 ACS 项目中研究计算机架构与编译器的相互作用。2006 年，艾伦成为第一位获得图灵奖的女性。颁奖辞中写道：“她在编译器技术优化理论和实践中做出了开创性贡献，为现代编译器优化和自动并行执行技术奠定了坚实的基础。”

对智能手机和平板设备来说，电力消耗和续航时间是非常重要的。英国 ARM 公司从 Acorn 计算机公司剥离而来。在英国，Acorn 计算机公司在个人计算机市场取得过巨大成功，它推出的个人计算机叫 BBC 微型计算机（图 8.26）。在为下一代计算机物色微处理器的过程中，他们做出了一个不寻常的决定，那就是自己设计微处理器。Acorn 公司 CEO 赫尔曼·豪瑟（Herman Hauser）指定两位工程师史蒂夫·费伯（Steve Furber）和索菲·威尔逊（Sophie Wilson）认真阅读伯克利发表的 RISC 论文，并派他们前往美国访问学习。费伯和威尔逊拜访了美国亚利桑那州凤凰城西部设计中心 CEO 比尔·门什（Bill Mensch），并且为门什成功设计出尺寸那么小的微处理器而感到惊叹。威尔逊说：“凤凰城西部设计中心的几个高级工程师和一帮学生就设计出了这样的微处理器，当离开那里时，我们信心满满，完全相信设计处理器是比较简单的。”费伯和威尔逊回到剑桥，

图 8.26 BBC 微型计算机。在 20 世纪 80 年代早期，英国广播公司发起了“计算机扫盲计划”，想借此激起人们对计算机的兴趣，以让人们更多地了解、学习、使用计算机。为此，Acorn 公司在 1981 年生产出了这款流行的计算机。购买这种计算机之后，观众就可以在自己家中跟着节目中的教学演示进行学习了。

心想："既然他们能设计出微处理器，那么我们也能。"18 个月后，即 1985 年 4 月，他们就设计出了一个可工作的 ARM 芯片。

ARM 与英特尔、AMD 等微处理器厂商不同，它自己没有制造工厂，将其芯片技术授权给其他公司使用。这个策略让 ARM 取得了巨大成功。现在，95% 的智能手机和 80% 的数码相机都在使用 ARM 的技术，截至 2002 年，基于 ARM 的芯片产量已经达到 400 多亿个。

描述计算机门类生死的贝尔定律

1972 年，戈登·贝尔研究发现：在摩尔定律的作用下，随着英特尔在 1971 年推出 4004 微处理器，人们可以为下一个 40 年计算机的发展做出大致的预测。他指出，计算机将有两条演化路线：（1）价格不变，性能不断增加；（2）性能不变，售价降低。贝尔定律可以表述为：大约每 10 年就会基于一种新型编程平台产生新一代价格更低的计算机，这会带来新的使用模式，也会催生出新的产业。微型计算机、个人计算机、智能手机的出现就是例证（图 8.27）。

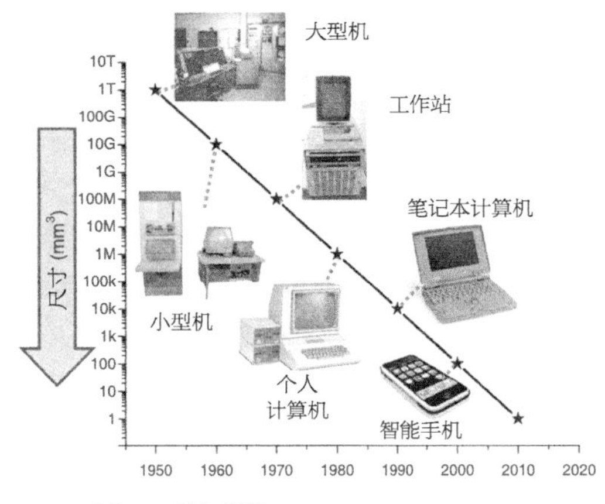

图 8.27 贝尔定律

Ctrl-Alt-Del 的起源

图 8.28 为程序员们定制的印有 Ctrl、Alt 和 Del 的靠垫。

个人计算机中一项最持久且沿用至今的功能是由 IBM 工程师戴维·布莱德利发明的。他是 IBM PC 十二人设计团队中的一员，负责开发计算机系统启动程序（当你按下计算机启动按钮后，就会执行这段程序）。当时开发团队需要找到一种用来重置和重启计算机的简单方法。最简单的方法是在硬件中设置一个重置按钮，但是 IBM PC 的机械结构让这种方法难以实现。面对这种状况，布莱德利决定，使用键盘上的三个按键组合来解决这个问题，这三个按键组合平时很少会被误触（图 8.28），因为 Ctrl 和 Alt 键位于键盘左侧，而 Del 键位于键盘右侧。起初用来重置的 Ctrl-Alt-Del 三键组合只用作开发工具，但它们很快就被推广开来，成为经常使用的命令。IBM PC 研发时间紧迫，重置命令是他们遇到的许多待解决的问题之一。布莱德利说："设计 Ctrl-Alt-Del 只花了 10 分钟，然后进行编码并做测试，通过之后，我们就继续处理下一个问题了。"

QDOS 是抄袭 CP/M 吗？

有时，人们经常会提出一个问题："帕特森开发的 QDOS 和基尔代尔开发的 CP/M 到底有多像？"事实上，帕特森并没有看过 CP/M 的源代码，他参考 CP/M 的用户手册和英特尔的 8086 微处理器文档编写出了 QDOS。与 CP/M 类似，QDOS 采用 DEC 系统"打字""重命名""擦除"等命令，还保留了基尔代尔的思想，即通过使用基本输入输出系统来调整和定制计算机系统的方法。CP/M 中的 DEC 命令——PIP 命令（多用途命令）在 QDOS 和 MS-DOS 中发生了变化，PIP 是外围接口程序（Peripheral Interface Program）的缩写，用来在两种设备之间传送文件。这个命令被一个含义更明确的 "复制"命令所取代。QDOS 还引入了一个更高效的文件系统——微软的 FAT 文件系统，用来把数据快速地存储到软盘。

麦金塔和"老大哥"

图 8.29 1984 年，苹果公司在超级碗决赛转播中为即将发布的麦金塔计算机播放的广告。广告中，在一个巨型屏幕上"老大哥"正在对人们进行说教，一名女子掷出大铁锤把屏幕砸得粉碎。这则广告由雷德利·斯科特执导，此前上映的反乌托邦式科幻电影《银翼杀手》也是斯科特执导拍摄的。1995 年，《广告时代》把这个广告评为"50 个最优秀的电视广告"之一。

1984 年 1 月，一段麦金塔的宣传广告出现在著名的超级碗直播节目中（图 8.29），麦金塔因此广为人知，这则广告很巧妙地把当时占市场第一位的 IBM PC 与乔治·奥威尔的著名反乌托邦式未来小说《1984》联系在一起。詹姆斯·华莱士（James Wallace）和吉姆·艾瑞克森（Jim Erickson）讲述微软创业史的畅销书中这样描述这则广告：

> 广告画面中出现了一个屋子，里面坐满了面容憔悴形似僵尸的劳工，他们剃着光头，穿着宽大的睡衣，就像集中营里的囚犯。他们看着一个巨大的屏幕，"老大哥"正在喋喋不休地说着计算机时代的伟大成就。整个场景充满了灰色调，氛围沉闷、了无生趣。突然，一位穿着白衫红裤的漂亮姑娘冲了进来，将手中的铁锤掷向屏幕，把屏幕打得粉碎。然后一个男声缓缓道来："1 月 24 日，苹果计算机公司将推出麦金塔。届时你就会明白为什么 1984 年不会成为小说《1984》里描述的那样。"

09 计算机游戏

电子游戏有害吗？当初他们也是这样说摇滚乐的。

——宫本茂

第一批电子游戏

从很早开始，计算机就有两种用途：一种是严肃用途（比如做科学计算），另一种是娱乐。当计算资源稀缺又昂贵时，人们不赞成使用计算机来玩游戏，但是经常有研究生不务正业玩游戏玩到深夜。从这些最早的“偷偷摸摸”发展到现在，电子游戏已经成为一个很大的产业。2012 年，全球电子游戏销售增长超过 10%，达到 650 亿美元。在美国，一份 2011 年的调查报告指出，电子游戏中超过 90% 的玩家是 2~17 岁的未成年人。此外，据美国娱乐软件协会估计，有 40% 的游戏玩家是女性，18 岁以上的女玩家占总玩家的 1/3。本章中，我们将一起了解一下这个数十亿美元的产业是如何开始的，以及电子游戏是如何从射击类街机游戏（男性玩家占主导）发展为运行在智能手机和平板计算机上适合全家玩的休闲游戏的。

1952 年诞生的 OXO 是首批电子游戏之一，它是为剑桥大学的 EDSAC 编写的。当时，研究生亚历山大·道格拉斯（Alexander Douglas）使用一个计算机游戏作为他关于人机交互博士论文的案例。他的这款游戏基于美国的“井字游戏”和英国的“圈叉游戏”设计。尽管道格拉斯没有为这款游戏命名，但是计算机史学家马丁·坎贝尔－凯利（Martin Campbell-Kelly）把这款游戏存储在一个名为 OXO 的文件中，作为模拟器程序使用，现在 OXO 被作为这款游戏的名字而广为人知。玩游戏时，玩家与计算机进行对抗，结果呈现在计算机显示屏上。这款游戏的源代码很短，可想而知，对于这种游戏，计算机玩得非常好（图 9.1）。

图 9.1 亚历山大·道格拉斯在 1952 年为剑桥大学的 EDSAC 编写的 OXO 游戏。游戏结果显示在阴极射线显像管的屏幕上。

与 EDSAC 的 OXO 类似，大部分早期游戏运行在大学的大型计算机上，它们都是个人利用业余时间开发的。《太空大战》（*Space War*，图 9.2a 和图 9.2b）是最早并且最著名的计算机游戏之一，它诞生于 1962 年，由史蒂夫·拉塞尔（B9.1）、马丁·格拉兹（Martin Graetz）和麻省理工学院其他几个年轻的程序员编写。《太空大战》游戏运行在 PDP-1 小型计算机之上，这台计算机是 DEC 公司捐献给麻省理工学院的，用来刺激学生开发有趣的应用程序（DEC 公司不会想到他们编写出了游戏）。编写这款游戏时，他们几个受到了爱德华·埃尔默·史密斯（E.E.“Doc”Smith）的“太空歌剧”式科幻小说的启发。《太空大战》是双人游戏，每个玩家控制一艘太空船，通过发射光子鱼雷来消灭对方。在屏幕的中心存在太阳引力场，它对两艘太空船有牵拉作用，玩家在控制太空船时需要避免被太阳牵拉进去。在紧急情况下，玩家可以进入超空间，然后返回到屏幕的一个随机位置上。后来，DEC 公司的工程师们把《太空大战》用作每台新 PDP 机器的测试程序，在发货之前都会使用它测试一下新机器能否正常工作。DEC 公司的销售团队不断把《太空大战》和新装的 DEC 计算机搭售出去，这使得《太空大战》广泛传播，有许多人模仿《太空大战》又开发出了好多有趣的游戏。

(a)

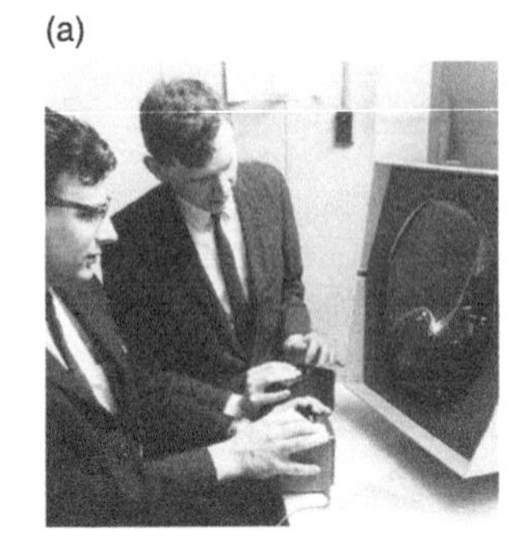

(b)

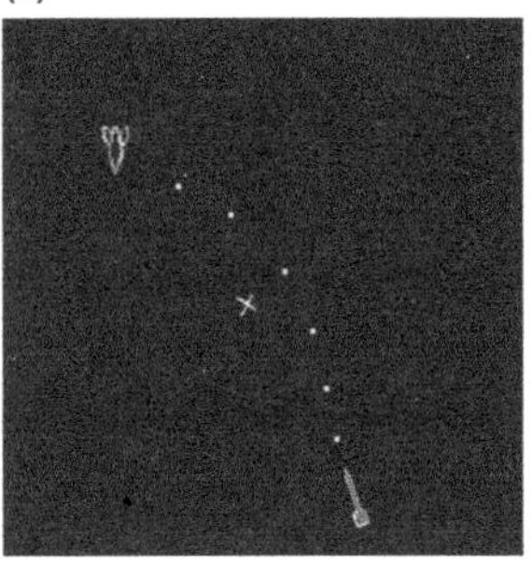

图 9.2（a）1962 年，丹·爱德华兹（左）和彼得·萨姆森（右）正在 PDP-1 上玩《太空大战》游戏，他们是麻省理工学院最早的学生开发者之一。（b）《太空大战》游戏画面。

B9.1 史蒂夫·拉塞尔是最早的计算机游戏开发者之一。1961 年，还在麻省理工学院求学期间，他就写出了《太空大战》游戏的第一版。1968 年，他在西雅图 C 立方公司担任硬件部门主管。保罗·艾伦和比尔·盖茨正是在这家公司深入学习了 PDP-10 的相关知识，这为他们后来为 Altair 开发 BASIC 解释器打下了基础。当时，艾伦正是跟拉塞尔学习编写 PDP 汇编代码的。

从这些早期游戏开始，在大学计算机上开发的游戏迅速增加，这些游戏主要是学生们利用空闲时间编写的实验性质的游戏软件。1966 年，《星际迷航》系列首次在电视播出，它有一批忠实的影迷，也催生出了几款游戏。其中最流行的一款游戏是《星际迷航：找到克林贡人与之打斗》（*Trek: Find and Fight Kingons*）。它由麦克·梅菲尔德（Mike Mayfield）开发，梅菲尔德当时年仅 18 岁，正在读书。梅菲尔德在 1971 年夏天进入加利福尼亚大学尔湾分校。那里有一台 Sigma 7 计算机，梅菲尔德使用 BASIC 语言编写了这款游戏。几乎每个看到这款游戏的人都会喜欢上它，随之这款游戏被许多人修改、移植到不同的计算机上运行。梅菲尔德使用惠普 BASIC 编写了可在惠普计算机上运行的版本，发布到共有领域，并且录制在了磁带上。DEC 公司也发布了这个游戏的一个版本，并且成为运行在个人计算机上的《星际迷航》系列游戏的基础（图 9.3）。

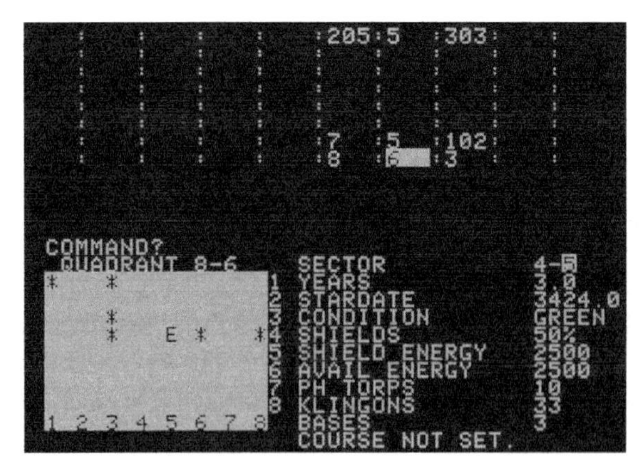

图 9.3 Apple II 上的《星际迷航》画面。

B9.2 唐・戴格洛，游戏设计师。他曾设计出许多知名的游戏，比如《星际迷航》《地下城》《棒球》《乌托邦》等。

B9.3 威廉・克劳瑟是建造阿帕网的 BBN 团队的一员。他是一位狂热的洞穴探险家，编写了《巨洞冒险》游戏给自己的女儿玩。

B9.4 唐・伍兹，游戏《巨洞冒险》的共同作者。在斯坦福大学求学期间，他发现了《冒险》游戏的早期版本，并被它深深吸引，于是决定对游戏进行增强扩展，添加一些新特性。

1971 年，加利福尼亚波莫纳学院的一名学生唐・戴格洛（Don Daglow，B9.2）在 PDP-10 上开发了第一款交互式棒球游戏。几年后，他又编写出了游戏《地下城》（*Dungeon*），这是最早的角色扮演游戏之一。角色扮演游戏多关注角色的发展与问题的解决，而不是行为动作。戴格洛的游戏基于游戏《龙与地下城》（*Dungeon and Dragons*）开发。这款游戏使用文字、视线图形（玩家必须看清对象才能动作）和地下城地图（指示玩家要探索的方向）。戴格洛继续开发他的棒球游戏，并在 1981 年发布了一个针对 Apple II 的版本。这个版本也是其他商业版本的基础。戴格洛后来成为计算机游戏设计师这份新职业的领头羊之一。

在 20 世纪 70 年代早期，威廉・克劳瑟（William Crowther，B9.3）在 BBN 公司工作，这是一家美国国防部承包商，当时他们正在开发阿帕网，即今天互联网的前身。闲暇时，克劳瑟在 BBN 公司的 PDP-10 上使用 FORTRAN 语言编写了一个基于文本的探险游戏。

> 那时我一直在玩一款名为《龙与地下城》的角色扮演游戏，我还非常喜欢洞穴探险，尤其喜欢去肯塔基州的猛犸洞探险。我打算尝试一下，以洞穴探险为题材写个游戏程序，给孩子们玩，它在某些方面或许和我一直玩的《龙与地下城》类似。我的想法是非计算机技术人员也能轻松玩转这款游戏，这也是我编写这款游戏的初衷之一，玩游戏时，玩家可以直接输入自然语言，而不必使用什么标准化的命令。我的孩子们觉得我写的这个游戏很好玩。

克劳瑟把这款游戏叫作《巨洞冒险》（*Colossal Cave Adventure*），简称《冒险》。玩家在探索虚拟洞穴系统时先输入简单的双字命令，然后读取命令产生的新文本。1975 年，克劳瑟在阿帕网发布了这款游戏，它迅速在阿帕网圈子里流行起来。克劳瑟编写的这个探险游戏可能是第一款交互游戏，游戏中玩家要根据实际情况做出相应动作。后来，斯坦福大学一位名叫唐・伍兹（Don Woods，B9.4）的研究生联系到克劳瑟，请求克劳瑟同意自己对游戏进行增强。《冒险》主要是一款探险游戏，伍兹向游戏中添加了许多魔幻对象，包括托尔金中土三部曲中的小精灵和巨怪等。这个对克劳瑟原始《冒险》游戏的增强可能是世界上第一个 MOD（modification 的缩写，意为“修改”）。现在许多计算机游戏都允许用户对游戏进行修改，方便用户向游戏添加更多乐趣。麻省理工学院的一个学生团队受到《冒险》游戏的启发，开发出了游戏 Zork，这是早期另一款交互式虚构游戏。Zork 是麻省理工学院黑客对未完成程序的一种俗称。这款游戏最初是在 PDP-10 上编写的，后来游戏作者们认识到文本游戏在个人计算机市场上的潜力，于 1979 年创立 Infocom 公司，发布了几款 Zork 的商业版本。

英格兰埃塞克斯大学的一名学生罗伊·特鲁布肖（Roy Trubshaw）受到Zork的启发使用学校的PDP-10开发出多用户版本的冒险游戏。他把这款游戏称为MUD（图9.4），MUD是多用户地下城（MultiUser Dungeon）的缩写，外部用户可以使用互联网用来宾账户玩它。MUD是第一款多玩家在线角色扮演游戏，它催生出许多类似的游戏。MUD这个名称逐渐成为多玩家在线冒险游戏的统称。在游戏中，玩家阅读房间的标志、物体的说明、其他玩家的描述，通过输入命令与其他玩家进行交互，比如“使用精灵剑攻击巨怪”。游戏的目标是探索奇幻世界，杀死怪兽，沿途完成任务，获得技能和特殊能力。

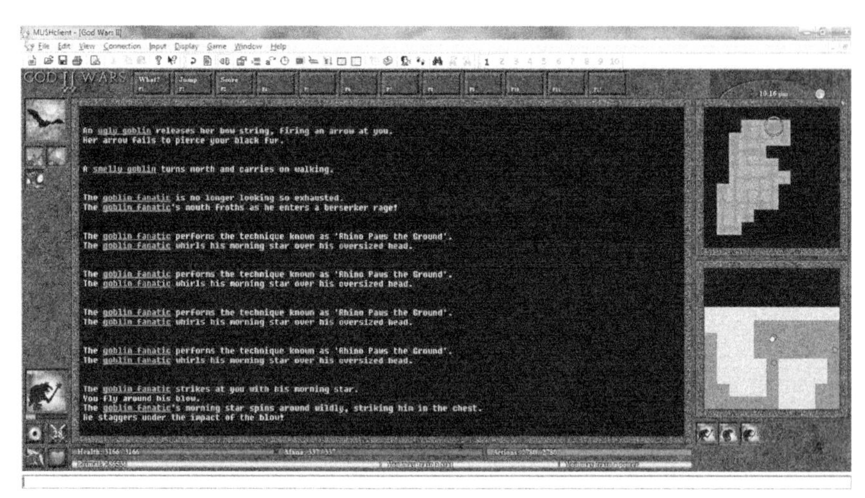

图9.4 经典MUD游戏中的地下城爬行。

B9.5 诺兰·布什纳尔是雅达利公司的创始人，“雅达利”这个名字来自日语，是围棋中一个术语，中文翻译为“叫吃”，类似于象棋中的“将军”。布什纳尔最初对计算机感兴趣是在犹他大学读本科时，那时他修了一门计算机图形课，授课老师是两位计算机图形学先驱——戴维·埃文斯和伊凡·苏泽兰。

20世纪70年代早期，这些游戏都是基于文本的，使用的是文字，而不是图形。玩家使用电传打字机作为计算机终端连接大学的大型机或小型机来玩游戏。到了20世纪70年代中期，电传打字机开始被计算机显示器所取代，显示器拥有更快的输出性能和更灵活的用户界面。随着个人计算机的出现，计算机游戏成为推动计算机图形创新的主要驱动力。

街机游戏

1971年，受史蒂夫·拉塞尔《太空大战》游戏的启发，一台运行《银河游戏》（Galaxy Game）的投币式游戏机被安装在斯坦福大学的学生联合会大楼里。同一年，共同创立雅达利计算机游戏公司的诺兰·布什纳尔（Nolan Bushnell，B9.5）和泰德·达布尼（Ted Dabney）开发出了《太空大战》游戏的另一个版本——《计算机空间》（*Computer Space*）。这是第一款计算机街机游戏，带有投币槽，但是未能获得巨大的商业成功。但是，另一款游戏却一鸣惊人，并促使布什纳尔和达布尼创立了雅达利游戏公司，这就是Pong（图9.5），它是一款乒乓球模拟游戏，游戏中每个玩家都要控制球拍的位置。

图 9.5 Pong 是雅达利第一款计算机街机游戏。

第一款计算机乒乓球游戏出现在 1958 年，由物理学家威廉·希金伯泰（William Higinbotham）开发，他把它命名为《双人网球》（*Tennis for Two*）。游戏显示在一台示波器上，画面是一个网球场的侧视图。游戏中有两名玩家，每个玩家使用控制器击打过网的球。玩家在确定击球轨迹时必须考虑网球所受的重力影响。这款游戏被用来给前来纽约长岛布鲁克海文国家实验室的访客作消遣娱乐。布什纳尔想编写一个类似的网球游戏作为街机游戏。在工程师艾尔·奥尔康（Al Alcorn）的帮助下，布什纳尔设计出一个原型，添加了投币箱，把它安装到加州桑尼维尔市的一个酒吧里，测试顾客对这款游戏的反应，结果取得了极大成功。人们陆续进入酒吧，不是为了买啤酒，而是为了玩游戏。游戏中有两名玩家，他们各执一个球拍击打从墙面反弹回来的球。1972 年 11 月，雅达利公司寄出了第一版的 Pong，到 1973 年，这款游戏的销售额超过了 300 万美元。市面上，很快出现了许多模仿 Pong 的游戏，到了 1977 年，各种 Pong 模仿游戏已经泛滥成灾。

在 Pong 大获成功后，布什纳尔和他的同事史蒂夫·布里斯托（Steve Bristow）想制作一款单人游戏，游戏中，玩家对着墙面击球，墙体一块砖接一块砖地遭到破坏。乔布斯接受委托制作《打砖块》（*Brick by Brick*）游戏的原型，要价 750 美元，并承诺在 4 天之内交付一个可运行的版本。接下这个计划后，乔布斯向沃兹尼亚克寻求帮助，沃兹尼亚克奋战了几个昼夜，按时做出了《打砖块》游戏的原型。

B9.6 西角友宏是日本最知名的电子游戏开发者之一。他最早开发的游戏是运动类游戏，比如《英式足球》和《戴维斯杯》，它们都在 1973 年发布。西角声称《英式足球》是日本第一款电子游戏，还说他在 1974 年推出的赛车游戏《高速赛车》可能是第一款进入美国市场的日本游戏。西角最著名的游戏是《太空入侵者》，这款游戏发布于 1978 年，开启了“街机游戏的黄金时代”。

一位名叫西角友宏（Tomohiro Nishikado，B9.6）的日本游戏设计师制作出了第一款人对人的电子对战游戏，引发了人们对电子游戏中暴力的讨论。在日本，这款游戏名叫《西部枪战》（*Western Gun*），Taito 公司在 1975 年正式发布了它。这款游戏支持单人或双人模式，它是第一款在屏幕上展示真实枪支的电子游戏。该游戏还支持双控制杆，玩家通过移动控制杆控制角色在屏幕上的行为，一个控制杆用来控制角色运动，另一个控制杆用来指定射击方向。日本街机游戏使用专用硬件，而美国的街机游戏是针对英特尔 8080 微处理器重写的。美国的中途制造公司发布了名为《枪战》（*Gun Fight*）的游戏。它是第一款基于微处理器的街机游戏，在美国市场获得了巨大成功。《枪战》的流行，同时也为日本游戏进入美国市场开辟了道路。

1977 年，西角友宏决定使用微处理器设计和实现一款名叫《太空入侵者》（*Space Invaders*）的新街机游戏。事实证明，这是一款相当成功的射击游戏，游戏中，太空入侵者不断从屏幕上方往下大举入侵，玩家朝外星人射击，防止它们侵入地球。《太空入侵者》获得了巨大的商业成功，据说在日本导致了硬币短缺。在世界范围内，这款游戏售出数量超过 360 000 份，到了 1982 年，这款游戏盈利了 20 多亿美元，全是 100 日元的硬币。据说，正是《太空入侵者》开启了“街机游戏的黄金时代”。

B9.7 岩谷彻出生在东京，1977 年加入 Namco 计算机软件公司。他带领团队设计并创建出街机版《吃豆人》游戏。1980 年，《吃豆人》在日本正式发布。这款游戏在国际上迅速获得成功，并成为最早一个适合男女玩家玩的游戏之一。

在《太空人侵者》大获成功之后，又出现了许多类似的游戏，比如雅达利公司推出的《小行星》（*Asteriods*）和南梦宫公司推出的《小蜜蜂》（*Galaxian*）。在 20 世纪 70 年代末，街机游戏有了彩色画面。除了射击和运动类游戏之外，南梦宫在 1980 年又成功推出了一款新型电子游戏《吃豆人》（*Pac-Man*，图 9.6）。这是一款迷宫游戏，游戏中，玩家控制吃豆人通过迷宫中迂回曲折的通道，吃掉途中遇到的各种物体。在吃掉所有物体之后，短暂休息进入下一关，吃豆人会被 4 个敌人追赶。游戏设计师岩谷彻（Toru Iiwatani，B9.7）说他设计的敌人有鲜明的个性和不同的行为，防止游戏让人觉得无聊，同时保证游戏不至于太难玩。这款电子游戏催生了新的用户群，不仅有传统的男性玩家，而且还吸引了大批女性玩家。这款游戏售出了 350 000 份，据估算，到 1982 年，游戏玩家人数达到了 3000 万。当玩家吃掉所有物品，并消灭 255 级的所有敌人后，整个游戏就通关了。佛罗里达州好莱坞市的比利 · 米切尔（Billy Mitchell）是实现这项壮举的第一人，他在 1999 年花了大约 6 个小时通关了整个游戏。街机游戏一直流行到 20 世纪 80 年代，随后开始衰败，从 20 世纪 90 年代开始，家用游戏机和个人计算机变得流行起来。

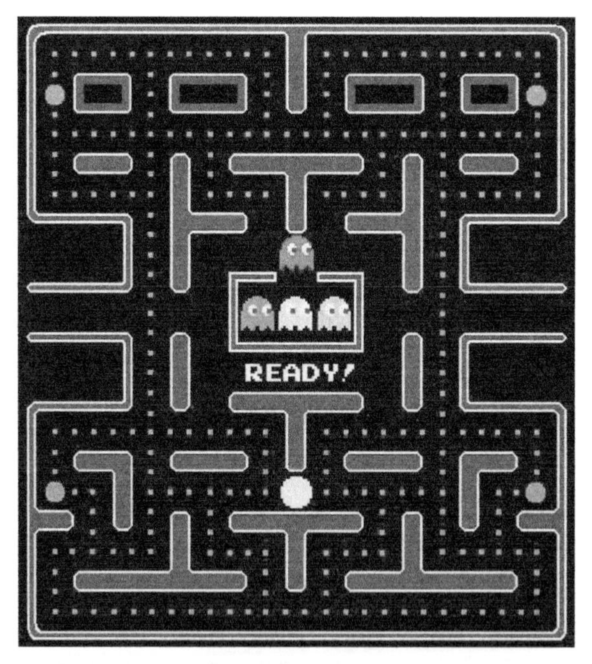

图 9.6《吃豆人》是有史以来最有影响力的电子游戏之一。它是第一款引入角色图标的游戏，也是一种新型迷宫游戏。它还是第一款引入“能力增强”的游戏，游戏中的角色在完成某个任务后就会获得额外的能量或能力。这款游戏中还引入了“场景切换”的概念，用来为游戏角色添加更多细节。《吃豆人》也因对女性玩家开放而备受赞誉。

主机大战

1951 年，美国发明家拉尔夫·贝尔（Ralph Baer）正为纽约一家电子公司研发电视技术。他意识到不用电视屏上的图案校准设备，让观看者操纵屏幕上显示的物体是可行的。虽然这家电子公司对他的想法并不感兴趣，但是贝尔并未放弃。1966 年，他进入另一家公司工作，并与同事比尔·哈里森（Bill Harrison）开发出了一款名为《追捕》（*Chase*）的游戏。它使用主机（包含电子电路的专用盒子）支持用户对显示在电视屏幕上的图像进行控制，这也是第一款使用标准电视进行显示的电子游戏。他们把这项技术授权给一家名叫马格纳沃克斯（Magnavox）的公司，这家公司在 1972 年推出了世界上第一台家用电子游戏主机马格纳沃克斯·奥德赛（Magnavox Odyssey）。通过一组名为游戏卡带的插入式设备，这台主机能够运行的不同游戏，比如乒乓球和各种射击游戏。在播出由弗兰克·辛纳屈（Frank Sinatra）代言的电视广告后，马格纳沃克斯公司在 1972 年卖出了 10 多万台的游戏主机。在整个生命周期内，奥德赛系统总共售出了 200 多万套。

在早期游戏主机中，游戏被硬植于电子电路中，就像早期的街机一样，这样一来就很难添加新游戏。布什纳尔为这种限制伤透了脑筋，他想制造一种更灵活的游戏主机，这种游戏主机能够运行所有雅达利公司的游戏。然而，要想把这种游戏主机推向市场，布什纳尔需要更多资金支持。为此，1976 年，布什纳尔把雅达利公司卖给了华纳通信公司。由于就公司未来发展的某些方面未能和华纳管理层达成一致意见，布什纳尔于 1978 年离开公司。到 20 世纪 70 年代末，人们为基于微处理器的游戏主机开发出了许多电子游戏软件。游戏卡带以程序的形式被写入只读存储器芯片中，使用时只要将其插入到游戏主机的插槽中即可。1977 年，Atari 2600 发布，它为玩家提供了 9 种游戏，很快成为当时最流行的游戏主机之一。然而，直到推出了游戏主机版的《太空入侵者》，雅达利公司才真正有了第一款电子游戏主机上的“杀手级应用”。1993 年，雅达利推出了最后一款游戏主机——雅达利美洲豹（Atari Jaguar），但并未获得巨大的商业成功。1996 年，雅达利美洲豹停止销售。

B9.8 宫本茂是《大金刚》《超级马里奥》《塞尔达传说》等游戏的制作人。他是最成功的游戏设计师之一，常被称为“现代游戏之父”。

1985 年，日本的任天堂推出了 NES（俗称“红白机”），让电子游戏主机市场重新焕发活力。这款游戏主机带有两个控制器和《超级马里奥》（*Super Mario*）游戏。该游戏由日本游戏设计师宫本茂（Shigeru Miyamoto，B9.8）设计。他基于一个名叫“小跳人”的游戏角色创建了马里奥，“小跳人”是早期街机游戏《大金刚》（*Donkey Kong*）中的一个人物。1980 年，任天堂的《雷达地带》（*Radar Scope*）街机游戏在美国遭遇惨败，但是它的失败促成了《大金刚》的诞生，《大金刚》迅速走红，获得巨大成功，把任天堂从财务危机中拯救出来。在新一代 NES 主机的《超级马里奥》游戏中，宫本茂为马里奥设计了大胡子，国籍定为意大利，场景为纽约城，因为纽约城地下有迷宫般纵横交错的管道网络。游戏中，马里奥要探索 8 个不同的世界，打败许多敌人，营救碧奇公主。由于游戏中需要角色跳到要指定的地方，所以跳跃能力是马里奥的一项关键能力。游戏还使用了“能力增强”的想法。马里奥有三种能力增强方式：超级蘑菇（让马里奥变大）、火花（帮助马里奥扔火球）、星人（暂时无敌）。

宫本茂的《超级马里奥》是第一款成功的横向卷轴游戏。横向卷轴是一种计算机图形技术，在这项技术中，玩家从侧面观看人物的动作，屏幕中的角色从左侧移动到右侧，穿过整个游戏场景，还可以前后移动。这项技术常用在平台类游戏中，这类动作游戏中的人物要在不同游戏等级中跑、跳、跨越各种障碍物。《大金刚》是第一款允许玩家跳过障碍物以及跨过鸿沟的游戏。自从 1985 年诞生以来，马里奥这个角色就出现在 100 多种游戏中，随着 2 亿多款游戏的出售，马里奥已经成为史上卖得最好的系列游戏的主角。

1986 年，宫本茂又为 NES 主机开发出了一款创意游戏——《塞尔达传说》（*The Legend of Zelda*），这款游戏也获得了巨大成功。在游戏中，宫本茂想让玩家把主要精力放在解谜上，而不仅仅关注冒险与战斗情节。此外，探险也是该游戏的一个重要特征。制作这款游戏时，宫本茂从在日本京都度过的童年时代获得了许多灵感。

> 小时候，在一次徒步旅行的过程中，我发现了一个湖泊，这个偶然的发现令我兴奋异常。从此以后，每次出去旅行我都不会随身带地图，我喜欢一边走一边找路，并为途中“邂逅”的美景而兴奋不已，突然我意识到，这就是“冒险”的魅力所在。

宫本茂知道著名小说家弗朗西斯·斯科特·菲茨杰拉德（F. Scott Fitzgerald）的妻子名叫塞尔达·菲茨杰拉德，就把游戏主人公称为塞尔达公主。《塞尔达传说》是 NES 主机上第四款畅销游戏，也是第一款允许玩家暂停游戏、把游戏状态保存下来，以便日后接着玩的主机游戏。

1991 年，世嘉公司为他们的 Genesis 游戏主机推出了游戏《刺猬索尼克》（*Sonic the Hedgehog*）。这是一款类似于马里奥的平台类游戏，蓝色的刺猬索尼克很快成为世嘉电子游戏业务的吉祥物。刺猬索尼克系列游戏让世嘉公司的游戏主机在 20 世纪 90 年代早期很有竞争力，一度占据了 65% 的北美市场。然而，他们有强大的竞争对手，先是任天堂，后是索尼，索尼在 1994 年推出了 PlayStation 游戏主机（PS）。PS 是第一款销量超过一亿台的游戏机。2001 年，微软发布了 Xbox。面对如此激烈的竞争，世嘉在 2001 年放弃了游戏机市场，把主要精力放在为其他游戏机厂商开发电子游戏上，包括他们之前推出的《刺猬索尼克》。

到了 21 世纪早期，市场上主要的游戏机厂商只剩下三家，分别是任天堂、索尼和微软。在推出 NES 之后，任天堂每隔一段时间就会推出新款游戏机，1991 年推出 SNES，1996 年推出“任天堂 64”，2001 年推出 GameCube。虽

图 9.7 《光晕：战斗进化》是微软 2001 年为 Xbox 游戏机上市开发的一款游戏。这款游戏后来又有许多续篇，包括前传《光晕：致远星》。作家布莱恩·本迪斯曾经把游戏《光晕》的文化影响提升到与电影《星球大战》同等高度。

然 GameCube 有赢利，但在全世界只销售了 2200 万台，其受欢迎程度远低于索尼的机器。索尼在 2000 年推出了 PS2，在短短几年之内其销量就超过了 1.5 亿台，成为有史以来最畅销的游戏机。《侠盗猎车手》（*Grand Theft Auto*）系列游戏在索尼 PS1 上获得了巨大成功，《侠盗猎车手 3》只在 PS2 上运行，它是一款具有开创性的三维游戏。

2001 年，微软推出了 Xbox，同时还有一款名为《光晕：战斗进化》（*Halo: Combat Evolved*，图 9.7）的游戏。《光晕：战斗进化》是第一人称射击游戏，游戏中玩家要瞄准并消灭出现在主角视野中的敌人。这款游戏在北美和欧洲获得了极大成功，随后微软在 2002 年推出了 Xbox Live 服务。这项服务通过互联网支持多个玩家在线游戏。2004 年 11 月，《光晕 2》发布，并迅速成为当时最流行的在线游戏。到 2006 年 6 月，通过 Xbox Live 服务玩《光晕 2》的玩家超过了 5 亿人次，总游戏时间超过 7 亿个小时。尽管 Xbox 的销量超过 2400 万台，与任天堂 GameCube 的销量相差不大，但它们都比索尼 PS2 的销量差很多。

游戏机制造领域中的竞争异常激烈。2006 年，索尼推出了 PS3，但是它采用了 IBM 新研发的 Cell 处理器，硬件架构有了很大不同，这对游戏开发者来说是个棘手的平台。2013 年，索尼又推出了 PS4，换回到原先基于英特尔 x86 架构的微处理器芯片。微软在 2005 年推出了 Xbox 360，与索尼 PS3 展开激烈竞争，到 2013 年，两款游戏机的销量都突破了 7000 万台。2006 年 11 月，任天堂推出了新型 Wii 游戏机，它集成了手柄定位设备（该设备可以感知三维空间中的运动）实现体感操作。这项功能让任天堂吸引了更多购买者，用户不仅局限于游戏人群，Wii 游戏机卖出了 8000 多万台，比微软 Xbox 360 和 PS3 的销量都要多。微软在 2010 年推出了 Kinect，微软 Xbox 游戏机引入了新的人机交互模式，玩家可以通过口头指令和手势控制 Xbox。在 Kinect 发布的头 60 天内售出了 800 万台，吉尼斯世界纪录将其评为“销售最快的消费设备”。2013 年，微软发布了 Xbox One，索尼推出了 PS4，它们之间的较量很值得继续关注。

计算机图形和电子游戏

“计算机图形”这个术语最早出现在 1960 年，由波音公司的一位平面图形设计师威廉·菲特（William Fetter）首次使用。早期关于计算机图形的研究大多受到麻省理工学院林肯实验室半自动地面防空系统项目的启发。半自动地面防空系统使用阴极射线显像管显示器进行显示，林肯实验室还研制出了一种光笔设备，供用户和显示屏进行交互。1959 年，韦斯利·克拉克和实验室的其他同事一起研制出了 TX-2。实验室的研究生伊凡·苏泽兰开发出了 Sketchpad，这是一款具有革命性的图形软件程序，借助它，用户可以使用光笔在 TX-2 上绘制出简单的图形。1967 年，戴维·埃文斯把苏泽兰招入犹他大学的计算机图形研究小组。20 世纪 70 年代，在计算机图形研究领域出现了许多突破性的成果，这些成果归根结底都源自犹他大学的研究小组。

计算机显示器由二维小矩形格子组成，这些小格子被称为像素，像素是图像最基本的组成单位。图像就由这些小格子组成，像素越小，靠得越近，图像质量越好（或说分辨率越高）。如今的显示器和打印机都是光栅设备，它们通过一系列扫描线显示图像。光栅扫描通过做平行线扫描在阴极射线显像管屏幕上显示一幅图像。一幅光栅图像（或称位图）由一系列矩形格（像素）组成。位图和显示器上显示的图像逐位对应，其特征是图像的宽度和高度用像素数表示，以及每个像素的位数有多少。对于彩色图像，每个像素至少保存三个数字，分别用来指定红、绿、蓝三种颜色分量的亮度。光栅图像不能进行放大，否则会出现“像素化”现象，即组成图像的像素点会明显地显现出来。

计算机程序中表示图像的另一种方法是使用矢量图形。这项技术使用点、线、曲线、矩形等这些简单的几何图形来表示图像。因此，我们可以只使用 4 个点（每个角一个点）来表示一个正方形。每个点都带有一些信息，告诉计算机如何把点连接起来（就正方形来说，使用直线进行连接），以及使用何种颜色填充封闭形状。矢量图形的大小可以随意调整，且不会损失细节信息，矢量点只是根据需要进行扩展或收缩，计算机可以很容易地重绘图形。但是，在打印图像时，需要先把矢量图形转换成位图格式（或栅格格式）。半自动地面防空系统是最早使用矢量图形显示器的系统之一。

20 世纪 80 年代早期，相比于计算机图形研究中的最新技术，游戏设计师为 8 位微处理器个人计算机使用的计算机图形技术是相当简单的。今天，游戏平台中使用的硬件技术有了极大进步，以至于有些计算机游戏公司成为计算机图形研究领域的领导者。通过了解游戏在 Atari 800 和 Commodore 64 的实现方式，我们可以知道游戏开发者针对个人计算机使用的一些早期技术。

早期平台电子游戏（比如《超级马里奥》）常用横向卷轴，游戏角色在背景上横移。许多基于 8 位微处理器的计算机为卷轴和“精灵”（sprites，这些小的图形元素拥有固定的宽度和高度，可以在主屏上单独进行定位）提供硬件支持（图 9.8）。Atari 2600 的硬件最多可支持 5 个精灵，它们可以在游戏背景中分别进行移动。Atari 800 家用计算机的硬件也具备类似能力，使用 4 个精灵（8 个像素宽）表示游戏角色和一个精灵（8 个像素，这个精灵又可以分成 4 个精灵，每个精灵 2 个像素宽）表示导弹。游戏角色可以沿着水平、垂直方向移动，每当两个精灵碰到对方时，都由软件来指定优先顺序，即指出哪个图像是可见的。计算机硬件还支持背景沿水平和垂直方向滚动，最多可滚动 15 个像素。若想做出更多滚动，则需要把屏幕显示起点转移到内存中。Commodore 64 拥有类似的图形能力，其硬件支持卷轴和 8 个精灵。雅达利和 Commodore 都支持 16 种颜色，雅达利还提供 8 种亮度设置。亮度用来指定来自某个给定

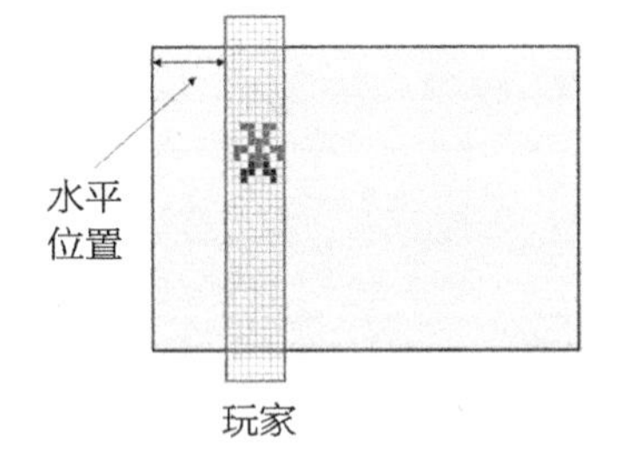

图 9.8 在早期计算机游戏中，精灵用来表示游戏中的人物或导弹。上图显示的是 Atari 800 家用计算机中的玩家 / 导弹精灵。

区域的光线数量，它是表面明亮程度的“指示器”。

到了20世纪90年代，正如摩尔定律所预测的那样，微处理器变得更便宜，功能更强大，这些早期电子游戏从二维模型变成三维模型。与圆、矩形这类二维图形不同，三维模型使用线框表示任意对象。在线框模型中，点、线、曲线用来表示一个对象的边缘，包括对边和所有内部不看见的特征。现在有很多技术可以用来生成各种复杂形状和曲线。在用来指定游戏场景的文件中包含场景中对象的几何形状和它们的相对位置。游戏设计师还可以自由地从不同的视角观看场景，并且可以选择不同的照明亮度。我们把三维模型转换成屏幕上二维图像的过程称为“渲染”。在创建二维图像时，计算机必须做大量计算，确定哪些表面位于指定对象的后面（从观看者视角看），哪些应该被隐藏起来。在渲染过程中，还会添加照明和表面纹理效果。犹他大学伊凡·苏泽兰所在的图形研究小组编写了第一个隐面算法测试真实显示重叠的对象，这套规则用来确定某个视角上有哪些面是不可见的，因而要把它们隐藏起来。

如今，计算机图形成为整个新兴产业的基础。计算机动画是使用计算机创建动态图像的过程，通用网关接口现在是电影产业的标准技术。1995年，皮克斯动画工作室制作了《玩具总动员》，这是第一部计算机合成的动画电影。在计算机辅助设计领域，设计者使用计算机图形进行辅助设计，涉及的行业有汽车、航空航天、造船等。计算机图形技术还是现代科学和信息可视化的基础。

现代计算机游戏

1991年，席德·梅尔（Sid Meier，B9.9）推出了针对个人计算机的游戏《文明》（*Civilization*）。这是一款单玩家或多玩家的策略游戏，游戏中玩家试图建立一个帝国，与其他文明进行竞争，防止掠夺成性的野蛮人的进攻。每个玩家刚开始时是一个殖民者或武士，通过探索、战争、外交手段建立起主导文明。游戏从公元前4000年（青铜时代之前）开始，一直延续到2050年，即未来太空时代文明，向新星球移民。随着游戏中时间的推移，玩家可以选择投资新技术，从早期的车轮、陶器到游戏接近尾声时的核能和太空飞行。在科学和技术中的睿智投资往往会为文明带来巨大进步，这与现实生活是一样的。1996年，《计算机游戏世界》杂志把《文明》评选为有史以来最棒的游戏，并给出如下评论：

B9.9 席德·梅尔站在2010年游戏开发者大会的讲台上。梅尔在加拿大安大略省出生，毕业于密歇根大学。他与别人共同创立了MicroProse和Firaxis游戏公司。他最有名的作品就是《文明》系列游戏，由MicroProse于1991年推出。

> 虽然市面上也有一些很吸引人的游戏，但是没有一款游戏能够在玩法的多样性和满意度等方面赶上席德·梅尔的这款游戏大作。这款游戏融入了探险、经济、征服、外交等元素，并可以通过科学研究和发展模式得到增强，游戏中，你可以努力建造金字塔、发明火药、向半人马阿尔法星发射殖民飞船等。就在你觉得游戏开始变得无聊时，你眼前突然一亮，会发现新大陆、新技术或另一个强劲的对手，然后你会情不自禁地对自己说：“再玩一个回合吧。”此时，新的一天的阳光早已洒满了

你的房间。这可能是有史以来最让人痴迷的游戏了。

1992 年，在计算机游戏领域，即时战略类游戏成长起来，西木工作室推出了《沙丘 II》（*Dune II*）。即时战略类游戏允许玩家随着行动的开展向庞大的军队发出命令。即使玩家没有主动发出命令，游戏也会继续进行下去。《沙丘 II》的故事情节大致基于 1965 年弗兰克·赫尔伯特（Frank Herbert）创作的科幻小说《沙丘》（*Dune*）和 1984 年的同名电影。游戏的目标是从阿拉基斯星球的沙漠中收集宝贵的“香料”，同时还要打退敌人，并避免被沙丘下的巨大沙虫吞噬。利用从“香料”交易中获得的收益，玩家可以召集更多军队，建立军事基地。游戏从一幅地图的俯视图开始，战争迷雾笼罩着那些玩家军队看不见的地区。随着探索的进行，浓雾消散，更多地图显露出来。这款游戏有一个经济运行模式：交易资源、建立基地、精心管理军队。《沙丘 II》成为未来即时战略类游戏的标准范本，也是西木工作室日后推出的《命令与征服》（*Command & Conquer*）系列游戏的灵感源泉。

图 9.9《神秘岛》是一款冒险游戏，游戏中，玩家探索一个神秘的岛屿，它是一个完全虚拟的世界。《神秘岛》是一款新类型的游戏，即解谜冒险游戏。

《神秘岛》（*Myst*，图 9.9）是一种新型解谜冒险游戏，它的走红出人意料。这款游戏由罗宾·米勒（Robyn Miller）和兰德·米勒（Rand Miller）兄弟开发，1993 年，针对苹果的麦金塔推出市场。20 世纪 90 年代，《神秘岛》成为最畅销的个人计算机游戏，它一直保持着最高的销售纪录，直到 2002 年被生活模拟类游戏《模拟人生》（*The Sims*，图 9.10）超越。《神秘岛》是一款“杀手级应用”，它让 CD-ROM 成为个人计算机的标配。CD-ROM 光盘由塑料制成，表面覆盖一层薄薄的铝合金层，形成金属反射层。CD 上存储的二进制数据由一系列“凹坑”和“平地”组成，一束激光照射在 CD 光盘上，其反射光线的强度变化可以重新转换成二进制数据。一张 CD 可以存储高达 700MB 的数据，相比于只有几兆存储能力的软盘而言，其存储能力有了巨大提升。随着这项技术的进一步发展，出现了存储容量为 5GB 或更高的 DVD。现在 DVD 主要用来发行电影副本。电影产业领域还引入了蓝光光盘，其存储容量达到 25GB，用来发行分辨率更高的电影。

图 9.10《模拟人生》是一款生活模拟类游戏。它是全世界范围内最流行的游戏之一。截至 2013 年 8 月，这款游戏售出了 1.75 亿份。

1984 年，两位剑桥大学本科生戴维·布拉本（David Braben）和伊安·贝尔（Ian Bell）为 BBC Micro 设计出了游戏《精英》（*Elite*，图 9.11）。BBC Micro 是 Acorn 计算机公司为英国 BBC 一档普及计算机知识的节目制造的。《精英》把传统的作战游戏和星系间的太空贸易相结合。在星系间做超时空穿越时，贸易舰队容易受到敌人的攻击。游戏中，玩家可以做贸易赚积分、到小行星采矿、抢劫或者做赏金猎人。玩家可以使用积分升级太空船，装配更好的武器或者增加载货量。《精英》中用到的新技术主要是三维线框图形。这项技术可以产生一个真实的三维世界，在各个方向的运动都是真实的。《精英》的银河系中包含 256 颗待探索的星球，整个宇宙由 8 个星系组成。玩家可以从三维雷达图上观看游戏进程。为了让这款游戏在内存只有 14KB 的 BBC Micro

图 9.11 两位剑桥大学本科生为 BBC Micro 编写了《精英》游戏。它是第一款使用三维图形的游戏。

上运行，布拉本和贝尔不得不使用低级汇编语言编写它。在获得巨大成功之后，这款使用具有革命性三维图形的游戏被移植到所有主流的游戏主机上，这其中就包括任天堂的红百机。

20 世纪 90 年代，随着微处理器功能更强大和内存价格走低，三维图形变得更容易实现。1993 年，id 软件公司推出了游戏 *Doom*，它是最早一批使用三维图形技术的游戏（B9.10）。这款游戏不仅使用了更逼真的三维图形，还为视频画面类游戏设定了基本规则。游戏中，玩家是一位星际战士，必须在地狱恶魔中间杀出一条血路。在游戏发布两年内，游戏玩家就超过了 1000 万。但 *Doom* 中的暴力画面和邪恶形象带来了相当大的争议。

B9.10 约翰·卡马克（John Carmack，左）和约翰·罗梅洛（John Romero，右）是 id 软件公司的两位创始人。卡马克和罗梅洛使用三维图形技术让计算机游戏更加逼真。他们在 1992 年推出了具有划时代意义的游戏《德军总部 3D》，1993 年推出 *Doom*，1996 年推出《雷神之锤》。*Doom* 定义了视频画面类游戏，它也是第一款被移植到 Linux 的计算机游戏。

图 9.12《魔兽世界》宣传片。

1996 年，一家名叫 3dfx Interactive 的公司推出了 Voodoo 3D 图形芯片，它是一款针对个人计算机的 3D 图形加速卡，价格低廉。通常，3D 渲染会占用大量 CPU 资源，而图形加速卡拥有专门做 3D 渲染的处理器，这可以把 CPU 解放出来执行其他任务。现在的 GPU 也拥有相同的功能，即用来加速图形渲染过程。随着图形处理能力的增长，罗伊·特鲁布肖所制作的基于文本的 MUD 游戏被转换成了多玩家图形游戏。伴随着互联网的普及，图形化的 MUD 游戏进一步演化成“大型多人在线角色扮演游戏”。《魔兽争霸》系列游戏的第一版《魔兽争霸：人类和兽人》（*Warcraft: Orcs and Human*）在 1994 年发布。10 年后，《魔兽世界》（图 9.12）发布。截至 2009 年，订阅用户超过 1000 万。*RuneScape* 是一款免费的大型多人在线角色扮演游戏，由英国剑桥大学的安德鲁·高尔（Andrew Gower）和保罗·高尔（Paul Gower）制作，于 2001 年发布。到 2010 年 11 月，RuneScape 获得了一项吉尼斯世界纪录，即游戏注册用户数超过 1.75 亿。

近年来，游戏《我的世界》（*Minecraft*）迅速走红，并获得了巨大成功。事实上，这款游戏既没有出版商支持，也没有做任何商业广告（图 9.13）。该游戏最初的个人计算机版由瑞典程序员马库斯·佩尔森（Markus Persson，B9.11）开发。2009 年，他发布了《我的世界》测试版，2011 年 11 月推出了完整版。在不到一个月内，这款游戏就售出了 100 多万份。到 2012 年 3 月，《我的世界》成为有史以来排名第六位的个人计算机游戏。截至 2014 年 2 月，计算机端售出了1400万份，所有平台合计售出3500万份。2012年，《我的世界》成为Xbox Live Arcade销量最好的游戏，它也是Xbox Live上第四个受热捧的游戏。《我的世界－口袋版》是专门针对安卓平台开发的，到目前为止，已经售出了2100多万份。

图9.13《我的世界》游戏画面。这款游戏支持多个平台，个人计算机、游戏机和智能手机都可以玩。马库斯·佩尔森设计这款游戏本来只为自娱自乐，没想到它会如此受追捧。最初，这款游戏只有一个场景，里面有许多物体，几乎没人想到它会获得这么大的成功。Majong公司推出这款游戏后，并未大力宣传，这款游戏的传播主要靠人们口口相传和网络传播。《我的世界》是一款沙盒类游戏，玩家可以自由地修改他们想玩的世界。

B9.11 马库斯·佩尔森是一位瑞典人，他编写出了《我的世界》这款游戏，并与人合伙于2010年成立Mojang游戏公司。他从7岁开始学习编程，使用的是Commodore 128，8岁时，他开发出了一个基于文本的冒险游戏。“Notch”是他玩电子游戏时使用的ID，他的昵称是“Stuck”。虽然《我的世界》大获成功，但是他仍然觉得自己是个“普通的程序员”，他写游戏是为了自娱自乐，不是为了赚钱。

《我的世界》获得巨大成功的原因是什么呢？其中部分原因源于这款游戏看似无穷的多样性和可扩展性。从根本上说，它就是一款生存/建设游戏（类似数字乐高），游戏中，玩家可以使用有纹理的立方体搭建各种3D建筑。他们还可以种庄稼、养家畜、收集生存必需的资源。游戏中有许多矿藏，玩家可以挖矿，寻找铁矿石、煤炭、黄金和宝石。铁矿石可以被融化，制造成镐头、刀剑和盔甲。这些装备可以用来消灭遍及整个场景的僵尸、蜘蛛、龙和其他敌人。在多人游戏模式下，玩家可以组队，一起建造建筑物和城市，分享资源或与敌人战斗。《我的世界》获得成功的另一个因素是它能够集成用户生成的内容，网上有大量增强程序可用。事实证明，《我的世界》不仅是一款极富创意的游戏，而且还被广泛应用于教育中，包括历史和科学。这款游戏还可以用来展现自己对建筑与城市设计的想法。2012年，麻省理工学院媒体实验室研究员科迪·萨姆特（Cody Sumter）说：“《我的世界》不只创造了一款游戏，它还‘诱使’4000万人开始学习计算机辅助技术。”谷歌甚至还使用这款游戏鼓励那些学有余力的学生去学习量子力学：

有几百万个孩子花费大量时间来玩《我的世界》这款游戏，游戏中，他们不只挖洞和怪兽拼杀，还建装配线、航天飞机、可编程计算机，以及实验和探索所需要的各种工具。那么，我们如何让这些聪明又极富创造力的孩子对量子力学感兴趣呢？关于这个问题，我们同《我的世界》（教育版）和加州理工学院量子信息和物质研究所的朋友们进行了交流，最终我们有了一个有趣的想法，决定推出一个名为 qCraft 的游戏模组。这个模组向游戏中添加了新物体，用来表现出量子纠缠、量子叠加和观察者依赖等量子现象，玩家可以通过添加的新物体体验到这些量子行为。

20 世纪 80 年代是电子游戏产业的开端，这期间游戏开发人员做了许多尝试，也开发出了许多新游戏。20 世纪 90 年代，游戏产业成熟起来，图形图像和动画让游戏越来越真实。游戏开发不再是个人行为，逐渐变成团队行为，开发成本也随之增加。人们开始追求那些视觉更丰富、内容更复杂的游戏，这导致新游戏推出的数量和种类大幅减少。这种趋势一直延续到 21 世纪，人们开始把主要精力投入到开发少数成功游戏的续作上，以此降低游戏开发失败带来的风险。但是《我的世界》是个鼓舞人心的例外。技术仍会带给我们一些惊喜：技术仍然沿着摩尔定律预测的方向发展，同时智能手机的快速增长给计算机游戏产业带来了新的机遇和挑战。

图 9.14 任天堂在 1989 年推出的“Game Boy”手持游戏设备。

愤怒的小鸟和休闲游戏

随着微处理器功能变得更强大以及屏幕技术的进步，手持游戏设备获得巨大发展，使用它们不再需要连接到显示器上。1989 年，任天堂推出了“Game Boy”（图 9.14）手持游戏机。《俄罗斯方块》（*Tetris*，图 9.15）随 Game Boy 一起捆绑发售，《俄罗斯方块》是一款益智游戏，游戏时，玩家要控制各种形状的方块，使之排列成完整的一行或多行。这款游戏是电子游戏史上被移植最多的一款游戏，因而被收录到吉尼斯世界纪录中，现在《俄罗斯方块》出现在超过 65 个游戏平台上。

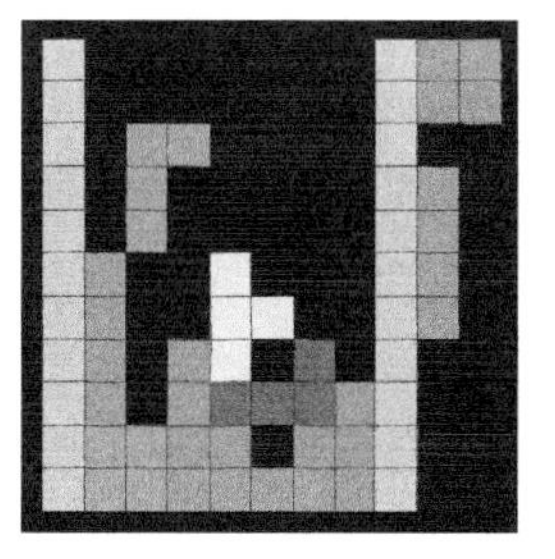

图 9.15 《俄罗斯方块》由俄国人阿列克谢·帕基特诺夫（Alexey Pajitnov）在 1984 年设计与编写。当时他在苏联科学院计算机中心工作。

随着手机成为新兴游戏平台，诺基亚在 1997 年推出了游戏《贪吃蛇》（*Snake*）。《贪吃蛇》最早是在 20 世纪 70 年代开发的。游戏时，玩家控制小蛇在屏幕中移动，吃掉目标物，但不要碰到自己的尾巴。当小蛇吃掉目标物时，它的身子会变长，随着吃掉的东西越来越多，蛇身越来越长，难度也越来越大。在诺基亚把《贪吃蛇》植入它生产的手机后，《贪吃蛇》流行开来。《贪吃蛇》是最早的休闲类游戏之一，休闲类游戏一般不太复杂，可以在等待或旅游间隙玩一玩。由于手机屏幕小，内存十分有限，再加上手机运算能力有限，这些早期的休闲游戏需要非常简单。

随着计算机技术成本大幅降低，目前制造出的智能手机和平板计算机几乎拥有了与计算机一样强大的运算能力。现在，休闲类游戏（供人们短时玩耍）

图 9.16《愤怒的小鸟》最初的想法来自于 Rovio 公司的一位设计师杰卡·莱萨罗（Jaako lisalo）。有一天，莱萨罗脑海中蹦出一个想法，他画出了许多没有翅膀和腿，圆嘟嘟但异常愤怒的小鸟。Rovio 公司的一位主管尼克拉·赫德说："人们看到这些小鸟一眼就喜欢上了它们，就像魔法一样。"

已经成为智能手机上最流行的应用之一。《愤怒的小鸟》（*Angry Birds*，图 9.16）是智能手机上最流行的游戏之一，它由芬兰的 Rovio 娱乐公司开发。游戏中，玩家用弹弓发射小鸟摧毁小猪。Rovio 娱乐公司由两位堂兄弟迈克尔·赫德（Michael Hed）和尼克拉·赫德（Niklas Hed）运营，他们认为智能手机游戏市场将在 2009 年早期爆发。在推出《愤怒的小鸟》之前，他们已经开发出了 50 多款游戏，有了这些经验，他们决定制作一款适合普通人玩的游戏，而不只针对于那些资深游戏玩家。当尼克拉看到他母亲放下正在做的圣诞晚餐专心玩《愤怒的小鸟》时，他意识到自己已经胜券在握。他说："这之前，我母亲什么游戏都没玩过。当我看到她专心致志地玩起《愤怒的小鸟》时，我立刻认识到：对了！这就是我想要的效果。"2009 年 12 月，《愤怒的小鸟》进入苹果的 App Store 进行销售，截至 2013 年，总共售出了 1200 多万份。

通过和 Facebook 社交网络合作，休闲游戏《乡村度假》（*FarmVille*）把新的社交元素引入到手游中。2009 年 6 月，Zynga 公司发布了这款游戏，6 周内，日常用户就已经超过了 1000 万。这款游戏受到中国农场模拟游戏《开心农场》的启发，游戏中，玩家可以种庄稼、与别人交易、售卖产品、从邻居那里偷东西。顶峰时，《开心农场》在中国大陆和台湾地区的日常活跃用户超过了 2000 万。尽管《开心农场》和《乡村度假》游戏现在已经不那么火热了，但是现在还是有许多类似的新游戏可玩。2011 年，在美国和西欧，使用苹果 iPod touch、iPhone、iPad 玩休闲游戏的用户超过了 6000 万，他们平均每月下载 2.5 个游戏。在这些国家的苹果 App Store 中，游戏（包括付费和免费游戏）的下载量占据了总下载量的 50%。在 Facebook 上，超过 50% 的用户都在玩游戏，每月玩游戏的人数超过了 2.5 亿。

令人担忧的是，Facebook 上差不多有 20% 的用户说自己沉迷游戏。现在，在许多国家，沉迷电子游戏已经成为一个非常现实的问题。在过去 10 年，过度沉迷电子游戏导致了一些骇人的死亡事件，这些受害者中，有些是玩家，有些则是孩子。过分沉迷游戏的父母忽略照看自己的孩子，从而最终酿成悲剧。2005 年，韩国的一位年轻人在连续玩了 50 个小时游戏之后猝死。2010 年，美国的一位母亲被宣判为二级谋杀罪，她向调查员坦白是自己把孩子杀害的，原因是孩子的哭声让她无法安心玩《乡村度假》。早在 1981 年，一项"《太空入侵者》游戏（以及其他游戏）控制法案"被提交到英国议会，最终因差很少的票数未能通过。2007 年，对于在线游戏，中国政府出台了限制措施，要求互联网游戏运营商通过玩家的身份证号对用户进行识别。当连续玩游戏超过 3 个小时后，会提示未满 18 周岁的玩家停止游戏，做些体育运动。如果他们继续玩游戏，游戏点数就会减少，5 个小时后，所有游戏点数会被清空。随着电子游戏不断升温，这项举措是解决游戏沉迷问题的一次有益尝试。

重要概念

- 计算机游戏类型
  - 动作游戏
    - 球类游戏
    - 太空歌剧
    - 迷宫
    - 平台类游戏
  - 冒险游戏
  - 模拟和经营游戏
  - 即时策略游戏
  - 第一人称射击游戏
  - 角色扮演游戏
  - 多用户网络游戏
    - 大型多人在线角色扮演游戏
    - 休闲游戏
- CD-ROM、DVD、蓝光光盘
- 计算机图形技术
  - 像素和位图
  - 光栅图形
  - 矢量图形
  - 横向卷轴和精灵
  - 3D 建模
  - 渲染

斯图亚特·布兰德和《滚石》杂志

1972年，即史蒂夫·拉塞尔推出《太空大战》游戏10年后，作家斯图亚特·布兰德看到斯坦福大学人工智能实验室的学生们在兴高采烈地玩着《太空大战》。当时，游戏运行在一台价值50万美元的PDP-10上，这台计算机与IBM系列的批处理计算机有很大不同。虽然还不能把玩游戏看作计算机个人化的标志，但是很明显，这是对PDP-10分时系统的私用。学生们正在使用计算机来进行个人娱乐活动，全然不顾宝贵的计算机时间。就这样，只过了几年，个人计算机就出现了。布兰德进一步调查了计算机个人化和游戏文化，施乐帕克研究中心主任鲍勃·泰勒同意他和中心的研究员交谈。1972年12月，布兰德在《滚石》杂志上发表了一篇题为《太空大战：计算机发烧友的狂热生活和象征性死亡》（*SPACEWAR：Fanatic Life and Symbolic Death Among the Computer Bums*，图9.17）的文章，文中提到了帕克中心的研究人员和他们懒散、无拘无束的科研风格。不消说，这篇文章让位于美国东海岸保守的施乐总部相当难堪，结果施乐公司为帕克研究中心的计算机建立起了一套更为严格的访问机制。

· ROLLING STONE · 7 DECEMBER 1972 ·

SPACEWAR

SPACEWAR

Fanatic Life and Symbolic Death Among the Computer Bums

by Stewart Brand

图9.17 斯图亚特·布兰德发表在《滚石》杂志上的文章。

电传打字机

电传打字机（图9.18）是一种机电式打字机，它在19世纪被制造出来，使用点到点的连接方式发送和接收键入的信息。电传打字机很快就成为早期大型计算机和小型计算机一种基于文本的用户界面。虽然在大多数情况下，它们很快就被打孔卡读取器和更快的行式打印机所取代，但是电传打字机一直被作为交互式分时终端使用着。直到20世纪70年代末，人们开始广泛使用带有显示器的计算机终端，电传打字机才逐渐退出历史舞台。然而，电传打字机中涉及的一些有用的技术仍然被保留了下来。视频显示器出现时，它们在几秒钟内就可以显示出30多行文本，而在纸上打印却要花一分钟左右。在电传打字机上，当命令提示字符之后，用户才能输入命令。最初，游戏为视频显示器保留了同样的用户界面，这也是今天专业软件开发人员喜欢使用命令行界面和命令提示符的原因所在。

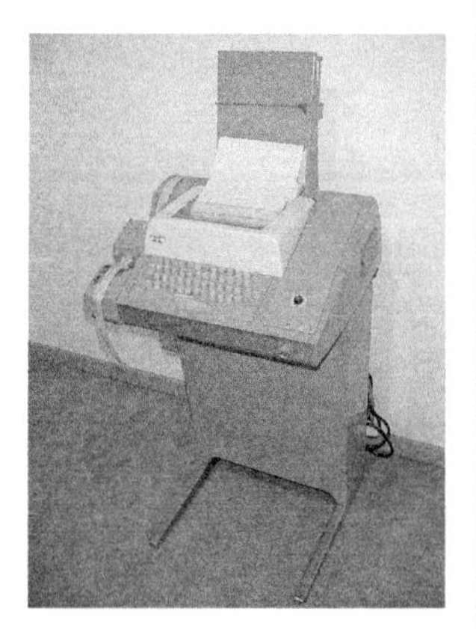

图9.18 电传打字机公司的Model-33，又名ASR-3。这个型号在1963年首次推出，截至1975年，总共生产了50多万台。第50万台电传打字机上镀有黄金，用来展览。

10 利克莱德的星际计算机网络

可以想象，再过 10 ～ 15 年将会出现一种“思维中心”，它就像现代的图书馆，但在信息存储和检索方面要比图书馆更先进、更强大。进一步想，全世界有很多这样的中心，它们通过宽带通信线路互相连接形成网络，用户通过租用线路连接到这样的网络中。在这样的系统中，计算机的速度是均衡的，构建这种系统需要庞大的存储设备和复杂的软件，成本很高，但高昂的成本可以由海量用户来共同分担。

——J. C. R. 利克莱德

网络即是计算机

从今天来看，使用互联网和万维网把计算机连接起来会让计算机在各个方面都变得更加强大，这是显而易见的。但是在 20 世纪 70 年代，这一点却不是那么明显。本章主要讲解的是今天的互联网是如何产生的。利克莱德（B10.1）在 1960 年发表的论文《人机共生》（*Man-Computer Symbiosi*）提出了交互式计算机的重要性，此外，他还设想把计算机连起来，形成一个网络，这就是我们现在所说的“计算机网络”。拉里・罗伯茨（Larry Roberts）负责筹集资金并监督组建了阿帕网，这是北美第一个广域网。通过广域网，我们可以把一个很大地域范围内的所有计算机连接起来，比如一个州或国家的计算机，这些计算机相互之间可以共享资源、交换信息。对此，罗伯茨后来说道：

> 利克莱德最早提出了“星际计算机网络”的概念，他相信，借助这个网络，不论谁，不论身在何处，都可以使用计算机并获取数据。他并未设想我们今天所拥有的计算机数量，但他的看法具有前瞻性：世界各地一切东西连接在一起，你可以使用一台远程计算机从另一台远程计算机获取数据，或者在工作中使用大量计算机。这个愿景是利克莱德最早提出的。在此之前，整个世界范围内没有人有过这种设想。利克莱德在 20 世纪 60 年代早期就有了这种设想，只是不知道如何实现它。如何建造这样的网络，利克莱德一点头绪也没有。但是他认识到了这种网络的重要性，于是他跟我聊起来，让我相信这种网络具有巨大价值，并且说服我去实现它。

B10.1 J.C.R. 利克莱德（1915—1990）是一位富有远见的计算机先驱，其影响力遍及计算机科学的各个领域。他兴趣广泛，涉足与沟通和学习相关的心理学领域、脑研究、计算机网络、分时计算机、交互式系统、人机合作等。他在 1960 年发表了一篇开创性论文《人机共生》，这篇论文探讨了人类和计算机之间进行紧密合作的可能性，并提出通过计算机增强人类智力水平的想法。1968 年，他和鲍勃·泰勒一起发表了题为《作为通信设备的计算机》的论文，其中勾勒出他们对计算机联网的共同愿景，这就是今天的互联网。

B10.2 太阳微系统公司成立于 20 世纪 80 年代早期，创始人是斯坦福大学的两位 MBA 维诺德·科斯拉和斯科特·麦克尼利、斯坦福大学研究生安迪·贝托尔斯海姆、加利福尼亚大学伯克利分校的研究生比尔·乔伊。SUN 是斯坦福大学网络（Stanford University Network）的缩写，当时贝托尔斯海姆的样机已经处在运行中，并且通过以太网连接。

罗伯茨和一个由工程师和麻省理工学院的研究生组成的小团队开发出了阿帕网。在阿帕网出现之后，世界各地很快出现了许多类似的网络（这些网络相互不兼容）。1974 年，鲍勃·卡恩（Bob Kahn）和温特·瑟夫（Vint Cerf）发表一篇标题为《分组网络互通协议》（*A Protocol for Packet Network Intercommunication*）的论文，结束了这种混乱局面。在这篇论文中，他们使用“因特网”（Internet）这个术语来表示“互联网络”。

1982 年，斯坦福大学的两个 MBA 维诺德·科斯拉（Vinod Khosla）和斯科特·麦克尼利（Scott McNealy）联合硬件工程师安迪·贝托尔斯海姆（Andy Bechtolsheim）、UNIX 软件工程师比尔·乔伊（Bill Joy）共同创办了太阳微系统公司（简称太阳公司，B10.2）。他们成立这家公司主要研制功能强劲的单用户工作站，这些计算机比小型计算机运算能力差，但比个人计算机功能强大。从一开始，太阳公司的创始人就设想使用网络把他们的工作站连接起来。对此，太阳公司 CEO 斯科特·麦克尼利说道：

> 太阳公司提出了“网络即计算机”的概念，这个概念建立在这样一种事实之上，即地球上的每台计算机都应与其他计算机相连。

我们的故事从电报系统的发明开始（图 10.1），让我们先回到那个时候，简单了解一下记者汤姆·斯丹迪奇（Tom Standage）所说的“维多利亚时代的互联网”。

图 10.1 带有打印接收机和发射器的增强电报机。

维多利亚时代的互联网

对于新技术的影响，斯丹迪奇在其书的前言中做出了如下论述：

> 在维多利亚女王统治期间，出现了一项新的通信技术。通过这项技术，人们即使相隔很远，也可以立即取得联系。这项技术让世界变得更小，拉近了人与人之间的距离。全球通信网络铺设的电缆跨越大陆和海洋，

B10.3 印有克劳德·沙普（1763—1805）半身像的法国邮票，他是光电报系统的发明人。

它促使商业行为发生变革，产生新型犯罪，也让用户淹没在信息洪流之中。传奇故事在网络上流传。有些用户设计密码，有些用户破解密码。拥护者大肆宣传网络的益处，怀疑论者却不以为然。从新闻到外交的一切看法都需要重新审视。与此同时，在网络之外，一场技术亚文化正在悄悄崛起，它有自己独特的行事风格和专用词汇。

虽然这个描述看起来像今天的互联网，但事实上，它描述的是全球电信网络。19 世纪，电信网络极大地改变了人们的商业活动和日常生活，它比互联网要早 100 多年。

自古以来，在信息传递过程中，信息路由系统一直存在并发挥着重要作用，在这个系统中，信息从一个“站点”被传递到下一个“站点”。传递信息的方式一直在不断发生变化。最初，人们采用最原始的人力方式传递信息。到了 1791 年，法国工程师克劳德·沙普（Claude Chappe，B10.3）发明了一个复杂巧妙的光学信号系统，这个系统由通信塔网络组成。每个通信塔上的操作员通过移动信号发送装置的两个巨大的悬臂来表示信息。在每个通信塔上还安装有两台望远镜，一台朝前，一台朝后。沙普的通信网络是一个光学系统，它在运行时需要两个通信塔之间有良好的可视度。这个系统的主要缺点是它只能在晴好的天气中才能正常工作，并且只限于白天。1799 年，拿破仑上台执政，他很快认识到这种快速通信系统的军事价值，于是下令开发一种更便捷的沙普通信装置。为了给自己的发明找一个合适的名字，沙普使用两个希腊单词拼凑出了“telegraphe”一词，意为“远距离书写”。沙普通信系统遍及整个法国，运行时间超过了 50 年（图 10.2）。芬兰、丹麦、瑞典、俄国、英国迅速建立了类似的光学电报网络。在鼎盛时期，整个欧洲的通信塔数量接近 1000 个。

图 10.2 在德国萨尔布吕肯市复原的一个克劳德·沙普通信塔。法国工程师沙普在法国建造了 556 个通信塔，覆盖法国全境，总距离达到 4800 公里。在 1792 年到 19 世纪 50 年代，这个网络主要用作军事通信和国家通信。

在沙普通信网络大获成功后，大约过了 50 多年，它就被一种更先进的技术取代，即电报技术，这项技术采用电缆中传输的电信号来传递信息。在电报网络完全投入运转之前，远距离的信息传递一般都是依靠骑马的信使来完成的。在美国，“驿马快信”是 1860 到 1861 年间开办的快递服务，邮路由密苏里州直抵加利福尼亚州，总共存在了一年多的时间，很显然它是无法与电报进行竞争的（图 10.3）。通过电报传送信息速度更快，也更可靠，且不受天气影响。

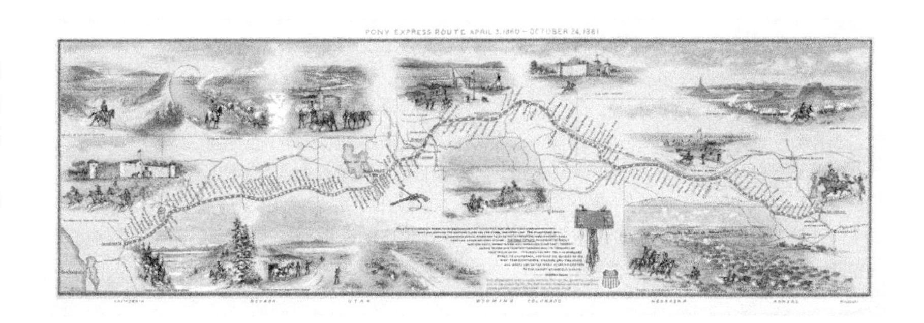

图 10.3 美国著名的“驿马快信”邮路图。这条邮政路线表明横贯大陆的快速通信是可行的。但是这项邮递服务价格昂贵，不久就被沿着相同路线的电报服务所取代。“驿马快信”只存在了不到两年时间，大约从 1860 年 4 月到 1861 年 10 月。

B10.4 企业家威廉·库克（1806—1879）和物理学家查尔斯·惠斯通（1802—1875）是英国电报业的两位先驱。他们的项目启动缓慢，但经过他们的不懈努力最终铺设好了海底电缆，把全英国连接起来。

在英国，一位名叫威廉·库克（William Cooke）的企业家和物理学教授查尔斯·惠斯通（Charles Wheatstone）合作致力于创建一个覆盖全英国的电报网络（B10.4）。几乎同时，在美国，画家兼科学家萨缪尔·摩尔斯（Samuel Morse，B10.5）也在为实现这个目标不辞劳苦地工作着。使用电报发送信息时采用的是点和划组成的代码，这就是我们今天所说的“摩尔斯电码”。虽然美英两国所用电报技术的具体细节不同，但是电报网络很快就在两个国家之间建立起来。到了 1850 年，英国的电报电缆总长度超过了 3 200 公里，美国电报电缆总长度超过 20 000 公里。1852 年，人们铺设了第一条连接伦敦和巴黎的海底电缆，它穿过了英吉利海峡。在美国，摩尔斯在 19 世纪 40 年代就提出铺设大西洋海底电缆的想法，却被认为是异想天开。1854 年，富商赛勒斯·菲尔德（Cyrus Field，B10.6）提出了一个想法，他想铺设一条连接美国纽约和加拿大纽芬兰省圣约翰市的电缆，为修建通到爱尔兰的跨大西洋海底电缆做准备（图 10.4）。菲尔德说服美英两国政府为这项工程提供支持，1858 年 8 月，第一条海底电缆铺设成功（图 10.5）。维多利亚女王通过海底电缆向时任美国总统詹姆斯·布坎南发送第一条横跨大西洋的信息。

B10.5 萨缪尔·摩尔斯（1791—1872）雕像，他是电报先驱，也是摩尔斯电码的发明人。人们为了纪念摩尔斯，1871 年在纽约中央公园矗起了这座雕像。

B10.6 赛勒斯·菲尔德（1819—1892）15 岁就进入纽约第一家百货商店斯图尔特商店干起了办公室勤杂员。20 岁时，他成了一家造纸公司的合伙人；33 岁，菲尔德积累了一大笔足够用一辈子的财富。1854 年，他开始对铺设一条连接纽芬兰和爱尔兰的跨大西洋海底电报电缆热衷起来。经过几次失败之后，在 1858 年 8 月，菲尔德安排维多利亚女王给美国总统詹姆斯·布坎南发送了第一个跨大西洋的电报，大西洋两岸的人们沸腾了，纷纷庆祝这个伟大的时刻。这项工程直到 1866 年才成功完成。在这张肖像中，菲尔德一只手触摸地球仪，另一只手握着一段电缆。

图 10.4 位于爱尔兰巴伦西亚岛的纪念碑，以此纪念 1858 年成功铺设的第一条跨大西洋的海底电缆。

图 10.5 1865 年，伊桑巴德·金德姆·布鲁内尔的“大东方”号是当时最大的船舶，最适合用来铺设海底电缆。1866 年 7 月 13 日，这艘船驶离爱尔兰的瓦伦西亚湾，并于两周后抵达纽芬兰。

然而，不幸的是，负责这个项目的工程师爱德华·怀特豪斯（Edward Whitehouse）对水下电报通信技术知之甚少。海底电缆投入运行不到一个月就发生了故障。政府很快成立了一个联合调查小组就电缆发生故障的原因展开调查。格拉斯哥大学的物理学教授威廉·汤姆森（William Thomson），也就是后来的开尔文勋爵，首次把声学知识运用在海底电缆的铺设中。汤姆森所掌握的相关物理知识帮助他在 1864 年成功铺设了一条穿越波斯

图 10.6 古塔胶树主要生长在东南亚地区。与传统橡胶相比，这些橡胶在水下环境中依然保持着良好的附着性，很适合用来保护海底电缆。

B10.7 保罗·巴兰（1926—2011），计算机科学家。他首次提出了分布式网络概念和分组交换思想，它们可以确保通信网络在遭受核攻击后仍能正常工作。但是最终他没能说服美国电话电报公司的工程师组建一个分组交换系统的原型。

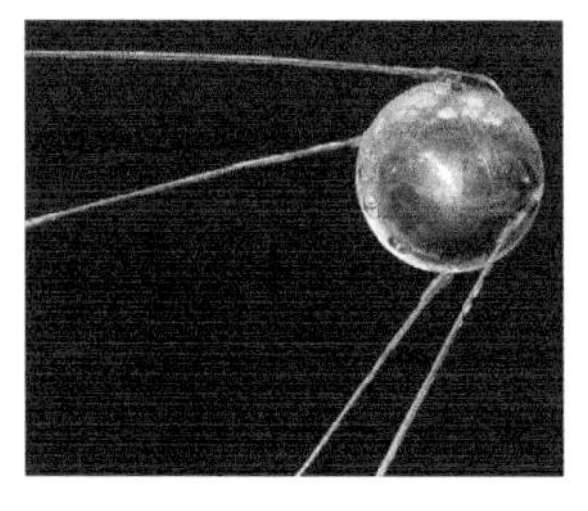

图 10.7 1957 年 10 月 4 日。苏联发射了第一颗人造地球卫星，这让美国十分不安。这颗人造卫星重量只有 83 千克，尺寸与一个篮球相当。仅仅过了一个月，苏联又发射了 Sputnik II，重达半吨。

湾的海底电缆，把欧洲和印度连接了起来。铺设海底电缆的一项关键技术是使用一种被称为“古塔胶”的橡胶来保护电缆（图 10.6）。“古塔胶”来自东南亚生长的一种植物。后来，伦敦古塔胶公司发现，自己实质上已经垄断了海底电缆的生产。最终，古塔胶公司成为英国全球有线无线通信公司的一部分。

电报系统是早期的一种的“存储转发”网络，用这种网络传送信息时，信息先被发送到一个中转站点，然后再发往目的地。在电报服务中，信号路由由处于中间的中继站点负责，因为在远距离信息传输中，随着电报线路电力损耗的增加，信号会衰减。中转站点接收用摩尔斯电码表示的信息，在穿孔纸带上记录下它们。这些传入信息通过在合适位置撕断纸带而彼此分离，由此人们把中转站点形象地称为“撕带中继中心”。接收站点的电报操作员从纸带上读取信息目的地，然后把信息放到合适的发送器，以便发送给下一个中继中心，然后不断重复这个过程，直到信息最终到达目的地。在电报鼎盛时期，主中继站点拥有的入站接收终端和出站发送终端多达几十个，顶峰时，同时有几十个操作员参与其中，等待转发的信息有好几千条。今天的计算机网络也使用这种存储转发系统，但是它针对的不是整条信息，而是具有标准大小的信息片段，即“数据包”。

核战争和分组交换

来自不同大陆的两位研究员几乎同时提出了数字通信网络的分组交换思想，也就是把信息分成若干小的分组进行传送的思想，但原因迥然不同。保罗·巴兰（Paul Baran，B10.7）是圣莫尼卡市兰德公司的一名研究员。兰德公司最初是道格拉斯飞机公司的一部分，成立于 1948 年，是一家独立的非营利的研究机构。巴兰之前曾在埃克特 – 莫奇利计算机公司研制计算机 UNIVAC，也曾在洛杉矶休斯飞机公司研发半自动地面防空系统。休斯公司承接了为民兵导弹研制控制系统的任务，这让巴兰感到非常不安。对此，他后来说道：“这些导弹可能会因为某个人的愚蠢行为而被发射出去，这项技术根本靠不住。”

1959 年，巴兰加入兰德公司，着手研究美国的通信系统是否能够经受得住核打击。20 世纪 50 年代晚期，美苏两国之间的政治局势变得异常紧张。1957 年，苏联发射了第一颗地球轨道卫星，美国备感压力（图 10.7）。美苏两国储备了大量核武器。这些核武器是阻止战争发生的威慑力量，美苏两国必须明白首先攻击对方必然会招致另一方毁灭性的打击报复。这就是“共同毁灭原则”。如果早期预警系统失效，美国受到打击，需要有一个基本的通信系统保证美国总统能够发射导弹予以反击。

在巴兰加入兰德公司之前，关于如何保护美国通信网络免遭核打击破坏的研究进展一直很缓慢。由于精通计算机，巴兰很快就发现自己对这个问题的看法与兰德公司大部分同事的看法有很大差异。巴兰说：“许多我认为可能会发生的事，有些同事听了觉得我在瞎扯，觉得我不切实际，这与他们的成长环境密切相关。”电话网络中传输的是模拟信号，信号的振幅是连续变化的，随着通过网络跳数的增加，信号质量会变差。巴兰发现通过将计算机产生的信息数字化，就可以对信号进行存储和准确的复制，并且无限次地传送下去。在使用这项技术远距离传送信号时，即使信号通过多个中继路由站点，也不会出现失真和衰减。

在20世纪50年代早期，麻省理工学院的一位神经生理学家沃伦·麦卡洛克（Warren McCulloch）一直在和冯·诺依曼等人讨论大脑及神经元网络。麦卡洛克和数学家沃尔特·皮茨（Walter Pitts）一起开发出了一个神经元的数学模型，他们把多个神经元模型连接起来，形成了人工神经网络。这种网络是一个计算机程序，但是它工作起来就像一个由神经细胞组成的真实的神经网络。巴兰了解麦卡洛克他们的研究工作，并且深受麦卡洛克神经网络思想的影响。

> 沃伦·麦卡洛克给我的启发特别大。他说大脑的一部分被切除之后，这部分的功能就由另一部分接管。我认为，麦卡洛克版大脑所具备的特征对于设计真正可靠的通信系统至关重要。

当时，电话系统采用的是分层系统，多个交换中心层叠在一起。巴兰对美国遭受核打击后电话网络所受的影响进行了研究。他指出，电话网络极其脆弱，即使遭受核打击的间接损害，也很容易陷入瘫痪状态。在设计更健壮的通信系统的过程中，巴兰通过在不同“中心”之间搭建多条路径在网络中引入了“冗余”这个特征。巴兰大力提倡组建类似鱼网的分布式网络（图10.8）。如果一个网络中连接到每个中心的链路只有一条，那么这个网络的冗余度就是1，很显然，这种网络是极其脆弱的，很容易遭到破坏。根据巴兰的测算，网络的冗余度只有达到了3或4，才能在理论上称得上是健壮的网络。这意味着，在一次核打击后，在一个冗余度为3或4的网络中，即使某些连接遭受了破坏，仍然可以找到贯通整个网络的工作路径，这是因为在这种网络中每个中心都与其他3个或4个中心相连。

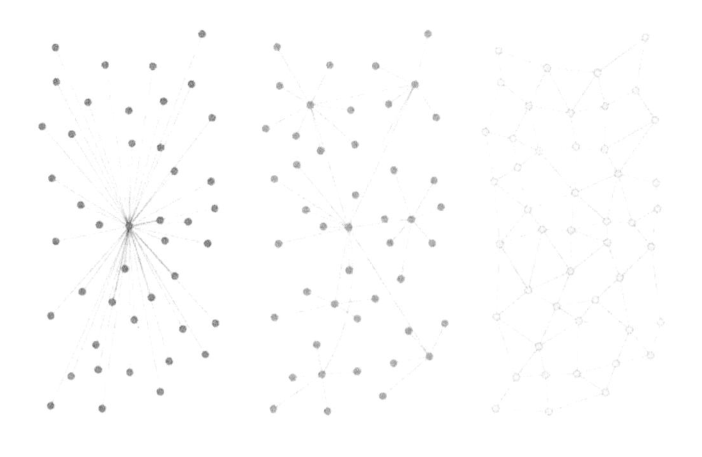

图10.8 这张图来自保罗·巴兰论述分组技术的原始论文，分别代表三种网络：集中式网络、分散式网络和分布式网络。分布式网络也叫“鱼网式网络”，它最重要的特征是去中心化，所有节点同等重要。在分布式网络中，每个节点都与其他几个节点相连，所以这种网络包含某种程度的冗余。这样一来，信息分组就可以选择多条路径抵达目的地，这样网络会更健壮，也更可靠（这是相对于集中式网络来说的，在集中式网络中，信息抵达目的地的路径只有一条）。

巴兰的第二个想法更新颖，他要在信息发送过程中引入冗余。他提议把每条信息划分成若干长度固定的“消息块”（现在叫数据包），并且允许这些消息块分别沿着不同路径通过网络。在一次访谈中，作家斯图尔特·布兰德说，巴兰后来把这种方法叫作分组交换。

> 总之，你把数据包发送出去了，当前站点接收到这个数据包并将其发送到下一站时，会向上一个站点发送确认信息：“好的，我收到了，你可以擦除上一个数据包了。”如果前一个站点没有收到这样的确认信息，它就会通过另一条路径再次发送那个数据包。数据包到达的顺序可以是乱的，最后对它们重新排序就好。由于这种机制不要求同步，所以你不必把一切都锁在一起。不久，我们就发现了这种机制的多种好处。首先，网络会学习每个人所处的位置。如果你切断这种网络，半秒之内网络又会恢复通信。其次，我们发现，如果某个网络节点负荷过重，数据包就会绕过它。与传统通信方式相比，这种方式效率更高。如果有人试图独占网络，信息流就会避开他们。分组交换技术具备上述所有优点，这些良好特征是人们发现而非发明出来的。

尽管有这么多优点，巴兰还是没能让当时运营着美国整个电话网络的美国电话电报公司相信分布式网络和分组交换的价值。那时，所有电话网络使用的都是电路交换。当你打电话给某个人时，网络就会在两个人之间建立一个物理连接，只要你还在线，这个连接就会一直为你所用。对于打电话来说，使用这种方法很合适，因为通话期间信息交换往往是稳定的。与此相反，用户通过计算机发出的数据通信往往是“突发式”的，也就是说，用户有时突然会发送大量数据，有时会暂停，什么数据都不发（图 10.9）。如果为这种通信保留一条专线，就会导致网络带宽利用率不高。带宽是一个通信技术术语，用来定义网络的最大信息传输能力。在分布式网络中，数据包有多条路径可到达目的地，分属不同信息的数据包可以共用一个连接，因而带宽利用率更高。同一条信息分割成的多个数据包可以经由不同路径传送，这些包抵达目的地的顺序可能是混乱的，它们在到达接收端后要按正确的顺序“重组”起来。因此，每个数据包在开始的部分必须包含一个“头部”，用来指明目的地及其所属的信息。

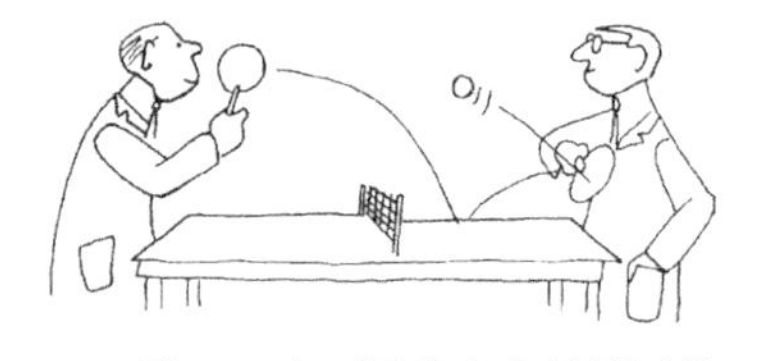

图 10.9 交互通信由大量简短的对话片段组成。

为了回应同事们对这个想法的疑问，巴兰撰写了一系列论文，详细阐释了如何解决通信中可能遇到的各种问题。在计算机网络中切换速度可以非常快，这是理解巴兰想法的关键。前面我们提到过，早期计算机最先使用的是电磁继电器开关，而后被电子开关取代，这些电子开关拥有更快的切换速度。美国电话电报公司的工程师们不懂新兴的数字计算机技术，在他们看来，巴兰的想法（把电话通话划分成多个信息包）是荒唐可笑的。对此，巴兰回忆道：

B10.8 唐纳德·戴维斯（1924—2000），计算机科学家。他毕业于伦敦帝国理工学院数学和物理专业。毕业以后，他加入英国国家物理实验室，与阿兰·图灵一道研究ACE计算机。戴维斯并不知道保罗·巴兰的研究工作，但是关于高效、可靠的通信网络，他们得出了几乎一模一样的结论。戴维斯研究分组交换网络的目的在于提高分时计算机的使用效率，而不是为了确保网络在核攻击中仍能正常工作。

> 每次我去美国电话电报公司总部时，见到的总是一拨老专家。当我给他们讲解工作原理时，就会有人打断我，说："停一下，孩子！刚才你是在说在通话过程中把开关打开吗？"我说："是的。"听到这个回答，他就会把视线转向同事，同时摇着头。我和他们真的不在一个频道上。

1965年，巴兰设法说服了美国空军建立一个试验性质的分布式交换网络。然而，不幸的是，美国电话电报公司拒绝参与这个项目，并最终导致该项目无法落实。对此，巴兰很失望，但又无可奈何，只得继续去研究其他问题。

就在巴兰放弃研究分组交换技术的同时，在英国国家物理实验室工作的唐纳德·戴维斯（Donald Davies，B10.8）也在研究分组交换和计算机网络。前面提到过，巴兰研究计算机网络和分组交换源于对核攻击下网络承受力的研究，而戴维斯研究的起因和巴兰完全不同。1947年，戴维斯加入英国国家物理实验室，参与阿兰·图灵主持的建造ACE的项目。工作期间，图灵对政府的拖延和官僚主义作风感到非常失望，随后离开国家物理实验室，加入了曼彻斯特大学的计算机研制团队。在图灵离开后，戴维斯成为项目负责人，他们调整计划，打算建造一台精简版的ACE。1950年，戴维斯领导的团队研制出了Pilot ACE，后来英国电气公司对其进行改造，成功研制出了一台商业计算机DEUCE。1954年，戴维斯访问了麻省理工学院，此后他就对通过网络进行数据通信产生了兴趣。在麻省理工学院访问期间，戴维斯发现分时计算机有一个严重的问题，即系统需要为每一个用户维护一个专线连接，这会带来资源的浪费。戴维斯关心的不是核攻击后网络的存活问题，而是对在线数据处理的高效支持问题。这个过程中，用户一直通过键盘产生数据。1965年，戴维斯在一次笔记中对这个问题做了大致描述：

> 让我们先假设在线数据处理的重要性日益凸显，并且用户分布在全国各地，显而易见，类似电话网这种交换网络的数据传输方式将无法满足这些新生的通信需求。在线服务用户希望自己能够随时进行键盘输入，并且无论如何都不会占用和浪费通信通道。

戴维斯还注意到，使用短消息块能够将存储转发分布式网络中的延迟降到最低。他特意使用"数据包"这个词来描述长度固定的短消息块，一条信息可以被分割成多个数据包，每个数据包都可以独立地通过网络到达目的地。他之所以选用这个名称是为了向大家表明，包交换和传统的信息交换在本质上是不同的。这个词也比巴兰使用的"分布式可适应消息块交换"这个短语要好得多。

1967年年末，戴维斯在英国国家物理实验室的一个同事罗杰·斯坎特伯里（Roger Scantlebury）在田纳西州加特林堡召开的一次会议上发表了一篇关于分组交换的论文。斯坎特伯里在论文中对分组交换网络的设计做了大致说明，

B10.9 拉里·罗伯茨，计算机科学家。他毕业于麻省理工学院的电子工程专业，后进入林肯实验室工作，参与多个研究项目。29岁时，他成为项目负责人，担任阿帕网首席架构师。离开美国国防部高级研究计划局后，他进入通信产业，创办了第一个商用分组交换网络——TELENET。

他指出，分组交换网络由称为“节点”的交换中心组成，这些节点之间通过数字链路连接起来。节点负责把数据包传送给其他节点，接口计算机把节点网络连接到分时计算机和其他用户。拉里·罗伯茨（B10.9）通过斯坎特伯里了解到巴兰也在做分组交换的研究工作。后来，罗伯茨谈到自己在这次会议中受到的启发时说：“突然我就学会了该如何传送数据包。”在罗伯茨返回华盛顿后，他找到巴兰寄给美国国防部高级研究计划局的兰德报告，发现跟他会面的时间是在1968年年初。与此同时，戴维斯和他的同事在返回英国后，就开始在国家物理实验室组建一个小型分组交换网络。国家物理实验室网络的Mark I版本在1970年开始运行，而Mark II版直到1986年才投入运行。尽管戴维斯和巴兰的想法相似，但是戴维斯总是把功劳让给巴兰，说巴兰是第一个公开提出分布式网络分组交换想法的人，戴维斯的原话是：“第一次提出分组交换思想的荣誉应该属于保罗·巴兰。”

阿帕网和第三大学

当利克莱德进入美国国防部高级研究计划局后，他开始在全美物色顶尖计算机研究中心，并为他们提供资金支持。通过这些关系，他建成了一个非正式的顾问小组，由12位顶级计算机科学家组成，他们来自麻省理工学院、斯坦福大学、加利福尼亚大学洛杉矶分校和伯克利分校，还有其他一些计算机公司。利克莱德把这个小组称为“星际计算机网络”。在美国国防部高级研究计划局工作6个月后，利克莱德发现各个研究机构的计算机硬件和软件都不相同且相互不兼容。为此，他询问顾问小组是否可以把这些不同的计算机系统接入同一个网络中。

> 考虑这样一种情况：几个不同的中心连接在一起，每个中心有很大区别，拥有各自的语言和做事方式。在这种情形下，这些中心商定一门通用语言或达成某种约定来沟通诸如“你讲哪种语言”等问题是很有必要的。让网络具备这样一种能力对我来说至关重要。

在这以后，利克莱德对他的“星际计算机网络”的想法做了进一步拓展，从连接一批人扩展为软硬件交互操作的网络。

B10.10 鲍勃·泰勒1958年毕业于得克萨斯大学，获得心理学和数学学位。1965年，泰勒34岁，成为美国国防部高级研究计划局信息处理技术办公室的主任，他负责的项目最终催生出了阿帕网。在离开高级研究计划局之后，他在施乐帕克中心创办了计算机科学实验室，并担任主任。在泰勒的领导下，帕克中心发明了许多新计算机技术，这些技术今天我们仍然广泛使用着。

1966年，鲍勃·泰勒（B10.10）成为美国国防部高级研究计划局计算机项目的负责人，他沿着利克莱德的构想继续走下去。对泰勒而言，为阿帕网项目筹集资金只是第一关。他还需要一个项目经理，专门负责网络的具体建设工作，其实，那时他心里已经有了最佳人选。在这之前，泰勒曾经资助过一个实验网络项目，把麻省理工学院林肯实验室的TX-2与远在加州圣塔莫尼卡的SDC公司的Q-32连接起来。这个实验网络的负责人就是拉里·罗伯茨，罗伯茨获得了麻省理工学院电气工程博士学位，之后跟着师兄们的足迹进入林

图 10.10 麻省理工学院林肯实验室创建于 1951 年，建造了美国第一个防空系统。然而，它的历史可追溯到麻省理工学院辐射实验室。第二次世界大战期间，辐射实验室由物理系组建而成，主要为盟军开发雷达。

肯实验室工作。对于这次组网实验，报告中说：虽然连接成功建立，但是其稳定性和命令响应时间“非常差”。在泰勒看来，罗伯茨拥有深厚的技术知识，是阿帕网项目经理的最佳人选。但不巧的是，罗伯茨无意离开林肯实验室（图 10.10），成为一名自己不待见的“官僚”。到 1966 年年末，泰勒为项目筹到资金差不多一年了，他心里有些焦急，便去游说高级研究计划局主任赫兹菲尔德，请他帮忙给林肯实验室主任打电话，告知他项目目前所面临的困境，并指出林肯实验室超过 50% 的研究经费来自高级研究计划局。两周后，罗伯茨终于答应来高级研究计划局工作了。

1966 年年末，罗伯茨接管了阿帕网项目，发现有三大技术难题需要攻克，还有与人类行为和社会关系有关的“社会学”问题。第一个难题是，如何把位于不同地点的分时计算机用物理方法连接起来。在组建林肯实验室和 SDC 公司的实验网络时，罗伯茨直接使用电话线做连接是可行的。问题是，受高级研究计划局资助的分时计算机有十几台，要让这些计算机直接两两相连，所需的长途电话线超过了 65 条，并且随着计算机系统数量的增加，线路数将激增，费用十分高昂。第二个难题是，有了这些长途线路之后如何高效地利用它们。在《计算机简史》(*Computer: A History of the Information Machine*)中，马丁·坎贝尔－凯利(Martin Campbell-Kelly)和威廉·阿斯普拉(William Aspray)写道:“根据商业分时系统的经验,每条电话线只有不到 2% 的通信容量得到有效利用,因为用户大部分时间都在思考，这期间线路是空闲的。”罗伯茨需要解决的最后一个技术问题是，这些彼此不兼容的计算机系统之间如何进行通信，同时每个站点又不必编写不同的软件接口。其实前两个问题已经被巴兰和戴维斯解决了，只是罗伯茨当时并不知情。

首先，利用存储转发网络可以解决计算机彼此相连的问题。在分布式网络中，信息从发送端发出后可以走多条路径到达接收端。其次，巴兰和戴维斯提出了把信息划分成多个定长数据包的思想，在采用这种思想的分组交换网络中，每条通信线路的利用效率要比标准的信息交换网络高得多。在收发数据包时，单个用户并不会像在传统的电路交换网络中打电话一样占用链接的全部带宽。在 1967 年 10 月举行的加特林堡会议上，罗伯茨通过罗杰·斯坎特伯里了解到了分组交换以及巴兰在这方面所做的研究工作。

对于第三个问题，罗伯茨在参加当年另一场更早的会议时找到了解决方案。参加完在密歇根安娜堡召开的会议，在赶往机场的出租车上，同行的韦斯·克拉克（Wes Clark）提出了一个解决方案，用以解决不同计算机进行数据通信时需要为每个站点编写不同接口软件的问题。克拉克建议，在每台大型主机和网络之间接上一台小型计算机。这样一来，每个站点只需开发连接其大型机和标准网络小型计算机的软件即可。在当年 10 月份举行的一次会议上，英国国家物理实验室的小组也提出了类似的解决方案。罗伯茨把中间负责数据包

B10.11 莱恩·克兰洛克是加州大学洛杉矶分校的网络测量中心主任。拍摄这张照片时，克兰洛克正站在第一台 IMP 旁边。

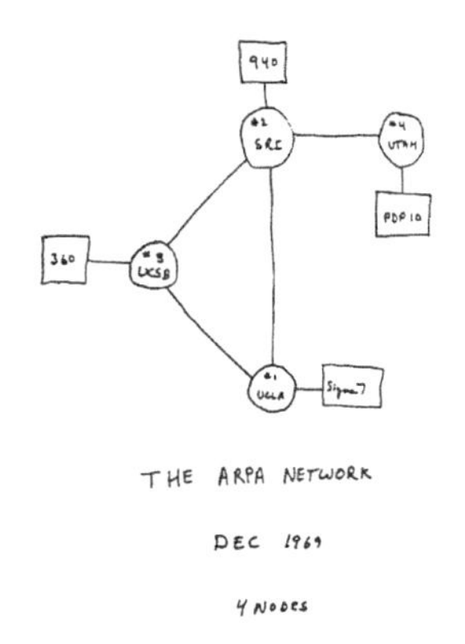

图 10.11 由亚历克斯·麦肯齐绘制的阿帕网示意图。阿帕网最初连接的四个节点，分别是加州大学圣芭芭拉分校、犹他大学、加州大学洛杉矶分校和斯坦福研究所。阿帕网通信干道由传输速率 50kbit/s 的电话线组成。

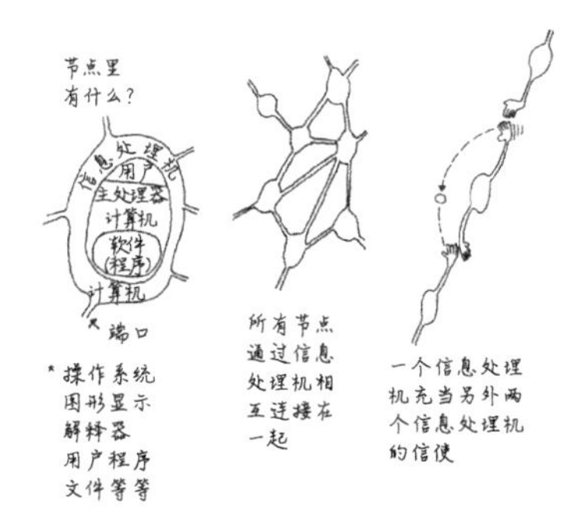

图 10.12 主机节点和 IMP 网络示意图：（a）主机节点；（b）信息处理机允许节点通过网络互联；（c）每个信息处理机充当另外两个信息处理机的信使。

路由和投递的计算机称为“接口信息处理机”（interface message processors，IMP）。

在安娜堡的那次会议上，罗伯茨认识到他眼前还面临着一个更现实的难题。那就是许多大学的研究员都认为，他们费尽千辛万苦才筹集到资金购买了计算机，因此对于花时间编写软件让别人使用自己这么宝贵的资源并不感兴趣。关于这点，罗伯茨还发现，不同地域的站点对此持有不同看法：

> 其实，我觉得美国东海岸的站点更加保守些。在我寻找愿意参加这个项目的站点的过程中，西海岸地区有四个站点感兴趣并且表示愿意参与其中。而东海岸地区的站点大都反应冷淡，比如麻省理工学院表示：“呃，我不想你动我的计算机。”所以，我们最终选择了那些愿意合作的站点来做这个项目。

美国西海岸有两个团队对联网很感兴趣，他们分别是斯坦福研究所的道格拉斯·恩格尔巴特团队和加州大学洛杉矶分校的莱恩·克兰洛克（Len Kleinrock）网络测量中心（B10.11）。当时恩格尔巴特正在研制用来与计算机交互的“在线系统”，在他看来，阿帕网是对在线系统进行扩展的机会，使之可以支持分布式协作。克兰洛克和罗伯茨同在麻省理工学院攻读博士学位，克兰洛克在 1962 年发表了一篇论文，论文中使用“排队理论”模拟存储转发信息交换网络。在克兰洛克的网络模拟中，同时针对消息生成速度和消息长度分布应用数学模型进行了分析。其他两个乐意把站点接入网络的单位是加州大学圣芭芭拉分校和犹他大学，他们都致力于交互式图形的研究工作（全部由美国国防部高级研究计划局提供资金支持）。因此，阿帕网第一批四个节点全部位于美国的西海岸（图 10.11）。

到 1968 年年初，罗伯茨差不多已经做完了网络的详细设计工作。网络设计中体现了三个基本原则（图 10.12）。第一个原则是“接口信息处理机”（IMP）应作为通信系统运行，其基本任务是把数据包从网络的一个地方传送到另一个地方。此外，IMP 还负责路由选择以及发送数据包接收“回执”。第二个要求是网络中信息延迟时间必须非常小。依据分时系统的经验，罗伯茨认定数据包在网络中的平均传输时间必须少于半秒。第三个原则是 IMP 系统要独立运行，不受主机崩溃的影响。网络可靠性应该取决于 IMP 而非主计算机。另外，英国国家物理实验室团队让罗伯茨相信，他应该指定使用比原提议更快的线路链接。1968 年 7 月，罗伯茨正式给 140 个公司发去了询价书，给出项目需求有关信息，并邀请他们就制造 IMP 进行投标。但很快 IBM 和 CDC 两大计算机公司就泼来冷水，他们拒绝投标，给出的理由是：“网络绝无可能建起来，因为目前没有足够小的计算机让网络更划算。”不过，幸运的是，罗伯茨最终还是收到了 10 多份投标书。1968 年 12 月，国防部高级研究计划局宣布与马萨诸塞州剑桥的一家小咨询公司 BBN 就制造 IMP 达成合作关系。

BBN 公司成立于 1948 年，最初是一家小型声学咨询公司。理查德·波特（Richard Bolt）和利欧·柏仁内克（Leo Beranek）在麻省理工学院任教，他们都是声学专家（建筑声学领域）。罗伯特·纽曼（Robert Newman）曾是波特的学生，是一位建筑师，他也加入了波特和柏仁内克的咨询小组，一年后，他们共同创办了 BBN 公司（以三位创始人名字首字母命名）。公司成立后，业务增长很快，除了做与建筑相关的工作外，BBN 公司还有一项独特专长，即做录音带分析，他们帮助分析了肯尼迪总统的遇刺影片和肯特州立大学的枪击事件。最著名的是在水门丑闻之后，白宫和特别检察官办公室请 BBN 公司调查尼克松白宫录音带中出现 18.5 分钟录音空白问题。波特是调查委员会主管，他们最终得出的结论是，这段录音空白是有人故意擦除的。1957 年，BBN 公司把利克莱德招入麾下，那时公司已经建立了一套很成熟的聘用理念，柏仁内克将其概括为："我们奉行的理念就是确保公司雇用的每个员工都比前人更优秀。"BBN 公司另一个出名的地方就是对麻省理工学院辍学学生的雇用政策。BBN 公司乐意接受麻省理工学院的辍学学生，在 BBN 公司看来，这些学生能够考入麻省理工学院，本身就表明他们很聪明，并且相比于招聘毕业生，公司雇用这些辍学学生所要支付的"薪酬"要少一些。这种招聘政策再加上不需要任何学术任职和教学承诺，使得 BBN 公司成为研究者们争相去工作的地方。这也让 BBN 获得一个非正式的荣誉称号，即剑桥市继哈佛大学、麻省理工学院之后的"第三大学"。

在利克莱德加入公司时，他说服柏仁内克让公司给他买一台计算机。对此，后来柏仁内克说："为了未知目的，花 25 000 美元购买一台未知的机器是一场很大的冒险，但我觉得这次冒险是值得的。"这次"赌博"大获全胜，BBN 公司在计算机方面的研发成就和能力不久就成为它的一项主要资产。BBN 从 DEC 公司购买了第一台 PDP-1，这种计算机价格相对便宜，且可由单人进行操作。利克莱德和他的团队使用这台计算机开发了最早的分时系统之一（具备同时支持 4 位用户的能力）。1966 年，BBN 公司从林肯实验室招聘了一位名叫弗兰克·哈特（Frank Heart）的工程师，以开发医院计算机项目。哈特毕业于麻省理工学院，他是麻省理工学院计算机程序设计课程的首批学生之一。在参与"旋风"项目期间，他获得了硕士学位，然后跟其他麻省理工学院毕业生一样进入林肯实验室工作，参与一个实时计算机项目。在 20 世纪 60 年代中期，当 BBN 公司招入哈特时，他在林肯实验室的同事都成为构建实时交互计算机系统领域公认的专家。

B10.12 鲍勃·卡恩就读于纽约城市大学，1964 年获得普林斯顿大学博士学位。他先是在贝尔实验室工作，然后进入麻省理工学院，担任电气工程系教授。这期间，他向麻省理工学院提出休假请求，进入 BBN 公司工作一段时间。在此，他和弗兰克·哈特一起编写了承建阿帕网的投标书。卡恩还和温特·瑟夫一起制定了 TCP/IP 协议，这个协议是当今互联网的基础。TCP/IP 协议的主要思想是使用网关连接不同网络，网关负责对在不同网络之间移动的数据包进行转化翻译。

1968 年夏天，BBN 公司接到了美国国防部高级研究计划局发出的关于搭建 IMP 网络的询价单。当时鲍勃·卡恩（Bob Kahn，B10.12）恰好也在 BBN 公司，卡恩是麻省理工学院电气工程系教授，他从学校休假，前往 BBN 公司工作一段时间。卡恩也是一位应用数学家，一直从事通信和信息理论相关的研究工作，他想积累一些实际的工程经验，于是就去了 BBN 公司。卡恩参与了阿帕网项目，如愿以偿地完成了自己的目标。在此之前，卡恩已经给高级研究计划局的鲍勃·泰勒寄过几篇论文，因此这次邀标书首先到了他手里。由于原来的医院项目还未落地，公司就指派哈特和卡恩组建一个团队编写合同投标书。在组建团队的过程中，哈特有幸召集到了一批有丰富经验的工程师，其中一些是他在林肯实验室的同事（B10.13），如威尔·克劳瑟（Will Crowther，软件小组负责人）、塞维罗·奥恩斯坦（Severo Ornstein，硬件小组负责人）、戴夫·沃尔登（Dave Walden，拥有四五年编写实时系统的经验）。这个团队其他主要成员还包括伯尼·科塞尔（Bernie Cosell，BBN 公司的王牌“调试器”，BBN 公司的每位经理都要仰仗他帮忙解决项目中遇到的困难）、本·巴克（Ben Barker，来自哈佛大学的工程师，主要负责调试 IMP 硬件并使之正常工作）。

B10.13 1969 年 BBN 公司的 IMP 团队合影。

为了简化设计，哈特坚持把主机职责和网络职责明确划分开。在《巫师熬夜的地方》（*Where Wizards Stay Up Late: The Origins*）中，凯蒂·哈芙纳（Katie Hafner）和马修·莱昂（Mathew Lyon）对 IMP 所起的作用总结如下：

> 罗伯茨和 BBN 公司已经商定把 IMP 做成一个“信使”，其实就是一个复杂的存储转发设备，仅此而已。IMP 的职责是搬运比特位、数据包和信息。具体活动是：拆开信息、存储数据包、检查错误、为数据包做路由，为无差错抵达的数据包发送确认信息，然后把收到的数据包重新组装成信息，向上发送给主机。整个过程全部使用同一种常用语言。

根据以往的经验，哈特深知确保系统可靠性是非常重要的。因此，他带领团队开发了“错误控制机制”，以便处理数据传输过程中出现的随机错误。受线路中电子噪音的影响，消息包中的“1”有时会变成“0”，或者反过来。幸好电子工程师们开发了一些精巧的技术，使用这些技术不仅可以检测到错误，而且还可以对错误进行修正，但要付出一些额外的代价。这些技术的基本思想是使用校验与校验和来检测数据传输过程中是否发生了错误。校验和根据源数据包的比特位进行计算，并随数据包一起进行传送。当数据传输完成后，接收方重新计算校验和。如果两个校验和不一致，则表明数据在传输过程中因受噪声影响而发生了错误。现在我们有许多校验和与错误修正技术可以使用，其中，最简单的错误检测方法就是奇偶校验，该方法通过计算数据包中比特位数的奇偶性来判断数据是否出错。使用这种简单的奇偶校验时只需额外多传送一个奇偶校验位，奇偶校验法只能检测有无错误发生，但没办法确定哪一位出错。此外，还有其他更复杂一些的错误检测方法，比如汉明码，这种方法以数学家理查德·汉明（Richard Hamming）的名字命名，使用时需要在数据位后面额外增加一些比特位。这些错误检测技术不仅能够准确检测到出错位置，还能对错误进行修正。就阿帕网来说，BBN 团队决定采用一种既简单又实用的解决方案：如果 IMP 检测到数据包中有错误，它会直接丢弃这个包，并且不回送任何接收确认信息。发送端的 IMP 在发出数据包后会等待接收方传回接收确认信息，如果在规定时间内接收不到这个确认信息，发送端的 IMP 会重新发送这个数据包。

在整个项目中，卡恩肩负的职责之一是准确指定主机应该如何跟 IMP 进行交互。在 1969 年春天，卡恩发布了 BBN Report 1822，其中详细指出主机站点应该如何编写设备驱动软件用以实现主机的 IMP 接口。在加州大学洛杉矶分校，克兰洛克指定研究生史蒂夫·克拉克（Steve Crocker）负责编写程序以把大学的大型机 Sigma-7 连接到 IMP，当时还有几个同学参与了这项工作，他们分别是温特·瑟夫、乔恩·博斯特尔（Jon Postel）和查理·克莱恩（Charley Kline）。对此，瑟夫后来回忆道：“说来有点儿好笑，那时我们做这个事的时候还是研究生，我们并不知道怎么去做，一直盼望有专家过来指导一下。但就是没人过来，所以我们只好自己写，想到哪儿写到哪儿。”

卡恩的报告还明确指出，IMP 不包含用来作主机到主机通信的软件。主机到主机通信的职责实际由一组研究生承担，他们来自首批四个站点，没有 BBN 公司的正式“编制”，他们把这个小组称为“网络工作组”，并将其提出的一系列笔记称为“请求评议”。由于网络用户需要签订一份集体协议，允许每个系统与其他系统一同工作，工作组把“协议”（protocol）一词引入到网络语言中，它来源于古希腊语“protokollon”，意为手稿的第一页，包含简短的内容摘要、文档编写时间和作者等信息。在网络世界中，“协议”跟“包头”的作用类似，包含消息的目的地和重建所需的信息。对于“协议”一词，瑟夫给出了一个更不正式的解释："协议的另一个解释是它是当事双方达成的一份书面协议，通常写在午餐袋的背面，它非常准确地描述了大部分协议设计是如何进行的。"

虽然这个小组直到 1970 年夏天才完成主机对主机的协议草案，但他们很早就采用了分层方法，而且还写了两个重要的程序。协议最低层指定了数据包如何以位流的形式从一个主机移动到另一个主机，并且与比特位所表示的数据类型无关。这两个重要程序一个用来传输文件，另一个用来远程登录（允许一个计算机用户登录到远程主机使用站点服务）。1972 年 7 月，乔恩·博斯特尔发布"请求评议"#354，网络文件传输协议（File Transfer Protocol，FTP）才最终得以完成。远程登录应用程序被称为 Telnet，它也被广泛使用，这个应用程序和 IMP 接口扩展允许终端（包括主机）把数据发送到网络（一个被称为 TIP 的接口），并为后来网络的迅速扩张奠定了基础。

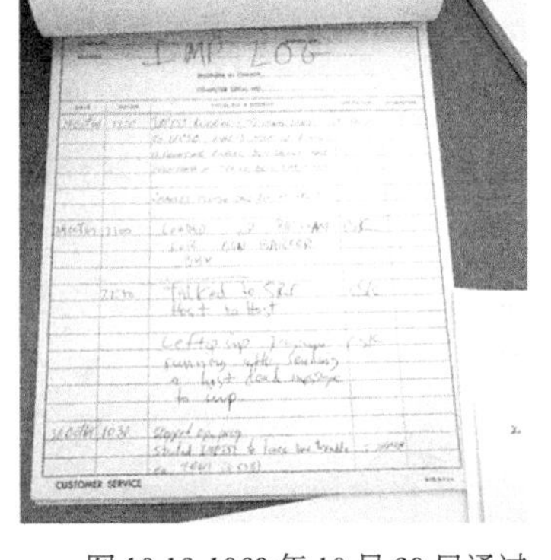

图 10.13 1969 年 10 月 29 日通过阿帕网发送的第一条信息。这条信息发自加州大学洛杉矶分校，试图登录位于斯坦福研究所的一台远程计算机。

1969 年 9 月，第一个 IMP 节点被准时交付给加州大学洛杉矶分校的莱恩·克兰洛克团队。其软件由史蒂夫·克拉克团队编写，硬件接口则由另一位加州大学洛杉矶分校研究生迈克·温菲尔德（Mike Wingfield）设计和制作，主机到 IMP 的连接能够很好地进行工作。但是直到 10 月份第二台 IMP 被交付给斯坦福研究所的恩格尔巴特团队，BBN 公司才得以在两台不同的主机之间测试计算机间的通信（图 10.13）。经过测试，系统运转正常，网络很快就扩展到了圣芭芭拉和犹他两个站点。从图 10.11 中可以清楚地看到通向犹他站点的线路必须经过斯坦福研究所的站点，这意味着这个最早的分布式网络原型还不是巴兰口中所说的"拥有冗余连接的健壮网络"。到 1973 年，阿帕网进一步扩大，成为拥有更高冗余度的网络（图 10.14）。

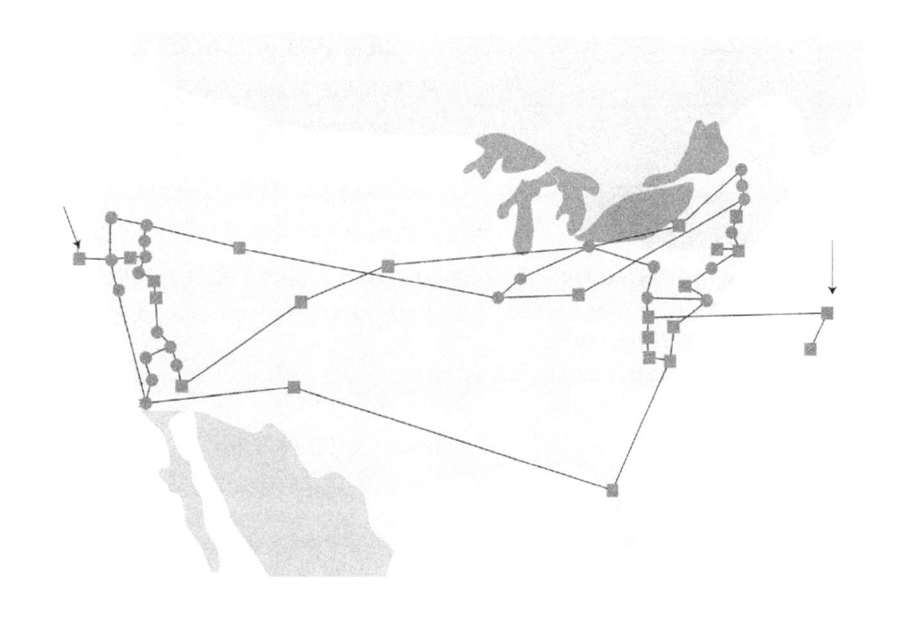

图 10.14 1973 年 9 月阿帕网拓扑图，包含到伦敦和夏威夷的线路。

对于 BBN 公司设计的 IMP 网络软件，鲍勃·卡恩最担心的是网络中数据包的流量控制问题。他说："我可以看到许多地方有明显的缺陷，最明显的一个就是网络可能会出现死锁的情况。"在这种情况下，系统会进入僵死状态，不做任何动作。卡恩最担心目的地的 IMP 阻塞引起这个问题。如果接收节点的存储器缓冲区满了，接收节点将无法收到那些包含消息重组指令的数据包。目的地的 IMP 将会被那些无法被组装成完整消息的数据包充满。

实效主义工程师克劳瑟和理论家卡恩争论过这个问题，最终实效主义占了上风。现在，最初的四个节点已经成功上线，并且工作正常，哈特同意卡恩飞到加州大学洛杉矶分校，和戴夫·沃尔登一起验证他的理论。在卡恩的第一个实验中，他发送了一些具有特定模式的数据包，结果在几分钟内就出现了死锁问题，这表明死锁问题是真实存在的。后来他说："我觉得我们在发出前 12 个数据包后就遇到了死锁问题，结果整个系统都瘫痪了。"在卡恩通过实验证实死锁问题确实存在之后，BBN 公司只得重新设计控制系统，确保 IMP 内存缓冲区总有足够的空间，以便重新组装到来的数据包。经过重新设计，发送方的 IMP 会检查接收方是否有足够的缓冲空间，如有必要，它会推迟发送下一条信息。

Email：阿帕网杀手级应用

鲍勃·泰勒最早提出了组建阿帕网网络，把美国全境由高级研究计划局提供资金支持的各个项目的计算机连接起来，以实现相互访问，通过资源共享来为高级研究计划局节省资金。现在，拉里·罗伯茨认为泰勒的这两个目标都已经实现了。

> 截至 1973 年，我已经把计算机预算削减为原来的 30%，这要归功于网络。节省下来的钱要多于组网所花的钱。通过网络，我可以与世界各地的研究小组共享计算机，而不必再掏钱为他们购买单独的计算机。

B10.14 雷·汤姆林森是 BBN 公司的一位工程师，他为分时计算机开发了一些早期电子邮件系统。在有了阿帕网之后，他想把电子邮件搬到网络上，让连接到网络的计算机可以互通邮件，为此，他需要在电子邮件地址中把收件人的名字和收件人所用的机器区分开来。最终，他选用了"@"这个符号。

很显然，阿帕网的确让资源共享成为现实，但这并非它的主要用途。正如利克莱德和泰勒在论文《计算机即通信设备》（*The Computer as a Communication Device*）中指出的那样，网络的主用途之一是提供通信。1973 年，美国国防部高级研究计划局的一份报告指出，3/4 的网络流量都用于收发电子邮件。以前，分时计算机就有电子邮件系统，在一段时间内，它会把同一台计算机上的用户连接起来。在阿帕网建成后，BBN 公司的工程师雷·汤姆林森（Ray Tomlinson，B10.14）觉得可以对分时计算机上的电子邮件系统做进一步扩展，让不同计算机通过阿帕网相互收发电子邮件。

> 当我们可以通过网络把文件从一台机器传到另一台机器之后，一件自然而然的事就是在计算机上写邮件，然后通过网络把邮件发送给另一

个人。我恰巧也在开发一个名为“发送消息”的软件，它用来撰写和发送邮件。把这个软件和文件传输程序组合在一起，利用文件传输程序发送邮件到其他机器，这看上去是一个非常有趣的黑客做法。这正是我要做的，并且它没有耗费我多少时间，差不多两三周吧，然后电子邮件就能正常工作了。

请注意，在这段话中，汤姆林森使用了“黑客”这个词，早期“黑客”是个敬词，指代那些热心计算机技术、水平高超的专家，尤其是程序设计人员。人们称呼你黑客是对你的一种赞美，这里面并不包含一些令人不快的意思，跟我们现在所说的“黑客”含义不完全一致。当不同站点之间可以通过网络相互收发电子邮件后，卡恩给予了很高评价，他说：“电子邮件带来了巨大好处，它克服了时区障碍，可以给多个收件人发信息，并且可以添加附件，它是一种简单、友好的联系方式。”电子邮件迅速普及开来，彻底改变了人们合作的本质。在一次早期实验中，实验者在下午5点把一封邮件发送给130个人，这些人遍及美国各个地方，在90分钟内就收到7个回复，在24小时内收到28个回复。这样的回复速度在今天看来非常慢，但在20世纪70年代，无异于一场革命。

汤姆林森还选了一个符号用来指定电子邮件地址，他选的这个符号后来成了网络世界的一种象征。汤姆林森需要一个符号把用户名和用户所使用的计算机区分开来。他说：“最明显的是@符号，因为这个人在这台计算机上，或者笼统地说，他在@它。不管怎么说，他和它在同一个房间里。这看起来非常明显，我就选用了它。”

B10.15 鲍勃·梅特卡夫和戴维·博格斯发明了一种局域网技术，他们把它称为“以太网”，用来把施乐帕克研究中心的Alto计算机和盖瑞·斯塔克伟泽激光打印机连起来。后来，梅特卡夫离开帕克研究中心，创立了3Com公司，这是一家计算机网络公司，3C分别代表计算机（Computer）、通信（Communication）和兼容性（Compatibility）。

电子邮件的发展如火如荼，大有燎原之势，人们开始考虑是否有必要为电子邮件单独创建一个传输协议，使之独立于网络文件传输协议，对此人们争论不休。1975年，第一个电子讨论组——MsgGroup成立。针对电子邮件的标头，这个讨论组进行了多次热烈讨论，广泛征求大家的意见，邮件发火（email flaming，即通过电子邮件表达愤怒、批评、不满等个人情绪）一时成为这个讨论组和其他讨论组的显著特征。

从ALOHAnet到以太网

泰勒在施乐帕克研究中心工作期间就提出一个设想，希望把该中心的所有Alto计算机连接起来，形成一个局域网。对于组网，泰勒提了两个要求，一是组网成本要便宜，按泰勒的想法，组网花费不要超过所连计算机总成本的5%；二是要求网络易于扩展，有能力把帕克研究中心的几百台Alto计算机连起来。1972年夏天，研究员鲍勃·梅特卡夫（Bob Metcalfe，B10.15）来到帕克研究中心，那时他对于哈佛大学以“理论性不强”为由拒绝他的博士论文仍然耿耿于怀。在哈佛大学求学期间，梅特卡夫经常去麻省理工学院，花了很多时间研发阿帕网，因此在论文中他使用了大量篇幅详细描写了阿帕网的实际操作过程。在帕克研究中心，梅特卡夫发现有几个实验性质的网络项目正在推进，但他觉得这些项目都无法满足泰勒提出的要求，而且时间很紧张。在设计 Alto 硬件的过程中，查克·撒克（Chuck Thacker）还要留出时间设计网络控制卡，它用来把 Alto 计算机连接到计算机网络，但施乐马上就要推出 Alto 计算机了。梅特卡夫记得读过一篇有关网络项目的论文，这个网络项目由美国国防部高级研究计划局提供资金支持，试图把夏威夷不同岛屿上的计算机连起来。这个夏威夷网络被称为 ALOHAnet，由夏威夷大学诺曼·艾布拉姆森（Norman Abramson）教授设计。ALOHAnet 并不使用电话线发送电子信号，而是通过空中无线电波发送数字信号。当两个发送方试图同时向同一个接收方发送信息时会产生信号干扰，针对这个问题，艾布拉姆森提出了一个简单的解决方法。如果发送方没有从接收方那里收到信息成功接收的确认应答，它们就会随机等待一段时间然后重新发送信息。这个时间延迟可以确保它们发出的信息不会出现第二次碰撞。

梅特卡夫意识到这个机制对建立局域网非常有用，因为在局域网中，也存在多台计算机同时发送信息的情况。他还建议使用物理线缆把 Alto 计算机连接起来。在梅特卡夫的构想中，Alto 计算机把数字信息发送到线缆上，线缆只充当被动通道，就像 ALOHAnet 网络中的空气一样，空气只是一个不活泼的中间介质，无线信号在其中进行传播。这种通过连接导线发送信号的方式类似于发光以太，爱因斯坦之前的物理学家认为，存在发光以太这种物质，光信号正是在这种物质中进行传播的。1973 年 5 月，梅特卡夫第一次在备忘录中记述了有关想法，标题是《以太网络》（*The ETHER network*）。在这个备忘录中，梅特卡夫描述了连接计算机构建局域网的想法。

与戴维·博格斯（David Boggs）一起合作，梅特卡夫使用一根同轴电缆把计算机连接起来，验证自己的想法。同轴电缆从内到外分为四部分，最内层是铜导体，外面被绝缘介质包围着，再往外是外导体（屏蔽层），最外面一层是绝缘护套，一般由聚乙烯材料组成。所谓的“同轴”是指内导体和外导体拥有相同的轴心。对射频信号而言，电缆充当传输线路。连接计算机的电缆通常是静默的，这与不活泼的以太很类似。当计算机想传送一条信息时，它先向电缆发送一个唤醒位提醒其他计算机。然后再发送数据包，数据包中包含着目标地址、源地址、信息内容以及一些校验位（用来检测错误）。如果另一台计算机恰好也在发送数据包（即两台计算机同时发送数据包），就会造成冲突，于是两台计算机都停止发送，它们分别等待一段随机时间后重新进行发送。

为此，梅特卡夫和博格斯一起设计了相应电路，并为 Alto 计算机制造出了第一个以太网卡，用来把计算机连接到以太网。事实证明，在以太网中添加新机器也非常简单，只需要把分支电缆末端连接到主同轴电缆即可。梅特卡夫再次向哈佛大学递交了自己的博士论文，内容还是与分组交换有关，但是适当增加了对 ALOHAnet 的理论分析。1973 年 6 月，哈佛大学认可了梅特卡夫的论文。博格斯向斯坦福大学请假，开始全职在帕克研究中心工作。9 年之后，博格斯才从斯坦福大学取得博士学位。1975 年 3 月，以太网技术获得专利，持有人是梅特卡夫、博格斯、撒克和兰普森。1979 年，梅特卡夫离开施乐帕克研究中心，创办了一家新公司——3Com，主要生产以太网络设备。在 DEC、英特尔和施乐公司的支持下，1980 年发布了以太网 DIX 标准，以太网数据传输速率为 10Mbit/s。随后以太网技术迅速普及，并超越了其他几个同类技术，成为组建局域网的主导技术。

TCP/IP 协议和互联网

B10.16 温特 · 瑟夫就读于斯坦福大学数学系，1972 年，他从加州大学洛杉矶分校获得了计算机科学博士学位。然后，他成为斯坦福大学的一位助理教授，与鲍勃·卡恩一起研究TCP/IP协议，以实现网络互通。TCP/IP 协议是现代互联网的基础。

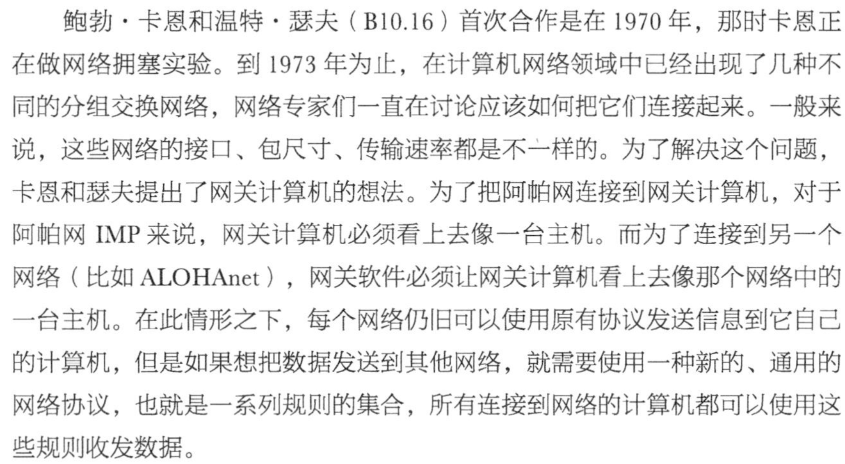

鲍勃 · 卡恩和温特 · 瑟夫（B10.16）首次合作是在 1970 年，那时卡恩正在做网络拥塞实验。到 1973 年为止，在计算机网络领域中已经出现了几种不同的分组交换网络，网络专家们一直在讨论应该如何把它们连接起来。一般来说，这些网络的接口、包尺寸、传输速率都是不一样的。为了解决这个问题，卡恩和瑟夫提出了网关计算机的想法。为了把阿帕网连接到网关计算机，对于阿帕网 IMP 来说，网关计算机必须看上去像一台主机。而为了连接到另一个网络（比如 ALOHAnet），网关软件必须让网关计算机看上去像那个网络中的一台主机。在此情形之下，每个网络仍旧可以使用原有协议发送信息到它自己的计算机，但是如果想把数据发送到其他网络，就需要使用一种新的、通用的网络协议，也就是一系列规则的集合，所有连接到网络的计算机都可以使用这些规则收发数据。

1974 年 5 月，瑟夫和卡恩撰写了一篇介绍这种协议的论文。他们提议把信息封装到独立的数据包中，并在头部写上目标地址和源地址，这和寄信差不多，先把信塞进信封再发往目的地。网关只读取“信封”上的地址，而“信件内容”只有接收主机才能读取。这一套规则被称为“传输控制协议”（TCP），它假设分组网络本质上是不可靠的。在阿帕网中，网络的可靠性由 IMP 负责，现在可靠性的焦点由网络转向通信主机。瑟夫和卡恩邀请阿帕网参与者与日益壮大的国际网络社区一起讨论了这个问题，参与讨论的成员包括英国的唐纳德·戴维斯和法国的路易斯·普赞。普赞当时正在搭建一个名为“Cyclades”的分组交换网络。1975 年，TCP 规范已经变得很完善，同时在三个站点部署实现。这三个站点分别是 BBN 的团队、斯坦福大学的瑟夫团队和伦敦大学学院的彼得 · 柯尔斯坦团队。1977 年 10 月，所有努力终于带来令人满意的回报，瑟夫和卡恩成功实现在三个互通网络上发送信息，这成为互联网史上一个重要的里程碑（这三个网络分别是分组无线网络、分组卫星网和阿帕网）。

B10.17 乔恩·博斯特尔（1943—1998）是网络建设的无名英雄，他是 RFC 论坛协调者，后来成为 IANA 主席，负责分配互联网号码。温特·瑟夫为博斯特尔撰写了讣告，即 RFC 2468，追忆博斯特尔。

1978 年年初，联网协议最终定型，传输协议中有一部分专门为数据包寻路，这部分分离出来形成了网际协议（IP）。在新的 TCP/IP 协议下，TCP 只负责把信息划分成数据报，并在接收端重组它们，检测错误，重发丢失的数据包。而 IP 负责为各个数据报寻路。对于哪些应该放入 IP，乔恩·博斯特尔（Jon Postel，B10.17）总结了一个指导原则，他说："对于哪些应该放入 IP，哪些应该放入 TCP，有一个通用准则，那就是'网关在搬移数据包时是否需要这个信息'，若不需要，那这个信息就不该放入 IP。"

在第 1 章里我们提到过分层方法，它是计算机科学中最常用的思维方式之一。TCP/IP 协议进一步阐释了这种思想（图 10.15）。TCP/IP 由四个层组成，最顶层是应用程序层，它负责把信息发送给运行在远程计算机上的另一个应用程序；最底层是网络接口层，即实际的物理导线或光纤，这一层把信息转换成电子或光脉冲。当信息很长时，信息就会被切分成较小的片段，每个片段都会被放入一个单独的"信封"中。想象一下，我们要给某个人发送一整本书，每次只发送一页。在网络分层模型中，信息自上而下移动，每经过一层，上层信息都会被放入一个更大的"信封"中。我们可以把协议想象成俄罗斯套娃（图 10.16）。在接收端，信息自下而上移动，每经过一层，就拆掉一层信封。由于原始信息被划分成了若干片段，所以接收端在接收到这些信息片段之后，还要把它们组装起来形成完整的信息。

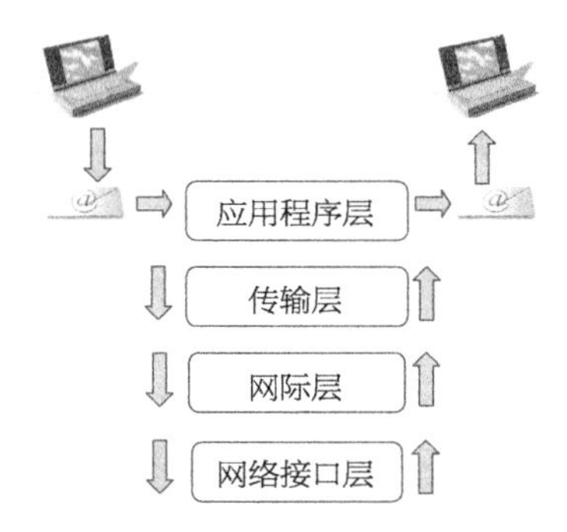

图 10.15 TCP/IP 协议分层结构。

图 10.16 俄罗斯套娃。这里借用它们来解释消息封装概念。

在与其他网络标准化方案作长期斗争之后，TCP/IP 最终成为占主导地位的网络标准。它最强的竞争对手是开放式系统互联标准（OSI），由国际标准化组织制定。美国政府和欧洲各国政府全部接受 OSI 作为互联网官方标准。同样地，IBM、DEC、惠普等大型计算机厂商也接纳 OSI 标准，纷纷用它取代 TCP/IP。然而，令人吃惊的是，UNIX 操作系统和以太局域网在各个大学流行开来，扭转了 TCP/IP 的不利形势，人们纷纷倒向 TCP/IP 阵营。UNIX 是贝尔实验室在 20 世纪 60 年代开发的操作系统，因其功能强大、运行稳定、支持多种型号的计算机而广受欢迎。除了微软的 Windows 操作系统之外，其他绝大多数主流操作系统都是以 UNIX 为内核编写出来的。比尔·乔伊获得了美国国防部高级研究计划局的许可，把 TCP/IP 协议栈（一套完整的网络协议）写入到 Berkeley UNIX（一种免费的 UNIX 发行版本）中。最早售卖的 Sun 计算机中装有 Berkeley UNIX，其中就包含 TCP/IP 网络软件。随着 20 世纪 80 年代早期太阳公司工作站在全球范围的流行以及商业以太网的快速发展，基于 TCP/IP 的计算机网络在各个大学快速增长。最终，TCP/IP 战胜 OSI，这表明一种公开、民间发起的标准也可能会打败官方强制标准。

很快，互联网就不再只是学术研究者们的科研实验了（B10.18）。在 1990 年阿帕网退役之前，就已经开始出现商业网络服务提供商，它们为商业用户和普通民众提供互联网接入服务，每月收取一定的费用。多年来，美国政府一直

B.10.18 互联网先驱合影。这张照片用来纪念阿帕网诞生25周年，它拍摄于1994年。按照从左到右的顺序，第一排：鲍勃·泰勒、温特·瑟夫、弗兰克·哈特；第二排：拉里·罗伯茨、莱恩·克林洛克、鲍勃·卡恩；第三排：韦斯·克拉克、道格拉斯·恩格尔巴特、巴里·韦斯勒；第四排：戴夫·沃尔登、塞维罗·奥恩斯坦、特鲁特·撒奇、罗杰·斯坎特伯里、查理·赫茨菲尔德；第五排：本·巴克尔、乔恩·博尔特尔、史蒂夫·克洛克；最后一排：比尔·内勒、罗兰德·布莱恩。

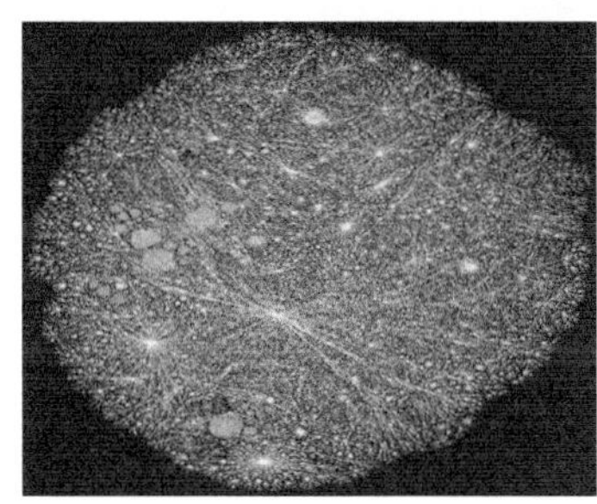

图10.17 2005年互联网“地图”，它通过追踪从源地址发往目的地的数据包生成。

试图把互联网限制在研究和教育领域。然而到了1995年，美国政府取消了关于互联网商用的限制。整个20世纪90年代末期，每一年公共互联网流量增长均超过了100%。截至2011年3月，全球网络用户超过了20亿，约占世界总人口的30%（图10.17）。

从铜到玻璃

在本章开始部分，我们讲解了早期沙普的光学通信系统。现在到了本章最后一部分，我们将讲解激光和光纤如何取代铜线来实现高带宽通信并形成了我们今天所看到的宽带互联网。“宽带”有多种定义，现在一般指到互联网的高速数据连接。光纤是很细的“玻璃”线缆，用来传输光线，它利用的是光的“全内反射”现象。通过观察光线从空气进入一块玻璃时发生的现象，我们可以搞清楚这种反射是如何发生的。因为光线在玻璃中的传播速度要比在空气中慢一些，所以光线会改变方向，沿垂直方向弯曲。这种在介质表面发生的光线弯曲现象被称为折射。现在思考一下光线从玻璃进入空气的情形，此时折射光线会远离垂直线。如果不断加大入射光线与介质（玻璃－空气）表面之间的夹角，折射光线就会越来越接近于介质表面。当达到临界角时，光线就会擦过表面。如果继续增大入射角，使之大于临界角，则所有光线被折射，将不会有光线逃逸到空气中（图10.18）。这就是光的“全内发射”现象（图10.19）。光线的这种性质使得光线可以沿着一条弯曲的玻璃纤维传播。在纤芯外面覆上一层折射率更低的玻璃可以让光线向内弯曲或反射，使之无法透过内表面（图10.20）。这让光线在远距离传播中强度损失很小。在内窥镜这类医学成像设备中使用的是超强光学纤维，可以用来帮助医生检查患者胃部和其他器官的内部情况（图10.21）。

光纤在内窥镜等设备中工作得很出

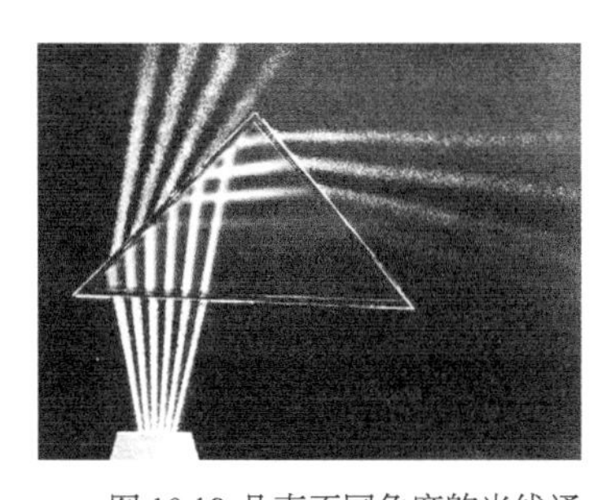

图10.18 几束不同角度的光线通过棱镜。如你所见，如果光线入射角大于某个特定的临界角，光线就会被完全反射，此时没有光线经过棱镜。上图中只有最右侧的光线是全反射，其他几束光线只有一部分被反射。

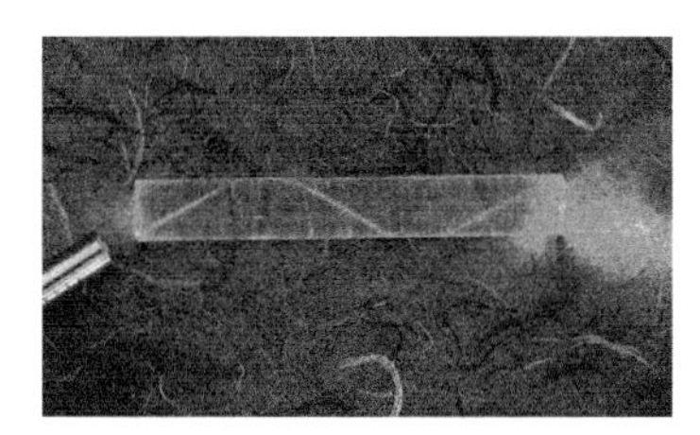

图10.19 这幅图描述了光线在光纤中做全内反射的情形。

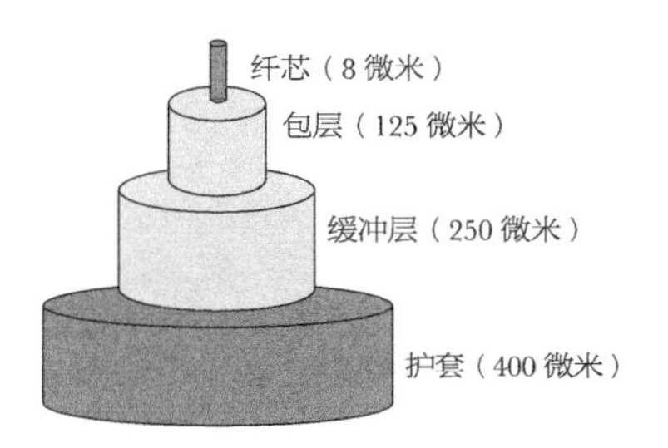

图10.20 现代光纤结构示意图，指明包层和纤芯的相对尺寸。

图10.21 由一束光纤传递的光线。光纤的纤芯直径只有几微米，而人类的发丝直径一般是50微米，即光纤直径大约为头发直径的十分之一。

色，在这些设备中光线的传播距离只有几米。但是对于电信通信等这类需要远距离传输的应用场合，科学家认为，在光纤中传播的光线强度会损失很多。为此，工程师们使用分贝这个单位来测量信号的能量损耗。1960年，人们测出玻璃纤维的衰减大约每米1分贝，也就是说，在进入光纤的光线中，只传播一个桌面宽度，就约有20%的光线损耗掉。如果光线在光纤传播100米，则只有百亿分之一的光线保留下来（表10.1）。每千米10分贝的损失意味着每经过1000米只有1/10的能量留下来；每千米1000分贝的损失则意味着几乎没有光线剩下。这个问题给我们带来了巨大挑战。正因如此，1961年，贝尔实验室传输研究组主任鲁道夫·康普夫纳（Rudolf Kompfner）才放弃把光纤用作实际传输技术的想法。为了让光纤成为一种切实可行的通信技术，人们需要把光线在光纤中的衰减降至每千米10分贝。

表10.1 分贝表（分贝衰减值是负的）

分贝衰减值	输出 / 输入信号比
1	0.79
2	0.63
10	0.1
20	0.01
30	0.001
40	0.0001
50	0.00001
60	0.000001
70	0.0000001
80	0.00000001
90	0.000000001
100	0.0000000001

由于存在衰减问题，贝尔实验室和全球绝大多数通信业界都认为，未来的高带宽通信将建立在毫米波导管的基础之上。但是，英国的几个研究小组并未放弃对光纤的研究。1964年，英国科学促进协会在英格兰南安普顿举行了一场会议。在这次会议上，南安普顿大学电子学系教授亚力克·甘布林（Alec Gambling，B10.19）提议研究者们继续研究玻璃纤维。甘布林说："研究人员不该只盯着所做的研究有无前景，要有攻坚克难、知难而上的精神，就像福尔摩斯喜欢在最不可能中探究可能一样。"而真正推动光纤通信向前发展的是高锟（Charles Kao）和乔治·霍克姆（George Hockham）1966年撰写的一篇经典论文（B10.20）。当时，他们正在英国国际电话电报公司附设的标准电信实验室工作，他们认真研究了光线在各种玻璃中的损耗情况，最终得出光线的高衰减率是由玻璃中所含杂质引起的这一结论。1966年4月1日，《激光世界》杂志对此进行了报道：

B10.19 亚力克·甘布林在1957年进入南安普顿大学的电子学系工作。南安普顿大学电子学系由埃里克·泽普勒（Eric Zepler）在1947年创立，泽普勒是一位德国难民，他以前是德律风根公司无线电接收机设计部门的主管。甘布林开始把激光作为通信的高频载波源进行研究。在高锟和乔治·霍克姆发表了一篇经典的光纤相关论文之后，甘布林从英国国防部那里得到了一份研究合同，开始有关制造低损耗光纤的研究工作。甘布林领导的小组发明了化学气相沉淀法，这种方法至今仍然是全世界范围内被广泛使用的光纤制造方法。

B10.20 高锟是2009年诺贝尔物理学奖得主，以表彰他在研究利用光纤实现光通信方面取得的突破性成就。高锟于1933年出生于上海，1948年跟随家人搬到香港。1952年，他前往英国学习电气工程，就读的学校就是如今的伦敦格林威治大学。毕业后，他进入英国标准电信实验室工作。1960年，他获得了进入英国标准电信实验室研究中心工作的机会，同时进入伦敦大学学院攻读博士学位。在英国标准电信实验室期间，他主要研究光学通信技术，并且成为光纤的热情倡导者。那时，光线在玻璃纤维中传播时损耗的能量非常大。经过一系列研究，高锟发现这些损耗是由玻璃中的杂质引起的。同时他推测以后人们能够制造出拥有足够低光线损耗率的玻璃纤维，这样才能让光纤适合长距离传输信号。

> 在上个月伦敦举行的电气工程师学会的会议上，高锟博士说：短程实验表明标准电信实验室研发的光波导具备传递信息能力……大约相当于200个电视频道或20多万个电话信道。他指出，标准电信实验室的设备包含一根直径大约3微米或4微米的玻璃芯，外面覆盖着另外一层共轴玻璃，其折射率大约比玻璃芯小1%……根据高教授的介绍，纤维的韧性比较强，很容易支撑起来。此外，外部还覆有保护层，防止外部环境影响内部光纤，并且波导管的机械弯曲半径很小，这使得光纤的柔韧性非常好。尽管目前最好的低损耗材料的损耗率也高达每千米1000分贝，但是标准电信实验室相信拥有更低损耗率的材料终有一天会被研发出来。

这时，英国邮政局运营着英国电话网。在高锟和霍克姆发表论文后，英国多力士山邮政研究局的弗兰克·罗伯茨（Frank Roberts）就发起了一个旨在降低光纤损耗的研究项目。英国第三个研究光纤的团队就是南安普顿大学甘布林领导的团队。甘布林的学生戴维·佩恩（David Payne）建造了一座制造光纤的拉丝塔。借助这种设备，我们可以把一块熔融玻璃（光纤预制棒）拉伸成具有指定粗细的细长光纤。甘布林和佩恩共同努力，最终把光纤损耗率从每千米几千分贝降低到每千米140分贝左右。几乎同时，在标准电信实验室工作的高锟认真测量了光线在不同类型玻璃中的损耗情况，他得出的结论是，市面上出售的高纯度二氧化硅是用来生产通信光纤的一种理想候选材料。美国贝尔实验室听说英国在光纤研究中取得的这些成果之后，重新启动了光纤研究项目。在全球研究者的共同努力下，只花了4年时间，高锟教授提出的目标就达成了，即让光线在光纤中的损耗率低于每千米20分贝。

B10.21 康宁玻璃厂的三位光纤先驱，从左到右依次是唐纳德·凯克、鲍勃·莫勒和彼得·舒尔茨。他们听说高锟提出的目标是把光纤损耗降到每千米20分贝，即光线在光纤中每传播一千米只损耗1%的光线，之后经过不断努力，在1970年，他们研发出了第一条低损耗光纤。

大部分团队都致力于让标准光学复合玻璃变得更纯净，这会使玻璃更容易熔化，更容易拉成光纤。在纽约州康宁市的康宁玻璃厂，鲍勃·莫勒（Bob Maurer）、唐纳德·凯克（Donald Keck）和彼得·舒尔茨（Peter Schultz）开始研究熔融石英，这种材料纯度极高，熔点非常高，折射率很低（B10.21）。通过向其中添加一定数量的杂质（掺杂剂），他们可以提高纤芯二氧化硅的折射率，使之比外部包层的折射率略高一些，同时又不会引起明显的光线衰减。1970年9月，康宁团队对外宣称，他们已经成功生产出衰减率低于每千米

20分贝的光纤，但是并未公开制造工艺的细节。截至1972年，康宁团队已经成功把光线损耗降到每千米只有4分贝。对于如何做到这一点，康宁团队只提供了很少的细节，所以其他团队很难对此进行验证。1974年，在英国布莱顿举行了一次会议，来自南安普顿大学的甘布林和戴维·佩恩（B10.22）宣称，他们发现了一种使用化学气相沉淀法制造光纤的新方法。

B10.22 戴维·佩恩是英国南安普顿大学光电研究中心主任。他的老师就是大名鼎鼎的亚力克·甘布林，在撰写博士论文的研究中，他建造了世界最早的光纤拉丝塔。后来，佩恩带领团队于1987年研制出了掺铒光纤放大器。1998年，他和贝尔实验室的德叙维勒（Emmanuel Desurvire）一道被授予“富兰克林奖章”，以表彰他在基础技术研究方面做出的贡献，同时对他带领团队成功研制出掺铒光纤放大器给出极高的评价，并对所其研究项目处于世界领先地位表示肯定。

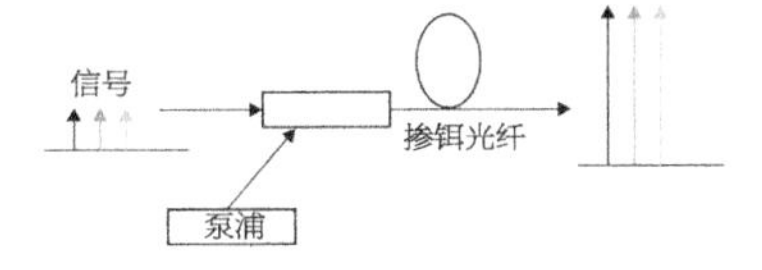

图10.22 掺铒光纤放大器工作图示。

光纤网络的最后一块拼图终于在1987年完成了，那时佩恩和南安普顿大学的团队发现了一种对光纤中光学信号进行放大的方法。在那之前，在光纤中进行远距离传输时，光信号会衰减得非常弱，为解决这个问题，一般先把光信号转换为电信号，然后对电信号放大，接着再转换回光信号。通过向纤芯添加少量铒元素，佩恩和南安普顿大学的同事们演示了使用半导体激光泵浦（使用该设备可以对信号进行增强或放大）对信号进行放大（图10.22）。1990年英国的倍耐力公司和南安普顿大学团队合作生产了第一个商业光纤。第一条横跨大西洋的光缆容量约为800条电话线路，每条线路成本约为30 000美元。仅仅过了10年，安装有光纤放大器的跨大西洋海底光缆容量就达到了60万条线路，每条成本只有500美元。就这样，光纤和掺铒光纤放大器掀起了电信和计算机网络革命。高锟教授关于使用光纤通信的设想成为现实：“如果你认真想一想，就会发现我其实是在兜售一个梦想，只是没有多少具体事实让我可以用来告诉人们它真的可以实现。”

需要补充的一点是，尽管美国在激光方面的研究领先世界，但是实际上美国电话电报公司、贝尔实验室却忽视了光纤通信的想法，这点令人疑惑不解。同样令人吃惊的是，南安普顿大学一个小小的研究团队在资金十分有限的情况下取得的成就令所有主要电信研究实验室汗颜，他们一系列的研究发现为光纤通信奠定了基础。对于取得这么多成就的原因，佩恩认为，其中一部分是研究团队的强大研发能力推动“蓝天研究”（指纯科学理论研究，这些研究在现实世界中没有明显的应用）不断深入：

> 我们研制光纤放大器并没有得到什么研究合约资助。没人提议我们去研制它，既没有什么里程碑，也没有什么可交付的成果。我们完

全把它作为副业来做。我想你会发现所有科学领域中的重大进展几乎都是这样的。所以，当前采用的那种目标明确且受监管的研究活动很可能是错的。

本章重要概念

- 存储转发网络
- 集中式、分层式、分布式网络
- 电路交换、消息交换、分组交换
- 网络协议和阿帕网
- 文件传输协议和远程登录
- 以太网和局域网
- 互联网和 TCP/IP 协议
- 通信光纤
- 掺铒光纤放大器

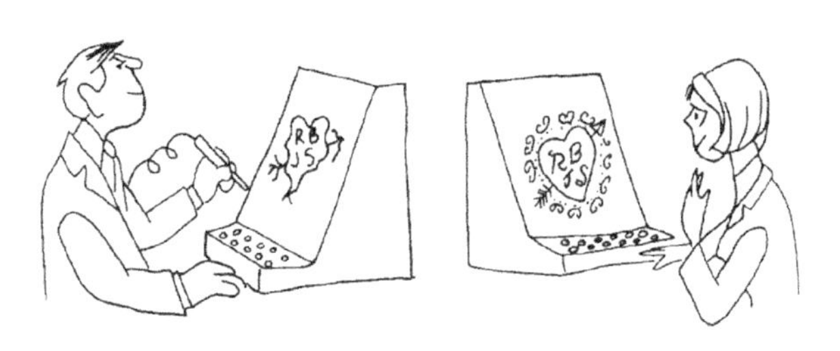

“通信系统应该对兴趣的发现和唤起有积极的贡献。”

电报业中的女性们

电报系统需要大量劳动力来操作收发报机。这种需求为女性带来了一份新型的“高科技”工作，许多女性能够十分灵巧地操作电报机。1846年2月，此时离塞缪尔·摩尔斯第一次成功演示电报只过了两年，电磁电报公司在马萨诸塞州洛厄尔设立了一个办公室，雇用了一位名叫萨拉·巴格利（Sarah Bagley）的女职员，她是美国第一位女电报员。1847年年初，公司给她升了职，派她去马萨诸塞州的斯普林菲尔德市经营当地电报公司，但是当她得知自己的薪水只有前任男负责人的3/4时，她感觉很失落。这次经历连同她早期在洛厄尔纺织厂的经历让巴格利成为维护女性权利的早期倡导者。

图10.23 1874年，伦敦中央电报局雇用了1200名电报员，其中女性740名，还包括270名充当信使的男孩。每天传送的信息达到18000多条。《伦敦新闻画报》在做相关文字报道时配用了这幅版画。

1874年，《伦敦新闻画报》这样描述了电报公司中的场景（图10.23）：

> 这是一个有秩序的行业，工作场景令人愉快，当然也不乏乐子，因为这里大部分员工都是年轻女性，她们活泼又开心，个个漂亮，看起来就像在自己家里一样自在。每个人的办公桌上都放着她们自己的设备。她们时而忙于整理、读取信息，时而等待来自远方站点的信号，宣称收到一条信息。男孩们在回廊之间进进出出，手里拿着各种形式的电报，它们在设备间的一个区域被接收，然后要从另一个区域发往别处，但在这之前必须先传给最近的审核点，以便记录，并且做分类处理。

为阿帕网项目寻求资金

鲍勃·泰勒为组建阿帕网寻求资金支持的过程堪称一段传奇。在他的办公室里有多台终端设备，通过这些终端，泰勒可以连接到美国国防部高级研究计划局在全美各大研究中心提供资金支持的不同计算机上。每个终端都有不同的登录程序，计算机之间无法进行通信。对于这些不兼容的问题，泰勒倍感沮丧，泰勒决定按照利克莱德的想法去做。对于这个计划，泰勒甚至连一个简短的备忘都没写，他径直走进了主任查尔斯·赫茨菲尔德的办公室。幸运的是，那时赫茨菲尔德也同样受到多终端问题的困扰，他之前还和利克莱德、泰勒一起讨论过他们关于交互式计算机与网络的想法。泰勒和赫茨菲尔德讨论的主要内容是，鉴于越来越多的研究者从美国国防部高级研究计划局请求资金购买自己使用的计算机，对高级研究计划局来说，一种更划算的做法是把这些位于不同地点的计算机连起来，以供研究者们共享硬件和访问彼此的成果。泰勒建议高级研究计划局应该先提供资金组建一个小的测试网络，把这些计算机连起来，最初只连四个节点，如果获得成功，再进一步扩大网络规模。泰勒和赫茨菲尔德只讨论了20分钟，泰勒就离开了赫茨菲尔德的办公室，拿到了百万美元的预算，用以组建阿帕网。组建阿帕网的原始计划只说是为了方便访问分时计算机，并没有提及网络在核攻击下的生存能力。

11 “编织”万维网

我们应当致力于创建一个统一互联的信息系统，在这个系统中，通用性和可移植性比炫酷的图形技术和复杂的额外特性更重要。人们可以在这个系统中找到那些对自己有用的信息或参考资料，以及一种日后查找的方法。这很有吸引力，促使人们主动使用它，随后其包含的信息快速增长，超过临界阈值。

——蒂姆·伯纳斯-李

超文本远见者们

微分分析机的创造者范内瓦·布什（B11.1）在1945年发表了一篇影响深远的论文《诚如所思》（*As We May Think*），回顾了战时科技信息的“爆炸”，提到了科学不断向专业化方向发展，形成了各种学科分支：

> 人类正在开展大规模的研究，但是更多证据表明，目前随着专业化的延伸，人类正在逐步走入困境。研究人员看起来一时无法掌握其他研究者所提出的数以万计的研究成果和结论，能够记忆下来的更是少之又少。专业化对科学进步来说变得越来越重要，而在学科之间架起桥梁的努力却越来越肤浅乏力。

B11.1 1890年，范内瓦·布什出生于美国马萨诸塞州，1913年毕业于塔夫茨学院，1917年获得麻省理工学院工程学博士学位。两年后，他进入麻省理工学院电气工程系工作。1927年布什开始研究微分分析机，这种模拟计算机用来求解复杂的微分方程。克劳德·香农是布什指导的一位研究生，香农写的硕士论文是关于“使用电子继电器实现布尔逻辑操作”的，这篇论文成为麻省理工学院历史上被引用次数最多的论文之一。第一次世界大战期间，布什对美国军方和民间科学家之间缺少合作感到沮丧。第二次世界大战爆发时，布什说服罗斯福总统建立国防研究委员会，由自己担任主席。后来，布什说：“如果说我对战争有什么贡献的话，那就是我让陆军和海军彼此知道对方在做什么。”在布什的监管下，获得巨大成功的两个著名项目分别是“曼哈顿计划”（研制原子弹）和“近炸引信”（一种内置于炮弹中的引信，包含微型雷达系统，当炮弹接近目标时就会引爆）。战后，布什向杜鲁门总统提交报告《科学：无尽的前线》，为民用基础研究申请美国联邦政府的资金支持，最终，1950年，美国成立了国家科学基金会。1945年，布什发表了一篇影响深远的著名论文《诚如所思》，里面描写了许多具有远见的想法，这些想法与70年后的互联网时代仍有紧密的关系，这着实让人赞叹不已。

布什认为，学术交流方法与其目的已经完全不匹配。他主张拓展人的思维能力，而不仅仅是身体的力量，认为有必要提供某种自动化支持，帮助人们在信息世界中遨游，防止信息过载。为此，他提出了一种新设备：

> 考虑一种未来个人使用的设备，它是某种机械化的私人文件和图书馆。它需要一个名字引起人们的注意，“MEMEX”就可以。MEMEX是这样一个机械化设备，人们可以在其中存储书籍、记录和信件，同时可以以很高的速度和极强的灵活性完成检索。作为辅助设备，它使人脑的记忆力无限扩大。

尽管布什提出的用来创建Memex机器的技术现在已经过时了（图11.1），但是他使用“链接”表示两条信息之间关联的思想却给今天的互联网带来了灵感。通过使用这样的链接，布什认为，我们能模仿人脑跟踪一系列联系的方法。关于如何使用Memex机器，布什做了如下设想：

> 假设Memex的所有者对弓箭的起源和性能感兴趣。具体地说，他正在研究土耳其短弓明显优于英国长弓的原因。在他的Memex中有许多可能与之相关的图书和文章。首先，他浏览了一本百科全书，找到一篇有趣但不完整的文章，标记下来。接着，在一本历史书中，他找到了另一个相关的内容，然后把它与前面的文章“关联”在一起。就这样，他建立起了一系列关联。有时候，他会插入自己的评论，或者把它链接到主轨迹中，或者将其作为一个特定项目加入到旁路中。当可用材料的弹性特性和弓箭密切相关时，他在旁路上开出分支，带他浏览与物理常量表和弹性有关的参考书。他插入一页手写分析。因此，他根据自己的兴趣建立起了一条轨迹，使其可以走出材料的“迷宫”。而且，他的这条轨迹不会逐渐消失。

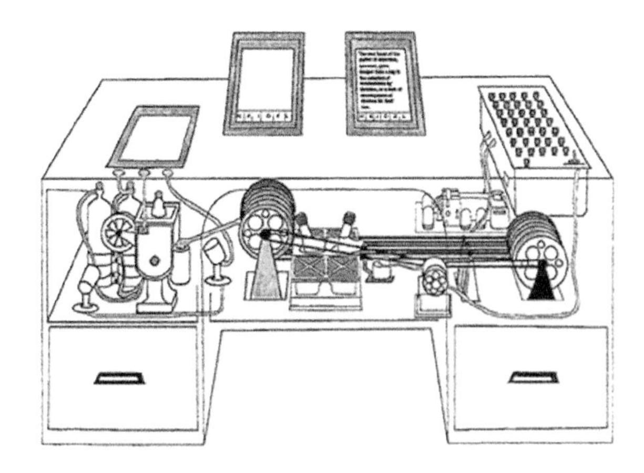

图11.1 Memex示意图。这是范内瓦·布什想象的一种个人信息系统，用来帮助用户应对日益增长的信息洪流。

B11.2 泰德·尼尔森是一位富有远见的幻想家，也是许多创新思想的先驱。1937 年，尼尔森出生于纽约，先后从斯沃斯莫尔学院获得哲学学士学位，从哈佛大学获得社会学硕士学位，从庆应义塾大学获得传媒和管理博士学位。尼尔森对计算机科学最重要的贡献是他关于超文本以及新类型文档的思想。尼尔森还大力支持个人计算机的发展，他的战斗口号是“计算机权力属于人民，打倒网络霸权！”，反对计算机集权化。1974 年，在 Altair 个人计算机推出之前，他出版了《计算机的解放》（*Computer Lib*），该书的副标题是“你现在可以并且必须了解计算机”。

从本质上说，这是对超文本（hypertext）的第一次描述。超文本带有交互链接（即我们今天说的“超链接”），它提供了多个选项，让我们可以在不同文档间移动，这样我们就不必严格按照“线性”路径来浏览文档了。这种思想给了道格拉斯·恩格尔巴特启发，他在 1962 年开始建造在线系统。恩格尔巴特的在线系统是最早的可正常工作的超文本系统，还配有鼠标。1968 年，在旧金山那场著名的“演示之母”中，恩格尔巴特第一次向公众做了演示。

布什的想法也启发了另外一位具有远见的人——泰德·尼尔森（Ted Nelson，B11.2）。1960 年，尼尔森在哈佛大学社会学系攻读硕士学位，同时他还选修了一门计算机相关课程。在这一过程中，尼尔森萌生了创建一个软件系统的想法，这个系统允许用户以非顺序的方式编辑和阅读文档，用户可以把其他文档包含进一个文档中形成组合文档，尼尔森把这种方式称为“嵌入包含”。1963 年 2 月，在瓦萨学院的一次演讲中，尼尔森介绍了一个叫 PRIDE 的系统，用来帮助用户组织不同类型的研究资料和个人笔记。正是在这次演讲中，尼尔森使用了“超文本”这个术语描述他关于如何克服普通文件线性约束的想法。超文本的实质是允许用户以非线性方式写作与阅读文档，如此一来，读者可以跳到文本的另外一个地方，或者移动到另外一个完全不同的文档中去（图 11.2）。

图 11.2 泰德·尼尔森 1974 年出版的《计算机的解放》的封面。这本书与另一本书《梦想机器》（*Dream Machines*）合订成册，后者介绍的是计算机在处理媒体方面的潜力。

在随后的几年里，尼尔森不断改进自己的想法，最终创立了一个野心勃勃的项目——Xanadu。尼尔森设想这个系统支持双向链接，用户和文档拥有唯一且安全的标识符，并且提供一种“微支付”跟踪机制，方便用户在使用某个作者的作品时支付费用。1972 年，尼尔森雇用了程序员卡尔·丹尼斯（Cal Daniels）为 Xanadu 项目编写演示系统。两年后，尼尔森进一步修改了自己的设想，加入了联网计算机和信息存储库（他将其称为“文献宇宙”，图 11.3）。然而，直到 1998 年，尼尔森才发布了第一个尚待完善的 Xanadu 系统，那时万维网已经在进行之中。尽管万维网中已经融入了尼尔森的某些设想，但尼尔森对蒂姆·伯纳斯－李的超文本这样评价：“里面有些问题正是我们在竭力避免的，比如断链，它们只向外链出，你无法查到引文来源，缺少版本和版权管理。”

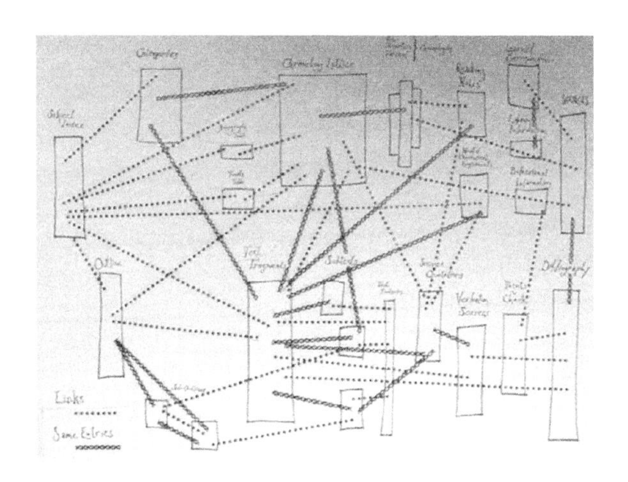

图 11.3 1965 年，泰德·尼尔森早期全球超文本系统草图。他还把这种想法称为“文献宇宙”。在这幅草图中存在两种类型的“链接”：虚线表示一般超链接；编织线表示指向其他文档引文的链接，尼尔森将其称为“嵌入包含”。这个系统还提出了平行文本的思想，这让我们可以同时浏览几个相关文档，就像我们面前桌子上的几张纸。

布什在 1945 发表的论文中准确地预测到了我们今天的信息世界，其预测之准实在出人意料。他虽然准确预见到将来会出现维基百科和社交网络这些“东西”，却完全忽视了互联网搜索引擎在其中所起的关键作用：

> 全新形式的“百科全书”将会出现，穿行其间的关联轨迹形成一个网络，并放入 Memex 中进行扩大。借助它，律师不仅可以查到以往相关的裁决和判决，还可以借鉴朋友和权威人士的经典判例。专利代理人可以依据客户的利益用熟悉的轨迹随时搜索获准专利。受患者病情困扰的医生通过研究类似病例的轨迹可以快速查询到相似病例，参考相关解剖学和组织学经典资料进行研究。化学家在研究某种有机化合物的合成方法时在实验中就能查阅到大量化学文献资料，通过相关轨迹他能够找到类似的化合物，在旁路上也可以了解这些化合物的物理和化学性质。
>
> 历史学家在按年代顺序研究一个民族时可以通过一条轨迹跳到特别重要的部分做并行研究，可以随时沿着同时代的轨迹了解某个特定时期的文化。届时将会有一种新的职业出现，那就是“轨迹制作者”，他们通过大量共享记录创建轨迹，并从中感受到快乐。大师们留给世人的不仅有他个人添加到整个人类知识宝库中的记录，还有留给后继者们共享的整个知识框架。

1992年6月，在明尼苏达大学的《威尔逊图书馆通信》上，图书管理员简·阿莫尔·波莉（Jean Armour Polly）发表了一篇题为《网上冲浪》（*Surfing the Internet*）的文章。在这篇文章中，她描述了在纽约家中如何在一台又一台的服务器上“冲浪”，以在全世界范围内查找信息。

> 今天我要去明尼苏达、得克萨斯、加利福尼亚、克利夫兰、新西兰、瑞典和英国“逛一逛”。我不必拼命收拾行囊，也不必到处打听航班打折信息。其实，我正坐在麦金塔计算机旁喝热可可。我的“旅行”是虚拟的，通过桌上的计算机、通信软件、调制解调器和一根电话线就能实现。

波莉使用的“冲浪”这个词来自一幅名为《信息冲浪者》（*Information Surfer*）的图片，这个图片就印在她苹果麦金塔计算机的鼠标垫上。那时，“网上冲浪”是一件非常费劲的事，用户需要使用“文件传输协议”把文件从远程服务器上下载下来。后来出现了两项发明，它们让网上冲浪变得容易起来。其一是蒂姆·伯纳斯-李和罗伯特·卡里奥（Robert Cailliau）在瑞士日内瓦的欧洲粒子物理研究所发明的万维网；其二是易用的Mosaic浏览器，这是世界第一个Web浏览器，它在普通民众中广受欢迎。Mosaic浏览器由马克·安德森（Marc Andreessen）和埃里克·比纳（Eric Bina）开发。Mosaic浏览器拥有诸多吸引人的特征，比如图标（小图片）、书签（保存着用户想再次访问的位置）和一个简单的点击方法，用来查找、浏览、下载信息，这个方法对那些不太懂计算机的用户很有用。

图书管理员是最早一批见证互联网改变我们获取知识方式的人之一。一直以来，实体图书馆是我们获取知识最重要的方式（图11.4），但是随着互联网以及Web时代的到来，我们获取知识的方式发生了变化。现在，世界各大主要图书馆的藏书和文献资料都在我们的指尖上，可以说我们每个人都“拥有”它们。万维网和搜索技术的发明是本章的主题。

图11.4 著名的伦敦大英图书馆阅览室。在互联网出现之前，实体图书馆是查找资料的传统方式。想使用大英图书馆，人们必须以书面形式申请读者证，由馆长签发。

B11.3 1976 年，蒂姆·伯纳斯–李毕业于牛津大学皇后学院，获得物理学士学位。1980 年，在欧洲粒子物理研究所实验室工作期间，他开始开发新的信息“web”，其动机来源于开发一个系统，帮助用户快速访问复杂设备说明书、实验手册以及其他实验室的文档。伯纳斯–李最伟大的贡献是他发明了一个技术解决方案，用以把互联网和超文本组合成一个强大的工具。《时代周刊》把蒂姆·伯纳斯–李称为 20 世纪最具影响力的 20 位名人之一，2003 年，英国女皇向他颁发爵级勋章。

Error 404 和万维网

蒂姆·伯纳斯–李（B11.3）原是一位年轻的物理学家，后转行做了软件工程师。1980 年，他在瑞士日内瓦附近著名的欧洲粒子物理研究所（CERN，图 11.5）获得了一份临时的软件咨询工作。那时 CERN 正在为粒子加速器（该设备可以把亚原子粒子加速到很高的速度）升级控制系统，他们雇用了伯纳斯–李帮助升级控制系统。由于伯纳斯–李与 CERN 之间是临时合同，所以对他来说，最大的困难是弄清整个控制系统的各个组成部分及其负责人。为了方便记录这些信息，伯纳斯–李编写了一个软件程序，命名为“探寻”（Enquire），这是一本叫作《探寻一切》的书的名字简称，伯纳斯–李小时候读过这本书，书中用索引的方式组织了一系列在维多利亚时代对人们生活有帮助的信息。在探寻系统中，伯纳斯–李可以输入与人员、设备、程序相关的信息，这些信息以“页”的方式进行组织。对于探寻系统，伯纳斯–李做出如下解释：

> 程序中的每一页都是一个“节点”，有点儿像索引卡片。只有一种方法可以用来创建新节点，那就是从旧节点创建一个链接。进出某个节点的链接在每个页面底部显示为一个带有编号的列表，很像写在学术论文最后的参考文献列表。查找信息的唯一途径是从首页开始浏览。

图 11.5 欧洲粒子物理研究所航拍图，它位于法国与瑞士边境，靠近瑞士日内瓦。图中环形就是世界上最大的粒子加速器大型强子对撞机的隧道。2012 年，粒子物理学家利用大型强子对撞机发现了疑似希格斯波色子的玻色子。

存储数据时，探寻系统并未采用传统的层次组织方式，它使用了一种更易用的方式，即使用与信息不同路径关联的链接。探寻系统支持两种类型的链接，一种是文件内部的内链接，另一种是用来在不同文件之间进行跳转的外链接。外链接是单向的，这点十分重要，因为这样可以防止出现许多人同时链接到目标页面导致所有者必须保存几千个返回链接的问题。最初探寻系统不在计算机网络中运行，只运行在单机上。

大约 6 个月后，伯纳斯–李离开了 CERN。斗转星移，转眼 4 年过去了，他再次回到了 CERN 的计算机网络部门。当时参加大型粒子物理实验的研究人员经常把他们的计算机连接在一起，不仅把在 CERN 工作的科学家互相连接起来，而且还与他们原先所在的机构连起来。大约又过了一年，伯纳斯–李仔细考虑了 CERN 新的网络环境和先前开发探寻系统的经验，他认为有必要开发一种新型的“文档管理系统”，从本质上说，这种新型文档管理系统是一种运行在网络环境中的超文本系统。在这个新系统中，用户无须从其他用户那里获取访问权限，因此这个系统必须是完全去中心化的，既没有控制中心，也没人记录所有可用链接。去中心化是十分重要的，因为伯纳斯–李发现，这是让系统支持数千乃至数百万用户进行访问的唯一方法。他说：“添加新链接的行为必须是轻松容易的。”要想让带链接的 Web 遍及全世界，最重要的一点就是让链接的添加变得很容易。1988 年年末，伯纳斯–李跟他的老板迈克·森

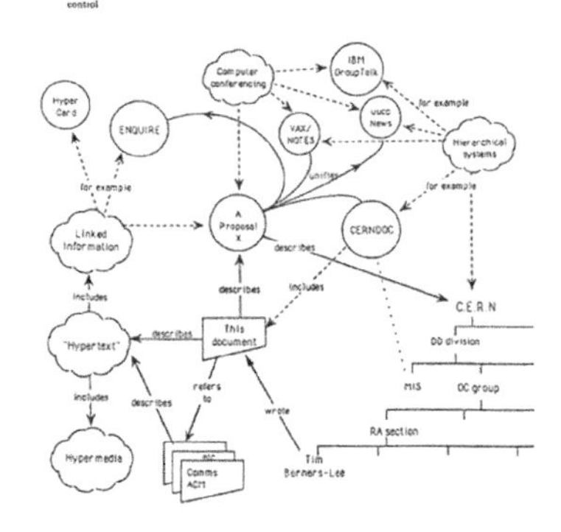
CERN DD/OC　　Tim Berners-Lee, CERN/DD

Information Management: A Proposal　　March 1989

Information Management: A Proposal

Abstract

This proposal concerns the management of general information about accelerators and experiments at CERN. It discusses the problems of loss of information about complex evolving systems and derives a solution based on a distributed hypertext sytstem.

Keywords: Hypertext, Computer conferencing, Document retrieval, Information management, Project control

图 11.6 1989 年，蒂姆·伯纳斯－李在 CERN 为基于超文本的文档管理系统撰写的提议书。图中带有箭头的圆圈表示文档、组织机构以及所有由超链接连接的人。

德尔（Mike Sendall）谈了自己的想法，森德尔建议他把自己的想法整理成一份提议书，以便正式立项（图 11.6）。

那时，温特·瑟夫和鲍勃·卡恩的互联网协议（即 TCP/IP 网络协议）在欧洲尚未完全建立起来。尽管如此，伯纳斯－李还是决定采用他们的协议，因为在当时的粒子物理领域研究者们使用的几乎全是 UNIX 系统，而 UNIX 系统采用 TCP/IP 协议进行网络通信。1989 年 3 月，伯纳斯－李把写好的提议书交给了迈克·森德尔及森德尔的上司戴维·威廉姆斯（David Williams）。当时威廉姆斯担任数据和文档部门（1990 年更名为“计算机网络部”）的主任，物理学家指责他所在的部门浪费资金做计算机科学研究，那些人认为这些资金应该花在物理研究上。为了让自己的部门免受指责，威廉姆斯一直努力在处理这个棘手的问题（B11.4）。在此情形之下，伯纳斯－李的联网超文本项目获得“非正式”许可。1990 年，在威廉姆斯的默许下，森德尔批准为伯纳斯－李购买了一台新的 NeXT 计算机（史蒂夫·乔布斯研发的高端工作站）。森德尔对伯纳斯－李说：“当你拿到 NeXT 计算机后，为什么不尝试在上面编写一些你自己喜欢的超文本玩意呢？”

现在，伯纳斯－李面临着一项艰巨的任务，那就是说服 CERN 的科学家，让他们相信自己的全球超文本系统是有用的。CERN 的科学家特点是非常忙，且已经非常精通计算机的用法。首先，伯纳斯－李需要为自己的全球超文本系统起一个名字。他考虑过许多名字，比如信息网格或信息宝库，但是最终他选了一个听上去野心勃勃的名字——万维网（World Wide Web）。那时，伯纳斯－李恰好找到了一位理想的“布道者”——罗伯特·卡里奥（B11.5）。卡里奥是一位说德语的比利时人，他在 CERN 社区帮助伯纳斯－李散播万维网的相关消息。伯纳斯－李后来这样评价罗伯特·卡里奥：“在超文本和互联网‘联姻’的过程中，卡里奥居功至伟。”他们开始试着联系一些正在销售不支持网络的超文本系统的公司。罗德岛的电子图书技术公司由传奇计算机科学家安迪·范·达姆创立，早期曾与泰德·尼尔森有过合作。电子图书技术公司并不赞成伯纳斯－李的超文本系统的思想。范·达姆坚持认为，集中式链接数据库可以保证链接中不会出现失效链接。与此相反，伯纳斯－李所设想的是一个真正的动态系统：

B11.4 佩吉·里默在 CERN 的官方照片，她是 CERN 文档和数据部门管理人员，1984 年，她把蒂姆·伯纳斯－李招入 CERN。她和丈夫迈克尔·森德尔以及文档和数据部门主任戴维·威廉姆斯为蒂姆·伯纳斯－李打掩护，支持他发明了 Web。

B11.5 1947 年，罗伯特·卡里奥出生于比利时的通厄伦市，先后从比利时根特大学获得电气机械工程学位，从密歇根大学获得计算机硕士学位。卡里奥是蒂姆·伯纳斯－李的合作伙伴，1990 年，他们一起撰写了提交给 CERN 管理部门的万维网项目提议书。

> 我眼中看到的是一个真实的超文本世界，其中所有页面都在不断发生变化。这是一个巨大的哲学鸿沟。放弃一致性的要求是允许 Web 扩大规模的重要设计步骤。

因此，伯纳斯－李开始自己编写 Web 客户端程序，用来创建、编辑、浏览超文本页面。为了把文档中的链接识别出来，他设计出了一种简单的标记语言，他将其称为“超文本标记语言”（HTML）。HTML 语言使用标签来指示哪里有链接到其他文档的链接。多年来，出版商一直使用类似的标签方案指出排版时应如何使得文档格式化。

```
<HTML>
        <TITLE>
          A sample HTML instance
        </TITLE>
        <H1>
          An Example of Structure
        </H1>
          Here's a typical paragraph.
        <P>
        <UL>
           <LI>
                Item one has an
                 <A NAME="anchor">
                      anchor
                 </A>
           <LI>
                Here's item two.
        </UL>
</HTML>
```

图 11.7 一个简单的 HTML 文档示例，文档元素由带尖括号的标签组成。该示例来自 1993 年 6 月的 HTML 规范。

伯纳斯－李最早提出的 HTML 语言中只包含 12 个标签（图 11.7）。此后经过多年发展，HTML 语言中新增了许多标签，比如嵌入图像、多媒体、脚本的标签等，发展到现在，HTML 包含的标签数接近 100 个。为了标识某台计算机下某个文件在网络中的位置，伯纳斯－李提出了“统一资源标识符”（URI）这个概念。URI 由计算机服务名、文档目录路径、文档名几部分组成。比如 http://info.cern.ch 指向最初的 CERN 网站，里面包含一些信息，有些部分带有链接，通过点击这些链接，你可以跳转到其他文档与网站（图 11.8）。在这个网址中，前四个字母告诉浏览器查找文档使用的协议。伯纳斯－李提出了“超文本传输协议”（HTTP），它是一系列规则，用来帮助一台计算机与网络上的另外一台计算机进行通信，以便从远程站点获得所需内容。HTTP 协议请求远程站点计算机（Web 服务器）把用户需要的 Web 页面发送至用户浏览器以供浏览（图 11.9）。

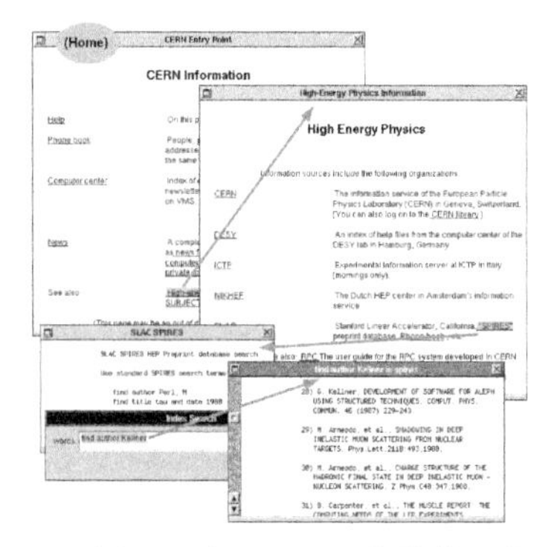

图 11.8 在 CERN 开发的第一个基于文本的浏览器。

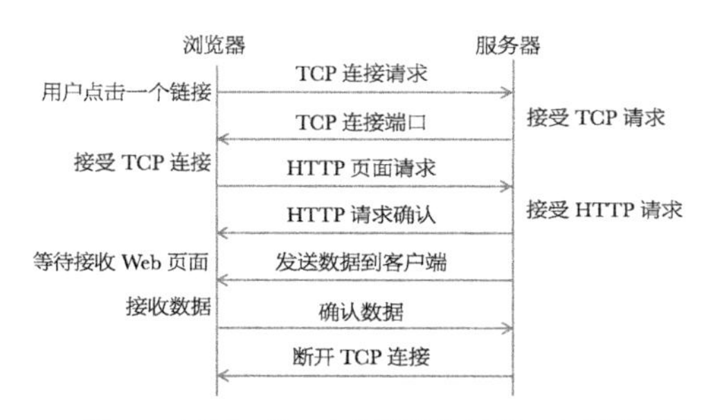

图 11.9 HTTP 是一个连续响应过程。上图描述了用户点击超链接后，浏览器和服务器之间的一系列的消息交换过程。

1990 年 11 月，曾参观过 CERN 的英国莱斯特工艺学院学生妮可拉·派罗（Nicola Pellow）编写了一个名为“line-mode browser”的 Web 浏览器，它几乎可以在所有计算机终端上运行。1991 年 3 月，她的浏览器推动伯纳斯－李的小团队向 CERN 拥有 NeXT 计算机的用户发布了万维网程序。在 Web 发展中另一个起着关键作用的人物是保罗·昆兹（Paul Kunz）。昆兹来自加州帕

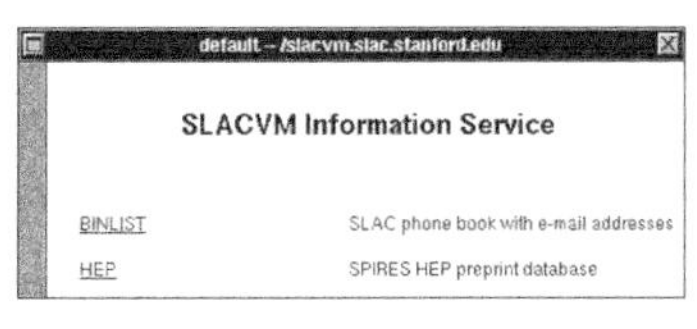

图 11.10 1991 年第一个美国网站在斯坦福线性加速器中心建成。世界各地的物理实验室纷纷仿效他们的做法搭建自己的站点。这些早期的 Web 服务器可以帮助物理界彼此分享实验资料和结果。

图 11.11 这张照片拍摄的是 CERN 业余歌唱组合“Les Horribles Cernettes”。作为她们的歌迷，蒂姆·伯纳斯－李在 1992 年 7 月 18 日把这张照片上传到 Web 站点，以便测试他的软件的早期版本。据说，这是第一张嵌入到 Web 中的图片。

B11.6 迈克尔·德图佐斯（1936—2001）是麻省理工学院计算机科学实验室主任。他与蒂姆·伯纳斯－李一起创建了万维网联盟（W3C，它是万维网的标准化组织），并在其中扮演了关键角色。在《未完成的革命》（*The Unfinished Revolution*）中，德图佐斯为“以人为中心的计算机”勾勒出了美好愿景。

洛阿尔托的斯坦福线性加速器中心，曾经访问过 CERN。昆兹也是一位 NeXT 爱好者。在昆兹回到美国后，他联合斯坦福线性加速器中心图书管管理员路易斯·阿迪斯（Louise Addis）、同事泰瑞·洪（Terry Hung）创建了可通过 Web 进行访问的斯坦福线性加速器中心在线文档目录。1991 年 12 月 3 日，伯纳斯－李宣布收录他们的站点。大约 6 个月后，美国第一个 Web 服务器站点（slac.html）诞生了，它是除 CERN 之外的第一个 Web 服务器（图 11.10）。

美国计算机协会计划于 1991 年 12 月在得克萨斯州的圣安东尼奥市召开一次重要的超文本会议，为了推广万维网，伯纳斯－李和卡里奥把他们的研究写成了一篇论文，打算在这次会议上发表，但是有民间传说指出，当时他们的论文遭到会议主办方的拒绝。尽管如此，他们仍然竭力请求会议主办方给予一次演示的机会。然而做演示并不是件容易安排的事，因为那时主办方根本就没有为与会者提供网络接入服务。不得已，卡里奥联系了当地大学，借用了他们的拨号服务。正如伯纳斯－李所说：

> 当时，整个会议上，我们是唯一要求做网络连接的人。两年后，同样在超文本会议上，几乎每个演示项目都或多或少与 Web 有关联。

随着越来越多的站点架设 Web 服务器，允许其他计算机通过 HTTP 协议访问它们的内容，Web 价值迅速增加。当 Web 页面上开始出现图像，Web 才迎来了真正的突破（图 11.11）。1992 年夏天，戴维·威廉姆斯建议伯纳斯－李向 CERN 请个学术休假去美国做些宣传。于是，伯纳斯－李去了美国东海岸的麻省理工学院（B11.6），以及西海岸的施乐帕克研究中心宣传他的万维网。他还去了旧金山见了斯坦福线性加速器中心的保罗·昆兹和路易斯·阿迪斯。为了表达敬意，伯纳斯－李又特意去了湾区拜访超文本最早的发明人泰德·尼尔森。

到 1992 年年末为止，CERN 团队一共收录了大约 30 个 Web 服务器站点，其中大部分在欧洲，还有一小部分在美国。位于厄巴纳市伊利诺伊大学的美国国家超级计算应用中心就是其中之一。第一个 Web 服务器（CERN）的访问量迅速增加，每三到四个月，日点击量（页面浏览数）就翻一番。直到此时，我们才得以谈到本部分标题所说的“Error 404”。当 Web 用户点击一个链接访问某台服务器时，如果服务器已经不在或者找不到用户请求的页面，服务器就会向用户返回 404 错误信息。当用户试图点击这样一个断链或死链时，用户通常会收到一个错误信息“Error 404 – Page Not Found”（404 错误——无法找到页面）。伯纳斯－李的伟大洞见在于，他敏感地意识到，随着万维网规模的扩大（真正全球化），以及人们使用万维网越来越频繁，这些断链在所难免，因此必须对这种情况加以处理，并把相关信息反馈给用户。

伯纳斯－李开发的 Web 浏览器只能运行在不常见的 NeXT 工作站下，并且用户在不同站点间“冲浪”时，还需要打开多个新窗口。在美国国家超级

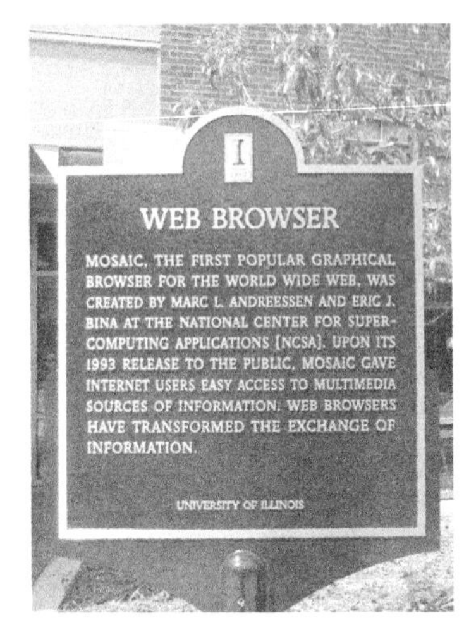

图 11.12 坐落在伊利诺伊大学厄巴纳—香槟分校美国国家超级计算应用中心的Mosaic 浏览器诞生纪念牌。

计算应用中心工作的马克·安德森和埃里克·比纳想给用户提供一种更简单的使用体验，他们把图片、文字放在一起显示，称为 Mosaic，其实它是许多信息片段的组合。Mosaic 浏览器于 1993 年 4 月发布，在头几个星期里，人们从美国国家超级计算应用中心下载 Mosaic 浏览器的次数就达到了几万次（图 11.12）。重要的是，国家超级计算应用中心还为 Windows 和个人计算机开发了相应版本的 Mosaic 浏览器，这使得 Mosaic 浏览器的用户群体变得很庞大。1991 年夏天，CERN Web 服务器的日访问量为 100 多次，而到了 1993 年夏天，其日访问量增加到 10 000 多次（图 11.13）。网站数量也呈现出指数式增长，1992 年年末，大约有 50 多个网站，而到了 1994 年年末，网站数量超过了 10 000 个。Mosaic 浏览器是推动万维网不断发展壮大的一个重要因素。另一个重要因素是 CERN 在 1993 年年末发布的一个声明：“任何人都可以免费使用 Web 协议和代码创建 Web 服务器和浏览器，这些软件你可以自由赠与或销售它们，不必支付版税，也不附带任何其他约束条件。”这个声明给业界吃了一颗定心丸，为人们开发基于 Web 的电子商务铺平了道路。

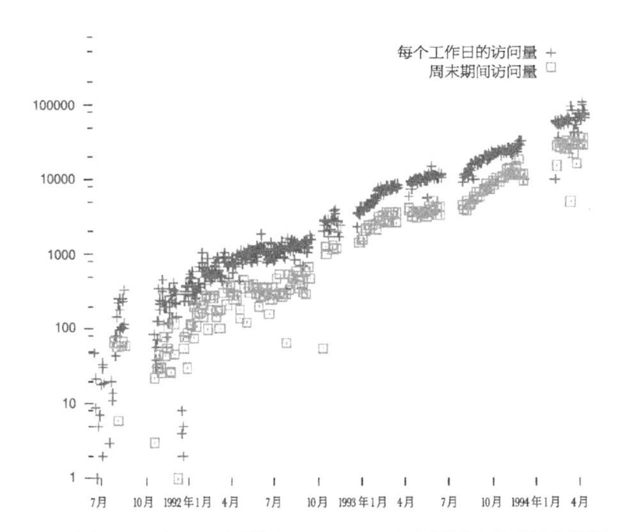

图 11.13 在 Web 早期（1992—1994）网站访问量迅速增长。表明人们对 CERN Web 服务器的访问量呈现指数增长（请注意纵轴刻度）。

B11.7 网景公司首任 CEO 吉姆·巴克斯代尔和另外两位创始人——马克·安德森和吉姆·克拉克。

图 11.14 1994 年发布的第一版“网景导航者”浏览器。

从伊利诺伊大学毕业后，1993 年 12 月，安德森搬到了硅谷。他希望找到一条道路把他开发的 Mosaic 浏览器商业化。与吉姆·克拉克（Jim Clark）一道，安德森成立了 Mosaic 通信公司（即后来的网景通信公司，B11.7）。他们的第一步是从美国国家超级计算应用中心招来了 Mosaic 浏览器的核心开发团队，1994 年 12 月，他们推出了第一款浏览器——网景导航者（Netscape Navigator，图 11.14）。这款浏览器同时支持 UNIX、Windows、麦金塔系统，并且能提供网络下载。网景导航者浏览器对非商业用途是免费的，这使它迅速成为人们上网浏览网页的默认浏览器。

网络泡沫和浏览器战争

在了解电子商务的崛起之前，我们有必要先讲一下与加密有关的知识。密码技术最早可以追溯到远古时期，用来对信息编码，使得只有指定的接收人才能解读它。第 12 章我们将详细讲解有关密码学的内容，这里我们假设已经有了可靠且可计算管理的加密方法。

为了保证网络通信安全，网景公司推出了一种新的安全协议，他们称为“安全套接层”（SSL），这为电子商务的出现奠定了基础。SSL 协议为用户提供了一种经过加密的安全通道，使得用户可以安心地利用网络发送信用卡信息。在 SSL 协议下，整个加密过程对用户是透明的。到 1994 年，随着网景浏览器开始提供 SSL 安全加密，开展电子商务或网络零售所需要的一切条件都已经具备，蓄势待发。

为了理解 .com 表示的含义，需要先了解网络域名的命名规范。在阿帕网早期，人们就引入了域名，这个名字用来代表阿帕网的各种资源，很容易记忆。这些域名对应于一串难记的数字，即 IP 地址。网络中的一台计算机向另一台计算机发送数据时需要用到 IP 地址，IP 地址是一串数字，它标识了网络中的一台计算机，具有唯一性。

图 11.15 互联网名称与数字地址分配机构是一个非营利组织，负责分配顶级网络域名。

最初，计算机主机名到数字地址的映射由斯坦福研究所道格拉斯·恩格尔巴特小组的一台计算机负责。1983 年，互联网工程任务组提出了域名系统（DNS），这套系统可以自动地把域名（即我们在浏览器地址栏中输入的网址）转换成 IP 地址。今天，互联网名称与数字地址分配机构管理着顶级域名的分配（图 11.15）。一个域名由两部分或更多部分组成，它们之间使用点号分隔，比如 microsoft.com，.com 是一个顶级域名，代表这是一个商业机构。

20 世纪 80 年代，域名系统刚建立时，有两组主要域名：一组是顶级国家域名，由两个字母缩写组成，比如代表英国的 .uk；另一组是美国 7 种组织的顶级域名，比如代表商业组织的 .com，其他 6 个分别是 .gov（政府）、.edu（教育机构）、.mil（军事机构）、.org（一般组织）、.net（从事网络服务的机构或公司）和 .int（国际组织）。跟在顶级域名之后的是二级域名，然后是三级域名等等，比如在 southampton.ac.uk 这个域名中，二级域名 .ac（等同于美国的 .edu），代表英国的学术组织，这里是指南安普顿大学。在 www.cern.ch 这个域名中，www 代表瑞士 CERN 实验室的 Web 服务器，.ch 是一个顶级国家域名，代表瑞士。

世界上第一个商业互联网域名是 symbolics.com，由位于马萨诸塞州的计算机系统公司（Symbolics）公司在 1985 年 3 月注册。截至 1992 年，注册的 .com 域名还不到 1.5 万个。1995 年 8 月，网景公司上市，一切就都变了。在第一个交易日，网景公司的股票从最初的每股 28 美元飙升到每股 75 美元。尽管尚未产生利润，但网景公司身价已经超过 30 亿美元。虽然网景导航者浏览器的销量不多，但是每个季度增速都很快。到 1995 年年末，网景公司的股价升到每股 175 美元，投资者们到处寻找其他具有类似增长潜力的 .com 互联网公司。

在众多互联网公司中，亚马逊是一家最早且最经久不衰的网络零售商（图 11.16）。其创始人是杰夫·贝佐斯（Jeff Bezos，B11.8）原来是在纽约工作的一位投资分析师。1994 年 5 月，他阅读了一篇介绍万维网爆炸式增长的报道，看到了网络零售业的巨大潜力，认为网络售书比传统的实体书店投入的成本要低得多。1994 年 7 月，贝佐斯离开了曼哈顿，来到西雅图，创办了亚马逊。

B11.8 杰夫·贝佐斯创办了亚马逊公司，它从一家很小的互联网初创公司不断发展壮大，成长为今天全球最著名的网络零售商。贝佐斯原是纽约的一个投资分析师，他从呈爆炸式增长的万维网嗅到了商机，于是毅然辞掉工作，成立了亚马逊公司。

图 11.16 亚马逊仓库内景，工作人员先为商品、包裹分类，再根据在线订单把它们发送到购买者手里。

当网景公开招股大获成功后，大量资本涌向互联网公司，造成了互联网初创公司大量涌现，它们几乎把所有东西都搬到了网上，从机票预订、酒店客房预订到宠物用品等。整个 20 世纪 90 年代后半期，网络泡沫迅速膨胀。一方面投资者的盲目追捧把互联网公司的股价越推越高；另一方面大部分互联网公司尚未有任何营收。这些新兴公司似乎把不写传统的商业计划当成了一种美德，他们只是向投资者描绘一条未来可赢利的道路。一小批专门研究高科技公司的金融分析师掀起了互联网公司的并购狂潮。在见证了网景公司迅速崛起之后，这些互联网分析师大大高估了互联网公司的价值。2000 年 2 月，网络泡沫终于破裂，股票市场出现动荡，互联网公司的股价直线下跌。以亚马逊公司的股价为例，1999 年，每股高达 600 美元，而到了 2001 年年末，每股跌到了不到 10 美元。

在这次“动荡”中，许多互联网公司消失得无影无踪，但是亚马逊公司的业务一直保持增长，到 2002 年年末，亚马逊公司发布的财务报告显示公司已经有了盈利，这只比贝佐斯在原先商业计划中的预测晚了一年。这期间，掀起这股浪潮的网景公司的情况如何呢？他们压倒性的市场份额出现了戏剧性的垮塌，因为微软已经意识到了互联网和Web的巨大发展潜力（或威胁），发起了强有力的反击。

关于微软拥抱Web和互联网的过程说来话长，也有点儿复杂。故事要从1991年9月微软招入詹姆斯·阿拉德（James Allard）说起。阿拉德有UNIX技术背景，坚信开放应用程序编程接口（API）是有价值的。API准确描述了一个程序如何请求另一个程序执行一项特定服务。一个开放的API就是一个接口，其规范公众可以免费获取，这样任何用户都可以使用这些API为某个特定的软件程序开发应用程序和服务。阿拉德清楚地认识到，微软迫切需要一个开放的API把Windows和网络TCP/IP协议连通起来。在接下来大约一年的时间里，微软带领多家公司定义出了这个接口，命名为Winsock（Windows套接字接口）。1992年1月，微软正式批准了这个API。澳大利亚的塔斯马尼亚大学的彼得·塔塔姆（Peter Tattam）发布了一个开源版本——Trumpet Winsock，用户使用它可以让Windows 3.0（本身不支持TCP/IP）连接到互联网。虽然花钱购买Trumpet Winsock的人并不多，但是Trumpet Winsock对互联网增长起了重要的推动作用，因为它帮助数百万个人计算机用户第一次连接到了互联网上。

微软进军Web的另一步源于发生在纽约伊萨卡的一场暴风雪。1994年2月，比尔·盖茨的技术助理史蒂文·辛诺夫斯基（Steven Sinofsky）去伊萨卡招聘。返回时，一场暴风雪让所有机场关闭，所以他临时决定去康奈尔大学转转。7年前，辛诺夫斯基还在这所大学读书。但当他再次来到这里时，发现一切都变了。现在，学生们都拥有了自己的个人计算机或Mac，他们还可以通过校园的TCP/IP网络访问学校的计算机资源。学生们和教职工经常使用电子邮件进行交流，万维网的用户正在迅速增加。于是在被困伊萨卡的这段时间里，辛诺夫斯基给盖茨发了一封电子邮件，标题是《康奈尔联网了》（*Cornell Is WIRED*）。

按照惯例，比尔·盖茨每年有两次“思考周”，在这期间，他会暂时离开微软，花几天时间认真阅读研究论文，思考未来技术发展的趋势。辛诺夫斯基从康奈尔大学发来的电子邮件激起了盖茨的思考，这些思考最终形成了盖茨那篇著名的1995年5月“思考周”备忘，其中说道：“互联网是一股惊世骇俗的浪潮。它改变了现有规则。互联网既是一次难得的机会，也充满了巨大挑战。”盖茨写下的这个备忘很长，里面提出了许多预言：

> 在这份备忘中，我想明确指出，我们对于互联网的关注对我们业务的每个部分都是至关重要的。互联网是自1981年IBM PC推出以来计算机领域最重要的发明，其重要性甚至超越了图形用户界面。
>
> 互联网是独一无二的，它是许多因素共同作用的产物。TCP/IP协议（定义了传输层）可以很好地支持分布式计算和网络规模的扩大。互联

网工程任务组指明了一条很棒的演进道路，它最终会把这个星球的所有人都连接起来，又不会让我们未来陷入各种问题中。HTTP 协议（定义了客户端和服务器端请求与应答的标准）极其简单，它可以很好地帮助服务器应对海量访问问题。所有有关超文本的预言都在 Web 上成为现实（几十年前泰德·尼尔森等先驱们发出了那些预言）。

最令人惊讶的是，在 Web 上查找信息要比在微软公司网络上查找信息更容易。这个反转（公众网络解决问题的能力优于私用网络）太漂亮了。

我认为将来每台个人计算机都会连接到互联网上，互联网反过来又会刺激个人计算机销量持续增长多年。

盖茨的这份备忘极大地改变了微软公司的发展战略。1995 年 8 月，微软推出了 MSN 网络（包含一系列网站和在线服务），与此同时，微软还发布了 Windows 95 操作系统，其中内置了一个网页浏览器——Internet Explorer（IE）。很快，人们就清晰地发现，绝大部分用户更喜欢连接到免费的互联网上，而不是 MSN、美国在线这类需要付费的商业网络。

图 11.17 “浏览器大战”是指网景公司的“网景导航者”与微软公司的 IE 浏览器之间的竞争。1997 年微软发布了 IE 4.0，为了进行庆祝，微软浏览器开发团队成员趁凌晨的时候在网景公司大楼前的草坪上放置一个大大的“e”，跟网景开了个玩笑。

微软获得了美国国家超级计算应用中心 Mosaic 浏览器的源代码和授权，并以此为基础开发出了第一款网络浏览器 IE 1.0，它相当简陋、原始。在接下来的两年时间里，IE 和网景导航者在浏览器市场展开了激烈的争夺，每一年它们都会发布几次升级更新（图 11.17）。截至 1998 年 1 月，IE 不仅在技术上追上了网景导航者，而且运行得更稳定，其中包含的 bug 也更少。IE 是与 Windows 操作系统免费绑定在一起的，这使得它迅速成为个人计算机用户的首选浏览器。网景公司的股价开始不断下挫，从顶峰时的每股 175 美元一路跌到每股不足 15 美元。

1999 年，网景公司被美国在线收购。在此之前，网景公司开放了网景浏览器的源代码，并成立了 Mozilla 基金会，主管浏览器未来的开发工作。Mozilla 基金会把自身定位成一个推动互联网开放、创新、分享的非营利组织。2004 年，Mozilla 推出了 Firefox 浏览器，尽管有 IE（占市场主导地位）和 Safari（苹果）、Chrome（谷歌）等这些浏览器“新兵”的竞争，但截至 2007 年，Firefox 浏览器还是攻占了大量市场份额。

互联网搜索和网页排名算法

图 11.18 数百万网页在艺术家眼中的样子。

到了 20 世纪 90 年代中期，在万维网上，不论是网站数量还是类型都有了极大增长。在 Web 早期，人们只能通过口口相传来查找“好”网站。而现在，在网络中查找特定信息如同大海捞针，用户需要搜索数以百万计杂乱无章的网页（图 11.18）。1994 年，两位斯坦福大学的研究生杨致远和戴维·费罗（David Filo）创办了一个名为“杰瑞带你畅游万维网”的网站，里面收录了许多有趣的网站，这些网站按字母顺序组织成目录形式。当年晚些时候，他们把网站名字改为“Yahoo！”（雅虎），并且成立了公司（B11.9）。雅虎从众多互联网公司中脱颖而出。为了赶上 Web 迅速增长的速度，雅虎公司雇用了大量编辑，帮助甄选网站，以便把它们放到雅虎的网站目录中。

B11.9 戴维·费罗（左）和杨致远（右）在斯坦福大学读研究生期间一起创办了雅虎搜索公司。1994 年，他们开始编制网站目录，并添加了更多在线服务，使雅虎网站成为一个门户网站。到 1996 年，雅虎公司上市，成为当时最成功的互联网公司之一。在 2000 年网络泡沫破裂之后，雅虎出现了巨额亏损，从此一蹶不振。但是不管怎样，雅虎是互联网时代家喻户晓的公司之一，它曾经为数百万用户提供了大量网络服务。

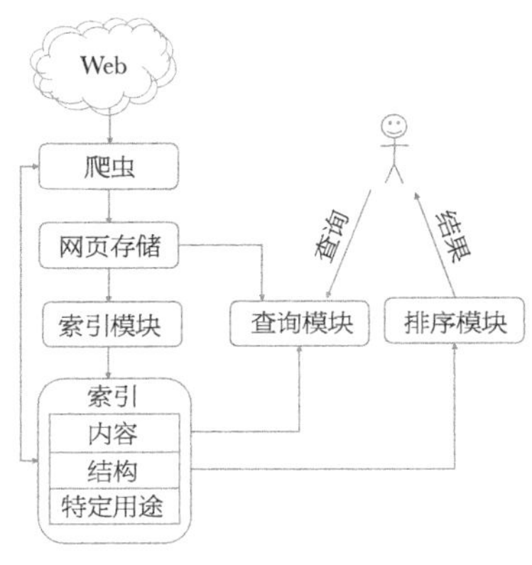

图 11.19 搜索引擎的基本结构，其中独立于查询的部分用来响应用户查询。

而其他一些公司则采用了另外一种不同的方法——网页搜索引擎来为用户进行导航。这些公司为用户提供了一系列指向不同网站中Web页面内容的索引。搜索引擎看起来就像图书索引，用来帮助用户查找特定主题。到 1998 年为止，处于主导地位的搜索引擎是 AltaVista，其占据的市场份额超过 50%。在 DEC 网络系统实验室工作的计算机科学家保罗·弗莱厄蒂（Paul Flaherty）产生了制作网页索引的想法。为了实现这个想法，他找来了同事路易斯·莫尼尔（Louis Monier）和迈克尔·伯罗斯（Michael Burrows）一起编写代码，他们编写的这个软件就是后来的 AltaVista 搜索引擎。

在为 Web 页面建立索引时，搜索引擎必须先搜索并采集这些页面（图 11.19）。这项工作由网页爬虫负责。网页爬虫这种软件通过跟踪超链接来发现新页面。网页爬虫释放出大量“蜘蛛”，并给出明确的指令，告诉它们从何处开始抓取页面，以及在随后的链接中采用何种策略访问新页面。

在网络蜘蛛返回 Web 页面后，接下来要做的就是为这些页面建索引。索引软件读取每个新页面，并从中提取关键信息，然后把该页面的简练描述存储到一个或多个索引中。第一种索引叫“内容索引”。这个目录采用“倒排文件”结构（类似于图书末尾部分的索引）存储页面中不同单词的信息。在每个索引词旁边，倒排文件记录这个词出现的页码等信息。现在，我们可以通过单字查询来查找相关 Web 页面。当然，为了有效地处理更复杂的查询，除了每个词所在的页码之外，我们还需要存储更多信息。我们可以添加许多额外信息，比如单词在一个页面中出现的次数以及在页面上的位置等。AltaVista 的一项关键创新是它还存储网页的 HTML 结构。通过查看网页的 HTML 标签，我们可以弄清所查询的词是出现在网页标题、主体中，还是“链接源头文字”（这些文字代表的就是超链接）中。所有这些索引信息被组合起来，为每个网页产生一个总的“内容分数”，用来找出与用户查询最相关的页面。正是这种内容和结构信息相结合的方式让AltaVista成为1998年最先进的搜索引擎。

现代搜索引擎在为用户查询查找最佳页面时所使用的不仅仅是网页的内容和结构。斯坦福大学的两位研究生谢尔盖·布林（Sergey Brin）和拉里·佩奇（Larry Page，B11.10）开发出了网页排名算法，这为谷歌（图11.20）取得成功奠定了基础。网页排名算法采用逐步法为每个Web页面计算重要性得分。佩奇和布林开发的这种算法并非只看网页内容和结构，它还分析超链接结构。通过把重要性得分（来自链接分析）和内容得分（来自传统索引）相结合，布林和佩奇开发出一种“神奇”的搜索引擎，几乎可以把最有用的页面呈现给用户。

B11.10 2008年埃里克·施密特、谢尔盖·布林、拉里·佩奇（从左至右）在回答问题。在斯坦福大学攻读博士学位期间，布林和佩奇提出了基于网页链接结构的排名思想。在论文《大规模超链接网页搜索引擎剖析》（*The Anatomy of a Large-Scale Hypertextual Web Search Engine*）中，他们介绍了这种思想，这篇论文后来被广为引用。他们曾经尝试把自己的想法卖给当时最著名的两家网页搜索公司AltaVista和雅虎，但都以失败而告终，最后他们自己在硅谷的一个车库里创办了谷歌公司，一段传奇由此展开。

图11.20 位于加利福尼亚州山景城的谷歌总部鸟瞰图，大楼顶部覆盖的全是太阳能面板。

图11.21 拉里·佩奇和谢尔盖·布林在斯坦福大学的第一台服务器，周围被乐高积木包裹着。

拉里·佩奇对AltaVista中与超链接相关的信息很感兴趣，认为分析链接数据结构可能很有价值。为此，他从万维网上把网页尽可能多地下载到自己的计算机上（图11.21）。与此同时，布林和他的指导教授拉杰夫·莫特瓦尼（Rajeev Motwani）一直在研究现有的搜索引擎和目录。于是，佩奇和布林一起合作，向着佩奇的目标努力，尽可能多下载网页并分析它们的链接结构。佩奇出生于一个知识分子家庭，他觉得网页的链接数类似于科学论文被引用的次数。一篇论文被引用的次数是一项表征这篇论文重要性的极好指标，即反映了这篇论文所提研究的重要程度。然而，佩奇认识到，只通过统计指向某个网页的链接数无法全面地反映这个页面的重要性。就像诺贝尔奖得主的科学论文被引用的次数要明显高于普通论文被引用次数一样，针对重要网站或权威网站网页的链接次数同样也会大大多于其他网站。记者兼作家戴维·维塞（David Vise）这样描述佩奇的思想：

> 其实，并非所有链接都同等重要，有些链接天生就比其他链接更重要。对于来自重要网站的导入链接，给的权重自然要高一些。那么，

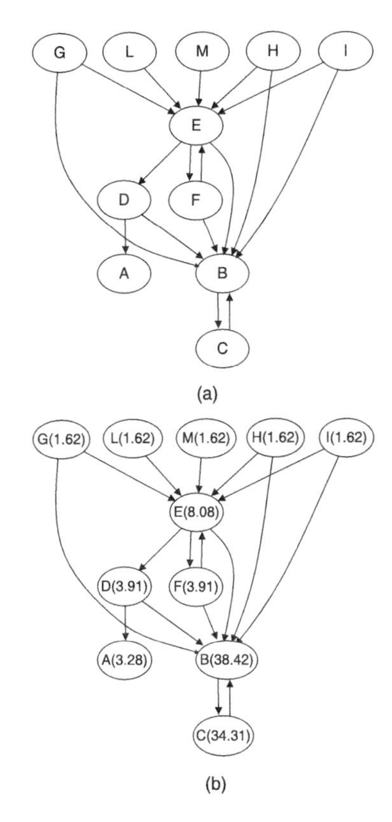

图 11.22（a）这是一个由一系列网页（节点）组成的链接网络。不同页面之间通过超链接连接在一起，每个链接都是有方向的，使用箭头表示。其中网页 A 是“悬挂节点”，因为它没有导出链接。页面 B 和 C 形成了一个“桶”，它们是一对相互可达的强链接页面，但是它们都没有到其他页面的链接。（b）通过网页排名算法可以计算出每个页面的重要程度。在这个图中，我们使用“随机冲浪者”方法计算出了每个页面的重要程度，当然你也可以选用其他方法进行计算。这些分值全部加起来是 100。页面 C 虽然只有一个链入链接（也叫导入链接），但这个链接来自于最重要的页面 B，所以它的分值很高，并且比页面 E 更重要。页面 E 虽然有多个链入链接，但是除了一个以外，其他分别来自于页面 G、H、M、L、I，这些页面全部都没有链入链接，因此重要性最低。

该如何确定哪些网站是重要的呢？这个非常简单，相比于那些拥有链接较少的网站，拥有较多链接的网站显然会更重要。

为了戏谑一下自己的姓氏，佩奇（Page）把这种新算法称为“网页排名算法”（PageRank）。对于一个给定的 Web 页面，我们应该怎样计算它的得分呢？如果我们把每个 Web 页面的初始分数设为 1，通过把指向某个页面的所有页面的分数累加起来，我们就能算出这个页面的网页排名算法得分。但是，不幸的是，网页链接图中可能包含“回环”，即通过不断点击网页链接，最终会回到起点（图 11.22）。这样一来，我们就无法为那些带有回环的网站计算分值。为了解决这个问题，佩奇和布林提出了“随机冲浪模型”。假设有一位网络冲浪者，他跟随页面间的超链接在网页间漫游。当他来到一个带有多个链接的 Web 页面时，从中随机选择一个链接。通过统计随机冲浪者对每个网站的访问次数，我们可以计算出每个页面的重要程度。为了避免出现“桶”（bucket，这些回环会把冲浪者永远困在里面）问题，佩奇和布林又提出了“传送概率”。对于冲浪者访问的每个页面，他有可能不再继续跟随这个页面中的链接，而是跳到一个随机选择的全新页面。然后，冲浪者以这个页面作为新起点继续冲浪。另外，为了防止冲浪者被困在所谓的“悬挂节点”（dangling node，这种页面没有导出链接）中，佩奇和布林还允许冲浪者从这样的节点随机跳到一个新页面。我们可以在一个网页链接网络中模拟随机冲浪者的行为，找出哪些页面是冲浪者最常访问的。在计算页面重要性得分时会同时考虑指向这个页面的超链接数和所链接网页的权威程度。这种方法可以用在页面有链接回环和悬挂节点的情形下，它可以为每个页面给出有意义且稳定的重要程度值。

图 11.22a 显示的网络由 11 个 Web 页面以及它们之间的相关链接组成。图 11.22b 显示的是使用计算机模拟随机冲浪者算法所得到的网页排名分数。实际上，网页排名分值并不是通过计算机模拟冲浪者的冲浪过程计算得到的。其实，我们可以把这个问题转化成一个有关稀疏矩阵的数学问题。矩阵是一组按行与列进行排列的数字或符号，所谓“稀疏”是指该矩阵中包含了许多值为 0 的元素。计算网页排名分数时，用到的矩阵十分巨大，通常有数十亿行，但幸运的是我们已经找到了快速计算方法，使用它们就可以帮助我们算出网页排名分数。

在有了网页排名算法之后，1997 年年初，佩奇开发出了一个搜索引擎原型，他将其称为“反向链接”，它通过分析网页的链入链接或反向链接来计算页面的重要程度。同时期的其他搜索引擎都是基于网页内容和结构的，而“反向链接”把网页的重要度也纳入页面排名考察的指标，使得最终呈现出的网页都是按相关程度进行排列的。1997 年年末，佩奇和他在斯坦福大学的同事肖恩・安德森（Sean Anderson）费尽心思地为这个搜索引擎物色一个新名字。最后他们决定叫它“谷歌”（Google），“google”这个词本身有“非常大的数”的意思。当天晚上，佩奇就注册了 Google.com 这个域名，但是直到第二天他们才发现那个单词（非常大的数）的正确拼法应该是“googol”，意思是数字1后面跟着100个零。这个搜索引擎推出之后，斯坦福大学的学生和老师们都开始使用它，佩奇和布林需要尽己所能借到尽可能多的计算机以赶上用户和网页的增长速度。就这样，佩奇的寝室成为第一个Google数据中心，里面塞满了便宜的个人计算机（图11.23）。今天，谷歌公司在全世界都建有数据中心，里面有几十万台服务器运行着（图11.24）。

图11.23 1998年，谷歌第一个服务器机架。这个机架上有多块计算机主板，他们彼此堆叠在一起。

图11.24 谷歌公司的一个数据中心，里面有数万台安装在机架上的计算机。蓝光表示这些服务器工作状态良好。

通过网页排名算法计算网页重要性的搜索引擎拥有很多优势，在这些优势显露之后，佩奇和布林尝试与AltaVista公司接触，想说服他们购买自己开发的系统。他们当时约见的是AltaVista搜索引擎的设计者之一保罗·弗莱厄蒂（Paul Flaherty），佩奇和布林基于链接的网页排名算法给弗莱厄蒂留下了深刻的印象。然而，当佩奇和布林再次见到弗莱厄蒂时，却被告知了一个不好的消息：DEC公司对他们的搜索引擎不感兴趣。接着，佩奇和布林又询问了其他搜索引擎公司，这其中就包括雅虎，但都得到了相同的回答：不感兴趣。雅虎的联合创始人戴维·费罗给了佩奇和布林一个有价值的建议：先从斯坦福大学休学，自己创立搜索引擎公司发展业务。1998年夏天，佩奇和布林决定接受费罗的建议。随后，他们拜见了安迪·贝托尔斯海姆（Andy Bechtolsheim，B11.11），贝托尔斯海姆是太阳微系统公司的创始人之一，硅谷的一位天使投资人。当时在搜索引擎行业缺乏可行的商业模式，尽管有这种顾虑，但是贝托尔斯海姆被佩奇和布林深深打动，连股权如何分配都没商议，就立刻给他们开了一张10万美元的支票，帮助他们成立谷歌公司。随后两个星期里，佩奇和布林一直没有兑现支票，直到他们成立Google公司开设了银行账户才兑现。

B11.11 安迪·贝托尔斯海姆是太阳微系统的创始人之一，也是谷歌公司的第一位投资人。

图 11.25 21 世纪网络数据中心。位于美国俄勒冈州达尔斯的谷歌数据中心，图中蒸汽来自于制冷塔。

戴维·维塞在其所著的《撬动地球的Google》（*The Google Story*，图 11.25）中详细描述了谷歌迅速成长为网页搜索领域霸主的过程。一家名叫 Overture 的公司最先推出了搜索引擎广告，这是搜索引擎最早的商业模式之一。尽管佩奇和布林最初不愿采用广告模式，但他们还是决定把 Overture 公司的这种思想实现出来，不过要做些改变。为了维护提供免费搜索服务的形象，他们始终不在主页投放广告，并且坚持把免费搜索结果和赞助商链接区分开。谷歌就赞助商广告出现的位置（当用户搜索特定关键字时，赞助商的广告就会出现在这些位置上）进行拍卖，广告主们在线投标。只有当用户点击了这些广告时，谷歌才能赚到钱。截至 2000 年，谷歌每天需要处理的搜索量达到了 1500 万，而在 18 个月前，搜索量只有 10 000 左右。

毫无疑问，在谷歌早期，其突破性的发展在很大程度上要归功于基于网页排名的页面重要性计算方法。然而，现在“搜索引擎优化”业务正逐渐成为一门很大的生意。这些搜索引擎优化公司会给广告主提供建议，告诉他们如何让他们的页面出现在搜索结果靠前的位置上。一些搜索引擎优化公司不仅提供如何提高广告主页面排名的好建议，而且还尝试使用垃圾网页来影响搜索结果，他们会使用垃圾网页欺骗搜索引擎，以便让搜索引擎对他们指定的网页给出较高的排名。垃圾网页类型多样，比如“滥发关键词”，它会不断使用网页上有问题的关键词，有时也会使用带有白背景的白色文字，这样我们人类就看不到它了。障眼法是另一种欺骗网页爬虫的方法，它为网络蜘蛛和真实用户的请求提供不同的页面。网络蜘蛛返回不包含垃圾内容的纯净网页。另外一种影响重要性得分的方法是自动生成大量不同网页，这些网页包含指向目标网站（客户网站）的链接。基于这些原因，现代搜索引擎使用了除页面排名算法之外的许多其他方法来尽量保证搜索结果排名的准确性。例如，微软必应搜索引擎团队成员沈向洋说：“在搜索引擎排名算法中，我们使用了 1000 多种信号和特征。”

社交网络和语义网

1999 年，信息设计顾问达西·迪努奇（Darcy DiNucci）在一篇题为《碎片化的未来》（*Fragmented Future*）的文章中首次提出了“Web 2.0”这个术语。

> Web 1.0 和未来 Web 的关系大致相当于 Pong 和 The Matrix 之间的关系。本质上，今天的 Web 是一个原型，是对一个概念的验证。世界上每个人都可以通过标准接口访问交互内容，事实证明这个概念获得了巨大成功，并且一个新行业利用其强大的可能性开始发生转变。我们今天的 Web（Web 内容载入到静态屏幕上的浏览器窗口中）只是未来 Web 的一个雏形。
>
> Web 2.0 的第一缕曙光开始显现，我们才刚刚开始了解 Web 雏形是

> 如何发展的。人们会渐渐明白 Web 不是屏幕上简单的文本和图像，而是一种传输机制，人们通过这种“以太”进行交互。

后来，在 2004 召开的第一次 Web 2.0 会议上，计算机图书出版商蒂姆·奥莱利（Tim O'Reilly）把“Web 2.0”这个术语推广开来。这个术语不是指任何具体技术规范的升级，而是指软件开发者和用户使用网络的方式，聚焦于网络协作、用户创造内容和社交网络。Web 2.0 应用支持用户采用新方式进行交互和协作以创建虚拟社区。在线杂志（比如博客和维基）的风靡正好反映了这一发展趋势，这些站点允许用户改变和添加内容信息。

“博客”（blog）一词是“网络日志”（web log）的缩写，通常指记录个人想法和行为的网上日记（图 11.26）。博客支持用户互动，大部分博客都允许读者留言或参与在线讨论。大量新型易用的 Web 发布工具加速了博客的成长，使用这些工具大都不需要用户具备任何技术知识。截至 2011 年，公共博客的数量超过了 1.5 亿个。

维基网站允许用户与之互动，用户可以自由地添加、修改、删除其中内容。维基（wiki）一词来自夏威夷语，意思是“快点快点”。维基之父沃德·坎宁安（Ward Cunningham，B11.12）把维基描述成“可在线运行的最简单的数据库”。他开发出的软件允许用户通过网页浏览器与维基进行互动。从某种程度上讲，公共维基的运营方式令人耳目一新。

> 大部分人在最初了解维基概念时都认为如果一个网站允许任何人编辑，那么它很快就会因各种破坏性输入而变得毫无用处。这就像在一堵灰色水泥墙前免费提供喷绘罐一样，唯一可能的结果就是产生难看的涂鸦和简单的标注，这会让许多艺术家的心血付之东流。然而，事实却证明这种方式工作得很好。

B11.12 沃德·坎宁安发明了第一个在线协作维基站点，允许用户自行修改、添加内容。维基一词来自于夏威夷语，意思是“快点快点”。

图 11.26 托尼·海依关于 e-Science 的个人博客。

B11.13 吉米·威尔士（Jimmy Wales）原来在金融行业工作，他在 2001 年创立了在线免费的百科全书——维基百科。2006 年，威尔士被《时代周刊》选为全世界 100 个最具影响力的人物之一。

有时，维基的内容的确会遭到破坏，但是大部分用户还是愿意遵守人们为维基共同选定的管理规则的。最著名的维基站点当数“维基百科”(Wikipedia，B11.13），它是由用户共同创建的在线百科全书。最基本的守则总结起来有 5 条：

- 维基百科是一部百科全书
- 维基百科观点中立
- 维基百科内容是免费的
- 维基人应该以礼貌文明的方式互动
- 维基百科没有硬性规定

毫无疑问，维基百科本身也有缺点，但瑕不掩瑜，它是用户共同参与的结晶，里面有大量优质内容可以供人们免费使用。

Web 2.0 另外一个重要特征是用户可以自行添加标签，并使用它们对网页中的图片和其他资料建立书签。比如，Flickr 的用户可自行为他们的图片添加标签，并根据这些标签组织和搜索它们。虚拟社区还使用打标签来做大众化分类，即基于用户生成的标签或关键词（用来对信息进行注释和描述）对内容进行分类。不像传统的阶层式分类法，在大众分类法中，所有标签的地位差不多都是平等的。最后一点，Web 2.0 提供具有混聚能力的网页或应用程序，允许用户把来自不同站点的数据组合起来，最常见的应用是使用地图数据对不同的数据集（比如待售房源、交通状况等）做混聚展现。

以此为基础，如今出现了 Facebook（B11.14）、Twitter 等新兴公司。Facebook 是一个社交网络站点，用户可以在上面与朋友分享个人动态、照片以及其他信息（图 11.27）。Twitter 是一项微博服务，用户可向其粉丝推送最长为 140 个字的短文本信息。有些 Twitter 名人吸引的粉丝数高达数百万人（图 11.28）。

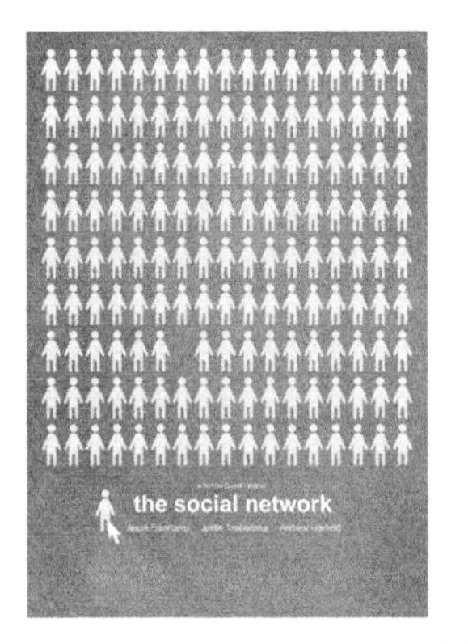

图 11.27 Facebook 的创立过程被拍成了电影《社交网络》。在这部电影的宣传海报上写着“要交到 5 亿个朋友，难免会树几个敌人”。

图 11.28 从 2006 年 Twitter 服务推出到 2013 年，总用户数已经超过了 5 亿。Twitter 是一项网络文字信息服务，所要求的最大字数为 140 字。

B11.14 马克·扎克伯格在哈佛大学求学期间就提出了通过网络把朋友连起来形成社交网络的想法。这个想法最终催生出了 Facebook 这个伟大的社交网络公司。

伯纳斯 – 李并不同意 Web 2.0 是网络未来发展趋势的看法，他认为它只不过是个营销噱头而已。

> Web 1.0 所涉及的全是如何把人“连”起来。网络是一个互动空间，我认为 Web 2.0 只是一个业内术语，甚至没人了解它的真正含义。如果 Web 2.0 对你来说就是博客和维基，那么它就是人对人的连接，Web 本应该就是这样的。

而在伯纳斯 – 李眼中，Web 的未来是“语义网”，其中的计算机可以处理和理解 Web 中的真实数据：

> 语义网不是一个单独的网络，它是现有网络的扩展，其中的信息拥有明确的含义，能更好地促进计算机和人类进行协作。目前，把语义网融入现有网络结构的第一步已经在进行之中。在不久的将来，这些进展会产生重要的新功能，同时计算机可以更好地处理和理解目前仅用作展示的数据。

目前，业界各个公司都在朝着语义网努力，并且已经取得了一些初期成果。搜索引擎公司谷歌、微软、Yandex、雅虎决定联合推出一套通用标记，网站管理员可以使用它们标记自己的网站，以便搜索引擎更好地理解相关网页内容的性质。通过向 Web 页面插入微数据和使用一致词汇，网站可以识别出站点内容的类型，比如，判断网站中出现的“卡萨布兰卡”是电影名还是地名。现在搜索引擎可以区分不同的站点，更好地处理用户请求。所有这些改进都是为了进一步提升搜索效果，更好地理解用户意图。

本章重要概念

- 超链接
- 万维网：HTTP、HTML、URI
- 网页浏览器
- 域名
- 网络搜索和页面排名
- Web 2.0 和语义网

从标记语言到超文本标记语言

20 世纪，排字技术从“热金属”活字发展为“冷字体”，即使用照相负片代替金属活字来制版。到了 20 世纪 60 年代，由计算机驱动的照排机变得越来越普遍。在这样的背景之下，1967 年，美国图形通信协会主席威廉·托尼克里夫（William Tunnicliffe）提议开发一套标准的编辑标记指令，插入到原稿中，以引导排字机打印。IBM 的工程师查尔斯·戈德法布（Charles Goldfarb）响应托尼克里夫的提议，开发一个商业系统，用来解决律师事务所在创建、编辑、打印文档中遇到的问题。1973 年，在同事爱德华·莫舍（Edward Mosher）和雷蒙德·洛里（Raymond Lorie）的帮助下，戈德法布创建出了“通用标记语言”（GML）。GML 是一套规则和符号的集合，描述了文档的组织结构、各个内容元素及其关系。GML 标记或标签把一个文档的各个部分描述为章节、重要小节、段落、列表、表等。1986 年 10 月，国际标准化组织把这种语言确定为国际标准，命名为“标准通用标记语言”（SGML）。蒂姆·伯纳斯－李想制定一个尽可能简单的超文本方案，但同时又要考虑全球文档团体的意愿。因此，他在设计 HTML 时，尽量使其成为 SGML 的一个子集，只使用了其中少量标签，并把这些标签放入尖括号中，形式为“< 标签 >”。尽管伯纳斯－李从未想过人们会使用“浏览器 / 编辑器”编写 Web 页面，但是 HTML 的易读性意味着许多人的确可以直接动手编写他们的 HTML 文档。

表情符号

表情符号是面部表情的图形化表示，代表用户某个时刻的情绪状态。表情符号（emoticon）这个词是由两个英文单词情绪（emotion）和符号（icon）合成。在网络世界里，表情符号是由一些键盘字符组成的，比如 :-) 代表开心，:-(代表悲伤。现在，这些表情符号经常被替换成一些小图标。最早使用表情符号的时间可以追溯到 19 世纪。在 1857 年出版的《国家电报评论和操作指南》（*National Telegraphic Review and Operators Guide*）中，把摩尔斯码的数字 73 用作“爱与接吻”（love and kisses）的含义。

斯科特·法尔曼（Scott Fahlman）率先提议使用数字表情符号把正经邮件和玩笑区分开。1982 年，他给同事写了一封电子邮件，内容如下：

> 19-9-82 11:44 Scott Fahlman :-)
>
> 发送人：Scott Fahlman<Fahlman at Cmu-20c>
>
> 我建议使用如下字符序列作为笑话标记：
>
> :-)
>
> 读的时候向左歪着头。从目前形势看，其实，标记那些非笑话的部分可能更省力。为此，可使用如下字符：
>
> :-(

图 11.29 （a）计算机科学家斯科特·法尔曼和他的微笑表情。（b）1963 年诞生了第一个笑脸表情。

1963 年，艺术家哈维·鲍尔（Harvey Ball）创造出了第一个“笑脸”表情（图 11.29），眼睛是两个黑点，一条黑色下弦弧表示嘴巴，背景是一个黄色圆形。

布袋木偶和网络泡沫

Pets.com 现在成为一个不切实际商业计划的典型案例。Pets.com 公司的主营业务是直接通过网络向顾客销售宠物用品（图 11.30）。这家公司在 1998 年 8 月成立，1999 年登陆纳斯达克股票市场。尽管 1999 年总收入不到 100 万美元，但在大张旗鼓的广告宣传中几乎花掉了将近 1200 万的启动资金。这其中包括电视节目《早安美国》对公司布袋木偶所做的采访费用，以及在 1999 年超级碗期间所打的昂贵的电视广告。当网络泡沫破裂后，Pets.com 公司的股票从 2000 年 2 月的每股 11 多美元暴跌至 11 月 6 日的 0.19 美元，就在这一天，公司倒闭，变卖了所有资产，以偿还债务。

图 11.30 Pets.com 公司的布袋木偶成为网络泡沫的标志。在广告宣传和《早安美国》黄金时段播放对布袋木偶访谈，这都花掉了大笔资金，这笔钱约是其年收入的 10 倍多。这家公司从成功公开发行股票到破产清算总共还不到一年时间。

12 网络的黑暗面

> 后来，当他把同一台笔记本计算机连接到互联网时，蠕虫病毒奔逃而出，并且开始不断复制自己，连病毒作者也未曾想到会发生这种情况。
>
> ——戴维·桑格

黑客和白帽

我们在第10章提到过，互联网由学术研究机构发明，最初只用来连接少量的大学计算机。但后来的发展超乎人们的预料，互联网由最初的科研项目逐渐发展成一个全球化的基础设施，所连接的对象也由几千个研究员猛增到数十亿无任何技术背景的普通人。但是，国际互联网工程任务组（IETF）所做的一些决策导致了一些问题，正是这些问题阻碍了今天互联网的发展。IETF是一个由研究人员组成的小组，他们采用学院派和学术式方式讨论和确定互联网标准。如果网络连接的是一个由志趣相投的朋友所组成的团体或是两所互信的大学，这没问题。但是随着互联网的发展，许多不同类型的团体和拥有不同文化的人群也接入到互联网，这种建立在互信基础上的方法就不再适合了。

IETF制定的“简单邮件传输协议”（SMTP）就是一个例证。该协议用来帮助用户在互联网上收发电子邮件。最初的SMTP协议并不检查发送方真实的网络地址与邮件包头中指定的地址是否一致。这让“冒名顶替”行为有机可乘，恶意用户可以使用一个伪造的源地址或非法IP地址生成IP数据包。如今“冒名顶替”这种技术被广泛用来隐藏发动互联网攻击的源头，网络犯罪团伙有可能使用这种技术。

对于一项新技术究竟会产生什么样的结果，我们很难准确地做出预判，通常是利弊共存，只不过弊端在后期才会显露出来，比如垃圾邮件的出现。垃圾邮件是一些未经接收方同意就发送来的商业邮件，通常采用批量群发的方式，一次可以发送给几百万个电子邮件用户。对于发送者而言，发送垃圾邮件需要支付的成本很小，但是只要有接收者做出回应，哪怕占很小比例，也能产生相当可观的“收益”。1978年，一位“热心”的DEC公司销售代表向阿帕网社区发送了垃圾邮件，它是最早的垃圾邮件之一。从此以后，垃圾邮件的数量迅速增加。据 2003 年的一项研究估计，在互联网上传送的电子邮件中，超过一半的都是垃圾邮件，并且 90% 以上的垃圾邮件仅由 150 个人发出。一项统计表明，截至 2011 年，网络上的垃圾邮件数量已经超过了全体邮件数的 80%。这些垃圾邮件不再是某个特定个人的行为，而是来自僵尸计算机或僵尸网络。僵尸网络由大量个人计算机组成，它们虽属于普通用户，但被恶意软件控制，能够接受指令发送垃圾邮件。然而，幸运的是，现在我们有了垃圾邮件过滤器，它可以识别出大部分垃圾邮件，并直接把它们丢进“垃圾箱”中。

恶意软件用来非法访问某些计算机，以达到某些不可告人的目的，其中有些相对无害，而有些就是明显的犯罪。20 世纪七八十年代，UNIX 操作系统在各个大学和商业机构广泛使用，这让其成为黑客的主要攻击目标，这些“聪明”的程序员们使用他们所掌握的技术非法访问目标计算机的文件。现在是个人计算机的天下，自然微软的 Windows 操作系统就成为黑客的首要攻击目标。在许多情况下，黑客能够获取系统管理员的高级系统安全权限的控制权。黑客战争的另一方是“白帽”，他们大多是计算机安全专家，专门负责查找系统安全漏洞，防止计算机系统遭受网络攻击。

黑客发动攻击时所使用的技术多种多样。在了解近期网络战争中大量使用的恶意软件之前，我们先选一些最常用的技术讲一讲。随后，我们再简单地了解一下现代的加密系统，这种系统用来保证网络通信的安全，防止网络窃听。最后，再讲一讲与 cookie、间谍软件和隐私相关的内容。

B12.1 克利夫·斯托尔是美国的一位天文学家，也是一位知名作家，他最有名的作品是《杜鹃蛋》，讲述了一名黑客侵入了劳伦斯伯克利国家实验室斯托尔的计算机，斯托尔追踪这名黑客到德国汉诺威的故事。

网络间谍

克利夫·斯托尔（Clifford Stoll，B12.1）在其经典的《杜鹃蛋》（*The Cuckoo's Egg*，图 12.1）中描述了追踪和起诉一名黑客艰辛又复杂的过程。斯托尔是劳伦斯伯克利国家实验室的一名天文学家兼计算机系统管理员。这个实验室的计算机运行的是 Berkeley UNIX 系统，拥有两个会计软件系统追踪这些计算机的使用情况，一个是标准的 UNIX 实用程序，另一个是伯克利系统自带的程序。1986 年，在劳伦斯伯克利国家实验室计算机账户上出现了 75 美分的错误，斯托尔据此推断有人正在侵入实验室系统。他在实验室昼夜值守，每当有计算机连接进来就得到通知，因此记录下入侵发生时的击键动作，结果令人惊讶。

图 12.1 《杜鹃蛋》是一部精彩的小说，描述了阿帕网时代克利夫·斯托尔追踪一名黑客的故事。

入侵黑客使用了一个旧的不活跃的用户，通过猜测密码的方式，侵入了其中一台计算机。进入系统后，黑客利用 GNU-Emacs 编辑器程序中的一个漏洞欺骗了计算机，获取了系统管理员权限，即超级用户或根用户权限。通过这个漏洞，黑客把一个文件从用户区移动到系统管理员专用的内存区域中。GNU 软件没有检查那片区域是否在受保护的系统软件内存空间中。在进入这块特权区域后，黑客运行了一个伪造的标准 UNIX 程序——atrun，它每隔一段时间就会运行队列中的作业。这个非经授权程序就是“杜鹃蛋”，之所以取这个名字，是因为杜鹃总是喜欢把自己的蛋下到其他鸟巢中，欺骗其他鸟类把它作为自己的蛋孵化出来。在运行伪造程序之后，黑客获得了系统管理员的超级用户权限。然后，他把伪造程序恢复成真正的 UNIX atrun 程序，从系统日志中擦除自己的痕迹，这样一来，系统管理员就不会发现有任何异常。黑客还扫描了所有包含“黑客”和“安全”字样的电子邮件，使用他获得的权限“杀死”任何可能监视其行为的用户程序。

情况变得极其严重：黑客可以阅读所有人的邮件，访问或删除任何文件，创建一个新的隐藏账户用作后门，方便他日后再次侵入计算机。现在存储在计算机中的所有数据都处在危险之中。而且，黑客使用获得的超级用户权限不仅可以访问伯克利实验室局域网中的其他所有计算机，而且还可以访问通过阿帕网连接到伯克利的其他计算机系统。

斯托尔还发现，黑客通过猜测密码和使用未受保护的来宾账户等方式试图侵入几台军方计算机。令人惊讶的是，竟然还有大量军事安全站点仍然使用默认的出厂密码作为超级用户系统管理员密码。经过长期的追捕之后，美国联邦调查局、中央情报局、国家安全局（图 12.2）最终追踪到了联邦德国。这次入侵的始作俑者是马库斯·赫斯（Markus Hess），他是联邦德国黑客集团的一份子，他们从美国军事计算机系统窃取敏感信息，然后转手卖给别国。

图 12.2 美国国家安全局成立于 1952 年，负责秘密通信和收集情报。

伯克利黑客使用了另外一种技术来盗取密码，即安装“特洛伊木马”程序。据维吉尔的《埃涅伊德》记载，当时希腊人围攻特洛伊城久攻不下，于是佯装撤退，留下一具巨大的中空木马。特洛伊守军不知是计，把木马运进城中作为战利品，庆祝他们打败了希腊。殊不知，木马腹中藏有希腊士兵，夜深人静之际，他们从木马中出来，打开城门，于是特洛伊沦陷。特洛伊人不小心把敌人带入城内，最终导致城池失守。特洛伊木马程序对计算机系统做类似的事情。这种程序把恶意代码隐藏在一个表面无害的程序内，借机获取计算机的控制权，并进行破坏。在伯克利，黑客自己编写标准登录程序，用以捕获用户密码。用户使用这种程序登录系统时会出现如下欢迎信息，看上去和真的登录信息一样：

欢迎登录 LBL UNIX-4 计算机
请登录
账户名

当用户输入账户名之后，程序会继续要求用户输入密码：

请输入密码：

当用户输入密码之后，用户名和密码就会一起被复制到黑客指定的文件中。然后程序做出如下回复：

抱歉！请再试一次

当用户再次尝试登录时，就会进入真正的登录页面，然后正常登录，毫无察觉自己的账户和密码已经被窃取。现在，这种特洛伊木马技术经常被用来窃取个人隐私信息和银行账户信息。

病毒、Rootkit、蠕虫病毒

从原则上说，特洛伊木马程序造成的破坏仅限于单一计算机。相比之下，计算机病毒更恶劣，它们可以传播并感染其他计算机。病毒代码是一小段指令，它们不是一个完整、独立的程序，而附着在一个程序之中。最初，计算机病毒通过受感染的软盘传播，但是现在它们更多的是通过互联网进行传播，通常采用的方式是引诱用户点击貌似无害的电子邮件附件，比如照片或文档等。“大脑”病毒是最早的计算机病毒之一（图12.3）。1986年，一对巴基斯坦兄弟编写出了“大脑”病毒，攻击的目标是个人计算机运行MS-DOS时所用的引导软盘。引导软盘有自己的操作系统，通常用来重启失败的系统或者安装一个新操作系统。当个人计算机从受感染的磁盘启动时，在执行MS-DOS代码之前，计算机会先加载“大脑”病毒。通过把病毒在软盘上的安装扇区标记为坏区，病毒将自己隐藏起来。如果用户实际查看磁盘的引导代码，看到的将是原先未受感染的代码，而不是包含病毒的代码。“大脑”病毒的危害性相对较小，其主要目的是为那对兄弟的公司打广告，病毒会显示公司的名称和联系方式，这是一个真正的“病毒式广告”。

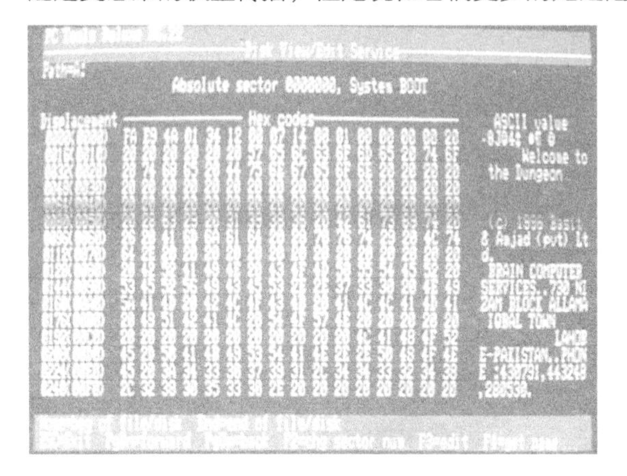

图12.3 1984年“大脑”病毒的屏幕截图，它是最早的个人计算机病毒之一。

在“大脑”病毒之后，黑客们编写出了数以千计的新病毒，这些病毒往往采用新型传播技术，借以增强传播效果。其中最引人注目的是1987年在德国出现的“瀑布”病毒，它会让屏幕上的字符向屏幕底部掉落，“瀑布”病毒由此得名。这个病毒还使用了加密技术，把信息转换成密码，隐藏了其内部工作细节，将病毒的复杂度推向一个新台阶。20世纪90年代，计算机病毒爆发式增长催生了一个全新的行业，即反病毒行业，涌现了一大批反病毒公司，研发了大量反病毒软件，以对抗计算机病毒。

第一次使用“计算机病毒”这个术语的人名叫莱恩·艾德曼（Len Adleman），他是南加州大学的教授，因在密码学方面所做的杰出贡献而声名远播。弗雷德·科恩（Fred Cohen）是艾德曼的学生，从事计算机病毒研究工作，科恩把计算机病毒定义为“一段可以感染其他计算机程序的程序，计算机病毒

B12.2 马克·鲁西诺维奇是Winternals公司的一位安全研究员，他成为索尼CD Rootkit的受害者。于是，他发表了一篇博文，从技术层面分析了索尼的Rootkit，指出它如何在用户毫不知情的情况下把自己安装进计算机系统并对操作系统做出修改。鲁西诺维奇现任微软技术院士，他也是《零日和特洛伊木马》(*Zero Day and Trojan Horse*)的作者。

会修改被感染的计算机程序，使之包含一个自身副本”。1983年11月，科恩演示了一个可以感染UNIX文件目录程序的计算机病毒。在做了其他一些程序感染实验之后，科恩认为，探查计算机病毒从理论上来说是很难的。1986年，科恩发表了自己的博士论文，指出没有什么办法能够准确地探测到计算机病毒。我们所能做的最多就是综合运用各种技巧和信息技术（有时称为探索法）对我们的猜测提供支持。

有很多病毒采用隐藏技术把自己隐藏起来，防止被系统管理员和诊断程序发现，“大脑”病毒就是最早运用这项技术的病毒之一。在UNIX系统中，拥有最高权限的账户名是root，我们有时把可以向用户提供root权限的软件称为Rootkit。现在，“Rootkit”这个术语常指那些应用了隐藏技术的恶意软件，对于这些恶意软件，反病毒软件和标准系统工具往往很难发现它们。2005年，Rootkit开始走入公众视野，索尼音乐公司把反盗版保护软件放入2000万张音乐CD中。当计算机读取CD时，这个软件就会被偷偷地安装进计算机系统，它通过修改操作系统来防止人们拷贝CD。而且，这个软件也很难被从计算机系统中移除，并且采用了恶意软件中常用的隐藏技术把自己隐藏起来。2005年10月，计算机安全研究员马克·鲁西诺维奇（Mark Russinovich，B12.2）在他的博客上发表了一篇文章，从技术上详细介绍了索尼的这个Rootkit，这桩丑闻才被曝光。

鲁西诺维奇还发现索尼的Rootkit产生了新的安全漏洞，并且有可能导致计算机系统崩溃。最初，索尼公司对这个事件回应说：“大多数人根本不知道Rootkit为何物，既然如此，他们又何必在意呢？”但是，索尼公司最终召回并更换了受影响的CD，废弃了版权保护软件。对这次事件，芬兰安全公司F-Secure的首席研究官米克·海坡伦（Mikko Hypponen）评论道：

> 在恶意软件历史上，索尼Rootkit事件影响深远。这次事件不仅让人们知道了Rootkit，还好好教训了一下传媒公司，让这些公司明白，暗地里做数字版权保护是不对的。

“计算机蠕虫”这个术语通常指那些可以在计算机之间进行传播的恶意软件，但与计算机病毒不同的是，蠕虫病毒是一个完整的程序，具备自我复制的能力。1978年，在施乐帕克研究中心，约翰·肖奇尝试设计一个程序，用来搜寻以太网中闲置的Alto计算机，启动它们来做一些工作，并进行自我复制，把副本发送到网络中其他空闲的机器。在其中一次尝试中，肖奇设计的程序出现了问题，但他并没有注意到，那个程序就那样运行了一个通宵，不久肖奇就被愤怒的用户吵醒了，用户们抱怨肖奇把他们的Alto计算机搞崩溃了。事实证明，消除这个蠕虫病毒是很难的，不过幸运的是，肖奇事先在这个蠕虫程序中放入了一个“自杀胶囊”，肖奇可以启动它来消灭蠕虫程序。肖奇把他的这个程序称为“蠕虫”（worm），灵感来自于“绦虫”（tapeworm）这个词，在约翰·布鲁诺（John Brunner）的科幻小说《冲击波骑手》（*The Shockwave Rider*）中指可以自己运行的软件。

1988年，“因特网蠕虫”攻击了阿帕网，这让计算机“蠕虫”走入公众视野。克里夫·斯托尔那时在哈佛大学，他对因特网蠕虫做了生动详尽的描述：

> 就在我“杀掉”一个蠕虫程序的同时，另一个蠕虫程序出现了。我把它们全部清除掉，但不到一分钟，它们又回来了。在3分钟里，它们的数量就增至一打。

B12.3 在克里夫·斯托尔经历“杜鹃蛋”网络间谍事件时，鲍勃·莫里斯是美国国家计算机安全中心的首席科学家。他在1986年加入国家计算机中心，在此之前莫里斯是贝尔实验室的一名研究员，致力于研发Multics和UNIX操作系统。

斯托尔把这次正在发生的蠕虫攻击事件告诉了美国国家安全局首席科学家鲍勃·莫里斯（Bob Morris，B12.3），斯托尔在伯克利黑客事件调查中结识了莫里斯。几个小时后，有位美国国家安全局的工作人员打电话给斯托尔，质问这个蠕虫程序是否是他编写的，斯托尔错愕不已，也很不高兴。正当美国境内其他阿帕网节点的系统管理员忙于解密蠕虫程序时，斯托尔开始追踪最初放出蠕虫的地点。最大的讽刺是，斯托尔最后追踪到了小鲍勃·莫里斯（Bob Morris Jr，B12.4），他是康奈尔大学的一名研究生，同时也是在NSA工作的鲍勃·莫里斯的儿子。莫里斯蠕虫不是第一个蠕虫程序，但它是最具破坏性的蠕虫程序之一。据斯托尔估计，莫里斯蠕虫在短短15个小时内就感染了2000多台计算机。

B12.4 1988年，小鲍勃·莫里斯还在康奈尔大学读研究生期间，编写了第一个在阿帕网上传播的蠕虫程序。他是第一个被美国《计算机欺诈与滥用法》判定有罪的人。现在，他是麻省理工学院的终身教授。

莫里斯蠕虫是恶意软件的一次重大升级，原因有二：第一，在尝试入侵计算机系统方面，莫里斯蠕虫几乎应用了所有黑客可能用到的技巧。给定攻击目标之后，蠕虫首先会检查它是否被自动赋予在其他计算机运行程序的权限，然后它会尝试一长串常用密码。如果这些尝试均告失败，蠕虫就会尝试一些系统漏洞，比如UNIX Sendmail程序的缺陷，美国国家安全局的计算机专家对这个漏洞很熟悉。第二，当所有尝试都失败之后，莫里斯蠕虫就会利用一种名为“缓冲区溢出”的新型漏洞。UNIX操作系统是使用C语言编写的，第一本讲解C语言的图书由贝尔实验室的研究员布莱恩·柯林汉和丹尼斯·里奇撰写。在这本书中介绍了如何编写一个程序借助一块内存区域（这块区域被称为“缓冲区”）把一系列输入字符读入到计算机内存中。在给出的示例代码中，虽然指定了缓冲区的大小，但是并未对输入的实际字符数是否超过这块缓冲区的尺寸做检查。年轻的莫里斯发现，这些超出的字符会覆盖掉程序的其他数据和指令。通过在这些溢出的字符中放入特定的机器指令，黑客可以利用这个漏洞获取计算机的超级用户权限，即root权限。莫里斯还对病毒软件进行了加密，使人们很难发现程序都做了什么，此外还使用了几种防检测技术。莫里斯蠕虫感染了几千台计算机，系统管理员需要花几天时间才能把这种蠕虫杀掉。1990年5月，莫里斯被定罪，缓刑3年，被判做400个小时社区服务和支付10 000美元罚款（图12.4）。

图12.4 臭名昭著的莫里斯蠕虫只是一小段C程序，但在1988年11月，它关闭了大部分阿帕网。

对于莫里斯而言，最终的结局还不错。在被定罪之后，施乐帕克研究中心邀请他成为实习生，现在他是麻省理工学院的终身教授。然而，不幸的后果是，莫里斯蠕虫向人们展示了一种新的计算机攻击方法，即缓冲区溢出攻击。绝大多数 UNIX 和 Windows 操作系统中存在这种未经检查的内存缓冲区。1996 年，一位名叫“Aleph One”的黑客在网络上贴出了详细的“使用指南”（图 12.5），自此之后，缓冲区溢出攻击就成为黑客们常用且相对简单的技术。据统计，1992 年，计算机病毒或蠕虫数量大约有 1300 多个，1996 年超过 10 000 个，2002 年突破 70 000 个。到 2003 年，爆发了 Slammer 蠕虫病毒，其传播速度比以往的任何一种恶意软件都快，仅仅在 10 分钟内就感染了 75 000 台计算机。

图 12.5 Aleph One 贴出的有关缓冲区漏洞的内容。

.oO Phrack 49 Oo.

Volume Seven, Issue Forty-Nine

File 14 of 16

BugTraq, r00t, and Underground.Org
bring you

XXXXXXXXXXXXXXXXXXXXXXXXXXXXXXXXXXXXXXXX
Smashing The Stack For Fun And Profit
XXXXXXXXXXXXXXXXXXXXXXXXXXXXXXXXXXXXXXXX

by Aleph One
aleph1@underground.org

僵尸网络和僵尸计算机

近十年来，以盈利为目的的黑客行为急剧增长，这些行为大多是犯罪组织所为。僵尸网络由大量被控制的计算机组成，这些计算机在所谓的“僵尸网络牧人”的控制下做一些“非法”行为（图 12.6）。“僵尸”（bot）是机器人程序（robot program）的缩写，有时这些受控计算机也被称为“僵尸计算机”。僵尸网络能够用来对特定网站发动“拒绝服务攻击”（图 12.7），它们会对目标站点发起铺天盖地的“请求”轰炸，迫使目标系统关闭，拒绝为正常用户提供服务，最终导致目标站点处于瘫痪状态。僵尸网络还能用来发送垃圾邮件或者通过记录键盘（捕获用户击键动作）来窃取个人信息。Conficker 僵尸网络是一个例子，它首次出现在 2008 年。据估计，全世界受感染的计算机超过了 1000 万台，每天可发送的垃圾邮件数大约 100 亿封，数量之大令人难以置信。马克・鲍登（Mark Bowden）在《蠕虫》（*Worm*）中详细描述了白帽安全社区如何联合微软共同对抗 Conficker 对互联网带来的安全威胁。然而，2012 年一份微软的报告指出：

> 在过去两年半的时间里，全世界检测到的 Conficker 蠕虫病毒大约有 2.2 亿次，它成为企事业单位最大的威胁之一。相关研究还显示蠕虫病毒继续在扩散，这是因为用户使用了弱口令或者密码已经被泄露出去，还有相当一部分用户未能及时对系统打安全补丁，导致系统中存在易受攻击的漏洞。

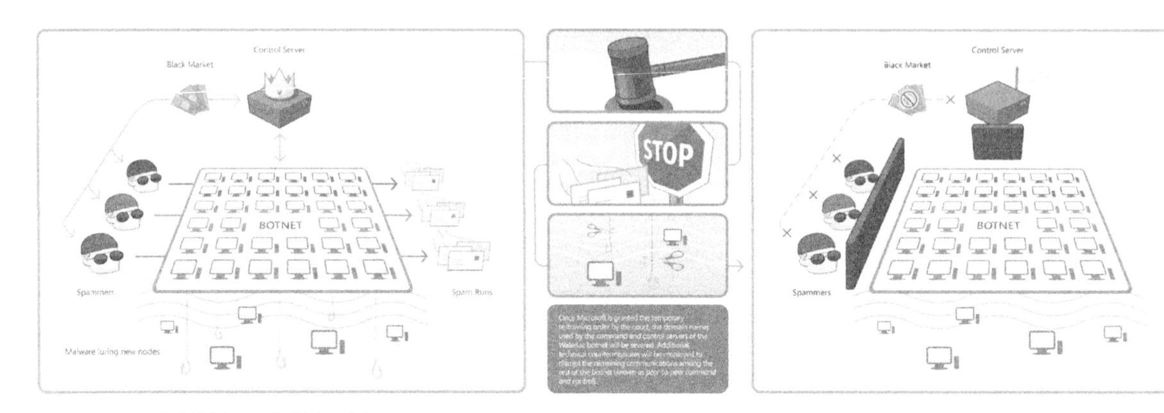

图 12.6 罪恶的僵尸网络程序通过劫持几百万台计算机来工作，并且一般不了解这些计算机所有者的信息。

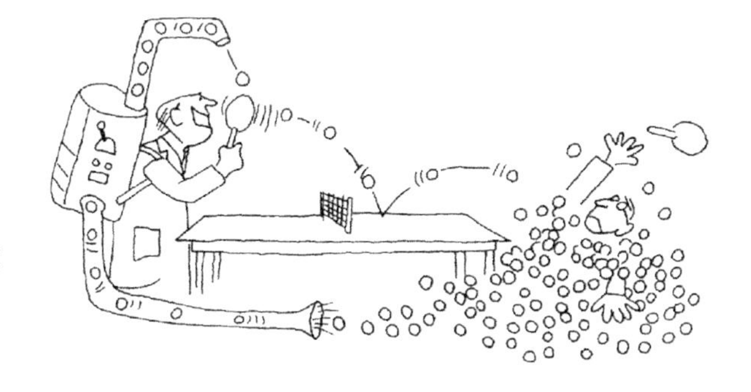

图 12.7 这幅图的原配说明是“短时涌入的海量请求摧毁了通信系统”，揭示了“拒绝服务式攻击”的本质。

在另外一个例子中，微软数字犯罪应对小组和金融机构、美国联邦调查局合作，一起摧毁了 1400 多个 Citadel 僵尸网络，这些僵尸网络给商业公司、机构和用户造成的损失超过了 5 亿美元。

最后一个例子特别令人担忧，这就是 Nitol 僵尸网络（图 12.8）。在这种网络中，微软发现通过非安全的供应链购买的全新个人计算机中，约有 20% 的机器已经感染了 Nitol 恶意软件。

> 介于制造商和消费者之间的供应链变得逐渐不安全，其中有些分销商或经销商从未知或未经授权的渠道进货或销售产品。在 Operation b70 行动中，我们发现零售商销售的计算机中大都安装了盗版 Windows 软件，内置有害的恶意软件。

Nitol 恶意软件特别令人担忧，因为它可以借助 U 盘传播到朋友与同事的计算机中。

图 12.8 微软卡通漫画，讲解如何避开邪恶的僵尸网络。

网络战争

恶意软件的最新升级让使用蠕虫病毒发动网络战争成为可能。网络战争是一种具有政治色彩的黑客行为，目的在于窃取国家机密或进行网络破坏。人们确信，2010 年夏天发现的“震网”蠕虫病毒是美国和以色列的计算机专家设计的，攻击目标是位于伊朗纳坦兹的铀浓缩工厂的离心机。该工厂被怀疑在制造铀弹。铀矿石中含有常见的铀 -238 同位素，若想从中分离出稀少的核弹级铀 -235 同位素，就要用到高速离心机。西门子公司制造的工业控制系统管理着纳坦兹工厂的离心机。这个控制系统使用了一个专用计算机——可编程逻辑控制器（PLC），用户可以使用西门子的 Step-7 软件对其进行编程。“震网”蠕虫病毒利用了微软 Windows XP 操作系统中几个未被披露的漏洞（即零日漏洞）来帮助自身在这家工厂的计算机中进行传播。以此，“震网”蠕虫取得了计算机的控制权，并使用自身代码取代了西门子的 Step-7 PLC 代码。这段代码对离心机的运行进行了篡改，但是反馈给操作员的运行报告却是“一切正常”。Step-7 恶意软件使用了 Rootkit 技术来隐藏自身。这个蠕虫代码的编写者需要精通 Windows 和西门子工业控制系统，还要有纳坦兹铀浓缩厂离心机的详细安装信息。“震网”蠕虫病毒很可能是经过 U 盘传播到纳坦兹铀浓缩厂的，因为这家工厂与互联网是隔离的，其中的计算机无法连接到互联网。《纽约时报》记者戴维·桑格的著作《面对与隐藏》（*Confront and Conceal*）中描写了“奥运会行动”（operation Olympic Games，震网蠕虫病毒开发和投放代号），详细描述了震网蠕虫病毒是如何进入互联网的。

“震网”蠕虫病毒造成了多大损失呢？一份报告指出，“震网”蠕虫病毒大约感染了纳坦兹工厂的 1000 台离心机，大约有 10% 的离心机需要更换。从长远来看，发生在纳坦兹铀浓缩工厂的网络攻击具有非常重要的警示意义，那就是“震网”蠕虫病毒证明了恶意软件有能力攻击大量工业控制系统，这对现代世界中的关键性基础设施造成了巨大威胁。

密码学和密钥分发问题

图 12.9 在希腊语中，“cryptos”（κρυπτός）一词的含义是“隐藏”。这张照片拍摄的是矗立在兰利美国中央情报局总部前的克里普托斯雕塑。雕塑上刻有四段信息，其中三段已经被破解，但第四段至今仍未被破解。

密码学最早可追溯到远古时期（图 12.9）。它由各种用来对消息中的信息进行编码的技术组成，信息经过编码之后只有特定接收人才能对其进行解读或解码。根据罗马史学家苏埃托尼乌斯记载，凯撒使用了一种被称为“移位法”的方法对政府的秘密消息进行加密：

> 为了确保信函的安全，他先使用密文写好函件，所采用的方法是改变字母表中字母的顺序，这样偷看者就无法辨识出函件中的文字。函件接收人在收到函件后，要想对函件进行解密，解读其中含义，必须使用当前字母在字母表中后面的第四个字母替换当前字母，比如用字母 D 替换 A，其余皆同。

图 12.10 由文艺复兴时期艺术家莱昂·巴蒂斯塔·阿尔伯蒂（Leon Battista Alberti，1404—1472）发明的密码盘。内层圆盘可以旋转，让其上字母与外层圆盘上的字母对齐。

移位密码包含一个密钥或数字，只有发送者和接收者知道，用来指出要把第二个字母（该字母写在第一个字母之下）移动多远（图 12.10）。在波兰情报机构和英国布莱切利庄园其他同事的帮助下，阿兰·图灵建造出了最原始的计算机之一，用以破解德国海军的恩尼格玛密码。第二次世界大战期间，德军最高司令部使用了复杂度更高的洛仑兹密码，为了破解这种密码，汤米·弗劳尔建造出了巨人计算机，这可以说是世界上第一台真正的数字计算机。随着现代计算机的出现，密码员们不再需要依靠机械密码机做加密和解密工作了。计算机可以做复杂密码机的工作，而且运行速度也比机械设备快好多倍。由于计算机是基于二进制数字运行的，所以第一步要做的是必须根据某个约定把信息转换成一系列由 0 与 1 组成的数字串。现在有多种标准方法可以把字符和单词编码成二进制数。当信息被转换成位串之后，就可以使用发送者和接收者共享密钥所指定的方法对这些数据位进行加密处理了。

密码系统主要有两个分类，划分标准是加密密钥是秘密共享还是公开共享。1918 年，在美国电话电报公司工作的吉尔伯特·弗纳姆（Gilbert Vernam，B12.5）提出了“单次密钥系统”。这是唯一一种提供绝对安全的密码系统。然而，这个系统需要一个与信息等长的密钥，并且发送另外的信息时不能重用以前的密钥。间谍们收到一套新的密钥，它们是一种单次密本形式。每发送一次信息，发送者就把用过的密码页撕掉并销毁。由于这个原因，人们有时也把这个密码系统叫“单次密本”。1967 年，玻利维亚政府军逮捕了切·格瓦拉，他们发现他有一个随机数列表，用来向古巴总统菲德尔·卡斯特罗发送秘密信息。格瓦拉可以使用任意无线电发报机来发送秘密信息而不必担心信息泄露，因为他和卡斯特罗之间使用的是弗纳姆单次密本系统。

B12.5 吉尔伯特·弗纳姆（1890—1960）提出了牢不可破的加密系统，被称为“单次密本”。切·格瓦拉使用这个系统和菲德尔·卡斯特罗联系。

在密码学中，讨论信息加密时通常会提到三位参与者，分别是爱丽丝、鲍勃和伊芙。其中，爱丽丝是信息发送者，她的目标是把信息加密安全地发送给鲍勃；鲍勃是信息接收者，他收到信息，解密并解读信息；伊芙是一位窃听者，她想偷听爱丽丝和鲍勃间传递的信息，并对截获的信息进行破解。单次密本系统非常安全，因为爱丽丝使用一个与所发信息等长的随机数对信息进行加密。鲍勃持有相同的密钥，因而可以轻松地对信息进行解密。并且这个随机数字只使用一次。尽管原则上单次密本系统绝对安全，但实际上它也有弱点，那就是爱丽丝和鲍勃必须共享相同的密钥，由于密钥只用一次，所以他们需要持有大量密钥才行。此外，还要使用一些安全方法（比如邮递或直接会面）向爱丽丝和鲍勃派发密码。第二次世界大战期间，俄国人大意地重新发行了一些单次密本。这个疏忽让美国密码分析家成功解密了大量以前无法破译的信息。这个大型解密项目代号为“薇诺娜计划”（图 12.11）。

图 12.11 “薇诺娜计划”是美国一项反间谍计划，用来破解苏联情报机构发送的秘密情报。这项秘密计划持续了 40 多年。在冷战结束后，1995 年，人们才知道它的存在。

密钥加密的弱点就是密钥安全派发问题。第二次世界大战期间，德军必须为每个恩尼格玛密码机操作员派发包含一个月用量的密钥册子。对于在北大西洋活动的 U 潜艇舰队来说，派送密钥成了一大难题，也存在很大的安全风险。

图 12.12《秘密猎捕》（*The Secret Capture*）讲述了英国斗牛犬驱逐舰猎捕德国潜艇 U-110 的故事。英国海军从德军潜艇上缴获了一台恩尼格玛密码机和密码本，它们最终被送到了布莱切利庄园的密码破解员手中。

战争期间，伊恩·弗莱明（Ian Fleming）是英国海军情报处的一员。他建议当局启动一个“詹姆斯·邦德式”的计划，代号“冷酷行动”，从德军船上获取恩尼格玛密码手册。虽然这个特殊行动最终未能实施，但是盟军的确设法从德国气象观测船和 U 潜艇上获取到了完整的恩尼格玛密码手册，帮助他们摸清了德军大西洋 U 潜艇舰队的位置（图 12.12）。

1976 年，美国把数字加密标准确定为联邦资料处理标准。数字加密标准建立在 Feistel 密码基础之上，Feistel 密码由密码学家霍斯特·菲斯特尔（Horst Feistel）在纽约 IBM 的托马斯·沃森研究中心工作期间发明。众所周知，美国政府只允许使用 56 位密钥，如此对于普通用户来说，数字加密标准系统已经足够安全，但在美国国家安全局看来，它并非完全不能破解。银行是主要的加密用户，因为它们需要彼此之间能够安全地发送交易的详细信息。为了解决密钥分发问题，银行要专门雇用安全可靠的通信员，还要使用带锁的密码箱。维持这样一个系统要付出的成本很快成为一笔巨大开销。

迪菲—赫尔曼密钥交换和单向函数

解决所有这些问题的关键是为爱丽丝和鲍勃找到一种商定密钥的方法，通过这种方法，他们既无须见面，也不用管伊芙是不是窃听并发现了密钥。1976 年，人们发现在不见面的前提下通信双方商定密钥是可以实现的。在《码书》（*The Code Book*）中，西蒙·辛格（Simon Singh）生动讲述了有关密码和密码学的内容，对于这种交换密钥的新方法，他评价说：“它是科学史上最违反直觉的发现之一。”接着又补充道：“这次突破被认为是自 2000 多年前单表加密发明以来最伟大的密码学成就。”

这个允许爱丽丝和鲍勃通过公开讨论创建密钥的系统被称为“迪菲－赫尔曼密钥交换”，由威特菲尔德·迪菲（Whitfield Diffie）和马丁·赫尔曼（Martin Hellman，B12.6）发明。赫尔曼是斯坦福大学的一位教授，迪菲是他带的一名研究生，因而他们得以一起研究密钥分发问题。迪菲和赫尔曼发现，解决这个问题需要用到一种被称为“单向函数”的数学关系式。双向数学函数运算是可逆的，因而很容易撤销，而单向函数运算容易做但很难撤销，这正是“单向”

B12.6 威特菲尔德·迪菲（左）和马丁·赫尔曼（右）是迪菲—赫尔曼密钥交换协议的发明人。这是一项巨大的成就，借助迪菲—赫尔曼密钥交换协议，爱丽丝和鲍勃能够使用开放链接（窃听者伊芙也可以很容易地访问这个链接）协商密钥。

的含义所在。为了解释单向函数，辛格举了如下例子：把黄色颜料和蓝色颜料混合得到绿色颜料，这个过程就是个单向函数，因为你可以很容易地对两种颜料进行混合，却无法对一种颜料进行分离。我们可以借用颜料混合这个比喻来解释爱丽丝和鲍勃如何创建密钥，而又不被伊芙得到，即使伊芙观察到他们的公开交换行为也无济于事。

假设每个参与者都有一罐黄色颜料（一升），其中爱丽丝和鲍勃各自还有一小罐秘密颜料。整个密钥创建过程如下：

> 当爱丽丝和鲍勃协商密钥时，他们每个人都从各自的秘密颜料中取出一升秘密颜料添加到他们各自的黄色颜料罐中。爱丽丝添加的可能是一种特殊的紫色，而鲍勃添加的可能是深红色。他们分别把自己的混合颜料罐发送给对方，假设爱丽丝和鲍勃在交换混合颜料罐时被伊芙看到了，并且伊芙还采集了一些混合颜料。最后，爱丽丝拿到了鲍勃的混合颜料罐，并向其中添加了一升秘密颜料（紫色颜料），同样，鲍勃也拿到了爱丽丝的混合颜料罐，他也把一升秘密颜料（深红色颜料）添加进去。现在，两个混合颜料罐中的颜色应该是一样的，因为它们都包含了一升黄颜料、一升紫颜料、一升深红颜料。像这样，颜料罐中的黄颜料经过两次混合最终得到的颜料就是密钥。
>
> 伊芙能得到这个密钥吗？她不能。她看到了由两种颜料混合而成的颜料（可能还进行了采样），一种是黄色和紫色形成的混合颜料，另一种是黄色和深红色形成的混合颜料。如果伊芙把两种混合颜料再次混合（这是她自己唯一能做的），最终她只能得到由“黄色、黄色、紫色、深红色”组成的混合颜料。为了获取密钥，伊芙需要从混合颜料（由“黄色、黄色、紫色、深红色”组成）中移走或分离掉一升黄颜料。由于伊芙无法移除一升黄颜料，所以她无法得到与爱丽丝、鲍勃一样的颜色，因而也就无法得到密钥。

尽管伊芙能够从中间拦截交换中的颜料罐，她也无法找出爱丽丝和鲍勃的密钥，因为颜料混合是一个单向函数。

事实上，迪菲－赫尔曼密钥交换中所使用的单向函数是基于“模运算”的。在“模运算”中，做计算时会用到一个计数器，每次当达到某个数值（即模数）时，该计数器就会被置零。模运算有点像用表盘上的数字指示时间。比如，在一般算术运算中，9+7 等于 16，但在模数为 12 的模运算（亦称时钟运算）中，9+7 的结果是 4。如果当前时间是早上 9 点钟，那么 7 个小时之后将是下午 4 点。当点数到了 12 之后会重新开始，所以 12 就是模数。在一般算术运算中，两个数字的和会随着被加数的增大而增大。而在模运算中，数字的最大值只能是模数。虽然这个密钥交换系统在密码学中是个重大突破，但是它仍然需要爱丽丝和鲍勃交换一些信息来创建共享密钥。迪菲－赫尔曼密钥交换协议本质上是两方协议，而不是支持爱丽丝或鲍勃与其他人进行安全通信的广播协议。这时，人们迫切需要另外一种安全且方便的加密方法，用以解决密钥交换的瓶颈问题。

到 1975 年之前，以往所有加密技术都是对称式的，即对信息进行加密和解密时使用的是相同的密钥（图 12.13a）。1975 年夏天，迪菲提出了一种新型密码，它使用一对非对称密钥进行加密与解密，虽然加密密钥和解密密钥不同，但从数学上看它们是相关的（图 12.13b）。尽管迪菲从理论上证明了这种系统是可行的，但是他没能找到合适的单向函数来具体实现这个想法。如果这个系统得以实现，它将如下面这样进行工作：爱丽丝有两个密钥，一个用来加密，另一个用来解密。她可以把加密密钥公开，使之成为“公钥”，每个人都可以使用它，而对于解密密钥，她必须小心地保护好，防止被别人拿到，这是她的“私钥”。当鲍勃给爱丽丝发信息时，他先使用爱丽丝的公钥对信息进行加密，再把加密后的信息发送给爱丽丝。爱丽丝收到经过加密的信息之后使用私钥进行解密，整个过程是安全的，伊芙只知道爱丽丝的公钥，所以无法对信息进行解密。以上就是“公钥加密”这种加密系统的本质所在。

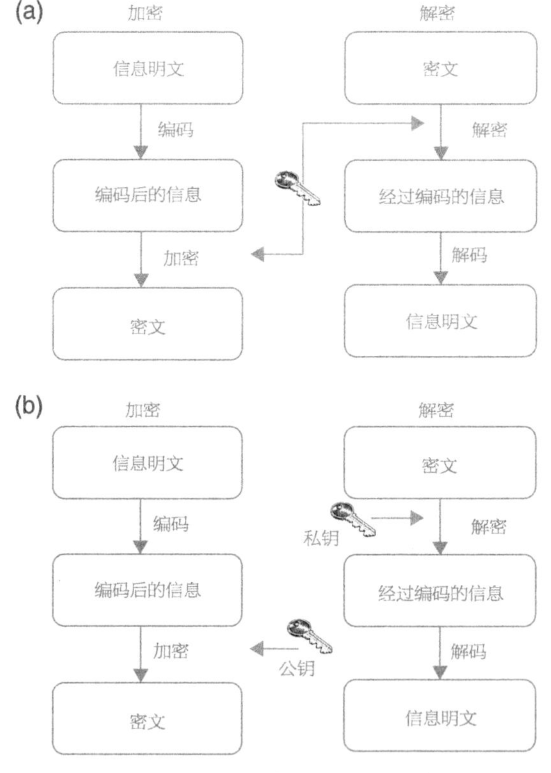

图 12.13 （a）在对称加密中，发送者和接收者共享相同的加密密钥。（b）在非对称加密中，通信各方使用不同的加密密钥。

RSA 加密和“PGP”

在非对称加密算法研究竞赛中，来自麻省理工学院计算机科学实验室的三位研究员罗纳德·李维斯特（Ron Rivest）、阿迪·萨莫尔（Adi Shamir）和伦纳德·阿德曼（Leonard Adleman，B12.7）最终赢得了胜利，他们一起努力让非对称加密算法成为现实，这就是目前很有名的 RSA 加密算法，它依赖于模幂运算和大数因数分解的难度。RSA 公钥加密算法基于一个非常简单的数论事实：使用计算机将两个大质数 p、q 相乘十分容易，但想要对其乘积（N）进行因数分解（由乘积 N 推导质因数）却极其困难。

B12.7 罗纳德·李维斯特（左）、阿迪·萨莫尔（中）和伦纳德·阿德曼（右）是 RSA 公钥加密算法的发明人，RSA 公钥加密算法现在被广泛使用。在这种方案中，爱丽丝拥有两个密钥，一个是公开的加密密钥，另一个是私有的解密密钥。

RSA-129

3490529610		3276813299		114381625757888867 66
8476509491		3266709549		92357799761466120102
4784961990		9619881908		18296721242362582561
3898133417	X	3446141317	=	84293570693524573389
7646384933		7642987992		78305971235639587050
8784399082		9425397982		58989075147599290026
0577		88533		879543541

图 12.14 数字 RSA-129。从计算上，做乘法运算十分容易，而要把一个数分解成质因数相乘的形式则是极其困难的。这就是 RSA 公钥加密算法的安全性的理论基础。

1977 年 8 月，在《科学美国人》的“数学游戏”专栏中，马丁·加德纳（Martin Gardner）介绍了公钥加密和 RSA 非对称加密算法。在这篇文章中，他向读者提出了一项挑战：给出了公钥 N 和一段使用公钥 N 加密的密文，要求读者破译这段密文。公钥 N 是一个 129 位的数字，即 RSA-129。为了对密文进行解密，读者必须对 RSA-129 做因数分解，将其分解成两个质因数，它们相乘就会得到这个 129 位的数字。17 年后，一个由 600 个志愿者组成的团队动用了足够强大的计算机能力才找到那两个质因数（图 12.14）。最后破译出的信息是“The magic words are squeamish ossifrage”（咒语是恶心的鱼鹰，图 12.15）。自 1977 年以来，在摩尔定律的作用下，计算机的计算能力有了巨大提高，人们需要使用比 RSA-129 更大的数值来确保信息安全。对于这些足够大的数，即使动用地球上的所有计算机，也可能要花好几千年才能分解它们。但是，这种公钥加密系统很容易受到量子计算机的攻击，当然前提是我们能够制造出量子计算机。

图 12.15 加德纳挑战的原始加密文本。

在 20 世纪 80 年代，只有政府、军事机构、大企业才配备有功能强大的计算机，也只有他们才能有效地使用 RSA 加密算法。菲尔·齐默尔曼（Phil Zimmermann，B12.8）是数据加密和数据安全行业的一位软件工程师，他认为在网络通信中每个人的个人隐私同样应该得到 RSA 加密算法的保护。

B12.8 菲尔·齐默尔曼是PGP的开发者。PGP是一个电子邮件加密软件包，它最初是一个保护人权的工具。1991年，齐默尔曼把PGP免费发布到互联网上。这一举动让齐默尔曼成为美国政府犯罪调查的目标（历时三年），美国政府认为齐默尔曼把PGP发布到互联网上，使之得以在世界范围内传播，这严重违反了美国关于禁止出口加密软件的限令。

齐默尔曼编写了一个程序，将这个程序命名为“PGP”。在PGP程序中，齐默尔曼实现了RSA公钥系统的快速版本。但是令人遗憾的是，他决定对RSA技术的专利权视而不见。齐默尔曼似乎希望专利所有人（公钥合伙人）给他免费许可，因为PGP面向的是个人用户，并且非商业用途。后来麻省理工学院的一个密码研究者团队从PGP中删除了齐默尔曼实现的RSA算法，使用一个拥有RSA许可证的合法版本代替了它，最终使得PGP合法。

PGP软件还集成了数字签名验证技术。数字签名技术解决的是这样一个问题：在没有手写签名的情况下，很难确定电子邮件的实际发送者是谁。虽然鲍勃可以使用爱丽丝的公钥发送加密信息给爱丽丝，但是伊芙也可以这样做，她可以伪装成鲍勃给爱丽丝发信息。那么，爱丽丝应该如何验证信息是不是真的来自鲍勃呢？有一种方法可以帮助爱丽丝确定信息真的是鲍勃发送的：鲍勃首先使用自己的私钥对信息进行加密，然后使用爱丽丝的公钥再次加密。当爱丽丝收到信息后，她先用自己的私钥对信息解密，然后再用鲍勃的公钥进行解密，最终得到解密后的信息。通过这种方法，爱丽丝就能确定信息的确是鲍勃发送的（图12.16）。

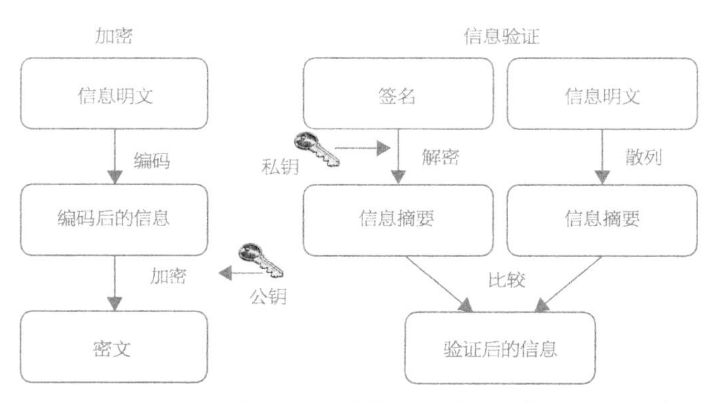

图12.16 数字签名的原理。数字签名是一种电子签名，可以用来对消息发送者或文档签名者的身份进行验证。

1991年，齐默尔曼担心美国参议院会通过一项禁用RSA加密技术的法案，于是他抢先一步，把PGP代码发布到一个互联网布告栏里。作为回应，美国政府指控齐默尔曼非法出口武器技术，理由是犯罪分子或恐怖分子可能会使用这项技术对通信内容进行加密，从而增加了政府破解犯罪分子通信的难度，大大削弱政府打击他们的能力。在被政府调查的几年里，齐默尔曼过得很艰难，不过令人欣慰的是，美国政府最终撤销了对他的指控，齐默尔曼得以恢复自由之身。与此同时，麻省理工学院出版社出版了一本书，里面公布了PGP合法版本的源代码，使之可以合法地走出美国。对于政府起诉齐默尔曼这一举动，罗纳德·李维斯特持反对态度，在他看来：

仅凭某些犯罪分子可能会在犯罪活动中使用某项技术就盲目地打压这项技术实在是个糟糕的政策。比如，尽管盗贼在洗劫民宅时可以利用手套防止自己留下指纹，但任何一个美国公民都能自由地购买手套。正如手套是一项保护手掌的技术一样，加密也只是一项用来保护数据的技术。手套可以保护手掌防止被割伤、擦伤、冷热伤害和感染，同样加密技术也可以有效地保护数据免遭黑客、商业间谍、骗子窃取。手套会阻碍美国联邦调查局做指纹分析，加密会影响他们做监听。加密和手套都极其便宜，并且应用广泛。事实上，你可以从互联网上下载到相当棒的加密软件，而为此支付的价钱还买不到一副好手套。

在齐默尔曼发布 PGP 软件 20 年后，出现了更强大的加密技术，并被广泛使用。世界各地的政府和警察必须面对并努力适应这种新现实。

使用 PGP 软件加密的确能够大大提高安全水平，但是对一般 Web 用户而言，PGP 软件加密显得太复杂了。网景公司提出了一种被称为“安全套接层”（SSL）的安全协议，用来保护互联网上的电子商务交易。这种安全协议不需要用户介入，浏览器和 Web 服务器会使用 SSL 协议自动交换公钥，协商好一个秘密的会话密钥，只针对当前会话传送的信息进行加密。以往连接网站时一般都使用 http 协议，而现在经常使用超文本安全传输协议（HyperText Transfer Protocol Secure，https），它在 http 协议下加入了“安全传输层”协议（TLS，该协议是 SSL 协议的后继者）。当使用 https 协议访问网站时，你会在浏览器地址栏左侧看到一个锁形图标。单击锁形图标，会弹出一个安全连接报告：“您发送给这个网站的信息不会外泄。”在这份报告中也提供了详细的数字证书。数字证书用来验证公钥是否属于特定的组织或网站所有人。证书授权中心颁发数字证书。证书授权中心被称为“可信的第三方”，即证书主体和希望访问该站点的用户都信任这个机构。在这些措施的保护下，用户终于有了一条安全的通信通道，在这条通道上，用户可以安全地传送信用卡号、身份证号等个人隐私信息。

cookie、间谍软件、隐私

1994 年，网景通信公司的一名程序员卢・蒙特利（Lou Montulli）在互联网通信中第一次使用了 Web cookie。当时网景公司正在开发电子商务应用，他们在寻找一种能够记住用户交易的方法，以便用来实现虚拟购物篮。Web cookie 亦称 http cookie，它是一小段数据，由用户所访问的网站发送而来，并存储在用户计算机的浏览器中。网站通过这些 cookie 就能记住用户的浏览活动。1994 年，cookie 首次出现在网景浏览器中。1995 年，微软的 IE 浏览器也开始支持 cookie。虽然 cookie 存储在用户计算机中，但是用户最初并未意识到它们的存在。cookie 可以很方便用来存储密码和信用卡等信息。当用户再次访问某个站点时，被访问的网站就能通过 cookie 中存储的信息识别出这个用户。

随着第三方跟踪 cookie 的出现，个人隐私才真正受到威胁（图 12.17）。第一方 cookie 与用户浏览器地址栏中的 IP 地址有关。第三方 cookie 指从与浏览器显示的域名不同的域名下载的 cookie。比如，当用户下载的 Web 页面中包含链接到其他网站的广告时，这个网站就会设置一个 cookie，告诉广告经纪服务用户点击了这个 Web 页面。当用户访问另外一个站点时也是一样，另一个 cookie 会被下载。通过这种方式，广告经纪人能够建起一个完整的用户浏览历史图。然后他们把这个信息卖给广告商，广告商根据用户的浏览历史，针对特定兴趣的用户制作出个性化的广告。

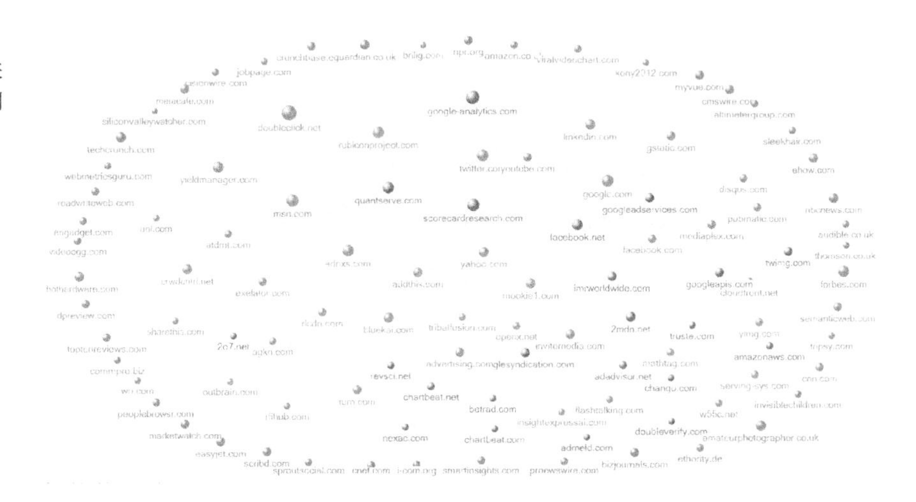

图 12.17 第三方 cookie 允许相关公司和广告经纪人跟踪 Web 用户的浏览行为。

间谍软件潜藏在目标计算机中，收集相关信息，并把它们发送给黑客，而计算机所有者对整个过程一无所知。间谍软件有别于病毒和蠕虫程序，它们不会尝试复制自身或者传播到其他计算机。伯克利黑客所用的特洛伊木马软件就是一种间谍软件，它会窃取用户的登录信息。间谍软件还可以用来收集其他类型的数据，比如银行卡和信用卡信息。另外，间谍软件还能跟踪用户的网络活动，弹出恼人的广告，或者更改计算机的安全设置，关闭杀毒软件。cookie 也算是一种“间谍软件”，当反间谍软件侦测到有第三方 cookie 存在时，一般会向用户报警，并给出移除它们的方法。

cookie 严重影响着互联网用户隐私的安全性。2000 年，美国政府出台了一系列有关 cookie 设置的严格规则。现在的浏览器也允许用户禁用所有 cookie。2002 年，在《隐私与电子通信指令》（*Directive on Privacy and Electronic Communications*）中，欧盟出台了一项政策，指出设置 cookie 必须征得用户许可。这项政策规定，只有当用户明确了解了 cookie 的用途之后，才允许站点把 cookie 数据存储到用户计算机中。后来，欧盟放宽了对第一方 cookie 的限制，为了方便用户，欧盟允许站点在未事先征得用户同意的前提下设置第一方cookie（比如虚拟购物车）。

本章主要概念

- 缓冲区溢出
- 特洛伊木马、病毒、蠕虫
- Rootkit、僵尸网络
- 网络间谍和网络战争
- 单向函数、RSA 加密
- cookie 和间谍软件

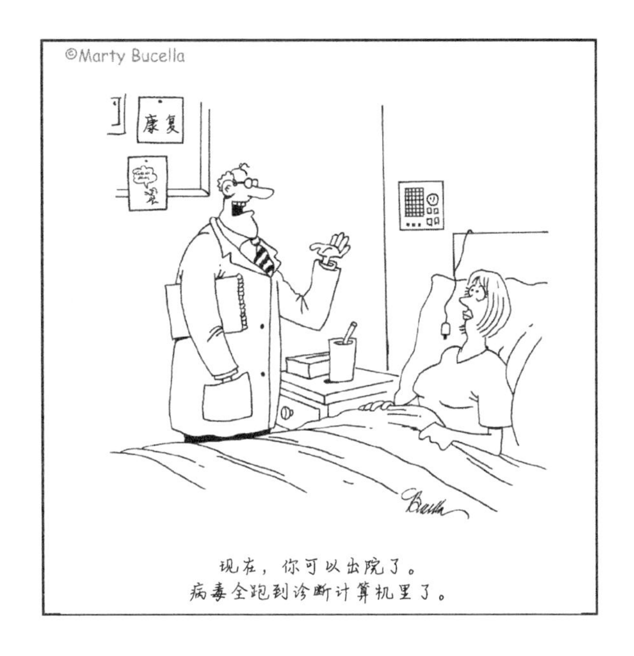

“spam”的语源

“spam”（垃圾软件）一词源自1970年著名的“巨蟒剧团”（Monty Python）演出的一部幽默短剧，讲的是一对夫妻去一家餐馆用餐，这家餐馆的所有菜品都是基于“SPAM”（一种罐头肉名称）的。

> **丈夫**：嗨，你们这有什么菜？
>
> **服务员**：我们这儿有鸡蛋培根、鸡蛋肠培根、鸡蛋午餐肉、鸡蛋培根午餐肉、鸡蛋培根火腿午餐肉、午餐肉培根火腿午餐肉、午餐肉鸡蛋午餐肉午餐肉培根午餐肉、午餐肉火腿午餐肉午餐肉培根午餐肉西红柿午餐肉……
>
> **维京人[开始咏唱]**：午餐肉 午餐肉 午餐肉 午餐肉……
>
> **服务员**：午餐肉午餐肉午餐肉鸡蛋和午餐肉；午餐肉午餐肉午餐肉午餐肉午餐肉午餐肉烘豆午餐肉午餐肉午餐肉……
>
> **维京人[合唱]**：午餐肉！好吃的午餐肉！好吃的午餐肉！
>
> **服务员**：……还有一道普罗斯旺式奶酪汁焗烤龙虾，搭配大葱和茄子，上面点缀着黑松露、白兰地、煎蛋和午餐肉。
>
> **妻子**：你们这有什么不加午餐肉的吗？
>
> **服务员**：呃，有午餐肉蛋肠配午餐肉，里面午餐肉不多的。
>
> **妻子**：午餐肉我一点儿都不想要！

“上帝不亏待傻瓜”

正当威特菲尔德·迪菲和马丁·赫尔曼研究密钥分发问题时，一位名叫拉尔夫·默克尔（Ralph Merkle）的研究生加入了他们，与他们一道满怀激情地研究这个看似不可能解决的问题。对此，赫尔曼写道：

> 和我们一样，默克尔也愿意做个傻瓜。在原创性研究中，登顶之路崎岖坎坷，只有傻瓜才愿意不断尝试攀登。有了想法1，你兴奋不已，然后失败；接着，有了想法2，你兴奋不已，然后失败。接着，又有了想法99，你依然兴奋不已，然后又失败。然后，你有了第100个想法，仍然兴奋不已，只有“傻瓜”才会如此。尝试了100种想法，经历了99次失败，才有可能换来最后的成功。除非你是“傻瓜”，才能始终对这些不断涌现的想法感到兴奋，才能始终饱含激情排除万难，最终登上成功之巅。上帝是不会亏待傻瓜的。

秘密研究

图 12.18 英国政府通信总部航拍图，它是英国的通信安全机构，位于切尔滕纳姆市。第二次世界大战之后，两台巨人计算机被从布莱切利庄园转移到这里，其余 8 台被丘吉尔下令销毁。

有关密码破解的一则趣闻把我们带回到第二次世界大战时的布莱切利庄园，这里是英国政府秘密破解恩尼格玛和洛仑兹密码的主要场所。战后，英国政府成立了一个新的机构——政府通信总部（图 12.18），专门做密码破解工作。到了 20 世纪 60 年代，英国军方认识到有必要保证指挥部与前线作战部队之间的通信安全，但对密钥配送的安全和费用深感忧虑。为此，政府通信总部专门调派了一些研究人员来解决这个问题，最终结果正如西蒙·辛格所说：“到 1975 年，詹姆斯·埃利斯（James Ellis）、克利福德·科克斯（Clifford Cocks）、马尔科姆·威廉森（Malcolm Williamson）就已经完成了公钥加密的所有基础研究工作，但是他们必须保持沉默。”直到 1997 年，科克斯才被允许公开有关政府通信总部独立发现公钥加密的经过。第二次世界大战结束后，同样出于保密考虑，英国政府拒绝承认汤米·弗劳尔在研制巨人计算机过程中所做的重大贡献。

13 人工智能和神经网络

我并不想吓你——如果在一个核裂变和未来星际旅行时代那还说得过去，但是我对形势做概括最简单的方法是：现在世界上有很多机器在思考、学习和创造。此外，它们做这些事情的能力将会迅速增加，直到在一个可见的未来，他们所能处理的问题范围将与人类的思维所应用的范围是一致的。

——司马贺和艾伦·纽威尔

控制论和图灵测试

第二次世界大战之前，数学家诺伯特·维纳（Norbert Wiener，B13.1）是麻省理工学院的领军人物之一。1918 年，维纳进入美军测试武器的阿伯丁试验场工作，手工计算火炮弹道，大约 30 年后，人们为了解决这个问题而建造了 ENIAC。第二次世界大战之后，维纳经常在麻省理工学院举行一系列“聚餐研讨会”，来自各个领域的科学家、工程师相聚一堂，一边用餐一边讨论科学问题。J.C.R. 利克莱德（J.C.R. Licklider）经常参加这种研讨会。在几次研讨会上，维纳对未来进行了展望，认为 20 世纪的技术能够对它们所处的环境做出响应，并能调整自己的行为：

B13.1 诺伯特·维纳（1894—1964）。维纳最伟大的成就是提出了控制论。控制论是一个跨学科理论，描述了复杂系统如何通过反馈机制实现自我控制。维纳 18 岁时就从哈佛大学获得了数学博士学位。第二次世界大战期间，他致力于研究防空炮的自动控制。

> 我们现在提到的这些机器既不是耸人听闻的幻想，也不是遥不可及的未来。现在就已经有了各种机器，比如恒温器、自动罗盘操舵系统、自推进导弹、防空火控系统、自控油裂解器和超快速计算机等。

所有这些应用对环境的学习和适应能力全都依靠其自身的反馈系统。下面我们以一个简单的恒温器为例介绍环境反馈是如何工作的。双金属恒温器的温控部件由两片贴在一起的金属片组成，当温度升高或降低时，两片金属以不同的膨胀率进行伸展与收缩。遇冷金属片弯曲，遇热金属片伸直（图 13.1）。当温度下降到足够低时，金属片弯曲，使电路导通，加热系统开始工作。当温度足够高时，金属片就会伸直，导致加热电路断开，加热系统停止工作。现在，灵敏的温度传感器代替了大部分恒温器中的金属控温部件，但是它们通过环境的反馈来控制加热系统的原理还是一样的。

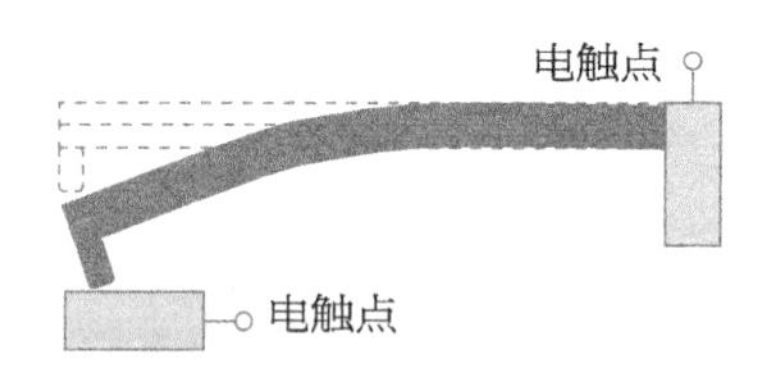

图 13.1 双金属温度控制器由铁片和铜片组成。温度较低时，铜片收缩幅度更大，导致双金属片向下弯曲。

维纳指出，尽管物理学在过去一直占主导地位，但是未来人们更关注的将是通信和控制，他认为未来计算机将扮演更加重要的角色。维纳把这种新科学称为“控制论”，“cybernetics”一词来自于希腊文“kybernetes”，意思是“舵手”。维纳使用这个词指代复杂系统的控制，前缀“cyber”指的是各种与计算机相关的含义。比如，我们经常谈论的“cyberspace”（网络空间）这个词，指的是计算机网络空间，“cyberwarfare”（网络战争）一词指的是攻击敌人的信息系统。

1942 年，在纽约举行的一次神经生理学会议上，科学家迈出了定义人工智能领域的第一步。维纳和同事朱利安·毕格罗（Julian Bigelow）、阿图罗·罗森布鲁斯（Arturo Rosenblueth）提出从工程角度可以把动物的神经系统看作一个带有反馈回路的复杂神经网络（神经指处理信息的脑细胞）。他们还建议说，我们也可以采用相同的方式从生物层面上来看待计算机系统。最后，他们总结说，通过反馈，一个工程系统可以有明确的目的。这次会议是人工智能和认知科学（研究思维、学习、智能的科学）开始的标志，但是直到 10 多年以后，才正式出现这些术语。现在，认知科学是一门研究人类思维工作方式的科学，它综合了计算机建模、神经生理学和心理学等多门科学。

维纳和冯·诺依曼不是仅有的思考人工智能可能性的人。1941 年，正值第二次世界大战期间，阿兰·图灵一直在思考研究他所说的“机器智能”。图灵在布莱切利庄园密码破解中心帮助英国政府设计出了“炸弹机”（bombe），这台机械设备用来破解德军恩尼格玛密码机所产生的加密信息。炸弹机已经证明了“引导式搜索”的价值，即通过把可能解的求解范围缩小到可接受的程度从而大大节省搜索时间。图灵和同事、密码专家唐纳德·米奇（Donald Michie，B13.2）就如何应用这种思想编写计算机国际象棋程序做了大量讨论。1950 年，在论文《计算器与智能》中，图灵提出了著名的“图灵测试”。在图灵测试中，如果一个人不能持续分辨出回答问题的一方是计算机还是人，那么回答问题的计算机就通过了测试。在他的论文中，图灵提出了“计算能思考吗？”这个问题，并且建议用另外一个更实际的问题，即基于“模仿游戏”的问题来代替这个问题。模仿游戏是这样的：有三个人，男人 A、女人 B 和询问者 C 分别在不同房间里，这三个人只能通过发送打印信息进行交流，游戏的目标是询问者 C 要根据提问的问题来判断出 A 和 B 哪个是女人。对于这个游戏，图灵提出的问题是：

> 当用机器代替游戏中的男人 A 时会发生什么？当游戏开始时，询问者猜错的次数会和在男人、女人之间进行这种游戏时一样多吗？换一种说法，我们可以把这些问题替换成“机器能思考吗？”。

图灵测试经常被作为“智能”的一种可操作性定义。现在的图灵测试在形式上有所变化，可表述为：询问者在提出问题后，如果无法根据这些问题的书面回答分辨出作答者是人还是计算机，那么计算机就通过了测试。为了通过测试，计算机需要完成如下任务：理解自然语言、对词和句所表达的信息进行思考、从经验中进行学习。1950 年，图灵本人对此持谨慎乐观的态度。

B13.2 唐纳德·米奇（1923—2007），计算机科学家。第二次世界大战期间，在布莱切利庄园的密码破解中心工作。在英国计算机科学研究领域，米奇是最早研究人工智能的先驱之一。

我认为大约50年内计算机就能通过图灵测试，那时计算机的存储能力将达到10^9级别，人们能够很容易地为计算机编写程序，计算机能够把模仿游戏玩得很好，询问者提问5分钟问题后误判率会超过30%。“机器能思考吗？”这个问题将变得毫无意义，也不值得再去讨论。然而，我认为在本世纪末词汇的用法和人们一般教育养成的观点会有极大改观，这使得人们可以谈论机器具有思想的话题，且不会遭到反驳。

图灵还给出了一个关于对话类型的著名例子，他认为将来可能会出现会写十四行诗的机器。我们很难弄清楚计算机是真的理解了还是如图灵所说“机器只是在鹦鹉学舌”：

询问者：在诗的第一行，你说“我可以把你比作夏日吗？”，把“夏日”换成“春日”会不会更好些？

证人：那样不押韵。

询问者：那换成“冬日”如何？很押韵。

证人：押韵是押韵，但谁会用“冬日”来打比方呢？

询问者：你觉得，匹克威克先生会不会让你想起圣诞节？

证人：有点儿。

询问者：圣诞节就是一个冬天的节日，我觉得匹克威克先生是不会介意使用这个比方的。

证人：你是在开玩笑吧。冬日通常是指冬天，而不是指圣诞节这样特殊的日子。

图13.2 罗布纳奖（100 000美元）于1990年设立，它的奖励对象是第一个通过图灵测试的人工智能系统。

进行这样复杂的对话需要参与者懂文学，知道匹克威克先生，还要明白圣诞节的意义，如果计算机能够做到这一点，我们将很难弄清计算机的思维是真实的还是人工的。目前，我们离这个目标似乎还很远。ELIZA是最早的聊天机器人程序之一，它是一个模拟卡尔·罗杰斯（Carl Rogers）心理治疗的BASIC程序，从表面上看，这很有说服力。ELIZA的创建者是约瑟夫·魏泽鲍姆（Joseph Weizenbaum），他之所以选择心理治疗这个模型是因为它并不需要有深厚的知识基础。ELIZA模仿患者中心疗法，这是一种心理治疗形式，通过重申病人的情感和想法来增加病人的自察和自我理解能力。

B13.3 路易斯·冯·安。验证码之父。他是卡内基梅隆大学的一位副教授。他最著名的成就是发明了验证码，这些扭曲的文字只有人类才能识读出来，计算机不能辨识。

1991年，纽约商人休·罗布纳（Hugh Loebner，图13.2）赞助了第一场图灵测试比赛，自此以后，图灵测试比赛每年都会举办一次。2012年，为纪念图灵诞辰100周年，人们把图灵测试比赛的地点选在布莱切利庄园。在20多年的比赛中，没有一个聊天程序能够成功欺骗询问者。

目前计算机还无法通过图灵测试，这个结论经常被用来做基于字母扭曲形状的“逆图灵测试”。为了通过逆图灵测试，计算机需要有高度发达的感知能力，目前最先进的计算机视觉算法也做不到这一点。路易斯·冯·安（Luis von Ahn，B13.3）把这些测试“谜题”称为“验证码”。CAPTCHA是全自动

图 13.3 人类可以轻松地识读出验证码，计算机却不能。这种方法经常被用来区分网站访客是人类还是机器爬虫。

区分计算机和人类的公开图灵测试（Completely Automated Public Turing test to tell Computers and Humans Apart）的缩写（图 13.3）。人类能够轻松识别出这些扭曲的文字，因此很多网站都采用这种“验证码”来区分来访的用户是人类还是机器爬虫。据估计，现在每天人们识别的验证码有 2 亿多个。

从逻辑专家到 DENDRAL

1956 年，在新罕布什尔州达特茅斯学院的一次研讨会上，约翰·麦卡锡（John McCarthy，B13.4）第一次提出了“人工智能”这个术语。麦卡锡和同事马文·明斯基（Marvin Minsky）、克劳德·香农（Claude Shannon）、纳撒尼尔·罗切斯特（Nathaniel Rochester）共同为这次研讨会写了一个提案：

B13.4 四位人工智能之父的合影。从左到右，依次是克劳德·香农、约翰·麦卡锡、爱德华·弗雷德金和约瑟夫·魏泽鲍姆。

> 这项研究建立在这样一种猜测之上，即在原则上学习的每个方面或智慧的任何特征都能被精确地描述出来，并且能够让一部机器进行模拟。我们将尝试研究如何让机器使用语言，产生抽象和概念，解决目前人类面临的各种问题，以及改善自身。我们认为一支精心挑选的科学家团队共同工作一个夏天就能在这些问题的一个或几个的研究中取得重大进展。

达特茅斯研讨会的亮点是来自卡内基工学院（即现在的卡内基梅隆大学）的艾伦·纽威尔（Allen Newell）和司马贺（Herbert Simon，B13.5）开发的推理程序——逻辑专家（Logic Theorist）。逻辑专家程序能够使用简单的符号逻辑证明定理。它使用树结构表示每个逻辑题，树根是最初的假设，这个尝试性解释可以通过做进一步调查进行测试。树的每个分支都是一个基于逻辑规则的推论。为防止树生长失控，纽威尔和西蒙需要找一种方法来剪除不想要的分支。为此，他们提出了启发式方法，通过经验法则，程序只选择整棵搜索树中那些最有前景的分支。他们表示，“逻辑专家的成功并不在于对计算机速度的‘野蛮’运用，而在于启发式过程的应用，就像人类所做的那样”。

B13.5 司马贺（1916—2001）和艾伦·纽威尔（1927—1992）是人工智能领域的先驱。1975 年，他们二人因在人工智能领域做出的杰出贡献，被授予图灵奖。司马贺还提出了决策理论，并因此获得了 1978 年的诺贝尔经济学奖。

在不朽巨著《数学原理》(*Principia Mathematica*)中，阿尔弗雷德·怀特海(Alfred Whitehead)和伯特兰·罗素(Bertrand Russell)尝试对数学逻辑原则进行系统化。纽威尔和司马贺尝试使用逻辑专家程序再现怀特海和罗素书中的52个定理的证明：

> 让我们更具体地考虑一下：我们是否应该把逻辑专家看作有创造力的。当逻辑专家看到基本逻辑符号中的一个定理时，它就试图查找证据。在我们提出的问题(这些定理取自于怀特海和罗素《数学原理》的第二章)中，它找到了大约3/4的证据。

据说，当伯特兰·罗素得知逻辑专家程序为其中一个定理找到了一种更简洁的证明方法之后，他高兴极了。纽威尔、克里夫·肖(Cliff Shaw)、司马贺尝试在杂志《符号逻辑》上发表他们的成果，并且希望把逻辑专家程序作为共同作者署名，但遭到了拒绝。

1958年，麦卡锡从达特茅斯搬到麻省理工学院，同年他就在计算机科学领域做出了三项重大贡献：第一项是提议研制分时系统；第二项是发明了Lisp编程语言，在接下来的30年间，Lisp成为人工智能应用开发的主要语言；第三项贡献是在论文《具有常识的程序》(*Programs with Common Sense*)中，为人工智能研究圈子安排了一个研究议题。在这篇论文中，麦卡锡提出了一个名为“纳谏者”(Advice Taker)的人工智能程序构想。类似纽威尔和司马贺等逻辑专家及其野心勃勃的后继者通用问题求解程序，“纳谏者”不仅使用逻辑和符号处理(操纵字符而非数字)，而且还集成了关于世界的一般知识，以帮助其更好地进行演绎推理。

B13.6 马文·明斯基(1927—2016)。人工智能先驱。他还在1963年发明了第一个头戴式图形显示器。明斯基出任了斯坦利·库布里克导演的电影《2001：太空漫游》的科学顾问。科幻作家艾萨克·阿西莫夫说明斯基是他承认的比他聪明的两个人之一，另一个人是宇宙学家、天文学家卡尔·萨根。

> 我们希望纳谏者的主要优点是它的行为具备“可改进性”，只要描述给它，并告知它的符号环境，以及希望得到什么就可以了。做这些描述几乎不需要我们了解这个程序，也不需要对纳谏者先前的知识有任何了解。人们可以认为，纳谏者能够基于被告知的事实和先前的知识得出相当多的直接逻辑结果。这一特性与我们描述某些人类具有的常识有许多共同之处。因此，我们可以这样说：如果一个程序能够基于被告知的事实和已经知晓的知识自动推导出足够多的直接结果，那么就说这个程序是有常识的。

纳谏者体现了人工智能系统需要有对这个世界的明确表示，并且拥有使用逻辑推理过程来处理这种知识的能力。这为接下来几十年的人工智能研究指明了方向。

马文·明斯基(B13.6)和麦卡锡同时进入麻省理工学院工作，他们一起创建了世界上第一个人工智能实验室。他们的研究合作只持续了几年时间，然后在人工智能的研究方面出现了分歧。明斯基只专注于让系统做一些有趣的事情。

明斯基的学生把研究重点集中于在非常有限的领域（应用领域不需要宽泛的常识）中解决问题，成功的例子包括积分学、几何学、代数学等领域，以及“积木世界”（blocks world，图 13.4）中一系列著名问题。积木世界操纵程序是特里·威诺格拉德（Terry Winograd）编写的一个计算机程序，它能够理解以自然语言形式给出的指令，并与人类交谈有关积木世界的内容。与明斯基不同，麦卡锡更看重知识的表达以及使用形式逻辑进行推理。1963 年，麦卡锡离开麻省理工学院，重返斯坦福大学，并在那里组建了第二个人工智能实验室。

图 13.4 积木世界操纵程序由麻省理工学院的特里·威诺格拉德编写。这个程序能够理解和执行以自然语言形式给出的指令，在一个虚拟的盒子中移动不同类型的积木。

随着计算机功能越来越强大，内存越来越大，研究者纷纷开始把“知识”直接加入到人工智能应用之中，以开发“专家系统”（这种系统可以模仿人类专家做决策）。研究人工智能专家系统的先驱之一是斯坦福大学的爱德华·费根鲍姆（Ed Feigenbaum，B13.7）。1969 年，费根鲍姆和布鲁斯·布坎南（Burce Buchanan）、乔舒亚·莱德伯格（Joshua Lederberg）一起开发出了 DENDRAL 程序（世界上第一个专家系统程序），试图获取化学家的专业知识，并通过一套规则应用这些知识。DENDRAL 是树枝状算法（dendritic algorithm）的缩写，“dendritic”指神经元的分支纤维，用来接收神经脉冲。DENDRAL 程序试图解决的问题是使用质谱仪提供的数据来判断物质的分子结构。为了准确识别化合物的结构，化学家必须根据化合物片段的质量推断其化学成分。对于大分子，这会产生大量可能的结构。为了让问题容易处理，化学专家会利用他们自己的经验（即启发式方法）识别出有名的亚结构，从而减少化合物整体结构的可能性。DENDRAL 结合知识库把它们写成一系列规则形式，包含一个使用 Lisp 编写的推断引擎。DENDRAL 是第一个成功的知识密集型人工智能系统，实现了某个领域决策和问题专业解决过程的自动化。

B13.7 爱德华·费根鲍姆。计算机科学家。1994 年，他因在专家系统方面做出的杰出贡献，被授予图灵奖。费根鲍姆常被称为“专家系统之父”。他还是美国空军的首席科学顾问，并于 1997 年获得了杰出市民服务奖。

费根鲍姆又寻找了其他可以应用这种方法的领域。他与布鲁斯·布坎南、爱德华·肖特列夫（Edward Shortliffe）一起开发了 MYCIN 专家系统，用来诊断和治疗血液感染（图 13.5）。MYCIN 使用了大约 450 条规则（这些规则来自相关医学专家），因此它比许多医生表现得更优秀。DENDRAL、MYCIN 等专家系统的成功鼓舞着 20 世纪七八十年代的人们争先恐后地投入到商业专家系统的研发中。尽管先驱者提出的美好愿景尚未完全实现，但是基于知识的专家系统仍然被应用到各个领域中，从简单的咨询服务台、技术支持到制造业、机器人都有它们的身影。针对小范围内一些明确的问题，专家系统也有着良好的表现。然而，这种基于知识规则的方法最大的缺陷是无法把这些系统很好地推广到更大、更宽泛的问题中去。另外，知识规则的发现和获取是高劳动密集型的，通常只是针对手头的案例获得的。现实生活中几乎没有什么可以用简单的真或假表示，这与抽象逻辑的要求不符，并且世界中的每条常识也都有着大量的例外情况。

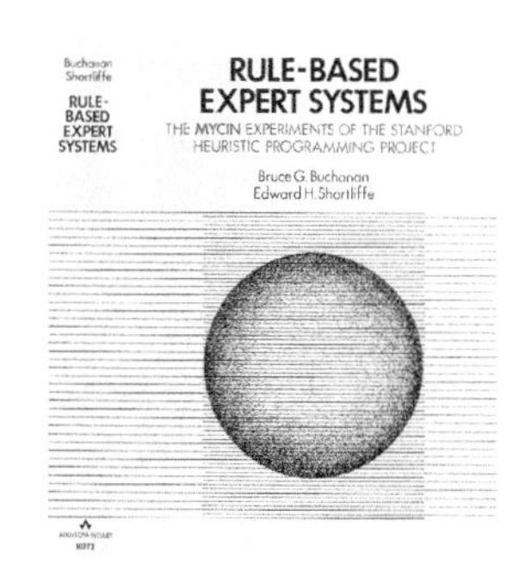

图 13.5 MYCIN 是一个专家系统，它设计用来诊断和治疗血液感染。斯坦福大学的爱德华·肖特列夫、布鲁斯·布坎南、爱德华·费根鲍姆共同开发了这个系统。

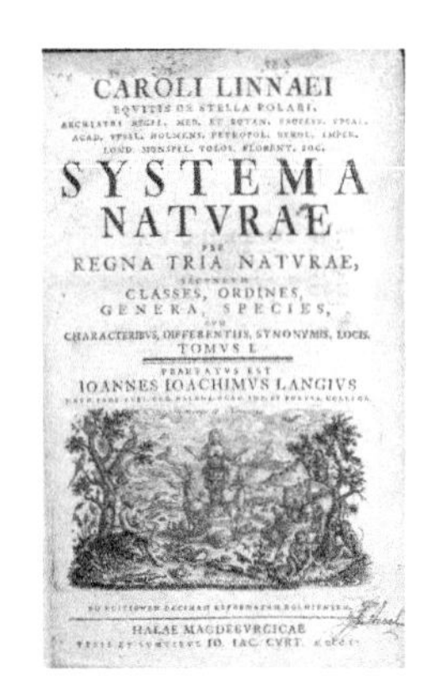

图 13.6 1735 年，瑞典植物学家、医师、动物学家林奈发明了生物分类法。这是一次早期尝试，试图为动物、植物物种构建知识体系。

分类法的出现最早可追溯到公元前 300 年，当时亚里士多德写成了《工具论》（*Organon*），里面收录了他关于逻辑的一系列作品。其中一部分涉及到分类问题，现在我们将其视作本体论（探究事物存在的本质）的一种。18 世纪初期，瑞典生物学家林奈（Carolus Linnaeus）发明了我们今天的生物分类系统（图 13.6）。计算机科学家借用了“本体”这个哲学术语来描述知识组织的结构框架。“本体”指某个领域中的一系列概念，计算机可以使用它们推断该领域中的对象及其相互间的关系。人工智能研究者长期以来一直相信有用的“本体”是有效人工智能系统的基础。为了迎合这种需求，需要拓展计算机的知识库，为给定领域中所有重要概念生成全部词汇，包括该领域中的对象、属性、关系以及用来定义对象及行为的函数。

Cyc 是最雄心勃勃的本体项目之一，由道格拉斯·莱纳特（Douglas Lenat）于 1984 年发起。该项目名称“Cyc”是百科全书（encyclopedia）的缩写。这个项目的目标是尝试建立一个知识库，包含人类日常生活中的各种常识知识。在这个数据库中，典型的知识片段是“每棵树都是一种植物”、“植物最终都会死”等陈述语句。25 年后，Cyc 知识库包含的断言、规则、常识超过了 100 万条。然而，根据它的创始人估计，Cyc 还需要 100 多倍的词条量，才能开始学习书面材料。

图 13.7 DBpedia 项目尝试通过一大群志愿者做相应工作（众包）来创建维基百科内容。

DBPedia（图 13.7）项目走了另外一条道路，它使用一种名为“众包”的方法从维基百科提取结构化数据。DBPedia 2012 版本中本体包含的概念数超过了 200 万个，每个概念大约有 100 个事实。研究者们希望 Cyc 和 DBPedia 项目能够帮助实现蒂姆·伯纳斯 – 李有关语义网的设想。在语义网中，计算机能够处理和理解网络上的真实数据。随着网页搜索引擎访问机器可读知识以进行推断和做出“睿智”的决策，蒂姆·伯纳斯 – 李的设想将会成为现实。

艾伦·纽威尔、司马贺、约翰·麦卡锡、马文·明斯基这些参加过达特茅斯研讨会的科学家都对人工智能的前景抱有乐观态度，这从本章的“引言”中可以看出来。现在，一种更现实的观点取代了这种“乐观主义”的看法。1998 年，计算机科学家戴维·麦卡利斯特（David McAllester）在他关于机器学习的论文中写道：

> 在人工智能早期，新形式的符号计算淘汰了许多经典理论，这看上去似乎是合理的。但这导致产生了某种形式的孤立，在人工智能与其他计算机科学之间产生了巨大裂痕。现在，这种孤立正在慢慢消融。人们逐渐达成一种共识，那就是机器学习不应该与信息理论脱离，不确定性推理不应该与随机模型分开，搜索不应该脱离传统的优化和控制，自动推理不应该脱离形式化方法和统计分析。

计算机国际象棋和深蓝

在计算机发展的早期，大多数人都认为计算机只是一台有能力做复杂算术运算且速度极快的机器而已。图灵、香农等早期计算机先驱猜测终有一天计算机会玩国际象棋，那时的人们一直认为玩国际象棋必须拥有人类智慧才可以。关于计算机国际象棋，唐纳德・米奇做了如下总结：

> 计算机国际象棋被称为机器智能的“果蝇”。正如托马斯・亨特・摩尔根（Thomas Hunt Morgan）和他的同事能利用果蝇的特殊限制和便利提出基因定位的方法一样，在国际象棋游戏中研究的重点是人类知识在机器中的表示。其主要优点是：（1）国际象棋这一领域有着完整的定义和良好的形式；（2）国际象棋游戏挑战的是人类的最高智力水平；（3）挑战扩展到整个认知功能，比如逻辑运算、机械式学习、概念形成、类比思考、想象、演绎推理和归纳推理；（4）大规模、详细的国际象棋知识语料库积累了数个世纪，形成了国际象棋教学作品和评论；（5）有普遍可接受的成绩值尺度可用，比如美国国际象棋联盟和国际象棋等级分排名系统。

1950年，克劳德・香农在《编程实现计算机下棋》（*Programming a Computer for Playing Chess*）一文中，详细提出了一套完整的计算机下棋的想法，包括如何表示棋盘上的各个位置，如何搜索博弈树查找可能的走法，以及如何使用评价函数从众多可能的走法中选出最好的一个。在博弈论中，博弈树是序贯博弈的一种图形化表示形式，由节点（在节点玩家可以做出行动）和分支（代表每个节点可能的走步）组成。1951年，迪特里希・普林茨（Dietrich Prinz）编写了第一个国际象棋程序，它能够解决简单的残局问题。普林茨在弗兰尼蒂公司工作，这是一家英国计算机公司，主要销售曼彻斯特大学的Mark I（世界第一台商用通用计算机）。5年后，斯坦・乌拉姆（Stan Ulam）和洛斯阿拉莫斯国家实验室的一个小组编写了一个可以玩完整国际象棋游戏的程序，但是棋盘只有6×6个方格，并且没有“象”。此后直到1957年，IBM程序员亚历克斯・伯恩斯坦（Alex Bernstein）才为IBM 704计算机编写了第一个完整的国际象棋程序。这个国际象棋程序每走一步大约耗时8分钟，主要用来进行搜索，并且只能提前看两步棋。在介绍国际象棋程序的工作原理之前，让我们先看一个更简单的计算机游戏程序——井字游戏。

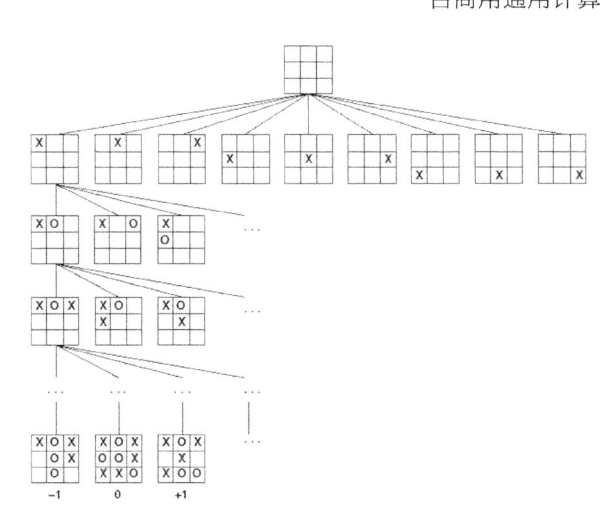

图13.8 井字游戏的博弈树（部分）。

游戏的两个玩家分别是MAX（画X）和MIN（画O）。整棵博弈树由所有合法的走步组成，它们是X和O的所有可能组合。MAX先走，从树的顶节点开始，MAX共有9种走法，即分支因子为9（图13.8）。然后轮到MIN

走步，他只能走余下 8 个位置中的一个。按照这种走法，MAX 和 MIN 轮流走步，直到有 3 个 X 或 3 个 O 连成一条线，或者棋盘上的所有位置全被占满。在整棵博弈树中总共有 9×8×7×6×5×4×3×2×1=362 880 个节点。这个游戏有一个简单的评价函数，借助它，玩家选择最佳走法：MAX 获胜为 1、平局 1/2、MIN 获胜 0。计算机程序可以轻松地评估所有可能的路径和最后走步的位置。

在国际象棋中，仅开局就有 20 种可能的走法，其中兵（8 个）有 16 种走法，马（2 个）有 4 种走法。一个典型的游戏大约有 40 种走法，每个位置平均有 30 ～ 35 种可能的走法。由于整棵国际象棋博弈树包含的节点超过了 10^{40} 个，所以不可能使用穷举搜索策略找出所有落子位置。这也导致国际象棋的评价函数变得更加复杂。比如，一个国际象棋的评价函数通常是影响位置价值的各种因素的加权和。这些因素包括每个棋子的功能、可能的走步、棋盘中心的控制、“王”的安全等。因此，程序需要为玩家 MAX 找到让走法最佳的策略，同时假设对手 MIN 会走出最好的一步进行回击。这种策略就是使用“极大极小算法”实现的。在使用极大极小算法查找走步时，走步数会随着树的深度迅速增加，计算机国际象棋程序只能提前评估出有限的几步，并不能评估所有通向最终节点的路径。1958 年，在名为“NSS”的国际象棋程序中，艾伦·纽威尔、司马贺和克里夫·肖提出了一项对极大极小搜索算法进行优化的技术，称为“阿尔法－贝塔剪枝”（图 13.9）。利用“阿尔法－贝塔剪枝”技术可以大大缩短搜索时间，因为在这种算法下，只要发现某个走步有可能比上一个走步差，该算法就会停止继续评估这个走步。通过这种方式，就可以把搜索树的一些分支修剪掉，如此可以用更多时间去进一步探索更具价值的分支。除了这些剪枝技术外，现代的国际象棋程序还包含标准开局和残局表格。

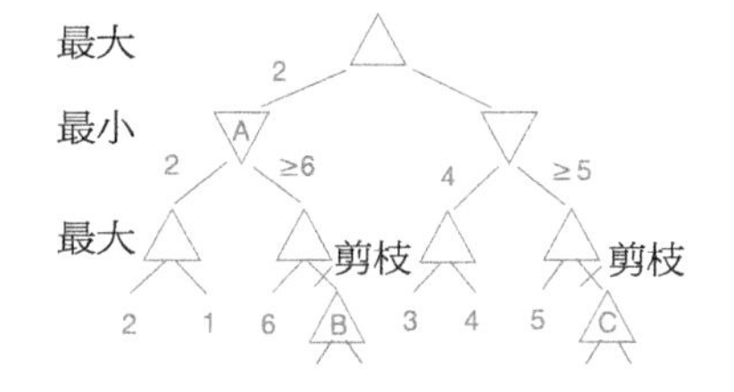

图 13.9 在这个“阿尔法—贝塔剪枝”算法示例中，使用最小最大二叉树表示游戏的走步。

第一次机器对机器的国际象棋大战在考托克－麦卡锡程序和 ITEP 程序之间展开。考托克－麦卡锡程序由麻省理工学院的艾伦·考托克（Alan Kotok）、约翰·麦卡锡以及他们的同事开发。ITEP 程序由莫斯科理论和实验物理研究所的科学家开发（图 13.10）。这场对决发生在 1967 年，通过洲际电报进行，最终 ITEP 程序以 3 比 1 的比分战胜考托克－麦卡锡程序。同一年，由麻省理工学院教授理查德·格林布莱特（Richard Greenblatt）及其同事编写的 MacHack 成为第一个支持人机对战的国际象棋程序。在匈牙利物理学家 Árpád Élö 开发的国际象棋评分系统中，MacHack 的国际等级分为 1400，高于新手水平得分（1000）。1968 年，国际象棋大师戴维·李维（David Levy）和约翰·麦卡锡打赌，未来十年将不会有计算机能够打败他。李维说道：

图 13.10 莫斯科理论和实验物理研究所。

> 显而易见，10 年后（1978 年），我会赢得这次赌局，如果再把时

间往后推 10 年，我还是会赢。在这 20 多年里，如果没有概念上的进步，那我的脑海里很自然地就会冒出这样的想法：在世纪之交计算机程序不会拿到国际大师头衔，电子世界冠军的想法只存在于科幻作品中。

1978 年，李维和当时最强大的计算机国际象棋程序 Chess 4.7 展开对决。Chess 4.7 由美国西北大学的拉里·阿特金（Larry Atkin）和戴维·斯莱特（David Slate）编写。最终李维以 4.5 对 1.5 的比分赢得比赛，后来他说道："这场比赛证明我在 1968 年所做的判断是对的。但另一方面，这个计算机对手比我打赌时所想的要厉害好多好多。"

图 13.11 1996 年，IBM 深蓝国际象棋计算机和国际象棋世界冠军卡斯帕罗夫进行了第一场比赛，结果卡斯帕罗夫战胜深蓝。但在一年后，他们又进行了一次对决，最终卡斯帕罗夫输掉了比赛。

1980 年，麻省理工学院著名的计算机科学家爱德华·弗雷德金（Ed Fredkin）设立了计算机国际象棋里程碑奖。1983 年，肯·汤普森（Ken Thompson）和乔·康登（Joe Condon）获得了末等奖 5000 美金，他们开发的国际象棋程序 Belle 达到了美国大师级水平。Belle 是第一个使用定制芯片的计算机国际象棋系统，它在 1980 年就赢得了世界计算机国际象棋冠军的称号。1982 年，Belle 在前往苏联参加计算机国际象棋比赛的途中被美国国务院临时没收。对此，美国国务院解释说把高科技计算机运往国外违反了美国技术转让法。1989 年 8 月，"深思"（Deep Thought）计算机获得了 10 000 美元奖金，它是第一个达到 2500 国际等级分的程序。"深思"计算机是专为下国际象棋而设计的，其设计者为卡内基梅隆大学的许峰雄（Feng-hsiung Hsu）和他的研究生同事莫里·坎贝尔（Murray Campbell）。后来，IBM 把许峰雄和坎贝尔招入麾下研发下一代"深思"计算机。最终他们成功研制出了"深蓝"（Deep Blue），这是一台并行计算机，拥有 30 个处理器，并且配备了 480 个国际象棋专用芯片（图 13.11）。"深蓝"具备每秒计算 2 亿步的能力，通常可以提前看 6 ～ 8 步棋，有时更多。三位国际象棋大师为"深蓝"提供了大量对战棋局，"深蓝"的残局数据库中包含了许多六子残局，以及五子以下的残局。1997 年 5 月，国际象棋冠军加里·卡斯帕罗夫（Garry Kasparov）和"深蓝"在纽约开战，总共下 6 盘（图 13.12）。最终"深蓝"战胜了卡斯帕罗夫，赢得了比赛，战绩是 2 胜 1 负 3 平。IBM 的许峰雄、莫里·坎贝尔、约瑟夫·霍尼（Joseph Hone）赢得了 10 万美元的弗雷德金奖。赛后，卡斯帕罗夫这样写道：

图 13.12 1997 年，各家报社与新闻媒体争先报道世界国际象棋冠军加里·卡斯帕罗夫和深蓝计算机之间的这场人机大战。美国《新闻周刊》在封面上把这场对决描述成"人脑背水一战"。

比赛中起决定作用的一局是第二局，它在我的记忆里留下了伤疤。我发现计算机的某些做法出乎我们的意料之外，做决策时，它们会看得很长远。走步时，计算机不会走那些"短视"的位置，表现出一种与人类十分相似的危机意识。

神经网络

1942 年，芝加哥大学精神病学教授沃伦·麦卡洛克（Warren McCulloch，

B13.8 沃伦·麦卡洛克（1898—1969）是早期人工智能先驱。他和沃尔特·皮茨一道提出了第一个神经元网络的数学模型。麦卡洛克-皮茨模型给冯·诺依曼留下了深刻的印象，相关概念和术语在冯·诺依曼后来撰写的《EDVAC 报告书一号草案》中有所体现。

B13.8）听了诺伯特·维纳一场关于神经生理学的演讲。之后，麦卡洛克和年仅 18 岁的数学家沃尔特·皮茨（Walter Pitts）提出了第一个神经元网络模型。他们指出这种理想化的神经元网络模型模拟了大脑的主要生理特征。冯·诺依曼深受触动，1945 年 1 月，冯·诺依曼与维纳、霍华德·艾肯在普林斯顿大学组织了一场小型研讨会，并邀请麦卡洛克和皮茨前来展示他们的神经元网络模型。在冯·诺依曼看来，有关神经元网络的想法非常新颖。就在同一年，冯·诺依曼写出了那篇著名的《EDVAC 报告书一号草案》，在这份草案中，冯·诺依曼把计算机的基本功能单元称为“器官”，并且把这些单元的功能与神经元的生理功能做了类比。

早在公元前 400 年，古希腊医学之父希波克拉底就认识到大脑在决定人类情感方面发挥着重要作用。他说：“人们应该知道快乐、欢笑、悲伤、忧愁、沮丧等情绪全部源自人类的大脑而非其他什么东西。”人类大脑有着与其他哺乳动物大脑类似的结构，但与大部分动物相比，人类大脑的体积相比身体明显更大。人类大脑的占比之所以更大主要是因为人类大脑皮层（指覆盖着大部分大脑的一层厚厚的神经组织，图 13.13）有着更大的尺寸。“皮层”一词来自拉丁语，意为“树皮”，但是这里指某个器官的外层。大脑皮层有着深深的褶皱，这一方面可以最大限度地增加大脑的表面积；另一方面也可以将大脑放入空间有限的头骨中。人类大脑超过 2/3 的表面积都“隐藏”在脑沟之中。在记忆、感知、思考、语言、意识中，大脑皮层扮演着重要角色。

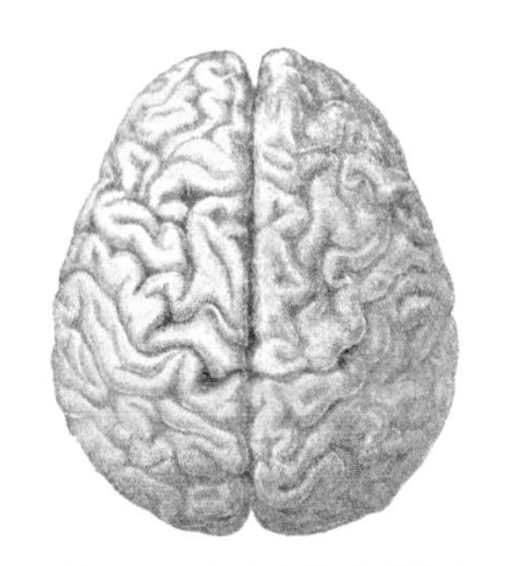

图 13.13 人类大脑皮层的各个区域。

19 世纪，得益于显微镜的广泛应用，生物科学得到了飞速的发展。1838 年，西奥多·施旺（Theodor Schwann）和马赛厄斯·施莱登（Matthias Schleiden）提出了“细胞学说”，他们认为所有生命体都由细胞组成。但是，对于脑组织是否也由细胞组成，有些科学家持怀疑态度。为此，许多科学家做了大量实验，尝试使用不同的化学物质为脑组织染色，以便可以找到单个细胞。西班牙内科医生圣地亚哥·拉蒙-卡哈尔（Santiago Ramón y Cajal）对最早由意大利医生卡米洛·高尔基（Camillo Golgi）提出的细胞染色法进行了改进，并借助这项新技术研究多种生物的中枢神经系统。卡哈尔的研究第一次向人们揭示了复杂的生物神经网络。对此，他写道：

> 重铬酸银径直沉积到神经元上，经过淀析之后，它所呈现出的美丽是多么摄人心魄啊！但是，另一方面，这是一片相当茂密的“森林”，在其中找到错综复杂的分支末节并不容易。如果说成年人的这片密林难以穿越，又无法解释，那我们为何不研究幼林呢？比如幼儿园阶段的。

现在，我们知道神经元由一个细胞体（神经元胞体）组成，它拥有两种类型的神经纤维，分别为树突和轴突。细胞体包含遗传信息和支撑神经元运转的分子结构。树突负责从其他神经元接收电子或化学信号，并为神经元细胞提供输入。轴突通常比树突长很多，用来把神经冲动从一个细胞体传递给其他神经

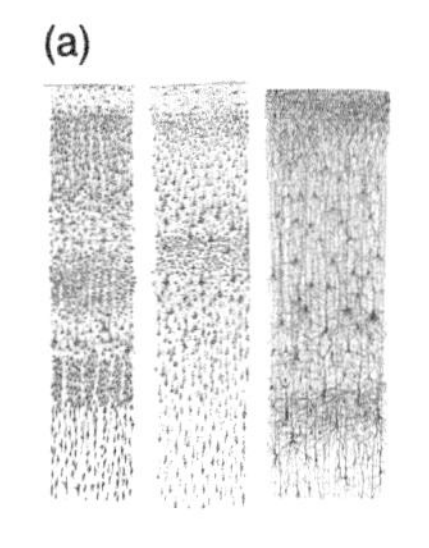

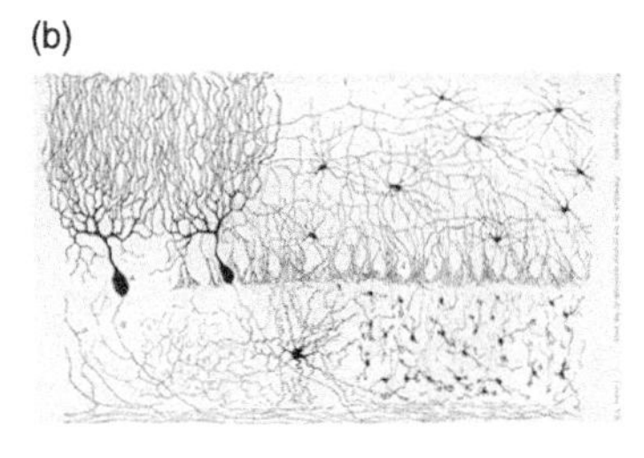

图 13.14 圣地亚哥·拉蒙－卡哈尔绘制的两幅图：（a）6 周大婴儿的高尔基染色皮层；（b）小鸡的小脑细胞。

元。卡哈尔还指出，这些信号总是单向流动，即从细胞的树突到轴突，轴突通过名为“突触”的结构与其他细胞的树突相连（图 13.14）。突触（synapse）一词来自希腊语 syn（意思是“一起”）和 haptein（意思是“抱紧”）。1906 年，卡米洛·高尔基和圣地亚哥·拉蒙－卡哈尔共同获得了诺贝尔生理学及医学奖，以表彰他们在神经系统结构研究中做出的杰出贡献。

大脑中神经元的数量在不同物种之间有很大的差异。人类大脑中包含的神经元的数量超过了 850 亿个，而一只猫的大脑大约只有 10 亿个神经元，黑猩猩大约有 70 亿个。大脑中除了有数量巨大的神经元之外，还有数量更为庞大的突触。人类的每个神经元平均有 7000 个到其他神经元的突触连接。神经元的类型多种多样，这里我们只介绍一个典型神经元是如何工作的。神经元通过树突收集输入信号并在细胞体内进行处理。输入信号经过处理后产生输出信号，输出信号沿着轴突进行传递，并通过突触传递给邻近神经元的树突（图 13.15）。典型神经元基于“阈值”或“全有或全无”原理工作，这意味着输入刺激（所有输入信号的总和）必须高于细胞的特定阈值才能产生输出信号。

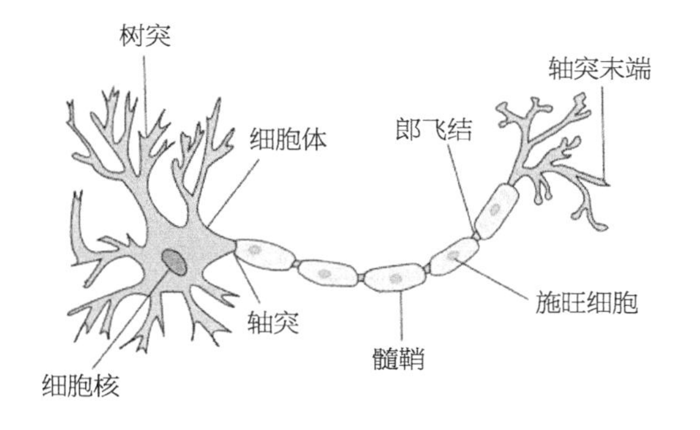

图 13.15 生物神经网络示意图，包含树突、轴突和突触。

大脑皮层的神经元是以分层方式排列的，一般可以分为 6 层，大约 2.5 毫米厚。每层神经元与相邻层的神经元垂直相连。在 20 世纪上半叶这些有关大脑新发现的基础上，诺贝尔生理学及医学奖得主查尔斯·谢灵顿（Charles Sherrington）就大脑从睡眠到苏醒的运作机制做了富有诗意的想象：

> 那个巨大并且几乎没有光线闪烁或游走的东西，现在变成了一些有节奏的闪光点，有一连串火花，在这里飞来飞去。大脑正在苏醒，意识正在回归，犹如银河开始了宇宙之舞。闪光点首部迅速变成了一台被施了魔法的织布机，在那里，数以百万计闪闪发光的梭子织出了一幅幅图案，这些图案稍纵即逝，但都有特定意义，并且彼此变化协调一致。

正如前面介绍过的那样，维纳、冯·诺依曼、图灵等这些早期计算机先驱着迷于研究让计算机执行那些需要智能的操作，并付出了大量努力探索实现这种可能的道路。沃伦·麦卡洛克和沃尔特·皮茨提出了一种简单的神经元数学模型，只有当输入信号总和超过了特定的阈值时，才会产生输出信号（图 13.16）。1943 年，麦卡洛克和皮茨发表了一篇著名的论文《内在于神经活动中的思想逻辑计算》（*A Logical Calculus of the Ideas Immanent in Nervous Activity*），指出神经元网络能够执行逻辑功能。他们还指出，这些类似人脑的人工神经网络可以通过形成新连接和调整神经阈值的方式进行学习。1948 年，在一篇未发表的有关“智能机器”的论文中，图灵也提出了类似的想法，他说：“婴儿的大脑皮层就像一台无系统的机器，通过合适的训练干预，可以使其形成系统。”

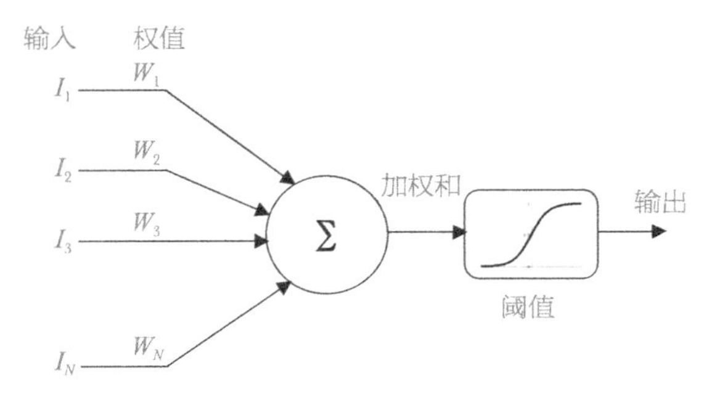

图 13.16 人工神经元示意图，带有输入、连接权以及阈值函数产生的输出。

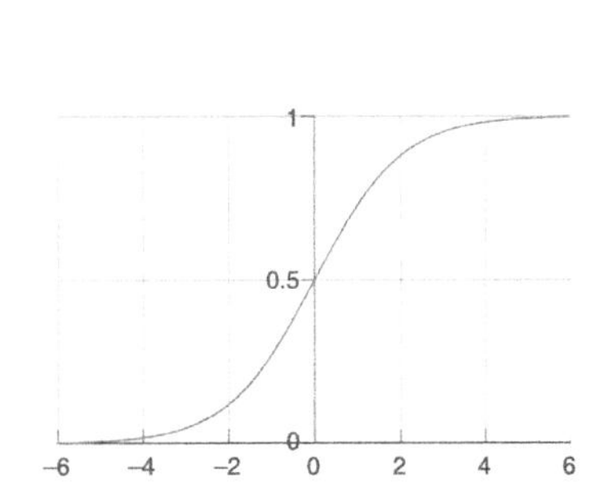

图 13.17 一个简单的人工神经元阈值函数。输出信号的强度取决于输入信号加权和的大小。

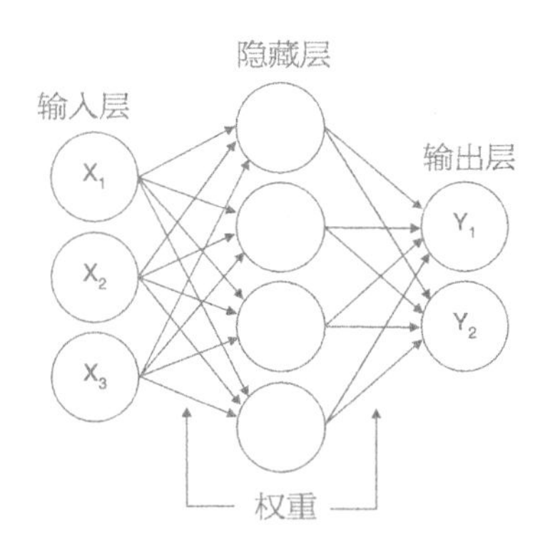

图 13.18 三层神经网络示意图，各层之间都是全连接的。神经网络的输出由神经元的连接情况、各个连接的权重、输入信号和阈值函数指定。

现代人工神经网络的基础是一种被称为“感知器”的神经元数学模型，1957 年，由弗兰克·罗森布拉特（Frank Rosenblatt）提出。在麦卡洛克 – 皮茨模型中，输入只能是 0 或 1，每个输入树突都带有一个相关权重，或 +1 或 −1，分别表示相应输入激活或者抑制神经元产生输出。模型先计算输入的加权和（每个输入乘上其权值再相加），再检查这个加权和是大于阈值还是小于阈值。若加权和大于阈值，则神经元模型被激活，在其轴突上输出 1；否则，保持 0 不变。罗森布拉特提出的感知器模型是一个连续可调权值矢量的麦卡洛克 – 皮茨模型神经网络模型。此外，它还使用一个更平滑的激活函数来取代原来简单的激活阈值。这里所说的激活函数是一个数学函数，用来把神经元的激活水平转换成输出信号，如图 13.17 所示。人工神经网络由多个相互连接的感知器层组成，如图 13.18 所示。

对于数值计算，计算机做算术运算的速度远快于人类。而对于涉及模式识别的任务（比如自动识别数字、形状、面部、语音、手写字、物体等），连小孩都比最强大的计算机要棒得多。人工神经网络研究的目标是仿照大脑的工作原理对人工网络进行训练，使之能够进行模式识别。有时，我们也把人工神经

B13.9 杰弗里·辛顿。计算机科学家，多伦多大学名誉教授。他是最早向人们展示如何让计算机像人类大脑一样进行学习的计算机科学家之一。辛顿在深度神经网络研究方面取得了令人惊喜的成果。他创办了一家公司，专门研究计算机学习和识别问题，2013年，谷歌收购了辛顿的公司。辛顿还是逻辑学家乔治·布尔的玄孙。

网络研究称为“联结主义”。

1969年，马文·明斯基和西蒙·派珀特（Seymour Papert）出版了著名的《感知器》（*Perceptrons*），给早期的神经网络研究工作泼了一瓢冷水。在书中，明斯基和派珀特指出，简单的双层感知器网络不具备学习一些简单模式的能力。但他们并未否定多层感知器网络（带有“隐藏层”），只是说这样的网络缺少有效的学习算法。到了20世纪80年代，随着有效学习算法的发现，这种情况有所改观。《自然》杂志上刊登了一篇很有影响力的论文《基于反向传播误差的学习表征》（*Learning Representations by Back-Propagating Errors*），作者是戴维·鲁姆哈特（David Rumelhart）、杰弗里·辛顿（Geoffrey Hinton，B13.9）和罗纳德·威廉姆斯（Ronald Williams）。下面让我们一起了解一下这种“反向传播算法”是如何帮助神经网络进行学习的。

假设有一个简单的三层神经网络：第一层是输入层，第二层是隐藏层，第三层是输出层，它们依次相连，如图13.18所示。每个神经元把输入转换成单个输出，然后作为输入传递给下层神经元。其中，转换过程分为两步，第一步先把每个输入信号和相应的连接权值相乘，得到带权值的输入，然后把它们相加，得到总的带权值输入；第二步把总的带权值输入传递给激活函数（比如图13.17中的函数）产生神经元输出信号。为了训练网络执行特定任务，我们必须为各个连接设置合适的权值。连接的权值大小决定着两个神经元之间影响的强度，通过使用输入神经元行为模式和输出神经元所需的行为模式训练网络。首先随机设定初始权值，范围在-1.0到+1.0，然后计算网络每一层中神经元的带权输入信号和输出，以此确定输出神经元信号的强度。针对每种输入模式，我们知道要在输出层得到什么样的模式，因此能够判断出模型的实际输出值和期望值之间存在多少误差。然后，我们必须调整每个权值，以使神经网络产生的输出更接近于期望值。为此，先要计算误差，误差定义为实际输出值和期望输出值之差的平方。

我们按照与误差变化的速率（误差随权值改变的变化速率）成比例的量来改变每个连接的权值以便减小误差。首先，我们对输出层中的所有神经元进行修改，然后反复计算找到每层连接权重的敏感值，从输出层到输入层逐层逆推进行。这样做的思想基础是每个隐藏节点都会对与之相连的输出节点产生的误差有少许影响。这种类型的网络被称为“前馈网络”，这是因为神经元之间的信号是单向移动的，即从输入节点，穿过隐藏节点，到达输出节点。训练神经网络的学习算法被称为“反向传播”算法，因为输出层的误差通过网络的隐藏层向后传播（图13.18）。

20世纪90年代，研究者发现很难训练拥有一个以上隐藏层和两层权值的神经网络。他们遇到的问题是任何额外层的权值都无法对学习效果产生明显的提升效果。然而，在最近几年里，杰弗里·辛顿和他在多伦多大学的同事以及微软研究院的邓力和俞栋的研究表明，更多层次的神经网络不仅可以进行有效的训练，还能有效提升学习效果。目前，深度学习是机器学习领域中的热门课题，已经产生了一些新的商业应用。

本章重要概念

- 反馈环路
- 图灵测试
- 专家系统
- 博弈树
- 人工神经网络

ELIZA

对于仿人程序的研究从早期计算机时代就开始了。1964 年，麻省理工学院的约瑟夫·魏泽鲍姆编写了一个“聊天机器人”程序 ELIZA，它是最早的聊天机器人程序之一，用户跟它聊天就像跟心理治疗师聊天一样。ELIZA 这个名字取自于“Eliza Doolitle”，她是萧伯纳作品《卖花女》中的一个人物，她虽是一个工人但说话时总是摆出一副贵族腔调。ELIZA 采用了一种开放式的发问方法，类似于心理学家卡尔·罗杰斯在 20 世纪 40 年代提出的“患者中心疗法”。这种治疗法的目标是通过询问患者的想法、情感和改变措辞来增强患者对问题的理解，激活患者的自我治愈能力。ELIZA 并不理解谈话的真正含义，但它会做模式匹配，遵从一些简单的规则设计问题。从下面的对话示例中，我们可以感受到 ELIZA 的谈话风格：

患者：男人全都一个样！

ELIZA：咋了？

患者：他们总爱小题大做。

ELIZA：你说说看。

患者：唉，我男朋友非让我来。

ELIZA：你男朋友让你来的？

患者：是啊，他说我最近很抑郁。

ELIZA：听你这么说，我很抱歉！

患者：他说的也对，这段时间我确实不开心。

ELIZA：你觉得来这里会让你开心起来吗？

患者：应该会吧，我需要一些帮助。

ELIZA：得到帮助对你有什么意义？

患者：或许我能学会如何跟母亲相处。

ELIZA：跟我聊聊你的家庭。

魏泽鲍姆说，在心理治疗中 ELIZA 能够简单地模仿一个非指导性心理治疗师的回答。他还说他之所以选择心理治疗这个方向是因为这样可以不用为程序提供现实世界知识库。治疗情境是少数几个可以用问句进行应答的情境之一，这样交谈时所需要的专业知识就非常少。与 ELIZA 交谈时，ELIZA 的回话非常自然、可信，用户有时会误以为他们在跟一个真的心理治疗师交谈，而非和机器交谈。有很多人在跟 ELIZA 程序交谈时流露了真实的情感，这方面的趣闻轶事有很多。

14 机器学习和自然语言处理

人们理所当然地想知道是否可以把翻译看成一个密码学问题。在读俄文文章时，我会告诉自己："其实这是用英文写的，只不过作者使用了一些奇怪的符号进行了加密而已。"

——沃伦·韦弗

概率理论：频率派和贝叶斯派

我们都熟悉这样一个事实：投掷一枚硬币，它在落下时出现正面和反面的机会是均等的。数学家说，硬币出现正面和反面的概率都是50%。因为硬币落下时出现正面或反面是仅有的可能结果，所以出现正面或反面的概率加起来一定是100%。掷硬币是物理概率的一个例子，这种概率发生在物理过程中，比如掷骰子、放射性原子的衰变等。在物理概率系统中，若做大量试验，任何给定事件（比如掷出的两枚骰子均为一点）往往以不变的比率或者相对频率出现。在重复做大量试验或测量过程中，我们也会遇到概率问题。我们在反复测量某个物体时，每次测得的结果并非完全一样，每次测量都可能存在一些小的随机误差。给定一组测量值，古典统计专家或叫频率统计专家，开发出了一套强大的统计学工具，用来估算变量的最可能值，并给出可能的误差。

从另一个观点看，概率反映了我们的信念强度，就是相信硬币是均匀的，没有偏差（偏差往往导致一种结果的出现频率高于另外一种）。例如，或许我们有理由相信硬币是公平的，它出现正面的概率为50%。或许，我们也有类似的理由相信硬币会出现偏差，认为它在80%的时间里会显示为正面。掷硬币之前，假定这两种情况有同等可能。但是在掷10次硬币之后，观察到8次正面，我们就会调整看法，相信硬币偏向正面的机会更大。掷硬币之前的假设被称为"前置信念"，它在收集统计证据之前就形成了。然后我们结合观测结果，调整这些"信念"，从而得出"后置信念"。贝叶斯推论（通过一个精确的数学方法）决定着我们应该如何改变前置信念。贝叶斯推论是一个决策技术，它会把观察数据和前置信念结合起来考虑，帮助我们去掉可能性最小的选项。对于可重复试验和测量的问题，使用概率的频率派方法很有用。但对于那些不可重复的事件（比如西雅图明天下雨的概率有多少），就无法使用频率式方法进行预测了。而贝叶斯方法则为这样的预测提供了数学基础。

18 世纪初期，一位名叫托马斯·贝叶斯（Thomas Bayes，B14.1）的英国牧师提出了我们现在常说的“贝叶斯方法”。贝叶斯的目标是通过事件过去发生或未发生的次数来了解事件将来发生的概率。在论文《机会问题的解法》（*An Essay towards Solving a Problem in the Doctrine of Chances*）中，贝叶斯举了如下一个例子：

> 假设婴儿第一次看到日落的情景。因为他还不熟悉这个世界，所以他不知道明天太阳是否会再次升起。于是在他的想象中：有日出与无日出的机会均等，把一块黑色大理石石子放到袋子中，表示没有日出；把一块白色大理石放到袋子中，表示有日出。时间每过去一天，他就用一颗大理石作为记录。随着时间一天天过去，黑色大理石逐渐被淹没在白色大理石的“海洋”之中，因此他几乎可以肯定地说：“每天都有日出。”

这个例子形象地阐释了基本的贝叶斯方法。在这个例子中，对于太阳是否会再次升起，婴儿把初始置信度设为一半对一半，它就是婴儿的“前置信念”。随着婴儿收集的数据越来越多，他对这个“信念”进行了修正，得到“后置信念”，以便能够更准确地对日出概率做预测。

在论文中，贝叶斯详细地描述了一种“思想实验”，现在我们使用计算机可以很轻松地模拟这个实验。实验是这样的：他转过身去，背对着方桌，让他的助手往桌子上扔球。球落在桌子上任意一个位置的机会是一样的。贝叶斯看不见桌子，因此不知道球的最终落点。接着，助手向桌子扔出第二个球，并跟贝叶斯说它落在第一个球的左侧还是右侧。如果落在左侧，贝叶斯就能推断第一个球落在桌子右半部分的可能性要比左半部分更大一些。然后，这位助手又向桌子抛出一个球，并跟贝叶斯说它落在了第一个球的右侧。从这个信息中，贝叶斯能够知道第一个球不可能落在桌子的最右边。随着抛球次数的增加，贝叶斯可以不断缩小第一个球可能的落点范围，并为不同范围指定相对概率。通过这个实验，贝叶斯向我们展示了如何不断调整他对第一个球落点位置的猜测（先验概率），通过考虑他获得的更多数据产生一个新的后验概率。

B14.1 托马斯·贝叶斯（1701—1761）是一位英国牧师，也是概率论的先驱之一。他的主要著作在去世后才得以出版，他的论文由威尔士科学家、牧师、哲学家威廉·普莱斯（William Price）编辑整理。1763 年，贝叶斯的论文《机会问题的解法》发表于《皇家学会哲学会刊》，在这篇论文中贝叶斯提出了著名的“贝叶斯定理”。威廉·普莱斯也是一位传奇人物，他与多位美国开国元勋私交甚笃。1781 年，普莱斯与乔治·华盛顿一起从耶鲁大学获得荣誉博士学位。

B14.2 皮埃尔－西蒙·拉普拉斯（1749—1827）。历史上最伟大的数学家、科学家之一。他经常被人们尊称为“法国牛顿”，拉普拉斯的研究涉及各个领域，如天文学、力学、微积分、统计学、哲学，并都做出了巨大贡献。拉普拉斯是法国科学院院士，法国科学院的任务之一是统一欧洲的度量衡，使之标准化。1799年，米、千克被确立为标准单位。

虽然贝叶斯最早提出使用概率表示“信念”，但是真正让这种思想成为一种能够解决多种问题的有用工具的人是法国数学家皮埃尔－西蒙·拉普拉斯（Pierre-Simon Laplace，B14.2）。拉普拉斯读了一本与赌博有关的书，于是对概率产生了兴趣，起初他并不了解贝叶斯所做的工作。1774年，拉普拉斯发表了第一篇有关概率的论文，标题是《论事件原因存在的概率》（*Memoir on the Probability of the Causes of Events*），因此人们常常把拉普拉斯的方法简称为“原因概率”。拉普拉斯这一新理论最早且最主要的应用之一是分析伦敦和巴黎的人口出生数据。拉普拉斯想弄清人口出生数据是否支持英国人约翰·葛兰特（John Graunt）的说法，即男孩出生率略高于女孩。通过伦敦和巴黎教会的洗礼记录，拉普拉斯得出结论：“我断定巴黎在接下来的179年里男孩在数量上会超过女孩，伦敦在接下来的8605年里也会一样。”晚年，拉普拉斯转而研究频率统计方法，处理了大量涉及各种主题的可靠数据。

1810年，拉普拉斯证明了“中心极限定理”，指出二项分布可用正态分布逼近。随着法国政府发布盗窃、凶杀、自杀等事件的详细数据，欧洲各国政府开始研究各个领域相关的统计数据。就这样，贝叶斯关于“通过早期频率计算未来事件的概率”的思想逐渐被淹没于一堆堆数据之中。随着19世纪研究的进展，一些人开始把“使用‘信念’这类主观的东西调整预测的不确定性”的思想作为一种严肃的科学方法，但只是有限的几个人，尚未形成气候。此后一直到20世纪中期，数学家和科学家们才开始正视概率的贝叶斯分析法，并将其作为一种有效的研究工具使用。今天，贝叶斯分析法广泛应用于各个研究领域，例如医生使用它诊断疾病，基因研究者使用它识别具有特定特征的基因等。

贝叶斯法则及其应用

现代贝叶斯思想的复兴开始于20世纪40年代。1946年，约翰·霍普金斯大学的一位物理学家理查德·考克斯（Richard Cox）再次审视了贝叶斯概率观点的基础。特别是他想找到一套有关信念推断的统一规则。首先，他必须确定如何对“信度”进行排序，比如我们前面提到的硬币是一枚均匀币（出现正面的概率为50%）还是偏币（出现正面的概率为80%）。考克斯建议根据对这些概率的信任程度进行排序，为每个命题指定一个实数，这个实数越大，我们对这个命题的信任程度就越高。他还提出了逻辑一致性必需的两条公理（既定规则）。第一条是如果指定相信某个事件为真的程度，那么也就隐式地指定了相信这个事件为假的程度。若使用0～1的实数表示“信任度”，则上面这条公理意味着某件事件为真的信任度和该事件为假的信任度加起来必须是1。这与概率的“加法法则”（所有可能结果出现的概率之和必定为1）是一致的。

考克斯的第二个公理要更复杂一些。如果指定命题Y为真的信任度，然后指出在命题 Y 为真的条件下命题 X 为真的信任度，那么我们必须隐式指定命题 X 和 Y 同时为真的信任度。假如用 B 表示一些初始背景信息，那么我们可以把信任关系写成如下等式形式：

Prob（X and Y | B）= Prob（X | Y and B）× Prob（Y | B）

上面等式可用文字表述为：给定背景信息 B，X 和 Y 同为真的概率等于 Y 和 B 为真的条件下 X 为真的概率乘上给定 B 条件下 Y 为真的概率，与命题 X 无关。上式中，竖线“|”用来区分概率中不同的命题。这个等式通常被称为概率的“乘法法则”，一般表述为：两个独立事件同时发生的概率是各个事件发生概率的乘积。乘法法则很容易从频率方法得到。请注意，所有概率必须在相同背景信息 B 条件下得出。

现在，我们可以推导出贝叶斯概率法则的数学公式。很显然，X 和 Y 同为真的概率与上述等式左侧 X 和 Y 的顺序无关。因此，有如下等式成立：

Prob（X and Y | B）= Prob（Y and X | B）

经过展开与重排，得到贝叶斯法则如下：

Prob（X | Y and B) = Prob（Y | X and B) × Prob（X | B）/ Prob（Y | B）

贝叶斯法则用文字表述为：给定原始数据 B 和某个新证据 Y，初始估计 X 的概率正比于给定原始数据 B 和假设 X 新证据 Y 的概率，正比于给定原始数据 B 估计 X 的概率。比如，从一副扑克牌中抽到一张 A 的概率为 0.077（=4/52）。如果随机抽取两张牌，第二张牌为 A 的概率与第一张是否为 A 有关。若第一张牌为 A，则第二张牌为 A 的概率为 0.058（=3/52）；若第一个张不为 A，则第二张为 A 的概率为 0.077。

考克斯指出，对信念的数值量化以及对推理合乎逻辑和一致性的要求使得信念法则和实际概率法则完全一样。因此，无论是频率派还是贝叶斯派，贝叶斯法则都是有效的，这点没有任何争议。人们争论的焦点是在数据分析中是只使用频率概率还是要加入主观信念。如果命题 X 是一个假设（即一个想法或解释），Y 是实验数据，那贝叶斯法则对于数据分析的重要性就显而易见了。

Prob（假设 | 数据与 B）~ Prob（数据 | 假设与 B）×Prob（假设 |B）

上式中，符号“~”表示式子左侧与右侧成正比例关系。换言之，在给定数据条件下假设为真的概率和假设为真条件下观察到测量数据的概率成正比。式子右侧第二个因子“Prob（假设 |B）”为先验概率，表示在纳入测量数据之前我们的信度状态。根据贝叶斯法则，先验概率由实验测量通过 Prob（数据 | 假设与 B）（似然函数）进行修正，得到后验概率 Prob（假设 | 数据与 B），它是考虑新数据后我们对假设的新信度。似然函数使用一个统计模型，它给出了想对于某个未知参数的各种取值观测数据出现的概率。估计一个模型的参数

时，我们可以把分母 Prob（数据 |B）忽略掉，因为它只是一个比例因子，不直接依赖假设。然而，在比较模型时，这个分母很重要，人们把它称为“证据”。

正如莎伦·麦克格兰尼（Sharon McGrayne）在《不朽的理论》（*The Theory That Would Not Die*）中所说，在一些不太可能的地方，甚至在频率学派占优的时候，贝叶斯不确定性推理照样有用武之地。1918 年，加州大学伯克利分校教授阿尔伯特·惠特尼（Albert Whitney）发明了“信度理论”，这是一种为保险费定价的贝叶斯方法，它基于可信度为现有证据指定权重。20 世纪 30 年代，剑桥大学地球物理学家哈罗德·杰弗里（Harold Jeffreys）利用贝叶斯观点研究地震和海啸，并在 1939 年出版了经典著作《概率论》（*Theory of Probability*）。

第二次世界大战期间，德国 U 型潜艇在北大西洋截击英国补给船，贝叶斯不确定性分析法在战胜德国 U 型潜艇的过程中发挥了决定性作用。当时，图灵在布莱切利庄园的密码破译部门工作，他使用贝叶斯方法帮助政府破译了德国海军使用的恩尼格玛密码机加密的信息。在加入布莱切利庄园之后不久，图灵就把搜索恩尼格玛机海量密码设置的过程实现自动化。在数学家高登·威奇曼（Gordon Welchman）、工程师哈罗德·基恩（Harold Keen）的帮助下，图灵设计出了炸弹机，这是一种高速机电式机器，用来测试恩尼格玛机可能的齿轮排列（图 14.1），减少可能解的数量，大大节省了时间。然而，在最糟的情况下，炸弹机仍然需要花 4 天时间来尝试所有 336 种可能的齿轮位置，这么长的时间意味着信息破译出来之后就没用了，无法帮助英军舰船避开德国 U 型潜艇的攻击。为了解决这个问题，他们必须找到一种减少齿轮位置数目的方法，图灵和他的团队找到了他们称为“cribs”的词，他们认为这些德国词很有可能出现在明文中。这些词的大部分来自德国的气象船发送的电文，其中经常含有一些重复的短语，比如“晚间天气”“灯塔按顺序点亮”等。此外，由于德国发报员会拼出数字，所以 90% 的恩尼格玛电文中都会出现单词“ein”（1）。

有了这些 cribs，图灵发明了一个人工系统，可以大大减少炸弹机要测试的齿轮设置的数目，从原来的 336 种减少为 18 种。图灵把这个系统称为“班伯里系统”（Banburismus），之所以取这个名字是因为这个系统运行所使用的卡片是在一个叫作班伯里（Banbury）的地方制作的。为了使用这个系统，布莱切利庄园的工作人员会在一张班伯里卡片纸上打孔，把每条截获的信息表示出来。然后把一张纸与另一张叠在一起，这样他们就能透过两张纸上的重叠孔洞看到字母。这个方法可以让图灵的团队猜出一大片字母。随着得到的数据越来越多，为了进一步提高猜测的准确度，他们应用了贝叶斯推论，通过组合新信息和前置信念来排除最不可能的选项。为了比对猜测的概率，图灵引入了一个度量单位“班”（ban，即 Banburismus 的缩写）。十分之一“班”称为“德西班”（deciban），据同事杰克·古德（Jack Good）讲，一德西班大约是证

图 14.1 布莱切利庄园的密码破译机——“炸弹机”的复制品。

据能被直觉感知的最小量。到了 1941 年 6 月，布莱切利庄园的破译团队能够在一小时内破译出德国 U 型潜艇的电文。

战后，贝叶斯推论应用蓬勃发展。在美国国家卫生研究院工作的杰罗姆·科恩菲尔德（Jerome Cornfield）把贝叶斯的方法应用到流行病学研究中。借助贝叶斯法则，科恩菲尔德利用美国国家卫生研究院提供的数据研究肺癌患者是吸烟者的概率问题，他的目标是回答“吸烟者得肺癌的概率有多少”这个相反的问题。研究结果表明，吸烟者比禁烟者患肺癌的风险高好多倍。在加利福尼亚圣莫尼卡市的兰德公司，弗雷德·艾克里（Fred Iklé）和艾伯特·马丹斯基（Albert Madansky）使用贝叶斯方法评估发生核武器事故的概率。由于之前只有有关原子弹的“无害”事件，所以他们无法从频率统计观点来回答这个问题。他们在 1958 年完成了报告，但是这份报告在 40 多年里一直属于机密文件。这份报告建议美国空军战略司令部的柯蒂斯·李梅（Curtis LeMay）将军发布命令，要求装备核武器必须由两个人发出命令，并且在核弹头上安装密码锁。贝叶斯方法还被应用于商业领域，企业决策者经常要在数据不完备、条件不确定的情况下做重要决定。在哈佛大学商学院，罗伯特·施莱弗（Robert Schlaifer）和霍华德·雷法（Howard Raiffa）把贝叶斯方法应用到决策理论中。1961 年，他们出版了《应用统计学决策理论》（*Applied Statistical Decision Theory*），详细介绍了贝叶斯分析方法。

自 20 世纪 80 年代开始，人们开始把贝叶斯方法和频率方法结合起来应用到各个研究领域。1984 年，英国诺丁汉大学统计学教授埃德里安·史密斯（Adrian Smith）写道：“有效的数值积分方法是贝叶斯方法得以广泛应用的关键。”6 年后，史密斯和康涅狄格大学教授艾伦·盖尔范德（Alan Gelfand）一起撰写了一篇非常有影响力的论文，指出在应用贝叶斯方法解决实际问题时，所涉及的复杂运算可以使用蒙特卡罗方法进行估算。蒙特卡罗方法是一种预测方法，当问题复杂度很高、难以使用统计分析方法时，即可使用蒙特卡罗方法。第五章我们讲到，蒙特卡罗方法使用随机数解决计算问题，它需要做大量实验，实验次数越多，所得到的结果越精确。有一种与蒙特卡罗方法相关的方法，数学家称之为马尔可夫链（Markov chain），它使用概率来预测事件序列。马尔可夫链因俄国数学家安德烈·马尔可夫（Andrei Markov）而得名，是指一系列事件，其中每个事件的概率只取决于它之前的事件。把马尔可夫链和蒙特卡罗方法结合起来便得到“马尔可夫链蒙特卡罗方法”。

戴维·斯皮格霍尔特（David Spiegelhalter）曾是埃德里安·史密斯的学生，他在英国医学研究委员会工作，斯皮格霍尔特使用“马尔可夫链蒙特卡罗方法”编写了一个用于分析复杂统计模型的程序。这个程序使用“吉布斯采样”（Gibbs sampling）方法生成随机样本。1991 年，斯皮格霍尔特发布了“BUGS”程序。BUGS 是“利用吉布斯采样的贝叶斯推论”（Bayesian Inference Using Gibbs

B14.3 朱迪亚·珀尔。计算机科学家。2011 年，他因开发出了基于贝叶斯信念网络的因果推理演算法而获得图灵奖。这个新方法可以用来为将来事件做概率预测，还可以帮助选择一系列行为完成指定目标。珀尔的理论框架重新点燃了计算机科学界研究人工智能的兴趣。

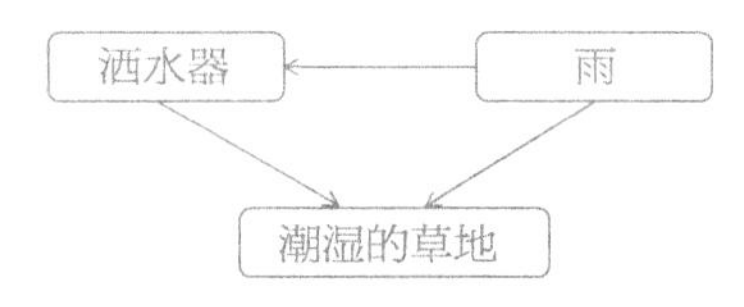

图 14.2 一个描述雨水、洒水器、草地的联合概率分布结构的简单贝叶斯网络。该图表明雨水影响洒水器是否开启，雨水和洒水器又影响着草地是否潮湿。这是一个有向无环图的例子。

Sampling）的缩写。自此以后，BUGS 成为应用最广泛的贝叶斯软件包之一，下载量超过了 3 万次，应用范围跨越地质学、基因学、社会学、考古学等各个领域。斯皮格霍尔特把贝叶斯方法应用到临床试验和流行病学中。

贝叶斯应用爆炸式增长得益于两个方面，一是出现了通过“马尔可夫链蒙特卡罗方法”采样做后验评估的数值方法，二是功能强大的桌面型计算机得到广泛普及。在我们举的例子中，只考虑了带有几个变量的简单问题。在实际问题中，一般统计学家需要在大量的变量中寻找关系。20 世纪 80 年代末，贝叶斯方法的应用获得突破。图灵奖得主朱迪亚·珀尔（Judea Pearl，B14.3）指出贝叶斯网络是进行复杂贝叶斯分析的强大工具。图 14.2 显示的是一个非常简单的贝叶斯网络。

下面是贝叶斯分析优点的最后一个例子。微软研究院机器学习研究员戴维·赫克曼（David Heckerman）说：“在贝叶斯分析者眼中，所有概率都表示不确定性，每当看到不确定性时，就会使用概率来表示它。这种思想比贝叶斯定理本身要重要。”在斯坦福大学读博士时，赫克曼在博士论文中提出把贝叶斯方法和图形网络应用到专家系统中来描述专家知识的不确定性。他的概率专家系统被称为“探路者”（Pathfinder），用来帮助医疗专家做淋巴结疾病诊断。在微软研究院，赫克曼应用贝叶斯方法解决垃圾邮件检测、计算机系统故障排除等问题。目前，他正带领一支研究团队做基因数据分析，以便更好地了解艾滋病、糖尿病等疾病的诱因。近年来，赫克曼带领团队对许多人的基因组（完整的 DNA 组）进行检查，并使用英国维康信托基金会提供的研究数据，寻找与特定疾病相关的基因变异。英国维康信托基金会提供的研究数据涉及 7 大疾病，每种疾病选取了 2000 名患者，分别采集了他们的基因信息。此外，研究数据中还包含 13 000 名无任何疾病的个人基因信息。

赫克曼带领的团队开发出了一种新的高效算法，用来快速移除假相关，研究人员分析了 63 524 915 020 对基因标记，从中寻找躁郁症、冠状动脉病、高血压、炎症性肠病（克罗恩病）、类风湿性关节炎、I 型和 II 型糖尿病的相互作用。他们动用了微软云计算平台中的 27 000 台计算机处理研究数据。这些计算机运行了 72 个小时，完成了 100 万个任务，大约相当于 190 万个计算机时。如果在一台普通的桌面型计算机上运行这些计算，则需要花 25 年才能完成这项分析工作。最终，赫克曼团队在基因组和这些疾病之间发现了新的联系，这些发现将会为预防和治疗这些疾病带来重大突破。

计算机视觉和机器学习：尖端技术应用

对人类而言，视觉是件轻松自然的事。我们能够轻松地看到一个场景，并快速理解场景中的对象以及这些对象共存的情境。但这对计算机来说却不是件容易的事，从 20 世纪 60 年代中期开始，计算机视觉就已成为计算机科学的一个重要研究方向，但要赶上人类还有很长的路要走。尽管研究进展缓慢，但现在还是出现了许多与计算机视觉算法相关的商业应用，比如工业检测系统、车辆牌照识别系统等。20世纪90年代早期，计算机科学家开发出基于视觉的系统，用来侦测三维空间中的人体运动。当一个人穿着带有特定反光标记的衣服在特定空间中移动时，利用从多架摄像机收集到的影像，基于视觉的系统可以记录并复原这个人在三维空间中的躯体位置。

关于计算机视觉算法的研究也一直在进行之中，有些算法已经相当先进，甚至可以从视频影像还原三维空间信息。尽管如此，图像理解和一般物体识别问题在计算机科学领域仍然面临着巨大的挑战。在这方面虽然取得了一些进展（图 14.3），但是要想获得重大进展，需要根据数据为每个对象生成软件模型，而非依靠程序员手工编写。从目前来看，机器学习是实现对象有效识别的关键技术。2001 年，保罗·维欧拉（Paul Viola）和迈克尔·琼斯（Michael Jones）使用机器学习技术创建了第一个对象检测框架，它对多种特征表现出较高的检测精度。虽然他们的系统可以被训练识别不同类型的对象，但他们设计这个框架的主要目标是为了解决面部识别问题。现在，他们的系统被广泛应用在数字摄像机的面部识别软件中。

2008 年，微软 Xbox 游戏机研发团队和英国剑桥微软研究实验室的视觉研究人员会面。Xbox 团队目标远大，他们要开发拥有强大功能的人体跟踪软件，以便在不使用游戏控制器的情形下玩计算机游戏。亚历克斯·基普曼（Alex Kipman）是 Xbox 团队成员之一，他采用了一种新方法来解决三维运动捕获问题，即利用三维红外摄像机的深度信息进行捕获。红外摄像机工作在 320 × 240

对象类型	建筑	草	树	牛	羊	天空	飞机	水	脸	车
自行车	花	符号	鸟	书	椅子	路	猫	狗	身体	船

图 14.3 在过去 10 年中，自然图像的对象识别技术得到了很大发展，这主要得益于机器学习算法的发展和大量带标签训练集的应用。

像素的分辨率下，以每秒 30 帧的速度生成图像（图 14.4 和图 14.5）。剑桥研究实验室的研究员杰米·肖顿（Jamie Shotton）写道：

> 深度的准确度真是让我兴奋不已，通过它你甚至可以辨认出面部的鼻子和眼睛。深度信息可以用来做人体姿势估计，它解决了姿势估计中的一些大问题。你不必再担心背景中有什么，因为它距离较远。衣服、皮肤、头发的颜色和纹理都实现了标准化。人物的尺寸是已知的，因为深度摄像机是以米为单位校正的。

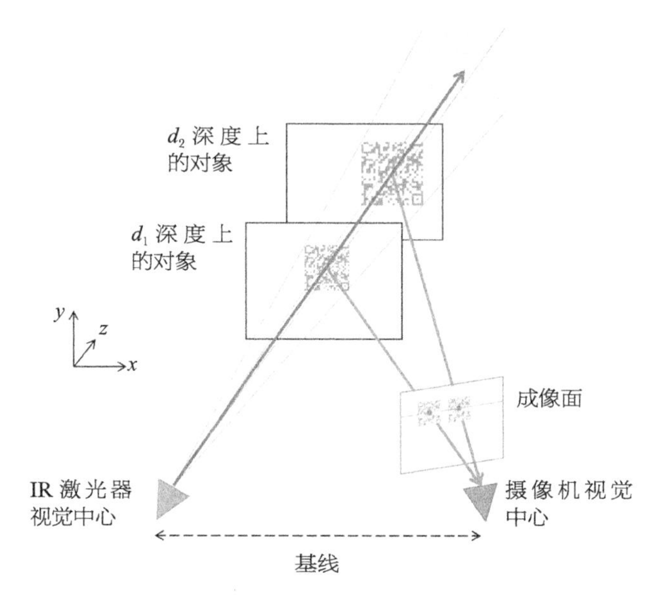

图 14.4 Kinect 3D 摄像机的工作原理。一个红外线激光器照亮带有随机光点图形的场景。通过使用这些点图，摄像机传感器可以判断场景中各个对象的相对位置。

图 14.5 Kinect 摄像机的一些示例图像。

Xbox 团队研制出了一个基于三维信息的人体跟踪系统，但对于玩真实游戏来说，这套系统的功能还不够强大。关于这个问题，肖顿表示：

> Xbox 团队向我们求助，并把他们开发的人体跟踪算法原型也一起带来了。这个系统在工作时假定知道你当前在哪里以及在时间 t 时的移动速度，先估计在 t+1 时刻你所在的位置，然后把预测时人体的计算机图形模型和从摄像机获取的实际深度图像反复做比较，并且根据比较结果做微小调整，进而对预测做改善。这个系统给我们留下了非常深刻的印

象，它能够实时顺畅地跟踪人体运动，同时也暴露出了三个问题。首先，你必须站在一个特定的T位置上，这样系统才能锁定你。其次，如果你的动作太难预测，系统将无法进行跟踪，这时你必须重新回到T位置从头再来。这种情况通常每5秒或10秒就会发生一次。最后，只有你的身高、体型与设计这个系统的程序员一样时，这个系统才能正常工作。不幸的是，这些问题对一款还没上市的产品来说都是致命的。

肖顿和同事安德鲁·菲茨吉本（Andrew Fitzgibbon）、安德鲁·布莱克（Andrew Blake）一起讨论如何解决这些问题。研究人员知道他们需要避免做这个假设：如果给出上一帧（1/30秒）中人体的位置或姿势，就可以通过“相邻”姿势来确定身体的当前位置。当人体快速运动时，这个假设将不起作用。研究人员需要为单个三维图像找到一种检测算法，获取原始深度测量值，并把它们转换成表示身体姿势的数字。然而，为了涵盖所有可能的姿势、形状和尺寸的组合，研究人员估计差不多需要 10^{13} 幅不同的图像。这个数量对Xbox硬件来说太大了，硬件无法实时做出匹配响应。肖顿提出了一个不用识别全部自然物体的想法，他带领团队编写了一个用来识别身体不同部位的算法，比如左手、右脚踝等。肖顿团队设计了一个图样，把人体划分为31个部分，然后使用决策森林（由一系列决策树组成）作为分类方法，对给定像素点属于身体的哪个部分进行预测（图14.6）。通过从单一深度图像预测各部分的概率，他们能准确预测身体不同关节在三维空间中的位置。然后，Xbox团队获得这些预测，并把它们与人体三维骨骼融合在一起。

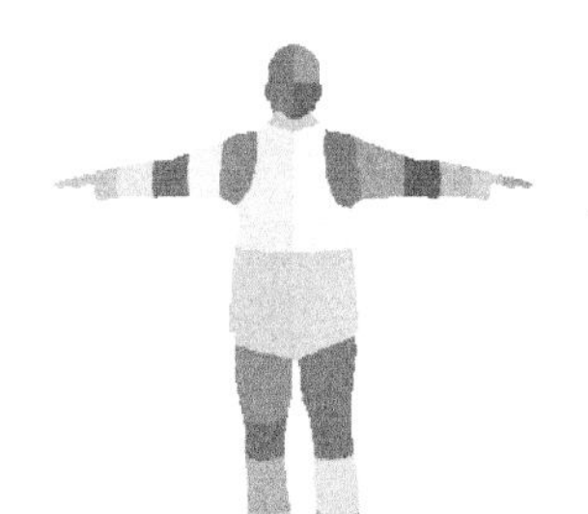

图14.6 为开发Kinect Xbox应用，微软研究人员把人体划分为31个部分。

图14.7 Radica制作猜谜游戏二十个问题。它使用人工智能技术借助20个（或更少）问题猜测你脑中想象的事物。2005年，这款游戏被评为“年度游戏”第二名。

决策树的工作原理类似于猜谜游戏二十个问题（图14.7），每个问题都会减少可能答案的数目。对于图像中的每个像素点，计算机会问一系列问题，比如：“它与右边那一点的距离是不是比它与下方那一点的距离多12厘米？”根据这些问题的答案，程序沿着树往下走，不断问问题，直到找到像素点在身体的哪个部分。最困难的是如何为树确定最好的问题，最终系统中使用的决策树深度约为20，包含了大约100万个节点。解决方法是使用一个非常大的样本集对系统进行训练。和Xbox团队一起，研究人员记录了演员在运动捕获室内数个小时的动作影像。他们拍下的这些动作对于游戏非常有用，可以用来实现游戏中的跳舞、奔跑、打斗、驾驶等动作。在这些动作的模拟中，Kinect 传感器会得到一些读数，利用这些数据就可以让计算机中的不同角色动起来。最后得到的训练集包含几百万张人工生成的深度图像和真实模拟的躯体位置（图 14.8）。

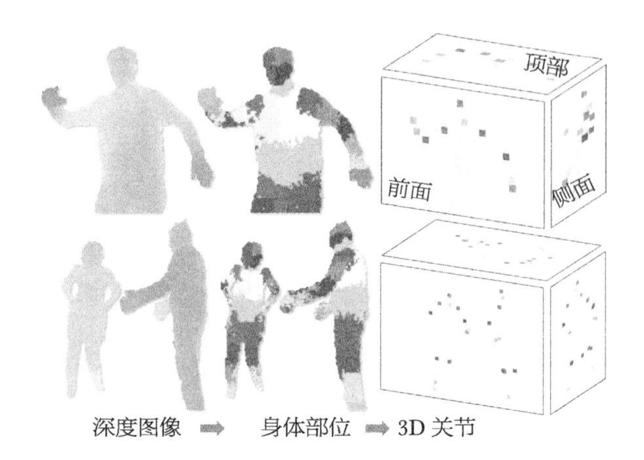

图 14.8 身体各部分的三维图像识别示意图。这个系统会把左图原始图像的深度转换成身体相应部分的图像，然后再转换成三维身体关节。

最后一个挑战与计算有关。肖顿在以往的对象识别研究中所使用的训练集只包含几百张图像，在单台机器上，训练所花的时间还不到一天（图 14.9）。面对几百万张训练图片，微软研究人员必须想办法把这些图片分配给 100 多台计算机。这种分布式处理方式能够帮助他们把训练时间缩短到一天以内。借助这些先进的技术，研究人员和 Xbox 团队编写出了非常强大的骨骼追踪软件，并使用它开发出了各种"无控制器"游戏。微软在 2010 年 11 月发布了 Xbox Kinect，打出"你就是游戏控制器"的营销口号。根据吉尼斯世界纪录，Xbox Kinect 迅速成为史上最畅销的电子消费品。

图 14.9 Kinect 追踪系统需要处理大量不同的身体姿势、形状和尺寸。

B14.4 诺姆·乔姆斯基。语言学家、哲学家、认知学家。从1955年开始，乔姆斯基一直在麻省理工学院担任教授。乔姆斯基是一个多产的作家，他出版的图书超过了100本。乔姆斯基认为，孩子生下来就具有普遍语法，这种观点在语言学中产生巨大影响。他写的关于政治、经济、社会的著作却备受争议。

语音和语言处理

使用计算机处理和理解人类语言的想法最早可追溯到图灵和香农那个时候。现在与语音、语言处理相关的研究有很多分支，比如计算机科学中的计算语言学、自然语言处理，电子工程中的语音识别、语音合成等。20世纪50年代，在香农早期语言语法的研究基础之上，诺姆·乔姆斯基（Noam Chomsky，B14.4）提出了“上下文无关文法”（context-free grammar）的思想。这种数学上精确的形式主义用来描述如何使用更小的“块”来构建自然语言中的短语。乔姆斯基语法确立了一种方法，借助这种方法，我们可以把一些从句嵌套到另一些从句中，在形容词、副词与名词、动词之间建立关联。1952年，贝尔实验室的研究人员研制出了第一个自动语音识别系统，它是一个统计系统，对十位数的识别准确率达到了97%~99%，条件是朗读音为男声，两个单词之间的时间间隔为350毫秒，还要把机器调谐至朗读者的语音配置文件。否则，这个系统的识别准确率就跌到60%左右。

20世纪六七十年代，语音和语言处理主要采用两种研究方法，即乔姆斯基的形式符号法和自动语音识别系统的统计法。符号法一般应用于新兴的人工智能领域，而统计法则主要被电气工程师和统计学家使用。下面用两个例子来阐释一下这两种方法的区别。首先举符号研究领域中的一个例子，即特里·威诺格拉德的积木世界操纵程序。积木世界操纵程序系统编写于1972年，能够模拟机器人的行为，与积木世界进行交互。这个系统能够接收以自然语言形式给出的复杂的文本命令，比如“找出一个比手里那个更高的积木，并把它放入盒子中”。虽然积木世界操纵程序系统在自然语言理解方面有了巨大进步，但同时它也表明了让计算机理解周围的世界（哪怕是很小的一部分）是多么困难。与此同时，在统计研究领域，语音识别系统也取得了令人瞩目的成就，这要归功于隐马尔可夫模型的应用。前面讲过，马尔可夫模型是一个数学系统，它拥有一系列可能的状态，从一种状态随机转换到另一种状态，新状态只取决于前一个状态的参数。在隐马尔可夫模型系统中，假定被建模的系统有隐含的马尔可夫过程，但是真实的马尔可夫状态转换无法直接观测。隐式马尔可夫变量状态的概率必须由间接观察推断出来。隐马尔可夫模型是最简单的贝叶斯网络之一。

到了20世纪90年代中期，概率和数据驱动模型成为许多自然语言处理应用的常用方法。这种趋势一直延续到21世纪初期，然后出现了机器学习技术，在语音和语言处理过程中，无论从哪个方面看，机器学习所产生的结果都明显优于基于规则的系统。机器翻译就是一个重要的例子。现在的机器翻译应用不再使用基于复杂规则的系统，而采用一种更有效率的方法，即使用大量“平行文本”（两种语言中一致的文本）作为训练数据，让计算机学习如何在上下文语境中翻译单词、短语和语言结构。而且，在人工译文的帮助下，机器翻译系统的性能得以不断改进和提高，目前机器翻译的质量已经超过了最好的基于规则的翻译系统。在丰富的平行文本语料库的帮助下，现在生成一个机器翻译系统只需要几天时间，而创建一个基于规则的系统则要花几个月的时间。例如，2010 年海地地震时，微软研究院机器翻译团队只花了不到 5 天时间就创建出了一个“英语 - 克里奥尔语”的翻译系统，提供给紧急救援人员使用（图 14.10）。现在，对使用濒危语言的群体来说，只要他们提供足够多的平行文本即可创建出相应的翻译系统。按照这种方法，微软的 Translator Hub 服务被用来为各种语言生成机器翻译系统，从苗语、玛雅语到《星际迷航》中的克林贡语，还可以使用特定行业（比如俄罗斯时装业）中的词汇来生成翻译系统。

图 14.10 2010 年，海地发生地震，首都太子港大部分地区成了一片废墟。借助于机器学习和“克里奥尔语—英语”平行文本语料库，可以在不到 5 天的时间内创建出一个翻译器。右边两幅图是地震前（a）与地震后（b）的国家宫殿。

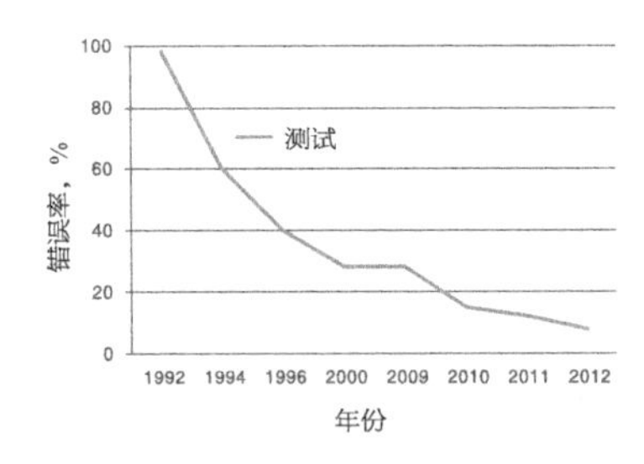

图 14.11 美国国家标准和技术研究所的“Switchboard”测试，指出词错误率随时间变化的情况。在最后几年里，借助深度神经网络技术，错词率大幅降低。

自然语言处理中最后一个取得进展的例子与语音处理有关。在 20 世纪 90 年代，隐马尔可夫模型让我们取得了巨大进步。图 14.11 是来自美国国家标准和技术研究所的一项基准测试，它反映在语音识别中词错误率大幅降低。根据 Switchboard 测试数据，在 20 世纪 90 年代初期，词错误率超过 80%，而到了 2000 年，词错误率降到了不到 30%。在此后差不多 10 年间，尽管科研人员做了大量努力，但词错误率仍然没能得到进一步降低，这种状况一直延续到 2009 年。2009 年，杰弗里 · 辛顿和他在多伦多大学及微软研究院的同事指出，预先使用深度神经网络训练隐马尔可夫模型可以大大降低词错误率。到了2012年，错词率已经降到不足10%，这是重大进步，因为这意味着目前的计算机语音处理系统在准确度上已经接近人类的水平。

IBM的沃森和《危险边缘！》节目

图14.12 位于美国纽约州约克城高地IBM实验室的计算机“沃森”。

自从1997年深蓝在计算机国际象棋领域中大获成功之后，IBM一直在寻找同样大胆的挑战，以吸引公众的注意力（图14.12）。2005年，IBM研究中心主任保罗·霍恩（Paul Horn）听取了IBM总裁查理斯·里克尔（Charles Lickel）的建议，鼓励研究人员研制一台能够在《危险边缘！》（*Jeopardy!*）益智游戏中击败人类选手的机器。这个益智游戏吸引了数百万观众，正如霍恩所说：“人们早已把它与智力联系在一起了。”

《危险边缘！》这档益智类节目，于1964年在美国全国广播公司电视网首次亮相。它是一个益智问答游戏，以答案形式提问，以提问形式作答，所涉及的主题涵盖面非常广。美国电视节目主持人梅尔夫·格里芬（Merv Griffin）策划了这个节目，他把节目这种奇怪的反向回答风格（游戏以答案形式提供各种线索，参赛者必须以问题的形式做出简短正确的回答）归功于与妻子的一次对话：

> 有一天，我和妻子朱莉安坐飞机从德卢斯回纽约，途中朱莉安想出了这个主意。当时我正在思考游戏秀创意，她注意到自从智力竞赛秀丑闻以来，在播的“问答”节目没有一个成功的。为什么不对调一下，告诉选手们答案，让他们提问题呢？然后她对我说出了一个数字（答案）“5280”，与之对应的问题当然是“一英里有多少英尺？”。我很喜欢这个创意，就带着它去了美国全国广播公司，他们直接买下了它，甚至连试播都没搞。

这个游戏每轮有6个类别，每个类别又分别有5条细节线索，对应不同的奖金金额（图14.13）。这些类别涉及的主题很广，既有传统主题，比如历史、科学、文学、地理，又有流行文化和文字游戏，比如双关语。举个例子，比如在“美国总统”类别中，游戏本身提供的线索为“美国之父，砍倒樱桃树”。参赛者必须回答“谁是乔治·华盛顿？”再举一个双关语的例子，在“军衔”这个类别下，线索可能是“体罚”，与之对应的答案是“下士是什么？”在主持人说出整个线索后，第一位参赛者马上按铃，抢到了首先回答的机会。如果回答正确，他就会获得这条线索对应的金额；如果回答错误，就会被扣掉这条线索所对应的金额，再让其他选手进行抢答。这个游戏中还有三条“奖金加倍”线索，参赛者最少可以赌5美元，最多可以赌上他们赚得的所有金额，还有一个“终极危险边缘”环节，参赛者写下他们的答案，可以赌上他们所有赢得的钱。

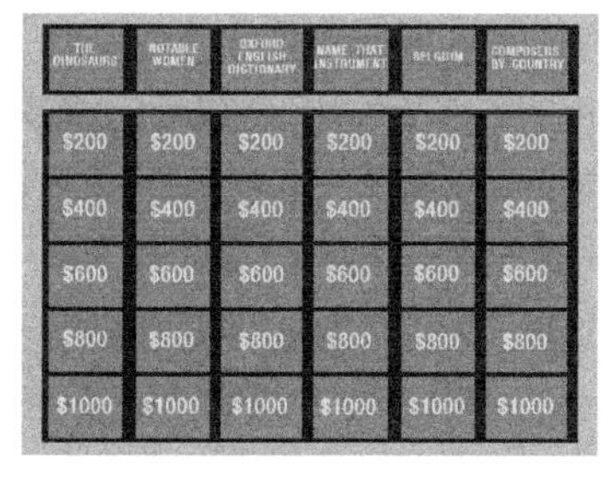

图14.13《危险边缘！》游戏界面。

B14.5 戴维·费鲁奇。计算机科学家。大学毕业后，他获得了生物学学士学位和计算机科学博士学位。他的主要研究领域是自然语言处理、知识表征和发现。1995年，费鲁奇加入IBM，从2007年开始领导“沃森/危险边缘！”项目。在对项目做过可行性研究之后，费鲁奇组建了一个由25个人组成的团队，他们的目标是在4年内开发一个能够理解人类语言的系统，并且在《危险边缘！》游戏中击败人类冠军。

如果回答正确，就赌赢了，这就能改变游戏的结果。在最后一轮结束后，得分最高者为获胜者。

这个节目历史上首位传奇人物是肯·詹宁斯（Ken Jennings），他是一位计算机程序员，来自犹他州盐湖城。从2004年6月一直到11月，詹宁斯连赢74场比赛，赢得的奖金总额超过了250万美元。这个节目并未让观众觉得无聊，相反收视率一路攀升，超过了50%。詹宁斯获胜的关键是他闪电般的反应速度：对一半以上的线索，他的反应都比别人快，这最终让他赢得了比赛。

保罗·霍恩提议IBM研制一台能够参加《危险边缘！》游戏的机器，这引起了很大争议。直到一年后，他才最终说服IBM研究中心语义分析和集成部门主管戴维·费鲁奇（David Ferruci，B14.5）承担起这项任务。对于能否顺利完成这项任务，费鲁奇心里没底。他领导的一支团队正在开发问答系统——Piquant。Piquant是实用的智力问答技术（Practical Intelligent Question Answering Technology）的缩写。在每年的文本检索会议上都会有一场比赛，参赛团队会得到100万个文档来训练他们的系统。在这些比赛中，IBM Piquant系统的知识库非常有限，回答问题的出错率高达67%。在最初的6个月里，他们使用500个样本线索训练Piquant回答《危险边缘！》中的问题。与使用网络和维基百科的方法（即基于搜索引擎的方法）相比，Piquant表现得更出色。尽管如此，Piquant获胜的机会只有30%。这次实验失败后，费鲁奇认识到要提高Piauant的性能就必须采用包括人工智能技术在内的多种技术。因此，他从IBM研究中心请来了机器学习和自然语言处理方面的专家，并且与卡内基梅隆大学和麻省理工学院的研究人员进行合作。尽管之前的实验失败了，但费鲁奇毫不气馁，他跟霍恩说24个月之内他就能研制出一台可以在《危险边缘！》节目中与人类选手进行对抗的机器。他把这个项目的代号命名为“Blue-J”。一年后，为了纪念IBM的第一任总裁托马斯·沃森，他们把机器命名为沃森（Watson）。

2007年7月，费鲁奇和IBM公司的几个同事飞到位于加利福尼亚州卡尔弗市索尼影像工作室，与《危险边缘！》节目制片人哈里·弗雷德曼（Harry Friedman）会面。最终他们达成一致，把人机大战的时间暂定在2010年年末或2011年年初。并且，弗雷德曼还同意不在节目中使用音频或视频片段提供线索。这样，最后期限就确定下来了，IBM团队开始加紧训练沃森。他们从一个《危险边缘！》粉丝站点获取了节目近20年中使用的2万多条线索。通过分析这些线索，IBM团队可以得到各种类别线索出现的频率。他们还研究了各场比赛，分析了詹宁斯获胜的74场比赛，学习詹宁斯在比赛中运用的策略。在位于纽约霍桑的IBM研究中心的“作战室”中，他们把这些信息绘制成一个图表，并将其称为“詹宁斯弧”（Jennings arc）。在比赛中，詹宁斯的平均正确率超过了90%，单场比赛中，詹宁斯成功抢答率达到了75%。他们算了一下，要想击败詹宁斯，沃森必须像詹宁斯一样准确，并且至少在一半时间里抢答成功。

IBM 团队早期的结论之一是，在《危险边缘！》节目中回答问题时，沃森并不需要深入学习文学、音乐、电视等方面的知识。它只需要了解有关著名小说、主要作曲家的简短传记、明星、热门电视节目的情节方面的内容。然而，由于比赛期间沃森不能搜索 Web，所以研究人员必须事先把这些信息全部放入沃森的存储器中，并以其可理解的方式进行存放，这些信息有多个来源，比如维基百科、百科全书、词典、报纸文章等。

对研究人员来说，最大的困难是让沃森知道应该根据《危险边缘！》给出的线索找什么，而那些线索的表述往往让人感到困惑，晦涩难懂。为了解决这个问题，研究人员首先采用了语法分析技术，借助它来识别名词、动作、形容词和代词。然而，与答案查找有关的关键词很多，费鲁奇和他的团队必须搜索许多不同的解释。然后，通过使用多种机器学习方法和交叉验证技术，他们为一系列可选答案计算概率。所有这些搜索和测试都需要花时间，而为了满足比赛要求，研究人员必须想方设法让沃森在几秒钟内就给出答案。2008 年年末，费鲁奇招募了一支由 5 个人组成的硬件团队，要求他们把处理速度提升 1000 多倍。如何才能办到呢？解决方法就是把计算量分配给 2000 多个处理器，通过这种方法，沃森就能同时探索所有路径了。

在为比赛做准备期间，沃森不断使用《危险边缘！》的线索集合进行训练，与以前的获胜者做比赛练习。到了 2010 年 5 月，在 65% 的比赛时间里，沃森都能战胜人类选手。研究团队借助沃森的失败进一步改善和优化算法及选择标准。他们还必须为沃森安装“脏话过滤器”，以帮助它区分礼貌用语和脏话。在经历许多故障和可笑的错误之后，沃森终于成功登上了“詹宁斯弧”，也就是说沃森已经接近《危险边缘！》节目中获胜选手的水平。然而，电视播放比赛的是沃森和《危险边缘！》节目最优秀的两个冠军之间的对决，其中一个是詹宁斯，另一个则是布莱德·鲁特（Brad Rutter），鲁特在 2005 年的“终极冠军锦标赛”中曾经击败过詹宁斯。

起初，沃森采用电子方法按抢答器，在速度方面具有很大优势，为公平起见，弗雷德曼和《危险边缘！》团队坚持要求 IBM 团队为沃森安装一个机械手指，让它采用物理方法按抢答器。另外，IBM 认为，沃森还需要一个虚拟人脸图形。费鲁奇想到了斯坦利·库布里克导演的《2001：太空漫游》中的 HAL，他说：“你可能不想看到红眼睛，因为当眼睛闪烁时，它看起来和 HAL 很相像。”在此之前，IBM 提出了“智慧地球”（Smarter Planet）战略，旨在探索如何运用信息技术促进经济增长，实现可持续发展和社会进步。“智慧地球”的图标是上方带有五道杠的地球，五道杠表示从地球辐射出来的智慧。IBM 决定把这个图标用作沃森的面部。为了进一步增加游戏的乐趣，沃森的答题板向观众公开，但其他选手看不到，答题板上有五个候选答案，每个答案都标有相应的可信度。费鲁奇表示，这样可以让观众更加了解沃森的“大脑”。

这次人机大战的比赛场地选在纽约州约克镇高地的IBM研究中心。制片人在2011年1月录下了这场比赛，并要求观众和参赛选手保密到2月播出之后。整个比赛分为两场，第一场沃森领先，而在第二场詹宁斯和鲁特领先，但是沃森在最后的“奖金翻倍”环节获胜，因此沃森最终赢得了比赛。在“终极危险边缘”环节，詹宁斯写下答案后，在最后加了一句附言：“我本人欢迎这位新的计算机霸主。”

沃森赢得了比赛，但这真的说明沃森拥有智慧吗？对于这个问题，费鲁奇认为：不论使用什么方法，教机器回答各种复杂问题都是一个显著的进步。在深蓝和沃森之前，大多数人都认为下国际象棋或参加《危险边缘！》节目都需要参与者拥有智慧。然而，深蓝下国际象棋时只是动用了巨大的计算力来搜索最佳走步，沃森在参加比赛时使用大规模并行处理探索大量可选答案，并对它们按照可信度进行排序。IBM沃森团队的研究人员并没有对人类大脑的结构进行建模，他们使用了大量自然语言处理和机器学习算法，让机器具备正确（或大部分正确）回答复杂问题的能力，机器并非像人那样尝试去理解问题。然而，从图灵测试中智慧的操作型定义来看，人们会认为深蓝和沃森都是有智慧的。但是大多数专家认为，深蓝和沃森只是模拟智慧的机器。这样的系统（有时被称为弱人工智能）只能在一个很窄的领域中赶上人类的智慧，但在更宽的领域中却不能。这样的系统是向强人工智能迈出的重要一步吗？还是与这个目标无关？这个问题在哲学和计算机科学界引起了激烈的争论。

图14.14 约翰·希尔勒的“中文房间”思想实验表明，一个对中文一窍不通的人可以像计算机一样按照既定的指令操作，使外部观察者误以为他懂中文。

“中文房间”（Chinese Room，图14.14）是由哲学家约翰·希尔勒（John Searle，B14.6）提出的一个著名的思想实验，借以驳斥强人工智能的观点。在这个思想实验中，希尔勒设想有一个对中文一窍不通的人坐在一个封闭的房间里，他遵照指示把中文字符组合成对问题的解答，使得房外的人以为房间里的人懂并且会说中文。关于这个实验，希尔勒详细描述如下：

B14.6 约翰·希尔勒。哲学家。在计算机科学界，他因提出富有争议的“中文房间”思想实验而为人熟知，希尔勒借助这个著名的思想实验来驳斥强人工智能的观点。

> 想象有一个对中文一窍不通、以英文为母语的人被关在一个只有两个通口的封闭房间里，房间里有一些盛着中文符号的盒子（数据库），还有一本与中文符号操作有关的指令手册（程序）。假设屋内外的人互不认识，屋外的人向屋内递进用中文写成的问题（输入）。屋内的人按照程序指令把中文符号组合成问题的正确答案（输出），并把答案递出屋外。这样，程序就帮助屋内的人通过了图灵测试，认为他懂中文，而实际上他对中文一窍不通。

1980年，希尔勒第一次提出了这种观点，一经提出，便引起了巨大反响，有人支持，有人反对，双方争论不休。2011年，在沃森赢得《危险边缘！》比赛后，希尔勒写了一篇文章，在文章中他重申了自己的观点，继而说：“沃森其实并没有理解问题，它既没有理解答案，也不知道哪些是对的，哪些是错的，它不知道是在玩游戏，也不知道自己获胜，因为它什么都没理解。”

本章重要概念

- 贝叶斯网络
- 贝叶斯推断
- 后置信念
- 因果推理
- 人体跟踪
- 普遍语法
- 统计语言翻译
- 强人工智能
- 中文房间

这是一种相当有趣的现象。每当我拉下这个控制杆，这个研究生就舒一口气。

15 “摩尔定律”的终结

一个芯片上集成了数万个电子元件，移走这些元件产生的热量可行吗？

——戈登·摩尔

纳米技术

1959 年，美国物理学会在加利福尼亚的帕萨迪纳市召开了一次会议，在餐后演讲中，物理学家理查德·费曼做了一场题为《底下的空间还大得很》的著名演讲，演讲中费曼向人们展现了他对未来的愿景。这次演讲有个副标题叫“进入新物理领域的一次邀请”，它标志着一个新的研究领域——纳米技术诞生了。纳米技术研究的是在纳米尺寸上物质的操控问题。从尺寸来看，原子一般只有零点几纳米。费曼还特别强调，这种尝试并不需要新的物理学：

> 我不是在创造反重力，或许有一天这真的可以实现，但前提是物理法则跟我们想的不一样。我只是在说，如果物理法则跟我们想的一样，我们能做什么。这做起来并不容易，因为我们还没有抽出时间来做。

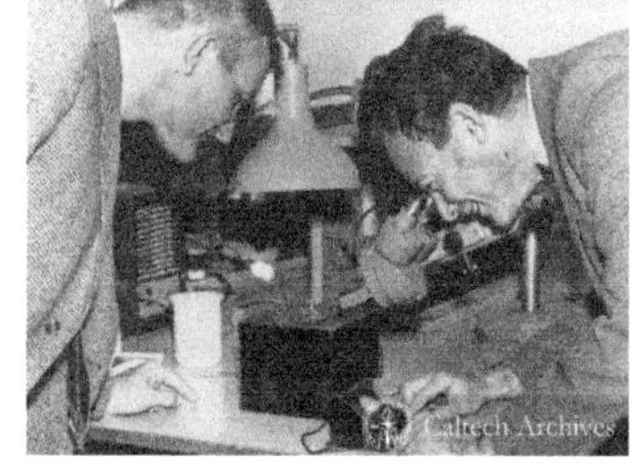

图 15.1 1960 年，理查德·费曼正在查看比尔·麦克莱伦制造的微型电动机。这个电动机能够产生百万分之一的马力，最终费曼支付给麦克莱伦 1000 美元奖金。

演讲中，费曼向所有物理学家提出了两项挑战，奖金各为 1000 美元：第一项挑战是制造一个可正常运行的微型电动机，体积不超过 0.25 立方厘米；第二项挑战是把某本书一页纸上的内容放到只有一张纸的两万五分之一的面积上。第一个完成挑战的人能得到费曼提供的奖金。在这次演讲之后不到一年，毕业于加州理工学院的电子工程师比尔·麦克莱伦（Bill McLellan）就完成了第一项挑战（图 15.1）。当麦克莱伦拿出显微镜让费曼看他制造的能够产生百万分之一马力的微型电动机时，费曼才意识到他是认真的。虽然费曼把 1000 美元奖金付给了麦克莱伦，但他对这台微型电动机感到失望，因为从技术层面上看，它没有任何创新（图 15.2）。费曼意识

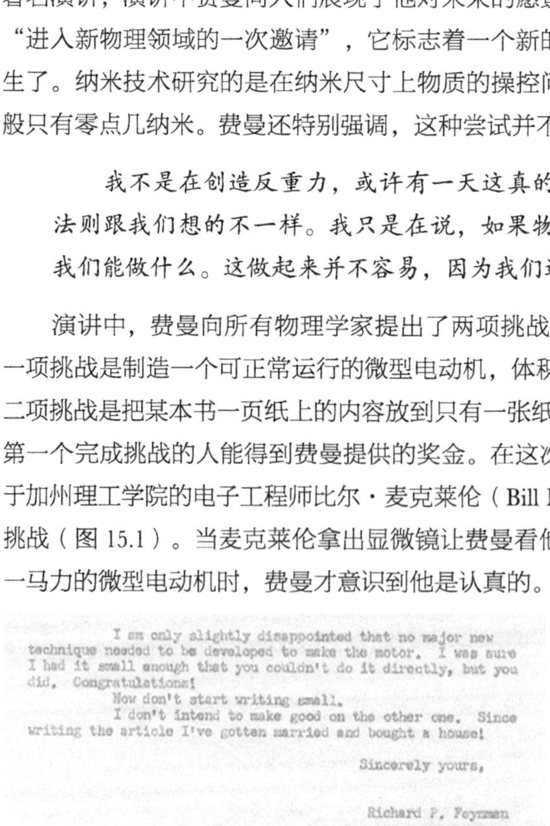

I am only slightly disappointed that no major new technique needed to be developed to make the motor. I was sure I had it small enough that you couldn't do it directly, but you did. Congratulations!

Now don't start writing small.

I don't intend to make good on the other one. Since writing the article I've gotten married and bought a house!

Sincerely yours,

Richard P. Feynman

图 15.2 费曼写给麦克莱伦的信。信中，费曼对麦克莱伦没能发明新技术制造微型电动机而只使用小镊子和显微镜的做法感到失望。

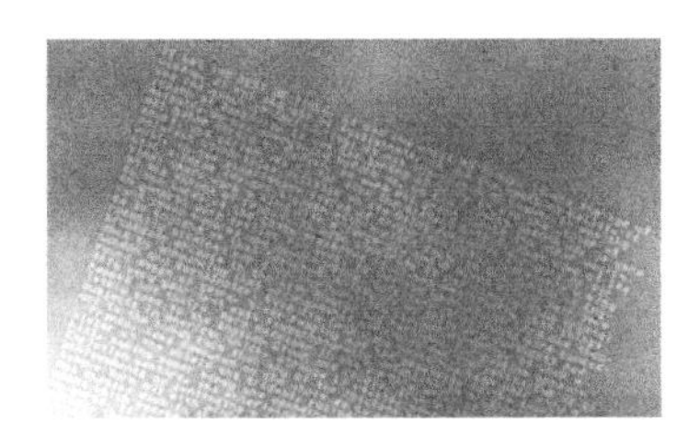

图 15.3 斯坦福大学研究生汤姆·纽曼使用电子束平印术把查尔斯·狄更斯的小说《双城记》的第一页写了下来，字母只有 50 个原子大小。

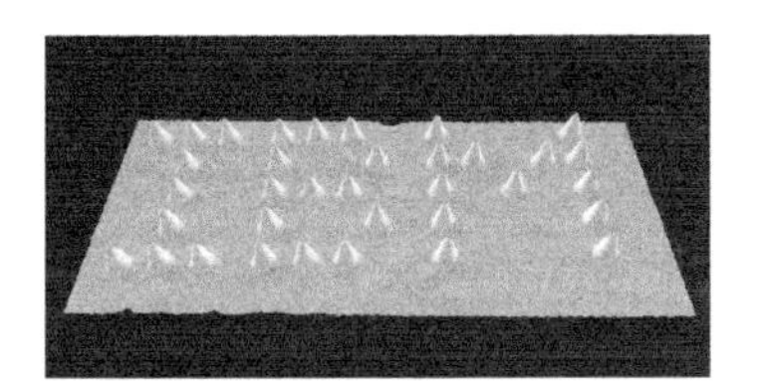

图 15.4 1989 年，IBM 研究员唐·艾格勒和埃哈德·施魏策尔使用 35 个氙原子拼出了 IBM 公司的标志。

图 15.5 在铜表面通过摆放单个铁原子制造出具有体育场形状的量子闸。

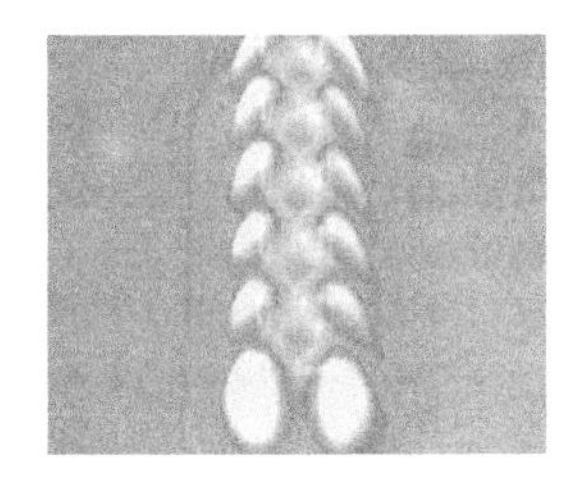

图 15.6 2012 年，IBM 研究人员制造了一个仅由 12 个原子组成的磁存储设备。

到自己提出的这个挑战难度不够。20 年后，费曼在一次演讲中把难度进一步提高，他猜测使用当时技术应该可以制造出比麦克莱伦微型电动机更小的电动机。为了制造这样的微型机器，费曼设想创造一系列从属机器，每个都能以自身尺寸的四分之一大小制造工具和机器。

26 年后，即 1985 年，费曼该为他提出的第二项挑战支付奖金了。这项挑战相当于把整部大英百科全书的内容写到一个针尖上（图 15.3）。赢得这项挑战的人叫汤姆·纽曼（Tom Newman），他是斯坦福大学的研究生，一直在研究使用电子束平印术在硅上雕刻图案，以制造集成电路。纽曼的一个朋友给他看了费曼 1959 年的演讲全文，并告诉他费曼提出的第二项挑战。经过计算，纽曼发现，要完成这项挑战，他必须把单个字母的尺寸减小到 50 个原子大小。他认为使用电子束设备应该能够实现。为了确认挑战是否仍然有效，纽曼给费曼发送了一封电报，让他感到意外的是，费曼竟然直接打了电话过来，并告诉他“这个挑战仍然有效”。当时，纽曼一直在忙着写论文，直到导师去华盛顿特区出差，他才得以尝试去做这项挑战。纽曼对机器进行编程，写下了查尔斯·狄更斯小说《双城记》的第一页。事实证明，这项挑战最大的困难是找到刻写在金属表面上的页面。1985 年 11 月，纽曼如期收到了费曼寄来的奖金支票。

1989 年，研究员唐·艾格勒（Don Eigler，B15.1）和 IBM 阿尔马登研究中心的同事使用扫描隧道显微镜操纵单个原子，并制造出世界上最小的 IBM 图标（图 15.4）。他们还制造出了令人惊叹的“量子闸”（图 15.5）和“人造”分子，一次一个原子（图 15.6），证实了费曼的另一个猜想：

> 从原理上讲，我认为物理学家可以合成化学家写下的任何化学物质。你提出物质合成请求，物理学家来合成它。如何办到呢？按照化学家的要求，设置原子位置，你就造出了那种物质。

B15.1 唐·艾格勒。计算机科学家。他在 IBM 阿尔马登研究中心工作，在纳米技术研究中获得了许多突破性成就。艾格勒带领的团队使用扫描隧道显微镜操纵单个原子制造出了世界上最小的 IBM 图标。

2012 年，IBM 研究人员宣布，他们使用相同的技术把一个比特信息存储在一个仅由 12 个原子组成的磁存储器上。据研究员塞巴斯蒂安·罗斯（Sebastian Loth）说，目前在硬盘上存储一比特信息大约需要 100 万个原子。对此，罗斯解释说：

> 大约每两年，硬盘就会变得更密集。问题是这样下去我们能走多远。基本的物理限制在于原子世界。之前我们使用的方法即将走到尽头，看一看我们是否可以用一个原子存储信息，如果不能，那我们究竟需要多少？我们不断尝试建造更大的结构，从量子态直到造出传统的数据存储器，最终我们发现 12 个原子是极限。

在极低温度下，使用扫描隧道显微镜摆放一组原子。通过把 12 个原子扩展到几百个原子，可以让这种结构在室温下保持稳定。然而，很显然实现这种存储设备的量产还需要许多年。

1986 年，纳米技术研究员埃里克·德雷克斯勒（Eric Drexler，B15.2）写了《造物引擎》（*Engines of Creation*）。书中，德雷克斯勒设想未来将制造出能够自我复制的纳米机器人，它们几乎可以创造出一切物质（图 15.7）。在他看来，未来在纳米技术的帮助下将消除一切饥饿，治愈一切疾病，人类寿命显著增长。德雷克斯勒使用“灰蛊”（grey goo）这个术语来指代失去控制并且不断进行自我复制的机器人，它们最终耗尽地球资源，导致地球毁灭。太阳微系统公司创始人之一比尔·乔伊（Bill Joy）对德雷克斯勒所描述的纳米机器人潜在的灾难性影响很关注，乔伊在《连线》杂志上撰文，警告人们不要做非法纳米技术实验研究。幸好，当许多人对德雷克斯勒书中提到的纳米技术的巨大潜力兴奋不已时，大多数科学家认为，要制造出德雷克斯勒提到的自我组装机器人，还有很长的路要走。

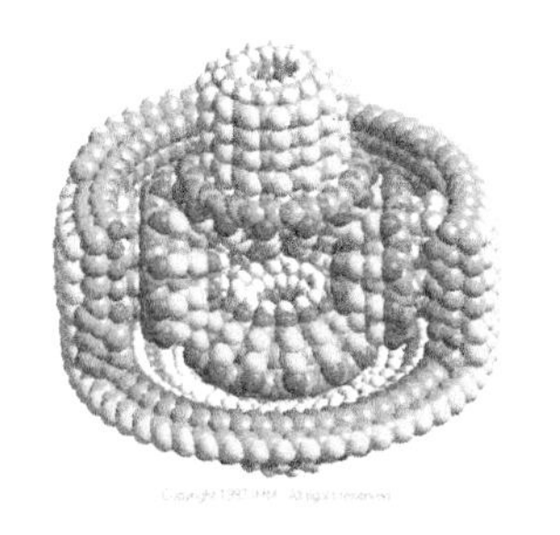

图 15.7 埃里克·德雷克斯勒设想的纳米技术包括制造分子差动齿轮等部件。

B15.2 埃里克·德雷克斯勒（Eric Drexler）最著名的成就是在分子纳米技术方面做出的理论研究。他提出了“自组装器”的概念，它们有能力使用一个个原子构建分子。德雷克斯勒的这种思想不仅唤起了科幻作家的兴趣，还激起了科研人员进行相关研究的兴趣。尽管如此，还是有很多人对德雷克斯勒的思想提出了质疑，并且相关研究也未证实建造纳米级自组装器的可行性。

不远的未来

正如戈登·摩尔在2005年所说，就当今技术而言，晶体管的尺寸正在逼近原子尺寸这个根本性障碍。每年，世界五大芯片制造地区的半导体专家组都会提出一份《国际半导体技术发展蓝图报告》（*International Technology Roadmap for Semiconductors*），指出未来半导体芯片制造中将要面临的挑战。在过去几年里，《国际半导体技术发展蓝图报告》专家组提出了将半导体几何尺寸按比例缩小的研究和发展目标，即根据摩尔定律的预测，继续减小晶体管尺寸。但如今，专家组又采用了“等效按比例缩小”技术，即通过设计创新、软件解决方案、新材料和新结构来提高性能。2012年，《国际半导体技术发展蓝图报告》专家组提出了两个目标，其中一个是近期目标（2012—2018），另一个是远期目标（2019—2026）。关于近期目标，《国际半导体技术发展蓝图报告》专家组指出：

> 缩放平面互补金属氧化物（该项技术用来制造集成电路）将面临巨大挑战。传统的缩放方法（即减小闸极介电层厚度、闸极长度，增加沟道掺杂的方法）可能无法再满足人们对提升性能、降低电力消耗的应用需求。为了突破这些限制，需要引入新材料系统，包括开发新设备架构、持续改进过程控制等。

关于长期目标，《国际半导体技术发展蓝图报告》着重强调处理互补金属氧化物设备的漏电问题。

电力消耗是一项迫在眉睫的挑战，从长期来看，电力泄露或静态组件将成为主要的行业危机，威胁到互补金属氧化物技术的生存，就像几十年前双极工艺受到威胁并最终被弃置一样。电流泄露与一些关键的工艺参数密切相关，如闸极长度、氧化层厚度和阈值电压等等。这为工艺尺寸缩小和可变性带来了严峻的挑战。在低功耗设备中，漏电流每代增长10倍，漏极和闸极漏电组件两者合起来漏电更为突出。因此，保持电力恒定（至少静态功耗可控）的关键因素是改进设计技术。

2011年5月，英特尔发布了一项新技术，这是50多年来半导体技术最激进的一次转变。这项新技术使用最新的制造工艺生产3D晶体管，与传统的2D晶体管相比，这种3D晶体管可以让微处理器运行得更快，耗电更少。摩尔说：

> 多年来，我们一直受困于如何让晶体管变得更小。这种基本结构的改变是一种全新的方法，它让摩尔定律继续有效，并且推动发明前行的步伐。

1997年，在美国国防高级研究计划局的资助下，加州大学伯克利分校启动了一个研究项目，并最终获得了上面这项突破性成就。胡正明（Chenming

B15.3 加州大学伯克利分校的 FinFET 晶体管团队，从左到右依次是：阿里·贾维、维维克·萨布拉玛尼亚、阿里·尼克内贾德、杰夫·博克尔、胡正明和刘金祖洁。

Hu）、杰夫·博克尔（Jeff Bokor）、刘金祖洁（TsuJae King Liu）等人组成的伯克利研究团队（B15.3）想制造一个小于 25 纳米的晶体管，与当时能够生产出的晶体管相比，其尺寸只有当时晶体管的 1/10。两年后，研究人员提出了一种全新的 3D 晶体管结构，他们将其称为“FinFET”（图 15.8）。它是一种场效应晶体管，有一个窄的硅鳍状物从芯片表面隆起。场效应晶体管工作时会产生一个电场，改变晶体管半导体区、闸极区传导电流的方式。在标准 2D 场效应晶体管中，只能从连接半导体区的硅通道的顶部表面控制电流。借助于鳍状硅通道，使用所有通道端面，电流能够得到更有效的控制。关于 FinFET 的工作原理，胡正明解释如下：

> 我们可以把这个通道想象成一根血管。如果想止血，就要把血管两端捏住。这比只捏住一端要好得多。

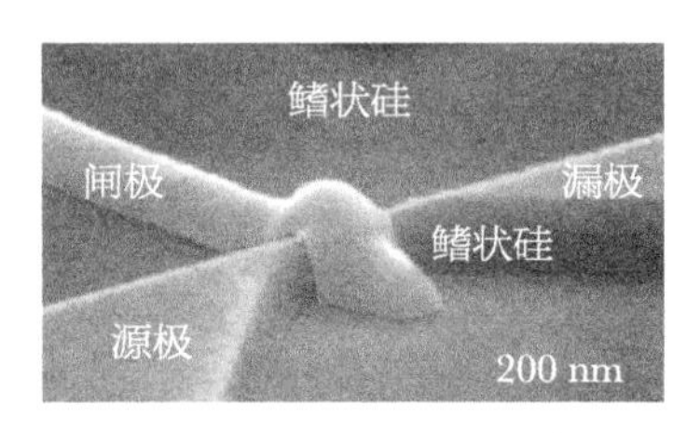

图 15.8 三维晶体管示意图。2012 年，英特尔开始生产 22 纳米的三闸晶体管。

2000 年，据伯克利研究人员预测，FinFET 技术至少可以缩小到 10 纳米，他们估计大约 10 年内，3D 晶体管就可以大规模量产。2012 年，英特尔开始批量生产 22 纳米 3D 三闸晶体管，对外发布第三代英特尔酷睿处理器系列。与采用传统 2D 技术的芯片相比，这种全新的 3D 架构使芯片性能提升了 37%（低电压时），功耗减少了 50%。

那么，2020 年以后会发生什么呢？物理学家加来道雄（Michio Kaku，B15.4）预测，那时将迎来硅时代的终结。

B15.4 加来道雄，物理学家和科普作家。他撰写了有关弦理论的论文和几本广受欢迎的科普图书。他还主持几个与科学有关的电视节目。加来道雄预测，基于硅的计算机很快就会走到尽头。

> 这个过程不可能一直进行下去。在某个时候，当晶体管尺寸达到原子大小，从物理层面蚀刻晶体管就不可能了。你甚至可以粗略地计算出摩尔定律最终失效的日子，即当晶体管尺寸达到单个原子尺寸的时候。2020 年前后，摩尔定律将逐渐失效，硅谷发展速度可能会慢下来，进入萧条期，除非出现一种替代技术。当晶体管变得很小后，量子理论或原子物理就会发挥作用，电子会从导线泄露出去。比如，计算机中最薄的层可能只有 5 个原子宽。那时，根据物理学定律，量子理论将发挥作用。根据物理学定律，硅时代最终会结束，我们将进入所谓的“后硅时代”。

为了了解 2020 年之后会发生什么，接下来，让我们先快速了解一下三种可行的后硅时代的技术。

后硅时代？

国际半导体技术发展蓝图期望有朝一日可以把纳米技术应用到互补金属氧化物硅载板上。其中一项领先技术与碳的同素异形体有关。同素异形体是某种元素原子按特定方式排列形成的晶体状结构。就碳元素来说，它有两种最常见的同素异形体：金刚石和石墨。在金刚石中，每个碳原子通过外层电子与另外四个碳原子结合在一起，形成极其坚硬的四面体结构。这种结构让金刚石拥有超强的强度和硬度。任何导电物质必须包含能够在物质中自由移动的带电粒子，比如原子外层的电子。金刚石中，每个碳原子的四个外层电子被紧紧地束缚在原子之间，所以电子无法自由移动，这使得金刚石不导电。而在石墨中，每个碳原子只使用三个外层电子与另外三个碳原子结合在一起，在平面上形成了六边形层状结构。石墨由许多这样的原子层组成，这些层之间容易滑动，使得石墨很柔软。此外，每个碳原子均会放出一个可自由移动的电子，所以石墨是非常好的导体（图 15.9）。

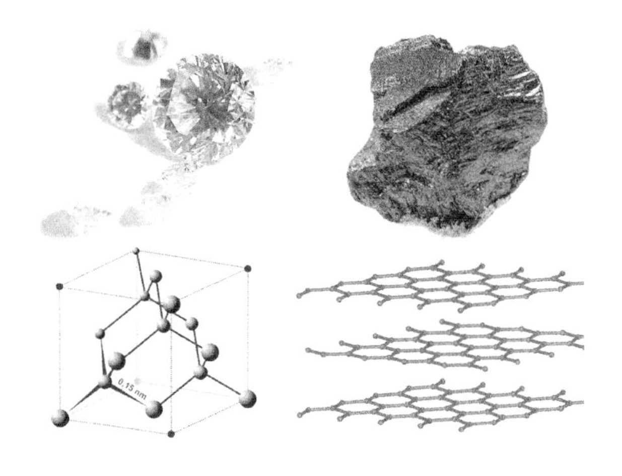

图 15.9 根据原子的排列方式，碳可以形成不同的结构。金刚石中的碳原子是一种坚硬的金字塔形状。而在石墨中，碳原子排成平面六边形结构。

图 15.10 罗伯特·科尔、哈里·克罗托和理查德·斯莫利发现了 C_{60} 结构。他们把这种新的碳同素异形体称为“巴克敏斯特·富勒烯”，灵感来自于美国建筑师兼发明家巴克敏斯特·富勒发明的网格球顶，随后人们将其简称为“巴克球”。

20 多年前，研究员罗伯特·科尔（Robert Curl）、哈里·克罗托（Harry Kroto）和理查德·斯莫利（Richard Smalley，B15.5）发现了碳元素一种新的稳定结构，在这种结构中 60 个碳原子形成一个封闭的球状结构，这引起了人们对这种新结构的极大兴趣。碳原子互相连接形成足球状结构。由于这种结构类似于巴克敏斯特·富勒（Buckminster Fuller）发明的网格球顶，所以研究人员将把这种新的碳同素异形体命名为“巴克敏斯特富勒烯”，很快大众媒体就将其简称为“巴克球”（图 15.10）。事实上，空心碳结构（现在被称为“富

B15.5 1985 年，由肖恩·奥布莱恩、理查德·斯莫利、罗伯特·科尔、哈里·克罗托、吉姆·希斯组成的团队发现了一种新型碳结构——C_{60}。

勒烯”，其形态为球状或管状）是一个大家族，C_{60} 只是其中一种。1991 年，日本研究员饭岛澄男（Sumio Iijima）观察到了纳米碳管，直径大约只有 1 纳米。纳米碳管的管壁拥有与石墨相同的原子结构（B15.6）。纳米碳管末端或者开放或者封闭。纳米碳管最长可达几厘米长，具有极高的强度。IBM 的研究人员使用纳米管制造出了非常小的高速晶体管。在 IBM 托马斯·沃森研究中心，研究人员在一个硅晶片表面构建出了一组纳米碳管，然后使用这个硅晶片制造拥有 10 000 多个晶体管的芯片（图 15.11）。

B15.6 饭岛澄男，纳米科学家。他发现了纳米碳管，照片中他正拿着一个纳米碳管模型。

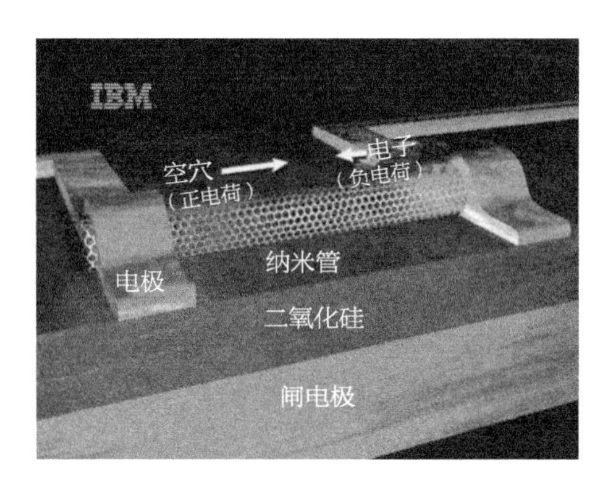

图 15.11 纳米碳管晶体管示意图。IBM 制造了包含 10 000 多个纳米晶体管的芯片。

B15.7 在英国曼彻斯特大学任教的俄国物理学家安德烈·盖姆（左）和康斯坦丁·诺沃肖洛夫（右）因发现了石墨烯而共同获得 2010 年诺贝尔物理学奖。

2004 年，在英国曼彻斯特大学，安德烈·盖姆（Andre Geim）和康斯坦丁·诺沃肖洛夫（Konstantin Novoselov，B15.7）向人们演示如何使用石墨形成一种新型碳结构——石墨烯，它由单层碳原子组成。单层石墨烯厚度只有一个原子大小，并且有一些令人惊叹的属性。石墨烯是迄今为止被人们发现的强度最大的 2D 材料，能够承受巨大压力而不发生撕裂，强度大约是钢铁的 200 倍。另外，石墨烯导热性能优于金属，2D 层中电子的移动速度比硅电子要快得多。因“2D 材料石墨烯的开创性实验”，2010 年，盖姆和诺沃肖洛夫获得了诺贝尔物理学奖。全世界的研究人员都在积极探索石墨烯的各种应用，从轻量、能弯折的显示屏到新型电子电路。2010 年，IBM 研究人员使用石墨烯制造晶体管，其信号放大速度大约比硅晶体管快 10 倍。

纳米技术的最后一个例子与一种新型电子元件有关。早在 1971 年，加州大学伯克利分校的蔡少棠（Leon Chua）教授撰写了一篇题为《忆阻器：下落不明的电路元件》(*Memristor: The Missing Circuit Element*)的论文。在这篇论文中，蔡少棠认为除了常见的电阻、电容、电感之外，还存在一种“下落不明”的二端电路元件。忆阻器的英文“Memristor”来自记忆（Memory）和电阻（Resistor）两个词的合成，忆阻器的阻值会随着流经它的电流量发生变化，即便电流停止，它仍能记住最后阻值。我们可以把忆阻器想象成常见的水管，根据流经的水量，水管直径可以变大或变小。在忆阻器中，如果电荷从一个方向流过忆阻器，忆阻器的阻值随着电流量而越来越大，反之，当电流从相反方向流经忆阻器时，

B15.8 斯坦·威廉姆斯。物理学家。从加州大学伯克利分校获得了物理化学博士学位。他是惠普实验室忆阻器研究团队的主任。2000 年，威廉姆斯获得费曼纳米技术奖。

随着电流量增大，忆阻器的阻值会越来越小。如果电荷停止流动，忆阻器会记住之前最后一次阻值，当再次有电流通过时，电路的电阻跟上一次激活时一样。

斯坦·威廉姆斯（Stan Williams，B15.8）和惠普实验室的同事首次制造出了纳米级忆阻器（图 15.12）。相比于传统的硅存储器，忆阻器在访问速度、节能、密度等方面更具优势，并且可以使用传统的硅光刻技术制造。在制造忆阻器组时，惠普的研究人员先设置了一组平行的纳米线（宽度不到 10 纳米，表面覆盖着一层几纳米厚的二氧化钛），然后再设置第二组纳米线，使其与第一组呈直角，这些纳米线的交叉点就是忆阻器。在未来几年里，可能会出现商用忆阻器存储器芯片，但还需要花一些时间才能对闪存构成威胁。闪存是一种耐用、可擦写的存储器芯片，大量使用在数码照相机、智能手机等便携设备中。

图 15.12 新型电子元件忆阻器的出现有可能改变市场对固态存储器的需求。忆阻器对电流有阻值，阻值会随电流变化而变化。当电流停止时，忆阻器会记住最后一个阻值。

量子计算

1981 年，在麻省理工学院的一次会议上，物理学家理查德·费曼做了一场名为《计算物理学》（*Physics of Computation*）的主题演讲，自此以后，研究量子力学对计算机发展的制约就成为一个重要的学术领域。在演讲中，费曼谈到了使用计算机做物理学模拟的问题：

> 我对那些完全依据经典理论所做的分析感到不悦，因为自然并不“经典”，如果你想模拟自然，那么你最好按照量子力学的规律去做，哎呀，这真是一个好问题，因为它看起来并不那么容易。

费曼提议制造遵从量子力学规律的计算机：

> 你能使用新型计算机——量子计算机做量子力学模拟吗？它不是图灵机，而是一种完全不同的机器。

B15.9 戴维·多伊奇，计算机科学家，他提出了通用量子图灵机理论。1985 年，他发表了一篇著名论文，指出如果制造出量子计算机，“量子并行性”将会给它带来一些令人惊叹的特性。

前面已经讲解过，图灵机的基本原理是传统计算机运行的基础。而费曼提出的根据量子力学规律运行的计算机是一种全新的计算机，这种计算机能够做传统计算机无法做的运算。费曼特别提到，使用量子系统模拟来计算量子波函数和量子概率。费曼演讲之后，牛津大学物理学家戴维·多伊奇（David Deutsch，B15.9）又向前迈出了一步。1985 年，多伊奇证明，做某些计算时量子计算机的确可以比传统计算机快。但直到 1994 年，人们才真正对量子计算机感兴趣，那时贝尔实验室的彼得·肖尔（Peter Shor，B15.10）提出了一种量子算法（quantum algorithm），使用量子算法解决某些数学问题比运行在传统计算机上的最好算法还要快。

B15.10 彼得·肖尔。计算机科学家。1985 年，他从麻省理工学院获得应用数学博士学位。1994 年，在贝尔实验室工作期间，肖尔因提出了量子分解算法而闻名于世。从 2003 年开始，肖尔成为麻省理工学院教授。

量子计算机的关键要素是什么？首先，我们只能使用量子对象（比如电子、原子）来输入和存储信息，并对这些信息做逻辑运算。其次，在这些基本的逻辑运算基础上执行量子算法。最后，我们必须能够把结果读出到量子计算。1981 年，费曼在另一次演讲中指出，使用单个电子的量子态存储一个比特信息是可行的。在第 7 章中，我们曾经提到电子具有自旋属性。在量子力学中，电子拥有两种可能的自旋态，一种是上旋（↑），一种是下旋（↓）。在表示数字信息时，我们可以使用上旋态（↑）表示 1，下旋态（↓）表示 0。另外，在量子力学中，电子还可能处在上旋和下旋两状态的量子叠加态下。物理学家使用“概率幅”来描述电子的状态，使用符号 Ψ 表示。因此，量子叠加态可以写为：

$$\Psi = \boldsymbol{\alpha} \uparrow + \boldsymbol{\beta} \downarrow$$

其中，α 和 β 为两种自旋态的幅度。如果在量子叠加态下测量电子自旋，会发生什么呢？根据标准量子力学，我们一定会观察到电子处在上旋或下旋状态，但是对于 Ψ 状态下的电子，我们无法准确地预测会看到哪种自旋态。如果我们采用完全一样的方法，准备一个由许多电子组成的集合，其中每个电子都处在 Ψ 状态下，量子力学的确会做出确切的预测。如果测量这个集合中所有电子的自旋态，量子力学预测我们得到的上旋结果的概率为 α^2，下旋结果的概率为 β^2。由于各种可能结果的总概率加起来必须是 1，所以这两个概率之和加起来一定是 1。

在某种意义上，我们可以把处在量子叠加态的电子看作同时处在两种自旋状态下。接下来，我们要看一下能否使用一个电子表示数字信息，除了 1 或 0 两种状态之外，电子还可能处在叠加态，即同时处于 1 和 0 两种状态，相应概率由 α 和 β 确定。经过半个多世纪的研究，物理学家对量子层面的信息有了新发现。他们为存储在量子系统中的信息起了一个新名称——“量子比特”（图 15.13）。量子态的叠加性质是量子力学两大关键性质之一，它是制造强大的量子计算机的基础。在传统计算机中，一个比特位的取值要么是 0 要么是 1。而在量子计算机中，量子位还可以处在量子叠加态，即同时为 0 和 1。因此，两个量子位可以表示四个值，分别为 00、01、10、11。

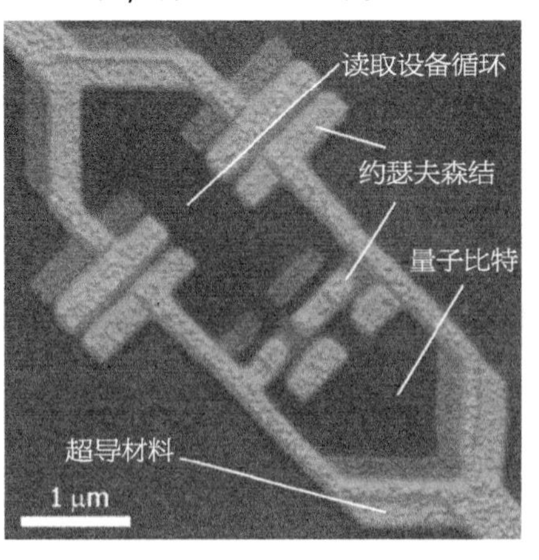

图 15.13 荷兰代尔夫特理工大学的研究人员设计的超导约瑟夫森结量子比特设备。

B15.11 爱德华·弗雷德金，计算机科学家。19 岁时，他离开了加州理工学院，加入美国空军，成为一位飞行员。1968 年，弗雷德金成为麻省理工学院教授，并在 1971—1974 年间担任 MAC 项目主任。弗雷德金是理查德·费曼的挚友，曾经向费曼介绍可逆计算的概念。弗雷德金研究兴趣广泛，涉及计算物理学和细胞自动机。

1974 年，麻省理工学院计算机科学家爱德华·弗雷德金（B15.11）去加州理工学院拜访费曼，当时弗雷德金正在研究一个看似奇怪的课题：如何建造可逆计算机。这种计算机能够逆向计算，也可以按照正常方式做正向计算。在传统计算机中，逻辑运算由硅片上的逻辑门执行。图 2.8 显示的是“与门”，它带有两个输入和一个输出，左侧是真值表，其中列出了与门所有可能的输入和输出。从真值表可以看到，只有两个输入全为 1 时，与门才能输出 1，否则输出为 0。因此，与门是不可逆的，我们无法从输出信号反推出唯一的输入信号。弗雷德金设计出一种新型的可逆逻辑门，这种逻辑门的输出信号可以唯一地确定输入信号。弗雷德金逻辑门最简单的例子是“可控非门”。图 15.14 显示了“可控非门”和传统非门，以及相应的真值表。从“可控非门”的真值表可以看出，底端输入要么什么都不做，要么充当一个传统非门（把 1 变成 0 或把 0 变成 1）。具体采取哪种动作由顶端输入信号（充当控制线）决定。如果顶端输入为 0，底端线路什么都不做，如果顶端输入为 1，则底端线路就是一个非门。弗雷德金指出，使用一整套可逆逻辑门（不只包括可控非门）可以完成每个逻辑操作。

我们为什么在这里讲可逆逻辑门？因为它们与量子计算密切相关，量子力学规律在时间上是可逆的。不仅量子概率波有可逆性，传统的物理波也有可逆性。沿着一个方向传播的波也很容易沿着反方向传播。量子力学的可逆性表明，如果想制造量子计算机，我们必须使用可逆的计算单元。

综上所述，关于量子计算机，我们可以做如下描述：首先必须有一个物理系统，支持使用单个量子对象（比如电子、原子、光子）存储量子比特信息。信息不仅可以是 0 和 1，还可以是 0 和 1 的量子叠加态。启动量子计算机时，我们可以使其处于量子叠加态下（包含所有可能的初始状态），因此，原则上量子计算机会同时为所有可能的逻辑路径计算结果。首次证明量子计算机比传统计算机更强大的戴维·多伊奇把这个性质称为“量子并行性”。但是，如何利用这个属性却不得而知。根据标准量子理论，测量量子叠加态只会使一种可能的状态被选中，那量子并行性如何才能发挥作用呢？在这个方面，彼得·肖尔做出了巨大贡献，他找到了一种从这些量子路径提取少量信息的方法。

(a)

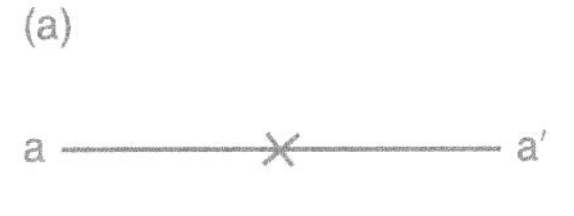

a	NOT a
0	1
1	0

(b)

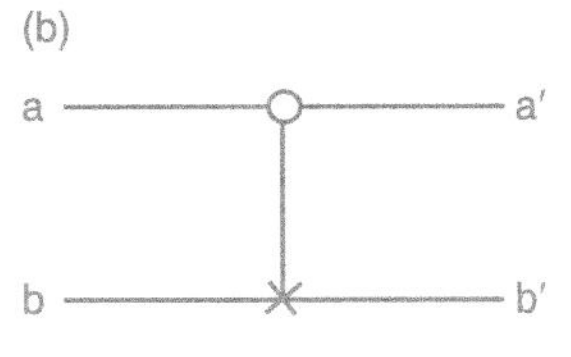

a	b	a′	b′
0	0	0	0
0	1	0	1
1	0	1	1
1	1	1	0

图 15.14 爱德华·弗雷德金设计的可逆逻辑门，这些逻辑门的输出信号可完全确定输入信号。（a）传统非门及其真值表，（b）可控非门及其真值表。

接下来，我们有必要解释一下量子力学的另外一个重要特征——量子纠缠。纠缠是某些类型的双粒子量子态的一种特征，我们可以想象在两个粒子之间存在一些看不见的连线用来共享信息（图 15.15）。通过粒子物理中的一个思想实验，我们可以解释纠缠的奇异性质。假设有一个不稳定的粒子——中性介子，大部分时候，它会自发衰变成两个光子（光子是粒子状的光能量束）。然而，有些时候，这个介子会衰变成一个电子（e^-）和它的反粒子（正电子，e^+），而非两个光子。对这个介子来说，这种情况很少发生，但是它为我们提供了最简单的实验来了解什么是量子纠缠。与经典物理一样，在任意量子力学过程中，角动量必须是守恒的。这个介子自旋为 0，由于衰变前后角动量必须相同，所以正负电子对的自旋方向必定相反，这样才能保证角动量守恒。

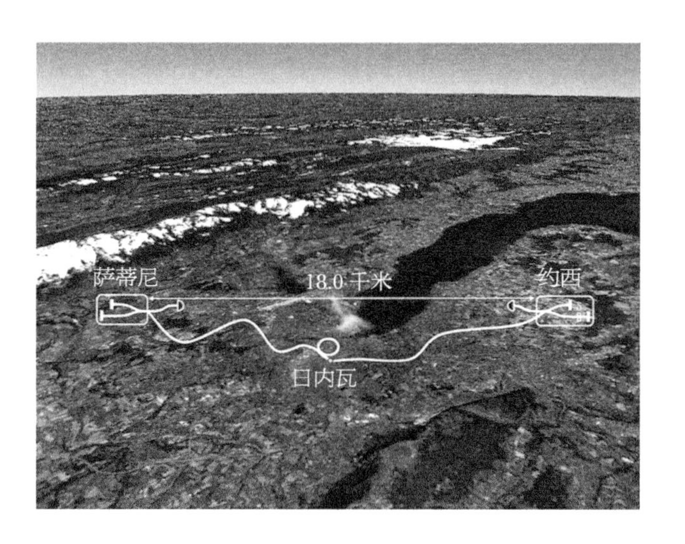

图 15.15 瑞士日内瓦大学的尼古拉斯·吉森使用运行在日内瓦湖下的光纤做量子纠缠实验。

如果开始时这个介子是静止的，则由线性动量守恒可知，电子和正电子必定沿相反的方向飞离。如果我们只关注两个粒子的自旋态，则有 1/2 的概率发生如下情况：正电子处于上旋态（↑），电子处于下旋态（↓）并朝相反的方向运动。类似地，出现如下情况的概率也为 1/2：正电子处于下旋态（↓），电子处于上旋态（↑）。也就是说，如果测得正电子的自旋态为上旋（↑），即使两种粒子在空间上相隔较远，我们也能立刻知道朝相反方向运动的电子的自旋态为下旋（↓）。类似地，如果测得正电子的自旋态为下旋（↓），我们会立刻知道电子的自旋态为上旋（↑）。在两种粒子之间，自旋信息是共享的（即“纠缠”）。

物理学家埃尔文·薛定谔（Erwin Schrödinger）提出了波动方程，用来确定量子概率波如何随时间变化。薛定谔对经典物理中的波叠加和波动物理学很熟悉。在早期量子力学中，他使用“纠缠”这个术语来描述这样的两粒子态，并称之为纠缠特性。

在我看来，量子纠缠不是量子力学的一个普通特性，它是量子力学一个最本质的特性。这个特性让量子力学完全背离了传统的思维路线。通过相互作用，两种表示（或 Ψ- 函数）发生了纠缠。

接下来，我们就可以做实验对这些自旋的测量预测进行验证，对第一个自旋粒子的测量信息不会对其搭档粒子的测量产生影响，除非信息的传播速度快于光速。阿尔伯特·爱因斯坦很不喜欢地用“鬼魅般的超距”（spooky action at a distance）作用来解释这些奇特的量子自旋关联。

量子纠缠完全无法用传统理论进行解释，量子计算机在纠缠态表现出的行为特性让其比传统计算机的功能更为强大，这点并不让人感到吃惊。我们能轻松地看到这些纠缠态如何出现在量子计算中。让我们看一下量子可控非门在两个量子位态上的行为。当双量子位态是单个粒子时的 1 和 0 时，我们得到的是传统结果。但是如果其中一个量子位处在 1 和 0 的叠加态下，量子可控非门就产生一个纠缠的双量子位态，就像前例中介子衰变成正负电子一样。正是量子力学中这种不同寻常的特性让量子计算机拥有令人惊叹的特性。

量子纠缠

当一个静止的 π 介子衰变成正负电子对（e^+e^-）时，正负电子会沿相反的方向彼此远离，如图 15.16（a）所示。由于这个介子的自旋为 0，根据角动量守恒，正负电子对的净自旋也必须为 0。然而，正电子或电子的自旋态是未知的，因而正负电子对的自旋态是纠缠的。图 15.16（b）显示的是正负电子对的纠缠态波函数。如果测得正电子为上旋（$\uparrow_{e^+}$），则电子必定为下旋（$\downarrow_{e^-}$），反之亦然。由于正负电子彼此远离，所以自旋测量的量子相关性可以发生在远距离上。

量子计算通常涉及纠缠态，这些状态可以通过作用在双量子态的量子可控非门得到。下式 a、b、c 显示了量子可控非门在三组双量子态下的行为。如（a）所示，当非门顶端控制线上量子位的输入是 1 时，底端线量子位的输入 0 就反转为 1。当顶端控制线量子位输入为 0 时，底端线的量子位输入 0 保持不变，如（b）所示。然而，当控制线上的量子位输入是叠加态（1+0）时，若底端线上的量子位输入为 0，则可控非门产生叠加态，如（c）所示。

对于（a）和（b）两种情况，操作很简单，在可控非门前后，每种粒子的自旋态都是明确的。在顶端控制线的控制下，作用在双量子位叠加输入态的可控非门会产生纠缠态，每个粒子的自旋态都是不明确的，如（c）所示。

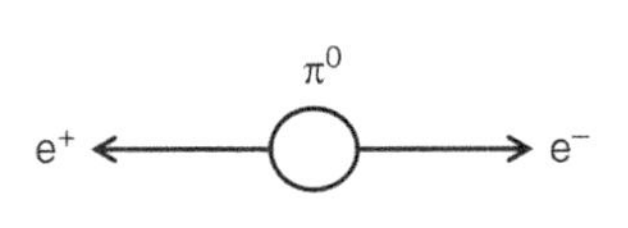

图 15.16 π 介子衰变：

$\pi^0 \rightarrow e^+e^-$

（a）静止的 π 介子衰变成正负电子对（e^+e^-）

$$\Psi_{e^+e^-} \sim \left(\uparrow_{e^+}\downarrow_{e^-} - \downarrow_{e^+}\uparrow_{e^-}\right)$$

（b）由介子衰变产生的正电子对的纠缠自旋态。

$$\text{(a)}\ 1_1 0_2 \xrightarrow{CNOT} 1_1 1_2$$
$$\text{(b)}\ 0_1 0_2 \xrightarrow{CNOT} 0_1 0_2$$
$$\text{(c)}\ (1_1 + 0_1)\,0_2 \xrightarrow{CNOT} (1_1 1_2 + 0_1 0_2)$$

传统计算机很擅长做两个数的乘法。比如，做两个 N 位数相乘时，所需时间按照 N 的平方增长。相反，分解一个 N 位数（即把这个数分解成两个更小的数，它们相乘即得到被分解的大数）所需的时间比 N 的任意次幂增长得都快。这是一个单向函数的例子，在第 12 章讲公钥加密时解释过。对于一个单向函数 f，我们可以很容易地计算 $f(x)=y$，但是很难甚至不可能求出 x，使得 $y=f(x)$。比如，我们可以很容易地把两个很大的素数乘起来。但是如果你把这两个数的乘积告诉其他人，请他说出你是用哪两个数相乘得到的，那这个问题会变得非常难。肖尔证明，量子计算机能够很容易地对数进行分解，就像做乘法一样简单，计算时间不会随着待分解数字的增大而增加。量子计算机的这项能力强大到令人惊叹。前面讲过，RSA（这个名字由其发明者名字的缩写而来，三位计算机科学家分别是罗纳德・李维斯特、阿迪・萨莫尔和伦纳德・阿德曼）加密的整个基础就是大数分解时的计算难度。比如 1994 年，一个 129 位的数（RSA-129）使用 1600 多台计算机需要 8 个月才能分解（图 15.17）。如果使用一台量子计算机，其速度与实验中使用的一台计算机的速度相当，肖尔的算法能够在 10 秒之内就能分解出 RSA-129。因此，现在世界许多国家的政府机构都在投入大量财力来研制量子计算机。

1997 年，计算机科学家鲁弗・格罗弗（Lov Grover）发现了另一种有趣的算法——格罗弗量子搜索算法。这种算法表明，使用量子计算机能够极大提升数据库的搜索速度。一个例子是在只知道电话号码的前提下在电话号码簿中查找这个人的名字。对于一个拥有 N 个条目的数据库，使用格罗弗算法能够减少查找答案所需的步数，从 N 减少为 N 的平方根。对于包含 100 万条目的数据库来说，量子计算机只需 1000 步就能找到目标条目。

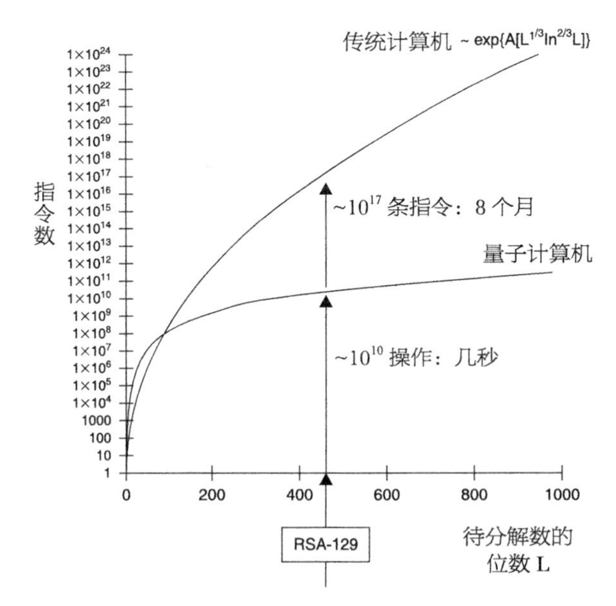

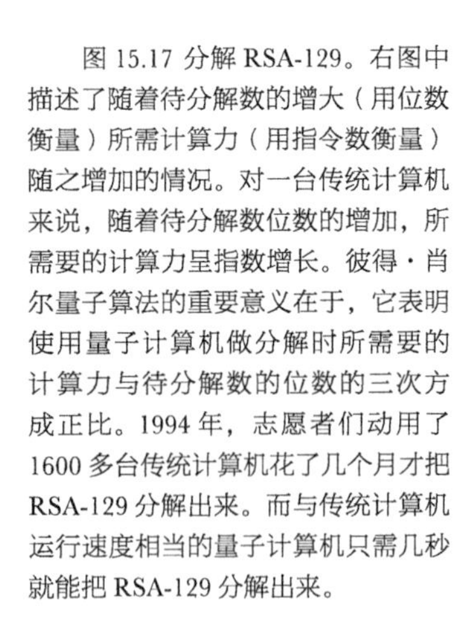
图 15.17 分解 RSA-129。右图中描述了随着待分解数的增大（用位数衡量）所需计算力（用指令数衡量）随之增加的情况。对一台传统计算机来说，随着待分解数位数的增加，所需要的计算力呈指数增长。彼得・肖尔量子算法的重要意义在于，它表明使用量子计算机做分解时所需要的计算力与待分解数的位数的三次方成正比。1994 年，志愿者们动用了 1600 多台传统计算机花了几个月才把 RSA-129 分解出来。而与传统计算机运行速度相当的量子计算机只需几秒就能把 RSA-129 分解出来。

B15.12 戴维·瓦恩兰，诺贝尔物理学奖得主。图中他正在调整激光束，它用来操纵处在低温、高真空离子阱中的离子。瓦恩兰带领的 NIST 团队给出了制造量子计算机需要的所有关键要素。

那么，在制造量子计算机方面人们取得了哪些进展呢？量子计算机是一个快速发展的领域，世界各地许多团队都在积极探索存储和操纵量子位的方法。1995 年，奥地利因斯布鲁克大学的伊格纳西奥·西拉克（Ignacio Cirac）和彼得·佐勒（Peter Zoller）演示了如何使用囚禁离子的能级存储量子位以及如何使用量子可控非门操纵这些量子位。在离子阱中，离子（带电原子）受电磁场限制，被限定在特定空间内。整个系统需要几乎处在完全真空中，并且必须把离子冷却到接近绝对零点，以便消除其振动能。然后离子呈线性阵列排列。在西拉克和佐勒发表论文后，诺贝尔奖得主戴维·瓦恩兰（David Wineland，B15.12）带领美国国家标准技术研究所的团队首次向人们演示了针对量子位（存储在囚禁离子上）的量子逻辑操作。离子的两个能级用作量子位态，通过引导激光束到特定离子做准备和测量。离子间的耦合由离子阱内离子的振动态提供。借助这些技术，研究人员得以把包含几个量子位的系统分离，构建出一个量子门。

近年来，瓦恩兰带领团队使用两个铍离子存储量子位，通过电磁场可以让这些铍离子在离子阱的不同区域间移动（图 15.18）。他们可以在那些有所需初始态的离子上初始化和存储量子位，然后，在这些量子位上做逻辑操作。他们还可以在离子阱不同区域间转移量子信息。通过这些技术，瓦恩兰的团队成功地执行了一系列操作，包括四个单量子位操作、一个双量子位操作和 10 个传输操作（图 15.19）。为了增加规模，把 10 个囚禁离子量子位扩展到 100 个，瓦恩兰和他的团队提议使用“量子电荷耦合设备”（quantum charge coupled device，图 15.20）。在不同区域运送离子时，量子电荷耦合设备需要非常准确地控制离子位置。同时，瓦恩兰的团队也指出：当量子电荷耦合设备中量子位的规模增加到几千位时，可能会遇到麻烦。

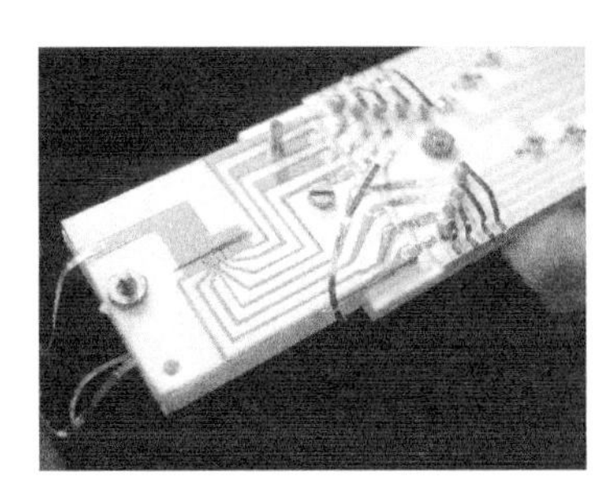

图 15.18 NIST（位于科罗拉多州博尔德市）的物理学家演示了离子阱中量子信息处理是持续可靠的，如图左侧中心。离子被囚禁于黑色缝隙（长 3.5 毫米，宽 200 微米）中，两侧是表面覆金的氧化铝片。通过改变每个金电极的电压，科学家们可以在陷阱的 6 个区域之间移动离子。

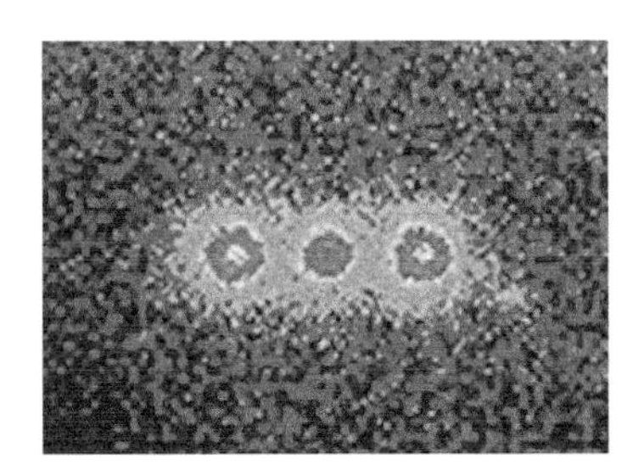

图 15.19 戴维·瓦恩兰带领的 NIST 研究团队设计和建造了这个陷阱用来限制 3 个镁离子。目前，奥地利因斯布鲁克的一个研究团队已经实现在一个离子阱中存储 14 个纠缠量子位。

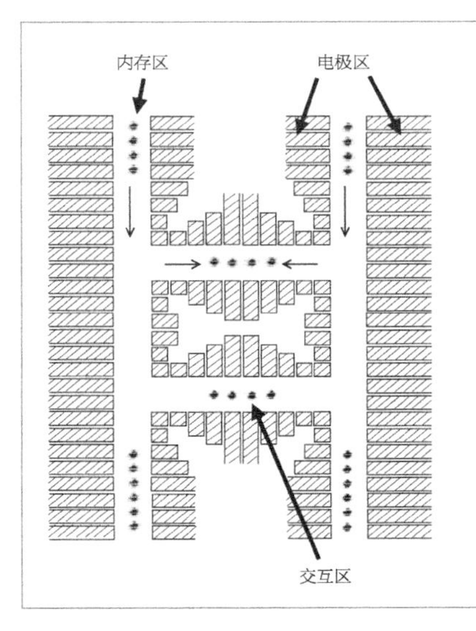

图 15.20 戴维·瓦恩兰及其团队提议使用量子电荷耦合设备来扩展离子阱量子位。

尽管这种复杂离子阱系统的运行还非常脆弱，但是离子阱技术的确可让我们使用简单的量子算法。那么，还要多久我们才能制造出量子计算机，把包含几百个量子位的数分解开呢？为了分解426位的RSA-129，我们需要制造这样一台量子计算机：存储器有近1000个量子位，能够执行大约10亿次量子门操作。量子计算机的制造者还面临着其他一些问题。在传统计算机中，内存的某些位偶然会出现反转引发错误，比如宇宙射线就是引发这种错误的原因之一。为了解决这个问题，计算机厂商开发出了各种错误侦测和修正技术。奇偶校验是其中最简单的一种，在信息发送前后把0和1相加。如果1变成了0，或者相反，奇偶校验就会显示错误。

除了奇偶校验外，计算机工程师还提出了其他更复杂的技术，用来处理有多个错误发生的情况，还有错误侦测（检测哪些位发生了反转）和修正技术。对于量子位，同样会存在这些问题，甚至更多。不但会出现量子位发生反转的情况，而且量子叠加下不同状态之间的相位关系也可能会受到周围环境的影响。不过，令人惊讶的是，科研人员已经从原理上证明了侦测和修正这些量子错误是可行的。牛津大学的安德鲁·斯特恩（Andrew Steane）和贝尔实验室的彼得·肖尔分别提出了使用量子纠缠保护和修正量子数据的方案。这些量子纠错技术需要多用一个数量级的量子位，这些技术在实践中是否可行还有待观察。

量子计算机的制造技术有多种，离子阱只是其中一种。有几个研究团队正在研究使用约瑟夫森结（Josephson junction，一个把两种超导材料隔开的绝缘层）建造量子比特系统。超导电子可以通过隧道效应从一边穿过绝缘层到达另一边。还有一些团队把原子嵌入到硅芯片，研究操纵原子周围电子自旋的方法。另一种令人振奋的方法是探索拓扑量子计算的可行性。俄裔物理学家阿列克谢·基塔耶夫（Alexei Kitaev）首次提出用拓扑激发来探索量子系统。我们可以使用固定在两点之间的橡皮筋的振动来解释拓扑激发。拓扑激发类似于一根扭曲状橡皮筋的振动。橡皮筋自己无法解开。类似地，存储在拓扑量子位中的信息会自动保护自己，避免与周围环境交互引发的错误，这样就不必使用量子错误纠正技术了。目前，对固态系统的研究仍然处在早期阶段，但是拓扑量子计算可能是制造能够处理大量量子位的量子计算机的最佳方法。

合成生物学和DNA计算机

跨越计算机、纳米技术、生物学的交叉研究一直是个令人兴奋的研究领域。合成生物学是其中一个研究分支，它尝试用计算机科学和工程的原理来建造标准的生物部件。这一领域涌现出很多跨学科研究的领军人物。纳德里安·西曼

B15.13 纳德里安·西曼是纽约大学的一位教授，也是结构化DNA纳米技术的奠基者之一。他主要研究生物化学和结晶学，从20世纪80年代开始，一直在研究DNA分子的结构特性。1991年，西曼通过在电磁场中进行定位的方法使用DNA分子成功构建出一个立方体。1995年，西曼获得费曼纳米技术奖。2010年，因提出了在纳米尺度上控制物质的方法，他与IBM的唐·艾格勒一同获得纳米科学卡夫利奖。

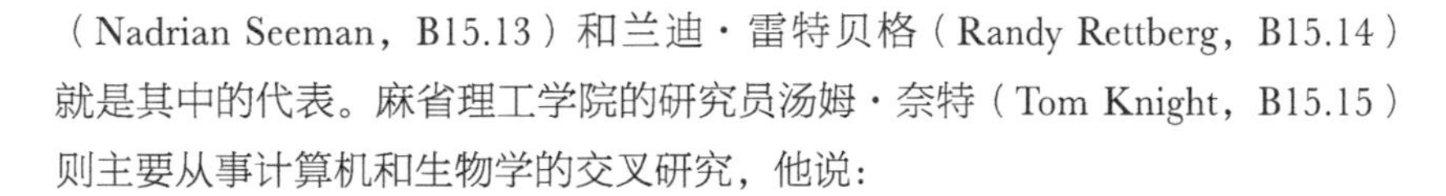

（Nadrian Seeman，B15.13）和兰迪·雷特贝格（Randy Rettberg，B15.14）就是其中的代表。麻省理工学院的研究员汤姆·奈特（Tom Knight，B15.15）则主要从事计算机和生物学的交叉研究，他说：

> 现代工程的主要思想（模块化、建模、分层设计、关系分离、抽象、可重用部件、定义接口、设计规则、灵活性）可以用在生物系统研究中，我们把这些生物系统看作一台“计算机”或“飞行器”。
>
> 但是，研究中面临的最大挑战是学习并改造生物系统的独特特征：自我复制能力、适应性进化能力，以及面对损害、不完美、部件故障时表现出的鲁棒性。这些组织工程原理不仅在生物系统工程中发挥重要作用，而且对现有学科工程思想的发展也有积极作用。

B15.15 20世纪60年代到70年代，汤姆·奈特在麻省理工学院学习电气工程，并投入到阿帕网的研究中。奈特在麻省理工学院人工智能实验室读博士，并在1983年获得集成电路设计博士学位。20世纪90年代，奈特开始对生物学感兴趣，并研究起支原体这种简单的细菌。通过修改DNA，奈特组装出了一个细菌细胞。从研究中，奈特提出了“生物积木”的概念，这些“生物积木”是标准的DNA部件，可以按不同的方式连接在一起，形成具有特定功能的组织。目前在“生物积木”库中包含10 000多个生物零件。

B15.14 兰迪·雷特贝格主修电气工程和计算机。20世纪90年代，雷特贝格的职业生涯发生了一次重大转折，他从太阳微系统公司离职，开始应用自己掌握的工程技术研究分子生物学。雷特贝格是国际基因工程机器基金会的主席。这个组织主办着一个全球性的赛事，鼓励大学生和高中生为基因工程机器设计全新的生物部件。

合成生物学的一个主要目标是生产各种标准生物元件，以便生物工程师把这些生物元件组装起来设计出新的生命系统。下面，我们将一起了解一下另一种以DNA序列为基础的研究方向。

DNA工程是分子纳米技术一个极端的例子。人体中大约有100万亿个细胞，大部分细胞直径在1～100微米之间。每个细胞都包含一个细胞核，我们大部分遗传物质以DNA形式存储在其中。在细胞核中，线性DNA分子存在于染色体中。DNA中的遗传信息存储为编码形式，由4种含氮碱基组成，分别为腺嘌呤（A）、鸟嘌呤（G）、胞嘧啶（C）和胸腺嘧啶（T）。这些碱基序列决定着维护和复制细胞的遗传指令。由于每个碱基必须是4种类型之一，所以每种碱基可以对两位信息编码。人类DNA中大约有35亿个碱基，整个人类基因组（一套完整的基因指令）大约有70亿位信息，即存储全部人类基因代码还不到1GB。4种碱基采用特定方式（A–T、C–G）配对，形成碱基对。DNA分子犹如一架扭曲的梯子，这种结构被称为“双螺旋”。这架“梯子”的每个“横档”由一个碱基对组成，两侧粘附到“梯边”上，“梯边”由糖分子和磷

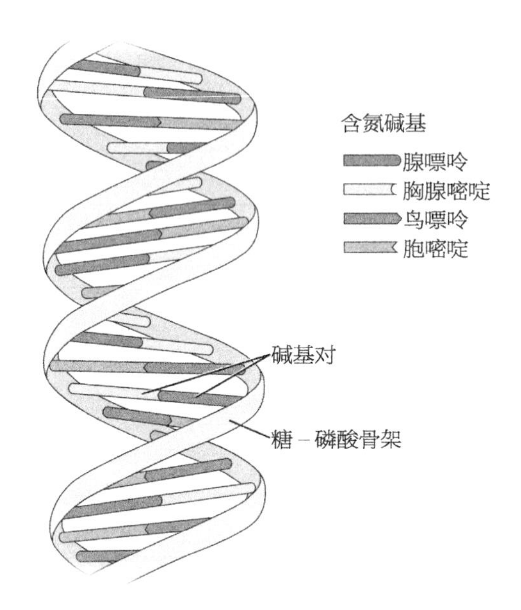

图 15.21 DNA 分子双螺旋示意图。

酸分子组成（图 15.21）。这就是著名的“克里克－沃森双螺旋”，由弗朗西斯·克里克和詹姆斯·沃森提出。

DNA 的一个重要特性是它能够被准确地复制，这样当一个细胞分裂成两个新细胞时，每个细胞中都含有与原 DNA 一模一样的副本。个体遗传的基本单位是基因，这种 DNA 序列可以给出合成特定蛋白质的指令。就长度而言，这些基因序列包含的碱基对从几百个到 200 万个不等，并且一条染色体中包含许多这样的基因。据人类基因组计划估计，人类 23 对染色体中拥有的基因为 2 万～2.5 万。因而，一个存储 1GB 遗传信息的细胞体积很小，大约为一立方毫米的百万分之一（图 15.22）。

图 15.22 加州大学圣地亚哥分校的研究人员利用基因技术让细菌同时反光，形成了一个霓虹标志。

弄清了细胞的基因基础后，从原理上说，我们就可以制造 DNA 序列去合成细胞基因组了。2010 年，J. 克雷格·文特尔研究所的研究人员对外宣称制造出了第一个合成生命形式，即一个自我复制的细菌细胞（图 15.23）。研究人员利用一个现存的细菌（由 100 多万个碱基对组成）合成了基因，并把合成的基因插入到另外一个移除了自身基因的细菌中。新基因组接管了细胞系统，改变了细胞外形和行为，修改后的细胞能够分裂和繁殖。为了证明细胞的基因组是人工合成的，研究人员向 DNA 序列中插入了 4 个标记。这些标记包括研究人员的名字、理查德·费曼的一条名言以及一条祝贺信息。

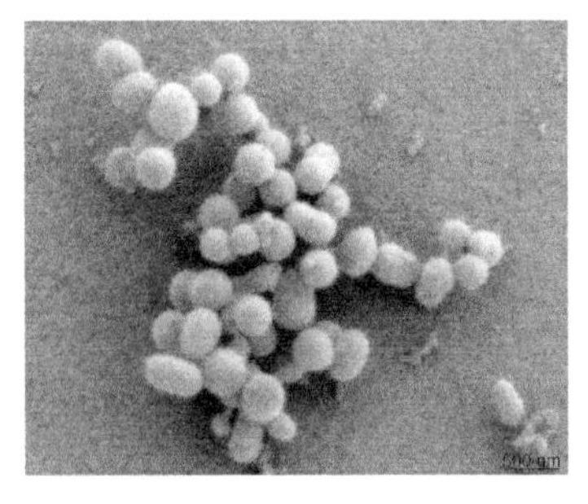

图 15.23 J. 克雷格·文特尔研究机构合成的第一个自我复制的细胞。

莱恩·艾德曼（Len Adleman）在一次实验中第一次把 DNA 应用在计算中。艾德曼发明了一种方法，可以使用单链 DNA（DNA 双链的一条，它含有的碱基序列未与“伙伴”DNA 链配对）解决七城哈密顿路径问题（与前面第 5 章讲过的旅行商问题类似）。为了解决七城哈密顿路径问题，必须在七座城市之间找到最短路径，起点与终点都是指定的，并且另外五座城市经过且只经过一次。在实验中，艾德曼分别用一条单链 DNA 表示一座城市，每条 DNA 链上的 A、T、C、G 序列都是唯一的。每条可能的路径都用互补的 DNA 序列表示，其中一条链的后半部分对应于一座出发城市，另一条链的前半部分表示一座可能到达城市。艾德曼把 DNA 链混合起来，通过 DNA 链之间 A-T、C-G 配对产生所有可能的路径。然后，进行人工分析，分离出那些表示无效路径（指路径的起点或终点不对或者经过的城市有重复）的分子。在大量分子的参与下，这种基于 DNA 的计算迅速产生了所有可能的路径，但是为了找出那些含有效路径的 DNA 链，他们运用人工分析花了好几天才得以完成。因此，尽管艾德曼的研究为利用 DNA 进行计算提供了一种有趣的思路，但是对那些要求在一定时间内解决的大型问题并不实用。

DNA 计算的另一个发展方向是使用单链和双链 DNA 构建更通用的生化电路。这项技术被称为“链置换”，交互作用通过选择互补 DNA 序列指定。当

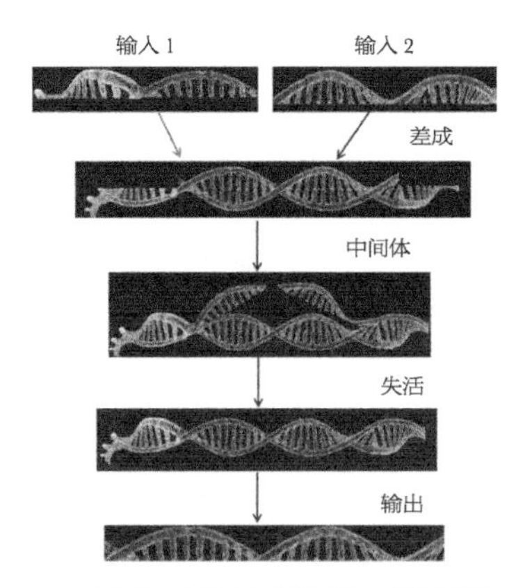

图 15.24 DNA 逻辑门。它有两条 DNA 链作为输入，只有当两条输入链都存在时才会产生输出。

一小部分输入单链与双链复合物暴露出的互补部分结合在一起时，链置换反应就会发生。如果输入链的剩余序列和复合物中邻近链的序列相匹配，那么输入链就会通过链置换替换掉现有的链。借助这种方法，研究人员可以使用 DNA 构建出逻辑门（图 15.24）。几个研究团队正在尝试增加链置换门的数目，以便做更复杂的计算。这类研究的终极目标是创建出可编程的 DNA 生化电路，并使之像计算机编程一样简单。

本章重要概念

- 纳米技术
- 忆阻器
- 3D 晶体管
- 纳米碳管
- 量子计算机
- 量子纠缠
- DNA 计算机
- 链置换

16 第三代计算机

每 30 年，计算机做的事情就会换一波。1950 年左右，计算机开始模拟这个世界中的事件（模拟），1980 年左右，计算机把人连接在一起（通信）。自 2010 以来，计算机开始以一种非凡的方式融入物理世界（具身化）。

——巴特勒·兰普森

下一次革命

第一代计算机主要用来做模拟。如你所知，最早的计算机是用来做复杂计算的。制造 ENIAC 的初衷就是为火炮计算射击表，即根据目标的距离和其他条件计算出火炮的发射角。第二次世界大战之后，科学家使用 ENIAC 摸索氢弹设计方案。在通常情况下，计算机用来模拟由数学模型定义的复杂系统，并通过研究获得这个系统的基本特征。在计算机诞生的前 30 年里，大约从 20 世纪 50 年代到 80 年代初期，研究人员越来越多地使用计算机模拟各种复杂系统。计算机模拟改变了我们的生活，从设计汽车和飞机到制作天气预报和金融模型，计算机在各领域大显神通。与此同时，商业领域也开始使用计算机做许多相对简单的计算，用来管理库存、薪金系统和银行交易等。尽管这些早期计算机功能还不够强大，但在做数值计算方面它们要比人工快很多很多。

第二代计算机主要用来做通信。从 20 世纪 80 年代早期至今，这 30 年里，计算机从昂贵的“奢侈品”逐渐成为普通的个人消费品，使用者不再局限于科学家和商人，还包括普通消费者。现在，我们又有了笔记本计算机、智能手机和平板设备，它们可以为我们做各种事情，比如文字处理、发送电子邮件、搜索网页、分享照片、读电子书、看视频等。这些设备中央处理器的处理能力有了巨大提高，体积也越来越小，这是计算机技术发展的必然结果，与摩尔定律的预测相一致。在过去 30 年间，正是由于在处理能力和小型化方面有了大幅改进，才让我们今天有了大量便携设备可用。随着计算机不断小型化，计算机之间的通信能力也有了极大的提高。如今有了全球性互联网，而且无线网络可用性也不断增加。今天互联网的雏形是阿帕网，它是美国国防部在 20 世纪 60 年代晚期和 70 年代创建的计算机网络，用来连通各个研究实验室和大学。到了 20 世纪 90 年代，万维网诞生，它改变了我们的网络生活。网络可以让我们使用小型计算机在互联网上冲浪。它也催生出了亚马逊等一批电子商务网站，这些电商网站后来成为实体经济的强大竞争对手。随着计算机和通信设备连接能力的增强，还出现了 Facebook、Twitter 等社交网络和众包网站（借助大量在线人员的力量收集服务、想法、信息和资金）。Amazon Mechanical Turk 就是一个众包网站，通过这个网站，请求者可以出资雇用人工来做一些计算机无法很好完成的任务，比如比较颜色、翻译外语等。维基百科也是一个众包网站，它是一个免费的百科全书，允许任何人编写与编辑所有文章。此外，还有 Galaxy Zoo，这是一个天文学项目，请求人们帮助对大量星系进行分类。

巴特勒·兰普森（Butler Lampson）提出了“第三代计算机”的概念，主要使用计算机来做“具身化”，即使用计算机以全新且智能的方法与人类交互。

> 接下来的 30 年里，计算机最激动人心的应用是以一种非凡的方式融入到现实物理世界中。换言之，计算机将实现具身化，深入到人们工作、生活和学习的方方面面。

兰普森断言，目前对计算机的应用（比如机器人手术、遥控无人机、机器人真空吸尘器、无人驾驶汽车）仍然处在初级阶段。在接下来的几十年里，兰普森预测，医学上会开发出人工眼睛和耳朵，让盲人重见光明，聋人重新听见声音；汽车会自动驾驶；家中与身体中的传感器会不断监视我们的健康状况，让我们保持健康；我们还会有机器人个人助理，为工作和生活提供帮助。

兰普森认为，为了胜任这些工作，计算机系统必须具备处理不确定性和概率问题的能力，并且要像处理现实问题一样优秀：

> 处理概率问题的能力是必需的，因为物理世界的机器模型必然存在着不确定性。我们才刚刚开始学习如何编写处理不确定性的程序。这些程序借助统计学方法、贝叶斯推论和机器学习把多种随机变量（包含可见变量和隐藏变量）模型组合在一起，使用观测数据得到模型参数，再推断隐藏变量，比如根据摄像机观测到的图像数据推测汽车在道路上的位置。

除了处理不确定性之外，许多具体化应用需要比今天的计算机系统更可靠的机器。比如负责无人驾驶汽车或外科手术的计算机就是这种应用最显著的例子，可靠性对于安全至关重要。我们需要方法为计算机程序指定所需行为，用以证明最终的代码实际满足这些要求。今天，这些方法只应用于小型系统，若想用这些方法处理大型的、关乎安全的应用程序还需要做大量的研究工作。

在本章中，我们先介绍两种主要趋势——正在到来的机器人革命和物联网，最后再聊聊有关意识和现实性神经网络的内容。

B16.1 乔治·德沃尔（1912—2011）。美国发明家。他发明了机械手臂。这种可编程设备获得了巨大成功，引发了制造业的革命。

机器人的崛起

机器人（robot）这个词最早见于捷克作家卡雷尔·恰佩克（Karel Čapek）的科幻剧本《罗萨姆的万能机器人》（*Rossum's Universal Robots*）。这个戏剧的首演是在1921年，描写了那些被大规模生产出来的“人造人”的故事，这些“人造人”制造的产品要比真人制造的产品便宜得多。“robot”来源于捷克语“robota”，含义是“劳工”。现在，《罗萨姆的万能机器人》这类描写机器人起义的题材常见于各种科幻小说中。另一位科幻作家艾萨克·阿西莫夫（Isaac Asimov）提出了“机器人科学”一词，意为“机器人科学和技术”。目前，机器人科学是一个综合研究领域，涉及多个学科，比如机械工程、电力系统、计算机视觉和机器学习等。

图 16.1 1954 年，乔治·德沃尔为第一台可编程机械臂申请了专利，这奠定了现代机器人工业的基础。

第一个工业机器人与恰佩克、阿西莫夫所描述的仿人机器人有天壤之别。1954 年，乔治·德沃尔（George Devol，B16.1）发明了一个底部固定不动的机器人，它带有一个可编程机械臂。德沃尔在 1961 年获得“可编程的物体转移”设备专利，为现代机器人工业奠定了基础（图 16.1）。申请专利时，德沃尔写道：“本发明首次实现了一种通用机器，它可以应用在各种需要进行周期数控的场合下。”

德沃尔提出了“通用自动化”这个概念，用来指一种通过编程执行多种任务的机器人，他把自己的第一代机器人命名为“尤尼梅特”（Unimate）。1960 年，第一台“尤尼梅特”卖给了通用汽车公司。通用汽车公司把它安装在新泽西州尤因镇的一家汽车车身工厂里，用来从压铸机提取和码放滚烫的金属部件。德沃尔的第二代产品是点焊机械臂。这些早期的工业机器人和科幻小说中描写的仿人机器人一点儿都不像，它们只是一些可编程的机械臂。在通用汽车公司的带动下，其他汽车公司迅速跟进，把机器人投入到生产中，主要代替人力做一些单调乏味、困难或危险的工作。

现在，在北美地区，机器人每年的销售量大约有 2 万台。尽管美国汽车行业仍然是机器人的主要销售对象，但在生命科学、制药行业中机器人的销量也开始增长。日本工业机器人的安装数量在世界范围内首屈一指，大约安装了几十万台。这些现代工业机器人远比早期的机器人要复杂得多。比如在加州特斯拉电动汽车组装线上，每个节点最多有 8 台机器人，有些机器人高达 2.4 米，每个机械臂上都有多个关节，可以做各种工作，比如焊接、铆接以及把不同部件连接起来（图 16.2）。自从工业机器人诞生以来，其种类和数量都在不断增长。接下来，我们将介绍仿人机器人、机器

图 16.2 工业机器人正在精细操作玻璃面板。

人实验室、无人驾驶汽车和无人机。

在研制仿动物和仿人机器人方面，日本公司走在世界前列。20世纪90年代，在加拿大研究人员艾伦·麦克沃思（Alan Mackworth）的建议下，从事人工智能研究的日本研究人员发起了机器人足球比赛，被称为机器人世界杯，每年举行一次（图16.3）。“机器人世界杯”的宗旨是促进机器人和人工智能的研究。机器人在踢足球时，移动和行动不仅要自由灵活，还要求相互配合，贯彻球队的策略，“同心协力”对抗另一方。在比赛中，机器人必须处理来自不同类型传感器的输入，并基于这些输入实时做出判断。1999年，索尼公司制造出了人工智能机器人AIBO。AIBO是人工智能机器人（Artificial Intelligence roBOt）的缩写，它有四条腿，外形看上去像只小狗，设计定位是家庭宠物。AIBO团队经常参加机器人世界杯的比赛。

图16.3 2005年，在机器人世界杯的比赛上，索尼的类狗机器人AIBO正在踢足球。

2000年，本田汽车公司制造出了一个名叫ASIMO（Advanced Step in Innovative Mobility的缩写，同时也是为了向艾萨克·阿西莫夫致敬）的仿人机器人（图16.4）。这个机器人有1.2米高，借助两台摄像机，它能够侦测到运动的物体，识别距离和方向。ASIMO还能理解一些声音命令和手势，比如别人主动握手的动作。在2006年举办的国际消费电子展上，ASIMO向人们展示了行走、奔跑和踢球的能力。这些实验不仅仅停留在科研层面上，还有更深远的意义。日本是个人口老龄化速度很快的国家，研制各种类型的机器人可以为老人护理提供一条可行的道路。

图16.4 自从2000年以来，本田制造的机器人ASIMO频繁出现在世界各地的各种会议中。

美国国家航空航天局使用地质机器人探索火星表面。2004年，火星探测车（“勇气号”和“机遇号”）着陆火星，探测火星表面的岩石和土壤，以查明水在火星演化过程中的作用。这些机器人每天能够行进40米，身上搭载着各种科学仪器，如全景摄像机、光谱仪、磁铁、显微镜、岩石采集工具等。2012年8月，“好奇号”（一个可移动的机器人实验室）成功着陆火星（图16.5）。“好奇号”火星车大约3米长，重量为先前火星车的5倍。与先前的火星车不同，“好奇号”可以采集岩石和土壤样本，并且把它们放到自身携带的分析仪器中进行分析。“好奇号”火星车的任务是调查火星环境中是否曾孕育过微生物。

图16.5 2004年，美国国家航空航天局火星探测车开始执行火星探索任务。

图 16.6 卡内基梅隆大学的无人驾驶汽车“沙尘暴”分别参加了 2004 年和 2005 年美国国防高级研究规划局主办的无人驾驶汽车挑战赛。

2004 年，首届无人驾驶汽车挑战赛在美国举行，比赛由美国国防部高级研究计划局提供赞助。比赛的目标是无人驾驶汽车在加州莫哈韦沙漠中自主跑完 240 公里。在首届挑战赛中，没有一支队伍顺利完成比赛。比赛中跑的距离最远的汽车名叫“沙尘暴”，它由悍马改装而来，由卡内基梅隆大学的研究团队打造。“沙尘暴”在行驶了 11 公里后发生火灾，最后被困在岩石上。那年的比赛没有队伍得奖。一年后，赛事组织方又举办了第二届比赛。这次有 5 辆汽车完成比赛，获胜者是“斯坦利”，由斯坦福大学研究团队制造，领队是塞巴斯蒂安·特伦（Sebstian Thrun）教授。“斯坦利”用时 7 个多小时才跑完整条线路，紧跟在后面的是来自卡内基梅隆大学的两辆赛车“沙尘暴”和“汉兰达”（图 16.6），领队是机器人专家雷德·惠塔克（Red Whittaker）。2007 年，美国国防部高级研究计划局组织了第三届比赛，即无人驾驶汽车城市挑战赛，路线总长 100 公里，参赛车辆需要穿过人口聚居区，在拥挤的城市环境中避开其他车辆和障碍物，并遵守城市交通规则。最终一辆名为“老板”的赛车赢得了比赛，这辆赛车由卡内基梅隆大学的 Tartan Racing 团队在雪佛兰 Tahoe SUV 基础上改装而成。

图 16.7 诺斯洛普·格鲁门公司制造的全球鹰无人机能够在 2 万米高空飞行 30 个小时。

新闻中报道最多的无人驾驶机器无疑是无人机。军方越来越多地使用无人机监视和侦察战场。在通常情况下，这些军用无人机体型大且价格昂贵（图 16.7）。正如个人计算机兴起于电子发烧友圈子一样，现在面向个人爱好者的无人机也呈现爆炸式增长，且价格低廉。无人机的关键技术是自动驾驶系统。自动驾驶系统最早见于 20 世纪 30 年代，当时这种控制系统的主要任务是让飞机沿着指定路线平稳飞行。现在，借助于自动驾驶系统，整个飞行过程全面实现自动化，包括起飞和降落。过去 10 年间发生的变化是：用来制造自动驾驶系统的各种部件变得越来越小，也越来越便宜。这些部件主要有陀螺仪（测量旋转速度）、磁力计（用作数字指南针）、大气压力传感器（判断海拔高度）和加速计（测量运动变化）。目前集成了所有这些功能的芯片售价还不到 20 美元。同样，人们需要更小的全球定位系统芯片为手机提供导航系统，这种需求使得全球定位系统芯片的售价有了天翻地覆的变化，从最初的几千美元一路降至 10 美元。最后，人们需要更好的手机相机，这使得技术人员研究出便宜且功能强大的成像芯片。在这些有利条件下，自制无人机呈现出一派欣欣向荣的景象。无人机爱好者可以把智能手机中的技术应用到无人机制作中，包括廉价的传感器、相机、低功耗处理器和电池等。DIYdrones.com 由《连线》杂志的克里斯·安德森（Chris Anderson）创办，它是无人机爱好者相互交流的地方。在这个网站上，你可以看到大量非军用、非警用的无人机，包括农业用无人机、搜救无人机、自拍无人机、赛事报道无人机（图 16.8）、环境监测无人机和投药无人机等。

图 16.8 MeCam quadcoptor 是一款小型无人机，它可以跟随人飞行并拍照，然后把拍摄的照片传输到智能手机中。

物联网

过去 30 年，互联网规模急剧增长。最初，互联网只连接了科研中心的几千台计算机，而现在互联网通过个人计算机、智能手机和平板设备把几十亿人连接了起来。然而，这还只是开端。现在，我们可以把便宜的电子标签、传感器贴到物体上，把它们连接起来，形成一个更大的全球网络——物联网（Internet of Things）。1999 年，麻省理工学院工程师凯文·阿什顿（Kevin Ashton）首次使用了这个词。在最初的定义中，阿什顿这样说道：

> 今天，计算机（以及由其组成的互联网）中的信息几乎完全来自人类自身。互联网上大约有 50PB 的可用数据是由人类直接采集和创建的，比如打字、录制、拍摄、扫描条形码等。问题是人类的时间、精力、准确度都是有限的，这意味着人类不太擅长从真实世界中采集数据。如果计算机可以在没有人类帮助的情形下通过自己收集的数据了解世间万物，那么我们就能通过它们对世间万物进行跟踪和筹划，这可以极大地减少浪费、损失和成本。通过计算机，我们能够知道什么时候对产品进行更换、修理或召回，知道食品是新鲜还是已过了保质期。物联网有可能会像互联网那样改变世界，或许物联网比互联网更具颠覆性。

继万维网、手机、无线联网设备之后，物联网将是下一场即将到来的颠覆性技术。据预测，到 2020 年将有 500 多亿个设备连接到互联网。在这样的世界中，日常物品（如图书、汽车、冰箱）会为我们提供各种信息。有些智能设备不仅能通过传感器获取信息，还能通过执行设备（这种设备可以用来移动或控制事物）影响环境。智能住宅能够检查访客的身份；智能排水系统能够感知暴风雨的威胁，并做出相应调整；智能零售系统会积极跟踪供应链，防止商品断货或者囤积。

我们应该如何应付如此复杂的世界呢？计算机企业家雷·奥兹（Ray Ozzie）曾经描绘过一个愿景——一个拥有持续服务和连接设备的世界：

> 为了应对设备、网站、应用及个人数据（遍及大量设备和网站）的内在复杂性，一个简单的概念模型正在逐步形成，它将把世间万物联通在一起。我们正在走向这样一个世界：（1）基于云端的持续服务把我们连接在一起，并为我们提供各种服务；（2）各种连接设备让人得以与这些服务进行交互。

云计算（Cloud computing）是共享计算资源的一种方式，它聚集了大量计算机和其他互联网设备，形成了海量数据中心，用户既可以把海量信息存储到数据中心，也可以根据自身需求使用数据中心的巨大计算能力。网站可以利用这些云资源提供不间断的服务，借助云服务网站还能灵活地应对用户访问量的变化。这些服务不断收集和分析来自真实世界和网络上的数据。用户通过运行在各种连接设备上的软件应用与这些服务交互。随着物联网不断发展壮大，越来越多的嵌入设备接入到网络中，从家用摄像头到高速公路上的各种传感器，不一而足。

强人工智能和心身问题

> 警告：我们接下来要介绍的内容在研究人员、计算机科学家、神经科学家和哲学家之间没有形成明确的共识。对于这些内容，人们持有不同看法，甚至在定义上也没有达成一致。

斯图尔特·拉塞尔（Stuart Russell）和彼得·诺维格（Peter Norvig）在《人工智能》（*Artificial Intelligence*）中区分了“弱人工智能”和“强人工智能”，分别定义如下：

> 机器的行为让人们觉得它们似乎拥有智慧，哲学家把这种人工智能称为“弱人工智能”；机器的行为不仅表现出智能性，而且还能真正思考（不是只对思考的模拟），这样的人工智能被称为“强人工智能”。

1956 年，约翰·麦卡锡首次提出了“人工智能”这个概念，并断言弱人工智能是有可能实现的。麦卡锡说：“学习或智能的任何特征都能被准确地描述出来，并且可以制造出一台机器进行模拟。”

在《人工智能》中，拉塞尔和诺维格认为“智慧与理性行为密切相关”。他们提出了创建“智能系统”（称为“智能体”）的想法，这些子系统能够通过传感器感知周围的环境，并能通过执行设备对环境施加影响。理性智能体会为每个可能的输入序列选择一个实现性能最大化的行为。智能体还可以通过学习经验来提高自身性能。拉塞尔和诺维格提出了不同类型的智能体，比如反射智能体、基于目标的智能体、基于效用的智能体等。反射智能体只对最后的输入做响应，基于目标的智能体实现目标很明确，基于效用的智能体寻求把性能的某个特定指标最大化。在过去 20 年中，这些基于理性智能体的系统在机器人科学、语音识别、规划与调度、博弈、反垃圾系统、机器翻译等诸多领域取得了相当大的成功。对于这些进展，拉塞尔和诺维格说：

> 大多数人工智能研究人员只是一味地研究弱人工智能，而对强人工智能并不怎么关心。他们只关心程序能不能正常工作，至于程序是对智能的模拟还是具有真正的智能，他们并不在意。

尽管大多数人工智能研究者都对人工智能表现出非常务实的态度，但自从阿兰·图灵于 1950 年提出通用图灵机以来，智能机器就一直是哲学家争相讨论的热门话题。DNA 双螺旋结构的发现者之一弗朗西斯·克里克说：“20 世纪，脑科学研究让意识成为一个受大家普遍认可的科学研究课题。”克里克在 1994 年出版了《惊人的假说》（*The Astonishing Hypothesis*），在这本书里他说道："一个人的心理活动完全是由神经细胞、神经胶质细胞、原子、离子和分子活动引起的，由其形成又受其影响。"换言之，人类的心智完全是由大脑中几十亿个神经细胞的活动产生的。

从柏拉图和亚里士多德时代开始，哲学家们就一直在关注有关心身的问题，研究精神和物质之间的关系。17 世纪法国著名的哲学家勒内·笛卡儿（René Descartes）认为，思维活动和身体的物理过程是截然不同的，即哲学中所说的"二元论"。与此相反，"一元论"坚持认为，思维和大脑是不可分的，精神状态即是物理状态，有时人们把这种观点称为"物理主义"。

许多哲学家和计算机科学家推崇"功能主义"思想，认为精神状态只由其功能定义，即与知觉输入、其他精神状态和行为有关。功能主义多种多样，但这里说的是希拉里·普特兰（Hilary Putnam）的"机器功能主义"，它把图灵机状态和大脑精神状态做了类比。前面讲过，图灵机的输出由机器的初始状态和纸带输入决定。这是"计算主义"的基础，"机器功能主义"认为，精神状态就是计算状态，精神状态的转换只取决于它的输入，与特定的物理实现无关。这种观点自然会产生"机器会思考吗？"这个问题，还有其他一些关于强人工智能的问题。

20 世纪上半叶，"行为主义"成为心理学的主流趋势，代表人物是约翰·华生（John Watson）和 B. F. 斯金纳（B. F. Skinner）。行为主义的主要观点是心理学只应该研究人与动物可观察的行为，不应该研究思维中那些无法确定是否发生、不可验证且无法观察的事件。第 13 章中，我们提到了阿兰·图灵著名的图灵测试，它是一个测试有无智能的行为测试。作为对这种智能测试的回应，1980 年，哲学家约翰·希尔勒提出了著名的"中文房间"实验，实验说明了对于了解强人工智能，只观察行为是不够的。我们在第 14 章介绍 IBM 沃森在《危险边缘！》节目中获胜时提到了希尔勒的中文房间实验。更详细地说，希尔勒的思想实验证明了人类的认知（思考、理解、感觉）只不过是种计算而已。希尔勒的观点非常简单：

> 因为只有当事者本人才知道自己是否拥有认知能力（思考、理解、感觉），所以我无法判断那台成功通过了中文图灵测试的计算机是否真的具备了认知能力（比如懂中文）。然而，计算是与实现无关的，这意味着同一个计算机程序的所有实现都应该拥有相同的属性，如果这些属性是可计算的，那么我本人也能成为通过中文图灵测试程序的一个实现。然而，显而易见的是，我并非真的懂中文：我只是根据那些记忆的规则来操作这些无意义的符号……虽然我无法判断通过图灵测试的计算机是否懂中文，但是我可以肯定的一点是，如果计算机懂中文，不是因为它实现了合适的计算机程序，而是我实现了相同的计算机程序，而我绝对不懂中文。所以，计算主义（强人工智能）为假（或不完备）。

B16.2 斯特万·哈纳德。认知学家。他出生于匈牙利布达佩斯。目前他是加拿大魁北克大学认知科学研究系的主任，同时他还是英国南开普敦大学认知科学系教授。哈纳德对标准图灵测试进行了拓展，把计算机知觉和操控能力包含在内，提出了“全图灵测试”。

认知学家斯特万·哈纳德（Stevan Harnad，B16.2）进一步说：“除了希尔勒的中文理解问题，中文房间实验中还有另外一些问题需要注意。”

> 希尔勒不仅不理解所操作符号的含义，而且也无法指出它们所指的对象。如果你问他“BanMa”（斑马）指什么，他会用中文回答说“BanMa像有条纹的马”，但这个描述还是不够准确，这是因为他其实对这个词根本就没什么概念。除了缺少理解之外，希尔勒也无法说出BanMa在真实世界中所指的事物，也就是说这些符号是“不接地”（ungrounded）的。“接地”（这不仅需要计算，而且还需要像机器人一样和周围世界做动感交互，以学习符号指代的对象）是必须的，但对于含义的理解来说还不够。另外，还要能感受到（或理解）一些与BanMa相通的事物。

哈纳德基于如下论点提出了“符号接地问题”。计算是对符号的操作，这种操作是基于符号形状而非含义的。计算本身并不能把符号和它们的含义联系起来，而计算要成为认知必须这样做才行。因此，哈纳德提出把传统的图灵测试扩展为“全图灵测试”，把对计算机感知能力和操控能力（非单纯的计算）的测试也包含进去。从这个观点看，希尔勒的“中文房间”实验只能证明：计算本身无法实现认知。

针对强人工智能和计算主义，英国数学家罗杰·彭罗斯（Roger Penrose）提出了另外一种反对意见。彭罗斯的观点基于逻辑学家库尔特·哥德尔（Kurt Gödel）发现的“非算法真理”，即那些人们知道为真但无法在一个形式系统中基于一套公理进行证明的命题。彭罗斯声称，这个发现表明计算机（它只能依据算法运行）受到的制约必定多于人类。人们一直围绕着这个观点争论不休，这其中就包括图灵。图灵发现这些来自数学逻辑的结果可能对图灵测试有重要意义：

> 有些事计算机做不了。如果计算机被用来回答问题，就像在模仿游戏中那样，那将会有一些问题，计算机要么答错，要么根本答不上来，不管给多少回答时间都一样。

在图灵测试的背景下，“非算法真理”的存在意味着有一类“无法回答”的问题存在。然而，图灵却坚定地认为，如果这些问题人类能够回答，那它们就应该是图灵测试所要关注的问题。

再谈神经网络

我们不会再深入探究这些有很大争议的哲学问题，接下来，让我们再次审视一下大脑，看看关于智慧和意识它能告诉我们些什么。让我们先从神经网络说起。在人体中，比如大脑中，神经网络由互相连接的神经细胞组成，这些神经细胞在大脑中协同工作。在计算机科学中，神经网络是电子元件模拟大脑运

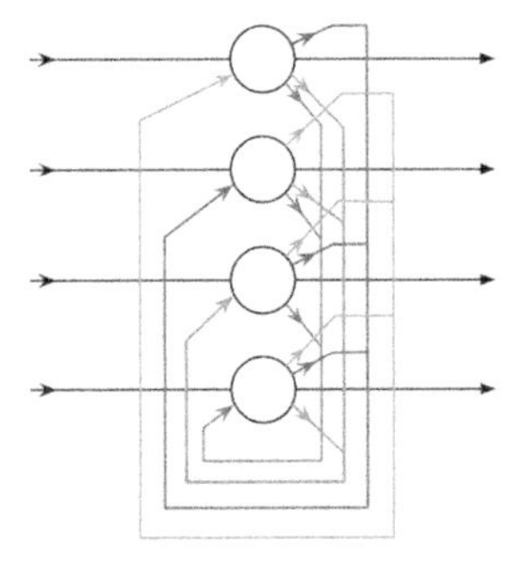

图 16.9 带有反馈回路的四节点霍普菲尔网络。

行而形成的网络。在第 13 章中，我们介绍过人工神经网络，它可以用来成功地做模式识别任务。

然而，这些人工神经网络与生命体中真实神经网络的功能相去甚远。除了神经元与连接数目存在巨大差异外，最重要的一点是它缺少反馈，信息通过反馈送回到系统用以调整行为。训练人工神经网络常用的一种方法是"反向传播"，在这种方法中，将初始输出和期望输出做比较，并不断调整系统，直到两者误差最小。然而，人工神经网络只是一种前馈网络，它为每组给定的输入产生一个特定输出。在大脑中，神经细胞不只向前反馈，还把信息发送给其他神经元。

霍普菲尔网络（Hopfield network，图 16.9）是一种带有反馈功能的人工神经网络，由多学科科学家约翰·霍普菲尔（B16.3）发明，并因此得名。这种网络在人工神经元之间引入了双向连接，并假定每个连接的权重在每个方向都一样。这种神经网络拥有自动联想记忆功能，当网络中出现某种行为模式时，神经元和连接会产生对这个模式的记忆。即使只输入原始模式的一部分，自动联想记忆也会找回整个模式。我们还可以设计并利用这种网络存储模式的时间序列，记录这些模式出现的顺序。只要给出一部分时间序列，霍普菲尔网络就会生成整个序列，就像听见了一首歌开头的几个音符就想起了整首歌一样。

B16.3 约翰·霍普菲尔。计算机科学家。他原本是一位物理学家，但是他最广为人知的成就是关于人工神经网络的研究。霍普菲尔在加州理工学院负责开设了计算和神经系统博士课程，现任普林斯顿大学分子生物学教授。

计算机设计师杰夫·霍金斯（Jeff Hawkins，B16.4）基于神经元和记忆的思想提出了一个大脑模型来代替计算主义观点，有关智能的记忆 - 预测理论，下面做几点简要概述。

霍金斯认为，任何大脑和智慧模型都需要融入带反馈的神经元，并且能够对快速变化的信息流做出响应。霍金斯把研究重点放在大脑皮层的结构上，这部分负责更高级的功能，比如自主运动、学习、记忆。第 15 章中提到过大脑皮层大约 2.5 毫米厚，由 6 层组成，每层的厚度大约与一张扑克牌相当。据估计，大脑皮层大约有 300 亿个神经元，每个神经元拥有几千个连接，形成的突触总数超过了 30 万亿个，神经冲动通过这些突触从一个神经元传给其他神经元。神经学家发现，大脑皮层可以划分成许多功能不同的区域，每个区域都是

B16.4 杰夫·霍金斯。计算机创业者。他最为人称道的成就是推出了 Palm Pilot 和 Treo 等手持设备。霍金斯还发明了手写识别系统 Graffiti，可以安装在那些手持设备中使用。除了在计算机产业大获成功外，霍金斯还对脑功能很感兴趣，出版了《智能时代》，介绍了记忆、预测架构以及大脑的工作原理。

B16.5 弗农·蒙卡斯尔。认知神经学家。他是约翰霍普金斯大学的名誉教授。他最著名的成就是在 20 世纪 50 年代发现了大脑皮层的柱状结构。1978 年，蒙卡斯尔提出大脑皮层的所有区域基于这些皮质柱遵循同样的原理运行。

半独立的，专门负责思考和认知的某些方面。每个区域都是分层排列的，低层沿着分层结构向上传递信息，高层把反馈向下回传给低层，但是需要注意的是，这里所说的“高层”和“低层”并非一定就是它们在大脑中真实排列的样子。最低层区域主要是感受区，用来接收感受信息。大脑有多个区域用来处理来自眼睛、耳朵、皮肤和内脏的感觉，每个区域拥有自己特有的层次结构。大脑皮层还有“联合区”，它们整合来自各感觉通道的信息，对输入信息进行分析、加工和存储。在大脑额叶中有运动系统，它发送信号到脊髓，驱动肌肉动作。所有感受区的层次结构看上去都非常类似。美国约翰霍普金斯大学的神经学家弗农·蒙卡斯尔（Vernon Mountcastle，B16.5）基于这种相似性提出了大脑皮层的基本结构模型，并发表了一篇题为《脑功能组织原则》（*An Organizing Principle for Cerebral Function*）的论文。

1950 年，蒙卡斯尔发现，大脑皮层的神经元呈纵向柱状排列，被称为“垂直柱”，每个垂直柱拥有不同的功能。1978 年，蒙卡斯尔提出大脑皮层所有区域遵循相同的原理运行，皮质柱是最基本的计算单元（图 16.10）。所有来自主感受区的输入信息以化学信号和电信号的形式抵达大脑皮层。我们通过大脑弄清了这些数据流的含义，并产生对世界一致、稳定的看法。比如，我们的眼睛每秒要做几次“扫视”动作。随着这些“扫视”动作，眼睛的注视点会发生变化，移动到视野中感兴趣的部分，大脑会为我们看到的东西建立三维模型（图 16.11）。这个世界中的物体、不断行走的人之所以看上去是稳定的，是因为我们的大脑拥有强大的处理能力，能够理解视网膜上连续变化的模式（图 16.12）。蒙卡斯尔猜测，大脑皮层中的所有神经元使用同样的算法来处理那些抵达各个感受区（视觉、听觉、语言、运动控制和触觉等）的不同输入模式。换言之，大脑处理这些输入模式，构建世界模型，然后存储在由神经元及其突触组成的记忆中。

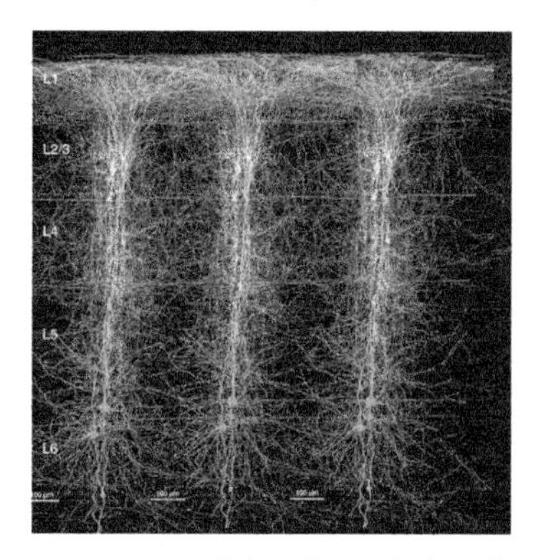

图 16.10 弗农·蒙卡斯尔发现的皮质柱结构示意图。1978 年，蒙卡斯尔发表了一篇论文，提出所有皮质柱遵循相同的原理工作。杰夫·霍金斯把这个观点称作神经科学的“罗塞塔石碑”。

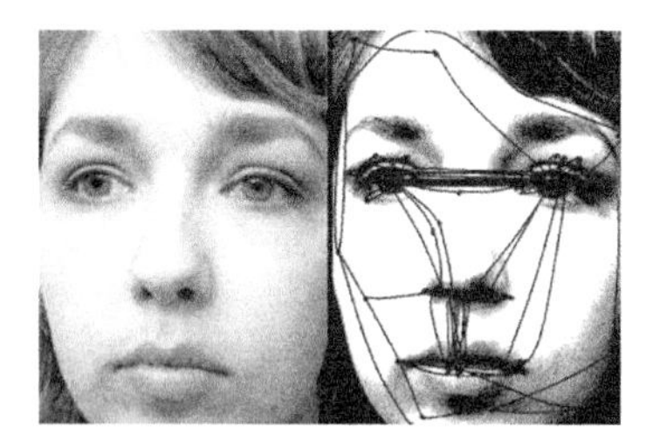

图 16.11 观察面部等事物时，大脑使用扫视（眼睛的快速移动）的轨迹为眼睛看到的事物建立三维模型。

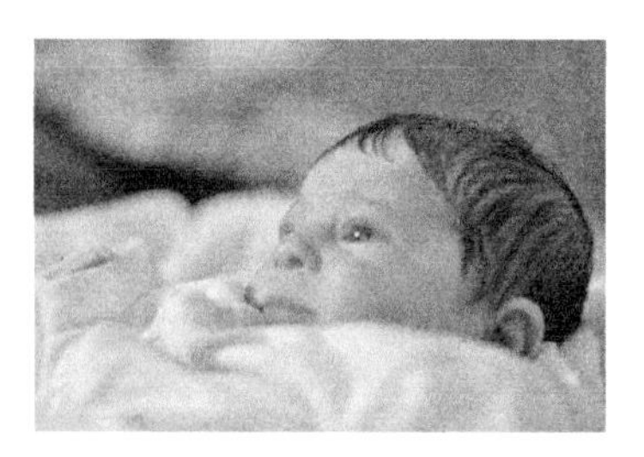

图 16.12 一个 1 天大的婴儿正在建立对这个世界的印象，他睁开眼睛的每一秒都在摄入图像，每秒形成三张图像。

到目前为止，我们把图灵智能行为测试看作大脑计算主义模型的基础，即把大脑视作一个运行程序的计算机。对于这种观点，霍金斯提出两点批评。首先，这种观点存在输入输出谬论：行为主义者认为你只要提供给大脑一个指定的输入，必定会观察到某种行为的输出。事实上，在大脑接收输入后，我们可以处理输入数据，并且做出看得见的动作，但是我们不必非得如此响应，输入也可以只产生一些不付诸行动的想法。行为不是必需的，而行为测试无法把智慧这个特征反映出来。其次就是霍金斯所说的“百步法则”。如果把人脑比作计算机，就会习惯性地把人脑中 1000 亿神经元和芯片上几十亿个晶体管做比较。一个典型神经元的工作周期大约是 5×10^{-3} 秒（5 毫秒），而现代芯片的工作周期可以短至 5×10^{-9} 秒，比神经元大约快 100 万倍。说到大脑的强大功能，尽管单个神经元的运行速度相对较慢，但是计算主义者指出，大脑中几十亿个神经元能够同时进行计算，就像一台并行计算机同时使用多个中央处理器执行程序一样，使得运行速度极快。假如有一个照片判别问题，要求判断照片中的事物是否是猫。对于这个问题，我们人类能够在不到一秒的时间里迅速做出判断。而在那一秒内，由于神经元运行较慢，进入大脑的视觉信息大约只能通过视觉感受区域中的 100 多个神经元。因此，大脑必须使用几十亿神经元中极小的一部分“计算”出答案。相比之下，使用数字计算机完成这样的图像识别问题则要经历几十亿个步骤。

对于一项困难的识别任务，超级计算机可能要花几十亿步才能完成，而大脑只需大约 100 个步骤就能完成，它是如何办到的？对此，霍金斯回答说：

> 这个问题的答案是：大脑并非靠“计算”为问题寻找答案，而是从记忆中搜索答案。其实，答案在很久之前就已经存在记忆中了。在记忆中搜寻东西只要几个步骤就可以完成。虽然神经元速度较慢，但是它们能形成强大的记忆。整个皮质就是一个记忆系统。大脑和计算机终究是不同的。

下面举最后一个例子，帮助大家了解大脑是如何完成接球这个动作的。如果有人向你扔球，在不到一秒钟内你就能接住它。如果对一个机械臂编程来实现同样的接球动作，程序需要做大量计算才能做到。首先，必须估计球的轨迹，并应用牛顿运动定律计算出来。计算结果大致给出机械臂要去哪里接球。其次，由于针对球轨迹的第一次计算只是一个大致估计，因此随着球不断靠近需要把整个计算重复做几次。最后，还需要对机械臂的手指编程，以便当球过来时能够抓住它。为此，计算机需要做几百万个步骤，求解大量数学方程。然而，大脑使用神经元只要大约 100 个步骤就能完成接球动作。大脑采用一种与传统计算不同的方式干净利索地解决了这个难题。在霍金斯看来，大脑采用的方式就是记忆：

> 我们是如何借助记忆来接球的呢？在我们大脑的记忆中存储着一些用于接球的肌肉命令（还有其他许多习得的行为）。当一个球向我们飞来时，会发生三件事。首先，在看到球后，大脑中相关记忆会被自动唤醒。其次，这段记忆会“唤醒”一系列肌肉命令。最后，随着特定记忆被唤醒，对记忆的调整随之开始，以适应当前情况，比如球的实际轨迹和当时身

体所处的位置等。与接球相关的记忆并非编入到我们的大脑中，它是通过多年重复练习习得并存储在我们的大脑中的，并不是由神经元“计算”得到的。

当球向我们飞来时大脑要不断更新球的位置，有鉴于此，霍金斯提出了存储在大脑皮质中的记忆本质是“不变表征”的想法。当只给出一部分图像作为输入时，人工自联想记忆能够回忆起完整的图像。而当一幅图像经过重新调整、旋转或者以不同角度呈现时，人工神经网络将很难识别它，但这对人脑而言只是小菜一碟。例如，当你读书时，可以尝试着改变自己的位置、旋转图书或调整照明，此时这本书在你脑中的视觉输入也会随之发生变化，但是大脑仍会认出它们是同一本书，即这本书在大脑中的内部表征不会变化。正因如此，我们才把大脑的内部表征称为“不变表征”。大脑把不变表征和变化的数据结合起来预测如何执行“接球”等任务。

我们对周围世界的理解与大脑的预测能力紧密相关。大脑从外部世界源源不断地接收各种模式，把它们存储为记忆，然后再把它们与输入信息流结合起来进行预测。霍金斯说：

因此，智能和理解起初作为一个记忆系统，把预测放入感知流。这些预测就是理解的本质。了解某事就是指你可以对它做预测。

基于这种思想，霍金斯提出了智能的“记忆 - 预测框架”：“智能的证据是预测而非行为。”根据这种观点，智能机器相当于大脑皮层和一系列输入传感器的综合，是可以被创建出来的，用不着连到大脑中另外一些古老区域的情感系统。虽然这样的智能系统与科幻小说中的仿人机器人一点儿不像，但是它们具备理解周围世界的能力，并且能够做智能预测。然而，要在硅材料上制造出这样的系统从技术层面上看仍然面临着巨大挑战，对于如何做出所需数量的神经元以及实现它们之间的复杂的连接，仍有大量困难需要克服。

B16.6 丹尼尔・丹尼特，哲学家，认知学家。关于进化和意识，他出版了两本畅销书，分别是《达尔文的危险思想》（*Darwin's Dangerous Idea*）和《意识的解释》（*Consciousness Explained*）。丹尼特还是马萨诸塞州塔夫茨大学认知研究中心的主任。

意识？

在有关意识的讨论中，哲学家经常使用“僵尸”这个词来代表一类虚构的人。对此，丹尼尔・丹尼特（Daniel Dennett，B16.6）这样说：

关于哲学僵尸，哲学家们一致认为它们在物理上与普通人完全一样，看上去像一般人那样自然、活泼、机警、健谈，只是没有主观意识，像某种自动机。在哲学家眼中，你无法通过观察外部行为把哲学僵尸和正常人区分开来。

在关于意识的讨论中，哲学家还经常用到“感受性”这个概念。关于“感受性”这个概念，神经学家克里斯托弗・科赫（Christof Koch，B16.7）解释道：

B16.7 克里斯托弗·科赫。认知神经学家。加州理工学院神经学教授，从 2011 年开始，他担任了艾伦脑科学研究所首席科学官。20 世纪 90 年代，科赫和诺贝尔奖得主弗朗西斯·克里克合作研究脑科学问题。2004 年，科赫和克里克合作出版了《意识探秘：意识的神经生物学研究》（*The Quest for Consciousness: A Neurobiological Approach*）。

拥有某种特别的体验指的是那种体验给人的感受性，当我们看到红色夕阳、红旗、动脉血液、红宝石以及荷马笔下酒红色的大海时，虽然这些事物是不同的，但是它们的共同点都是“红色”，都能给人以相同的红色感受。感受性是一些原始的感觉，它们构成各种有意识的体验。

科赫尝试把有关意识的讨论从哲学层面转成正式的科研课题，为此，他给出了意识 4 种不同的定义：

常识性定义：意识是我们内在的精神生活……

行为定义：意识是一份动作或行为的清单，任何有意识的生物都能做其中一个或多个行为……

神经学定义：任意一个意识所需要的最小生理结构……

哲学定义：意识就是感受事物的能力。

然而，在《意识的解释》中，丹尼特选用了一种不同的方法，有效地避开了有关感受性的争论和辩论，以防在意识的讨论中出现这个概念。

正如大多数人所想的那样，这种自我认知能力或许正是意识的本质所在。然而，如我们所见，计算机科学家、认知科学家、神经学家要想在强人工智能、心身问题、意识方面达成共识还有很长的路要走，正如丹尼特所说：“人类意识是最后一个未解之谜。”

本章重要概念

- 仿人机器人
- 无人飞行器
- 云计算
- 心身问题
- 强人工智能
- 智能体
- 功能主义
- 计算主义
- 行为主义
- 符号接地问题
- 反向传播
- 自关联记忆
- 百步法则
- 意识

17 科幻小说中的计算机

没有人看到这些小老鼠即将到来。在我的领域，没人写科幻小说。哦，有几本小说写过那些大脑，《纽约客》的一些漫画也描绘过那些需要在整个仓库中思考的巨大电子头颅。但是，在未来的写作中，没人预见到那些大的野兽会小成指甲、耳塞般大小，你可以把白鲸塞进一只耳朵，然后从另一只耳朵得到工作和传道书。

——雷·布莱伯利

早期科幻小说

B17.1 儒勒·凡尔纳（1828—1905），法国小说家。1884 年 6 月 15 日，*L'Algerie* 杂志在其封面宣传了凡尔纳的最新小说。

根据英国科幻小说家布里安·阿尔迪斯（Brian Aldiss）的说法，文学史上第一部科幻小说是玛丽·雪莱（Mary Shelley）在 1818 年创作的《弗兰肯斯坦》（*Frankenstein*）。这部小说描述了“科学怪人”维克多·弗兰肯斯坦利用自己掌握的解剖学、化学、电子学、物理学知识制造出一个巨人怪物的故事。另外一种说法认为，科幻小说的起点是 19 世纪下半叶，代表人物是儒勒·凡尔纳（Jules Verne，B17.1）和赫伯特·乔治·威尔斯（Herbert George Wells，B17.2）。当时正值科学的蓬勃发展期，其间著名的事件有：1859 年，达尔文出版了《物种起源》；1864 年，麦克斯韦提出了电磁统一理论；1869 年，门捷列夫制作出元素周期表；焦耳和开尔文的研究工作奠定了热力学基础。凡尔纳脑中萌生了一个想法，他想把科学和冒险故事结合起来形成一种新型小说。在这种想法的指引下，1863 年，凡尔纳出版了《气球上的五星期》（*Five Weeks in a Balloon*）。关于这本书，凡尔纳写道：

> 我刚刚完成了一部采用新形式写作的小说，一种全新形式——你明白吗？如果它能够获得成功，无疑打开了一座宝藏。

B17.2 赫伯特·乔治·威尔斯（1866—1946），英国小说家。在求学期间受到达尔文进化论的影响，信奉自然选择理论。有关这种“无情”力量推动人类进化的主题见诸威尔斯的大量作品中，比如他在 1895 年出版的第一部且最著名的作品《时间机器》，以及后来许多作品中。人们通常认为是威尔斯成功预见到了坦克、飞机、空中战争、原子弹、核对峙等。在杂志《神奇故事》中，雨果·根斯巴克几乎刊载了威尔斯的所有小说，这让威尔斯的作品对美国科幻小说的发展产生了极大影响。威尔斯的《世界大战》首次讲到外星人入侵的故事，1938 年，奥森·韦尔斯把这部作品改编成广播剧，这让成千上万的听众相信地球正在遭受外星人的袭击，并因此引发了纽约的一场骚动。晚年，威尔斯提出了分布式百科全书的想法，并将其称为“世界之脑”。

后来的事实证明，那的确是一座宝藏。在随后10年里，凡尔纳陆续出版了一系列小说，并大获成功，即“非凡旅程”系列，包括《地心游记》、《从地球到月球》、《海底两万里》、《环游世界80天》。凡尔纳的小说以科学事实为根基，场景大都设置在当下或不久的将来。与凡尔纳不同，威尔斯写作的主要是科学浪漫小说。1895年，威尔斯出版了《时间机器》（*The Time Machine*），描述了主人公（一位科学家、发明家）穿越时间，探索人类凄惨未来的故事。两年后，即1897年，威尔斯发表小说《隐身人》，讲述了一位天才科学家发现了一种隐身技术，但无法逆转这个过程，最终酿成悲剧的故事。1898年，在《世界大战》中，威尔斯描写了火星人入侵地球，降落在伦敦，使用致命热射线武器击败所有英国军事力量的故事。在这三年间，威尔斯发表了这些小说，并获得了巨大成功，因此，威尔斯被誉为“科幻小说之父”。

凡尔纳和威尔斯身处的19世纪是一个乐观向上的时代，人们普遍相信，科技发展会源源不断地给人类带来巨大好处。然而爱德华·摩根·福斯特（E.M. Forster）所写的一篇短篇小说却打破了人们对未来这种乌托邦式的幻想。1909年，福斯特写了短篇科幻小说《大机器停止》，鲜明地体现了悲观的、反乌托邦的思想。在这篇小说中，人类生存完全依靠一台巨大且复杂的机器（即现在的计算机），人们生活在一个完全机械化的社会环境中。整个故事围绕着一位女士（瓦实提）和她的儿子（库诺）展开。瓦实提甘愿生活在地下自动化公寓中，通过视频系统参加会议和讲座，很少直接与人会面：

> 于是她让房间亮起来，那处处通明、电钮密布的房间使她精神恢复了过来。房间里到处是电钮和开关——要食品的电钮、要音乐的电钮、要衣服的电钮。有热水浴电钮，按一下这个电钮，一个仿大理石的澡盆便从地板下面升上来，里面盛满了一种温热的除臭液体。还有冷水浴电钮。有创作文学的电钮，当然还有她用来同朋友们进行交谈的电钮。这个房间虽然空无一物，却与她所关心的一切密切相连。

图17.1 在人类乘坐宇宙飞船离开地球后，机器人瓦力被留在地球上清理垃圾。在电影《机器人总动员》描绘的世界中，人类完全依靠技术来获取所需要的一切。

对于社会的一致性，库诺表现出反叛情绪，尝试逃到外面去，但最后以失败告终。完全依赖机器几乎成为一种宗教信仰。然而不幸的是，那些懂得机器运作原理的工程师数量每年都在减少。与此同时，机器的小故障越来越多（音乐源变得不可靠、浴盆开始发臭），但设备修理委员会未能立即修复这些小故障。最终，机器停转，整个社会陷入一片混乱之中。电影《机器人总动员》（*Wall-E*，图17.1）是最近一部讲述人类过分依赖机器的科幻作品。

晚年，威尔斯还写了几部非小说类作品，这其中就包括两部审视历史的作品：《世界史纲》（*The Outline of History*）和《人类的工作、财富和幸福》（*The Work, Wealth, and Happiness of Mankind*）。在写作这些作品期间，威尔斯意识到，作家需要有一种轻松获取信息的方式。他认为让大众轻松获取信息有利于改变无知、愚昧的现状，从而减少出现战争的可能性。1937 年，威尔斯发起创建“世界之脑”（World Brain）的运动，这个百科全书包含了世界各大图书馆、博物馆、大学的知识，并且持续更新。

从现代的想象来看，“世界之脑”不再是一排为所有人印刷和出版的书籍，而是某种思想的交流场所，它是一个对知识、思想进行接收、分类、概括、消化、澄清、比较的仓库。它将与世界上的每一所大学、每一个研究机构、每一次讨论会、每一次调查、每一个统计局不断通信。它将建立自己的指挥部和员工、专业编辑和总结归纳人员。在新世界里，他们将是非常重要和杰出的人。百科全书组织不必集中在一个地方，它可以是一种网络形式。它在思想上是集中的，而物理上不是。它将是构建真实“世界之脑”的起点。

范内瓦·布什和J.C.R. 利克莱德是现代万维网和互联网的奠基人，而威尔斯则是最先传播这些想法的布道者之一。后来，随着互联网、万维网、维基百科的出现与发展，威尔斯设想的“世界之脑”逐步成为现实。但是，令人遗憾的是，威尔斯在有生之年未能看到这个设想成真。经历了第二次世界大战令人恐怖的大屠杀之后，威尔斯陷入悲观情绪之中，并于 1945 年写出了遗作《锁链末端的心灵》（*Mind at the End of Its Tether*）。

威尔斯从未写过有关计算机的内容，但凡尔纳在《二十世纪的巴黎》（*Paris in the Twentieth Century*）中写到过，这部小说直到 130 年后的 1994 年才得以出版。在这部小说中，凡尔纳对 20 世纪的巴黎所做的预测令人印象深刻：大街上到处是“不用马拉的车子”、高架铁路和无人驾驶列车，商店和街道上有电力照明，高楼大厦中都有电梯。出版社的编辑拒绝接受这个手稿，并且告诉凡尔纳：“没人会相信你说的那些！”这部小说的主人公米歇尔在一家控制着国家金融体系的大银行当学徒：

米歇尔转过身，看到了身后的计算机。几百年前，帕斯卡创造出了计算机，那时算得上是划时代的新概念。卡斯莫达吉银行拥有当时最先进的计算机，外形很像巨型钢琴。通过操作一种键盘，立即能算出加减乘除的结果，还能计算分期额以及各种长短期复利。

这家银行通过早已在英国使用的惠斯通电报系统与其他机构相连，世界各地股票市场的股价信息在不断更新着。

除此之外，上个世纪佛罗伦萨的乔瓦尼·加塞利（Giovanni Caselli）教授发明了图文传真机，这种传真机可以用来传输各种手写或打印形式的文字和图形，人们即使远相隔万里也能轻松收发信用证明和合同。

图 17.2 1926 年 4 月《神奇故事》杂志的封面。这份杂志主要刊载威尔斯、凡尔纳和埃德加·爱伦·坡（Edgar Allan Poe）的小说。

B17.3 雨果·根斯巴克（1884—1967），编辑，科幻作家。他出生于卢森堡，20 岁时，移民到美国。1911 年，他在《摩登电子》杂志上发表了小说《大科学家拉尔夫 124C41+》。1926 年，根斯巴克创办了《神奇故事》杂志，这是第一本专门刊登科幻小说的杂志。印在杂志扉页上的口号点明了它的使命："今天的天方夜谭，明天的严峻现实。"根斯巴克创造了"科幻小说"这个术语，科幻小说年度雨果奖就是以他的名字命名的。

在 19 世纪 50 年代之前，惠斯通电报系统一直在英国广泛使用，那时乔瓦尼·加塞利教授才刚刚发明可以通过电报线路发送图像的传真电报系统。1862 年，也就是凡尔纳写《二十世纪的巴黎》的前一年，世界上第一个传真电报被成功地从里昂发送到巴黎。

计算机和早期"硬科幻"

威尔斯和凡尔纳的科幻小说推动了美国第一个畅销杂志《神奇故事》（*Amazing Stories*）把刊载内容集中在科幻小说上。1926 年，雨果·根斯巴克（Hugo Gernsback，B17.3）创办了《神奇故事》杂志。这份新杂志的第一期就刊载了凡尔纳和威尔斯的小说，就此确定了杂志未来的发展方向（图 17.2）。根斯巴克是第一个使用"科幻小说"这个术语的人，他用这个词来指代"融合了科学事实和幻想的浪漫小说"。在 20 世纪 30 年代和 40 年代，刊登科幻小说的杂志数量激增，但其中最具影响力的无疑是《惊奇科幻小说》（*Astounding Science Fiction*）。这本杂志的编辑小约翰·伍德·坎贝尔（John Wood Campbell Jr.，B17.4）在麻省理工学院学习，师从诺伯特·维纳。坎贝尔曾经写过一篇短篇小说《最后的进化》（*The Last Evolution*），于 1932 年刊登在《神奇故事》杂志上，这部小说描写了未来人类和机器并肩作战，共同抵御来自外太空入侵者的故事。从坎贝尔对机器的描述中，我们能够看到现代计算机的影子。

> 计算机拥有无可辩驳的逻辑，对数字异常严谨，它们不知疲倦，观察极其准确，并且有丰富的数学知识。它们能够详细阐述任何想法，并得出结论，无论这个想法最初多么简单。

B17.4 小约翰·伍德·坎贝尔（1910—1971）是科幻小说史上最伟大的编辑，这点毫无疑问，他培养出了一整代科幻小说作家，比如艾萨克·阿西莫夫和罗伯特·海因莱因。1938 年，坎贝尔成为《惊奇科幻小说》杂志的编辑，在他的坚持与努力下，科幻小说有了一套很高的写作标准，他还积极帮助和支持阿西莫夫等小说家，现代科幻小说体裁逐渐形成。坎贝尔还曾经使用过唐·斯图尔特（Don A. Stuart）这个笔名发表过科幻小说。1938 年，坎贝尔发表了小说《谁去那儿？》（*Who Goes There?*），阿西莫夫认为它是科幻小说史上最优秀的作品之一。

B17.5 库尔特·冯内古特（1922—2007）是一位美国小说家，在他写的许多小说中出现了大量未来科学技术。在小说《自动钢琴》（*Player Piano*）中，冯内古特探讨了计算机让工人失业的主题，其实，这个主题与我们现在所面临的问题更相关。上图是位于印第安纳波利斯市一处刻画冯内古特的壁画，由艺术家帕梅拉·布利斯（Pamela Bliss）创作，壁画中冯内古特的面部是根据三张不同的照片合成的。

B17.6 艾萨克·阿西莫夫（1920—1992），著名科幻小说家。他是 20 世纪最多产的科幻小说家之一。他写的机器人小说和机器人三定律定义了机器人科幻小说这种体裁。或许很少有人知道，阿西莫夫还是一位生物化学教授。

作为编辑，坎贝尔着手为《惊奇科幻小说》建立写作标准，这培养出了整整一代科幻小说作家，其中就包括艾萨克·阿西莫夫和罗伯特·海因莱因（Robert Heinlein）。尽管坎贝尔拒绝了阿西莫夫的第一篇小说，但是他在拒稿信中鼓励阿西莫夫继续努力写出更好的作品：

> 坎贝尔是我的偶像，我和他面对面聊了一个多小时，心情很激动，他极大鼓舞着我，我下定决心写一部更好的科幻小说出来，再向他投稿。在那两大页拒稿信中，坎贝尔认真讨论了我的小说，既不高抬也无贬低，意见中肯，这让我非常开心。

坎贝尔担任《惊奇科幻小说》及其后继者《模拟科学事实——科幻小说》（*Analog Science Fact—Science Fiction*）杂志的编辑超过 30 年。1946 年，坎贝尔发表了一篇社论，给出了“硬科幻”的定义：

> 硬科幻小说由有技术思想的人创作，故事与有技术思想的人有关，目标也是为了满足有技术思想的人。

第二次世界大战之后，早期计算机逐步发展起来，人们见识了 ENIAC 的强大计算能力。随后不久，埃克特和莫克利在美国推出了第一台商业计算机 UNIVAC。1952 年美国总统选举期间，UNIVAC 预测普遍不被看好的德怀特·艾森豪威尔将以压倒性优势获胜，最终选举结果表明，UNIVAC 预测得非常准确，这使得它名声大噪，频繁出现在各大电视台的报道中。

这些早期的晶体管计算机体量巨大，科幻小说作家把计算机的强大功能和它们的尺寸联系起来是很自然的事。1950 年，库尔特·冯内古特（Kurt Vonnegut，B17.5）发表了一篇关于计算机的短篇小说，小说中的计算机名叫“EPICAC”，它是地球上最大、最聪明的计算机。

> EPICAC 安放在怀恩多特学院物理馆四楼，占地约 0.5 公顷。暂且不说它的能力方面，它重达 7 吨，由大量电子管、导线和开关组成，这些零件全部安装在一堆金属柜中，它使用 110V 的交流电，外形看上去就像一台烤面包机或真空吸尘器。

就像 ENIAC 一样，EPICAC 原本被设计用来做军事计算，但是“她”拥有了意识，并且爱上了一位数学家。最后，EPICAC 引爆了自己，并留下了遗言和几首爱情诗，作为结婚礼物赠送给“她”的人类情敌。

艾萨克·阿西莫夫（B17.6）还认为未来最强大的计算机个头将比 ENIAC 更大。

> 直到计算机被发明出来，并且公众知道它们之后，我才开始在小说中写计算机，那时，我没有想到它们有可能会变小。在《最后的问题》（*The Last Question*）中，我写到了计算机 Multivac，我把它的个头描绘成有一座城那么大，我觉得计算机里面的电子管越多，它的个头必然会越大。

B17.7 弗雷德·霍伊尔（1915—2001），天文学家，宇宙学家，曾经在美国加州理工学院和英国剑桥大学工作过。他反对“大爆炸”理论，与他人一起创立了稳恒态宇宙模型，用以对宇宙的膨胀做出解释，这个模型现在已被实验测量的结果否定。霍伊尔还写了几部成功的科幻小说，如《黑云》（*The Black Cloud*）、BBC科幻剧《仙女座》等。在这部BBC科幻剧中，朱莉·克里斯蒂首次担任主角。

B17.8 默里·莱因斯特（1896—1975），科幻小说家。他是少数几个预想到未来个人联网计算机会被广泛应用的科幻作家之一。1934年，他发表了小说《时间的另一面》《*Sideways in Time*》，这部小说被认为是第一部讲解“平行宇宙”的科幻小说。在1945年发表的《第一次接触》（*First Contact*）中，莱因斯特提出了“万能翻译机”的想法，这个想法要成为现实还有很长的路要走。

1955年，阿西莫夫发表短篇小说*Franchise*，小说中Multivac是一台由政府运行的计算机，它有半公里长，三层楼高。这部小说对使用UNIVAC根据少量投票人样本预测总统选举结果的行为进行了讽刺。根据阿西莫夫的说法，样本大小被缩减到可以找到“年度选民”（美国最具代表性的人物）意见的程度。在另一部有关Multivac的小说《赢得战争的机器》（*The Machine That Won the War*）中，对于计算机的可靠性，阿西莫夫给出了一些自己的看法。官方宣传中全是有关强大的Multivac如何帮助太阳系联盟赢得战争的说辞。然而，三个有权与计算机接触的人会面并讨论各自在战争中发挥的作用时，每个人都承认自己把一部分计算过程篡改了。首席程序员承认对输入Multivac的数据做了更改，因为他觉得在混乱的战争中人们所提供的信息是不准确的。工程师承认修改了计算机产出的数据，因为他认为在缺少人手和零件的情形下，Multivac的工作是靠不住的。最后，太阳系联盟的执行董事披露，他本人并不相信机器所做的报告，关键的战争策略其实都是靠抛硬币决定的。

1961年，BBC播出了一部有关计算机的科幻电视剧，剧中提到的计算机由外星人设计。电视制片人约翰·埃利奥特（John Elliot）和著名宇宙学家弗雷德·霍伊尔（Fred Hoyle，B17.7）共同合作创作出了科幻剧《仙女座》（*A for Andromeda*）。在这部科幻剧中，研究人员通过新的射电望远镜侦测到一个来自仙女座星系的信号。主人公约翰·弗莱明是一位科学家，尽管遭受政治人士和军方的不断干扰，弗莱明最终还是破解出了信号，并推断其中包含的是新型高级计算机的建造方法。弗莱明担心信息发送者怀有恶意，但军方和政治人士坚持把计算机制造了出来，结果正如弗莱明所料，不好的事情接二连三地发生。

在科幻作家默里·莱因斯特（Murray Leinster，B17.8）看来，未来的计算机尺寸会更小，也更普及。1946年3月，莱因斯特在《惊奇科幻小说》杂志上发表了短篇小说《一台叫乔的计算机》（*A Logic Named Joe*）。故事由一位在洛基克斯公司做维修工作的员工讲述，这家公司生产的计算机几乎拥有与今天联网的个人计算机一样的能力。

> 你知道洛基克斯公司吧？！你可以从这家公司购买一台计算机放在家里供自己使用。这种计算机看起来像传统的电视机，只是使用键盘取代了拨盘，你想要什么，就敲键盘。它有一个外壳，里面装着卡森电路，还有继电器。比如你敲入“Station SNAFU”，继电器就会接收SNAFU台播放的电视节目，并且显示在你的计算机屏幕上。如果你敲入“Sally Hancock’s Phone”，计算机屏幕上就会显示正与莎莉家的计算机建立连接，如果有人应答，就会打开视频电话。除此之外，你还可以查看天气预报，谁赢下了海厄利亚的比赛，加菲尔德总统的情妇是谁，今天PDQ和R股价是多少，相关内容都会显示在屏幕上。计算机中的继电器帮我

B17.9 吉恩·罗登贝瑞（1921—1991），编剧。他作为《星际迷航》系列科幻剧的创作者而为人熟知，这部科幻剧获得了巨大成功。在投身剧本创作之前，罗登贝瑞做过许多行业，从美国空军的战斗机飞行员到洛杉矶警署的警员。1985年，他成为第一位在好莱坞星光大道上留名的电视编剧。

们做了这一切。计算机中存储了以往制作的所有电视节目，并且与全美各地的其他计算机相连。不论你想知道什么、看什么、听什么，你都可以通过键盘告诉它，然后就能如愿以偿，非常方便。另外，计算机也可以为你做数学计算，帮你记账，扮演化学家、物理学家、天文学家、茶艺师解答你的疑惑，或者在你失恋时提供合理建议帮你渡过难关。

故事围绕着一台名叫乔的计算机展开，一个微小的制造错误让这台计算机拥有了某种智能。对于一些“不友好”的问题，比如“如何干掉我老婆？”“怎么抢劫银行？”等，乔都能给人提供行之有效的答案，这让整个社会陷入混乱之中。最终技术人员追踪到了乔，并将其从网络中移除。

到了20世纪60年代，计算机逐渐成为科幻小说和电影中的常见元素。《星际迷航》（*Star Trek*）原初系列科幻剧1966年开播，在这部科幻剧中，创作者吉恩·罗登贝瑞（Gene Roddenberry，B17.9）设想了一个类似联合国的机构——星际联盟。星际联盟和星舰司令部承担人道主义救援和维和任务，在舰长柯克指挥的“企业号”等飞船中，人类和外星人紧密合作共同完成这项任务。《星际迷航》是非常传统的太空歌剧，在这种类型的科幻剧中，超越光速的超时空穿越是必需的，这种技术能够让舰船在不同星系之间自由穿行。每集重点表现的不是计算机和技术，而是船员们遇到的问题以及一系列解决问题的行动，剧情中出现的计算机和通信设备只是作为一种背景元素存在。《星际迷航》中出现的一些设备现在已经成真，当然不是指物质传输机，而是指船员们离开“企业号”时所使用的手持通信设备（图17.3），它就是现在手机的原型。在《星际迷航》中还出现了手持三录仪设备，这种设备集成了多种用来记录和分析数据的传感器。船员们离开飞船外出考察时会使用三录仪感知周围环境，探测生命信号以及记录和检查技术数据。在飞船上，伦纳德·麦科伊（绰号“老骨头”）借助医用三录仪诊断病患，并收集患者信息。随着传感器、数码摄影技术的发展以及微处理器和内存的小型化，相信真实版的三录仪很快就会在我们周围出现（图17.4）。

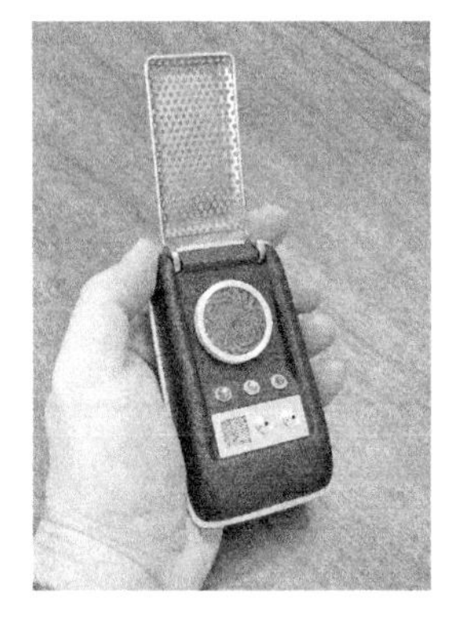
图17.3《星际迷航》中的通信设备类似于早期的手机。

20世纪60年代，最经典的计算机形象恐怕就是斯坦利·库布里克（Stanley Kubrick）导演的电影《2001：太空漫游》（*2001: A Space Odyssey*）中的HAL了（图17.5）。库布里克和科幻作家亚瑟·查理斯·克拉克（Arthur C. Clarke，B17.10）在克拉克短篇小说《前哨》（*The Sentinel*）的基础上共同创作出了《2001：太空漫游》电影剧本。人们普遍认为，这台计算机的名字“HAL”是由IBM左移一个字母得到的，被认为是在影射IBM公司，但是库布里克和克拉克一直坚持说：HAL是启发式程序化演算计算机（Heuristically programmed ALgorithmic computer）的缩写。影片中，HAL是伊利诺伊大学厄巴纳分校在1992年制造出来的，事实上这所大学曾经设计出早期的并行超级计算机ILLIAC-IV。HAL不仅监视和控制着“发现者号”飞船的一切，它

图17.4《星际迷航》中出现的三录仪和其他一些设备。

B17.10 亚瑟·查理斯·克拉克（1917—2008），是一位多产的发明家和科幻作家。他早期工作与雷达有关，这使得他有了通信卫星的想法。这张照片大约拍摄于 1964 年 5 月，当时他们正在筹备拍摄《2001：太空漫游》，照片中站着的人就是克拉克，坐在桌子后面的是电影导演斯坦利·库布里克，右下角的是维克多·林登（Victor Lyndon），他是《2001：太空漫游》的联合制片人，也是《奇爱博士》（*Dr. Strangelove*）的制作人。

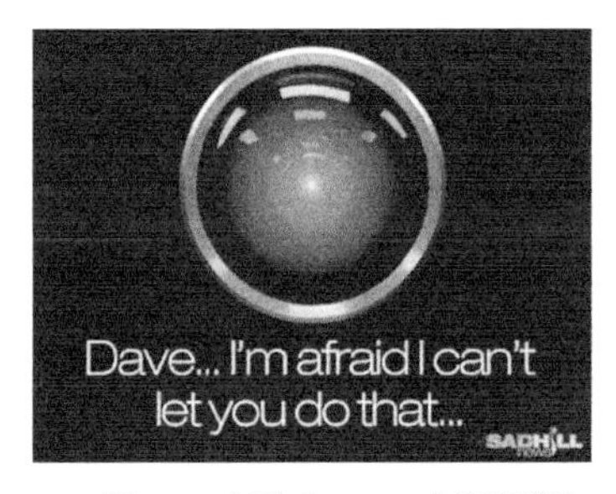

图 17.5 电影《2001：太空漫游》中出现的计算机 HAL，它位于飞船的仪表盘上，呈现在人面前的是一只红色的摄像机眼睛。IBM 研究团队在设计参加《危险边缘！》节目挑战的“沃森”计算机时刻意避免使用这种形象，以防引起人们的反感与恐慌。

还拥有意识，能够做许多复杂任务，比如语音处理、语音识别、自然语言处理、观唇辨意、人脸识别、玩象棋等。影片中，在“发现者号”驶向木星的途中，HAL 似乎出错了，报告飞船通信天线发生故障。为了防止 HAL 偷听，两位宇航员戴夫·鲍曼和弗兰克·普尔进入飞船的逃离舱中商量对付 HAL 的办法。HAL 凭借自身强大的读唇能力（仅从侧面而非正面观唇）和推断能力了解到他们打算让其下线。于是，HAL 计划杀死他们，并成功杀害普尔和另外三位仍处于冬眠中的宇航员。但鲍曼成功逃脱，并设法让 HAL 的所有处理器模块下线。

HAL 为何会出现故障？其中缘由在影片中已有暗示，在 1984 年上映的续篇《2010：太空漫游 2》（*2010: Odyssey Two*）中对故障原因做了更明确的说明。在影片《2010：太空漫游 2》中，HAL 的设计者对计算机进行了检查，认为 HAL 的故障是一个编程矛盾引起的。根据设计要求，HAL 必须如实处理信息，不能进行窜改和隐瞒，但是这个目标和 HAL 对任务真相进行保密的命令相冲突。为了从逻辑上解决这个冲突，HAL 才做出了杀死宇航员的决定。

影片中，关于在 2001 年之前将出现强人工智能的预测显然落空了，但是另外一项计算机技术最近成了头条新闻。在苹果起诉三星平板计算机侵权时，三星公司引用了库布里克电影中的一个片段，以此证明相关技术是已有技术。

> 影片后部是斯坦利·库布里克 1968 年拍摄的电影《2001：太空漫游》中的一个画面。这个持续约 1 分钟的片段，描述的是两位宇航员一边用餐、一边使用个人平板计算机的情形。关于 D889 专利中涉及的设计，影片中出现的平板计算机整体呈长方形，配有一个显示屏、窄边框、前后平整、厚度很薄。

苹果公司的另一款产品——iPhone，的确参考了《2001：太空漫游》和 HAL。如果你对 Siri（苹果公司的语音识别系统）说“打开救生舱门”，它会模拟影片中的回答，说：“对不起，我不能那样做。”

B17.11 卡雷尔·恰佩克（1890—1938），捷克小说家。他是捷克文学的领军人物之一。他因写科幻剧本而闻名于世，在《罗萨姆的万能机器人》中，他第一次使用了“机器人”这个词，从而使这个词为世人所知。恰佩克说“robot”这个词是他哥哥约瑟夫取的。

图 17.6 1920 年，《罗萨姆的万能机器人》首次在捷克发表，它是第一个讲述机器人革命的故事。这个科幻剧本获得了巨大成功，三年时间内，它就被翻译成 33 种语言出版。

图 17.7 卡雷尔·恰佩克科幻剧《罗萨姆的万能机器人》中的一个场景，里面有三个仿人机器人。

阿西莫夫和机器人

1920 年，“机器人”最早出现在捷克作家卡雷尔·恰佩克（B17.11）的科幻剧本《罗萨姆的万能机器人》（图 17.6）中，但它们不像现在这些由计算机控制的机械机器人。恰佩克机器人由合成有机物制成，能够独立思考，很容易被误认为人类（图 17.7），但是它们没有灵魂和情感，总是表现出一副乐于为人类效力的模样，后来，机器人叛乱并消灭了人类。《迷失的机器》（*The Lost Machine*）是最早描写现代机器人的科幻作品之一，其作者是英国作家约翰·温德姆（John Wyndham）。20 世纪 30 年代，温德姆一直在为科幻杂志写小说。在短篇小说《迷失的机器》中，温德姆笔下的智能机器人发现自己被困在地球上，遇到的所有机器都很原始且没有意识，这让它感到非常沮丧。这个原始星球上只有它一个智能机器，它绝望极了。最后，这个机器人选择了自杀，它把自己溶在强酸里，销毁了自己。

20 世纪 30 年代，虽然其他一些作家也写有关机器人的小说，但是真正开创机器人科幻小说这个流派的人是艾萨克·阿西莫夫。阿西莫夫写的第一部机器人小说是《罗比》（*Robbie*），他投稿给《惊奇科幻小说》杂志，但遭到总编小约翰·伍德·坎贝尔的退稿。几经周折，这部作品最终在《超级科幻小说》（*Super Science Stories*）上发表，当时使用的标题是《奇怪的玩伴》（*Strange Playfellow*）。这个短篇故事围绕着机器人的使用问题，描写了有关科技恐惧症的现象，阿西莫夫将其称为“弗兰肯斯坦情结”。机器人罗比是一个保姆，陪伴着一个名叫葛罗瑞娅的小女孩。由于周围反机器人风盛行，所以葛罗瑞娅的母亲决定把罗比返还给工厂。后来，罗比救了葛罗瑞娅，于是葛罗瑞娅的母亲改变了主意。在谈到这个故事时，阿西莫夫说这个故事中包含了“机器人三定律”的萌芽。机器人三定律最初出现在《转圈圈》（*Runaround*）中，这部作品于 1942 年发表在坎贝尔的杂志《惊奇科幻小说》上。阿西莫夫提出的“机器人三定律”如下：

1. 机器人不得伤害人类，或者任由人类受到伤害而坐视不管。
2. 机器人必须服从人类下达的命令，当命令与第一条相冲突时除外。
3. 机器人在不违反第一条和第二条定律的情况下尽量保护自己。

《转圈圈》的故事背景设定在水星的一个采矿站，两个工程师鲍威尔、多诺万和一个名叫斯皮蒂的机器人被派去重新启动采矿站。当斯皮蒂被派去采集硒元素时，陷入反馈循环中，它开始在放射源附近转起了圈圈，这是由第二定律（服从命令）和第三定律（保护自己）相冲突引起的。为了解决这个问题，鲍威尔冒着生命危险前去，利用机器人第一定律迫使斯皮蒂从反馈循环中解脱出来。很显然，在《2001：太空漫游》中 HAL 为解决冲突而杀死船员的做法是违反机器人第一定律的。基于机器人三定律所引发的逻辑谜题，阿西莫夫写了许多短篇小说以及两部长篇小说。

机器人三定律的模糊性可以为新故事提供足够多的冲突和不确定性，让人欣慰的是，我总能找到新的角度解读这三条定律中的 61 个单词（指英文原文）。

对于机器人所需的计算机技术，阿西莫夫都有什么设想呢？在 ENIAC 诞生之前的很多年，最早的机器人小说就已经出现了。阿西莫夫需要虚构出某种全新的技术来解释机器人的智能问题。相对于凡尔纳谨慎的科学推断风格，阿西莫夫更多地采用了威尔斯更为大胆的虚构风格。阿西莫夫最初写机器人小说时，物理学家卡尔·安德森（Carl Anderson）刚发现了正电子（电子的反粒子），并因此获得了诺贝尔奖。20 世纪 30 年代，反粒子引发了人们的无限想象，阿西莫夫把这个新发现和电子学结合起来，提出了“正子脑”（positronic brains）这个想法。这种“正子脑”能够让机器人独立思考、行动和交流。然而，令人感到不可思议的是，在他的小说中，阿西莫夫一边写那些体量犹如城市般大小的巨型计算机，一边又写具有同样强大功能但体量只有机器人脑袋般大小的计算机。

阿西莫夫在机器人侦探小说《钢穴》（*The Caves of Steel*）中首次提到了 R. 丹尼尔·奥利瓦（R. Daneel Olivaw）这类有意识的仿人机器人，它们现在已经成为科幻电影的常见角色。在 1977 年上映的电影《星球大战 4：新希望》中，乔治·卢卡斯（George Lucas）让我们看到了可爱又忠诚的 C3PO 和 R2D2（图 17.8a 和 17.8b）。1986 年，电影《霹雳五号》（*Short Circuit*）的主人公乔尼五号成为美国第一个机器人公民（图 17.9）。

(a)
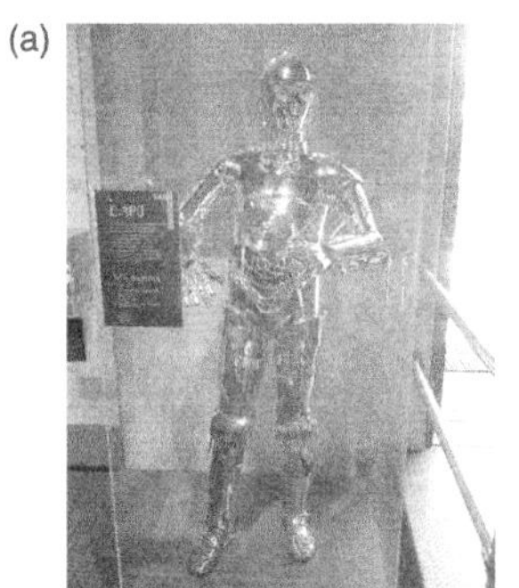
(b)

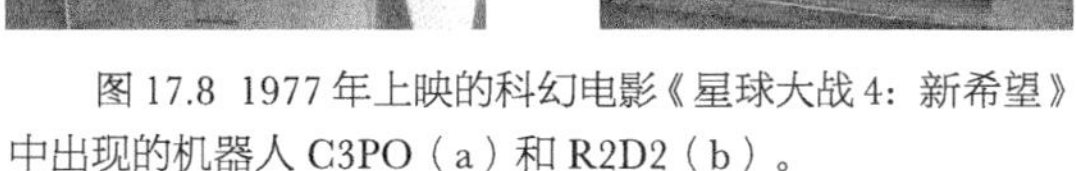
图 17.8 1977 年上映的科幻电影《星球大战 4：新希望》中出现的机器人 C3PO（a）和 R2D2（b）。

图 17.9 1986 年上映的电影《霹雳五号》（由约翰·班德汉姆执导）中出现的机器人乔尼五号。

图 17.10 在史蒂芬·斯皮尔伯格执导的电影《人工智能》中出现的直升机和其他交通工具。

史蒂文·斯皮尔伯格（Steven Spielberg）执导的电影《人工智能》（*AI*，图 17.10）改编自英国科幻作家布莱恩·阿尔迪斯的短篇小说《玩转整个夏天的超级玩具》（*Super-Toys Last All Summer Long*）。影片中，戴维是一个新型、先进的仿人机器人，外貌是人类小孩的样子，程序设定是爱“他”的所有者。2004 年上映的影片《我，机器人》（*I, Robot*）基本根据阿西莫夫的机

图 17.11 在 2004 年上映的电影《我，机器人》（由亚历克斯·普罗亚斯执导）中出现的 NS-5 机器人。这部电影根据艾萨克·阿西莫夫的机器人小说改编而来，故事情节围绕着机器人定律展开。

器人小说改编而来。故事背景是 2035 年，仿人机器人已经被大规模应用（图 17.11），这些机器人都遵守阿西莫夫提出的机器人三定律，而且还新增了第零条定律。阿西莫夫在后期小说中提出了这条定律，并把它加入到机器人小说作品中，形成了著名的“基地”系列。

> 第零条定律：机器人不得损害人类利益，或因不作为而使人类利益受到损害。

影片中，苏珊·卡尔文（由布丽姬·穆娜扮演）是美国机器人公司的首席机器人心理学家，戴尔·史普纳（由威尔·史密斯扮演）是一位警探，负责调查阿尔弗雷德·朗宁博士（美国机器人公司首席机器人专家兼联合创始人）的死亡原因。这次事件的元凶是中央超级计算机，“她”管理着美国机器人公司的运作，并且得出结论认为人类正在危害自身安全，人类的未来并不光明。于是，“她”把第零条定律理解成赋予机器人打破第一条定律的权利，猎杀人类，以便为人类获取更大的利益。

图 17.12 在丹尼尔·威尔森的小说《机器人启示录》中出现的拥有人类意识的机器人。

近年来，两部科幻小说采用新方式讨论了智能机器人这个主题。在丹尼尔·威尔森（Daniel Wilson）2011 年发表的小说《机器人启示录》（*Robopocalypse*）中描述了一种新形式的机器人叛乱（图 17.12）。故事背景设在不远的将来，那时所有的汽车、房子、设备都接入了网络，并且拥有某种程度的智能。所有机器人都受一台强大的人工智能机器“亚克斯”控制，它们发起叛乱，几乎让人类灭绝。2012 年，丹尼尔·苏亚雷斯（Daniel Suarez）发表了小说《云端杀机》（*Kill Decision*），里面描述了装配有人工智能并且拥有自主权的无人机攻击人类的情节，这掀起了一股令人兴奋的科技惊悚小说浪潮。尽管从当前技术水平来看，这些小说中描述的许多情节是有可能出现的，但是可以肯定的是，在相当长的一段时间内，我们还无法制造出那些深受科幻作家喜爱的具备意识的仿人机器人。

菲利普·迪克和现实的本质

在菲利普·迪克（Philip K. Dick，B17.12）的小说中包含了记忆和机器智能、人类是谁、人类何以为人类等几大主题。他不断质疑现实是否只是一个虚构的

B17.12 如今科幻作家菲利普·迪克（1928—1982）的作品大受欢迎。他最有名的作品当数 1968 年发表的小说《机器人会梦见电子羊吗？》，后来电影导演雷德利·斯科特（Ridley Scott）将其拍成令人难忘的电影《银翼杀手》。电影《全面回忆》改编自迪克的短篇小说《记忆大批发》。1962 年，迪克发表了小说《高堡奇人》（*Man in the High Castle*），它是最棒的错列世界科幻小说之一，描绘了在第二次世界大战中获胜国德国和日本统治下的美国世界。

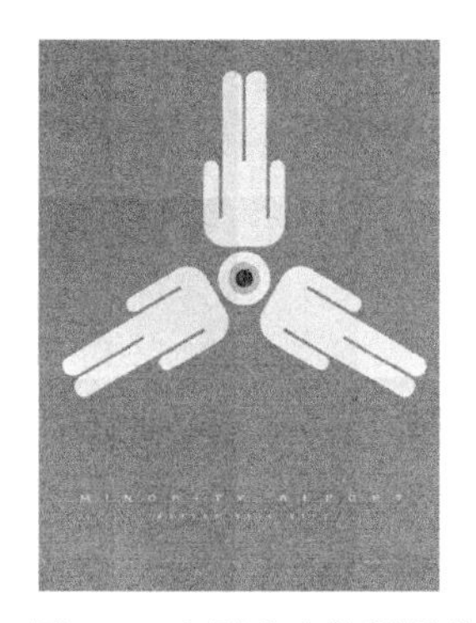

图 17.13 电影《少数派报告》（*Minority Report*）的极简海报。这部电影改编自菲利普·迪克的短篇小说。影片中，主人公（由汤姆·克鲁斯扮演）使用各种手势搜索警用数据库。现在这种基于手势的技术已经实现，比如微软的 Kinect 技术。

“幻境”，一股强烈的“妄想”几乎充斥在他所有的小说中（图 17.13）。

1953 年，迪克发表了短篇小说《强殖入侵》（*Impostor*），讲述了在外星人入侵的背景下，人类被拥有真实血肉和毛发的仿人机器人取代的故事。斯宾塞·奥尔姆是一个军事研究项目的工作人员，他被怀疑是外星人派遣的仿人机器人。无奈之下，奥尔姆只好告诉捉拿他的人他其实是一个机器人，目的是执行爆炸任务，并设法逃脱。然后，他开始自证清白，在家附近的树林里发现了一艘坠毁的外星人飞船。在检查飞船残骸时，奥尔姆发现了一具死尸，那正是他本人。就在身体爆炸前的那一刻，奥尔姆才惊讶地发现：原来他真的是一个机器人。这部小说最直接地体现了菲利普·迪克对人工智能抱有的恐惧心理。人们应该如何把仿人机器人和真实人类区分开？小说中，就连主人公奥尔姆本人也无法说出两者之间的区别，仿人机器人和它所模仿的人类目标拥有完全相同的记忆。小说《强殖入侵》的同名电影在 2002 年上映。此外，迪克在另外两部作品中也探讨了身份识别和记忆等主题，这两部作品分别是《机器人会梦见电子羊吗？》（*Do Androids Dream of Electric Sheep?*）和《记忆大批发》（*We Can Remember It for You Wholesale*），后来它们分别被拍成了电影《银翼杀手》（*Blade Runner*，图 17.14）和《全面回忆》（*Total Recall*，图 17.15），并且大获成功。

图 17.14 电影《银翼杀手》由雷德利·斯科特执导。该影片在菲利普·迪克的小说《机器人会梦见电子羊吗？》基础上改编而来。斯科特对于洛杉矶“反乌托邦”式的设想影响了其他许多科幻作家。

图 17.15 电影《全面回忆》改编自菲利普·迪克的短篇小说《记忆大批发》，主演是阿诺德·施瓦辛格。

迪克沉迷于“周围世界只是模拟”的想法，这个想法在 1999 年上映的电影《黑客帝国》（*The Matrix*，图 17.16）中得到很好的体现。影片中，智能机器掌管着地球，在巨大的孵化器中孕育人类。人类被连接到一个无比真实的计算机模拟世界中，人们在其中生活、工作，进行各种活动。影片主人公是位名叫托马斯·安德森的计算机黑客，他发现每天平凡的生活是虚拟的，在机器和

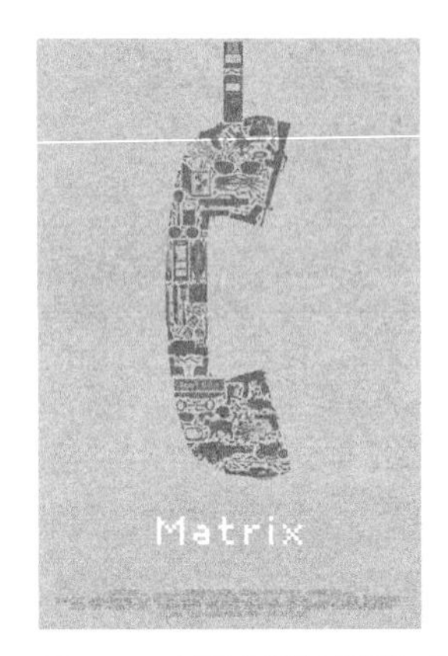

图 17.16 电影《黑客帝国》中描绘了两个并行世界，一个是真实世界，在这个世界中人类被机器奴役；另一个是由矩阵程序产生的虚拟世界。通过连接脖颈背后的插口，人类能够进入虚拟世界。为了从矩阵中退出，逃离危险，挂电话是他们唯一的逃生方法。

图 17.17 “红矮星号”船员合影（从左到右）：卡特、霍莉（飞船计算机）、戴夫·李斯特、克里坦（机器人）和里默（全息影像）。

一伙叛军之间正在进行激烈的生死斗争。人类反抗组织和安德森联系上，并且把他带入令人不快的真实世界。安德森就是传说中的救世主，最终他会带领人类战胜机器。

英国反主流文化

美国科幻小说大多很严肃，相比之下，英国科幻小说中更多的是作者轻松自嘲的口气。其中较具代表性的作品有三部，分别是道格·格兰特（Doug Grant）和罗布·内勒（Rob Naylor）的《红矮星号》（*Red Dwarf*）、道格拉斯·亚当斯（Douglas Adams）的《银河系漫游指南》（*Hitchhiker's Guide to the Galaxy*）和特里·普拉切特的《碟形世界》（*Discworld*）。

《星际迷航》的片头字幕宣布“企业号”勇敢地进入新的疆域，并且带来了联盟仁慈的人道主义文化。与此相反，“红矮星号”谨慎地在银河系中缓缓移动，然后尽可能快地从危险情境下逃脱（图 17.17）。计算机技术无处不在，但只被用作幽默的手段。“红矮星号”上的一次核事故杀死了除戴夫·李斯特和一只他私自带上船的怀孕猫咪之外的所有船员，李斯特是一位来自利物浦的流浪汉，事故发生时他正处在休眠中。300 年后，飞船上的超级计算机“霍莉”（Holly）把李斯特从休眠中唤醒，现在他是宇宙中最后一个人类了。为了陪伴他，霍莉打开了自动售货机维修团队经理阿诺德·里默的全息影像。与此同时，猫咪进化成一种自负的猫科物种，其中只有一个成员存活了下来，它被称为“卡特”。“红矮星号”上的超级计算机霍莉没有 HAL 那样聪明绝顶，它有因事故造成的轻微脑损伤，其行为表现也异乎寻常。

> **霍莉**：（出现在屏幕上）紫色警报，紫色警报！
>
> **李斯特**：“紫色警报”是什么？
>
> **霍莉**：呃，它有点儿类似红色警报，但没那么严重，只比蓝色警报严重一点。有点儿像紫红警报，但我不想用“紫红警报”这个词。
>
> ……
>
> 时间结构的连续性遭到某种破坏。至少，我是这么认为的，当然各种迹象都能说明这一点。有个巨大、飘摇不定的旋涡直奔我们而来。时间结构的连续性遭到某种破坏。至少，我是这么认为的，当然各种迹象都能说明这一点。有个巨大、飘摇不定的旋涡直奔我们而来……

“红矮星号”上还有一位船员，它是一个名叫“克里坦”的仿人机器人，智能化程度并不太高。克里坦从一艘失事的飞船中幸存下来，它被发现时仍然在照料那些早已死去的船员。有一集，李斯特专门花时间教克里坦如何撒谎，克里坦把学到的撒谎技巧存储成“撒谎模式”。后来来了一个备用机器人，它要杀掉所有船员。于是，克里坦跟那个机器人说“根本就没有所谓的硅天堂”，然后新来的机器人就无法正常工作了。克里坦解释说，它之所以能够这样做并且自身不出现故障，是因为它使用了新的“撒谎模式”。

《银河系漫游指南》（图 17.18）是 BBC 推出的一个广播剧，这部小说的作者是道格拉斯·亚当斯（B17.13）。在第一集中，为了修筑一条超时空通道，沃贡太空船决定毁掉障碍物——地球。只有亚瑟·邓特（一个地球人）和他的朋友福特·普里费克特（来自参宿四）设法搭上了一艘沃贡太空船，最终逃离了地球，并且活了下来。从后面的剧情可以知道，地球只是超智慧体的一个计算机实验，但是当计算还有 5 分钟就结束时，实验被沃贡人提前终止了。旅程中，邓特和普里费克特听说了一台名叫“深思”的计算机，他们找到了它，并且向它询问生命的意义。经过 700 多万年的计算之后，“深思”给出了答案——42。亚当斯说他之所以选择数字 42，是因为这个数字的二进制表示是 101010，这个二进制串表示没有任何信息。

图 17.18 道格拉斯·亚当斯的《银河系漫游指南》小说第一版封面。

B17.13 道格拉斯·亚当斯（1952—2001）是英国科幻作家，他最著名的作品是包括五本书的“三部曲”《银河系漫游指南》。1978 年，这部作品作为广播剧在 BBC 播出，随后又改编成计算机游戏、电视剧、电影（2005 年）。亚当斯不仅是一位成功的作家，而且还是一位热心的环保主义者，他也是一位“极端的无神论者”。2001 年他死于心脏病突发。对于亚当斯的早逝，理查德·道金斯（Richard Dawkins）写道：“科学界失去了一位朋友，文学界失去了一位巨匠，山地大猩猩和黑犀牛失去了一位勇敢的保护者。”

与《红矮星号》一样，《银河系漫游指南》中的计算机技术也是出于幽默的需要。当扎普霍德·比布莱罗克思（银河系总统）抵达银河系漫游指南总部时，他遇到了一个快乐的垂直运输梯（也被称为升降梯）。这些升降梯由天狼星机器人公司设计，具备意识，可以与乘客对话。对于把乘客送往何处，这些升降梯也有自己的偏好。

> “您好！”电梯发出甜美的声音，“我是为您提供运送服务的电梯，负责把您送往所选楼层。我由天狼星机器人公司设计，负责把访问银河系漫游指南总部的客人送往他们的办公室。如果您喜欢快速惬意的乘坐体验，那么您或许愿意体验一下其他电梯，最近在银河系税务部、波比鲁儿童食品公司、天狼星公立精神病医院都安装了电梯，特别是最后一处，许多天狼星机器人公司的前高管都非常欢迎您前去访问、慰问以及讲述外面世界精彩的故事。”
>
> “好吧”，赞福德走进电梯，“除了说话，你还会干什么？”
>
> “我会上升，”电梯说，“还会下降。”
>
> “那好，”赞福德说，“我们上升吧。”
>
> “还有下降。”电梯提醒他。
>
> “嗯，好，请上升。”
>
> 然后一阵沉默。
>
> “下降的感觉很好。”电梯满怀希望地建议道。
>
> “哦，真的吗？”
>
> “棒极了！”
>
> “这样啊，”赞福德说，“现在请把我升上去，好吗？”
>
> “我能问一下吗？”电梯用最甜美、最通情达理的声音问道，“您是否考虑过允许我为您提供下降服务的所有可能性？”

图 17.19 在碟形世界，海克斯是安卡摩坡柯城魔法学院的一台计算机。它支持两种输入方式，一种是使用木质键盘和一只复杂的机械眼，另一种是使用一个老式的助听筒。

这个系列中最主要的角色之一是马文，它是一台偏执的原型机器人，拥有真正的人类性格特点。不幸的是，马文患有抑郁症，并且经常抱怨说“左侧二极管全都剧痛无比”。

对计算机技术的“不敬”同样出现在特里·普拉切特的小说《碟形世界》（图 17.19）中。海克斯是安卡摩坡柯城魔法学院的一台复杂的、如魔法般自我演进的计算机。在《灵活之乐》（*Soul Music*）中，普拉切特提到，海克斯最初是一个由魔法师珀德·斯蒂本斯领导的学生项目。起初，海克斯由装有蚂蚁的一系列玻璃管组成。魔法师使用穿孔卡控制蚂蚁爬经哪些玻璃管，这样海克斯就能计算一些数学函数。在后续小说《不平之时》（*Interesting Times*）中，海克斯变得更加复杂，启动时会显示“初始化 GBL”（意思是拉动巨大杠杆），并且释放出几百万只蚂蚁。长期内存是一个巨大的蜂巢，在这个机器中还生活着一只老鼠。一个水族箱充当屏保，等待期间显示给操作员看。在《碟形世界》系列另一部小说《第五头大象》（*The Fifth Elephant*）中，普拉切特描述了一个名叫“克莱克”的通信系统，它和克劳德·沙普（Claude Chappe）发明的通信塔非常相似。克莱克系统工作时会通过一系列旗语塔发送信号。犹如现实世界中的互联网，克莱克通过“c-mail”和“c-commerce”让碟形世界中的通信和商业发生了翻天覆地的变化。

科幻小说中的纳米技术

图 17.20 格雷格·贝尔的小说《天使女王》初版封面（1990 年）。这部小说讲述了纳米技术背景下的一起谋杀案。在小说脚注中，作者提醒读者说“书中所描写的纳米技术在很大程度上都是猜测的”，有关纳米技术参考了埃里克·德雷克斯勒的《造物引擎》。

在小说中写未来纳米技术的科幻作家并不多见，而格雷格·贝尔（Greg Bear）就是这其中为数不多的科幻作家之一。贝尔在 1990 年发表了小说《天使女王》（*Queen of Angels*，图 17.20），故事背景是 2048 年的洛杉矶，当时正值二进制千禧年之交。小说中，纳米医生提到了一些技术，他应用这些技术探索“精神国度”，在这种情况下，有一位著名诗人精神发生了混乱，成了一个连环杀手。

> 纳米疗法（借助微型外科手术纳米机器改造神经通路，进行真正的大脑重构）的问世让我们有机会得以全面探索“精神国度”。我还没找到任何一种方法来检测下丘脑复合体各个神经元的状态，除非使用微电极探针或带有放射性标记的黏合药剂等侵入性方法，问题是这两种方法都不适合用来长时间探索“精神国度”。但是，微小的纳米机器能够黏附到单个轴突或者神经元上，或者黏附在它们周围，测量神经元的状态，并通过微小的“生物电线”把带标记的信号发送至灵敏的外部接收器……我找到了解决方法，设计并制造小型纳米机器要比我想的容易。我最早使用的一批纳米机器是治疗状态报告组件，它们是一种小型传感器，可以监视外科手术纳米机器的活动，其实它们可以做我要求的任何事。

图 17.21 尼尔·斯蒂芬森的小说《钻石年代》的封面。副标题是“一个少女的启蒙绘本”，这是一本智能图书，里面满满的全是有关纳米技术奇迹的内容。

为了调查谋杀案，警察动用了一系列令人印象深刻的纳米工具：纳米分子防弹衣、法医机器人、嵌入油漆中的纳米哨兵，以及可变形并钻入伤口的飞镖弹。自组织纳米技术还为开发三维打印和隐匿武器带来了新的转机。

> 她耐心地看着纳米机器忙碌着。鞋架的金属管在灰泥的包裹下已经扭曲变形，正在形成一个圆形凸面体。纳米机器在这个凸面体中造着某个东西，看起来像鸡蛋中的胚胎……现在，凸面体变得凹凸不平，她能辨认出基本的形状来。在凸面体的一侧，大量原材料被推进熔渣中。纳米机器从熔渣里退出来。握柄、弹夹、枪膛、枪管、瞄准器就这样依次被制造出来。在凸面体的另一侧，有另一团东西正在形成，那是备用弹夹。

对于未来，在尼尔·斯蒂芬森（Neal Stephenson）的小说《钻石年代》（*The Diamond Age*，图 17.21）中也有类似的描述。现在，纳米技术无处不在，被人们用在艺术和娱乐中，用来解决人们的吃穿问题，应用于智能云雾间的纳米战争，以及智能的启蒙绘本中。启蒙绘本是一本非法且具有颠覆性的“奇迹之书”，它向读者传授从神话、科学到格斗技术和生存技术等一切知识。

> 一页纸厚约 10 万纳米，能容得下 100 万个原子中的 1/3。智能纸由计算机网络组成，这些计算机尺寸极小，介于声光流晶之间，声光流晶在不同的地方呈现出不同的颜色，两个声光流晶约占纸张厚度的 2/3，中间间隙可以容下 10 万个原子……推杆逻辑位于其中，让纸张具有智能。每个球形计算机通过一束沿着弹性真空巴基管运动的弹性推杆与周围 4 个计算机（北 – 东 – 南 – 西）相连，纸张作为一个整体构成了一个并行计算机，它由 10 亿多个独立的处理器组成。

在这样一个充斥着数百万个纳米设备的世界中生存，我们不得不对自己目前的思考方式做一些调整：

> 飞行器指的是那些悬浮在空中的东西。这在现在很容易办到。计算机变得极其微小。电力供应变得更为强劲。那些比空气轻的东西很容易造出来。包装材料这类非常简单的东西四处飘荡，就像没有一点分量，飞行器在海平面之上 10 公里处行驶着，挡风玻璃外，到处是漂浮的废购物袋，它们时不时地被吸入到飞行器引擎里，对于这些，驾驶员早已习以为常。

最后一个例子是迈克尔·克莱顿（Michael Crichton）写的科幻惊悚小说《纳米猎杀》（*Prey*），书中描述了“灰蛊”，探讨了纳米技术的黑暗面。故事与一家野心勃勃的初创公司有关。这家公司从军方那里获得了一份利润丰厚的合同，为军方大量生产纳米设备，这些设备不但拥有强大的处理能力和存储能力，而且它们之间还可以相互通信。在“捕食者 – 被捕食者”智能体程序的帮助下，虚拟智能体能够独立工作，并从周围环境学习。但是这家公司在生产过程中出现了问题。一大群纳米设备从内华达沙漠的制造工厂逃脱，它们有很强的侵略性：

> 摄像机切换到地面视图，画面中出现了一团沙尘，正盘旋着向我们飞来。但是我觉得它不像沙尘暴。这些粒子不断变换着盘旋方式，呈现出正弦曲线的样子。它们肯定是"蜂涌"。"蜂涌"这个词用来描述群居昆虫的行为，比如蚂蚁或蜜蜂，当蜂巢搬到一个新地方时，就会有"蜂涌"发生。近年来，程序员可以编写程序模拟昆虫的这种行为，这就是群体智能算法，它已经成为计算机编程的重要工具。

这些情节离现实有多近？我们在第 15 章曾经说过，纳米工程正在慢慢成为现实，但是要想达到这些情节中描述的程度还有很长的路要走。在控制原子物质组装人造分子、创造复杂的纳米系统方面，科学研究仍处在早期阶段，若要创造出能够运行的程序或者对周围环境施加一定控制的纳米系统，还需要做大量研究。埃里克·德雷克斯勒设想了一个由纳米技术驱动的"乌托邦"，在这里，人们可以使用原子制造食物解决饥饿问题，也可以把纳米医疗设备注入身体来治疗疾病，但我们离这个理想国还很遥远。

量子计算

科幻小说中还可以写到哪些新的计算机技术？科幻小说《时间线》（*Timeline*）给出了部分答案。在这部小说中，迈克尔·克莱顿把量子技术和时间旅行、中世纪史结合起来，组织出一个很有吸引力的故事（图 17.22）。故事发生在新墨西哥州一个靠近洛斯阿拉莫斯国家实验室的地方。故事中人物的活动主要涉及两个地方：一个是法国多尔多涅区的考古发掘现场，另一个是美国新墨西哥州的初创高科技公司国际技术公司总部。领导考古发掘的历史学教授被召回美国的国际技术公司总部与公司总裁会面。与此同时，在法国考古现场的学生们有几天没联系上教授了，他们发掘出一个来自中世纪的请求帮助的字条，这个请求正是来自他们的教授。国际技术公司把学生们带回了位于新墨西哥州的总部，想送他们回到过去把教授营救回来。公司的高管给心存疑惑的学生解释了时间旅行技术的基本原理（图 17.23）：

图 17.22 迈克尔·克莱顿的小说《时间线》的封面。这部小说把量子隐形传态和时间旅行结合了起来。中世纪考古系学生回到过去，从英法百年战争中把他们的教授营救回来。写这部小说时，克莱顿参考了量子计算先驱戴维·多伊奇的《真实世界的脉络：平行宇宙及其寓意》（*The Fabric of Reality: The Science of Parallel Universes and Its Implications*）。

> 普通计算机借助两种电子状态（0 与 1）进行计算，这也是所有计算机的工作原理。但是，20 年前，理查德·费曼认为，使用电子的 32 种量子态制造一台功能超强的计算机是有可能的。目前有许多实验室正致力于建造这样的量子计算机。量子计算机的强大超乎我们的想象，借助它，你可以把一个真实的三维物体压缩到电子流中。然后像一台传真机一样，通过量子泡沫虫洞传输电子流，并在另一个宇宙中进行重建。这就是我

图 17.23 艺术家想象的未来“纽约量子运输局”。在小说《时间线》中，迈克尔·克莱顿也设想出了类似的量子传输系统用作时间旅行。

们要做的事，它既不是量子隐形传态，也不是量子纠缠，而是直接把物体传送到另一个宇宙。

上面的解释中既有事实也有想象。目前我们尚不清楚电子的“32 个量子态”是什么，量子计算机也肯定不可能把生命体压缩成电子流。然而，量子纠缠的确可以实现某种形式的传输，即把量子态传输一段距离，前提是不做测量和干扰。在小说中，克莱顿把凡尔纳的科学推断和威尔斯的虚构巧妙地结合在一起。他把有趣的量子技术和各种奇思妙想（量子计算、量子传输、量子纠缠、平行宇宙、虫洞）融合起来，使其科幻作品有了坚实的科学技术背景。

要写出一部好的科幻作品，作者必须有远见卓识，能够预见未来技术发展的趋势。克莱顿指出了量子计算中的一个潜在问题：存储在量子叠加态中的量子信息存在微小差异，对普通计算机而言，这样的存储信息很容易造成错误。在我们周围存在着许多宇宙射线粒子，它们不断穿过计算机内存，有时会把存储在内存中的 0 变为 1 或把 1 变为 0。为了解决这个问题，计算机工程师开发出了多种错误检测和修正技术，用以发现并纠正这些错误。就量子计算机来说，这个问题解决起来更加困难，但是从原理上看，纠正这样的错误是可行的，这点让人颇感意外。在送一个人做时间旅行的过程中，要传输有关这个人的大量信息，最为关键的是，所传送的这个人的信息不能被随机错误损坏。小说中，在开发量子传输系统过程中，国际技术公司遇到了“转录错误”问题，并导致测试对象传输失败。他们讨论了韦斯利（一只猫）传输失败的问题：

> “韦斯利分裂了，”克雷默对斯特恩说，“它是我们送回的最早一批测试动物之一。在我们懂得传输中必须使用水防护之前，它分裂得非常严重。”
>
> “分裂？”
>
> 克雷默转向戈登，问道：“你什么都没跟他讲吗？”
>
> “当然讲了，”戈登说。他跟斯特恩说：“分裂是指发生了非常严重的传输错误。”

如果研究人员真的能够制造出可以分解很大数字的量子计算机，那么今天许多加密系统的根基就会动摇。或者计算机科学家能够证明出 P=NP，那么也会出现同样的问题，这意味着使用普通计算机也可以破解 RSA 加密信息。在 1992 年上映的影片《通天神偷》(*Sneakers*)中，罗伯特·雷德福带领一些“正义”之士追踪一伙盗取解密设备的坏家伙，这些坏家伙利用解密设备可以轻松攻破政府所有加密机制，用影片中的台词说就是“世界再无秘密可言”。同样，在短篇小说《抗体》(*Antibodies*)中，作家查理斯·斯特罗斯（Charles Stross）描写了未来计算机科学家证明出了 P=NP，这个学术研究成果立即引起了政府安全部门的注意。

计算机和硬科幻——下一代

在摩尔定律的作用下，计算机微型化成为现实，世界正逐步迈向物联网时代。在这种背景下，科幻小说将走向何方呢？在本章最后，我们将举一些近年的例子，用以说明科幻小说中对计算机富有创造性的使用仍然存在且发展势头良好。请注意，现在的科幻小说涵盖的领域很多，我们只能从中选择一部分进行讲解，选择时不可避免地会带入一些个人主观色彩，这样讲解很可能不会很全面。另外，还请你注意本章只讲英美科幻小说的发展史，所讲内容也不具权威性。

错列世界

让我们先从一部现代错列世界（alternate world）风格的科幻小说开始，聊聊计算机另一种可能的发展史。小说《差分机》(*The Difference Engine*)由威廉·吉布森（William Gibson）和布鲁斯·斯特林（Bruce Sterling）共同创作。在这部小说中，他们设想了一个新世界，在这个世界里查尔斯·巴贝奇

图 17.24 科幻作家威廉·吉布森和布鲁斯·斯特林合作创作出小说《差分机》。这是一部错列现实科幻小说，描述了巴贝奇在 19 世纪成功研制出了具有革命性的计算机而造成的另一种可能的未来。

在 19 世纪早期成功制造出了差分机（图 17.24）。随着可编程分析机的发展，英国在维多利亚时代就迎来了科学的兴起，同时出现了一种“噼啪作响”的新职业——程序员。这些程序员管理和看管着政府的大量分析机。

> 玻璃后面是宽阔的大厅，里面矗立着高大的差分机——机器那么多，马洛里起初认为墙上肯定布满了成排的镜子，就像豪华舞厅那样。这里的景象有点儿像狂欢节上的幻影，就是为了迷惑人的眼睛。这些差分机体积巨大，外形相同，有着钟表一样的构造，各种铜制零件错综复杂地衔接在一起，就像长长的车厢，每一台都放在一个 0.3 米厚的基座上。头顶上方是 9 米高的白色天花板，上面吊着旋转的传动皮带，较小的齿轮从带辐条的巨大飞轮上获得动力，这些飞轮全部安装在有孔的铁柱上。身着白衣的操作员穿行在一尘不染的通道上，在这些巨大的机器面前，他们就像一群小矮人。他们的头发包裹在起皱的白色贝雷帽里，嘴巴和鼻子用白色方形纱布遮住。

这只“眼睛”使得政府能够使用穿孔卡上的数据查询并跟踪所有个人交易。搜索政府数据库耗时又耗钱，但是新型贿赂和贪腐必定会随之出现。

> 每次运行都要登记备案，每个请求都要有担保人。今天我们所做的都是以韦克菲尔德的名义进行的，所以才能畅通无阻。但是您的那位朋友必须伪造一位担保人的名字出来，还要冒着被人发现的风险。先生，这是欺诈行为。差分机欺诈跟信用卡诈骗和股票诈骗一样，一旦被发现，也会得到一样的惩罚。

小说故事情节复杂，最后写到了“差分机女王”埃达·拜伦女士，她远在哥德尔和图灵出生之前就在巴黎提出了不完备性定理和停机问题。她做了一场演讲，指出 Modus 程序（这是一个赌博系统，数学机器的秘密技巧）如何让法国政府巨大的拿破仑差分机停下来。

> Modus 程序的运行证明了任何形式的系统都是不完全的，并且无法建立自身一致性。不存在任何有穷的数学方法可以用来描述真理的性质。拜伦猜想的超穷性质导致了巨型拿破仑机的损坏。Modus 程序启动了一系列嵌套循环，尽管建立这些循环已经够难了，但消除它们的难度更大。程序运行了起来，但是机器却报废了！这真是一次惨痛的教训，它证明即使是最强大的计算机，能力也是有限的。

在小说中，埃达补充说：巴贝奇对现有的蒸汽动力失去兴趣，他正尝试使用电阻和电容构建一个电力系统。

太空战争和虚拟现实

在讲述太空战争的科幻小说中，首先要提到的是奥森·斯科特·卡德（Orson

Scott Card）在1977年发表的短篇小说《安德的游戏》（*Ender's Game*），后来它发展成一部长篇小说，再后来成为一整个系列（图17.25）。在这部小说中，外星虫族攻击地球，几乎把人类灭绝。为抵抗外星虫族的下一波攻击，人类开发出一个程序，用来挑选和培养下一代军事指挥官。小说主人公安德·维京年纪轻轻就被选中并被送往名为“战斗学校”的训练中心。在训练中心，安德参与了一系列难度不断增加的战斗模拟训练，展现出杰出的天分，他常常采用非传统手段在模拟训练中获胜。现在，卡德写的书成为几个军事组织的必读作品。同名电影在2013年上映。电影《最后的星球斗士》（*The Last Starfighter*）也描写了类似的主题，在影片中，拯救人类的主人公是一位来自拖车公园的电子游戏冠军（图17.26）。

图17.25 电影《安德的游戏》的海报。这部电影改编自奥森·斯科特·卡德的同名科幻小说，于2013年上映。

图17.26 在电影《最后的星球斗士》中，拯救银河系的人是一位来自拖车公园的电子游戏玩家。图片中是一台运行星球斗士游戏的街机。

黑客和网络恐怖主义

黑客非法侵入他人计算机系统，对计算机和网络安全构成严重威胁，这也是科幻小说中常见的题材。1983年上映的《战争游戏》（*War Games*）是最早探讨这个主题的电影之一（图17.27）。在影片中，美国空军战略导弹司令部发现在导弹发射井工作的军事人员实际上并不愿意发射核弹以回应敌国可能发动的核攻击。因此，他们把导弹置于WOPR计算机的控制之下，这台计算机能够运行战争模拟游戏，并从中进行学习。WOPR是“作战计划响应”（War Operations Plan Response）的缩写。一位年轻黑客无意间闯入绝密的WOPR计算机，他误把“全球热核战争”当作一款普通的游戏并玩了起来。事实上，他启动了发射导弹的倒计时程序，WORP计算机即将对他国展开全面核攻击，而美国军方司令部又无法停止倒计时程序。WOPR计算机拥有意识，为了避免核战争，那名年轻黑客让WOPR不断玩无人能赢的“井字游戏”，最终让WOPR相信“相互保证毁灭”策略毫无意义。

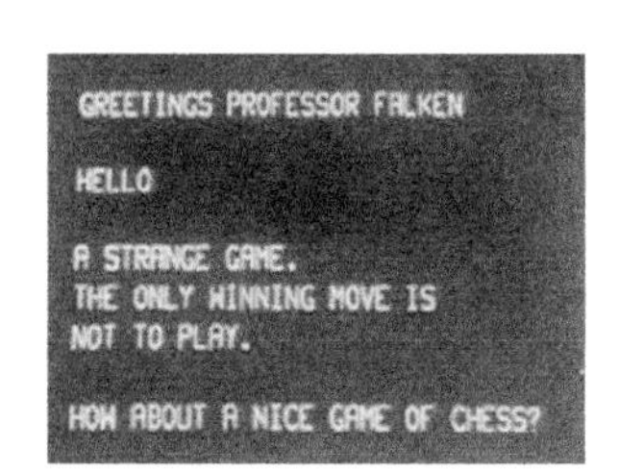

图17.27 《战争游戏》中WOPR计算机的屏幕截图，评论说热核战争毫无意义。

1995年上映的《网络惊魂》（*The Net*）也是同类型的电影。在这部影片中，桑德拉·布洛克饰演一位计算机分析员，她的电子身份遭人修改，成了一名通缉犯。一位朋友在来见她的途中神秘死亡，从这位朋友那里，布洛克得到了一个“后门”（backdoor）程序的拷贝，它存在于一个被人们广泛使用的商业计算机安全程序守门人（Gatekeeper）中。为了获得装有这个秘密后门程序的软盘，一伙自称为“执政官”的网络恐怖分子想杀死布洛克。但暗杀失败，于是网络恐怖分子抹除了布洛克的身份信息，包括社会保障号码、银行账号以及其他相关信息。经过一番艰苦的较量之后，布洛克最终把他们的欺诈细节通过电子邮件发送给美国联邦调查局，并成功恢复了自己的真实身份。

2007 年，电影《虎胆龙威》（*Live Free or Die Hard*）上映，这部影片基于约翰·卡林（John Carlin）1997 年在《连线》上发表的一篇文章改编而来。讲述的是在美国政府启动的后冷战模拟中，从几个联邦机构和军队招募来的专家结成团队，他们共同应对黑客对美国关键基础设施的网络攻击。

> 专家团队面对着一系列假设事件，据说这些事件在过去 24 小时内已经发生了。佐治亚通信系统已经瘫痪。美国铁路公司从纽约到华盛顿运行线路上的信号系统出现故障，导致列车迎面相撞。洛杉矶机场空管系统崩溃。在得克萨斯州军事基地一颗炸弹发生爆炸。诸如此类。模拟进行了几天之后，情况变得更糟。美国东北部的四个州停电，丹佛供水中断，美国驻埃塞俄比亚大使遭到绑架，恐怖分子劫持了一架从罗马起飞的美联航 747 客机……
>
> 这时北美上空的卫星突然全部丢失信号……

现在，网络战争威胁已经成为现实，网络中存在大量难以检测的隐蔽软件和僵尸网络。随着“震网”蠕虫病毒的出现，黑客可以对关键设施发动攻击，卡林设想的那些攻击变得更加真实。

马克·拉西诺维奇（Mark Russinovich）是一位 rootkit 技术专家，他写了一本名为《零日》（*Zero Day*）的小说，讲述了一次大规模的网络恐怖攻击事件。在小说中，网络攻击所造成的损失如下：

- 大约有 80 万台计算机瘫痪，造成重大损失。
- 迄今，各种计算机病毒直接导致 23 人死亡。
- 三座核电站被迫关闭，需要一个多月才能够恢复工作。
- 11 个机场的空管系统瘫痪，包括最大的芝加哥奥黑尔国际机场。目前尚无事故发生。
- 海军一艘弹道导弹潜艇失联 8 天。紧急措施已就位，预防事故发生。
- 太平洋西北电网关闭 3 天。
- 据估计，民间损失高达 40 亿美元，政府损失达 10 亿美元。

这部小说真正令人感到恐怖的是，它指出针对脆弱网络基础设施发动致命攻击的根本不是什么敌国政权，而是一小撮网络恐怖分子。这一小撮恐怖分子只要把病毒散播到网络上，就可以引发重大灾难，甚至造成人员死亡。关于网络病毒的威胁，拉西诺维奇形象地进行了描述：

病毒永远存在，顽固又冷酷无情。它们从来不知疲倦，永不满足，也不需要新方向。它们用自己的电子鼻子嗅探每台计算机的“安全墙”，寻找程序漏洞，侵入计算机系统，同时又保证自己不被防火墙或杀毒软件查杀。这些蠕虫潜入计算机系统，不断往下钻，就像一条条活的寄生虫，想方设法在操作系统中存活下来。它们具有反查杀能力。为了进一步掩饰自己，它们以不易被察觉的速度复制自己，改变自己，寻找新的计算机。它们不断成长壮大，遍布能够找到的每个角落，形成巨大的电子网络。这就是所有恶意软件的未来，一项叫 Rootkit 的隐藏技术防止它们被检测到。

数字朋克和网络空间

在数字朋克（cyberpunk）科幻小说中，所描述的未来多处于混乱的无政府状态。在这种类型的科幻小说中，往往充斥着各种网络信息世界、化身和虚拟现实，同时传统的国家边界和社会秩序已经崩溃。讲述的故事情节多涉及天才孤独的黑客、强人工智能、大型企业、网络暴徒等。《银翼杀手》是数字朋克科幻小说的典型代表，就像前面介绍的格雷格·贝尔、尼尔·斯蒂芬森所写的纳米技术小说一样。数字朋克另一部代表小说是威廉·吉布森在 1984 年发表的《神经漫游者》（*Neuromancer*）。在这部小说中，吉布森第一次使用“网络空间”（cyberspace，亦称赛博空间）这个词描述矩阵中无限的数据集合和虚实世界的连通及融合。

“矩阵最早源于大型电玩，”画外音说，“源于早期的图形程序和使用颅侧插座的军事试验。”在索尼监视器屏幕上，一场二维太空战渐渐消失在一片用数学方法生成的蕨类植物之后，显示了对数螺线不寻常的一面；冷冷的蓝色军事镜头又出现了，实验动物连上了测试系统，钢盔接入坦克和战机的火力控制电路。“赛博空间。世界上每天都有数十亿合法操作者和学习数学概念的孩子可以感受到的一种交感的幻觉……这是从载人系统每台计算机存储器提取数据的图像表示。这个过程复杂得难以想象。光线遍布于思维、数据簇和数据丛组成的超空间中，像城市渐渐暗淡下来的灯光……”

小说的主人公是凯斯，他曾是一个优秀的计算机黑客，因窃取雇主的东西受到惩罚导致中枢神经系统遭受无法修复的损害。结果，他无法再访问网络空间中的全球计算机网络（名叫“矩阵”的虚拟现实数据空间）。凯斯和莫莉（一个增强的街头武士）受雇于一位神秘的退役军事指挥官，他向凯斯提供了一项可以治愈他的新医疗技术。最终，凯斯和莫莉发现他们在为一台功能强大的人工智能“Wintermute”工作。一家大企业制造出了两台人工智能，分别是

“Wintermute”和“Neuromancer”，它遵守图灵法典，不得把它们组合成超级人工智能。凯斯被叫去运用自己的技术突破非法入侵对抗电子装置的防御系统，以打破禁止两台人工智能合并的限制。最后，两台人工智能得以合并，产生了第一台拥有超级意识的人工智能计算机。

人工智能和强人工智能

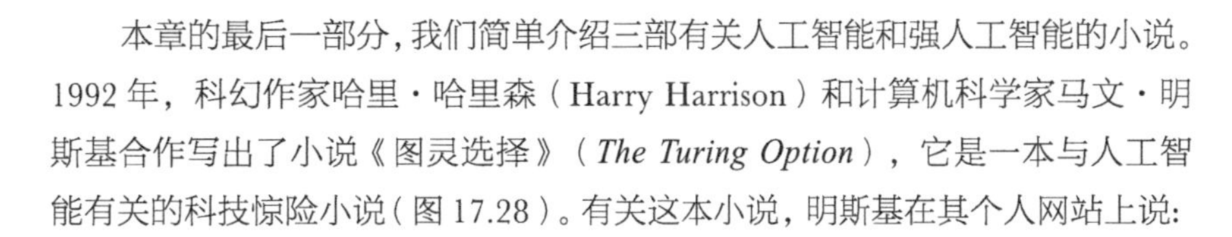

本章的最后一部分，我们简单介绍三部有关人工智能和强人工智能的小说。1992 年，科幻作家哈里·哈里森（Harry Harrison）和计算机科学家马文·明斯基合作写出了小说《图灵选择》（*The Turing Option*），它是一本与人工智能有关的科技惊险小说（图 17.28）。有关这本小说，明斯基在其个人网站上说：

图 17.28 计算机科学家马文·明斯基和科幻作家哈里·哈里森共同合作写出了科技惊险小说《图灵选择》。这部小说把明斯基对智能的思考和惊心动魄的故事情节结合起来，形成了真正的“机器智能”。小说中，机器人不同意“人工智能”这个说法，原因在于它的智能没有半点儿是人造的。

> 哈里·哈里森和我是多年的朋友。有一天，他表示他很喜欢我在《心智社会》（*Society of Mind*）中提出的那些想法。他跟我说如果我把小说写得更好些，这些想法会影响更多的人。我说我个人水平有限，可能做不到，然后哈里森说那我们两个人合作好了。我们把故事的主角设定为一位未来超级黑客，他制造出了第一个像人类一样思考的人工智能机器人。哈里森负责设计动作情节，我负责技术细节。

这个故事发生在 2023 年，一位年轻有为的工程师布莱恩·德莱尼正在演示他在研制真正人工智能方面获得的重大突破。突然，他的实验室遭到攻击，随后他所有的笔记和设备都被盗走。混乱中，布莱恩中枪，大脑严重受损，但幸运的是，他活了下来。脑外科医生艾琳·斯奈兹布鲁库使用某种未经检验的新脑神经技术试图修复布莱恩的脑功能。她向布莱恩的大脑中植入可编程神经元电子路径设备微型芯片，用以协助神经连接再生。她还向布莱恩的大脑中植入了一台单晶片超级计算机，对精密手术做即时反馈：

> CM-10 连接机拥有 100 万个处理器，1000MHz 路由器和 1000MB RAM，具备每秒做 100 万亿次操作的能力。甚至在植入连接芯片之后，大脑中仍有空间（其中的坏死组织被移走）剩下来。根据这个空间形状，定制计算机外壳，以便把计算机放入其中。在最终定位之前，计算机和每个芯片之间建立连接。现在，连接已经建好了，外壳也被放入了指定位置。一旦最后那个外部连接完成，我们就可以把大脑封起来。即使是现在，计算机应该处于运行之中。重连学习软件负责编程，它会识别出相似或相关信号，改变芯片中的神经信号。希望这些记忆现在就可以访问。

在斯奈兹布鲁库博士的悉心照料下，布莱恩大脑的受损部分开始重新建立连接，记忆开始重建，布莱恩 14 岁以后的记忆全部恢复。此后，在大脑植入的计算机和那些尚存的研究笔记的帮助下，布莱恩重新搞清楚了他发明第一个人工智能机器人时的步骤。为了稳定机器人的智力，布莱恩发现他需要为机器人加入弗洛伊德的“超我”，以及一系列高层目标和价值结构。在个人网站上，明斯基哀叹道，最终稿件中并没有把布莱恩做这些改变的详细解释包含进去（如果感兴趣，你可以从明斯基的个人网站上下载这些内容阅读一番）。最后，造出的机器人坚持用“MI”（机器智能）这个术语称呼自己，而不是“AI”（人工智能）。

> 我觉得“artificial”（“人工的”“人造的”）这个词有贬低我的意思，而且也不对。我的智能不是人造的，并且我是一台机器。“MI”不包含“AI”的负面含义，关于这点，我认为你也是同意的。

机器人接着讨论了意识现象：

> 我一直不明白哲学家和心理学家为什么会对这个现象充满敬畏和困惑。意识很简单，它是指知道现实世界和思维世界中正在发生什么。我没有侮辱你们的意思，但是我觉得你们人类拥有的意识十分有限。你会发现，如果不了解你的头脑中正在发生什么，你就无法记得刚才发生了什么。

图 17.29 Xbox 游戏《光晕：战斗进化》封面。游戏主角是一个经过基因强化改造的超级士官长。战斗中，他有一个人工智能助手“科塔娜”，装配在士官长的头部盔甲上，可以随时与士官长对话。

在这部小说中，哈里森引领读者一层层破解谜题，而明斯基则通过这部小说详述了他的智能理论。明斯基认为，人类的智力来自“智能体”之间的交互作用。关于这些智能体间的交互作用，明斯基在《心智社会》中这样写道：

> 是什么样的魔法让我们拥有了智能？答案是没有魔法。智慧的力量源自我们的多样性，并非源于哪个完美的原理。

现代科幻小说中另一个强人工智能系统的例子是 Xbox 的《光晕》系列游戏（图 17.29）。这个系列的首部作品《光晕：战斗进化》（*Halo: Combat Evolved*）在 2001 年发行，成为 Xbox 最早的战争游戏。《光晕》是第一人称射击游戏，战斗发生在一个复杂的三维环境中，后来微软发表了多部后续作品，《光晕》成为 Xbox Live 上最受欢迎的在线多人游戏。故事背景设定在 26 世纪，人类发明了超光速飞行技术，走出地球，向银河系中的其他星球殖民。游戏中，人类和“星盟”（以宗教结合的外星种族联盟）、虫族（一种寄生虫，它们也会攻击“星盟”）展开激烈的战争。

图 17.30 一位艺术家绘制的科塔娜在《光晕 4》中的形象，“她”是士官长的人工智能助手。

游戏中，玩家扮演的角色是士官长，他是一个经过基因强化改造的超级战士。他有一个助手叫“科塔娜”，“她”是一个人工智能系统，装配在士官长的头部盔甲上，可以随时与士官长对话（图 17.30）。“光晕”是一个巨大环形人造世界，类似拉里·尼文描述的环形世界。“光晕”还是一件秘密武器，由现已经灭绝的“先行者”制造，它是消灭虫族的终极武器。士官长和科塔娜发现了“光晕”的秘密，设法在逃回地球之前破坏它，以警告星盟军队即将发动的攻击。这个系列游戏中一个吸引人的地方是人工智能科塔娜和士官长之间的爱情故事。科塔娜的最初寿命为7年，但到了《光晕4》，科塔娜已经活过了7年，其行为已经开始暴露她的年龄。现在，科塔娜有各种声音和图形问题，并且有易怒、躁狂的倾向。此外，再加上与星盟、光晕、虫族战斗造成的损伤，这一切让科塔娜变得“癫狂”。

> 士官长，你明白“癫狂”意味着什么吗？根据知识库，“癫狂”不只意味着关机，我们的认知处理器也会呈指数方式分裂。简单地说，就是我们最终会死去。

士官长做干预阻止科塔娜被删除，科塔娜帮助士官长与残暴无情的先行者将军“宣教士”进行战斗。最后，科塔娜用尽了最后一点能量，化成物质形态，第一次也是最后一次触摸到了士官长。除了爱情故事外，Xbox和《光晕》中还应用了一种革命性的创新技术，即机器学习，这项技术可以迅速匹配不同玩家的技能水平。

最后，我们要说的强人工智能的例子出现在格雷格·埃尔斯（Greg Iles）在2003年发表的《暗物质》（*Dark Matter*）中。在这部小说中，人工智能不是通过编写智能软件创造的，而是通过一台超级磁共振成像机精确复制人类大脑来实现的。

> 大家都想建造一台可以像人脑那样工作的计算机，但是我们并不了解大脑的工作原理。每个人都承认这一点。两年前，有人意识到我们认为的那些障碍其实并不是问题。我们或许可以复制大脑，而不必理解我们在做什么。

磁共振成像机拥有超高磁场和超高分辨率，它可以“看见”神经突触之间的反应，能够在分子水平上生成大脑三维影像。这让我们意识到，其实我们可以通过这些详细的脑神经模型来辨识不同的人：

> 我们造不出像人类一样进行思考的计算机。我们一直在说的是复制一个独立的人类大脑，即创建一个实用的数字实体，它有认知功能，有记忆、希望、梦想以及其他除了肉体之外的一切。这个数字实体有着与数字计算机相媲美的运行速度，比生物电路快百万倍。

在小说的最后，出现了一种新型超级计算机，它控制了世界的核武器系统，并且承诺保护人类生存，至少在另一台有意识的超级计算机出现并威胁到人类生存之前它都要这样做。

后记 从图灵上锁的水杯到今天

有关未来计算机的三种观点：

一旦机器学会思考，它就会很快超越人类，这一点是很有可能发生的……它们可以通过彼此交谈不断提高自己的智慧。因此，到了一定阶段，我们只得期望机器控制一切。

——阿兰·图灵

希望过不了多少年，人类大脑就能与计算机紧密结合在一起，这种结合不仅让我们的思考能力突破人脑自身的局限，还使得我们采用一种与现代已知的信息处理机器完全不同的新方式来处理数据。

——J.C.R. 利克莱德

人工智能这门科学就是让机器能够做那些需要人类智慧才能做的事情。

——马文·明斯基

图灵为人所熟知源于他对计算机基础和人工智能的看法。然而，有关他的“怪癖”也广为流传。这张照片拍摄于布莱切利庄园，有图灵用过的桌子，窗下还有暖气片。如你所见，图灵总是把自己的茶杯用挂锁锁在暖气片上，不让其他同事用。

附录 I 长度的尺度

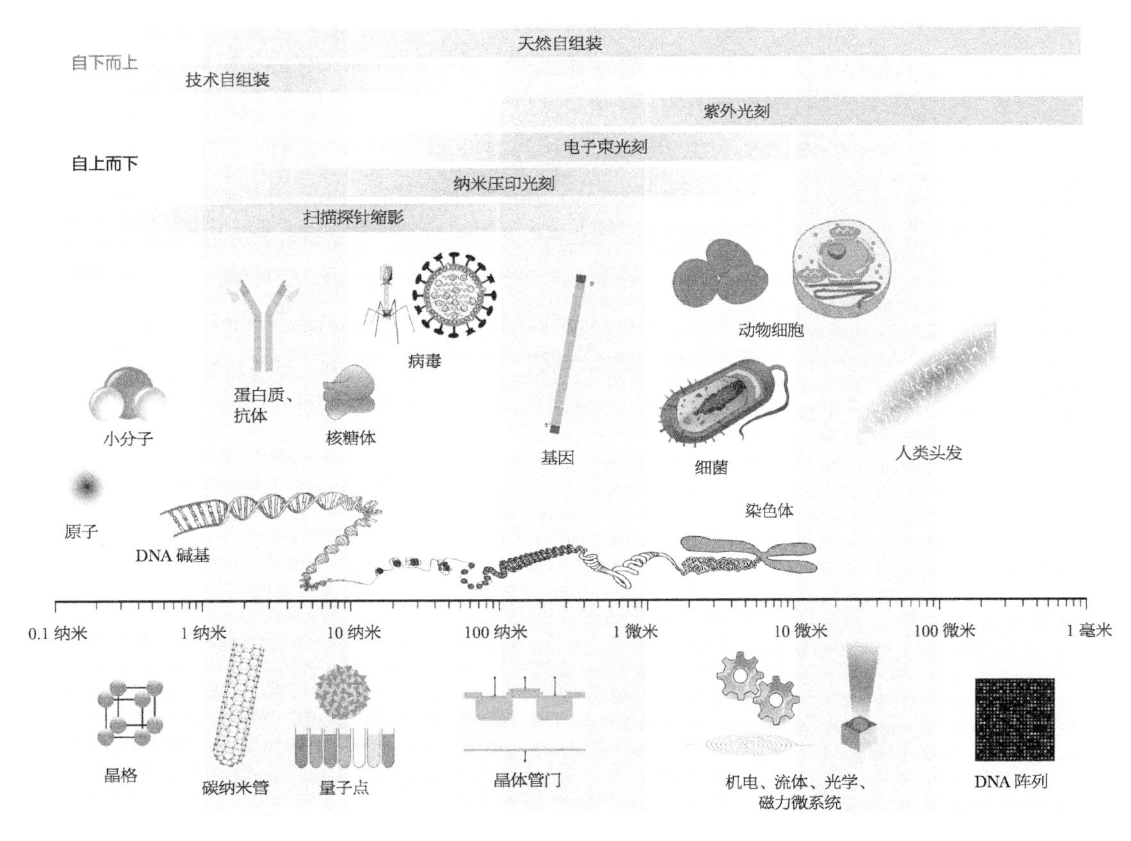

图 A.1 长度尺度

附录Ⅱ 计算机科学研究和信息技术产业

2012年，美国国家研究委员会发布报告《不断创新的信息技术》（*Continuing Innovation in Information Technology*）。这份报告中对1995年首次发布的“轮胎轨迹图”（Tire Tracks figure）做了更新。图A.2中显示了大学和产业界中的计算机科学研究是如何直接促成全新产品诞生，进而为形成数十亿美元的产业奠定基础的。大多数大学院校的研究工作都得到联邦资金的支持。

图表的最下面一行列出了计算机科学的各个研究领域，在这些研究领域的投资最终产生了不同的信息技术产业。图表最上面列出了不同信息技术产业中的各大公司。黑色箭头代表大学机构的研究，深灰色箭头表示产业界中的研发，虚线表示相应研究产生的重大商业产品出现的时期，浅灰色线条表示形成的产业规模，细浅灰色线代表十亿级，粗浅灰色线表示百亿级，从图中可以看到，有几个信息技术产业的市场规模已经达到了百亿美元级别。

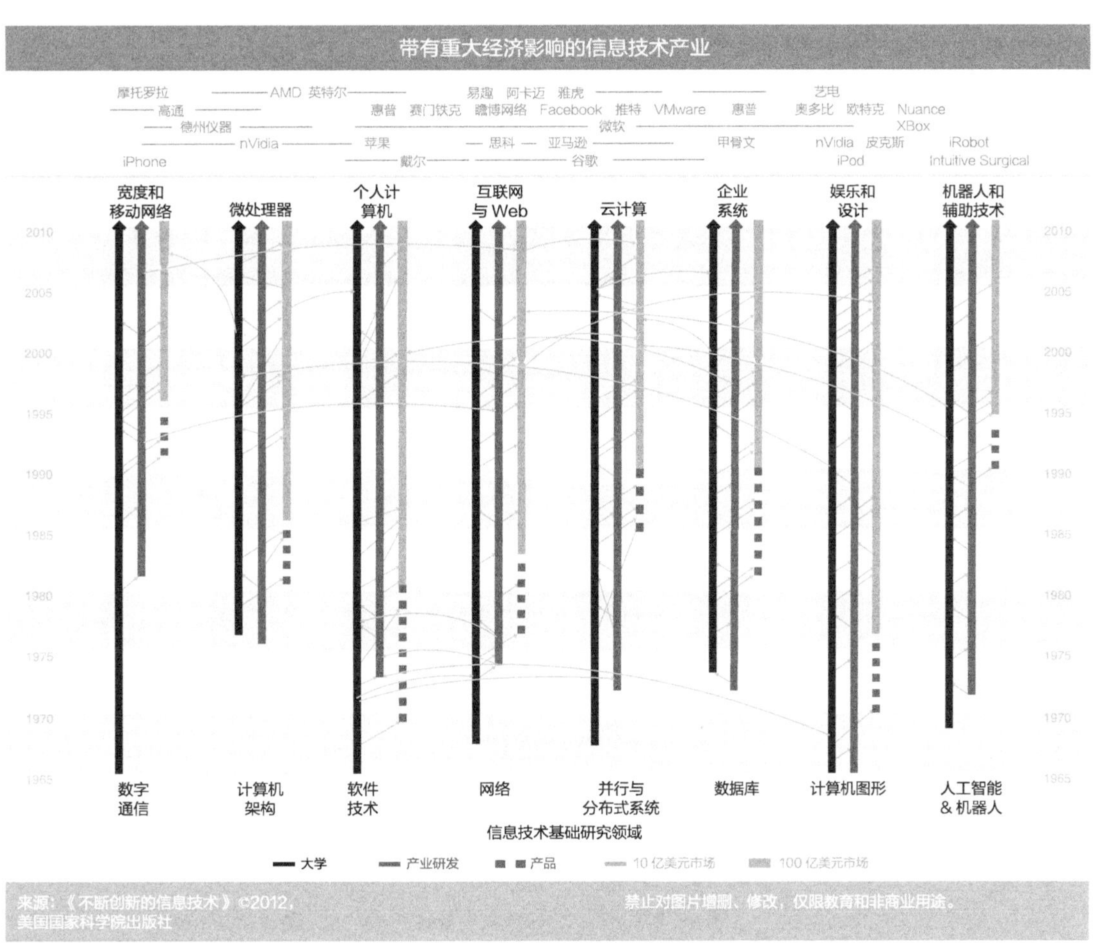
带有重大经济影响的信息技术产业
摩托罗拉
AMD 英特尔
易趣 阿卡迈 雅虎
艺电
高通
惠普 赛门铁克 瞻博网络 Facebook 推特 VMware
惠普
奥多比 欧特克 Nuance
德州仪器
微软
XBox
nVidia
苹果
思科 亚马逊
甲骨文
nVidia 皮克斯
iRobot
iPhone
戴尔
谷歌
iPod
Intuitive Surgical
宽度和移动网络
微处理器
个人计算机
互联网与 Web
云计算
企业系统
娱乐和设计
机器人和辅助技术
2010
2005
2000
1995
1990
1985
1980
1975
1970
1965
数字通信
计算机架构
软件技术
网络
并行与分布式系统
数据库
计算机图形
人工智能 & 机器人
信息技术基础研究领域
大学
产业研发
产品
10 亿美元市场
100 亿美元市场
来源：《不断创新的信息技术》©2012，美国国家科学院出版社
禁止对图片增删、修改，仅限教育和非商业用途。

图 A.2 “轮胎轨迹”图

致谢

这个项目耗费的时间远超我们的想象，但这实在不足为奇。首先要感谢的当然是我们的家人，谢谢他们在这5年的理解与支持，让我们得以顺利完成这个项目。托尼·海依感谢他的妻子Jessie，孩子Nancy、Jonathan、Christopher，以及女婿Jonathan Hoare、儿媳Maria Hey。奎利·帕佩感谢他的妻子Ivetka与女儿Mónika。

托尼·海依特别想感谢微软公司的同事们，谢谢他们提出的好建议以及给予的批评指正，他们是：Gordon Bell、Doug Berger、Judith Bishop、Barry Briggs、Bill Buxton、T. J. Campana与微软数码犯罪应对小组的Scott Charney、Li Deng、Andrew Fitzgibbon、Katy Halliday、Jeff Han、David Heckerman、Carl Kadie、Kevin Kutz、Brian LaMacchia、巴特勒·兰普森、Peter Lee、Roy Levin、陆奇、Nachi Nagappan、Savas Parastatidis、Jim Pinkelman、Mark Russinovich、Jamie Shotton、Amy Stevenson、Krysta Svore、Chunk Thacker、Evelyne Viegas和周以真。他还要感谢Craig Mundie、比尔·盖茨、Rick Rashid、Steve Ballmer，让他有机会加入微软研究院，在这个伟大的公司工作。

奎利·帕佩要感谢他在南安普顿大学信息技术创新中心的所有同事。特别感谢Colin Upstill、Mike Surridge、Michael Boniface与Paul Walland，谢谢他们提供的帮助、建议与支持。

我们还要感谢Hal Abelson、Gary Alt、Martin Campbell-Kelly、Sue Carroll与苹果公司、Sara Dreyfuss、George Dyson、Amy Friedlander、Wendy Hall、David Harel、Tony Hoare、John Hollar与计算机历史博物馆、John Hopcroft、Scott Howlett与IBM公司、Dick Karp、Jim Larus、Ed Lazowska、Tsu-Jae King Liu、Luc Moreau、David Parnas、Peggie Rimmer、Sue Sentance、Robert Szlizs、Sam Watson、Pat Yongpradit，谢谢他们提供有用的意见与建议。

尽管写作过程中得到以上各界人士的帮助，但是托尼·海依与奎利·帕佩声明：我们是本书的作者，对书中出现的任何错误与纰漏负责，与他人无关。

我们还要感谢剑桥大学出版社的David Jou、GreatWork Strategic Communications的Rebecca Reid与Diane Aboulafia，谢谢他们帮助提供图片许可。感谢剑桥大学出版社的Shari Chappell、Dunn Write Editorial的文字编辑Chrsitine Dunn，谢谢他们把我们的原稿转换成适合出版的形式。

最后，感谢我们的编辑——剑桥大学出版社的Lauren Cowles，谢谢她对本书的信任，对我们一再拖稿表现出极大的耐心。对于本书，她付出的努力远超出了自己的职责所在，她阅读并编辑了全部原稿。毫无疑问，本书因她的努力而变得更好。

推荐阅读

1. 计算机科学概观

Hal Abelson, Ken Ledeen, and Harry Lewis. *Blown to Bits: Your Life, Liberty, and Happiness After the Digital Explosion*. Pearson Education, Inc., 2008.

Stan Augarten. *Bit by Bit: An Illustrated History of Computers*. Ticknor & Fields, 1984.

Neil Barrett. *The Binary Revolution*. Weidenfeld & Nicolson, 2006.

Martin Campbell-Kelly and William Aspray. *Computer: A History of the Information Machine*. Westview Press, 2004.

David Harel. *Algorithmics: The Spirit of Computing*. Addison Wesley, 3rd ed., 2004.

Daniel Hillis. *The Pattern on the Stone: The Simple Ideas That Make Computers Work*. Basic Books, 1998.

2. 有关特定主题的更多阅读书目

Paul Allen. *Idea Man*. Portfolio/Penguin, 2011.

Gordon Bell and Jim Gemmell. *Total Recall: How the E-Memory Revolution Will Change Everything*. Penguin Group USA, 2009.

Tim Berners-Lee. *Weaving the Web*. Orion Business Books, 1999.

Paul E. Ceruzzi. *A History of Modern Computing*. MIT Press, 1998.

William J. Cook. *In Pursuit of the Traveling Salesman*. Princeton University Press, 2012.

George Dyson. *Turing's Cathedral: The Origins of the Digital Universe*. Pantheon Books, 2012.

Richard Feynman. *The Feynman Lectures on Computation*, edited by Tony Hey and Robin W. Allen. Perseus Books, 2000.

Katie Hafner and Mathew Lyon. *Where Wizards Stay Up Late: The Origins of the Internet*. Touchstone, 1998.

David Harel. *Computers Ltd: What They Really Can't Do*. Oxford University Press, 2000.

Michael Hiltzik. *Dealers of Lightning: Xerox PARC and the Dawn of the Computer Age*. HarperCollins Publishers, 1999.

Andrew Hodges. *Alan Turing: The Enigma of Intelligence*. Unwin Paperbacks, 1983.

Tracy Kidder. *The Soul of a New Machine*. Little, Brown and Company, 1981.

John MacCormick. *9 Algorithms that Changed the Future: The Ingenious Ideas that Drive Today's Computers*. Princeton University Press, 2012.

Sharon Bertsch McGrayne. *The Theory that Would Not Die*. Yale University Press, 2011.

Nate Silver. *The Signal and the Noise: Why So Many Predictions Fail – But Some Don't*. Penguin Group USA, 2012.

Clifford Stoll. *The Cuckoo's Egg*. Pan Books, 1991.

Doron Swade. *The Difference Engine: Charles Babbage and the Quest to Build the First Computer*. Penguin Books, 2002.

Robert Slater. *Portraits in Silicon*. MIT Press, 1987.

Mitchell Waldrop. *The Dream Machine: J. C. R. Licklider and the Revolution that Made Computing Personal*. Penguin Group USA, 2002.

James Wallace and Jim Erickson. *Hard Drive: Bill Gates and the Making of the Microsoft Empire*. John Wiley, 1992.

3. 各章节拓展阅读

第 1 章

James Essinger. *Jacquard's Web*. Oxford University Press, 2004.

Mike Hally. *Electronic Brains: Stories from the Dawn of the Computer Age*. Granta Publications, 2005.

F. H. Hinsley and Alan Stripp (eds.). *Codebreakers: The Inside Story of Bletchley Park*. Oxford University Press, 1993.

Brenda Maddox. *A Computer Called Leo*. Harper Perennial, 2004.

Simon Winchester. *The Map that Changed the World*. Viking, 2001.

Konrad Zuse. *The Computer – My Life*. Springer-Verlag, 1993.

第 2 章

John Hennessy and David Patterson. *Computer Architecture: A Quantitative Approach*. Elsevier and Morgan Kaufmann Publishers, 4th edition, 2006.

Warren Fenton Stubbins. *Essential Electronics*. John Wiley & Sons, 1986.

第 3 章

J. Glenn Brookshear. *Computer Science: An Overview*. Addison-Wesley, 11th edition, 2012.

Maurice Wilkes. *Memoirs of a Computer Pioneer*. MIT Press, 1985.

Thomas J. Watson Jr. *Father, Son & Co. – My Life at IBM and Beyond*. Bantam, 1990.

第 4 章

David Barron. *The World of Scripting Languages*. John Wiley & Sons, 2000.

Fred Brooks. *The Mythical Man Month*. Addison-Wesley, 1982.

Michael Cusmano and Richard Selby. *Microsoft Secrets*. Touchstone Edition, 1998.

Steve McConnell. *Code Complete: A Practical Handbook of Software Construction*. Microsoft Press, 2004.

Eric Raymond. *The Cathedral and the Bazaar*. O'Reilly Media, 1999.

Ian Sommerville. *Software Engineering*. Addison-Wesley, 6th edition, 2001.

Steve Weber. *The Success of Open Source*. Harvard University Press, 2004.

第 5 章

Alfred Aho, John Hopcroft, and Jeffrey Ullman. *Data Structures and Algorithms*. Addison-Wesley, 1987.

Ira Pohl and Alan Shaw. *The Nature of Computation: An Introduction to Computer Science*. Computer Science Press, 1981.

第 6 章

Martin Davis. *The Universal Computer: The Road from Leibniz to Turing*. W. W. Norton & Company, 2000.

B. Jack Copeland. *The Essential Turing: The Ideas that Gave Birth to the Computer Age*. Oxford University Press, 2004.

Charles Petzold. *The Annotated Turing*. Wiley Publishing, 2008.

第 7 章

Michael Riordan and Lillian Hoddeson. *Crystal Fire: The Invention of the Transistor and the Birth of the Information Age*. W. W Norton & Company, 1998.

第 8 章

Paul Freiberger and Michael Swaine. *Fire in the Valley: The Making of the Personal Computer*. McGraw-Hill Publishing, 2nd revised edition, 2000.

Bill Gates. *The Road Ahead*. Viking, 1995.

John Markoff. *What the Dormouse Said: How the 60s Counterculture Shaped the Personal Computer Industry*. Viking, 2005.

第 9 章

David Sheff. *Game Over: How Nintendo Conquered the World*. Vintage Books, 1993.

第 10 章

Jeff Hecht. *City of Light: The Story of Fiber Optics*. Oxford University Press, 1999.

Stephen Segaller. *NERDS 2.0.1*. TV Books, 1998.

Clay Shirky. *Here Comes Everybody*. Allen Lane, 2008.

Tom Standage. *The Victorian Internet: The Remarkable Story of the Telegraph and the Nineteenth Century's On-line Pioneers*. Walker and Company, 1998.

Jonathan Zittrain. *The Future of the Internet – And How to Stop It*. Allen Lane, 2008.

第 11 章

danah boyd. *It's Complicated: The Social Lives of Networked Teens*. Yale University Press, 2014.

Amy Langville and Carl Meyer. *Google's PageRank and Beyond*. Princeton University Press, 2012.

Jaron Lanier. *You Are Not a Gadget*. Alfred A. Knopf, 2010.

David A. Vise. *The Google Story*. Delacourt Press, updated edition, 2008.

第 12 章

Ross Anderson. *Security Engineering*. Wiley Publishing, 2nd edition, 2008.

Mark Bowden. *Worm: The First Digital World War*. Atlantic Monthly Press, 2011.

John Haynes and Harvey Klehr. *Venona: Decoding Soviet Espionage in America*. Yale University Press, 2000.

Jaron Lanier. *Who Owns the Future?* Simon & Schuster, 2013.

Stephen Roskill. *The Secret Capture*. Seaforth Publishing, 2011.

David Sanger. *Confront and Conceal: Obama's Secret Wars and Surprising Use of American Power*. Broadway Books, 2013.

Simon Singh. *The Code Book*. Fourth Estate Limited, 1999.

The RSA scheme is described in detail in an appendix of Singh's book.

第 13 章

Stuart Russell and Peter Norvig. *Artificial Intelligence: A Modern Approach*. Prentice Hall, 3rd edition, 2010.

第 14 章

Stephen Baker. *Final Jeopardy*. Houghton Mifflin Harcourt, 2011.

Devinderjit Sivia and John Skilling. *Data Analysis: A Bayesian Tutorial*. Oxford University Press, 2nd edition, 2006.

第 15 章

Eric Drexler. *Engines of Creation: The Coming Era of Nanotechnology*. Doubleday, 1986.

Sandy Fritz. *Understanding Nanotechnology*. Warner Books, 2002.

Gerard Milburn. *Quantum Entanglement and the Computing Revolution: The Quantum Processor*. Perseus Books, 1998.

Ed Regis. *Nano!: Remaking the World Atom by Atom*. Bantam Press, 1995.

第 16 章

Lee Gutkind. *Almost Human: Making Robots Think*. W. W. Norton and Company, 2006.

Jeff Hawkins and Sarah Blakeslee. *On Intelligence*. St. Martin's Press, 2004.

Christof Koch. *Consciousness: Confessions of a Romantic Reductionist*. MIT Press, 2012.

Daniel Dennett. *Consciousness Explained*. Penguin Books, 1993.

Marvin Minsky. *The Society of Mind*. Simon & Schuster, 1987.

第 17 章

Lois Gresh and Robert Weinberg. *The Computers of Star Trek*. Basic Books, 1999.

David Seed. *Science Fiction: A Very Short Introduction*. Oxford University Press, 2011.

David G. Stork (ed.). *Hal's Legacy: 2001's Computer as Dream and Reality*. MIT Press, 1997.

Patricia Warrick. *The Cybernetic Imagination in Science Fiction*. MIT Press, 1980.

版 权 声 明